编 委 会

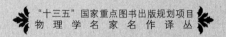

“十三五”国家重点图书出版规划项目

物 理 学 名 家 名 作 译 丛

吉巴米卡·甘古利 著

程伟基 译

地球与行星科学中的
热力学

Thermodynamics in Earth and Planetary Sciences

中国科学技术大学出版社

安徽省版权局著作权合同登记号:第 12151481 号

图书在版编目(CIP)数据

地球与行星中的热力学/(美)甘古利(Ganguly,J.)著;程伟基译. —合肥:中国科学技术大学出版社,2016.6

ISBN 978-7-312-03703-0

Ⅰ. 地… Ⅱ. ①甘… ②程… Ⅲ.地球物理学—热力学—教材 Ⅳ. P3-05

中国版本图书馆 CIP 数据核字(2015)第 257911 号

出版发行		中国科学技术大学出版社
		安徽省合肥市金寨路 96 号,230026
		http://press.ustc.edu.cn
印　刷		安徽国文彩印有限公司
经　销		全国新华书店
开　本		710 mm×1000 mm　1/16
印　张		28
字　数		580 千
版　次		2016 年 6 月第 1 版
印　次		2016 年 6 月第 1 次印刷
定　价		78.00 元

译　者　序

　　半个世纪以来,热力学理论和相关的实验方法在地球和行星科学的研究中得到了广泛的应用。可以说,正是从热力学的应用介入传统地质学研究领域开始,对地球和行星的从微观到宏观的不同规模空间中物质的物理化学状态、各种作用及其演化的研究才发展为一个较完整的科学研究体系。地球和行星科学中的热力学就是将所研究的对象抽象为用热力学原理分析的体系,确定描述该体系所需的各种强度变量、广度性质及参数,透过传统的定性和定量分析、各种现代的物理化学仪器分析,特别是与模拟自然作用的实验室结果相结合,并按照所有可能获得的相关信息架构的分析模型计算来获得结果,从而得以不仅定性而且定量地"讲古论今",推断地球和行星中自然过程的发生和演化规律(当然也与其他方法例如同位素测年法相结合)。虽然,热力学在非平衡态体系和不可逆过程的处理中的限制是肯定的,但同样,热力学在处理许多平衡或接近平衡的体系的作用过程和演化上的有效性也是很显然的。可以说,热力学还处在方兴未艾的阶段,并且正在与嗣后发展的动力学、统计力学在地球和行星科学中的应用更加有机地结合。

　　译者有幸见证并经历了半个世纪以来热力学在地球和行星科学中的介入。例如,从开始在教室和野外观察各种自然体系的结构和化学组成,到今天能根据离子探针对晶体表面元素在纳米级距离上扩散变化的测定,从而按照热力学模型推断喜马拉雅造山运动的抬升速率。这不仅是实验室技术和计算机技术的发展,更是对实际自然对象合理抽象而理论分析建立理论模型的结果。虽然也许只窥探大千世界的一小点,但其中经历的愉悦实在莫可名状。原来热力学原理不仅是大学理工科书本上的基础知识,而且是开启认识地球和行星乃至宇宙的一把金钥匙。

　　译者还有幸与本书作者共事近二十年。译者以旁观角度看,Ganguly教授是五十年来用热力学方法深入窥探地球和行星中物理化学作用及演化的佼佼者,鉴于他在数理化方面特别是热力学上的扎实根基和多年在地球和行星的各种物理化学体系的基础研究,他得以涉猎同时代诸多研究者在相关各个领域的成果,并游刃有余地汇总在本书所呈现的有机联系的各章节中,同时也指出了存在的问题,可供进一步研究参考。Ganguly教授著作等身,有兴趣的读者可到他的个人网页查看。

由于本人能力有限,翻译过程中遇到不少新的领域的知识。计算式虽都经推导检查,并与作者沟通,其中若干也得到了修正,但仍可能挂一漏万。又由于疏于与国内学者的交流,在一些专业用词翻译的统一性上把握不一定准确,再加上文中涉及许多复杂的公式和符号,甚至原英文版的校对还在继续更新中,所以中文版中错误难免,希望读者见谅并指正。文中涉及的人名众多,除熟知人名用通用音译外,多直接用英文。所涉专业术语主要借鉴《英汉地质词典》(地质出版社,1983)。翻译工作初期在与支霞臣教授的交流中得益匪浅,在此特别致谢;并感谢中国科学技术大学出版社对此书出版的辛勤付出。

"长江前浪推后浪,世上新人赶旧人。"译者愿以本书翻译过程中所付出的心力和劳力献给亲爱的母校中国科学技术大学,以及有志在地球和行星科学奋力前行的莘莘学子和研究工作者。

程伟基
2015 年 9 月于美国洛杉矶

序　言

"当知识甚少而情况复杂时,热力学方程是最管用的"。

——Richard Feynman

在人类认识自然的过程中热力学一直扮演着重要的角色,并且将来也会如此。尽管热力学作为一门课程早已在物理学、化工学、材料科学和生物学等科系中教授,但事实上,今天在许多大学中热力学也成为地球科学系的一门课程。热力学之所以在越来越多的学科中被教授,就是因为其原理有广泛的应用。鉴于此,热力学的教学也特别需要关注于各领域的特定问题。

迄今出版的大量热力学教科书都是针对物理学、化学以及工程学问题而写的。近年来也出版了若干着重在地质问题研究方面的书。因此,读者可能会问,为什么还要写一本热力学书? 我始终是以地球科学的读者为对象来写作的,因而重点就是化学热力学或地球化学热力学。随着热力学基本原理的展开,书中将涉及地球化学、岩石学、矿物学、地球物理和行星科学的大量问题。虽然还谈不上囊括所有问题,但还是企图尽力开发核心内容,让地球和行星科学的不同专业的读者得益。

热力学在地球和行星科学研究中所涉及的体系具有相当大范围的压力-温度空间。例如,地球表面的各种过程均处在 1 bar 和 25 ℃ 的压力-温度条件下,但地球内部的各种过程则要达到 10^6 bar 和 10^3 ℃ 数量级的高压-高温条件。而太阳星云中的作用过程又处在 $10^{-3} \sim 10^{-4}$ bar 的极低压力下。但目前出版的标准热力学教科书中,尚未有处理这种大范围变化条件的自然过程所需的步骤和近似方法。事实上,地球科学家在这方面已做过大量努力和贡献,然而遗憾的是,由于标准教科书的读者往往很少涉及地球科学家所面对的极端条件问题,因而在标准教科书中被忽略了。我试图突出了地球科学家在应用热力学来处理自然作用过程研究上所做出的贡献。

将热力学原理和热力学性质置于微观下来窥察它们的物理图景,有助于大大提高对它们的鉴赏水平。而且,在研究中常常发现,需要将实验条件下所能测定的热力学性质进行外推,并且要在缺少适当资料的情况下估算相关热力学数据。为此,需要对热力学性质的物理或微观原理有基本认识。因此,虽然热力学本身的正统内容不需要从微观图景去开发,但在本书中,我还是偶尔会从微观角度去讨论热力学。另一方面,我不打算用过多的篇幅去推导热力学定律,因为已有太多优秀的教科书阐述它们了。我想把重点放在探讨热力学基本原理背后的含义。当然,为了使读者体会如何从热力学基本方程导出一些有用的关系式,书中对若干方程的推导也作了详尽的介绍。

本书可以说是我教授热力学课程的副产品，我在亚利桑那大学（University of Arizona）教授地球和行星科学专业研究生的该课程已有十余年。在教学过程中，我一直将基本原理和应用——当然主要是自然研究的课题，紧密结合一起。这样的做法有可能并不是呈现热力学在地球和行星科学中应用主题的最符合逻辑的途径，但我发现这也是能保持学生兴趣的有效方法，就是回答"我为什么这样做"的问题。此外，我在书中也列出了一些习题，并且，还在文中多处将一些公式的推导本身作为问题，其中，有感于学生在完成解题过程中所遭遇的困难，我也给出了必要的提示。

在本书写作中我一直试图尽量使用自己的方式。"绪论"这一章包含了经典力学和量子化学的有关概念，其中导出了有关的热力学概念，以及认识这些概念的微观理论基础。附录 B 概括了一些通常在经典热力学中使用的数学概念和工具。

本书的不少章节曾得到多个同事的评阅，他们是：Sumit Chakraborty，Weiji Cheng，Jamie Connolly，Mike Drake，Charles Geiger，Mats Hillert，Ralph Kretz，Luigi Marini，Denis Norton，Giulio Ottonello，Kevin Righter，Surendra Saxena，Rishi Narayan Singh，Max Tirone 和 Krishna Vemulapalli。在此向他们表示感谢，但本人将完全承担本书中可能还存在的任何错误。此外，上过我热力学课程的研究生的反馈，也使得本书更清晰明了，并在找出包括打印问题在内的各种错误方面也起到了重要作用。读者若发现新的错误，无论是打印问题还是其他，我将非常感谢。所有错误请一并贴在我的个人网页（http://www.geo.arizona.edu/web/Ganguly/JG_page.html）上。

当我正式动笔写此书的时候，正值我有 2002～2003 年度的学术休假，并有幸得到 Alexender von Humboldt 基金会的研究奖金的资助，先后在德国的 Bayerisches 大学 Bayerisches Geoinstitut 研究所和 Bochum 大学访问。在此，特别要感谢 AvH 基金会和两所大学的接待。特别感谢 Dave Rubie 教授和 Sumit Chakraborty 教授。来自 NASA 宇宙化学计划对研究行星体系的热力学和动力学所提供的研究经费起到了极大的激励作用，并使我在写此书期间还能继续从容地投入到热力学研究，特此表示感谢。

我希望本书至少能在定量认识各种地球和行星自然过程中发挥热力学的强有力的作用方面取得部分成功。

最后，引用著名的热力学学者 Kenneth Denbigh（1955）的一句话与大家分享：

热力学不是只学一次就够，而是要多次更进一步地学习的一门学科。

Jibamitra Ganguly

2007 年 10 月 25 日

Tucson，Arizona，USA

目　　次

第1章　绪论 ·· （1）

1.1　热力学的性质和范围 ······································· （1）

1.2　不可逆过程和可逆过程 ····································· （2）

1.3　热力学体系、边界和变量 ··································· （3）

1.4　功 ·· （4）

1.5　稳定和亚稳定平衡 ·· （7）

1.6　晶格点阵振动 ·· （8）

1.7　电子构型和晶体场效应 ····································· （11）

　　1.7.1　电子壳层、亚壳层和轨道 ·························· （11）

　　1.7.2　晶体或配位场效应 ································· （13）

1.8　常用物理量和单位 ·· （14）

第2章　热力学第一和第二定律 ······························· （16）

2.1　热力学第一定律 ··· （17）

2.2　热力学第二定律:经典表述 ································· （18）

2.3　卡诺循环:熵和热力学温标 ································· （19）

2.4　熵:自然过程的方向和平衡 ································· （22）

2.5　熵的微观解释:玻尔兹曼方程 ······························ （24）

2.6　熵和无序度:矿物学应用 ···································· （27）

　　2.6.1　构型熵 ·· （27）

　　2.6.2　振动熵 ·· （31）

　　2.6.3　构型熵与振动熵的比较 ··························· （32）

2.7　第一和第二定律的合并陈述 ································· （35）

2.8　热平衡条件:第二定律的说明性示例 ······················ （36）

2.9　热发动机和热泵的有效率 ··································· （37）

　　2.9.1　热发动机 ··· （37）

　　2.9.2　热泵 ··· （38）

2.9.3　自然界中的热发动机 ···（39）

第3章　热力学势及其衍生性质 ···（42）

3.1　热力学势 ···（42）

3.2　封闭体系的平衡条件:用热力学势的公式化表示 ······················（44）

3.3　什么是自由能中的自由? ··（46）

3.4　麦克斯韦关系式 ···（46）

3.5　热力学方块:介绍一种记忆工具 ···（47）

3.6　蒸气压和逸度 ···（48）

3.7　衍生性质 ···（50）

　　3.7.1　热膨胀和压缩性 ··（51）

　　3.7.2　热容 ···（52）

3.8　Grüneisen 参数 ···（54）

3.9　热膨胀和压缩系数与 P-T 的关系 ··（56）

3.10　热力学导数综览 ··（57）

第4章　热力学第三定律和热化学 ···（58）

4.1　第三定律和熵 ···（58）

　　4.1.1　观察基础和表述 ··（58）

　　4.1.2　第三定律熵和剩余熵 ··（59）

4.2　热容函数的性质 ···（60）

4.3　对端元相固体的热容和熵的非晶格影响 ····································（64）

　　4.3.1　电子跃迁 ··（64）

　　4.3.2　磁转变 ···（65）

4.4　热力学零度的不可达到性 ···（67）

4.5　热化学:形式和约定 ··（68）

　　4.5.1　生成焓 ···（68）

　　4.5.2　Hess 定律 ··（69）

　　4.5.3　生成吉布斯自由能 ··（70）

　　4.5.4　热化学数据库 ··（70）

第5章　临界现象和状态方程 ··（73）

5.1　临界点 ···（74）

5.2　近临界和超临界性质 ··（76）

　　5.2.1　热和热物理性质的偏离 ··（76）

　　5.2.2　临界波动 ··（77）

5.2.3 超临界流体和近临界流体 ⋯⋯⋯⋯⋯⋯⋯⋯⋯⋯⋯⋯⋯（79）

5.3 水的近临界性质和岩浆-热液体系 ⋯⋯⋯⋯⋯⋯⋯⋯⋯⋯⋯（79）

5.4 状态方程 ⋯⋯⋯⋯⋯⋯⋯⋯⋯⋯⋯⋯⋯⋯⋯⋯⋯⋯⋯⋯⋯（82）

5.4.1 气体 ⋯⋯⋯⋯⋯⋯⋯⋯⋯⋯⋯⋯⋯⋯⋯⋯⋯⋯⋯⋯⋯（82）

5.4.2 固体和熔体 ⋯⋯⋯⋯⋯⋯⋯⋯⋯⋯⋯⋯⋯⋯⋯⋯⋯⋯（89）

第6章 相变、熔融和化学计量相反应 ⋯⋯⋯⋯⋯⋯⋯⋯⋯⋯⋯⋯（93）

6.1 吉布斯相律:初步讨论 ⋯⋯⋯⋯⋯⋯⋯⋯⋯⋯⋯⋯⋯⋯⋯（93）

6.2 相变和同质多象 ⋯⋯⋯⋯⋯⋯⋯⋯⋯⋯⋯⋯⋯⋯⋯⋯⋯（94）

6.3 相变的朗道(Landau)理论 ⋯⋯⋯⋯⋯⋯⋯⋯⋯⋯⋯⋯⋯（97）

6.3.1 概述 ⋯⋯⋯⋯⋯⋯⋯⋯⋯⋯⋯⋯⋯⋯⋯⋯⋯⋯⋯⋯（97）

6.3.2 关于二次系数的限定的推导 ⋯⋯⋯⋯⋯⋯⋯⋯⋯（99）

6.3.3 奇数次系数对相变的影响 ⋯⋯⋯⋯⋯⋯⋯⋯⋯⋯（100）

6.3.4 序参数与温度:二级和三临界相变 ⋯⋯⋯⋯⋯⋯（100）

6.3.5 朗道势与序参数:动力学含义 ⋯⋯⋯⋯⋯⋯⋯（101）

6.3.6 矿物学研究上的应用举例 ⋯⋯⋯⋯⋯⋯⋯⋯⋯（103）

6.4 *P-T* 空间中的反应 ⋯⋯⋯⋯⋯⋯⋯⋯⋯⋯⋯⋯⋯⋯⋯（104）

6.4.1 稳定和平衡条件 ⋯⋯⋯⋯⋯⋯⋯⋯⋯⋯⋯⋯⋯⋯（104）

6.4.2 *P-T* 斜率:克拉珀龙-克劳修斯方程 ⋯⋯⋯⋯⋯（105）

6.5 脱水作用的温度极大值和熔融曲线 ⋯⋯⋯⋯⋯⋯⋯⋯（106）

6.6 高压下熔融温度的推断 ⋯⋯⋯⋯⋯⋯⋯⋯⋯⋯⋯⋯⋯（110）

6.6.1 Kraut-Kennedy 方程 ⋯⋯⋯⋯⋯⋯⋯⋯⋯⋯⋯⋯（110）

6.6.2 Lindemann-Gilvarry 方程 ⋯⋯⋯⋯⋯⋯⋯⋯⋯⋯（111）

6.7 反应平衡 *P-T* 条件的计算 ⋯⋯⋯⋯⋯⋯⋯⋯⋯⋯⋯（112）

6.7.1 固定温度下的平衡压力 ⋯⋯⋯⋯⋯⋯⋯⋯⋯⋯（112）

6.7.2 同质多象相变效应 ⋯⋯⋯⋯⋯⋯⋯⋯⋯⋯⋯⋯（116）

6.8 高压下应用状态方程估算吉布斯自由能和逸度 ⋯⋯（118）

6.8.1 Birch-Murnaghan 状态方程 ⋯⋯⋯⋯⋯⋯⋯⋯⋯（118）

6.8.2 Vinet 状态方程 ⋯⋯⋯⋯⋯⋯⋯⋯⋯⋯⋯⋯⋯⋯（119）

6.8.3 Redlich-Kwong 状态方程和有关的用于液体的状态方程 ⋯⋯（119）

6.9 Schreinemakers 原理 ⋯⋯⋯⋯⋯⋯⋯⋯⋯⋯⋯⋯⋯⋯（121）

6.9.1 平衡反应的标记方法 ⋯⋯⋯⋯⋯⋯⋯⋯⋯⋯⋯（121）

6.9.2 自相符稳定判据 ⋯⋯⋯⋯⋯⋯⋯⋯⋯⋯⋯⋯⋯（122）

6.9.3 过量相的影响 ⋯⋯⋯⋯⋯⋯⋯⋯⋯⋯⋯⋯⋯⋯（123）

6.9.4 综述 ⋯⋯⋯⋯⋯⋯⋯⋯⋯⋯⋯⋯⋯⋯⋯⋯⋯⋯（124）

第7章　热压和地球内部的绝热过程 ·· (125)

7.1　热压 ··· (125)

7.1.1　热力学关系式 ··· (125)

7.1.2　地核 ·· (126)

7.1.3　岩浆-热液体系 ·· (128)

7.2　绝热温度梯度 ·· (130)

7.3　地幔和外圈地核的温度梯度 ··· (132)

7.3.1　上地幔 ·· (132)

7.3.2　下地幔和地核 ··· (133)

7.4　地球内部的等熵熔融 ·· (135)

7.5　地幔和地核中的热力学和地震波速的相关性 ························· (139)

7.5.1　弹性性质和声速的关系 ··· (139)

7.5.2　径向密度变量 ··· (140)

7.5.3　地幔中的过渡带 ·· (143)

7.6　绝热流动的焦耳-汤姆孙实验 ·· (145)

7.7　伴随有动力能和势能变化的绝热流动 ····································· (148)

7.7.1　伴随动力能变化的水平流动:伯努利方程 ·························· (148)

7.7.2　垂直流动 ··· (149)

7.8　地球内部物质的上升 ·· (151)

7.8.1　不可逆减压作用和地幔岩石的熔融 ·································· (151)

7.8.2　挥发物上升的热效应:结合流体动力学和热力学 ············· (153)

第8章　溶液热力学 ··· (155)

8.1　化学势和化学平衡 ··· (155)

8.2　偏摩尔性质 ··· (158)

8.3　偏摩尔性质的测定 ··· (160)

8.3.1　二元溶液 ··· (160)

8.3.2　多元组分溶液 ··· (161)

8.4　溶液中组分的逸度和活度 ·· (163)

8.5　用吉布斯-杜亥姆方程确定组分活度 ·· (166)

8.6　溶液的摩尔性质 ·· (167)

8.6.1　常用公式 ··· (167)

8.6.2　混合熵和活度表述的选择 ··· (169)

8.7　理想溶液和过热力学性质 ·· (169)

8.7.1　热力学方程式 ··· (169)

8.7.2 理想混合:关于组分的选择和性质 ·············· (171)

8.8 稀释溶液中溶解物和溶剂的特性 ······················ (172)

8.8.1 亨利定律 ·· (172)

8.8.2 拉乌尔定律 ·· (174)

8.9 水在硅酸盐熔融中的作用 ······························ (176)

8.10 标准状态:摘要与述评 ································ (179)

8.11 溶液的稳定性 ·· (180)

8.11.1 溶液的内在稳定性和不稳定性 ·············· (180)

8.11.2 外在的不稳定性:固溶体的分解作用 ········ (183)

8.12 旋节线,临界点和双结线(或溶离线)的条件 ········ (185)

8.12.1 热力学方程式 ·· (185)

8.12.2 上限和下限临界温度 ······························ (189)

8.13 出溶作用中的相干应变效应 ·························· (191)

8.14 旋节线的分解 ·· (193)

8.15 固溶线测温法 ·· (195)

8.16 场势中的化学势 ·· (196)

8.16.1 公式表示 ·· (196)

8.16.2 应用 ·· (197)

8.17 渗透平衡 ·· (200)

8.17.1 渗透压和逆向渗透 ·································· (200)

8.17.2 渗透系数 ·· (201)

8.17.3 溶质摩尔质量的测定 ······························ (202)

第9章 非电解质溶液的热力学和混合模型 ·············· (203)

9.1 离子溶液 ·· (203)

9.1.1 单晶位,子点阵和交互溶液模型 ·············· (204)

9.1.2 无序溶液 ·· (207)

9.1.3 成对置换作用 ·· (208)

9.1.4 离子熔融:特姆金模型和其他模型 ············ (208)

9.2 二元体系的混合模型 ·································· (209)

9.2.1 Guggenheim 或 Redlich-Kister 模型,简单混合和规则溶液模型
·············· (209)

9.2.2 亚规则模型 ·· (211)

9.2.3 Darken 二次方程式 ·································· (213)

9.2.4 准化学及相关模型 ·································· (214)

9.2.5　无热溶液,Flory-Huggins 模型和 NRTL(非随机双位置)模型 ………

………………………………………………………………………… (217)

9.2.6　Van Laar 模型 ……………………………………………………… (219)

9.2.7　伴生溶液 …………………………………………………………… (221)

9.3　多元组分溶体 …………………………………………………………… (224)

9.3.1　幂级数多元模型 …………………………………………………… (224)

9.3.2　投射多元模型 ……………………………………………………… (225)

9.3.3　幂级数模型和投射模型的比较 …………………………………… (226)

9.3.4　更高次相互作用项的估算 ………………………………………… (227)

9.3.5　具有多位置混合的固溶体 ………………………………………… (227)

9.3.6　结论 ………………………………………………………………… (228)

第 10 章　含有溶体和气体混合物的平衡 ……………………………………… (229)

10.1　反应程度和平衡条件 …………………………………………………… (229)

10.2　化学反应的吉布斯自由能变化和亲和性 ……………………………… (231)

10.3　吉布斯相律和杜亥姆定理 ……………………………………………… (232)

10.3.1　相律 ………………………………………………………………… (232)

10.3.2　杜亥姆定律 ………………………………………………………… (234)

10.4　化学反应的平衡常数 …………………………………………………… (235)

10.4.1　与活度积相关的定义和方程 ……………………………………… (235)

10.4.2　平衡常数与压力和温度的关系 …………………………………… (237)

10.5　固体-气体反应 ………………………………………………………… (238)

10.5.1　太阳星云的凝聚 …………………………………………………… (238)

10.5.2　金星的表面-大气圈相互作用 …………………………………… (241)

10.5.3　陨石中干燥气相为介质的金属-硅酸盐反应 …………………… (242)

10.5.4　蒸气组成对平衡温度的影响:温度 T 与 X^V 的关系图 ……… (243)

10.5.5　变质和岩浆体系的挥发性组成 …………………………………… (246)

10.6　固体和熔体之间的平衡温度 …………………………………………… (248)

10.6.1　低共熔体和包晶体系 ……………………………………………… (248)

10.6.2　固溶体体系 ………………………………………………………… (250)

10.7　共沸混合体系 …………………………………………………………… (252)

10.8　固-液相图的解读 ……………………………………………………… (254)

10.8.1　共熔体系和包晶体系 ……………………………………………… (254)

10.8.2　二元固溶体的结晶作用和熔融 …………………………………… (255)

10.8.3　熔融线和固溶体分解线的交叉现象 ……………………………… (257)

10.8.4 三元体系 ·· (258)

10.9 自然体系:花岗岩和月球玄武岩 ·························· (260)

10.9.1 花岗岩 ·· (260)

10.9.2 月球玄武岩 ·· (261)

10.10 低共熔点温度及组成与压力的关系 ···················· (262)

10.11 非纯体系中的反应 ···································· (265)

10.11.1 含固溶体的反应 ···································· (265)

10.11.2 计算实例 ·· (268)

10.11.3 含固溶体和气体混合物的反应 ························ (270)

10.12 从相平衡实验获取活度系数 ···························· (273)

10.13 相的平衡丰度和组成 ·································· (276)

10.13.1 在恒定 P-T 条件下的封闭体系 ···················· (276)

10.13.2 采用压力-温度以外的其他变量条件 ················ (279)

第 11 章 地质体系中的元素分馏作用 ························ (283)

11.1 主要元素的分馏作用 ·································· (283)

11.1.1 交换平衡和分配系数 ································ (283)

11.1.2 作为温度和压力的函数的 K_D ······················ (284)

11.1.3 K_D 随组成的变化 ·································· (286)

11.1.4 热力学地质温度计 ·································· (288)

11.2 矿物和熔体之间的微量元素分馏作用 ···················· (290)

11.2.1 热力学公式 ·· (290)

11.2.2 应用 ·· (293)

11.2.3 配分系数的估算 ···································· (295)

11.3 金属-硅酸盐分馏作用:岩浆洋和地核的形成 ·············· (297)

11.3.1 金属-硅酸盐配分系数随压力的变化 ·················· (301)

11.3.2 金属-硅酸盐分配系数随压力的变化 ·················· (302)

11.3.3 Ni-Co 的配分和分配系数随压力的变化 ················ (303)

11.4 温度和氧逸度 $f(O_2)$ 对金属-硅酸盐配分系数的影响 ······ (304)

第 12 章 电解液和电化学 ·································· (306)

12.1 化学势 ·· (306)

12.2 活度和活度系数:平均离子架构 ························ (307)

12.3 质量平衡关系 ·· (308)

12.4 标准状态的约定和性质 ································ (309)

12.4.1 溶质标准态 ·· (309)

12.4.2　离子的标准态性质 ·· (310)

12.5　平衡常数,溶度积和离子活度积 ·· (311)

12.6　离子活度系数和离子强度 ·· (312)

12.6.1　Debye-Hückel 定律及其相应方法 ······························· (312)

12.6.2　平均盐方法 ·· (314)

12.7　多组分高离子强度和高压高温体系 ······································ (315)

12.8　矿物稳定场活度图 ··· (319)

12.8.1　计算方法 ·· (319)

12.8.2　应用 ··· (321)

12.9　电化学电池和能斯特方程 ·· (325)

12.9.1　电化学电池和半电池 ·· (325)

12.9.2　电池的电动势和能斯特方程 ·· (326)

12.9.3　半电池标准电动势和全电池反应 ·· (326)

12.10　水溶液中氢离子活度:pH 和酸度 ·· (327)

12.11　Eh-pH 稳定场图 ··· (327)

12.12　海水的化学模型 ··· (331)

第13章　表　面　效　应 ··· (335)

13.1　表面张力和能量 ··· (336)

13.2　表面热力学函数和吸附作用 ·· (337)

13.3　温度、压力和组成对表面张力的影响 ·································· (339)

13.4　裂纹扩展 ··· (340)

13.5　晶体的平衡形状 ··· (341)

13.6　接触角和双面角 ··· (343)

13.7　双面角与互连的熔体或流体通道的关系 ······························· (347)

13.7.1　岩石中熔融相和熔体薄膜的连通性 ···································· (348)

13.7.2　地球和火星中内核的形成 ·· (350)

13.8　表面张力和晶粒粗化 ··· (353)

13.9　颗粒大小对溶解度的影响 ·· (355)

13.10　出溶片晶的粗化作用 ··· (357)

13.11　成核作用 ··· (359)

13.11.1　理论 ··· (359)

13.11.2　陨石中金属的微观结构 ··· (360)

13.12　晶粒大小对矿物稳定场的影响 ·· (363)

附录 A 熵产生率和动力学问题 ·········· (367)

  A.1 熵产生率:不可逆过程中共轭的流和力 ·········· (367)

  A.2 流和力的关系式 ·········· (370)

  A.3 热扩散和化学扩散过程:与经典方程的比较 ·········· (370)

  A.4 昂萨格倒易关系及其热力学应用 ·········· (372)

附录 B 若干数学关系式的讨论 ·········· (374)

  B.1 全微分和偏微分 ·········· (374)

  B.2 状态方程,恰当和不恰当微分以及曲线积分 ·········· (375)

  B.3 倒数关系 ·········· (376)

  B.4 隐函数 ·········· (377)

  B.5 积分因子 ·········· (378)

  B.6 泰勒级数 ·········· (379)

附录 C 固体的热力学性质的估算 ·········· (381)

  C.1 氧化物构成的端元矿物的 C_P 和 S 值的估算 ·········· (381)

    C.1.1 组分的线性组合 ·········· (381)

    C.1.2 熵值的体积效应 ·········· (382)

    C.1.3 熵值的电子排布效应 ·········· (382)

  C.2 焓,熵和体积的多面体近似方法 ·········· (383)

  C.3 混合焓的估算 ·········· (385)

    C.3.1 弹性效应 ·········· (385)

    C.3.2 晶体场效应 ·········· (387)

参考文献 ·········· (389)

主题索引 ·········· (420)

第 1 章 绪 论

"我必须坦承,较之大多数其他物理学定律而言,我对热力学定律似有异样的领会。"

——P. W. Bridgman

本章将讨论热力学的性质及其所要处理的问题的类型,并要归纳一些基本的概念,这些概念涉及热力学所描述过程的性质、作为热力学重要基础的机械功的概念,以及若干原子学的概念。后者对于在宏观水平上深入认识热力学所处理体系的热和能的性质意义重大。本章最后还简要讨论了单位和换算因子。

1.1 热力学的性质和范围

热力学处理一种形式的能转化为另一种形式的能的问题。经典热力学出现于19 世纪。经典热力学的基本概念的发展如同机械学、电学和磁学一样,走在物质原子学或微观状态学的现代概念发展的前面。另外还有一种近代发展的非经典热力学的分支,即不可逆过程热力学。经典热力学定律的公式来自对宏观尺度上实验结果的推导。因此,热力学定律基本上是经验性的,并且热力学定律所有效处理的体系含有大量达到阿伏伽德罗常数数量级(10^{23})的原子数或分子数。当然,现在知道体系的宏观性质(诸如压力、温度、体积等)其实都是由于组成体系的原子或分子的移动和相互作用。热力学本身对于热力学定律的原理及其物质的热力学性质并不提供任何根本性的说明。

对宏观性质的处理,即根据大数量的微观原子或分子的适当统计平均值构成了**经典**统计热力学的主体。虽然统计热力学提供了体系的宏观和微观性质之间的分析关系,但实际上要从这样一种关系中来计算宏观性质还是很困难的任务。这是因为我们尚缺少对微观实体的能量性质的精确了解,以及计算本身的困难。但是,近些年来在上述两方面都取得了长足进步,出现了**分子动力学**或分子动力模拟的研究学科。这些模拟研究表明了统计力学和经典力学的结合,并且通过进一步研究微观相互作用,以及比较预测和实际测定的宏观性质,从而在分子尺度上更精细地认识能量性质,这就可以预测热力学和其他宏观性质。此外,由于在计算技术上误差的减少,采用**纯量子化学**方法所进行的热力学性质的计算也取得了极大的进展。

经典热力学的基本概念主要来自于由热和机械功相互转换问题的研究,众所周知的"工业革命"也是由此激发而来的。这种转换问题的研究势必要考虑众多宏观变量的相互关系,并且要描述一个宏观体系在各种强加条件下的平衡状态(当一个体系达到与强加条件相一致的平衡时,各种宏观尺度的性质不但保持不变,而且只要这些强加条件不变,它们也不随时间而改变)。热力学所阐明的就是一个体系的宏观平衡状态仅仅依赖于体系外部的强加条件,诸如压力、温度、体积,而与其初始条件或过程无关。从学科发展史来看,热力学不同于牛顿的经典力学,后者基于初始条件来预测体系的运动进程。

经典热力学研究能量问题,因此,从广泛意义上说,大凡物理学、化学、生物学、地质学以及实际工程学的许多重要概念的发展无不受其重大影响。当然,这门学科需要一定程度的数学知识,但这对于一个乐意委身(甚至不一定委身)于理工科的学生来说不是一个问题。然而,热力学又是具有严密逻辑结构因而常常是很精细又很难的学科。这些特点决定了热力学这门学科既容易学习,而完全认识其内涵又很难。

热力学的理论基础是三大定律,即热力学第一、第二和第三定律,其中第一和第二定律构筑了该学科的大部分内容。对于通过纯粹的实验观察进行体系分析,从而逻辑地导出一个突破性的物理原理来说,热力学第二定律可以说是一个极佳的例子。由于热力学的基本概念是不依赖任何微观模型的,所以这些概念不受任何有关这些微观模型变化的影响,也就是说,如果这些模型被发现有问题,却对热力学定律的有效性没有任何影响,当然对于热力学因微观世界的新发现而发展到量子化理论也就没有任何作用。

1.2　不可逆过程和可逆过程

考虑一个充气的带移动活塞的刚性圆筒,其内部气压为 P_{int};经由活塞作用到气体的外部的压力为 P_{ext}。如果 $P_{int} > P_{ext}$,则气体将膨胀。假设其快速膨胀到一个特定的体积 V_f。在此快速膨胀过程中,气体本身处在一个混乱运动的状态,从宏观的角度甚至都能观察得到。接下来,又把气体快速压缩回初始的体积 V_i。那么一段时间后,气体的状态将和活塞移动前的状态完全一样,但是在压缩过程中的各个中间状态与膨胀过程中的各个中间状态是不一样的。这个过程称为**不可逆过程**。

如图 1.1 所示,设气体的初始体积为 V_i,经由若干很小的体积扩张的步骤,达

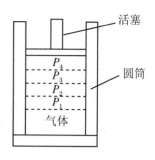

图 1.1

到最终的体积 V_f，其中每一步都保持足够长的时间，让内外压力达到平衡。如果将上述过程反转过来，那么，在给定的每一个活塞的位置，气体的压力 P_3 无论在其膨胀或压缩过程中都是一样的，但在膨胀或压缩过程中的两个位置之间，例如 P_3 和 P_4 之间的某个位置，不同过程的压力是不一样的。然而，两步的间隔可足够小，以至在任意给定的活塞位置，膨胀过程的气体状态与压缩过程的气体状态完全相同。这个例子即所谓的**可逆过程**或**准静态过程**。可见，可逆过程可以足够慢的速率实现，以至过程中任何状态的体系性质与平衡状态下的性质的差异无限小。这个过程叫作可逆过程正是因为外部条件非常非常小（无限小）的变化即可造成体系转换变化方向。

所有自然过程都是不可逆的，但一个自然过程也可能发生得足够慢而近似于一个可逆过程。这意味着自然体系的状态发生显著变化所需的时间（Δt）要大于该体系趋于平衡的时间，后者也常称为弛豫时间（τ）。弛豫时间的范围很大，取决于体系的性质和由于状态条件的改变而产生的体系的扰动。如上面所涉及的气体膨胀问题，可以证明 $\tau \approx V^{1/3} C$，其中 V 是活塞空腔的体积，C 是气体中的声速（Callen，1985）。对于地质或行星过程中的矿物反应来说，τ 常常高达数百万年。

1.3 热力学体系、边界和变量

宇宙中的任何一个用作热力学分析的确定部分构成了一个热力学体系。而其以外的其他宇宙部分则叫作环境。体系与环境即由所谓的界面隔开。体系可归纳为以下类型：

开放体系：能够通过界面与周围环境交换能量和物质的体系。

封闭体系：能够通过界面与周围环境交换能量但不能交换物质的体系。

孤立体系：无法通过界面与周围环境交换能量和物质的体系。

与上述不同的体系相对应，热力学还划分了以下不同类型的界面：

透热或非绝热界面：物质不能渗透，但因导热性能传递热量的界面。

绝热界面：物质和热量均不能传递的界面。如果外力场（如重力场）的影响忽略不计，那么由绝热界面所包围的体系仅能为界面移动造成的膨胀或压缩所影响。例如，灌满液氮或液氦的杜瓦瓶的双层内真空外壁就是极佳的绝热界面。如果忽略外力影响，这种完全由绝热界面所包围的体系就组成了一个孤立体系。

半渗透界面：这类界面允许物质选择性传递，因而也叫作半渗透膜。例如，铂和钯能透过氢气，但不能透过氧气和水（在实验岩石学中，利用这一性质可以有效

活塞

圆筒

气体

地控制氧逸度,见 Eugester,Wones(1962))。

正如以后要讨论的,热力学界面的概念在导出确定一个体系趋于平衡的条件方面扮演着重要的作用(深入讨论见 Lavenda(1978))。热力学势都是仅指其平衡状态而言的。这样,既然热力学势不是对非平衡状态定义的,那么对于确定一个要趋于平衡的体系的热力学势来说,多少就有些矛盾。要解决这一问题,希腊裔德国数学家卡拉西奥多里(Constantin Carathéodory,1873～1950)引进了**组合体系**的概念。在该体系中,各子体系为特定的界面所分隔。每一个子体系处在由内部和外部界面所强制的平衡条件下,因而有确定的热力学势值。如果将各子体系分隔的内部界面用不同类型的界面代替,则体系就要对于新的限制条件重新调整平衡。这个过程就将一个体系的平衡演化问题简化到一个连续的平衡状态的问题。关于"组合体系"概念的一些应用例子将在后文述及。

热力学的变量广义上可分成两组:**广度变量**和**强度变量**。广度变量的数值取决于该体系的范围或大小。它们具有可加性,即一个体系的一个广度变量 E 是每个子体系的广度变量 E_s 的总和($E = \sum E_s$)。如体积、热量和质量都是熟知的广度变量的例子。另一方面,任何一个强度变量的值与体系的大小无关,例如压力、温度、密度等等。它们不具备可加性,因此,如果体系处于平衡,则体系中任意一点的强度变量值与其他点上的值相同。

但对于每一种广度变量来说,有可能找到与其共轭的一个强度变量,使它们的乘积具有能量量纲。例如,如果 $E =$ 体积(V),则其共轭变量为 $I =$ 压力(P);而如果 $E =$ 面积(A),则共轭变量为 $I =$ 表面张力(σ);若 $E =$ 长度(L),则共轭变量为 $I =$ 力(F)。

1.4　功

如力学中所定义的,机械功是物体在外力作用下位移的结果。如果作用力 F 的方向与物体位移的方向不同,则功的大小需要考虑作用力 F 在物体位移方向上的分力。设 F 在物体沿 x 轴位移 ΔX 的过程中为常数,则其在 x 轴上的分力 F_x 所做的功,等于 F_x 和 ΔX 的乘积,即

$$W = F \cdot \Delta X = F\Delta X\cos\theta \tag{1.4.1}$$

其中 θ 是作用力与位移方向之间的角度(图1.2)。如果力是变化的,则该力将物体从 x_1 位移至 x_2 所做的功等于

$$W = \int_{x_1}^{x_2} F_x \mathrm{d}x \tag{1.4.2}$$

(如果位移呈曲线,则功由其沿着曲线的线性积分给出)为了计算 $F_x\mathrm{d}x$,F_x 必须是

x 的函数。如果作用力没有让物体位移，则就是没有做功。设想一个人长期推着一堵墙累得半死，而墙并不倒下的话，那他什么功也没做。另一方面，如果没有任何阻止位移的外力，那么，即然没有作用力，也就没有功。

如果作用力的方向和物体位移的方向之间的角度大于 $90°$，小于 $270°$，则说明作用力在该物体上做的是负功，因为在该 θ 范围内，$F\cos\theta < 0$。下面就会涉及一个做负功的例子，即当物体被向上抛时，重力 mg 所做的功就是一个负功，其中 m 是物体的质量，g 是重力加速度（力的大小等于质量乘上加速度）。因为重力的方向朝下，而力与位移方向的夹角为 $180°$（图 1.2），因此，重力所做的功等于 $mg\cos180°\Delta h = -mg\Delta h(\Delta h > 0)$。

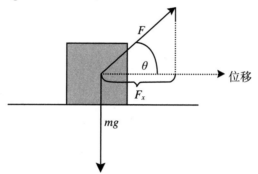

图 1.2　将物体沿水平方向移动的作用力（F）做功示意图

重力 mg 的方向朝下，而当物体向上移动时重力做负功

在热力学中体系和环境是常提的概念。一个体系可以对环境做功，环境也可以对一个体系做。用符号 W^+ 和 W^- 分别表示体系对环境做功和环境对体系做功。显然，在一个给定的过程中，$W^+ = -W^-$。热力学中特别有意义的是与体系的体积改变有关的功。例如，在一个有移动活塞的圆筒内装满气体（图 1.1），气体作用在筒壁上的压强为 P，则气体在活塞上的作用力就等于 P 乘上活塞的面积 A（即 $F = PA$）。如果筒内的压强超过外面的压强 P_{ex}，则气体会膨胀。如果膨胀得很快，则气体处在扰动中，因而压强不再一致，气体膨胀所做的功就无法计算。然而，如果膨胀过程足够慢以至压强一致，则活塞从位置 x_1 移动到 x_2，气体所做的功为

$$W^+ = \int_{x_1}^{x_2} (P_g A)\mathrm{d}x \tag{1.4.3}$$

因为其中 $A\mathrm{d}x$ 等于气体体积无穷小的改变值 $\mathrm{d}V$，所以气体的慢性膨胀使活塞位移所做的功为

$$W^+ = \int_{v_1}^{v_2} P_g \mathrm{d}V \tag{1.4.4}$$

或写成微分形式为 $\delta W^+ = P_g \mathrm{d}V$，其中 δ 指偏微分（见附录 B），而对气体所做的功则为 $\delta W^- = -P_g \mathrm{d}V$。该偏微分的积分值不仅仅取决于初始和最终状态，而且还取决于连接这两端状态的途径。一般来说，做功的大小取决于实现特定状态改变

所经历的途径,可用图1.3加以说明。图中,沿实线所示 A 到 B 的途径气体膨胀,它所做的功可由沿该实线的 PdV 的积分给出,即等于图中 A 和 B 的连线及两垂直线所包括的面积;而环境对气体所做的功则由沿 B 到 A 的虚线的 PdV 的积分给出。所以圆筒气体所做的净功可用实线和虚线所夹的面积来表示。

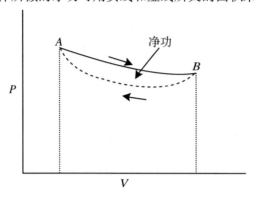

图1.3　气体沿一定途径膨胀和压缩过程做功示意图

当沿实线 A 到 B 膨胀中气体所做的功由 AB 实线下两条垂直虚线所围的面积确定;当气体沿虚线途径从 B 回到 A 时,则在活塞循环过程 $A \to B \to A$ 中气体所做的净功则由连接 A 和 B 的实线和虚线所围的面积给出

事实上,无论容器的形状是什么样的,方程(1.4.4)都成立(有兴趣的读者可参见 Fermi(1956)的证明)。另外,Zemansky 和 Dittman(1981)也强调了该方程在以下条件下也成立:①不管活塞和筒壁之间有无摩擦存在;②不管体系中是否是非机械的不可逆过程,也不管气体中的压强是否均一。摩擦是阻止气体膨胀的外力的一部分。当气体被压缩时,从外面作用到活塞上的力必须超过筒内 P_g 和活塞摩擦所产生的阻力。这种情况下,作用在气体(被选作体系)上的无限小的功则为 $\delta W^- = -P_{ex}dV$。但是,如果仅仅用 P_g 来计算膨胀和压缩过程中作用在气体上的功的话,那么,P_g 和 P_{ex} 必须相等,所以就需要摩擦为零这样一个条件。

如果摩擦忽略不计,那么,无论是膨胀或压缩造成体积改变而对体系所做的无限小功都可以用体系中相同的压强来表达,即

$$\delta W^- = -PdV \tag{1.4.5}$$

当气体膨胀时,$dV>0$,因而 $\delta W^-<0$,即对体系做了负功(或对环境做了正功);当气体被压缩时,$dV<0$,则 $\delta W^->0$,即对体系做了正功。

除了上述由物体膨胀所做的功,即通常所说的 PV 功以外,还有其他一些类型的共轭作用力造成的位移所做的功。例如,由电位差的电荷移动所做的电力功,该功可用来驱动电动机。再如,当举起重物时,重力所起的重力功,还有磁化力功;表面张力功等等。各种类型的功在热力学中都很重要,主要的问题在于要正确地鉴别何种共轭力及其造成的位移。然而,PV 功在热力学的基本概念的发展中扮演

了无可替代的最重要的作用。所以,在本书之后的讨论中,将除 PV 功以外所有的功用一个符号 ω 来表示,其所采用的正负号也有和 PV 功一样的意义。

习题 1.1 设 1 mol 的理想气体,其状态方程为 $PV = RT$,其中 R 是气体常数($R = 8.314\,\mathrm{J \cdot mol^{-1} \cdot K^{-1}} = 1.987\,\mathrm{cal \cdot mol^{-1} \cdot K^{-1}}$),$T$ 是热力学温度。试用 P 和 T 来表述由气体的状态改变引起的体积变化所做的功。气体状态从 $A(P_1, T_1)$ 到 $D(P_2, T_2)$,分别沿两条不同的途径,如图 1.4 中的 ABD 和 ACD。注意,由于途径不同,所做的功是不同的,即便所积分的两头端点的状态相同。

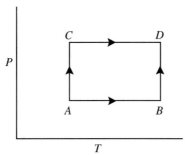

图 1.4 在 P-T 条件下气体状态从 A 沿两条不同途径到达 D,
即 $A \rightarrow B \rightarrow D$ 和 $A \rightarrow C \rightarrow D$

习题 1.2 设图 1.2 中的物体在一个粗糙的表面上做水平移动。试问此时摩擦力 f_s 所做的是正功还是负功? 请给出该功的表达式。

1.5　稳定和亚稳定平衡

经典热力学只涉及一定条件下体系的平衡状态。那么,什么是平衡状态呢?在讨论不同类型条件下平衡状态的热力学判断依据以前,先用大家熟悉的较易明白的物理学例子来了解一下所谓的稳定和亚稳定平衡。

如图 1.5 所示,小球从斜坡滚下,达到势能更低的位置。但是,在此过程中,小球可能被搁置在斜坡的波浪型谷底(位置 a),或者它也可能进一步到达位置 b。当球在位置 a 时,则称它处于**亚稳定平衡**。说它是亚稳定的,是因为它不是永远稳定的,而只有在保持其四周屏障或球的位置不受足以致使其跃过屏障的扰动下,小球才是稳定的。一旦去掉屏障(例如,由于侵蚀作用),那么,小球最终可以滚下斜坡到达坡底或者在另一个屏障前被挡,但再也不能从低的位置独自回到原先的位置 a。

当球在位置 b 时,即处在**不稳定状态**。当球具有足够的能量到达其所能达到的最低势能的位置时,即所谓**稳定平衡**。本例中,小球滚到坡底平地上可视作稳定平衡。稳定状态是指一种条件,它不一定代表最低的能态,而是该能态不再随时间而变化。

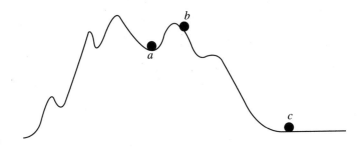

图 1.5　图中小球分别处在亚稳定(a)、不稳定(b)、稳定(c)状态的位置

1.6　晶格点阵振动

分子和晶体的热力学性质与平衡的晶格位置的原子的振动性质有关。下面讨论一些有关分子和晶格振动的基本概念,以利于后面章节中的有关结晶物质热力学性质的讨论。

一般来说,每一种分子的运动,诸如平动、转动和振动,都影响到分子的总能量。几乎所有的原子质量都集中在原子核里,电子质量可忽略不计。以原子质量单位(amu)计,一个电子的质量为 0.000549,而质子和中子的质量分别是 1.0073 和 1.0087。原子核的半径约为 10^{-13} cm 量级,而一个分子的半径大约为 10^{-8} cm 量级。因此,可以把分子的所有原子的质量设想为集中在个别点上。这些即所谓一个分子的**质点**(或者多分子组成体系的质点)。为了确定空间中每一个质点的瞬时位置,需要有三个坐标。确定一个体系的所有质点所需的坐标数称为自由度数,即一个含有 N 个原子的体系具有 $3N$ 个自由度数。

分子的振动和转动构成了其内部运动。从量子力学理论可以知道与分子的位移和内部运动有关的能量变化是不连续的,是以不连续的能级变化的。分子的能谱由一组**量子化能级**组成。分子的相邻量子化能级之间的差异 Δ 的大小次序为 Δ(振动)$>\Delta$(转动)$>\Delta$(平动)。但是,平动的能级差异很小以至可看作是连续的。转动能则是动力性质的,而振动能则由动能和势能两者组成。其中势能来自振动作用中分子的原子之间的相对位置,而动能来自振动作用中原子的移动速度。

振动双原子分子的最简单模型是**谐振子模型**,其中力 F 与从平衡位置离开的位移 x 成正比,此即**胡克定律** $F = -Kx$,K 是作用力常数。由于力等于负的势能 φ 的梯度(即 $F = -\mathrm{d}\varphi/\mathrm{d}x$),因此,对于谐振子模型可以得到以下将势能作为 x 的抛物线函数的表达式

$$\varphi(x) = \frac{1}{2}Kx^2 \qquad (1.6.1)$$

上式所对应的原子的平衡位置为 $x=0$。根据量子力学,具有谐振子性质的双原子分子的振动能 E_v 满足方程

$$E_v(n) = (n + \frac{1}{2})h\nu \qquad (1.6.2)$$

其中,n 是连续整数(量子数),h 是普朗克常数($h=6.626\times10^{-34}$ J·s),ν 是振动频率。$(1/2)h\nu$ 为**零点能**,因为这是当 $n=0$ 时的能量,也是量子力学中"不确定原理"的结果。一个特定振子的振动频率可由力的常数和振动原子的质量确定,一般是每秒 $10^{12}\sim10^{14}$。这样,按照上式,谐振子的各个振动能级在零点能级以上可分成相同的间隔。图 1.6 显示了一个假设的双原子分子的势能的谐振子模型和振动能级。

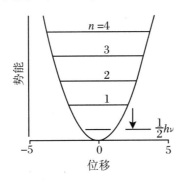

图 1.6　采用谐振子模型的双原子分子的势能曲线和振动能级示意图

然而,谐振子模型一般来说并不适合分子或晶体的原子振动。事实上,振动是**非谐**的,因此势能曲线并非对称的,并且随着量子数的增加,在两个振动能级之间的间隔减小。例如,图 1.7 表示了氢气分子的势能曲线和振动能级。由于非谐效应,复原力非常弱,最终在最大振幅处变为零,导致分子分解。如果不是非谐的,则不会分解。热膨胀发生时晶体中振动原子的平均位置有位移,最极端的情况便是分子的分解。如果势能的变化按谐振子模型呈抛物线,则平均位置将保持相同,而不出现任何膨胀。同样,如果势能曲线呈抛物线也不可能出现原子在固体中的扩散作用,除非由量子力学的隧道效应造成。

振动的非谐模型对能级间隔的影响的算项可加在式(1.6.2)的右边。尽管谐振子模型很有限,但仍如以后将看到的,该模型常被用于开发热力学性质的原子模型。在势能曲线近似于抛物线的低温条件下,该谐振子模型给出相当好的结果。如图 1.6 所示,此即**准简谐近似**。

具有振动能 $h\nu$ 的量子叫作**声子**。原理上说,一个晶体的热力学性质可以根据其平均振动能计算得到。为此,需要知道分配函数 $g(\nu)$(图 1.8),该函数给出一定振动频率下的谐振子数。函数 $g(\nu)$ 即**声子态密度**。在频率 ν_1 和 ν_2 范围内的谐振子数等于 $g(\nu)d\nu$ 在该频率范围内的积分,或若频率间隔很小的话就等

乘积 $g(\nu)\Delta\nu$。

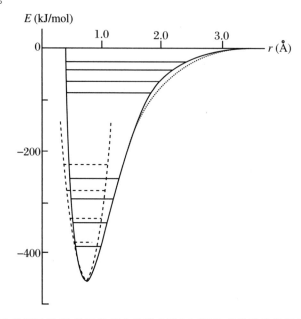

图 1.7 图中分别显示 H_2 分子势能曲线的实验(实线)和理论计算结果(点线和虚线)
虚线代表谐振子模型,水平线代表了量子能级。图中可见,采用振动能级的谐振子模型与最初的五个量子能级的势能曲线很相符(McMillan,1985)

在晶体格子中的各个振动都是相关的,这种具有相关性的集体运动导致穿越晶体的行波。这些行波称作晶格波形,分为两个频支,即**光波形**和**声波形**(图1.8)。它们分别与光波和声波相互作用。光波形具有高频率,因而主要在高温下被激发,而声波形具有相对较低的频率,因而主要在低温下被激发。

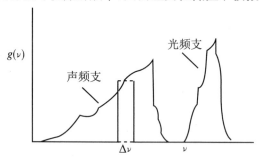

图 1.8 晶体声子态密度示意图
乘积 $g(\nu)\Delta\nu$ 近似等于在较小频率间隔 $\Delta\nu$ 内的谐振子数

晶格振动的早期理论基础由爱因斯坦(Einstein,1907)奠定。他提出了有关固体中声子或弹性波能量量子化的基本理论。该理论假定晶体中的各个原子环绕它们各自的平衡位置以相同的频率振动,并且相互独立。这一频率 ν_E 也称为爱因斯坦频率,位于晶体的光频和声频之间。德拜(Debye,1912)进一步发展了爱因斯坦理论,他提出态密度 $g(\nu)$ 作为振动频率的函数而连续增加,直到振动频率达到后来被称为德拜频率 ν_D 的一个临界点值。概略地说,这就是声子态密度的声频支的性质。

基于爱因斯坦和德拜的理论,人们也分别相应地称相关温度为爱因斯坦温度 Θ_E 和德拜温度 Θ_D。它们是无量纲的值,定义为 $(h/(2\pi k_B))$ 和各个频率的乘积,其中 h 和 k_B 分别是普朗克(Planck)常数和玻尔兹曼(Boltzmann)常数,即

$$\Theta_E = \frac{h\nu_E}{2\pi k_B} \tag{1.6.3}$$

$$\Theta_D = \frac{h\nu_D}{2\pi k_B} \tag{1.6.4}$$

1.7 电子构型和晶体场效应

1.7.1 电子壳层、亚壳层和轨道

按照量子理论,任何一个原子中的电子都绕着原子核(由质子和中子组成)以量子化或离散能级转动。各电子壳层和亚壳层的所有能级可按照量子力学原理被分组,归纳如下:

(1) 不同能级的电子壳层由其主量子数 n 来表征,K 层为 $n=1$,L 层为 $n=2$,M 层为 $n=3$,N 层为 $n=4$。

(2) 在每一壳层中还有若干亚壳层,以角量子数 l 来表征,是整数值。对给定的 n 值,共有 $0\sim n-1$ 个亚层。所以,对 K 层来说,$n=1$,只有一个 $l=0$ 的亚层;L 壳层($n=2$)有两个 l 亚层,分别是 $l=0, l=1$;M 壳层($n=3$)有三个 l 亚层,分别是 $l=0, l=1, l=2$;以此类推(注意,一个壳层中 l 亚层的数目与表征该壳层的主量子数值相同)。

(3) 在 s 亚层($l=0$),只有一个电子轨道,并且该轨道呈球形对称,而 p 亚层($l=1$)有三个轨道;d 亚层($l=2$)有五个轨道;f 亚层($l=3$)有七个电子轨道。p,d 和 f 电子轨道均具方向性。图 1.9 说明了 d 轨道的方向性。一个亚层的电子轨道用磁量子数 m_l 来表征。对一个给定的角量子数 l 值来说,其磁量子数值为 0,$\pm 1, \pm 2, \cdots, \pm l$。例如,对 p 亚层来说,角量子数 $l=1$,磁量子数 m_l 为 $0, +1$ 和 -1,分别对应三个 p 轨道。可见,一个亚层的电子轨道总数为 $2l+1$。

(4) 每个电子还有自旋量子数 m_s,其值为 $+1/2$ 或 $-1/2$(可以设想一个电子绕其自身的轴旋转,而同时又绕着原子核旋转,就像地球或其他行星自转并又绕太阳旋转一样;两种旋转方式可以很方便地朝上(↑)和朝下(↓)两种方式来表示)。

按照泡利(Pauli)不相容原理,两个电子不能具有完全相同的量子状态,即完全相同的 n,l,m_l 和 m_s 量子数。因此,每个电子轨道只可以被两个以下的电子占有。当两个电子占有一个轨道时(即具有相同的 n,l 和 m_l 量子数),它们必须有相反自旋量子数,即 $+1/2$ 和 $-1/2$。因为一个亚层共有 $2l+1$ 个电子轨道,所以一个亚层的总电子数不大于 $2(2l+1)$。

(5) 当游离原子或离子中的电子轨道简并时,电子在轨道中的分配是使未成对的自旋电子数达到最大,此即**亨德定律(Hund's rule)**。例如,离子 Fe^{2+} 中的 3d 亚层中有 6 个电子,它们都处在一定的能级。根据亨德定律,在一个 d 轨道上必有两个以相反方向自旋的电子(结果是净自旋为零),而其他四个 d 轨道的每一个都仅有一个电子,它们的自旋方向相同。原子或离子的电子构型写成 n^m 形式,其中 n 是亚层,m 是该亚层的电子数。例如,Fe 的电子构型是 $1s^2 2s^2 2p^6 3s^2 3p^6 3d^8$。

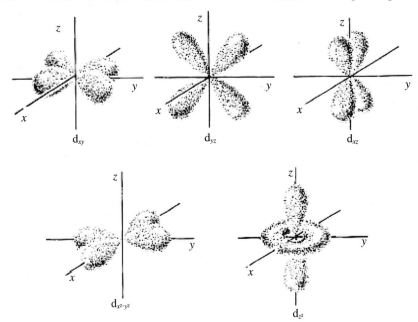

图 1.9　球形对称环境中能量简并的五种 d 轨道的空间取向示意图

图中 d_{z^2} 轨道的形式可以由环绕 z 轴的旋转产生(Fyfe,1964)

壳层、亚壳层和轨道的量子力学分类归纳如下:

壳层	亚壳层	轨道数
	$l = 0 \sim n-1$	$2l+1$
K($n=1$)	1s($l=0$)	1
L($n=2$)	2s($l=0$)	1
	2p($l=1$)	3
M($n=3$)	3s($l=0$)	1
	3p($l=1$)	3

	3d($l=2$)	5
N($n=4$)	4s($l=0$)	1
	4p($l=1$)	3
	4d($l=2$)	5
	4f($l=3$)	7

1.7.2　晶体或配位场效应

电子轨道的简并可以由于与周围负电荷离子或晶体中偶极的相互作用而去除。那些未被填满的 d 轨道的过渡金属离子,因其亚层 d 轨道简并的去除,导致了热力学上有意义的一些结果。Bethe(1929)和 Van Vleck(1935)提出了**晶体场理论**。该理论可以对中心正离子的 d 轨道上所环绕的多面体效应给出一个最简单的分析。如图 1.9 所示,该理论提出正离子的轨道具有方向性,但其周围的离子或配位体均为不具轨道的点电荷或点偶极。正离子的 d 轨道的分裂性质由周围的多面体的对称性支配。可以通过图 1.10 分别对正八面体、四面体、十二面体和立方体加以说明。d 轨道分成两个组,一组为 t_{2g},由 d_{xy},d_{yz} 和 d_{zx} 轨道组成,另一组为 e_g,由 $d_{x^2-y^2}$ 和 d_{z^2} 组成。当多面体畸变时,依畸变的性质,会进一步有 d 轨道简并的去除(图 1.11)。然而,如果所有 d 轨道上的电子数目一样,则裂变产生的净能量

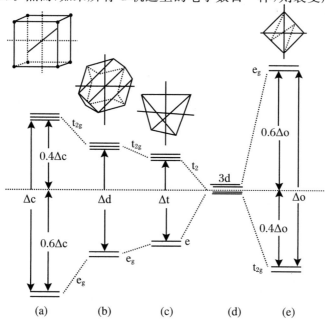

图 1.10　不同配位多面体的中心原子 d 轨道(含有相同主量子数)的晶体场分裂

(a):配位立方体(6);(b):配位十二面体(12);(c):配位四面体(4);(d):配位球体;(e):配位八面体(8)。其中括号中的数字为配位数

变化为零。例如,一个正八面体具有三个 d 轨道处在较低能态,即能态比初始能态低 $2\Delta/5$,另外两个 d 轨道则具较高能态,比初始能态高 $3\Delta/5$。其中 Δ 是 e_g 和 t_{2g} 轨道的能量差。如果每一个 d 轨道有一个电子,则能量的净变化为 $3(-2\Delta/5)+2(3\Delta/5)=0$。d 轨道的晶体场的分裂的量值可由吸收光谱来确定。

晶体场或配位场越强,则 d 轨道的分裂量级越大。如果一个矿物被压缩,则其 Δ 值也增加。从纯晶体场理论分析问题来看,$\Delta \propto R^{-5}$,其中 R 是过渡金属离子和周围阴离子的距离。当 Δ 值的量级超过一个阈值时,在每一个低能轨道取得一个未成对电子以后,由获取未成对自旋电子而实现的能量下降(稳定效应)即为电子占有高能量轨道的能量增加(不稳定效应)所过度补偿。这种条件下,在较低能轨道上出现自旋对电子。过渡金属离子中这种从高自旋到低自旋状态的转变通常发生在地球内部的高压条件下。Linn 等(2007)发现在地球内部地幔的 $P\text{-}T$ 范围内(即从 1000 km 或压力 38.6 GPa、温度 1900 K 到 2200 km 或 97.3 GPa、温度 2300 K),铁方镁石(Fe,MgO)中的 Fe^{2+} 就经过从高自旋到低自旋状态的逐渐转变。

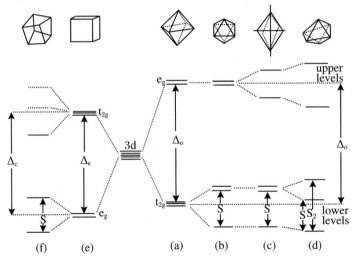

图 1.11　由规则八面体和立方体晶位的畸变造成的 e_g 和 t_{2g} 轨道简并的消失
(a):正八面体;(b):三方畸变八面体;(c):四方伸长八面体;(d):畸变六配位晶位,如辉石和橄榄石的 M1 和 M2 晶位;(e):正立方体;(f):畸变立方体(如石榴石的十二面体晶位)(Burns,1985)

1.8　常用物理量和单位

在热力学及其物理学的一些分支中有些物理或化学量常会用不同的单位。国际纯化学和应用化学联合会(简称 IUPAC)推荐了最初在法国使用的国际单位制,或叫 SI 制。该单位制是基于七个基本物理量的七个相互独立的**基本单位**,诸如长度(米,m),质量(千克,kg),时间(秒,s)等,以及与这些基本量有关的量导出的单位。以下是热力学中常用的 SI 制的物理量和它们的单位,以及常用的单位换算。

动量(M):该量是质量和速度的乘积,SI 制中动量的单位为 kg・m/s 或 kg・m・s^{-1}。

力(F):力被定义为动量变化的速度,即 $\mathrm{d}M/\mathrm{d}t$,所以,SI 制的力的单位为 kg・m・s^{-1}・s^{-1}或 kg・m・s^{-2},此即牛顿单位(N)。在非相对论领域内,质量是常数,因此 $F = m(\mathrm{d}v/\mathrm{d}t) = ma$,其中 v 是速度,a 是加速度。

压强:压强是单位面积(A)所受的力。所以 SI 制中压强的单位为 N/m² 或 kg・m^{-1}・s^{-2},该单位即帕斯卡(简称帕,Pa),与此相关的另一个压强单位是巴(bar),1 Pa = 10^{-5} bar(1 atm = 1.01325 bar)。在地球科学文献中常用吉帕(GPa),该单位与早期文献常用的压强单位千巴(kbar)的关系为 1 GPa = 10 kbar(G:10^9;K:10^3)。

能量:该量是力和位移的积。所以 SI 制中能量的单位为 N・m(kg・m²・s^{-2}),该单位可看作将 1 千克质量移动 1 米所需的能量。N・m 单位也称为焦[耳],它与热力学中常用的其他能量单位的关系如下:

$$1 \text{ cal} = 4.184 \text{ J}$$
$$1 \text{ eV(电子伏特)} = 10 \text{ cm}^3 \cdot \text{bar} = 1.602 \times 10^{-19} \text{J}$$

注意乘积 cm³・bar 代表能量。如果把 cm³・bar 写作 cm³・(F/A)就容易理解了,因为 bar 是压强的单位。所以 cm³・bar 是力乘以位移的量纲,即是能量的量纲。

第 2 章　热力学第一和第二定律

"宇宙能量是恒定的。宇宙熵值则趋于极大。"

——Rudolf Clausius

克劳修斯（Rudolf Clausius，1822～1888）在 1867 年指出，宇宙的能量是个恒量，而宇宙的熵趋于极大。这便是热力学第一和第二定律的宇宙学表述，是基于人们无法制造永动机而得出的结论。永动机要求：(a) 能创造能量；(b) 能将能量无限地转化为功。

热力学第一定律是基于从 1842 到 1848 年期间焦耳（James Prescott Joule，1818～1889），迈尔（Julius Robert von Mayer，1814～1878）和亥姆霍兹（Herman von Helmholz，1821～1894）等人的研究工作提出来的。该定律论述了体系和其环境之间没有质量流动的相互作用中能量的变化问题。一个体系的总能量可以看作是外部和内部能量的总和。前者来自作为整体的体系所在的位置及其运动（即分别对应势能和动能），后者则是构成体系的物质的内部状态的固有性质。（有些文献中，仅将体系的动能当作外部能量，但在本节中动能和势能一起作为外部能量。）

在先于热力学之前所发展的力学中，一个纯力学体系（即体系未受到加热或摩擦）的外部能量守恒。因此，当一个物体在引力场中被抛向空中，其势能和动能的总和在其运动的每一刻都保持恒定。这一守恒原理由莱布尼茨（Leibniz，1646～1716）首先提出（他和牛顿同是微积分的创建者）。热力学就这样将一个外部能量力学上守恒，以及孤立体系的内部能量的守恒原理纳入了其研究范围。

热力学第一定律导入了从一种能量转换为另一种能量的**守恒**概念，特别是功转换为热，或反之，并且排除了制作出永动机的可能。所谓永动机就是能创造出能量（不涉及核反应）的机器。然而，第一定律并没有对从一种能转化为另一种能的有效性加以限制。**热力学第二定律即是对热转化为功加以一定的限制**，但对功转化为热没有限制。第二定律是在汤姆孙（William Thompson，又称开尔文男爵（Lord Kelvin），1824～1907），克劳修斯和卡诺（Sadi Carnot，1796～1832）的工作基础上与第一定律几乎是同时被提出来的。第二定律导出了一个新的热力学性质，即**熵**。在一个孤立体系中所发生的各种过程的一个结果就是熵值总是随着时间而增大。这一理论显然与当时的主要科学理论——牛顿力学或经典力学相抵触，因为后者的运动方程就时间而论是对称的，即意味着如果一个体系从一种构型 S_1 随着时间转化为另一种构型 S_2，那么也可能最终又转化回 S_1。热力学第二定律确是当时最伟大的科学突破之一,正如费恩曼(Feynman,1963)指出的,在一定意义上它是绝无仅有的,因为它的发现是来自工程实践问题,而不是通常对物理定律的性质的基础研讨。

2.1　热力学第一定律

如果两个相互接触的静止体系能够作能量交换,那么,其中一个体系的内能的增加一定是以另一个体系的内能的衰减作为补偿的。所以,这两个体系结合在一起组成的孤立体系的内能的净变化为零。如果两个体系的界面不可传递质量,那么,能量在两个体系之间的转移就意味着:(a) 一个体系对另一个体系做了功;(b) 热从一个体系传输到了另一个体系。

由此,热力学第一定律可作如下表述:(a) 一个体系的内能 U 仅取决于体系的状态;(b) 一个封闭体系的内能的变化是该体系从其环境以热和功的形式所吸收的能量的总和,即

$$\Delta U = Q + W^- \tag{2.1.1}$$

其中,ΔU 是体系最终和初始时内能的差值,Q 是体系从环境所吸收的热,而 W^- 是环境对体系所做的功,即等于体系所吸收的功[①]。当体系的能量增加时,ΔU 为正值;体系的能量减少时,ΔU 为负值。一开始就要特别注意的是,这里指的是内能的变化值,而不是第一定律所叙述的内能本身。

能量守恒原理已深深根植在科学观中,以至认为如果能量不守恒的话,必有另一种新能量出现。泡利(Wolfgang Pauli,1900~1958)为了找到 β 衰变核反应中的能量平衡,他提出了存在质量很小但有确定能量的电中性粒子,因为在该反应中保持了质量平衡但不满足能量平衡。反应过程中,中子转换为质子,或反过来质子转换为中子,即发射 β⁻ 粒子:中子→质子＋β⁻ 粒子(电子);或者捕获 β⁺ 粒子:质子→中子＋β⁺ 粒子(正电子)。泡利在 1938 年就提出,为了保持初始的原子核和其变化后产物之间的能量守恒需要有一种新粒子承载这"丢失的能量",这种粒子与其他粒子的相互作用很弱而不易被检测。这种粒子就是**中微子**,由意大利物理学家费米(Enrico Fermi,1901~1954)提出,该词在意文中是很小中性体的意思(25 年后莱因斯(Frederick Reines)和考恩(Clyde Cowan)因证实了泡利的预想而分获诺贝尔物理学奖。费米和泡利还因其他贡献获得过诺贝尔物理学奖)。

由于 U 仅取决于体系状态,所以,式(2.1.1)意味着即便 Q 和 W 值与引起体系的状态变化的途径有关,但 Q 和 W 值的总和是**独立于途径而仅依赖于**体系的

[①]　由于根据爱因斯坦的相对论,质量经核反应消耗可以产生内能(即据著名公式 $E = mc^2$,其中 c 是光速,m 是静止质量),所以式(2.1.1)并不适合有核反应的体系。但是,可以把 ΔU 看作由于吸收了热和功而发生的内能改变以及静止质量改变而产生的能量改变(Δmc^2)的总和。

初始和最终状态。这样,热力学第一定律可写作

$$\oint dU = \oint (\delta q + \delta W^-) = 0 \qquad (2.1.2)$$

其中,$\oint$ 表示一个闭合环路,即开始和结束在同一状态。如果体系处在绝热环境中,则 $\Delta U = W^-$。在这种情况下,体系被做的功(或体系所做的功)与途径无关。换言之,W 是一个状态函数,因此,$\delta W(Q = 0)$ 是一个全微分(即 $\delta W = dW$)。所以,为了知道在两个状态之间体系内能的唯一变化值,就可以通过测定在体系上所做的使得体系具有相同状态变化值的绝热功的大小来实现。也就是说,尽管并不清楚有关内能的微观性质,但体系从一个状态进到另一状态时,其内能的变化仍可测定,只要让相同量的状态变化由一个绝热过程来完成。

P-V 功是最常考察的一种功的类型(即与体积变化有关的功)。如前所述(见1.4节),尚有其他各种类型的功。由体系所做的所有其他类型的功的微分记为 $\delta\omega$,因而,对体系做的全部功的微分 $\delta W^- = -PdV + \delta\omega^-$,所以

$$dU = \delta q - PdV + \delta\omega^- \qquad (2.1.3)$$

(在学习热力学第一定律时,学生往往搞不清 PdV 前面的符号是该用正还是负。为了避免这种混淆,只要记得当一个体系被压缩时(即 dV 是负值),该体系就获得能量,这指的就是 PdV 前面的符号只能是负的。反过来,如果体系膨胀($dV >$ 0),则体系对环境做功,即失去能量。这种情况下,同样只有 PdV 前的符号为负的才能满足。)

热力学第一定律也确认了**热功当量**。从式(2.1.1)显然可见,一个封闭体系的内能的改变可以从其温度的变化来反映,例如简单地将该体系与另一个不同温度的体系接触在一起,而不需要功的介入。这里能量的转移靠的纯粹是热导。对该同一体系所做的以达到相同内能或温度改变的绝热功的大小即是热功当量。1 g 水的温度升高 1 K 所需的热量被定义为 1 cal。对 1 g 水的相同的热效应可以通过对其作 4.184 J 的绝热功来实现。因此,1 cal = 4.184 焦耳(前面提到焦[耳]是功的 MKS 制单位,即 1 N(kg·m·s^{-2})移动 1 m 所做的功)。

2.2 热力学第二定律:经典表述

热力学第二定律有多种表述方式,当然,它们都是等效的。其经典表述主要依据汤姆孙(即开尔文)和克劳修斯的表述。

开尔文表述:不可能从单一热源吸取热量,使之完全变为有用功而不引起其他变化。

克劳修斯表述:不可能把热量从低温物体传到高温物体而不引起其他变化。

　　上面两种表述似乎并没传递出第二定律有什么突破性的发现。直到通过对它们的仔细分析提出了熵的概念,以及有关孤立体系的自然过程中熵随时间单向增加的性质后,第二定律的突破性才彰显出来。

　　在讨论熵之前,先讨论一下开尔文表述的意义。设理想气体与一个恒温的热库接触。气体膨胀的结果是对环境做了功。由于作为理想气体的独特性质是其内能仅取决于其温度,所以,对于等温膨胀来说,$\Delta U = 0$,则 $Q = -W^- = W^+$(即由体系做功),其中 $Q = \int \delta q$。这样,从一个温度恒定的热源所吸收的热全部转化为功。然而,这还不是最终结果。在过程的最后,气体的体积较开始增加了。要是有可能将气体回到其原始体积而无需散热器介入的话,则就违背了开尔文表述。为了能够让气体回到初始体积,必须要将气体带回到处在较低温度的热库中以释放一些热量。这种情况下,最终的结果将是热转化为功并且损耗一定量的热量。

　　要是开尔文表述的有效性有问题,那么就有可能造出一台永动机了。这是所谓的第二类永动机,即通过从温度恒定,并且热量取之不尽的环境中持续吸取热量不断做功。结果,所有建造这类永动机的努力都失败了,这也证明了开尔文假设是有效的。

　　克劳修斯表述认为热量本身无法从低温流到高温。在炎热的夏天,空调机从房内吸取热并将热散发在大气中,但是要将热从房内流到周围高温的环境中必须要付给发电厂电费。如果克劳修斯表述有效则也意味着开尔文表述有效。这样,如果在上面气体膨胀的例子中,进散热器的热能够自己回到热源中去,那么从源头吸取的热就能全部转化为功。这当然是违反开尔文表述的。在现代工业社会中的环境热污染问题(可以把环境看作热肼)其实是热力学第二定律的实际结果。

2.3　卡诺循环:熵和热力学温标

　　法国工程师卡诺设计了一个后来以他名字命名的所谓**卡诺循环**来分析循环过程中热转化为功的效率。该循环过程采用两个不同温度的热库,其中一个作为热源,另一个作为散热器。本节先来分析一下卡诺循环如何导出熵的概念,其次讨论有关熵概念的某些分支及其矿物学应用,最后根据卡诺循环分析讨论热转化为功的效率问题。

　　图 2.1 显示了由两个等温步骤和两个绝热步骤组成的卡诺循环,这四个步骤均足够慢,慢到足以可逆(可以证明绝热步骤的 P-V 斜率一定大于同一物体的等热步骤的 P-V 斜率)。整个步骤如下:

　　① 气体在恒定温度为 Θ_2 的热库中吸取一定量的热 Q_2,经等温膨胀从 A 至 B

状态；

② 在绝热条件下气体膨胀由 B 至 C，其结果温度由 Θ_2 降至 Θ_1；

③ 气体将一定量的热 Q_1 释放回温度为 Θ_1 的热库，经等温压缩从 C 至 D 状态；

④ 最后在绝热条件下气体压缩，直到温度由 Θ_1 回到初始温度 Θ_2。

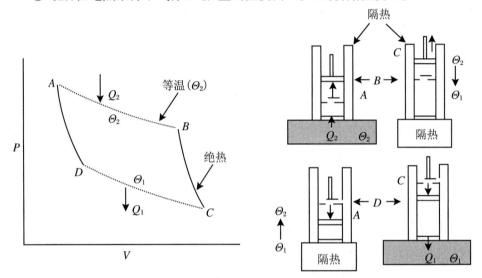

图 2.1 P-V 平面中的卡诺循环示意图

点线和实线分别表示等温途径和绝热途径。途径 $A{\rightarrow}B{\rightarrow}C$ 表示连续的可逆膨胀，而途径 $C{\rightarrow}D{\rightarrow}A$ 则表示连续的可逆压缩。在右侧图中，阴影图形表示热库。热从底部转移到活塞中

如 Denbigh(1981,27~29 页)所指出的，从对开尔文假设的体系处理来看，在两个热库之间进行的一个可逆循环，其所吸取的热与其释放的热的比值仅取决于两个热库的温度比，即 $Q_2/Q_1 = f(\Theta_2, \Theta_1)$。此外，还有可能定义一个温标，使得函数关系满足 $Q_2/Q_1 = \Theta_2/\Theta_1$，即

$$\frac{Q_2}{\Theta_2} = \frac{Q_1}{\Theta_1} \tag{2.3.1}$$

该温标称为**热力学温标**。上式用文字表述，就是可以定义一个温标，使得吸取的热对热库的热力学温度的比值等于释放的热对散热器的热力学温度的比值。Q_2/Q_1 比值与进行卡诺循环的装置的性质无关。

热力学中所用的温标即所谓**开尔文温标**，以纪念开尔文的贡献，用符号 T 表示。采用开尔文温标所确定的温度不但满足式(2.3.1)，而且与摄氏温标一样，采用相同的度数间隔。开尔文温标和摄氏温标的关系为 $T(\mathrm{K}) = t(\mathrm{℃}) + 273.15$，其中 t℃ 是用摄氏温标测定的温度(当指一个温度值，例如 $400°$，需注意有两种温标 400 K 和 400 ℃之别)。开尔文温标中设定处于热力学平衡的纯 H_2O 体系的液态水、冰和气三相点为 273.16 K。选择该三相点的特定温度是要使得其温度数的间

隔与摄氏温标的度数间隔完全相同,这也是该热力学温标唯一的任意的方面(当然也可以选择其他物质的某个状态,但之所以选择这个纯水的三相点,是因为相对来说,它容易在实验室里被复制)。

要估算卡诺循环(用 cc 表示)的 $\oint \delta q / T$ 值,其中 $\oint \delta q$ 是可逆循环过程中所吸收的热,可先将 $\oint \left(\dfrac{\delta q}{T} \right)_{cc}$ 写为

$$\oint \left(\frac{\delta q}{T} \right)_{cc} = \int_A^B \frac{\delta q}{T_2} + \int_C^D \frac{\delta q}{T_1}$$

$$= \frac{Q_2}{T_2} - \frac{Q_1}{T_1} \tag{2.3.2}$$

(注意 Q_1 是等温过程 $C \rightarrow D$ 中体系所释放的热,而 $-Q_1$ 即是同一过程中体系所吸收的热。)按照式(2.3.1),右边的值为零,所以

$$\oint \left(\frac{\delta q}{T} \right)_{cc} = 0 \tag{2.3.3}$$

可以证明,上式对所有类型的可逆过程都有效,而不仅仅是像卡诺循环这样的由两个等温步骤和两个绝热步骤组成的特殊的可逆循环(Denbigh,1981)。因此,一般有

$$\oint \left(\frac{\delta q}{T} \right)_{rev} = 0 \tag{2.3.4}$$

与上式相对的是,事实上,一般有 $\oint \delta q \neq 0$,所以,在可逆过程中,非恰当微分 δq 可以乘上**积分因子** $1/T$ 而转化为恰当微分。$(\delta q / T)_{rev}$ 的这一性质首先由克劳修斯发现,他用符号 dS 来表示,其中 S 称作体系的**熵**,即

$$dS = \left(\frac{\delta q}{T} \right)_{rev} \tag{2.3.5}$$

上式就是**熵的热力学定义**。用文字来说,即随着体系状态改变的熵变等于体系由可逆作用造成的相等的状态变化中所吸收的热量除以体系的温度,可用图2.2来说明该定义。图中 P-V 平面上的同一体系的两个状态 A 和 B,它们之间分别由等热可逆途径 R 和一些不可逆途径相连,其中一个是途径 I。设体系从 A 沿不可逆途径 I 到 B 过程中所吸收的热是 Q_I,而沿可逆途径 R 所吸收的热是 Q_R。假定体系沿途径 I 从 A 到 B,式(2.3.5)意味着在这个过程中体系的熵变不等于 Q_I/T,而等于 Q_R/T。不管实际上从 A 到 B 是按什么途径变化的,体系的熵变总是等于 Q_R/T。

希腊数学家卡拉西奥多里则是在数学上证明了存在着一个积分因子,从而用另一种方法提出熵这一概念,不需要循着任何假定的循环过程。该积分因子可以将非恰当微分 δq 转化为恰当微分(有关卡拉西奥多里理论的英文说明,参见 Margenau,Murphy(1955)和 Chandrashekhar(1957))。

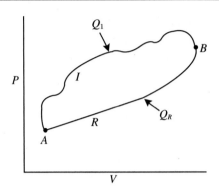

图 2.2　*P*-*V* 平面上,在等热条件下体系状态从 *A* 到 *B* 有两种途径:*R* 和 *I*
体系沿该两条途径所吸收的热量分别为 Q_R 和 Q_I。途径 *R* 是可逆过程,途径 *I* 是不可逆过程

2.4　熵:自然过程的方向和平衡

作为体系的状态函数的熵在两个方面扮演重要角色:(a) 作为判断自然过程方向的定量判据;(b) 确定体系是否达到热力学平衡状态。对一个封闭体系的循环过程来说,有

$$\oint \frac{\delta q}{T} \leqslant 0 \tag{2.4.1}$$

上式中的等号仅当过程为可逆时有效(有关证明见 Denbigh(1993)或 Fermi (1956))。

在图 2.2 中,设体系的循环过程从状态 *A* 沿着不可逆途径 *I* 等热地变化到 *B*,然后再沿着可逆途径等热地回到 *A*。由于部分途径是不可逆的,所以整个循环过程是不可逆的。因此,根据式(2.4.1),有

$$\oint \frac{\delta q}{T} = \int_A^B \left(\frac{\delta q}{T}\right)_I + \int_B^A \left(\frac{\delta q}{T}\right)_R < 0 \tag{2.4.2}$$

根据定义式(2.3.5),上式最右侧的积分等于 $S_A - S_B$,所以有

$$\int_A^B \left(\frac{\delta q}{T}\right)_I + (S_A - S_B) < 0 \tag{2.4.3}$$

或

$$\int_A^B \left(\frac{\delta q}{T}\right)_I - (S_B - S_A) < 0 \tag{2.4.4}$$

因此,显然有

$$S_B - S_A > \int_A^B \frac{\delta q}{T} \tag{2.4.5}$$

将式(2.3.5)与式(2.4.5)合并,即可得到**封闭**宏观体系中任意过程的一般表示式

$$dS \geqslant \frac{\delta q}{T} \tag{2.4.6}$$

上式中的等号仅对可逆过程有效(即当达到平衡时)。该式**通常用来表述热力学第二定律**,如下面将要进一步分析的,该式也构成了科学史上最具突破性的表述之一。

如果所研究的封闭体系处在绝热环境中,即 $\delta q = 0$,则对于质量和热的转移都被封闭的体系来说(也就是绝热封闭体系),必有 $dS \geqslant 0$。对孤立体系来说,其与环境之间没有能量(以功和热的形式)或质量的交换,因此有

$$(dS)_{isolated} \geqslant 0 \tag{2.4.7}$$

或

$$\left(\frac{dS}{dt} \right)_{isolated} \geqslant 0 \tag{2.4.8}$$

也就是说,在一个**孤立宏观体系**中,熵永远不会减少,它要么因为体系中的不可逆过程而增加,或者当达到平衡时保持不变(然而,对于体系熵值的增加,更严格地说,只需让体系处在绝热封闭环境中而不是孤立体系,因为以可逆功形式转移的能量并不影响体系的熵值)。

当热从一个体系转移到另一个体系中时,该体系的熵值就减少。但是,当两个体系合在一起组成一个孤立体系,则总的熵值就一定增加或保持不变。将这种说法再进一步推理下去,我们可以将宇宙看作是一个终极孤立体系。**由于其中发生自然过程,所以宇宙的熵值一定增加**。著名的天体物理学家爱丁顿(Arthur Eddington,1882~1944)把熵看作是**时间的指针**:将来就是宇宙熵增加的方向。如果一个宏观体系前后进行两次快照,那么熵可以提供一个非主观的判据,这个判据告诉这两个快照中的哪一个代表了体系随时间演化中的后一个阶段。

式(2.4.6)也可以写作

$$dS = \frac{\delta q}{T} + (dS)_{int}$$

$$= (dS)_{ext} + (dS)_{int}$$

$$= (dS)_{ext} + \sigma, \quad (dS)_{int} = \sigma \geqslant 0 \tag{2.4.9}$$

其中,右侧的第一和第二项分别表示体系由于和环境热的交换而引起的熵变(δq:从环境所吸收的热;$(dS)_{ext}$:从外部环境所吸收的热引起的熵变)和体系中不可逆过程所产生的熵。像化学反应、热扩散、化学扩散以及黏滞消耗等都是不可逆过程产生体系内部熵的一些例子。研究不可逆过程产生的熵的课题构成了**不可逆过程热力学**,有些内容将在附录 A 中讨论。

习题 2.1 对一个仅做 P-V 功的封闭体系来说,试证式(2.4.7)即 $(dS)_{U,V} \geqslant 0$。

习题 2.2 已知理想气体的内能仅依赖于其温度。设 10 mol 理想气体在没有

阻力下绝热膨胀。其初始 P-T 条件是 15 bar,500 K,直到最后 $P = 1$ bar。试计算 $\Delta T, \Delta V, \Delta U, Q$ 和 W^+(即由气体对环境所做的功)。

2.5　熵的微观解释:玻尔兹曼方程

热力学第二定律引出了对自然过程的新的描述。那就是:(a) 在一个**孤立宏观体系**中发生的自然过程所到达的各连续阶段,其熵值是累进增加的;(b) 不管孤立体系的初始状态如何,其最终状态是熵值达到最大。这种宏观体系的最终状态与其初始条件无关,并且在孤立体系的自然过程中体系的性质是不可逆也不能被重复的,这种观点在当时的科学界是没有出现过的。因此,需要从微观或基本架构来认识熵的性质,为什么在孤立体系的自然过程中熵总是增加?

19 世纪晚期,奥地利物理学家玻尔兹曼(Ludwig Boltzman,1844～1906)迈出了巨大一步,提出了宏观体系的熵与该体系微观状态(所以实际上是预测了原子的存在)的相互关系。他的研究导致了对热力学第二定律的物理性质和其有效性领域的严格意义上的说明。玻尔兹曼证明了,对于体系的每一个宏观状态 χ 来说,均有一个确定的微观状态数 $\Omega(\chi)$ 与之相对应,并且给定的宏观状态的熵值 $S(\chi)$ 与 $\ln\Omega(\chi)$ 成正比。此后,普朗克(Planck,1858～1947;1918 年获诺贝尔物理学奖),量子力学的奠基者之一,把玻尔兹曼方程修正为

$$S(\chi) = k_B \ln\Omega(\chi) \tag{2.5.1}$$

其中 k_B 是玻尔兹曼常数($k_B = 1.381 \times 10^{-23}$ J·K^{-1})。上式有时称为玻尔兹曼-普朗克方程,但通常被简单地称为玻尔兹曼方程。

为了明白上式的意义,设想有两个盒子,一个有六个黑球,另一个有六个白球,每个球被安置在盒子里的洞穴内(图 2.3)。所有球和洞穴都是相同大小的,而且同一种颜色的球之间互相没有区别。把两个盒子放在一起,再放入振动器内,移走两盒之间的屏障。设想盒子都是被罩着的,看不到里面的球,但是总有某种方法来知道振动之后有一个球进到"错"的盒子里。也就是说,如果一个黑球进到右面(因此一个白球进到左面),或者两个黑球进到右面(因此两个白球进到左面),如此等等,但是,没有办法知道一个盒子里哪一个洞穴里是白球还是黑球。一个具有一定数量"错球"的盒子的状态就是它的宏观状态,而一个具有特别配置的球的分布状态就是微观状态。如果所有的球能够移动而且以相同的机会占据洞穴(即是说,所有微观状态都是等同的),一个白球到右面,则必有一个黑球到左面,在两个盒子中的球共有 36 种可能分布。换句话说,对只有一个白球和一个黑球走错位置的宏观状态,在两个盒子里共有 36 种微观构型。按照式(2.5.1),该宏观状态的熵 S(含一对错球)$= k_B \ln36$。如果两个白球到左面,两个黑球到右面,则每个盒子的微观

状态的可能数目为 15,因此,该微观状态的总数为 $15 \times 15 = 225$,则 S(含两对错球)$= k_B \ln 225$.

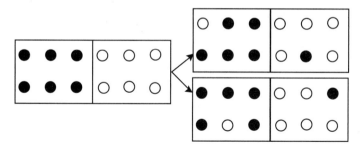

图 2.3　一个宏观体系的微观状态说明图

上图右侧两个盒子显示了 36 个可能构型(微观状态)中的 2 个构型,即只有一个球处在"错"的位置

对于一个给定的宏观状态 χ,其所有可能的不同构型的数目可以简单地用组合公式计算,即

$$\Omega_1(\chi) = \frac{N!}{n!\,(N-n)!} \tag{2.5.2}$$

其中,N 是总的位置数,n 是在特定盒中错球数(注意,同一类型的球占有某个位置是没有区别的)。设可以区分的构型总数为 $\Omega(\chi)$,则对两个盒子来说,有 $\Omega(\chi) = \Omega_1(\chi)\Omega_2(\chi)$。该式可以得到微观状态随机分布的构型数,因为假定所有构型都具有相同的可能性。

一个体系的宏观状态的微观构型数越大,则该体系特定状态的微观的无序程度越大。因此,熵的玻尔兹曼解释可以通常这样来说,即**一个体系状态的熵是该状态的无序度的量值**。无序程度越高,熵越大。但需要强调的是,只有在孤立体系中熵与无序度的关系才成立。一个非孤立的体系往往会有有序的结构,从而降低了熵值。有兴趣的读者可参见 Nicolis,Prigogine(1989)的文章。

根据式(2.5.2)可算出上述例子中对于所有可能的宏观状态共有 924 种微观构型(即 $1(W) - l$:有 36 状态;$2(W) - l$:有 225 状态,以此类推。其中 $1(W) - l$ 是指有一只错球在左面的盒子里,同时有一只错球在右面的盒子里,以此类推)。如果所有微观状态出现的机会相等的话,那么,当将盒子不断振动足够长的时间后,就可以发现球的随机分布的概率。在每个盒子中有 3 个白球和 3 个黑球($\Omega = 400$)的概率为 $400/924 = 0.43$;每个盒子中有 2 个(或 4 个)错球的概率为 $225/924 \approx 0.24$;每个盒子中有 1 个(或 5 个)错球的概率为 $36/924 \approx 0.04$;每个盒子中有 6 个错球的概率为 $1/924 \approx 0.001$。这样就可知道球在盒子中移动了足够长时间后,体系中球的随机分布的最可能状态。在随机分布达到后,体系仍将不时地以其状态出现的概率相应的比例可逆地回到具有较低熵的状态。因此,热力学第二定律关于当孤立体系平衡达到时熵值最大的陈述只是在统计意义上有效。并且,熵值趋于极大值(对应其随机分布)的过程也不完全是单向的。如图 2.4 所示,**熵值随着时间波动,因此所谓随时间**

增加的熵值实际上是指在一定时间范围内体系熵值的平均值。体系越大，则确保随时间平均熵值增加所需的时间越少，并且体系回到其初始状态的可能性越低。这样，对于所观察到的一个**具备宏观尺度的体系**来说，只要相对于环境是孤立的，则其熵值就随时间增加。

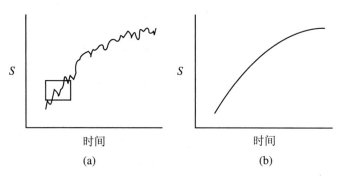

图2.4 孤立体系中熵随时间的变化

（a）微观水平上熵的波动；（b）如图（a）中矩形所示部分，在一段时间阶段内的平均熵值连续增加，趋向一个极大值

图2.5是熵作为时间的函数的计算模拟图（Reif，1967）。如图所示，设一个盒子里共装有40个小球，开始时左半边有21个球，右半边有19个球。对每个球均给定一个初始位置和速度。假定任何一对球的碰撞不至于降低动能和动量（即所谓弹性碰撞）。每隔一段时间检查小球的位置，设时间段为 $t = \tau j$，其中 j 是连续速照的每帧照片的编号（1，2，3，…）；τ 是两帧连续照片之间相隔的时间。右图显示了左半边球的数目作为 j 的函数，j 代替了时间的作用。该盒子左半边小球在30

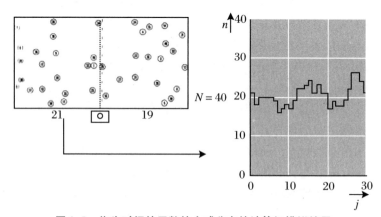

图2.5 作为时间的函数的小球分布的计算机模拟结果

左图显示初始状态，盒子中21个球在左侧，19个球在右侧。假设所有球之间的碰撞都是弹性碰撞，并且小球的初始位置和速度都是确定的。盒子中左侧的小球数随时间的变化显示在上面右图中。经过的时间 $t = \tau j$，其中 j 是每帧的编号，τ 是两帧连续照片之间相隔的时间（Reif，1967）

帧照片中的平均数为 20,该值是对应于最混乱状态的最大预期熵值,但显然从几帧照片就可看到该值是波动的。

热力学第一和第二定律的重要关系式归纳如下:

$$dU = \delta q + \delta W^- \quad (\delta W^-:对体系所做的功)$$

$$dS = \frac{\delta q_{\text{rew}}}{T} \quad (\delta q:体系所吸收的热)$$

$$dS = \frac{\delta q}{T} + \sigma \quad (\sigma(内部产生的熵) \geqslant 0)$$

$$S(\chi) = k_B \ln \Omega(\chi) \quad (\Omega(\chi):对应于某个宏观状态 \chi$$
$$的微观状态的数目)$$

式组合(2.5.1)

其中,dU 和 dS 的方程式仅适合于所有化学成分具有固定的质量的体系。

2.6　熵和无序度:矿物学应用

物质中有多种微观无序的来源影响了其熵值。在晶体中两种最重要的微观无序来源是晶体的不同构型和振动状态,它们分别对应于晶体的组成和能量。首先讨论较容易理解的构型无序及其对应的所谓构型熵。

2.6.1　构型熵

2.6.1.1　原子随机分布:完全无序

以橄榄石固溶体$(Mg_x, Fe_{1-x})_2 SiO_4$为例,其中 Mg 和 Fe 占有八面体晶格位置。橄榄石中有两类不同几何形状的八面体位置或子晶格,即 M1 和 M2 位置,它们在 1 摩尔晶体中占有相同的数目。在地质意义上通常所研究的温度范围内,Mg^{2+} 和 Fe^{2+} 在两个位置上的分配比例相同(即 $x_{Fe}(M1) = x_{Fe}(M2)$, $x_{Mg}(M1) = x_{Mg}(M2)$,其中 x_i 是 Fe 或 Mg 在位置上的原子分数)。因此,至少对橄榄石的构型熵的计算来说,只要上述条件有效,则橄榄石中的 Fe^{2+} 和 Mg^{2+} 离子可以看作只是一种位置类型的分配。一个给定组成的橄榄石,其 Mg 和 Fe 离子(这里省略了2+)可以多种方式分配在所有八面体位置上而不会改变它们的占有分数(即上面例子中提到的在盒子中黑球和白球的种种排列方式,而无论一个盒子中有多少球)。

为了计算一个给定组成为 X 的铁镁橄榄石(例如,Mg 的原子分数 $X_{Mg} \equiv X =$

0.2)的构型熵,首先需要估算与该组成相关的微构型的数量,然后再应用玻尔兹曼方程式(2.5.1)。为简单起见,假定 Fe 和 Mg 在八面体位置上随机分配,根据式(2.5.2)即可计算 $\Omega(X)$。由于所处理的是大数量的原子(对摩尔量来说,就是 10^{23} 的数量级),因此式(2.5.2)中的分数项可以采用斯特林(Stirling)近似法处理,即

$$\ln N! = N \ln N - N \tag{2.6.1}$$

设 n_{Mg} 和 n_{Fe} 分别表示 Mg 和 Fe 的原子数,N 为总原子数,即 $N = n_{Mg} + n_{Fe}$,则根据式(2.5.2)有

$$\ln \Omega(\chi)_{conf(r)} = \ln N! - \ln n_{Mg}! - \ln n_{Fe}!$$

$$= (N \ln N - N) - (n_{Mg} \ln n_{Mg} - n_{Mg}) - (n_{Fe} \ln n_{Fe} - n_{Fe}) \tag{2.6.2}$$

其中,$\Omega(X)_{conf(r)}$ 是对于总组成为 X 的原子随机分配的(可区分的)几何构型的数量。将 N 用 $n_{Fe} + n_{Mg}$ 来代入,则

$$\ln \Omega(\chi)_{conf(r)} = (n_{Fe} + n_{Mg}) \ln N - n_{Mg} \ln n_{Mg} - n_{Fe} \ln n_{Fe}$$

$$= - n_{Fe} \ln \frac{n_{Fe}}{N} - n_{Mg} \ln \frac{n_{Mg}}{N}$$

$$= - n_{Fe} \ln X_{Fe} - n_{Mg} \ln X_{Mg} \tag{2.6.3}$$

将 n_i 用分数来表示,即 $N(n_i/N) = NX_i$,则有

$$\ln \Omega(X)_{conf(r)} = - N(X_{Fe} \ln X_{Fe} + X_{Mg} \ln X_{Mg}) \tag{2.6.4}$$

对于 1 mol 的 $(Mg_X Fe_{1-X})_2 SiO_4$ 橄榄石晶体来说,其 Fe 和 Mg 的原子总数(N)为 $2L$(L 是阿伏伽德罗常数),将式(2.6.4)代入玻尔兹曼方程(2.5.1),则有

$$S(X)_{conf(r)} = - k_B(2L)(X_{Mg} \ln X_{Mg} + X_{Fe} \ln X_{Fe})$$

因为 $k_B L = R$,其中 R 是气体常数,所以每摩尔化学式为 $(Mg,Fe)_2 SiO_4$ 的橄榄石有

$$S(X)_{conf(r)} = - 2R(X_{Mg} \ln X_{Mg} + X_{Fe} \ln X_{Fe}) \tag{2.6.5}$$

对于在晶体一个特定位置或子晶格中有多种类型的原子或离子的随机混合,则写成一般关系式:

$$S(X)_{conf(r)} = - \nu R \sum_i X_i \ln X_i \tag{2.6.6}$$

其中 ν 是在所有晶体位置上随机分配的混合原子或离子的总摩尔数。注意,混合原子或离子的总摩尔数等于晶体中所有可分配的位置的摩尔数,因为所有位置实际上都被填满。这里讲的"实际上"其实也包括了这样一种情况,即晶体位置上总有一些处于平衡的空位。特定的空位也被处理成一种组分而包含在上述方程中。但由于空位的摩尔分数很小,在 10^{-4} 数量级甚至以下,因而对构型熵的影响微乎其微,所以往往忽略不计。

2.6.1.2 各子晶格中原子随机分配的有序化

如果 Fe 和 Mg 在橄榄石的两个子晶格之间的分配不一致,即 $x_i^{M1} \neq x_i^{M2}$,其中 x_i 是组分 i 在其特定位置上的原子分数,则需要区分这两类不同的位置以计算位

构熵。因为 $\varOmega_T = \varOmega_{M1}\varOmega_{M2}$，所以

$$S_{conf(r)} = k\ln\varOmega_T = k(\ln\varOmega_{M1} + \ln\varOmega_{M2})$$
$$= S_{conf(r)}(M1) + S_{conf(r)}(M2) \qquad (2.6.7)$$

其中最后两项即是在相应位置上的构型熵。注意，该式中显示了**熵的加和性**。体系的总构型熵就等于其子体系的构型熵的总和。将上面最后两个方程结合在一起，有

$$S_{conf(r)} = -R\left(\nu_{M1}\sum x_i^{M1}\ln x_i^{M1}\right) - R\left(\nu_{M2}\sum x_i^{M2}\ln x_i^{M2}\right) \qquad (2.6.8)$$

其中 ν_{M1} 和 ν_{M2} 是每摩尔橄榄石中占据 M1 和 M2 位置的摩尔数。在写为 $(Mg, Fe)_2SiO_4$ 化学式的 1 mol 橄榄石晶体中有 1 mol 的 M1 位置和 1 mol 的 M2 位置，因此每摩尔 $(Mg, Fe)_2SiO_4$ 中 $\nu_{M1} = \nu_{M2} = 1$，并且由于 M1 和 M2 的比例相等，所以 $X_{Fe}(总) = 1/2(x_{Fe}^{M2} + x_{Fe}^{M1})$。

一般情况下，对于具有多个位置上原子混合随机分配的固溶体来说，其构型熵为

$$S_{conf(r)} = -R\left[\nu_{s(1)}\sum x_i^{s(1)}\ln x_i^{s(1)} + \nu_{s(2)}\sum x_i^{s(2)}\ln + \cdots\right] \qquad (2.6.9)$$

其中 $\nu_{s(i)}$ 是每摩尔晶体中有原子混合分配的 $s(i)$ 子晶格的摩尔数，并假定在每个位置上（不是在两个位置之间）的分配都是随机的。

2.6.1.3　解题：由气体随机混合引起的构型熵的改变

设 1 mol 惰性气体 Ar（原子序数 18）和 3 mol 惰性气体 Xe（原子序数 54）放在一个中间用不渗透物板隔开的盒子中，Ar 在左侧，Xe 在右侧。现在，抽去隔板让两种不同的气体原子混合，最终导致它们在盒子中随机分配。显然，原来气体的总摩尔数没有变化，但体系的熵发生什么变化呢？

根据玻尔兹曼方程（2.5.1），因为 $\varOmega = 1$，所以 $S(初始) = 0$。在取走盒子中的隔板并达到随机分布之后，体系的熵可以用两种不同但等价的方式来计算：(a) 先计算盒子中各部分的构型熵，再把它们加在一起得到总构型熵；(b) 将盒子的两部分看作一个整体，因为盒子中两种气体达到随机分布后，原先的两部分就成为等价。

对整个体系来说，$X_{Ar} = 0.25$，$X_{Xe} = 0.75$。则当随机分布达到后，$X_{Ar}(L) = X_{Ar}(R) = 0.25$，而 $X_{Xe}(L) = X_{Xe}(R) = 0.75$。

采用方法 (a)，则

$$S_{conf(r)} = [S_{conf(r)}(L)] + [S_{conf(r)}(R)]$$
$$= -R(0.25\ln 0.25 + 0.75\ln 0.75) - 3R(0.25\ln 0.25 + 0.75\ln 0.75)$$
$$= -4R(0.25\ln 0.25 + 0.75\ln 0.75)$$
$$= 18.70(J/K)$$

若采用方法 (b)，因为体系中共有 4 mol 气体，即可直接得到

$$S(\text{随机}) = -4R(0.25\ln 0.25 + 0.75\ln 0.75)$$

这样,根据熵变 $\Delta S = S_{\text{conf(r)}} - S(\text{初始})$,则 $\Delta S = 18.70 - 0 = 18.70 \text{ J/K}$。如本例所显示的由于混合造成的熵的改变就叫作**混合熵**,通常记为 $\Delta S(\text{混合})$(注意混合作用和随机分配的区别)。

如果不是 Ar 和 Xe,而是一种气体的两种同位素气体,例如 ^{16}O 和 ^{18}O,它们的随机混合熵是一样的。**随机混合熵并不依赖于混合物性质差异的程度**,只要混合物是不同的并且没有相互作用。由于相同粒子或化学组分的不同原子的重新安排不会引起任何区别,即 $\Delta S(\text{混合}) = 0$。

习题 2.3 钠长石 $\text{NaAlSi}_3\text{O}_8$ 具有四个不同的八面体位置为 Al 和 Si 所占有,它们分别标记为 $T_1(O)$,$T_1(m)$,$T_2(O)$ 和 $T_2(m)$。在低温条件下($<650\ ^\circ\text{C}$)钠长石的 Al 和 Si 具有有序的分配,Al 主要占据 $T_1(O)$ 位置,而 Si 占据其他八面体位置(这种结构的钠长石叫作低温钠长石)。而在高温条件下,Al 和 Si 趋于随机分配。假定低温钠长石中 Al 和 Si 的分配是完全有序的,而高温钠长石中 Al 和 Si 的分配是完全随机的(即 Al 和 Si 在所有 T 位置中的占有率一样),试计算当低温钠长石转化为高温钠长石时的 $\Delta S_{\text{conf(r)}}$。

2.6.1.4 在子晶格中有约束的随机原子分配

如果子晶格中的分配不是随机的,则计算 $\Omega_{s(i)}$ 时必须考虑对原子分配的限制。晶体的四面体位置上 Al 和 Si 的分配就是这一种情况,因为像 Al—O—Al 这种构型在能量上是不利的(此即所谓"铝回避原则"),而如果 Al 和 Si 是完全随机分配的,则可能有这种构型(Loewenstein,1954)。以 $\text{MgSiO}_3\text{-Al}_2\text{O}_3$ 体系中斜方辉石固溶体的构型熵为例,达到电荷平衡的置换反应为 $(\text{MgSi})^{6+} \longleftrightarrow (2\text{Al})^{6+}$,Mg 占据两个不同的晶格八面体位置 M1 和 M2,而 Si 占据两个不同的四面体位置 A 和 B。Al 则进入 M1 和 M2 八面体位置和 B 四面体位置。

可以假定 Al 在每一个 M 位置上的分配是随机的,因此,由 Mg 和 Al 在 M1 和 M2 位置上的混合分配所引起的构型熵可由式(2.6.6)给出。但是,由 Al 和 Si 在四面体 B 位置上的混合引起的构型熵 S_{conf} 的计算则需要考虑不相容的 Al—O—Al 键的影响,即需要计算 Al 和 Si 在四面体位置 B 的随机混合的构形熵 S_{conf},但是,在由单四面体链的辉石结构中则避免了 Al—O—Al 键的限制。Ganguly 和 Ghose(1979)首先注意到这一问题,他们推导出辉石中 Al 和 Si 相互交换的位置的总数是($N^B - \text{Al}^B + 1$),其中 N^B 是位置 B 的总数,而 Al^B 是 Al 在位置 B 中的总数。这样,按照式(2.5.2),有

$$\Omega_{\text{conf}}^B(\text{Al} - \text{avoid}) = \frac{(N^B - \text{Al}^B + 1)!}{\text{Al}^B!\ (N^B - 2\text{Al}^B + 1)!} \tag{2.6.10}$$

设位置 B 的总数是该位置上 Al 原子数的 α 倍,即 $N = \alpha\text{Al}^B$。应用斯特林的近似式,则有

$$S_{\text{conf}}^{\text{B}}(\text{Al} - \text{avoid}) = k_{\text{B}}\ln\Omega_{\text{conf}}^{\text{B}}(\text{Al} - \text{avoid})$$

$$= k_{\text{B}}\text{Al}^{\text{B}}\{(\alpha - 1)\ln[\text{Al}^{\text{B}}(\alpha - 1) + 1] - \ln[\text{Al}^{\text{B}}(\alpha - 2) + 1]\}$$

$$+ k_{\text{B}}\{\ln[\text{Al}^{\text{B}}(\alpha - 1) + 1] - \ln[\text{Al}^{\text{B}}(\alpha - 2) + 1]\} \quad (2.6.11)$$

Al 在位置 B 中的分数为 $x_{\text{Al}}^{\text{B}} = \text{Al}^{\text{B}}/N^{\text{B}}$，则 $k_{\text{B}}(\text{Al}^{\text{B}}) = k_{\text{B}}(N^{\text{B}}x_{\text{Al}}^{\text{B}})$。如果有 1mol 位置 B，即 N^{B} 等于阿伏伽德罗常数，则 $k_{\text{B}}(\text{Al}^{\text{B}}) = Rx_{\text{Al}}^{\text{B}}$。又由于 Al^{B} 是很大的数，所以上式中的 $+1$ 都可忽略，于是有

$$S_{\text{conf}}^{\text{B}}(\text{Al} - \text{avoid}) = Rx_{\text{Al}}^{\text{B}}[(\alpha - 1)\ln(\alpha - 1) - (\alpha - 2)\ln(\alpha - 2)] \quad (2.6.12)$$

上式中 α 定义为 $1/x_{\text{Al}}^{\text{B}}$。Ganguly 和 Ghose(1979)基于 Al, Mg 和 Si 占有位置的数据所计算的斜方辉石的 S_{conf} 和摩尔熵显示在图 2.6 中, 图中, 根据 M1, M2 和 B 位置上完全随机混合所作的计算和根据上式在 B 位置上有条件的随机混合所作的计算作了比较。

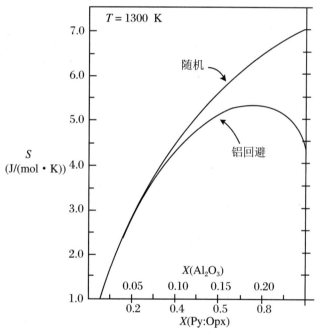

图 2.6　铝斜方辉石固溶体的构型熵, 在其晶格中, 按照 $^{\text{VI}}(\text{Mg})^{\text{IV}}(\text{Si}) \longleftrightarrow$
$^{\text{VI}}(\text{Al})^{\text{IV}}(\text{Al})$, Al 置换出现在八面体和四面体 B 位置中

Mg 和 Al 在八面体位置中的分配假设为是完全随机的, 而 Si 和 Al 在四面体 B 位置中的分配设为完全随机或是在所谓"铝回避原则"下的随机分配。$X(\text{Py:Opx})$ 是斜方辉石中铝端元组分 $\text{Mg}_3\text{Al}_2\text{Si}_3\text{O}_{12}$ 的摩尔分数, 斜方辉石可看作是组分为 $\text{Mg}_4\text{Si}_4\text{O}_{12}$ 的固溶体(Ganguly et al, 1979)

2.6.2　振动熵

如 1.6 节所讨论的, 晶体可看作是具有量子化振动能级的原子振荡器的集合。

对于晶体的一个给定能级,原子振荡器可以若干方式分配在各振动能级上。例如,有 7 个振荡器(a,b,c,d,e,f 和 g),具有频率 ν 和 3 个振动能级水平(E_1,E_2 和 E_3),其中 2 个在水平 E_1,3 个在水平 E_2,2 个在水平 E_3。图 2.7 显示了这种分配的三个例子。对于振荡器的特定分配的各种可能的排列数为

$$\Omega_{\text{vib}} = \frac{N!}{n_1!\ n_2!\ n_3!} \qquad (2.6.13)$$

其中 N 是振荡器的总数,n_i 是在能级水平 E_i 的振荡器的数量。在本例中,共有 210 种可能的配置或构型(即 7! /(2! 3! 2!))。但这里所计算的振荡器可能配置的总数并没有考虑晶体能量的任何限制。实际上,每一种振荡器的配置都必须满足总能量保持不变。在各量子化振动能级上振荡器最可能的分配就是那种在保持能量守恒条件下函数 Ω_{vib} 有最大值的那种分配(见式(1.6.2),每个振荡器的能量为 $(n+1/2)h\nu$)。正如构型熵是在保持晶体总组成不变条件下原子在所有晶格位置上可能的分配数,振动熵则是在保持晶体总能量不变条件下原子振荡器在所有量子化振动能级上可能的分配数。振动熵的计算方法是基于统计力学的理论。

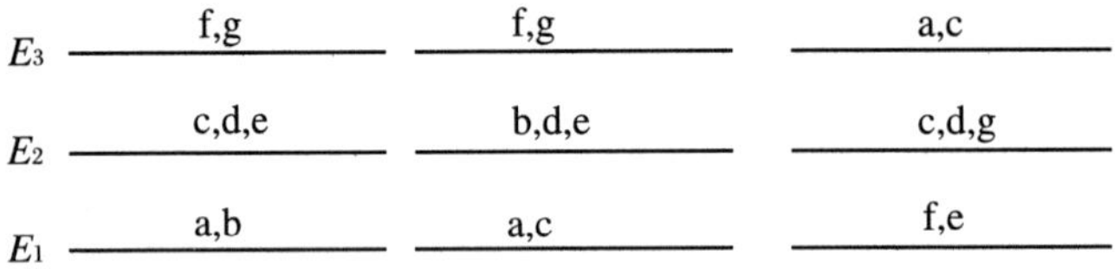

图 2.7 7 个振荡器在 3 个能级 E_1,E_2,E_3 上分配的一些例子(在 E_1 上有 2 个振荡器,E_2 上有 3 个,E_3 上有 2 个)

2.6.3 构型熵与振动熵的比较

固体的熵或无序度一般随温度升高而增加,这就导致固体中原子在不同晶格位置上进一步的无序或随机分配。如习题 2.1 所指出的,在钠长石 $NaAlSi_3O_8$ 四面体位置上 Al 和 Si 的分配与温度有关。对另一个例子斜方辉石 $(Fe,Mg)SiO_3$ 来说,其中 Fe 和 Mg 占有两种类型的八面体或六配位位置,M1 和 M2,其中 Fe 趋向于进入 M2,而 Mg 趋向进入 M1。随着温度的升高,这种趋向性逐渐降低,所以 Fe 和 Mg 在两种位置上的分配就逐渐成为一种随机分布,虽然说完全的随机分布是无法实现的(达到这种状态的随机分布所需的温度要超过斜方辉石的熔融温度)。

然而,通常认为随着温度上升构型无序度增加的情况,却在橄榄石 M1 和 M2 位置之间 Fe - Mg 分配对温度的依赖上发现存在一个有意义的例外。图 2.8 综合了 Redfern 等(2000)得到的实验数据。其中 K_D 是分配系数,定义为

$$K_D = \frac{(Fe/Mg)^{M1}}{(Fe/Mg)^{M2}} \qquad (2.6.14)$$

如果 Fe 和 Mg 达到完全的随机分配,则 $K_D = 1$。当温度低于 600 ℃时,Fe 开

始趋向于 M1 位置(由于不管 M1 还是 M2 位置上 Fe 和 Mg 两种阳离子的原子分数的总和应为 1,所以必然 Mg 趋向于 M2 位置)。随着温度的升高,Fe 进入 M1 的趋向于降低而在 600 ℃ 左右开始随机分配。然而到了更高温度,随机分配的情况又为 Fe 趋向于进入 M2 位置所代替。在 1200 ℃ 左右,M2 位置已完全被 Fe 所饱和。换句话说,在温度 600 ℃ 到 1200 ℃ 间,橄榄石中的 Fe‐Mg 分配逐渐达到有序,即 Fe 趋向于进入 M2 位置,而 Mg 趋于进入 M1 位置。

由于晶体的整体的无序状态总是随着温度的升高而增加,那么,随着温度高于600 ℃,而橄榄石中 Fe‐Mg 分配有序度反而增加的原因可能真如 Rinaldi 等(2000)和 Redfern 等(2000)所指出的,只是振动的无序性随着温度的升高而增加,以致晶体整体的净无序度随着温度的升高而增加的补偿效应。可以推测,构型无序和振动无序很可能是相关的。当温度在 600 ℃ 以上时,尽管构型有序性增加了,但晶体无序状态达到净增加(不过,Kroll 等(2006)却对所观察到的这种橄榄石中Fe‐Mg 有序-无序的现象给出了另外一种解释)。

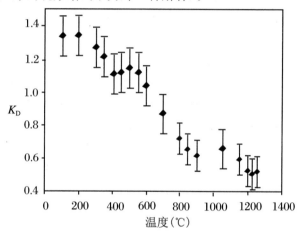

图 2.8　橄榄石(Fe,Mg)^{M1}(Fe,Mg)^{M2}SiO$_4$ 的 M1 和 M2 位置上 Fe‐Mg 分配与温度的关系

K_D 定义为 (Fe/Mg)^{M1}/(Fe/Mg)^{M2}。在 600 ℃ 以下,Fe 稍许优先进入 M1 位置,而 Mg 则进入 M2 位置。随着温度的升高,Fe 对 M1 位置的优先选择逐步减少而导致在 600 ℃ 时达到随机分配(即 $K_D=1$),进而在高温下 Fe 优先进入 M2 位置,而在 1200 ℃ 左右 M2 位置为 Fe 所饱和(Redfern et al,2000)

Denbigh(1993)讨论了过冷水的天然结晶过程的现象,即使当构型无序度减少时,振动熵还是使得整体的无序度增加。过冷水是亚稳态的,最终要结晶成为冰。由于冰的 H$_2$O 分子较之水更有序排列,因此冰的构型熵降低了。这样,似乎孤立体系中的一个自然过程导致了熵的减少,而与热力学第二定律相违背(这一点有时被叫作布里奇曼悖论,这是因诺贝尔物理学奖得主布里奇曼(Percy Bridgman,1882~1961)而得名,他首先提出这个问题,来检测对第二定律的理解)。其实,并不是这样。在从水转化为冰的过程中,作为补偿的振动熵大大增加了,因为冰具有很大数量的振动能级,在这些能级上的振动方式相当无序,尽管冰的总能量没有改变。

玻尔兹曼的奋斗和成就   注释(2.6.1)

将一个孤立体系的平衡状态作为其微观实体的最大无序状态来描述是基于玻尔兹曼的 H 理论。按照 1872 年玻尔兹曼提出的该理论,当气体从一处释放后,其基本实体将充满一个封闭空间,并一直保持在该状态。该理论受到当时一些著名科学家的质疑,主要是两个方面:(a)该理论涉及原子,而在当时原子的存在尚无定论(许多人认为原子只是"过分想象"的产物,而不是物理上的实体);(b)该理论显然与牛顿力学有抵触,因为牛顿力学可以在一个演化体系里双向预测时间,即如果状态 A 演化到状态 B,则随着时间的推移,反向也一定是可能的。当玻尔兹曼推导该 H 理论时,也提了一些有疑问的假设,认为组成气体的原子永远都是互相独立分布的,即是说它们之间没有相互作用,因而他在描写气体粒子平均性质的行为的方法在本质上是统计学的。玻尔兹曼理论当时也受到奥地利物理学家洛希米特(Josef Loschmidt)的强烈责疑。而最大的挑战则来自著名的法国数学家庞加莱(Henri Poincare,1854~1912)。在一项称为递归理论的研究中,他证明了在一个封闭空间中移动并服从牛顿力学定律的一组三个粒子会反复回到接近原来的初始构型。这样又引起了玻尔兹曼和德国数学家策梅洛(Ernst Zermelo)之间的争论,后者证实庞加莱的理论对任何数目的粒子都是有效的,所以 H 理论是无效的。但玻尔兹曼证明了即使是适量体积的气体,其粒子的数目也太大了,以致递归的时间尺度将超过宇宙的年龄,所以在宏观体系中不可能看到递归。然而,这种争论大大影响了玻尔兹曼的心理,让他感到沮丧,好像他并没有发现一个宇宙真理,而且似乎他的研究微不足道,因而得不到当时一些著名的科学家和数学家的赏识。于是在 1906 年,当和家人在意大利靠近 Trieste 的 Duino 度假时他结束了自己的生命(也有推测说他可能患上了躁郁症)。现在我们知道近代物理学两个最伟大的发现之一就是量子力学,它在本质上的确是统计学的,而且原子也不是"过分想象"的产物,此外包括牛顿力学在内的许多物理学定律都只是在一定条件范围内有效,而不是在全宇宙。许多数学家也对 H 理论作了有意义的修正,正在进一步研究是否即使没有玻尔兹曼关于所有粒子都一直没有相互作用的假设,该理论对于具有极大数量粒子的体系也是有效的。但是,因为迄今还没有人发现一个微观体系违背玻尔兹曼理论,因此他的理论已遍布物理学的许多近代发现,数学家也不再像从前一样看问题,正如数学家 Marvin Shinbrot(1987)所指出的,如今不再是"如何证明玻尔兹曼是错的,而是如何证明他是对的"。近代发表的相当优秀但又通俗易懂的评价可参阅 Shinbrot(1987)的文章。

2.7　第一和第二定律的合并陈述

热力学第一和第二定律可以合并在一起陈述。按照第一定律,对一个封闭体系,有

$$dU = \delta q + \delta W^-\qquad(2.7.1)$$

如果过程是可逆的,则按照第二定律,有

$$dS = \left(\frac{\delta q}{T}\right)_{rev}\qquad(2.7.2)$$

以及

$$\delta W^- = -PdV + (\delta \omega^-)_{rev}\qquad(2.7.3)$$

其中 P 是体系本身的压强,$(\delta\omega^-)_{rev}$ 是体系所吸收的除 $P\text{-}V$ 功以外的可逆功,也就是环境对体系所做的除 $P\text{-}V$ 功以外的可逆功(前面提到过,如果过程是不可逆的,则 P 是作用在体系上的外部压强)。因此,对具有固定化学组分的体系的**可逆过程**,可有以下将第一和第二定律结合在一起的表达式

$$\boxed{dU = TdS - PdV + (\delta\omega^-)_{rev}}\qquad(2.7.4)$$

上式事实上也体现了热力学温度和压强的定义,它们是一个封闭体系内能的偏导数,即

$$T = \left(\frac{\partial U}{\partial S}\right)_{V,\omega};\quad P = -\left(\frac{\partial U}{\partial V}\right)_{S,\omega}\qquad(2.7.5)$$

由式(2.7.4),如果仅考虑 $P\text{-}V$ 功,则对于一个具有固定化学组分的体系来说,有

$$\boxed{U = U(S,V)}\qquad(2.7.6)$$

上式即构成了热力学最基本的关系式。如将在后面讨论的,一系列有用的热力学势都可从该式推导出来。

习题 2.4　试证明当体系状态由 A 转化到 B 时,体系对环境所作的可逆功大于相同的状态变化下所做的不可逆功,即

$$(\delta W^+)_{rev} > (\delta W^+)_{irrev}\qquad(2.7.7)$$

(提示:将第一定律应用于两个过程,并注意到 dU 是全微分,然后应用第二定律,即 $TdS > (\delta q)_{irrev}$。)

习题 2.5　设有 7 mol 的理想气体在不计外部阻力条件下绝热膨胀。其初始 $P\text{-}T$ 条件为 5 bar,300 K,最终压强为 0.5 bar。试根据理想气体的内能和温度的依赖关系计算 $\Delta T, \Delta V, \Delta U, Q$ 和 W^+(提示:请注意该问题的表述方式,并参考 1.4 节关于给定条件下功的计算)。

2.8 热平衡条件:第二定律的说明性示例

图 2.9 是一个"组合体系",用来说明热力学第二定律如何来确定自然变化的方向和平衡条件。该体系相对于环境是孤立的,有两个子体系 1 和 2 组成。这两个子体系在开始时由绝热墙阻隔,即没有热在两个子体系中流通(在 1.3 节曾用这个"组合体系"来推导热力学的平衡条件)。每个子体系均有一致温度,但各自温度不同。所以,每个子体系处在各自的内部平衡中,而整个体系处在一个由绝热墙所限定的平衡中。因此,每个子体系和整个体系都有限定的热力学性质。

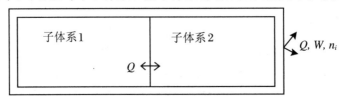

图 2.9 由一个刚性、不渗透、弱导热的墙所分隔的两个子体系(1 和 2)之间
热传导的剖面图。该组合体系孤立于环境

现在假设中间的绝热墙被一个薄而刚性的透热墙代替,从而有热的传导。由一般的经验可知,热总是从较高温度向较低温度流动,直到在整个体系达到一致的温度。那么这个"通常的经验"是否可以从第二定律得到呢?

为了推导方便,要保持两个子体系即使有热流动,仍各自保持一致温度。要实现这一条件,需要透热墙的透热性较低,使得透过墙的热的流动足够慢,要远远慢于每个子体系内达到热平衡的时间。

设体系的总熵为 S,子体系的熵分别为 S_1 和 S_2。假定墙的熵较之体系的总熵而言可以忽略不计。因该组合体系孤立于环境,且熵具可加性(见式(2.6.7)),所以 $S = S_1 + S_2$。又因为该组合体系孤立于环境,则两个子体系的内能总和,$U_1 + U_2$ 一定保持为常数,因此,$dU_1 = -dU_2$。这样,对于一个恒定的内能值 U,该组合体系的熵变相对某个子体系的内能(例如 U_1)的变化来说,有

$$\frac{\partial S}{\partial U_1} = \frac{\partial S_1 + \partial S_2}{\partial U_1} = \frac{\partial S_1}{\partial U_1} - \frac{\partial S_2}{\partial U_2} = \frac{1}{T_1} - \frac{1}{T_2} \tag{2.8.1}$$

(在上式中写成偏导数是因为每个子体系的体积保持不变。)由于体系的每个部分都是刚性的,所以 $dU_1 = \delta q_1 - P dV_1 = \delta q_1$,则

$$\partial S = \delta q_1 \left(\frac{1}{T_1} - \frac{1}{T_2} \right) \tag{2.8.2}$$

根据第二定律,对孤立体系,有 $dS \geqslant 0$,所以从上式可得到

$$\delta q_1 \frac{(T_2 - T_1)}{T_1 T_2} \geqslant 0 \tag{2.8.3}$$

这样,如果 $T_2 > T_1$,则体系 1 所吸收的热 δq_1 一定是正值(即热一定从 2 到 1),反之亦然。只要在两个子体系之间还保持有限的温差,这个过程将一直延续。在平衡时 $\delta S = 0$,因此,$T_2 = T_1$。

习题 2.6　试证明在上题中即使过程是不可逆的,仍有 $\mathrm{d}S_1 = \delta q_1 / T$。
(提示:由第一定律和事实上 U 是一个状态函数出发,证明 $(\delta q_1)_{\mathrm{rev}} = (\delta q_1)_{\mathrm{irrev}}$。)

2.9　热发动机和热泵的有效率

2.9.1　热发动机

热发动机是一种工程装置,从热源吸收热量并将其转化为机械功。由于热力学上的限制(即第二定律所致),在热转化功的过程中及随后的热发动机工作中一定有部分热没有被转化而损耗(即被送入散热装置)。参见图 2.10,热发动机的热和功的转化有效率 η 等于机械功与吸收热量的比值,即

$$\eta = \frac{W^+}{Q_2} \tag{2.9.1}$$

由于在可逆过程中体系所做的功要大于其在不可逆过程(即实际过程)中所做的功(见式(2.7.7)),因此根据热力学原理可以来分析一个可逆的循环过程(即卡诺循环)所可能达到的最大的热对功的转化率。

根据第一定律,一个可逆循环过程有

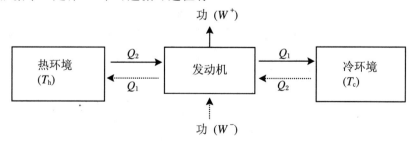

图 2.10　在两个不同温度的两个环境之间的热发动机(实线)和
热泵(虚线)工作原理示意图
Q_1 和 Q_2 分别表示吸收和输出的热量;W^+ 和 W^- 分别为发动机所做的功和吸收的功

$$\Delta U = 0 = (Q_2 - Q_1) + W^- = (Q_2 - Q_1) - W^+ \qquad (2.9.2)$$

其中，$Q_2 - Q_1$ 是由体系所吸收的**净热**，Q_2 是体系从热源所吸收的热，Q_1 是被排放到散热器的热。Q_2 和 Q_1 都为正值（注意：关系式 $\Delta U = 0 = Q + W^-$ 对任何类型的循环过程都有效，但 $Q = Q_2 - Q_1$ 则仅当循环过程非常慢或者是可逆以致等温膨胀和等温压缩成为体系中热量改变的唯一原因。举例说，如果过程不是足够慢来让体系保持恒定的温度，那么热就会由于热扩散而失去），则

$$\eta_{\max} = \frac{(W^+)_{\mathrm{rev}}}{Q_2} = \frac{Q_2 - Q_1}{Q_2} = 1 - \frac{Q_1}{Q_2} \qquad (2.9.3)$$

然而，对可逆过程来说，有 $Q_1/Q_2 = T_1/T_2$（式(2.3.1)），所以

$$\eta_{\max} = 1 - \frac{T_1}{T_2} \equiv \frac{T_{\mathrm{h}} - T_{\mathrm{c}}}{T_{\mathrm{h}}} \qquad (2.9.4)$$

其中下标 h 和 c 分别表示"热"（高温）和"冷"（低温）。可见，在两个保持恒定温度的热库之间运作的热发动机的有效率或转化率仅取决于两个热库的温度。

当然，在设计实际发动机的时候，最值得研究的不一定是热转化为功的有效率，而是**动力输出**的有效率，因为要靠着这种有效率，在付完生产和保养的花费后能赚到钱。设想一个内可逆循环的发动机，其中热转移到发动机和从发动机发出热的过程是唯有的不可逆过程。利用上述关于卡诺发动机最大效率的结果，可以证明(Callen,1985)内可逆发动机的动力输出的 $\varepsilon_{\mathrm{erp}}$ 最大效率为

$$\varepsilon_{\mathrm{erp}} = 1 - \left(\frac{T_{\mathrm{c}}}{T_{\mathrm{h}}}\right)^{1/2} \qquad (2.9.5)$$

有意思的是，上式与热被导入热发动机和从其中转移出来所使用的材料的导热性无关。发电厂的效率就是由上式来给定的。

2.9.2 热泵

热泵的运作正好与热发动机相反，热泵是从冷源抽取热，而将热送到热发散器里。典型的例子就是冰箱，其中的热被不断地抽取送到外面的室内空间（可从冰箱的背部感受到温度）。空调作用也是这样，从室内抽取热保持室内较冷，而将热送到室外，或者在冬天季节进行相反的运作。为了热泵能够按需求来运行，将热从冷环境转移到热环境，首先需要对热泵（这可从发电厂购买）做功，如图 2.10 所示。衡量一个将环境致冷的热泵的工作效率的适当指标就是从环境吸取的热与对泵所做的功的比值，称为致冷效率 ε_{r}。根据式(2.7.7)可以看到，当所做的功是沿着可逆途径，则体系所吸收的为了使其实现状态改变所需的功（即对体系所做的功）要少于沿着不可逆途径做的功（在式(2.7.7)两侧乘以 -1，即有 $-(\delta W^+)_{\mathrm{rev}} < -(\delta W^+)_{\mathrm{irrev}}$ 或 $(\delta W^-)_{\mathrm{rev}} < (\delta W^-)_{\mathrm{irrev}}$）。所以，如式(2.9.2)所示，因为 $W^- = Q_1 - Q_2$，则制冷效率的最大值为

$$(\varepsilon_{\mathrm{r}})_{\max} = \frac{Q_2}{(W^-)_{\mathrm{rev}}} = \frac{Q_2}{Q_1 - Q_2} \tag{2.9.6}$$

将分子和分母除以 Q_1，并代入关系式 $Q_1/Q_2 = T_1/T_2$，有

$$(\varepsilon_{\mathrm{r}})_{\max} = \frac{T_{\mathrm{c}}}{T_{\mathrm{h}} - T_{\mathrm{c}}} \tag{2.9.7}$$

另一方面，如图 2.10 中虚线所示，如果热泵的目的是要从冷的环境中吸取热而送热到较热的环境中（如在冬天室内保暖），则加热器的热效率 ε_{h} 应该等于送出的热量与对其所做之功的比。于是，和上述过程类似，有

$$(\varepsilon_{\mathrm{h}})_{\max} = \frac{T_{\mathrm{h}}}{T_{\mathrm{h}} - T_{\mathrm{c}}} \tag{2.9.8}$$

显然，假定热环境的温度保持不变的话，热泵的效率（不论是致冷或致热）将随着从冷环境中吸取热使其变得更冷而降低。

热发动机中的**不可逆性**有四种通常的来源（Kittel 和 Kroemer，1980）：(a) 来自高温源的部分热可能直接传导到散热器，例如通过装热发动机的圆筒壁；(b) 可能存在输送到发动机或取自发动机的热流的热阻；(c) 热发动机产生的部分功可能由于摩擦而转化为热；(d) 泵里的气体可能可逆地膨胀。

习题 2.7 夏季室外温度为 110 ℉，为了使得空调能把房间的温度保持在 75 ℉，需要以 740 kJ/min 的速率抽取热。试计算空调机所要消耗的最低能耗。能量单位用 W 或 J/s。

（提示：空调最低能耗（W）就是对空调所做的最小功率（J/s）。）

2.9.3　自然界中的热发动机

自然界中有两种卡诺热发动机，一种在地幔中造成对流（见附录 B），另一种就是飓风。图 2.11 说明了这种对流循环的性质。可以看到，此图不像图 2.1 所示的卡诺循环，由于要造成对流必须有横向的温度梯度，所以对流循环中没有任何等热途径。但是，对流循环还是可化为一种在源头和发散处的两个等热途径的模式来研究，分别用 $A'B'$ 和 $C'D'$（虚线）表示。就如 $ABCD$ 所确定的 $P\text{-}V$ 范围代表了由体系所做的功，$A'B'C'D'$ 也是如此。

在岩石圈以下的地幔存在对流，通常认为是接近绝热或等熵温度梯度（详见后面 7.4 节的讨论）。对流造成了地幔物质的变形，如 Stacey（1992）指出的，这种变形所需的机械功可来自对流本身，而消耗的机械功进入对流介质中又成为热的来源。这样，利用式（2.9.1），地幔中的对流热发动机（用字母 che 表示）的有效率（即所做的功除以输入的有效热量）为

$$\eta_{\mathrm{che}} = \frac{W^+}{Q_2 - W^+} = \frac{W^+/Q_2}{1 - W^+/Q_2} \tag{2.9.9}$$

根据式（2.9.3）和式（2.9.4），$W^+/Q_2 = (T_{\mathrm{h}} - T_{\mathrm{c}})/T_{\mathrm{h}}$。将此式代入上式，即

得到最大效率为(Stacey,1992)

$$\eta_{\text{che,max}} = \frac{T_h - T_c}{T_c} \qquad (2.9.10)$$

注意上式与式(2.9.4)不同。后者所给的是可逆卡诺循环发动机的效率,分母中用的是 T_h 而不是 T_c。这样,从理论上说,η_{che} 似乎可以大于 1。但如 Stacey (1992)所指出的,不应该由此得出对流的地幔发动机的效率实际上超越可逆热力学发动机,事实上损耗的机械功回到热的源头又进一步增加了机械功。

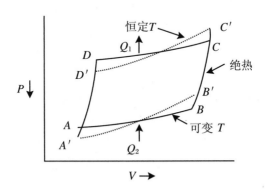

图 2.11 图示说明一个包含了两个温度变化途径($A{\to}B$,$C{\to}D$)的循环过程转变为一个包含了两个等温途径($A'{\to}B'$,$C'{\to}D'$)的循环过程

$ABCD$ 所围的面积代表了温度变化的循环过程所做的功,该面积与 $A'B'C'D'$ 所围的相等

如图 2.12 所示,飓风可以看作一个卡诺循环,飓风中心位于图的左侧 (Emanuel,2006)。因为海洋被看作为一个无限热库,所以在与海面接触的 A 到 B 阶段是几近等温膨胀。在 B 点,表面风力最强,空气以几近绝热的气流被急速地

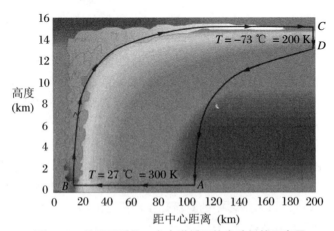

图 2.12 将飓风看作一个卡诺循环热发动机的示意图

AB 和 CD 分别表示了几近等热的热源(海洋)和散热器(空间);BC 和 CD 分别代表了绝热膨胀和绝热压缩的两个侧翼;图左边缘是暴风中心(Emanuel,2006)

提升到 C 点。在 C 和 D 之间,热量又以红外辐射形式等温地发散到空间中。最后,从 D 到 A,经绝热压缩构成一个循环。Emanuel(2003,2006)证明了飓风的风速为

$$v^2 = \left(\frac{T_h - T_c}{T_c} \right) E \tag{2.9.11}$$

其中,E 是海洋和大气之间热力学不平衡的一个度量,这种不平衡造成了对流热的传递。这里要注意,分母中是 T_c 而不是 T_h,这是因为又加入了损耗的热量的贡献。很显然,根据上式可以看到,由于全球气温变暖引起的海洋温度的增加,导致了飓风,继而造成了沿海地区的更大灾难。

第 3 章　热力学势及其衍生性质

从方便运作的角度来看,需要建立一些热力学状态函数,使得在固定温度和压力强度变量下,或固定这两个变量中的一个以及另一个广度变量下,通过对这些函数的极小值化获得体系的平衡状态。这些状态函数包括**吉布斯自由能**(G),**亥姆霍兹自由能**(H)和**焓**(H)。如后面将讨论的,在至少有一个强度变量的一组特定条件下体系的平衡状态,可以通过求其中一个状态函数的极小值便可得到,极小值取决于规定的变量(诸如恒定 P 和 T,或恒定 V 和 T,或恒定 S 和 T)。通常都知道体系的稳定状态可以通过求其一个势的最小值得到,所以与此相似,上述热力学函数也常被叫作**热力学势**,用大写字母 U, S 等表示(见式组合(3.1.1))。但是,热力学势也可以用更系统的方法来得到,即用称为拉格朗日变换的数学方法来处理基本关系式 $U = U(S, V)$。注意,在本章讨论中,假定体系内的所有化学组成固定不变。

3.1　热力学势

Callen(1985)用一个简单的几何图形来说明拉格朗日变换。图 3.1 显示了 X-Y 平面上的一条曲线 $Y = Y(X)$(例如 $Y = X_1 + X_1{}^2 + X_1{}^3 + \cdots$)。如图所示,对该曲线可以作出一组切线。而该组切线又可表示为其各自斜率的函数,即 $I = I(P)$,其中 I 是切线在 Y 轴上的截距,P 是切线在曲线(X, Y)点处的斜率。这样,一条曲线被简化为用一组切线,$I = I(P)$,来表示。方程 $Y = Y(X)$ 和 $I = I(P)$ 所代表的是同一条曲线。所以,口头表达很方便,问题就成为用哪一个方程来表示该曲线。

将上述函数 $Y = Y(X)$ 变换为 $I = I(P)$ 的数学方法称为拉格朗日变换。函数 I 称为函数 Y 的拉格朗日变换。很显然,这是一条直线方程,即

$$I = Y - \frac{\mathrm{d}Y}{\mathrm{d}X}X \tag{3.1.1}$$

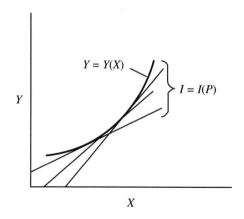

图 3.1　图示说明如何将二维空间中的曲线 $Y = Y(X)$ 用该曲线的一组切线来表示

如果函数 $Y = Y(X_1, X_2, \cdots, X_n)$，其中除了 X_i 的所有变量都是恒量，则 Y 对于变量 X_i 的偏拉格朗日变换为

$$I_{X_i} = Y - \left(\frac{\partial Y}{\partial X_i}\right)_{X_{j \neq i}} X_i \tag{3.1.2}$$

其中，下标 $X_{j \neq i}$ 意味着偏微分中除了 X_i 以外的所有变量都是恒量，且每次只可选择一个变量。函数 Y 对于变量 X_1 和 X_2 的拉格朗日变换为

$$I_{X_1, X_2} = Y - \left(\frac{\partial Y}{\partial X_1}\right)_{X_i \neq X_1} X_1 - \left(\frac{\partial Y}{\partial X_2}\right)_{X_i \neq X_2} X_2 \tag{3.1.3}$$

为简单起见，将函数 Y 在恒量 x 处对于变量 Z 的偏导数记为 $(Y'_z)_x$。

对函数 $U = U(V, S)$ 来说，有三种可能的拉格朗日变换（函数 Y 拉格朗日变换的总数为 $2^n - 1$，其中 n 是独立变量的数目），即有

$$(I_V)_S = U - (U'_V)_S V = U + PV \tag{3.1.4}$$

$$(I_S)_V = U - (U'_S)_V S = U - TS \tag{3.1.5}$$

和

$$I_{V,S} = U - U'_S S - U'_V V = U - TS + PV \tag{3.1.6}$$

其中 $(I_V)_S$ 是当 S 为恒量时对于变量 V 的偏拉格朗日变换，$(I_S)_V$ 的意义也类似。这些新的衍生的函数 $(I_V)_S$，$(I_S)_V$ 和 $(I_V)_S$ 分别叫作焓（H），亥姆霍兹自由能（F）和吉布斯自由能（G）。事实上它们都是状态函数的组合，所以本身显然都是状态函数。综合起来，有如下三个很重要、常被应用的三个状态函数：

$$H = U + PV$$
$$F = U - TS$$
$$G = H - TS = (U + PV) - TS \tag{式组合(3.1.1)}$$

后文将会证明,即使将体系的所有化学组分的质量都恒定这样一个限定条件取消,上述的关系式依然有效。

将焓的方程式两边求微分,即

$$dH = dU + PdV + VdP \qquad (3.1.7)$$

但是,对于仅做 P-V 功的封闭体系的可逆过程来说,$dU = TdS - PdV$,所以,就有

$$dH = TdS + VdP \qquad (3.1.8)$$

这样,就将强度变量 P 作为独立变量导入新函数 H。同样,将 F 和 G 微分,代入可逆过程的 dU 的方程式,则有

$$dF = -PdV - SdT \qquad (3.1.9)$$

和

$$dG = VdP - SdT \qquad (3.1.10)$$

下面汇总了封闭体系的可逆过程的基本的状态函数 U 的微分及其衍生状态函数的微分方程。

$$dU = TdS - PdV$$
$$dH = TdS + VdP$$
$$dF = -PdV - SdT$$
$$dG = VdP - SdT$$

式组合(3.1.2)

注意,上述 H,F 和 G 的微分式仅对只做 P-V 功的封闭体系中的可逆过程有效。如果要包含其他类型的功,则 $dU = TdS - PdV + (\delta\omega^-)_{rev}$,即式(2.7.4),因此,需将 $(d\omega^-)_{rev}$ 项加到上面后三个方程的右侧。

3.2 封闭体系的平衡条件:用热力学势的公式化表示

上面所推导的热力学势和第二定律的结合可以用来定义在各种条件下自然过程改变的方向和平衡条件。为了作一说明,设一个封闭体系仅做 P-V 功,并且 P-T 条件恒定。在此条件下,因为所考察的体系只是 P 和 T 的函数,所以,最适合用的函数是吉布斯自由能 G。由方程 $G = U + PV - TS$(式组合(3.1.1)),在 P-T 为常数条件下,有

$$dG = dU + PdV - TdS \qquad (3.2.1)$$

当仅有 P-V 功时,有

$$dU = \delta q + \delta W^- = \delta q - PdV \qquad (3.2.2)$$

（在 1.4 节中曾提到方程 $\delta W^{-} = -PdV$ 不一定意味着一个可逆过程，而是需要整个体系中的压强一致。如果是不可逆过程，则 P 可以是内部压强也可以是外部压强，取决于该体系是膨胀还是压缩过程，但在上面式（3.2.1）和式（3.2.2）中的压强相同）。把方程合并就可得到 $(\delta G)_{P,T} = (\delta q - PdV) + PdV - TS = \delta q - TdS$。根据第二定律，$dS \geqslant \delta q / T$，其中等号仅当平衡条件下有效，因此

$$(\partial G)_{P,T} \leqslant 0 \qquad (3.2.3)$$

换言之，在一个仅做 $P\text{-}V$ 功并保持恒定的 P 和 T 的体系，任何自然过程改变的方向就是自由能减少的方向。一般来说，当 G 值达到最大或最小值时，$dG = 0$，但是，因为在 $P\text{-}T$ 恒定条件下自然变化的 G 值一定减少，所以当平衡时 G 值为最小值。如果设体系还有除 $P\text{-}V$ 以外的功，那么在方程（3.2.2）的右侧必须加上 $\delta\omega^{-}$ 项，则有

$$(\partial G)_{P,T} \leqslant \delta\omega^{-} \qquad (3.2.4)$$

或

$$-(\partial G)_{P,T} \geqslant -\delta\omega^{-} \geqslant \delta\omega^{+}$$

循着上面的分析并利用第二定律的关系式 $dS \geqslant \delta q / T$ 或 $(\delta q - TdS) \leqslant 0$，就可对两类体系进一步导出其他关系式。体系（a）仅限于 $P\text{-}V$ 功；体系（b）不仅仅限于 $P\text{-}V$ 功，还有其他类型的功。所有关系式均归纳在表（3.2.1）中，事实上这些方程式都是第二定律的结果。状态函数 U, H, F 和 G 也称作**热力学势**，因为对一个仅做 $P\text{-}V$ 功的体系来说，其自然变化的方向可由其中一个热力学势的变化来确定，即在规定条件下的该热力学势值趋于最小。对于地质问题来说，往往对象都是仅限于 $P\text{-}V$ 功的体系，并且研究的是 P, T 恒定条件下的平衡性质，所以常用体系的吉布斯自由能的最小值作为判据。然而，在地质和行星科学研究中也有一些特别情况，其中要用与上述讨论不同的一些变量。要确定这些情况下的平衡条件则需要另外一些新类型的势的最小值判据。在后面 10.13 节将用拉格朗日变换来推导出这些势。

习题 3.1　试证明在 T 和 V 为恒定条件下，自然过程的变化方向可由下面条件作判据，即

$$(\partial F)_{T,V} < 0 \qquad (3.2.5)$$

直到 F 达到最小值，即 $(\partial F)_{T,V} = 0$。

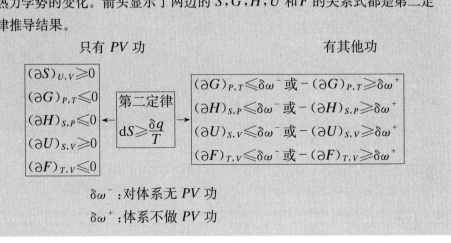

式组合(3.2.1) 由第二定律所确定的一个封闭体系在各种外加条件下的热力学势的变化。箭头显示了两边的 S, G, H, U 和 F 的关系式都是第二定律推导结果。

只有 PV 功   有其他功

$(\partial S)_{U,V} \geqslant 0$

$(\partial G)_{P,T} \leqslant 0$

$(\partial H)_{S,P} \leqslant 0$

$(\partial U)_{S,V} \geqslant 0$

$(\partial F)_{T,V} \leqslant 0$

第二定律

$dS \geqslant \dfrac{\delta q}{T}$

$(\partial G)_{P,T} \leqslant \delta \omega^-$ 或 $-(\partial G)_{P,T} \geqslant \delta \omega^+$

$(\partial H)_{S,P} \leqslant \delta \omega^-$ 或 $-(\partial H)_{S,P} \geqslant \delta \omega^+$

$(\partial U)_{S,V} \leqslant \delta \omega^-$ 或 $-(\partial U)_{S,V} \geqslant \delta \omega^+$

$(\partial F)_{T,V} \leqslant \delta \omega^-$ 或 $-(\partial F)_{T,V} \geqslant \delta \omega^+$

$\delta \omega^-$:对体系无 PV 功

$\delta \omega^+$:体系不做 PV 功

3.3 什么是自由能中的自由？

对于在 T, V 恒定条件下,一个封闭体系从 A 到 B 状态的有限变化,由上面的式组合(3.2.1)可得

$$-\int_A^B (\delta F)_{T,V} = F(A) - F(B) \geqslant \int_A^B \delta \omega^+ \tag{3.3.1}$$

上式右侧代表了体系所做的非 PV 功的积分,为了有用,一定是正值,即要求 $F(A) > F(B)$。所以,在恒定 T, V 条件下,由体系所作的由状态 A 变化到 B 的非 PV 功一定少于或等于热力学势 F 的减少。这样,为了强调减少 F 所释放的能就是封闭体系在恒定 T, V 条件下最大的可以自由或可取得的转化为有用功的自由能,所以在函数 F 前冠以自由能的称呼。而为了突出与**吉布斯自由能**的不同,特别将 F 称作**亥姆霍兹自由能**。这个不同可从式组合(3.2.1)看出,G 的减少也代表了封闭体系在恒定 P-T 条件下,可以转化为除 P-V 功以外的有用功的最大自由能。在实际使用中,往往不用自由这个词,F 和 G 分别简单地叫作亥姆霍兹能和吉布斯能。

3.4 麦克斯韦关系式

由于 dU, dH, dF 和 dG 都是恰当微分,所以将欧拉倒数关系式(B.3.3)应用在

式组合(3.1.2)所归纳的方程式,即可导出以下仅做 PV 功的封闭体系(即 $\delta\omega = 0$)的一组关系式。其中也是将 dU 的恰当微分列为这些关系式的第一个。

$$\left(\frac{\partial T}{\partial V}\right)_S = -\left(\frac{\partial P}{\partial S}\right)_V \qquad (3.4.1)$$

$$\left(\frac{\partial T}{\partial P}\right)_S = -\left(\frac{\partial V}{\partial S}\right)_P \qquad (3.4.2)$$

式组合(3.4.1)

$$\left(\frac{\partial P}{\partial T}\right)_V = -\left(\frac{\partial S}{\partial V}\right)_T \qquad (3.4.3)$$

$$\left(\frac{\partial V}{\partial T}\right)_P = -\left(\frac{\partial S}{\partial P}\right)_T \qquad (3.4.4)$$

这些关系式通常叫作**麦克斯韦关系式**。此外,还有其他一些由开放体系 U,H,F 和 G 的全微分或恰当微分导出的麦克斯韦关系式,但上面这些关系式在经典热力学中是最常用的。注意到上面的关系式中将广度变量 S 和 V 的导数和与它们共轭的强度变量 T 和 P 的导数以不同组合连接一起,但是不出现一个广度变量对其自身的共轭的强度变量的导数。麦克斯韦关系式的重要性在于当计算所需的数据缺失时,可以用另一个关系式代替,或者可以在一个方程式里结合其他一些参数使其成为较容易处理的方程。此外,这些方程式还可以用于交叉检查数据内部的一致性。许多例子将在以后述及。

3.5　热力学方块:介绍一种记忆工具

至此,本书已经列出了许多热力学方程式,对于记忆力较差的大部分学生来说恐怕是一件头痛的事。为此,玻恩(Max Born,1882~1970,1954 年诺贝尔奖获得者)提出了一种简单的有助记忆的方法,即所谓的**热力学方块**,可以帮助记忆 U,F,G 和 H 的全微分,各相关的麦克斯韦关系式,以及各种外加条件下的平衡条件(该记忆方法发表在 1929 年的一次讲座上。麻省理工大学(MIT)的 Tizza 教授参加了这次讲座。该记忆方法在 Tizza 的学生 Herbert B. Callen 所著的《热力学》一书(John Wiley 出版社)中也有记叙)。

热力学方块的结构和用法见图 3.2,在方块的四边从上开始顺时针方向按英文字母次序写下要被最小化达到平衡的热力学势(即 F,G,H 和 U)。然后,在方块的右边(即包含 G 的一侧)角上加上影响 G 的变量(即 P 和

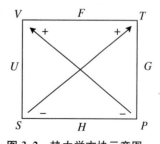

图 3.2　热力学方块示意图
图上各种字母和符号均为通常使用的意义

T),在方块的左边(即包含 U 的一侧)角上加上影响 U 的变量(即 S 和 V)。最后,在方块上面两个角上写上"$+$"的记号,而在下面两个角上写上"$-$"的记号。注意到方块角上共轭的强度和广度变量由对角线相连(S 与共轭强度变量 T 相连,而 V 与共轭强度变量 P 相连)。可看到,从方块的底边到上边也是按字母的次序(即 $S \rightarrow V, P \rightarrow T$)。现在,就可以讨论用方块来推导各种热力学方程式的方法原理。但是,最好还是先来通过那些常使用的包含 G 的一些方程式,例如 $G = H - TS$,$dG = -SdT$ 以及 $(\partial G)_{P,T} = 0$ 来发现一般的操作原理。

首先,看看如何用方块来得到方程式 $G = H - TS$。可以由 G 出发,顺时针前进便遇到 H,含 H 这一边的一端为 $-S$,再乘上对角线另一端的 T,即得到了该式。同样的操作顺序用在 H 上,可得到 $H = U + VP$;用在 U 上,可得到 $U = F + TS$ 或其更常用形式 $F = U - TS$;用在 F 上,可得到 $F = G - PV$ 或其更常用形式 $G = F + PV$。

其次,看看如何用方块来得到方程式 $dG = -SdT + VdP$。G 在方块的对边(即含 U 的一侧)的两端为 $-S$ 和 V,将它们分别乘以对角线另一端的共轭变量的微分(即 $-S \rightarrow dT, V \rightarrow dP$)。按同样步骤,可得到 $dH = VdP + TdS$;$dU = TdS - PdV$ 和 $dF = -SdT - PdV$。

再进一步,为了得到仅做 PV 功的封闭体系在各种外加条件下的自然过程改变的方向和平衡条件,即 $(\partial G)_{P,T} \leqslant 0$,只要将方块一边的热力学势取最小值,而该边上两端的变量为常数。同样,就可得到 $(\partial H)_{S,P} \leqslant 0$,$(\partial U)_{S,V} \leqslant 0$,$(\partial F)_{V,T} \leqslant 0$。

最后,看一下如何得到麦克斯韦关系式。也先从方程式 $dG = VdP - SdT$ 着手,应用倒数关系,即有 $(\partial V/\partial T)_P = -(\partial S/\partial P)_T$。用方块图来分析一下这个麦克斯韦方程式,就很容易发现便于记忆的规律,等号的两边代表了方块对面两侧两个相同的操作,但只要考虑分子中变量的符号。同样应用相同的操作到另外两侧,就可得到麦克斯韦方程式(3.4.1)~(3.4.4)。例如,$(\partial V/\partial S)_P$ 应等于什么? 按上面操作根据方块的相对侧的函数和符号,很容易得到 $(\partial T/\partial P)_S$。

3.6 蒸气压和逸度

在任何温度下,每一个物质都有一定的平衡蒸气压强,简称为物质的蒸气压。当一种凝聚物质放入一个充分抽空的容器,就会产生一定量的气。这样,当平衡达到时,气体所施加的压强就等于该凝聚物体在特定温度下的蒸气压。挥发性物质具有较高的气压,而非挥发性物质的蒸气压非常低。在室温时,酒精有很高的蒸气压,樟脑丸的蒸气压其次,而造岩矿物的蒸气压极低。有一些概念在基础化学中已为大家所熟悉。

考察一下图 3.3 中纯 H_2O 的相图。图中,冰与水蒸气,液体与水蒸气的稳定

场的分隔线分别显示了作为温度函数的冰和液体（水）的蒸气压。在 0.0061 bar，
0.01 ℃的三相点，冰和水的蒸气压相同。如果将冰和液体的蒸气压线经三相点继
续分别延长，则可看到，在液体的稳定场中液体的蒸气压要低于冰的蒸气压，反之
亦然。在三相点，冰和液体平衡，两相的蒸气压完全相同。所以，可以根据冰和水
的蒸气压来描述两相的稳定条件而不用吉布斯自由能。但这种根据蒸气压来对相
关稳定场和相平衡条件给出的另类描述唯有在气体具备理想气体行为时方可。如
果不是，则需要对蒸气压作校正来描述各相的相对稳定场。这个"校正"的蒸气压
即为**逸度**。1901 年路易斯（G. N. Lewis，1875～1946）首次将逸度概念引入吉布斯
自由能中作为另一种参数，来描述相的稳定性或逃逸趋势。

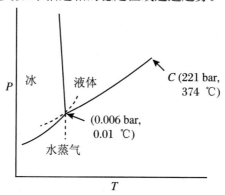

图 3.3　纯 H_2O 的相图

冰，液体和水蒸气共存的三相点在 0.006 bar，0.01 ℃；而液-气共存线上的临
界点在 221 bar，374 ℃（见 5.1 节关于临界现象的讨论）

逸度在与自由能 G 的关系式中好比理想气体的蒸气压。设 1 mol 的理想气
体，满足 $V = RT/P$，在恒温下，则有 $dG = VdP = RT d \ln P$。与此相似，纯物质的
逸度 f，在恒温条件下，与 G 的关系式为

$$dG = RT d \ln f = RT d \ln(P\Phi) \tag{3.6.1}$$

其中，Φ 是逸度系数。另外，在足够低的压强下，所有气体都趋于理想气体的性质，
所以逸度一定满足关系式

$$\lim_{P \to 0} f = P \tag{3.6.2}$$

或

$$\lim_{P \to 0} \Phi = 1 \tag{3.6.3}$$

方程式(3.6.1)和(3.6.2)组成了逸度的基本定义。

考虑一下将水和冰的稳定场分开的线。在线上的任何一点，有 G_{H_2O}（冰）$=$
G_{H_2O}（液体）。但同样正确的是，f_{H_2O}（冰）$= f_{H_2O}$（液体），并且，如果气体是理想气
体的话，则有 P_{H_2O}（冰）$= P_{H_2O}$（液体）。

逸度对压强的依赖关系很容易推导如下：

利用数学链式法则有

$$\left(\frac{\partial \ln f}{\partial P}\right)_T = \left(\frac{\partial \ln f}{\partial G}\right)_T \left(\frac{\partial G}{\partial P}\right)_T \tag{3.6.4}$$

由式(3.6.1)可知，上式右边的第一个括号项等于$1/RT$，而$(\partial G/\partial P)_T = V$，所以

$$\left(\frac{\partial \ln f}{\partial P}\right)_T = \frac{V}{RT} \tag{3.6.5}$$

在给定的压强和温度下，气体的逸度值可以通过求出在该特定条件下的气体体积V和理想气体的体积V_{ideal}的差异来得到，方法如下：由上式，恒温下有

$$V dP = RT d \ln f \tag{3.6.6}$$

设$V = V_{\text{ideal}} + \varphi$，根据理想气体定律，1 mol 气体在恒温下有

$$\int_{P^*}^{P'} \left(\frac{RT}{P} + \varphi\right) dP = RT \int_{f(P^*)}^{f(P')} d \ln f \tag{3.6.7}$$

或

$$RT \ln P' - RT \ln P^* + \int_{P^*}^{P'} \varphi dP = RT \ln f(P') - RT \ln f(P^*) \tag{3.6.8}$$

由方程(3.6.2)，当$P^* \to 0$时，$RT \ln f(P^*) = RT \ln P^*$。对于 1 mol 气体，有

$$RT \ln P' - RT \ln P^* + \int_0^{P'} \varphi dP = RT \ln f(P') - RT \ln P^*$$

或

$$\begin{aligned} RT \ln f(P') &= RT \ln P' + \int_0^{P'} \varphi dP \\ &= RT \ln P' - \int_0^{P'} \left(V_{\text{m}} - \frac{RT}{P}\right) dP \end{aligned} \tag{3.6.9}$$

其中，V_{m}是气体的摩尔体积。

Tunell（1931）认为，由路易斯提出的逸度的所期望的性质（即式(3.6.1)和式(3.6.2)）均来自于该定义，所以上式应当被用于逸度的定义，但事实上，因其定义的复杂性，虽然很严密，但无法像路易斯提出的逸度概念能传递出物理内涵，所以没有被采纳。

3.7 衍生性质

本节讨论一些常用函数，包括等压热容C_P，恒积或等容（恒密度）热容C_V，等压膨胀（或热膨胀系数）α，等热和等熵压缩系数β_T和β_S。这些函数都是热力学状态函数的偏导数，如以后将讨论的，它们均可为实验室所测定。

3.7.1　热膨胀和压缩性

热膨胀系数 α，等热压缩系数 β_T 和等熵压缩系数 β_S 被分别定义为

$$\alpha = \frac{1}{V}\left(\frac{\partial V}{\partial T}\right)_P \tag{3.7.1}$$

$$\beta_T = -\frac{1}{V}\left(\frac{\partial V}{\partial P}\right)_T \tag{3.7.2}$$

$$\beta_S = -\frac{1}{V}\left(\frac{\partial V}{\partial P}\right)_S \tag{3.7.3}$$

体积模量（bulk modulus）是压缩系数的倒数（换言之，体积模量是不可压缩性系数），通常用符号 k_T 和 k_S 分别对应等温和等熵条件。因为按照第二定律，一个可逆的**绝热过程**意味着一个等熵过程，所以等熵性质通常指的是绝热性质。其中包含一个假设，就是压强的改变要足够慢，以至让体系有效地保持平衡。

在上面方程式中的标准化因子 $1/V$ 实际上代表了瞬时体积，如图 3.4 所示。通常用来定义 α 和 β 的不是瞬时体积 V，而是分别利用标准化因子 $1/V(P, 298\ \text{K})$ 和 $1/V(1\ \text{bar}, T)$。但两种情况下，标准化体积都不是 $V(1\ \text{bar}, 298\ \text{K})$。

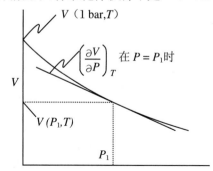

图 3.4　在任意压力 P_1 条件下，按照式(3.7.2)所定义的压缩系数中使用的体积参数的示意图

$V(P_1, T)$ 和 $V(1\ \text{bar}, T)$ 被用作标准化因子

由于体积总是随着压力的增加而减少，$(\partial V/\partial P)_T < 0$，所以在式(3.7.3)导数前有负号，因而压缩系数和体积模量总是正值。另方面，物体的体积也总是随着温度的增加而增加。如 1.6 节所述，谐波振动通常与此现象有关，但物体也能呈现零或负的热膨胀。那些能耐热冲击的陶瓷材料的设计需要 α 值很小。Hummel (1984)归纳了陶瓷工业中引起广泛关注的这一类材料。如，具有负膨胀系数的 ZrW_2O_8（Mary et al, 1996），β 石英和其他一些材料（Welche et al, 1998）。Heine 等(1999)证明了负的热膨胀是高温下晶格结构中刚性八面体和四面体转动造成的几何影响，在桥氧原子周围的 SiO_4 和 AlO_6 导致了单位晶胞尺寸减小，由图 3.5 可

见这一点。在实际应用中,往往将具有负 α 值的材料与适当比例的具有正 α 值的材料混合而制成具有零膨胀系数的合成材料。这种材料甚至可以在炉子中加热而不会产生机械断裂,除非是由生产缺陷造成的。

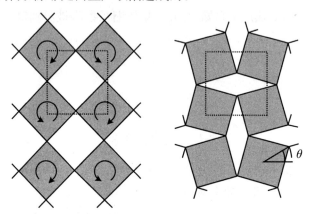

图 3.5　环绕点连线的刚性多面体发生转动造成负热膨胀的原因示意图
虚线代表单位晶胞。转动的结果造成单位晶胞的尺寸减小(Welche et al,1998)

3.7.2　热容

平均热容 C_{av},定义为体系所吸收的热能 Q 与其温度改变 ΔT 的比值;瞬时热容为该比值在温度 T 时的极限值;即 $(C)_{av} = Q/\Delta T$ 或 $(C)_{@T} = \delta q/dT$。但因为 q 不是全微分,即对于体系特定的温度变化所要吸收的热,与引起温度改变的方式有关,所以,习惯上定义了两种热容极限值 C_P 和 C_V,前者是对于压力不变时的温度改变,后者则是体积不变时的温度改变。即

$$C_P = \left(\frac{\delta q}{\partial T}\right)_P \tag{3.7.4a}$$

$$C_V = \left(\frac{\delta q}{\partial T}\right)_V \tag{3.7.4b}$$

根据式(3.1.7)和(3.1.8),对于恒压下的可逆过程,有 $dH = dU + PdV = TdS$。又由第一定律,$dU + PdV = \delta q$,所以对恒压下的可逆过程来说,$dq = dH = TdS$,于是有

$$C_P = \left(\frac{\partial H}{\partial T}\right)_P = T\left(\frac{\partial S}{\partial T}\right)_P \tag{3.7.5}$$

习题 3.2　试证在一个仅作 P-V 功的体系中的可逆过程,下述关系式成立

$$C_V = \left(\frac{\partial U}{\partial T}\right)_V = T\left(\frac{\partial S}{\partial T}\right)_V \tag{3.7.6}$$

(上式中的两个等号都需要证明。)

习题 3.3 1 mol 理想气体($C_P = 29.3$ J/(mol·K)),在 $P\text{-}T$ 为 25 bar,27 ℃条件下,密封在一个与环境绝热的厚金属活塞筒中。设气体作可逆膨胀,从初始压力 25 bar 最终变为 1 bar。金属筒的 $C_P = 87.3$ J/(mol·K)。试计算:(1) 气体的最终温度;(2) 由气体所做的功;(3) 整个体系(气体 + 活塞筒)的熵变。

(提示:首先证明给定条件下,有 $(\mathrm{d}H)_{体系} = \mathrm{d}(U + PV) + (V\mathrm{d}P)_{气体}$,然后,利用焓和热容之间的关系式,忽略 P 对 H 的影响以及气体质量,即可求得。**答案:** (1) 218 K;(2) 1.72kJ/mol。)

从关系式 $S = S(T, V)$ 出发,可以推导出一个重要的 C_P 和 C_V 之间的关系式。首先

$$\mathrm{d}S = \left(\frac{\partial S}{\partial T}\right)_V \mathrm{d}T + \left(\frac{\partial S}{\partial V}\right)_T \mathrm{d}V \tag{3.7.7}$$

在恒压下两边对 T 求导,则有

$$\left(\frac{\partial S}{\partial T}\right)_P = \left(\frac{\partial S}{\partial T}\right)_V + \left(\frac{\partial S}{\partial T}\right)_T \left(\frac{\partial V}{\partial T}\right)_P \tag{3.7.8}$$

由式(3.7.5)和式(3.7.6)可知,上式中的前面两项分别等于 C_P/T 和 C_V/T。应用麦克斯韦关系式(式组合(3.4.1))和隐函数的性质(见附录,式(B.4.3)),则有

$$\left(\frac{\partial S}{\partial V}\right)_T = \left(\frac{\partial P}{\partial T}\right)_V = -\frac{\left(\frac{\partial P}{\partial V}\right)_T}{\left(\frac{\partial T}{\partial V}\right)_P} \tag{3.7.9}$$

(上式中第一个等号是麦克斯韦关系式,而第二个等号则是来自隐函数的性质。)根据 α 和 β_T 的定义式(式(3.7.1)和式(3.7.2)),上式就可得到 $(\partial S/\partial V)_T = \alpha/\beta$,所以,式(3.7.8)就成为

$$C_P = C_V + \frac{\alpha^2 VT}{\beta_T} = C_V + \alpha^2 VTk_T \tag{3.7.10}$$

因而,对 1 mol 理想气体来说(其满足 $PV = RT$),就有

$$C_P - C_V = R \tag{3.7.11}$$

读者可自行推导上式。

如后面 4.2 节将讨论的,固体的热容 C_V 可由原子晶格理论和测量其振动性质得到,而相平衡的计算需要 C_P 值。式(3.7.10)就可以将 C_V 值转化为 C_P 值。另外,C_P 值也可以用量热法测定。Saxena(1988)根据顽火辉石(Mg_2SiO_6)和镁橄榄石(Mg_2SiO_4)的实验室量热法测定,获得了作为温度函数的 C_P 值,再应用式 (3.7.10)得到了相应的 C_V 值。其文中有关参数的表达均采用 T 的多项式函数

$$C_V = C_0 + C_1 T^{-1} + C_2 T^{-2} + C_3 T^{-3}$$

$$\alpha = \alpha_0 + \alpha_1 T + \alpha_2 T^{-1} + \alpha_3 T^{-2}$$

$$k_T = k_0 + k_1 T + k_2 T^{-1} + k_3 \ln T$$

其中常数项都处理为浮点变量,然后通过非线性最优化计算程序被调整,使得在较

大的温度范围内计算所得到的 C_P 值和与实验测定的 C_P 值与对应温度 T 的数据之间有最佳的拟合。由上面后两式中常数项的最优化计算所得的 α 和 k_T 值与实测结果有高度的一致性。热力学数据库(Saxena et al,1993)也采用了该计算方法。

等温和绝热压缩系数与两种热容 C_P 和 C_V 的关系可由下式表示:

$$\frac{\beta_S}{\beta_T}\left(=\frac{k_T}{k_S}\right)=\frac{C_V}{C_P} \tag{3.7.12}$$

上式的推导如下:

根据 β_T 和 β_S 的定义(见式(3.7.2)和式(3.7.3)),有

$$\frac{\beta_S}{\beta_T}=\frac{\left(\frac{\partial V}{\partial P}\right)_S}{\left(\frac{\partial V}{\partial P}\right)_T}=-\frac{\left(\frac{\partial V}{\partial P}\right)_S}{V\beta_T} \tag{3.7.13}$$

写出 V 对 P 和 T 的全微分,再将两侧在恒定 S 值下对 P 求微分,则

$$\left(\frac{\partial V}{\partial P}\right)_S=\left(\frac{\partial V}{\partial P}\right)_T+\left(\frac{\partial V}{\partial T}\right)_P\left(\frac{\partial T}{\partial P}\right)_S \tag{3.7.14}$$

由式(B.4.4)和(3.4.4)可以看到,上式右侧的最后一个括号项等于 $(VT\alpha)/C_P$.这样,再由 α 和 β 的定义(式(3.7.1)、(3.7.2)、(3.7.3)),上式就转化为

$$\left(\frac{\partial V}{\partial P}\right)_S=-V\beta_T+(\alpha V)\left(\frac{VT\alpha}{C_P}\right) \tag{3.7.15}$$

代入式(3.7.13),得

$$\frac{\beta_S}{\beta_T}=1-\frac{\alpha^2 VT}{\beta TC_P} \tag{3.7.16}$$

与式(3.7.10)结合,就可得到式(3.7.12)。由上式很容易得到

$$\frac{k_T}{k_S}=1-\frac{\alpha^2 VT}{\rho C_P'} \tag{3.7.17}$$

其中 C_P' 是恒压下的比热容。

3.8　Grüneisen 参数

由式(3.7.10),得

$$\frac{C_P}{C_V}=1+\alpha T\left(\frac{V\alpha k_T}{C_V}\right) \tag{3.8.1}$$

上式括号中的项是无量纲参数,称为热力学 Grüneisen 参数或比值,用符号 Γ_{th} 表示,该符号是以 Grüneisen(1926)命名的,因为他第一个考虑到振动性质而引入的该参数。由式(3.7.12),又可得到

$$\Gamma_{th}=\frac{V\alpha k_T}{C_V}=\frac{V\alpha k_S}{C_P} \tag{3.8.2}$$

又因为 $C_P/C_V = k_S/k_T$，代入上式，则有

$$\frac{k_S}{k_T} = 1 + \Gamma_{th}\alpha T \qquad (3.8.3)$$

　　热力学 Grüneisen 参数以无量纲形式与热和弹性性质相关。对固体来说，虽然公式中各项值会相差很大，但 Grüneisen 参数值通常在 1 到 2 之间，变化范围有限。图 3.6 表示地球科学中某些有意义的硅酸盐和氧化物的 Grüneisen 常数或比值与温度 T 的关系。Anderson(1995)发现对固体来说，假设 $\rho\Gamma_{th}$ 为一个恒量较之假设 Γ_{th} 为一个恒量更便于应用。其实，这一性质早已被用于确定地球内部物质的 Γ_{th} 值，例如 Jeanloz(1979)文中所讨论的。

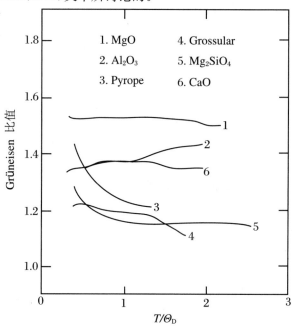

图 3.6　作为温度(归化到德拜温度，Θ_D)函数的地球科学中一些重要的硅酸盐和氧化物的 Grüneisen 参数或比值

　　在最初研究中，Grüneisen 假定体积与第 i 个振动模式的频率的关系为

$$\frac{\partial\ln\nu_i}{\partial\ln V} = -\gamma_i$$

其中 γ_i 是常数，通常称作"模式伽马"。如果所有的振动模式都与体积有相同的关系，则它们就与温度无关，这样上式就可导出式(3.8.2)所示的热力学 Grüneisen 参数表达式。

　　由式(3.8.2)就可导出另一个关系式，用来进行实验室中 Grüneisen 参数的直接测定。该式还可计算地球内部的绝热温度梯度。即(见 Poirier,1991 文中举例)

$$\Gamma_{\text{th}} = \frac{V\alpha k_T}{C_V} = \frac{V\left(\frac{\partial V}{\partial T}\right)_P \left(\frac{\partial P}{\partial V}\right)_T}{T\left(\frac{\partial S}{\partial T}\right)_V} \tag{3.8.4}$$

用隐函数的性质(见式(B.4.3)),有

$$\left(\frac{\partial V}{\partial T}\right)_P \left(\frac{\partial P}{\partial V}\right)_T = -\left(\frac{\partial P}{\partial T}\right)_V \tag{3.8.5}$$

则

$$\Gamma_{\text{th}} = \frac{V}{T}\left(\frac{\partial P}{\partial T}\right)_V \left(\frac{\partial T}{\partial S}\right)_V = \frac{V}{T}\left(\frac{\partial P}{\partial S}\right)_V \tag{3.8.6}$$

将麦克斯韦关系式(3.4.1)应用到上式最后的导数项,就有

$$\Gamma_{\text{th}} = -\frac{V}{T}\left(\frac{\partial T}{\partial V}\right)_S = -\left(\frac{\partial \ln T}{\partial \ln V}\right)_S \tag{3.8.7}$$

根据式(3.7.3)中 k_S 的定义,用 $-(\partial P/k_S)_S$ 代替 $(\partial \ln V)_S$,则有

$$\Gamma_{\text{th}} = k_S\left(\frac{\partial \ln T}{\partial P}\right)_S \tag{3.8.8}$$

Boehler 和 Ramakrishna(1980)通过在一个活塞筒装置中测定样品随压力的突然变化而发生的温度变化,利用上式计算了 Γ_{th} 值。这里,假定了样品在测定温度变化的时间段内没有大的热损耗,并且在压力的快速改变中也没有大的熵产生。事实上,热损耗(相当于熵减少)和内部熵产生的影响正好可以(至少部分地)互相抵消。

用流体静力学方程 $\mathrm{d}P = \rho g \mathrm{d}Z$,式(3.8.8)可改写为

$$\left(\frac{\partial \ln T}{\partial Z}\right)_S = \frac{\Gamma_{\text{th}} g}{(k_S/\rho)} \tag{3.8.9}$$

如下节将看到的,上式右侧分母的括号项与地球内部的地震速度,温度梯度及 Grüneisen 参数有关。

习题 3.4 Grüneisen 参数可以看作晶体在其体积不变时压力随内能密度(即单位体积的密度)变化而发生的变化。换言之,即

$$\Gamma_{\text{th}} = \left(\frac{\partial P}{\partial (U/V)}\right)_V = V\left(\frac{\partial P}{\partial U}\right)_V \tag{3.8.10}$$

试从上式来推导出式(3.8.2)(注意,Γ_{th} 值的有限变化范围意味着晶体的压力和内能密度的变化很相似)。

3.9 热膨胀和压缩系数与 $P\text{-}T$ 的关系

从原理上说,物体的等压热膨胀系数 α 取决于压力,而其热压缩系数 β_T 则取

决于温度。但是,这两种依赖关系之间又由于 dV 是个全微分而关联在一起。因为 $V = f(P, T)$,则有

$$dV = \left(\frac{\partial V}{\partial P}\right)_T dP + \left(\frac{\partial V}{\partial T}\right)_P dT \tag{3.9.1}$$

或者,用式(3.7.1)和(3.7.2),有

$$dV = -V\beta_T dP + \alpha V dT \tag{3.9.2}$$

由于 dV 是全微分,上式右侧满足倒易关系(式(B.3.3))。所以

$$-\frac{\partial \beta_T}{\partial T} = \frac{\partial \alpha}{\partial P} \tag{3.9.3}$$

因此,如果知道 α 对压力的依赖关系,就可得到 β_T 对温度的依赖关系,反之亦然。当 $\beta_T = f(T)$ 和 $\alpha = f(P)$ 两式都可以从实验测定或从其他模式方程推算得到时,则用式(3.9.3)可以来检验数据的内部一致性。遗憾的是,文献发表的全部热力学数据库没有经过这一检测。

3.10　热力学导数综览

Lumsden(1952)以表的形式将包括 P, T, V, U, H, S, G, F 的偏导数的各种组合作了概括,列于表3.1,以便于应用参考。注意表中左侧的导数项中,无论 P 或 T 都是常数,而表的右侧部分中其共轭的广度变量 V 或 S 都是常数。

表 3.1　热力学量偏导数表达式综览

X	Y	Z	$\left(\frac{\partial Y}{\partial X}\right)_Z$	X	Y	Z	$\left(\frac{\partial Y}{\partial X}\right)_Z$
T	V	P	αV	T	P	V	α/β
T	S	P	C_P/T	T	S	V	$C_P/T - \alpha^2 V/\beta$
T	V	P	$C_P - \alpha PV$	T	U	V	$C_P - \alpha^2 VT/\beta$
T	H	P	C_P	T	H	V	$C_P - \alpha^2 VT/\beta + \alpha V/\beta$
T	F	P	$-\alpha PV - S$	T	F	V	$-S$
T	G	P	$-S$	T	G	V	$\alpha V/\beta - S$
P	V	T	$-\beta V$	T	P	S	$C_P/\alpha VT$
P	S	T	$-\alpha V$	T	V	S	$-\beta C_P/\alpha T + \alpha V$
P	U	T	$\beta PV - \alpha VT$	T	U	S	$\beta PC_P/\alpha T - \alpha PV$
P	H	T	$V - \alpha VT$	T	H	S	$C_P/\alpha T$
P	F	T	βPV	T	F	S	$\beta PC_P/\alpha T - \alpha PV - S$
P	G	T	V	P	G	S	$C_P/\alpha T - S$

$\beta \equiv \beta_T$。

第4章　热力学第三定律和热化学

整个热力学学科一直是在第一和第二定律基础上发展起来的,第三定律似乎扮演了较少贡献的角色。第三定律主要应用于物质的绝对熵概念的发展以及经由热容函数所作的计算,而后者又构成了热化学领域的重要一步。第三定律主要由能斯特(Nernst,1864～1941;1920年诺贝尔物理学奖获得者)发现,于1905年正式发表。本章将讨论第三定律的观察基础和近代表述,以及在物体绝对熵计算上的实质意义。热化学的一般讨论和有关相平衡中所需的反应的热化学性质变化的计算将在后面的第6章和第10章讨论。

4.1　第三定律和熵

4.1.1　观察基础和表述

根据对所获得的纯相的化学反应的吉布斯能的变化值 $\Delta_r G$ 和焓的变化值 $\Delta_r H$ 的分析,能斯特推断在温度接近热力学零度时,纯相的化学反应 $\Delta_r G$ 和 $\Delta_r H$ 均没有明显的随温度的变化。这一观察与早在1900年左右汤姆孙,贝洛特(Berthelot)和理查德(Richard)等人的工作不谋而合。所以,当 $T = 0$ 时,就有 $\Delta_r G = \Delta_r H - T\Delta_r S = \Delta_r H$。如图4.1所示,$\Delta_r G$ 对 T 和 $\Delta_r H$ 对 T 的相关变化曲线不但基本上呈水平,而且在 $T = 0$ 时两者一致(很容易看到,当 $T \rightarrow 0$ 时,$\partial(\Delta_r H)/\partial T \rightarrow 0$,这是因为此导数等于 $\Delta_r C_P$,而当 $T \rightarrow 0$ 时,所有物质的 C_P 值都趋于零)。既然 $\partial(G/dT) = -S$,所以能斯特提出,在接近 $T = 0$ 时,$\Delta_r G$ 对 T 的渐渐消失的斜率意味着当 $T \rightarrow 0$ 时,纯相之间所有反应的 $\Delta_r S \rightarrow 0$。这就是著名的能斯特假设。普朗克将这一假设推进一步,提出满足这一假设的最简单的途径就是要所有物质的熵当 $T \rightarrow 0$ 时都趋于零值。

如果看一下玻尔兹曼的熵的表达式 $S = k_B \ln \Omega$(式(2.5.1)),那么,当 $T = 0$ 时每种物质的熵趋于零的这种说法就相当于在 $T = 0$ 时,$\Omega = 1$;换言之,当 $T = 0$ 时,体系仅可以一种宏观或动力状态存在。设想一个具有两种组分的固溶体。如前所

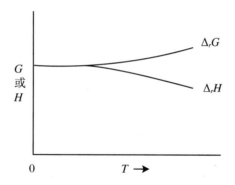

图 4.1　反应的吉布斯自由能变化 $\Delta_r G$ 和焓变 $\Delta_r H$ 值随温度的变化图

讨论过的,一个具有固定组成的固溶体通常可以有大量原子构型而其总能量没有太大变化。普朗克对能斯特假设的修改,即 $T=0$ 时,$S=0$,意味着当 $T=0$ 时,固溶体中仅有一种构型状态。然而,在 $T=0$ 时,固溶体可能会有不同的具有相同能量的构型状态。因此,固溶体在 $T=0$ 时,可能有非零的构型熵。这种分析也可应用到仅含一种端元组分的有缺陷的固体上。因为缺陷可看作固体中的一种组分,一定量的缺陷即使在 $T=0$ 时也会以多种方式分布在晶体中,从而在端元组分和缺陷之间形成混合构型熵。矿物方铁矿(wüstite)就是个例子,其理想的无缺陷的化学式为 FeO,但实际上发现的总是 $Fe_{1-x}O$,其中 $x>0$,这是因为在阳离子位置上的晶格空位(点缺陷)所致。基于这样的分析,路易斯(1875~1946)将普朗克关于在热力学零度物体为零熵的陈述限定为仅对纯的且完美无缺陷的晶体而言。总之,热力学第三定律可陈述如下:

一个纯的且完美的晶体的熵值在热力学零度时为零。

但这里还有一个对于含有一个以上的同位素组成的元素问题。在晶体结构中,一个元素的同位素可能有不同的构型或分配,这些构型或分配在 $T=0$ 时有相同的能量。一般来说,不同的构型或振动状态有可能在热力学零度时具有相同能量。但正如 Fermi(1956)指出的,为了要与第三定律的上面陈述有明显的偏离,这些等价构型或振动状态的数目必须非常大,这是因为 $S=k_B\ln\Omega$,而 $k_B=1.38\times10^{-23}$ J/(mol·K)。所以,这种情况只是在理论上存在可能,自然界里恐怕不太可能存在。

4.1.2　第三定律熵和剩余熵

由第一和第二定律所导出的热力学公式总是涉及在某些参考状态下各个热力学势的**相对值**或变化量,而不是热力学势在任何给定条件下的绝对值。例如,总是用 ΔU 和 ΔH 值,而不用 U 和 H 的绝对值。但第三定律却是把热力学势熵从这种"相对量"的限制中解除出来。正因为有第三定律,所以可以计算物质在特定条件下的绝对熵。

由 S 和 C_P 之间的关系式(3.7.5),得

$$S(T) - S(T=0) = \int_0^T \frac{C_P}{T} dT$$

根据第三定律, $S(T=0)=0$,即可得到熵的绝对值为

$$S(T) = \int_0^T \frac{C_P}{T} dT \qquad (4.1.1)$$

这个根据第三定律中引用的热容资料所计算的绝对熵通常被称作**第三定律熵**。

然而,由于热力学零度是难以达到的(见4.4节),并且当温度接近零度时实际测量也变得非常困难,所以,事实上热力学零度时的熵值是由较高温度时的熵数据用外推法得到的。用外推法时可得到物质在 $T=0$ 时的正的熵值。该熵值称为**剩余熵**,这是因为即使到最低的测量温度时体系仍旧存留许多各种微观或动力状态。这些状态可以最终聚集成一种状态或少量有限种状态,但数量小到在温度低至热力学零度时已不会影响熵值了。然而,用较高温度下 S 随 T 的变化关系外推到热力学温度为零的方法,并不一定反映了作为温度函数的构型状态的效应的减少。

由 Clayton 和 Giauque(1932)所计算的 CO 熵可以是讨论剩余熵的一个很好的例子。他们测定 CO 在不同温度下的热容值,温度最低到达 14.36 K,再将数据外推到 $T=0$ 时,得到 CO 的熵值为 1.0 cal/(mol·deg),该剩余熵来自一氧化碳的无序取向。一氧化碳分子有两种不同定位,即 CO 和 OC,两者具有几乎完全一样的能量。那么,即使对每个一氧化碳的分子来说,选择两种取向中的一个的概率相同,但由于 1 mol 的一氧化碳分子的取向数及其庞大,即等于 2^L(上标 L 是阿伏伽德罗常数),所以,全部由取向无序得到的熵就等于:$S(取向) = k_B \ln\Omega(取向) = k_B \ln 2^L = (k_B L) \ln 2$,其中 $\Omega(取向)$ 是在 1 mol 一氧化碳中取向构型的数目。$L k_B = R$,所以 $S(取向) = 1.38$ cal/mol,该值与实验得到的一氧化碳剩余熵值很接近。

4.2 热容函数的性质

用式(4.1.1)计算固体的第三定律熵需要知道 C_P 随温度变化的函数关系。通常,C_P 被表达为温度 T 的多项式,如下式所示,该式将不同温度下测热法测定的或来自其他方法得到的 C_P 值,与温度作拟合得到函数关系。

$$C_P = a + bT + c/T^2 \qquad (4.2.1)$$

该多项式称为 Maier-Kelley 方程(Maier 和 Kelley,1932),迄今被广泛应用。将上式代入式(4.1.1)来计算第三定律熵,显然就只是一个数学问题了。另外,用拟合确定该函数的各项参数,由于多项式函数本身性质的限制,当在将实验数据外

推到实验以外的温度条件时,多多少少还是不准确的。因此,重要的是还要从物理原理了解一下 C_P 函数的性质。

任何有关固体热容的讨论的出发点都离不开爱因斯坦的研究工作。也就是在他的"奇迹年"1905 年后的第一年,他推导出了 C_V 和晶格振动之间的关系式,揭示了固体热吸收的本质机理。他假设:(1)晶体是谐振子的集合体(见 1.6 节);(2)所有谐振子的振动频率相同。后来,德拜在 1912 年对爱因斯坦理论提出了修正,他注意到,事实上,晶体中的原子在各自的平均位置上并不以单一的频率振动,而是以一定范围或**离散**频率振动,即可以从频率 ν_1 到最高频率 ν_D,后者被统称为德拜频率。从 ν_1 到最高频率 ν_D 范围内,在每一种频率上晶格振动的数量,即频率分配,取决于温度。随着温度升高,频率分配越趋向高值端。根据德拜模式,在某一个称之为**德拜温度**的温度 Θ_D(式(1.6.4))下,事实上最终所有频率都接近于 ν_D。在许多热力学和固体状态物理学教科书中对爱因斯坦和德拜理论均有论述(例如,Swalin,1962;Denbigh,1981;Kittel 和 Kroemer,1980),本节只是归纳一下一些主要的结论和一些新进展的讨论,较全面的有关这些模型的讨论可参见 Ghose 等(1992)的论文。

在上述假设框架中,德拜证明了具有恒定体积的单原子固体的热容 C_V,是比值 T/Θ_D 的函数,即 $C_V = f_D(T/\Theta_D)$。设 T/Θ_D 为 χ,则德拜函数 $f_D(\chi)$ 为

$$f_D(\chi) = 9R\chi^3 \int_0^\chi \frac{y^4 e^4 dy}{(e^4 - 1)^2} \tag{4.2.2}$$

其中 y 是哑积分变量。由该式可得出以下 C_V 在低温和高温下的特点:

(1) 当 $T \to 0$,$C_V \propto T^3$,即所谓"德拜温度三次方定律";

(2) 当 T 达到很高温度时,对于每摩尔的单原子固体,有 $C_V \to 3R$;对于多原子固体,则有 $C_V \to 3nR$,其中 n 是固体一个分子的总原子数。例如,对于矿物铁橄榄石,Fe_2SiO_4,$C_V = 3(7)R = 174.6 \text{ J/K}$,该值即是假设其晶格振动为谐振子振动模型,1 mol 该矿物在高温下 C_V 的极限值。该值与根据振动数据所作的计算结果高度一致(Ghose et al,1992)。C_V 的这种高温限定值的特点常被称为杜隆-柏替(Dulong-Petit)限定(命名是根据 Dulong 和 Petit 二人在 1819 年对固体元素热容值所作的观察结论)。

因为 $C_P = C_V + \alpha^2 VT k_T$(式(3.7.10)),则当 $T \to 0$ 时,有

$$C_P = C_V \propto T^3 \tag{4.2.3}$$

而当温度达到很高时,则

$$C_P \to 3(n)R + \alpha^2 V k_T \tag{4.2.4}$$

图 4.2 说明了固体氩的热容在温度为 8 K 以下的测定值和 T^3 的关系,测定值与根据 Debye 模型(式(5.6.2))所作的计算高度一致。图 4.3 说明了对固体 Cu 的 C_P 和 C_V 测定值的比较,也显示了所期望的有限值的特点。值得注意的是,高温下 C_V 偏离 $3R$,这主要是因为晶格振动偏离了谐振子振动模型,如第 1 章中已讨论

过的。在高温下 C_P 和 C_V 值的差异反映了项 $\alpha^2 VTk_T$ 的值。

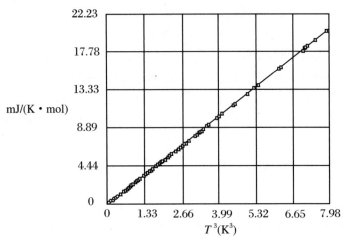

图 4.2　固体氩的低温热容-T^3 图,显示了与德拜理论计算的一致性(Kittel,Kroemer,1980)

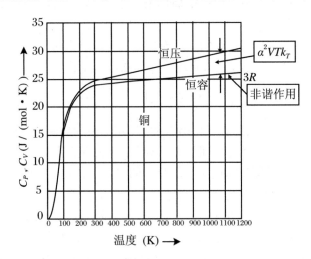

图 4.3　铜的热容与温度的函数图

图中显示了 C_P 和 C_V 值的差异,非谐影响,Dulong Petit 限制(3R)。注意到热容
在低温范围吻合德拜的温度三次方定律(Zemansky,Dittman,1981)

大多数情况下,在将实验室测定的 C_P 对 T 数据的多项式拟合外推到测定温度
以外的范围时,并不能满足爱因斯坦—德拜晶格振动理论所限定的高温和低温值。
图 4.4 中给出了一些文献中采用的多项式函数所作的外推到高温范围的情况。在
地质研究文献中也报导了一些多项式函数,它们不同程度上处理了数据外推的问
题(见 Ganguly,Saxena,1987)。Fei,Saxena(1987)得到了如下方程:

$$C_P = 3nR(1 + K_1 T^{-1} + K_2 T^{-2} + K_3 T^{-3}) + (A + BT) + \phi \qquad (4.2.5)$$

其中,ϕ 代表了非谐振,阳离子无序和电子效应等所造成的对 C_P 值的综合影响(见

下文)。该式得到了超出 $3nR$ 的限度以外的 C_P 和 T 的拟合数据(图 4.4)。图 4.4 中显示了利用该式来处理镁橄榄石的结果。

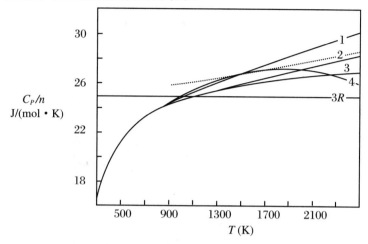

图 4.4　镁橄榄石的 C_P-T 图

图中对温度 298～1000 K 范围内的量热法测定数据采用以下不同 C_P-T 函数进行拟合：
(1) Maier-Kelley 方程；(2) 式(4.2.5)；(3) Berman 和 Brown 方程(1985)；(4) Haas 和 Fisher 方程(Robie 等,1978)。C_P 的数据用每分子式单位的总原子数标准化。虚线代表 $3R + \alpha^2 VTk_T$ (Ganguly,Saxena,1987)

　　玻恩-冯·卡门(von Kármán,1912)提出了一个较德拜理论更加严密的热容理论(玻恩在 1954 年因其在量子力学的开创性研究而获得诺贝尔物理学奖)。但是,玻恩-冯·卡门的**热容晶格动力理论**的应用却存在一个障碍,即需要先获得状态的声子密度(见 1.6 节),因而一直需要固体状态物理学有一个重大技术突破。Kieffer(1979)综合了德拜理论和晶格动力理论,根据固体的弹性常数和光谱数据(红外和拉曼光谱)成功地预测了许多结构复杂的造岩矿物的热容。直接的 C_P-T 的测热法测定是非常有用的,但相当费时,而当今世界上也只有为数不多的实验室可进行该测量。因此,Kieffer 的模型在矿物学领域得到广泛应用,该模型较之德拜理论在计算矿物热容上大为成功,而且避免了晶格动力计算的一些难点。

　　简单来说,Kieffer 模型是一种"混合模型"。该模型结合了爱因斯坦和德拜处理高频和低频晶格模型的主要精髓。从光谱数据所得到的高频晶格模型,如爱因斯坦模型,都假定是无色散的,而通过测定弹性常数的实验数据得到的模型,以及最低频率光学模型都假定是一种特定的离散模型,如德拜一类的方法(图 1.8)。有关晶格动力理论和 Kieffer 理论的详细评论以及在矿物学上的应用可参见 Ghose 等(1992)。

4.3 对端元相固体的热容和熵的非晶格影响

4.3.1 电子跃迁

固体除了由晶格振动吸收热以外,还可由电子跃迁和磁性转变来吸收热。对金属固体来说,电子跃迁问题很重要,而对非金属就可忽略不计。无论在高温还是低温下,金属的电子跃迁都要考虑。在高温下,大量电子可以被激发到导带造成大量热的吸收。而在很低温度下,电子所吸收的热能虽小,但仍是金属吸收总热量的不可忽略的部分。

把按照量子理论的电子跃迁效应和晶格效应两种因素考虑在一起,可以得出金属在 $T \ll \Theta_D$ 下(其中 Θ_D 是德拜温度,式(1.6.5)),C_V-T 的关系为

$$C_V = \alpha T^3 + \gamma T \tag{4.3.1}$$

其中 α 和 γ 是常数。因为在低温下 $C_P \approx C_V$,所以在低温下的 α 和 γ 可以由 C_P/T-T^2 回归方程同时得到。如图 4.5 所示,α 和 γ 分别代表了 C_P/T-T^2 线性方程的斜率和截距。Anderson(2000)证明了在地核中 Fe 是主要成分,而电子跃迁对 Fe 的热容影响很大。图 4.6 为 C_V-T 计算结果。

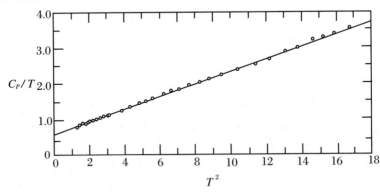

图 4.5 金属银在接近热力学零度附近的 C_P/T-T^2 图

直线的斜率和截距可得到式(4.3.1)的 α 和 γ,项 γT 给出电子热容(Kittel,2005)

硅酸盐中的过渡金属离子因其 d 轨道间的电子跃迁会吸收很小但不能忽略的热量,这些 d 轨道在晶体场影响下发生分裂(见 1.7 节)。一个较低 d 轨道的电子可能被激发到较高的轨道上而没有违反泡利不相容原理,并且与洪德(Hund)定则一致,即不改变不成对电子的数目(1.7.1 节)。这种类型的电子效应对热容的影

响发表在 Dachs 等(2007)对铁橄榄石 Fe_2SiO_4 的研究中。

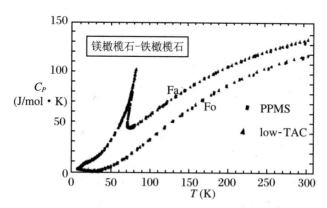

图4.6　ε 铁的振动和电子热容作为温度的函数图

CMB 处为地幔边界温度(Anderson,2000)

4.3.2　磁性转变

磁性转变是由于轨道移动和不成对电子自旋引起的一种量子力学效应。通常不成对电子自旋对组分的熵构成主要的磁效应影响。在外 d 轨道上有着不成对电子的过渡金属离子的磁效应可以是很大的。图 4.7 显示了橄榄石固溶体的铁端元

图 4.7　橄榄石的端元相镁橄榄石(Fo: Mg_2SiO_4)和铁橄榄石(Fa: Fe_2SiO_4)的摩尔等压热容的量热法测定值

铁橄榄石的 C_P 曲线所显现的 λ 型特点正是由于 Fe^{2+} 的磁转变的结果。图中 PPMS 指的是采用了物理性质测量体系(Physical Properties Measurement System)所设计的熵用量热法;low-TAC 指的是采用低温绝热量热法(Dachs et al,2007)

组分,即铁橄榄石的热容的 λ 型磁效应(Dachs et al,2007)。如果具有过渡金属离子的固体的 C_P 值按照上述磁性转变的测量的德拜方程外推到 $T = 0$ K,则由此 C_P-T 关系所计算的第三定律熵一定有很大误差。如果在磁性转变温度范围内缺少量热法的测定,则有一种比较好的近似方法是,估算由磁性转变造成的熵变,并将其加到由 C_P-T 外推所计算得到的熵值上去,从而对第三定律熵有更正确的估算。估算过程讨论如下:

原子中的电子状态有转动或导致旋转量子状态的自旋。根据量子理论,原子的自旋状态($\Omega_{自旋}$)等于($2S+1$),其中 S 是所有电子的总自旋数。由于一个电子的自旋数为 $\pm1/2$,而一对电子的自旋数为零($+1/2-1/2=0$),则 $S = 1/2(N_u)$,其中 N_u 是不成对电子数。因此,$\Omega_{自旋} = 2(N_u/2)+1 = N_u+1$.

当自旋量子状态之间的能量差异相对热能 kT 来说变得很小时,所有自旋量子状态就具有相等的导致自旋量子无序的可能性,这种无序增加了晶体的熵值。这种熵可叫作自旋量子构型熵。然而,在足够低的温度下,自旋量子状态之间的能量差异相对热能 kT 来说变得明显,就导致选择具有较低能量的状态。

相对晶体从完全有序状态变为在所有可能的自旋量子状态上的完全无序所产生的熵变可以用玻尔兹曼方程式计算。如果晶体中有 n 个不成对离子,每一个具有 N_u 个不成对电子,则从式(2.5.1),有

$$\Delta S_{mag} = k\ln\Omega_{自旋} = k\ln(N_u+1)^n = nk\ln(N_u+1) \tag{4.3.2}$$

这样,如果 n 等于阿伏伽德罗常数 L,即有 $nk = R$,则每摩尔含有不成对自旋的离子中的熵变为

$$\Delta S_{mag} = R\ln(N_u+1) \tag{4.3.3}$$

以计算铁橄榄石的 ΔS_{mag} 为例。Fe^{2+} 的电子构型为 $1s^2 2s^2 2p^6 3s^2 3p^6 3d^6$,因此仅在 3d 轨道上有不成对的电子自旋。除了压力非常高,在一般情况下 Fe^{2+} 有很强的自旋构型,电子在五个 3d 轨道上的分布是($\uparrow\downarrow$)($\uparrow$)($\uparrow$)($\uparrow$)($\uparrow$),其中向上的箭头表示单个电子(不成对自旋),而一个向上箭头加上一个向下箭头表示在同一轨道上相反方向自旋的两个电子。这样,在强自旋状态有 4 个不成对电子,因此每摩尔 Fe^{2+} 的 $\Delta S_{mag} = R\ln(5) = 13.38$ J/K。但是,因为每摩尔铁橄榄石有 2 摩尔 Fe^{2+},所以每摩尔铁橄榄石的 $\Delta S_{mag} = 2(13.38) = 26.76$ J/K。这相当于在 298 K 时铁橄榄石总熵的 17.7%,此值略大于用量热法得出的 ΔS_{mag},用量热法得出的 ΔS_{mag} 值相当于在同样温度时铁橄榄石总熵的 17.2%(Dachs et al,2007)(如上节所讨论的,由电子从较低 d 轨道激发到较高 d 轨道造成的热容改变所产生的电子熵约占总熵的 3.3%)。随着橄榄石固溶体中铁橄榄石成分的增加,达到磁序的跃迁温度,即所谓奈尔(Neel)温度,会逐渐降低,而同时,总熵中的 ΔS_{mag} 的比例降低。

对镧系和锕系元素来说最外层 s 轨道完全被填满,晶体结构中不成对的 d 电子被与邻近离子的相互作用所屏蔽。这些离子的磁量子状态的数目为 $2J+1$,其中 J 是表示离子总角动量量子数。进一步的讨论请参见 Ulbrich,Waldbaum(1976)。

4.4　热力学零度的不可达到性

Nernst 发现一个物体越冷,则使其进一步冷却就越困难。从温度和熵或秩序之间的关系来看,这就意味着物体的状态越有序,则越难改变其中还残余的无序部分。Nernst 认为,要达到完全有序,即表征热力学零度的特征的这样一种状态,几乎是不可能的。

为了明白这样一个与热力学零度能否达到有关的问题,如图 4.8 所示,设一物体在 $S\text{-}T$ 空间中当温度为 T 时,熵值为 $S(T)$,现在用两种办法合起来使其降温:(a)等温降熵,(b)等熵(绝热)降温。这两种办法可以分别通过物质的等温磁化和绝热退磁的方法实现(等温磁化作用使得其电子倾向于在一个方向自旋,这样就减少了其熵值。而绝热(等熵)退磁作用则因磁场的削弱增加了电子自旋的无序。由自旋无序所造成的熵增加与物体的降温造成的熵减少相抵消,从而保持熵为恒值)。由于按照第三定律,仅当 $T=0$ 时,$S=0$,所以就无法重复完成(a)和(b),以致物体的状态总是以非零值与 T 轴或者 S 轴相交,最终也无法到达原点($S=T=0$)。由图 4.8 可见,$S=T=0$ 的状态不可能由有限的 a 和 b 两步骤来实现。那种能够降低物体温度的任何其他循环过程都会产生类似的问题。所以,热力学第三定律还可表述为:完全的热力学零度物理上是达不到的。然而,第三定律仅仅排除了热力学零度可以通过上面描述的循环过程来实现。用非循环过程来打破这一热力学屏障而达到热力学零度的可能性仍旧存在。

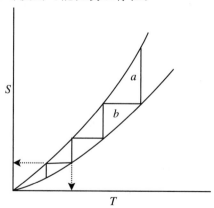

图 4.8　一个物体经由连续的等温降熵和等熵降温过程逐步冷却

虚线所示的途径是不可能的,因违反了第三定律

(迄今为止,人们对低温的探求的进程已经达到了 170 nK 以下的温度,从而产生了被称为玻色-爱因斯坦凝聚态的物质新状态。爱因斯坦基于 Satyendra Nath

Bose,1894~1974)在量子统计力学的突破性工作早就预言了这种状态的存在。在爱因斯坦预言几乎 70 年以后的 1995 年,玻色-爱因斯坦凝聚态终于在实验室实现了。2001 年诺贝尔物理学奖奖给了与此研究相关的 Carl Weinman,Eric Cornell 和 Wolfgang Ketterle 三位物理学家)。

4.5 热化学:形式和约定

4.5.1 生成焓

因为绝对焓无法测得,所以,一个电中性化学组分的焓值是以其氧化物的生成焓 $\Delta H_{f,o}$ 或元素的生成焓 $\Delta H_{f,e}$ 来表示。例如,对方解石 $CaCO_3$ 来说,$\Delta H_{f,o}$ 指的是如下氧化物反应的焓的变化值:$CaO + CO_2 \Longrightarrow CaCO_3$;而 $\Delta H_{f,e}$ 指的是元素反应的焓的变化值:$Ca + C(石墨) + 3/2O_2 - 气体 \Longrightarrow CaCO_3$,即

$$\Delta H_{f,o}(CaCO_3) = H(CaCO_3) - [H(CaO) + H(CO_2)]$$

$$\Delta H_{f,e}(CaCO_3) = H(CaCO_3) - [H(Ca) + H(C:石墨) + 3/2H(CO_2 - 气体)]$$

一个反应的焓变就是其所有作为氧化物或元素的生成物和反应物的生成焓之间的差值,即

$$\Delta_r H = \sum H_{f,o}(生成物) - \sum H_{f,o}(反应物) = \sum H_{f,e}(生成物) - \sum H_{f,e}(反应物)$$

但要注意在选择元素时要保持前后一致的约定方式(例如,就选择元素 C 作为石墨,而不是一下又用 C 代表金刚石)。这是因为事实上,焓是一个状态函数,所以从一个状态到另一个状态的焓的变化与状态变化的途径没有关系。举例来说,对如下反应

$$CaO + CO_2 \longrightarrow CaCO_3(方解石:Cc) \qquad (4.5.a)$$

也可以构作另一种循环途径,即将氧化物分解为元素,再生成方解石。

$$CaO \quad + \quad CO_2 \xrightarrow{\Delta_r H_a} CaCO_3$$

$$\downarrow (1) \qquad \downarrow (2) \qquad \qquad \uparrow (4)$$

$$(Ca + 1/2O_2) + (C(石墨) + O_2) \dashrightarrow Ca + C(石墨) + 3/2O_2$$

$$(3) \qquad\qquad 式组合(4.5.1)$$

因为 H 是状态函数,可以写成

$$\Delta_r H_a = \Delta H_1 + \Delta H_2 + \Delta H_3 + \Delta H_4$$

上面第三步并不构成一个反应,即 $\Delta_r H_3 = 0$。而对其他各步则可写为 $\Delta_r H_1 = \Delta H_{f,e}(CaO)$,$\Delta_r H_2 = \Delta H_{f,e}(CO_2)$ 和 $\Delta_r H_4 = \Delta H_{f,e}(CaCO_3)$。这样,就有

$$\Delta_r H_a = \Delta H_{f,e}(CaCO_3) - \Delta H_{f,e}(CaO) - \Delta H_{f,e}(CO_2)$$

上式中的生成热数据可以在有关热力学性质的书中得到(见后面 4.5.4 节)。

应该注意到,上述例子中对于从元素构成氧化物的生成焓所选择的是石墨而不是金刚石,是氧分子而不是氧原子。组分生成焓所涉及的元素的物理状态即是元素的**参考态**。元素在其参考态的 ΔH_f 值为零。元素参考态的选择是由热化学家一致约定俗成的。除了对磷元素有点特别以外,其他元素的参考态就是它们在 1 bar 和所规定温度下稳定的形式。较早对元素磷(P)的参考态的选择也与通常惯例一致,即采用从 298.15～704 K 温度范围内的红色三斜变种和 704～1800 K 范围内的理想的双原子气体(Robie et al,1978),但现在已改变为温度 317.3 K 以下用亚稳态的白磷(其间 195.4 K 有 α 相到 β 相的变换),而温度 317.3～1180.01 K 范围内用液态磷,在更高温度则用理想双原子气体。结晶磷的参考态的变化是因为白磷是最能再现的形态。可以很容易看到只要保持一致的约定,元素参考态的选择对于反应的焓变的计算没有任何影响,对热化学计算来说,最要得到的就是焓变值。

如果元素并不处在 1 bar 和温度 T 的参考状态,则其生成焓和生成自由能要从该参考态计算得出。虽然在 1 bar,298 K 或 1 bar,500 K 下石墨的 $\Delta H_{f,e}$ 值等于零,因为石墨是 C 元素在这些条件下的稳定形态(因而也是参考态),但金刚石石的 $\Delta H_{f,e}$ 值在 1 bar 和 T 下就要等于反应 C(石墨) = C(金刚石)的焓变。所以,在 1 bar,298 K 下,$\Delta H_{f,e}$(金刚石) = 1.895 kJ/mol。O_2 和 H_2 气体在 1 bar,温度 300 K 时的 $\Delta H_{f,e}$ 值为零,因为它们是氧和氢在该条件下的稳定形态。在热化学表上不同温度范围内元素的参考态会清楚地列出,而这些形态的元素的生成焓和生成自由能值都为零。

4.5.2　盖斯定律

早在热力学第一定律的公式提出之前,德国人盖斯(Henri Hess,1802～1850)就观察到这样一个事实,即一个化学反应无论是一步完成还是经过一系列中间环节完成,其所包含的热量是一样的。如上面所讨论的关于 $CaCO_3$ 分解为 CaO 和 CO_2 的反应,其反应的焓变是一定值。盖斯发现反应热与中间环节无关的原因,简单来说,就是因为他的实验是在固定的 1 bar 条件下进行的。在恒压下,有 $\Delta_r Q = \Delta_r H$,即仅取决于初始和最终状态。将热力学第一定律应用到化学反应即可很容易地检查这一关系式的有效性。

任何一个化学反应,在恒压下,其内能的改变为 $U_p - U_r = (Q_p - Q_r) - P(V_p - V_r)$,其中下标 p 和 r 分别表示生成物和反应物,而不管有多少中间步骤。所以在恒压下有 $\Delta_r Q = (U_p + PV_p) - (U_r + PV_r)$。但因为 $H = U + PV$,所以在恒压下 $\Delta_r Q = \Delta_r H$。

4.5.3 生成吉布斯自由能

一个组分的元素或氧化物的生成自由能可以根据 G,H 和 S 之间的热力学关系来计算,即 $\Delta G_{f,e} = \Delta H_{f,e} - T\Delta S_{f,e}$ 和 $\Delta G_{f,o} = \Delta H_{f,o} - T\Delta S_{f,o}$。但更通常的是结合元素或氧化物的生成焓和第三定律熵来计算,即 $\Delta G_{f,e} = H_{f,e} - T\Delta S$。这就是所谓的(来自元素或氧化物的)表观生成自由能或简称生成自由能。虽然后者的命名并不十分合适,但实际应用中只要在一个给定体系中所有组分都用前后一致的方式来处理,则就无所谓是用该组分的真实的还是表观生成吉布斯自由能,因为不同的等化学集合体的相对吉布斯自由能不受上述选择的影响。

4.5.4 热化学数据库

矿物和其他物质的热化学性质来自于各种不同类型量热器和固态电化学池的直接测量,也可从实验室测定的相平衡关系中计算得出,相平衡反映了各相的热力学性质的结果。目前的新方法更是将直接测定的数据与相平衡研究给出的限定条件结合在一起,通过适当的最优化计算方法导出一套矿物和流体相内部一致的热力学数据。所谓"内部一致"意指所恢复的热力学性质是兼容的,即由这些性质所计算的相关系与各种得到的可靠的实验限定结果吻合(在材料科学中,通常称之为CALPHAD 方法,这是根据一个国际组织和其出版的杂志 CALPHAD 来命名的,CALPHAD 是英文相图计算(Calculation of Phase Diagram)的缩写)。采用这一全球方法,若干有关地球和行星物质的内部一致的成套数据库已相继发表,包括Berman(1988),Johnson 等(1992),Saxena 等(1993),Gottschalk(1997),Holland和 Powell(1998),Chatterjee 等(1998)以及 Fabrichnaya 等(2004)(Helgeson 等(1978)所做的开创性研究被包含在 Johnson 等(1992)的结果中)。每一套数据库都达到内部一致,但互相之间不一定一致。这意味着混用来自不同套的数据,可能对新的相关系造成错误估计。Saxena 等(1993)和 Fabrichnaya 等(2004)的数据库特别适合应用于高压下的相平衡计算,因此对地幔的研究特别有帮助。

除了上述方法外,还有一些经验的和微观的方法来估算热力学性质,其中一些将在附录 C 中论及。而有关用原子级别的微观性质来研究其宏观热力学性质的方法则超出了本书范围,有兴趣的读者可参阅 Kieffer,Navrotsky(1985),Tossell,Vaughn(1992)以及 Gramaccioli(2002)。

在固体电化学池方法中,可以直接测量作为温度函数的氧化物生成自由能(O'Neill,1988)。而从 $\Delta_f G$ 对温度的依赖关系,又可得到熵值和焓值($\partial G/\partial T = -S, H = G + TS$),电化学池的基本原理将在 12.8 节作简单讨论。

在量热法中测量的是伴随物体状态改变的热量的变化。状态的改变可以是溶解,相变或化学反应。让这些改变发生在一个与周围隔绝的封闭容器中,就可以测定 C_V, C_P 和化学反应热。化学反应热可以直接测定,或当反应太慢不太能直接测量时则通过一个热化学循环来测定。大部分由元素构成的二元氧化物的生成焓就是通过在氧气中燃烧金属丝或金属粉的燃烧量热法直接测定的。有关量热法,特别是有关地球材料的内容可参见 Navrotsky(1997,2002)和 Geiger(2001)。

下面用一个反应作为例子,讨论上述用热化学循环测定一个进行很慢的反应的焓变的方法。矿物反应为 MgO(方镁石:Per) + SiO₂(石英:Qtz) = MgSiO₃(顽火辉石:Enst),该反应的焓变就是 MgSiO₃ 的生成焓 $\Delta H_{\mathrm{f,o}}$。由于反应速度太慢无法用量热法直接测量,因而用以下热化学循环来确定其反应焓。

(1) MgO(晶体) + 溶剂 ⟶ 溶液 $\Delta H_{\mathrm{s}}(1)$

(2) SiO₂(晶体) + 溶剂 ⟶ 溶液 $\Delta H_{\mathrm{s}}(2)$

(3) MgSiO₃(晶体) + 溶剂 ⟶ 溶液 $\Delta H_{\mathrm{s}}(3)$

其中 $\Delta H_{\mathrm{s}}(i)$ 代表在量热计中分解反应第 i 步的热量变化(因为压力(1 bar)保持不变,所以,如 4.5.2 节所述,热的变化等于 ΔH)。将各相相继溶入同一溶剂中,为了防止溶解物之间的相互反应,溶液必须保持非常稀释。溶解过程可以是放热的也可以是吸热的。大部分硅酸盐的溶解过程是吸热的。

$\Delta H_{\mathrm{f,o}}(\mathrm{MgSiO_3})$ 就是下面反应的焓变:

$$\mathrm{MgO + SiO_2 = MgSiO_3} \tag{4.5.b}$$

该焓变可用一个热化学循环来代表,即

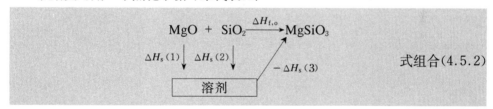

式组合(4.5.2)

所以,有

$$\Delta H_{\mathrm{f,o}}(\mathrm{MgSiO_3}) = \Delta H_{\mathrm{s}}(1) + \Delta H_{\mathrm{s}}(2) - \Delta H_{\mathrm{s}}(3) \tag{4.5.1}$$

一个三元组分的 $\Delta H_{\mathrm{f,e}}$ 就可以从其氧化物的生成焓 $\Delta H_{\mathrm{f,o}}$ 和二元氧化物组分的元素的生成焓来获得,即

$$\Delta H_{\mathrm{f,e}}(\text{三元组分}) = \Delta H_{\mathrm{f,o}}(\text{三元组分}) + \sum \Delta H_{\mathrm{f,e}}(\text{二元氧化物}) \tag{4.5.2}$$

同质多像转变的焓变可以通过两个相在溶剂中溶解热的不同来测定。例如,由 Akaogi 等(2007)报道,橄榄石-瓦兹利石(矿物反应为(α-Mg₂SiO₄(Ol) = β-Mg₂SiO₄(Wad))的 $\Delta_r H$ 和瓦兹利石-尖晶橄榄石(矿物反应为(β-Mg₂SiO₄ (Wad) = γ-Mg₂SiO₄(Ring))的 $\Delta_r H$,可以通过将两个多形体放在 1 bar,973 K 条件下的硼酸铅(2PbO・B₂O₃)溶剂中的溶解焓的差异而得到。上面后一个多形体变换是地幔 400 km 深处的最主要相变。硼酸铅对许多造岩和地幔矿物在温度 973 K 时是非常有效的溶剂(Kleppa,1976),因而被广泛用于矿物的生成热测定。

测定的溶解焓值为：$\Delta H_s(\alpha) = (169.35 \pm 2.38)$ kJ/mol，$\Delta H_s(\beta) = (142.19 \pm 2.65)$ kJ/mol，$\Delta H_s(\gamma) = (129.31 \pm 1.96)$ kJ/mol，所以就有 $\Delta_r H(\alpha = \beta) = \Delta H_s(\alpha) - \Delta H_s(\beta) = (27.2 \pm 3.6)$ kJ/mol，$\Delta_r H(\beta = \gamma) = (12.9 \pm 3.3)$ kJ/mol。请读者自己通过构建合适的热化学循环找出多形体的 $\Delta_r H$ 和 ΔH_s 之间的关系。

习题 4.1 顽火辉石（$MgSiO_3$）和其氧化物组分在硼酸铅（$2PbO \cdot B_2O_3$）溶剂中的溶解热，在 1 bar 和 970 K 条件下的值为（Charlu et al，1975）：

$$\Delta H_{sol'n}(MgSiO_3) = (36.73 \pm 0.54) \text{ kJ/mol}$$

$$\Delta H_{sol'n}(MgO) = (4.94 \pm 0.33) \text{ kJ/mol}$$

$$\Delta H_{sol'n}(SiO_2) = (-5.15 \pm 0.29) \text{ kJ/mol}$$

其中不确定性为 1σ（标准误差）值。

根据上述数据，试计算 1 bar 和 970 K 条件下，由氧化物和元素形成的顽火辉石的生成热及其各自的标准误差。其他需要的数据参见热化学表（Saxena et al，1993）。

第 5 章 临界现象和状态方程

图 5.1 是常见的 $P\text{-}T$ 平面中 H_2O 的相图,展现了冰、液态水和水汽的稳定场。所谓的相被定义为一种物质,其在宏观尺度上均匀而与环境有可区分的物理界面。沿着图中三条线的任何一条,两侧的两个相在线上平衡共存。但是,可以注意到,在分开液态水和水汽稳定场的线上有一个点 C,即位于 220.56 bar,647.096 K(373.946 ℃),该点叫作**临界点**。在 H_2O 的相图上,该点既是液体和气体共生曲线的终点。沿着该共生曲线液体和气体混合一起,逐步地在更高的温度和压力条件下难以区分两相的性质,到达临界点时两相的差异完全消失。

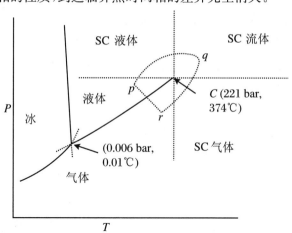

图 5.1 H_2O 的相图,其中显示了气-液共存线上的临界点和超临界相(SC)的领域

注意图中所画的水平和垂直虚线不是相界,只是为了描述清楚

当 $P\text{-}T$ 条件接近临界点时流体的热力学和移动性质变化很快。本章将讨论这些快速变化的性质在地质学和工业上所具有的意义。另外,还将讨论有关流体临界点的 $P\text{-}T$ 条件下的状态方程。

5.1 临 界 点

如果在液体和气体之间 P-T 条件的改变的途径如图 5.1 中的曲线 (p-q-r) 所示,不与气-液共存线相交,则相的性质的改变将是连续的,即任何一点上都不会有液体和气体共存,要么是液体,要么是超临界相,或者是气体。而 P-T 变化途径与液-气共存线相交的情况则完全不同,后者情况下性质的改变(例如体积)是不连续的。一旦压力到达液-气共存线时,气体被压缩,就渐渐转化为液体,而同时没有压力的改变(因压缩效应为体积的减少而补偿),则液体和气体两相共存。同样的情况如果出现在压力不变,而温度的变化达到共存线时,某一相就要渐渐转化为另一相而没有温度的变化。因为这时,所提供或吸取的热量为伴随着相变的热量所补偿。

为了清楚起见,如图 5.1 所示,可以将超过临界点以外的 P-T 平面划分为超临界液体($P > P_c$,$T < T_c$),超临界气体($T > T_c$,$P < P_c$)和超临界流体($T > T_c$,$P > P_c$),其中 P_c 和 T_c 分别表示临界点的压力和温度。在任何两个相邻区域之间不存在不连续变化的性质。

临界温度是安德鲁斯(Thomas Andrews)于 1869 年首先发现的。在确定温度和压力对 CO_2 性质的影响过程中,他发现当作用在气体上的压力增加时,CO_2 气体会转变成液体,但温度必须保持在 304 K(31 ℃)以下,而在该温度以上,无论气体被怎样进一步压缩也无法将 CO_2 气体转化为液体。现在,CO_2 的临界点被定为 72.8 bar,304.2 K。

可以注意到,在水的相图中其他共存相线上是没有临界点的。液体和气体的性质差异完全可以定量。两种状态中的水分子是随机分布的,但气体中分子间的相互作用要弱于液体中分子的相互作用。另一方面,液态水和冰之间以及冰和气之间的性质差异却又是定性的,因为冰是具有对称性质的晶体结构。这一观察结果带来关于临界点存在条件的重要结论,即临界点仅存在于两相具有**定量的**而不是**定性的**性质差异的共存线上。例如,在固-液相界上就没有临界点。

从图 5.2 H_2O 的 P-V 图中还可以考察一下液态和气态的等温膨胀。在临界点(P_c,V_c)以上,仅存在一相,其体积随压力的变化而连续变化。但在临界点以下,则有液气两相,它们分别在与临界点相交的粗实线 a—b 的左右两侧稳定存在。对于液体和气体的 P-V 曲线(图中为实线)均满足不等式 $(\partial P / \partial V)_T < 0$,但还要继续超出各自的稳定区域一小段距离直到虚线 c—d 位置。在该位置,$(\partial P / \partial V)_T = 0$,这一小段距离即是过热液体和过冷气体的亚稳定场。$c$—$d$ 曲线即是点

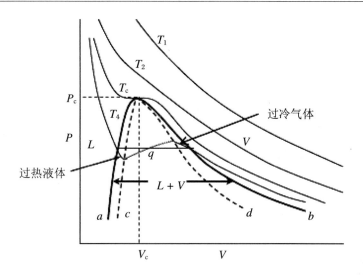

图 5.2　一个有着临界点(压力,温度和体积分别为 P_c,V_c 和 T_c)的物质的 P-V 示意图

T_i 表示一条等温曲线,T_c 即是临界点温度的等温曲线。L 和 V 分别表示液体和气体,它们在粗黑线 a—b 两边有稳定场。但在曲线 a—b 之下,液体和气体在某固定温度下共存,它们的体积则由等温线和 a—b 曲线的相交点给出。然而,液体和固体相也可能继续以亚稳态存在直到图中等温线和虚线 c—d 相交点。在 c 和 d 之间,则在任何温度下都一定有液体和气体两相共存

上有 $\partial P/\partial V = 0$ 的那些点的轨迹。注意在 T_c 以下的任何温度,稳定的液态和气态的 P-V 曲线与粗实线 a—b 相交在同一个压力。此即对应特定温度的液-气共存线上的压力。在虚线 c—d 包围的范围内(它也接触到临界点)单一的均匀相是不稳定的。而代之以液体和气体两相,它们的相对比例随压缩过程而变化。在 a—b 和 c—d 之间,均一相气体或液体是不稳定的。这意味着由于热力学稳定相的变换所伴随的动力学障碍,使得不该出现的"错的相"可以继续存在。

由于临界点是 c—d 曲线上的一个点,显然在该点上有

$$\left(\frac{\partial P}{\partial V}\right)_T = 0 \tag{5.1.1}$$

与等温线 T_c 和 T_4 比较可看出临界点是等温线上最小值和最大值的结合点。这种结合表示了从最小值的条件 $\partial^2 P/\partial V^2 > 0$ 到最大值的条件 $\partial^2 P/\partial V^2 < 0$ 的变换。因此,在临界点,则一定有 $\partial^2 P/\partial V^2 = 0$。另外,还可以证明,在临界点有 $\partial^3 P/\partial V^3 < 0$(Landau,Lifshitz,1958)。

在临界点,有以下的 V-P 关系:

$$\left(\frac{\partial P}{\partial V}\right)_T = \left(\frac{\partial^2 P}{\partial^2 V}\right)_T = 0$$

$$\left(\frac{\partial^3 P}{\partial V^3}\right)_T < 0$$

式组合(5.1.1)

可以找出一个方程来拟合固定温度下液气两相的实验 P-V 数据,如图 5.2 中显示的曲线 c—d 内的点线所连接的温度为 T_4 的液气两相的 P-V 曲线。在固定 P-T 条件下平衡的两相的吉布斯自由能一定是相同的。这一条件意味着对于等温线上的波形的几何性质有一定的限制。例如,等温线 T_4 在点 q 与稳定液态和气态两相的水平连线相交。水平连线所连接的液态和气态的吉布斯能必须相同就意味着,在等温线 T_4 的波形部分与点 q 两边的水平线之间的面积的大小必须相同。这样就可保证沿着 a—b 曲线内的波形线的吉布斯能的变化(变化值等于经过 q 的水平线的端点之间的 $\int V\mathrm{d}P$)等于零。

对于液体和气体的等压下的 T-V 关系,除了体积将随温度的增加而增加以外,可以得到与图 5.2 相同的定性图形。即在 T_c,有

$$\left(\frac{\partial T}{\partial V}\right)_P = 0 \tag{5.1.2}$$

其二次和三次导数性质也和 P-V 关系中的方程相似,见式组合(5.1.1)中的总结。

5.2 近临界和超临界性质

5.2.1 热和热物理性质的偏离

在临界点上具有 $\partial P/\partial V = \partial T/\partial V = 0$ 的特点,对于在临界点以及接近临界条件下的 C_P,β_T 和 α_T 的性质有很重要的影响。由 α 和 β_T 的定义式(方程(3.7.1)和(3.7.2))很容易看出,在近临界点,α 和 β_T 的值均趋向 $+\infty$(在 3.7 章曾讨论过某些固体的 $\alpha_T < 0$,但这种固体稳定场界上没有临界点)。临近临界点 C_P 的定性性质可以按如下方法来推导。从式(3.7.10)得知,C_P 和 C_V 的差为 $\alpha^2 VT/\beta_T$,将 α 和 β_T 的定义式代入,则有

$$\frac{\alpha^2 VT}{\beta T} = -\frac{T\left(\frac{\partial V}{\partial T}\right)_P}{\left(\frac{\partial V}{\partial P}\right)_T} \tag{5.2.1}$$

利用隐函数的性质,即式(B.4.4),有 $(\partial V/\partial T)_P = -(\partial V/\partial P)_T/(\partial T/\partial P)_V$,再将上式代入,并整理,即有

$$C_P - C_V = \frac{\alpha^2 VT}{\beta_T} = \frac{T\left(\frac{\partial P}{\partial T}\right)_V^2}{\left(\frac{\partial P}{\partial V}\right)_T} \tag{5.2.2}$$

当 $T \to T_c$ 时,根据式(5.1.1),上式中第二个等号项的分母趋于零,于是$(C_P - C_V) \to \infty$。又因为上式中第一个等号式中的各项都是正值,所以当接近临界温度时,$(C_P - C_V) \to + \infty$。这就意味着,当 $T \to T_c$ 时,$C_P \to + \infty$,而 C_V 保持有限,但偏离很弱。

总之,归纳起来,当 $T \to T_c$ 时,有

$$\alpha \to + \infty$$
$$\beta_T \to + \infty$$
$$C_P \to + \infty$$
$$C_V : \text{有限}$$
$$\text{（偏离弱）}$$

式组合(5.2.1)

然而,在接近临界点时流体性质的偏离并不仅限于上面所讨论的内容。很显然,与上述偏离性质中的一个或更多相关的其他流体性质在接近临界点时也一定呈现偏离性。例如,流体中的声速为,$C_{\text{声速}} = (1/\rho\beta_T)^{1/2}$,其中有 β_T 项,ρ 为流体密度,所以,当 $T \to T_c$ 时,流体中的声速也趋于零。有关临界点附近的流体的各种性质的详细讨论,请参阅 Sengers, Levelt Sengers(1986)以及 Johnson, Norton(1991)。后者特别重点研究 H_2O 的性质,鉴于其在热液体系研究中的重要性。而前者则讨论在临界点附近强的偏离和弱的偏离的判据。按照这些判据,β_T 和 C_P 的偏离性很强,而 β_S 和 C_V 的偏离性较弱。

临界点附近的某种性质的偏离通常可用适当的$(T - T_c)$的指数函数来表示。例如,体积模量的偏离为

$$\beta_T = (T - T_c)^{-\gamma}$$

上式中$(T - T_c)$的指数叫作**临界指数**,用于描述临界点附近性质对温度的依赖关系。

5.2.2　临界波动

经典热力学正确地预测了诸如 C_P, α, β_T 在接近临界点时的偏离性质,但是却无法得出偏离的解析式。然而,除了在非常接近临界点的条件下,这还不是重要影响的问题。问题是经典热力学无法预测出现在临界点的各种性质的大的波动性(进一步讨论参见 Callen, 1985)。例如,水在临界点时的密度有显著的波动性,见图 5.3,在散射光下,水呈现乳状或不透明状。这种现象叫作**临界乳光**,是由于当密度波动的波长与光波长相当时液体的折射率变化的结果。然而,即使温度只有零点几度的变化,也可使水恢复正常的透明状态。

临界点的波动性的原因可用物理学家 Lev Landau(1908~1968 年;1962 年获诺贝尔奖)的经典相变理论解释,该理论涉及临界点附近共存相曲线上多点处的吉布斯自由能-体积的曲线的形状,通常简称为 Landau 理论(见 6.3 节)。根据这一理论,气-液共存曲线快达到临界点时的任何一点时 G-V 曲线有两个相等的凹陷

图 5.3　水在临界点的密度起伏(CEA,1998)

的最低值(见图 5.4)。这两个吉布斯能的最低值对应了体系两个相同的稳定状态。在共存线两侧任何点上,分别有一个曲率较小和一个曲率较大的最小值(即其中一个的 *G* 值较另一个要小),前者对应了体系的一种稳定的物理状态。在临界点处则仅有一个最小值。这就意味着临界条件下的体系仅有一个完全稳定的状态,但因为最低处范围较宽,所以意味着体系能够以若干不同密度的状态存在而没有对整个自由能有显著影响。在近临界条件下有一些相类似的图形。换句话说,在临界条件下因体系的吉布斯自由能的最小值范围较宽,体系的密度或物理状态能够以较长的波长波动。由于在临界点上或非常接近临界条件下,接近平衡和完全平衡之间吉布斯自由能的差异很小,所以不足以将接近平衡的状态驱动到吉布斯自由能的最低值。

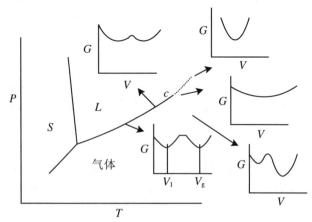

图 5.4　H_2O 的 *P-T* 相图中液-气共存线及其临界点处 *G-V* 曲线形状改变示意图

(a)沿液-气共存线,直到临界点 *c*;(b)在共存线的亚稳定延长线上;(c)在气体稳定场

关于临界条件下的波动问题的处理超出了经典热力学的讨论范畴,但是也有一

些包括对波动的远距离性质问题的成功处理。这可以归之于一位高产的物理学家 Kenneth Wilson(1982 年获诺贝尔奖)的所谓"重正化群理论"。该理论正确地预测了经典理论没能预测的临界指数的实验值,并且还显示了这些指数的内相关联系。

5.2.3　超临界流体和近临界流体

超临界流体(以下简称 SCF)具有的一些性质使得它们可以作为处理工业生产中化学反应的介质。有关该主题的论述可参见 Savage 等(1995)的文章。例如,在超临界流体中某种组分的扩散就是在液体和气体之间进行的。因此,在流体中扩散控制的反应在 SCF 中就会更快一些(所谓扩散控制指的是在整个反应过程中扩散是其中最慢的一步;因此,反应速度不会比扩散速度更快)。当组分从亚临界到达超临界条件,其溶解度也能极大地增加或减少。反应物所增加的溶解度会大大加速在 SCF 中的反应速率。在无限稀释溶液中溶解物的偏摩尔体积将随着到达临界点而偏离。偏摩尔性质将在 8.2 节中讨论,但从物理学观点来看,可以把溶解物的偏摩尔体积看作其在溶液中的有效摩尔体积。偏摩尔体积的偏离通常趋向负无穷,特别是当溶质的原子或分子大小小于溶剂的原子或分子大小时,但也有趋向正无限偏离的可能(Savage et al,1995)。SCF 的性质随密度而变化,在近临界点对于温度和压力的变化尤其敏感。

在低温下,近临界(以下简称 NC)水较之一般水对于有机或离子组分有更大的溶解度。所以 NC 水作为一种很好的无污染的溶剂和反应介质被有效地应用在生产过程中,并且作为一种很好的溶剂,可以从生成矿床的岩石中清除碱金属。靠近临界点水的性质的波动也会引起组分如 $B(OH)_3^-$ 的溶解度的激烈波动,这一点或许可以解释在 Geyers 熔岩壳的电气石矿物中所具有的震荡带现象(Norton,Dutrow,2001)。

5.3　水的近临界性质和岩浆-热液体系

Norton 和其合作者在一系列论文中(Norton,Knight,1977;Johnson,Norton,1991;Norton,Dutrow,2001;Norton,Hulen,2001)讨论了水的性质及其临界点,以及它们对于岩浆-热液体系演化的影响。Norton,Knight(1977)说明了对流的热流以大于 $10^{-18}\,m^2$ 的热导率支配了整个热传导。流体的**对流热**通量,J(对流),由流体质量(即单位时间流经单位面积的流体质量)和单位流体质量的热容量的乘积给出。这两个量分别为 $\rho_f v_f \phi$ 和 $C_P T$,其中 ρ_f 是流体密度,v_f 是流速,C_P 是流体的特定的热容,ϕ 是岩石的孔隙率。$v_f \phi$ 量即称作流体的**达西(Dar-**

cy）流速。因此，有

$$J(\text{conv}) = (\rho_f v_f \phi)(C_P T) \tag{5.3.1}$$

如 Norton（2002）所论述的，流体对流速度的大小直接与流体横向密度梯度大小相关，而与其黏度成反比关系。利用链式法则，流体横向密度可表示为

$$\frac{\partial \rho_f}{\partial_x} = \left(\frac{\partial \rho_f}{\partial T}\right)\left(\frac{\partial T}{\partial x}\right) \tag{5.3.2}$$

上式右边第一个导数项可以根据热膨胀系数 α，表示为 $-(\rho_f \alpha_f)$ 这是因为由 α 的定义式（3.7.1），代入 $V = m/\rho$ 和 $dV = -(m/\rho^2)d\rho$，这样式（5.3.2）可写为

$$\frac{\partial \rho_f}{\partial x} = -(\rho_f \alpha_f)\left(\frac{\partial T}{\partial x}\right) \tag{5.3.3}$$

Norton 和 Knight（1977）证明了在接近临界点时水的 α 和 C_P 向 $+\infty$ 偏离，而同时水的黏度急剧降低，在临界点处达到最小值，如图5.5所示。Johnson 和 Norton（1991）给出了一些更新的近临界点水的性质数据，但基本图形没有改变。由于随着 α_f 的极大增加和黏度的降低，横向密度梯度也大大增加，则当 H_2O 接近临界点时其对流速度就急剧增加。这一效应，加上在临界点处 C_P 值向 $+\infty$ 偏离的特点，导致了流体在其临界点范围内的 $P\text{-}T$ 条件下，**对流热通量**极大地增加，这从式（5.3.1）可以看出（但在一个自然的动力体系中，临界点条件对流体流动和热演化还只是适中的影响）。

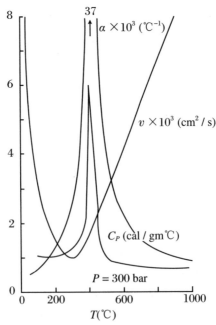

图 5.5　水近临界点的性质

水的热膨胀系数 α 和等压热容 C_P 接近最大值，而黏度 v 接近最低值，因而造成水在其近临界点时对流热通量急速增加（Norton et al, 1977）

　　热传导的数字模拟显示了在靠近地壳和上覆岩石的浅部花岗岩侵入体边缘有接近临界点的条件(Norton,Hulen,2001)。图 5.6 中显示了在靠近边缘和花岗岩深成体的顶盖处,H_2O 的压力-热熔演化的数字模拟(Norton,Hulen,2001)。流体演化轨迹上的点代表了时间进度,任意两个连续点之间的时间跨度为 50 ky。在靠近深成体边缘位置 1 处,流体在 250 ky 之后达到近临界点条件,并且在该条件下滞留 50 ky。在此期间,能量被流体从深成岩体快速地运送到顶盖。在顶盖位置 2,保持近临界点条件为 50 ky。此外,除了能量的快速分散外,在流体保持在超临界条件下其中的各种化学组分的溶解度明显地不同于非临界条件下的溶解度。还可注意到,正如式(5.3.3)和 Norton(2002)所强调的,沿着深成岩体陡峭边缘处的对流流体,因着该处横向的温度梯度可以被激发,从而流体的密度梯度可以很高(注意到浮力依赖于水平方向上流体密度的变化)。

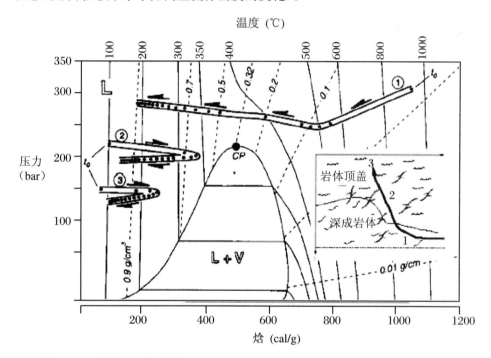

图 5.6　在花岗岩深成岩体中和周围三个位置上作为时间函数的水的压力-焓变图

如其中切面所示,位置 1 在深成岩体中,位置 2 和 3 在岩体顶盖。在流体演化轨迹上两个连续点的时间跨度为 50 ky。虚线代表 H_2O 的密度。请注意在位置 1 和 2 处,H_2O 的温度是如何演化到临界点 CP 的(根据 Norton 和 Hulen,2001;又经 Norton 修改)

　　下面图 5.7 显示了在图 5.6 的切面上靠近点 3 右侧位置上的 $\alpha(H_2O)$ 作为时间的函数(Norton,Dutrow,2001)。可以看到在 70000 到 130000 年期间内 α 值激烈震荡的特点,这是由于在上述时间跨度内,随着流体沿着临界点附近演化的状态条件的震荡变化,反映了近临界点处 α 值对状态条件变化的极度敏感性。在数字模拟中通过控制 α 值的震荡来展示状态条件的震荡,而这些条件又是从热传递过程和驱动流体流动速度的力场中关系式反馈来的结果(供进一步讨论见 Norton，Dutrow，2001)。

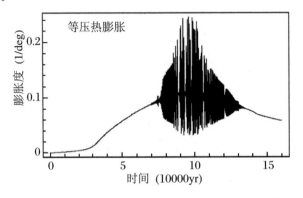

图 5.7 岩浆热液体系中近临界点的水的热膨胀系数 α 值的震荡

震荡是由于岩石中断裂的开和合，以及 α 值对于压力变化的极度敏感性
(Norton，Dutrow，2001)

5.4 状态方程

状态方程(简称 EoS)通常指物质的 V, P 和 T 之间的关系。理想气体方程 $PV = nRT$ 就是状态方程的一个最简单例子。状态方程可以用于估算物质在不同状态条件下的热力学行为。例如，为了从某物质低压下的数据来估算其在高压下的吉布斯自由能，则需要在恒温下对方程 $dG = VdP$ 积分(事实上 $dG = SdT + VdP$)，因而需要知道在所研究温度条件下 V 作为压力的函数。在地球和行星科学所研究的问题中，该积分特别重要，因为这类问题中需要进行包括固体、熔体和气体各相在内的相平衡计算。虽然用多项式来拟合所测定的 P-V-T 关系可以很好地得到插入的数据，但事实上多项式也往往会产生物理意义上不可被接受的结果(例如随压力增加体积加大)，特别是在实验数据范围以外的外推部分。图 5.8 就是橄榄石 V-P 数据的多项式拟合，并外推至实验以外的条件。所以，将实验数据用一定的方程进行拟合是需要有适当的理论基础的。以下提出一些气体、固体和硅酸盐熔体的状态方程，它们对于处理地质和地球物理问题很有用。

5.4.1 气体

5.4.1.1 范德华方程及其相关状态方程

由波义耳(Robert Boyle，1627～1691)，雅克·查理(Jacques Charles，1776～

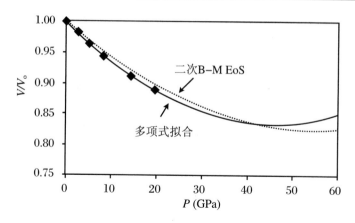

图 5.8　镁橄榄石 P-V 实验数据的多项式拟合（实线所示）和二次 Birch-Murnaghan 状态方程拟合（虚线所示）的比较以及在高压范围的外推

注意,虽然对实验数据的多项式拟合要好于二次 B－M 状态方程拟合,但当前者外推到高压范围时则有物理学上不可接受的结果。在实验数据和二次 B－M 状态方程之间稍许不重合的结果可以提议采用三次 B－M 方程,将会有更好的拟合。图中的多项式方程为: $V/V_o = 1.0002 - 0.0073P + 8 \times 10^{-5}P^2$, P 的单位为 GPa。实验数据由 Robert Downs 提供

1856),阿伏伽德罗(Amedeo Avogadro,1776～1856)和盖-吕萨克 Joseph Louis Gay-Lussac,1778～1850)早年的研究所得到的理想气体状态方程 $PV = nRT$,通常对几个巴的低压条件下的许多气体的 P-V-T 关系处理得非常好,但是当压力大大升高后,该方程就不用了。原因是理想气体方程并不考虑在气体中原子或分子间的相互作用,也不考虑这些实体的一定的大小。另外,理想气体的 P-V 关系的计算并不导到图 5.2 所示的定性特点,图中没有任何像临界点温度 T_c 这样的等温线(在临界点 P 对于体积的一次和二次导数都是零),也没有像 T_4 这样的等温线显示出一个领域含有最大和最小值。缺少这些性质意味着理想气体将不会液化——那样它将无限期地压缩。气体内部分子的相互吸引降低了气体能够施加的压力,而气体分子或原子的有限大小减少了所围气体所需要的空间。然而,在足够低的压力下,气体的密度对于由气体分子或原子以及内部分子吸引所排除的体积来说太低了,以致没有任何影响。因此,当 $P \to 0$ 时,所有非理想气体方程将成为理想气体方程。

最早和最简单的非理想气体状态方程是由范德华(J. D. van der Waals,1837～1923 年)在其博士论文中导出的,即所谓范德华方程。该方程以一个简单方式考虑了分子间的相互影响和大小,即

$$P = \frac{nRT}{V - nb} - \frac{n^2 a}{V^2} \tag{5.4.1a}$$

其中,n 是摩尔数,a 和 b 是常数;常数 b 是一个摩尔气体分子实际所有的体积,因此($V - nb$)是体积为 V 的容器中尚可容纳气体的有效体积,而常数 a 是一个与分子间相互吸引有关的一个常数。注意到上述方程中,分子间相互吸引降低了气体

所能施加的压力。也可根据摩尔体积 V_m 将上述方程写为

$$P = \frac{RT}{V_m - b} - \frac{a}{V_m^2} \qquad (5.4.1b)$$

图 5.2 中显示了范德华方程所得出的 P-V 关系的定性特点。此外，还可根据气体的临界参数 T_c 和 V_c 来表述其常数 a 和 b。这只要设在临界条件下压力对体积的一次和二次导数等于零，这就可得到以 T_c 和 V_c 表述的参数 a 和 b 之间的两个方程，解这两个方程，得

$$T_c = \frac{8a}{27bR}$$

$$V_c = 3nb \quad \text{或} \quad V_m(c) = 3b$$

代入方程(5.4.1b)，则有

$$P_c = \frac{a}{27b^2} \qquad (5.4.2a)$$

因此，

$$\frac{P_c V_{m(c)}}{RT_c} = \frac{3}{8} \qquad (5.4.2b)$$

将这些方程式代入范德华状态方程，重新整理得到一个以比值 P/P_c，V/V_c 和 T/T_c 等项表述的一个方程。这些无量纲变量叫作**约减变量**，即分别为 P_r，V_r 和 T_r。

$$\frac{P}{P_c} = P_r; \quad \frac{T}{T_c} = T_r; \quad \frac{V}{V_c} = V_r \qquad (5.4.3a)$$

用这些对比变量，范德华方程可写为

$$\left(P_r + \frac{3}{V_r^2}\right)(3V_r - 1) = 8T_r \qquad (5.4.3b)$$

上述方程叫作对比**范德华状态方程**，该方程表明了对所有按照范德华方程的气体来说，因其对约减量是无量纲的，因而在它们间的关系是唯一的。这样，采用式(5.4.3b)，从任何两个约减变量就可以获得第三个约减变量，并且，如果临界点性质都已知的话，则由此式来确定气体的 P-V-T 关系。

5.4.1.2 对应状态原理和压缩因子

以对比变量来表示气体的 P-V-T 关系叫作**对应状态原理**。这意味着用此形式表示的各种气体的行为应是非常相似的，即都可用对比范德华方程(5.4.3b)。该原理由范德华在 1881 年首先提出。为了查看相对于理想气体行为的偏离，以及对应状态原理的有效性，通常可以定义一个无量纲比值 Z：

$$Z = \frac{PV_m}{RT} \qquad (5.4.4)$$

该比值叫作**压缩因子**，显然对理想气体来说此值等于 1。图 5.9 是由 Su(1946)的

工作修改而来的。图中显示了若干气体在不同 T_r 条件下的 Z-P_r 关系。图中实线不是数据的最小二乘法拟合,而是七种碳氢化合物的平均 Z-P_r 关系。图 5.9 中显示对实线的平均偏离约 1%,可见对于 Z 值为 1.0 到 0.2 的各种气体的 P-V-T 关系非常符合对应状态原理。

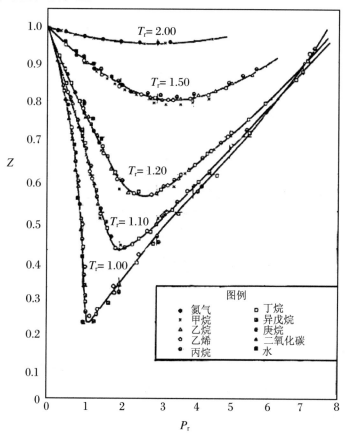

图 5.9 若干符合范德华状态方程的气体在不同对比温度 T_r 下,无量纲压缩因子 $Z(=PV_m/(RT))$ - 对比压力 P_r 图

图中实线表示了七种碳氢化合物的平均性质。由 Kondepudi,Prigogine(1998)据 Su(1946) 修改

5.4.1.3 Redlich-Kwong 及相关状态方程

随着更多高压下气体性质数据的获得,就发现范德华方程并不能全面地描述气体的行为,特别对于地质研究有意义的高压条件来说问题更为严重。图 5.10 就显示了在 0.1,1 和 10 kbar 压力下水的性质。Burnham 等(1969)测定了直到 10 kbar 和 1000 ℃ 条件下水的 P-V-T 关系。用该研究的等温 P-V 数据代入式 (5.4.3b),所计算出来的温度与实际实验温度再作比较,可以发现气体实际行为与

范德华模型的差异是显而易见的。

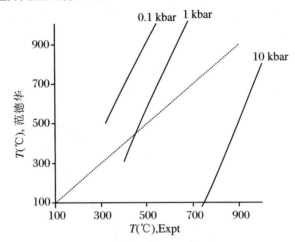

图 5.10　H_2O 在不同压力 0.1,1.0 和 10.0 kbar 条件下由对比范德华状态方程 (5.4.3)计算得到的温度与实际实验温度比较图

图中虚线代表了假定计算和实验温度完全一致。H_2O 的 *P-V-T* 数据取自 Burnham 等(1969)

　　尽管范德华方程不能预测气体在高压条件下的 *P-V-T* 关系,但它仍是后来更成功的两参数状态方程,即 Redlich-Kwong(RF)状态方程的基础。

$$P = \frac{RT}{V_m - b} - \frac{a}{V_m[V_m + b]\sqrt{T}} \tag{5.4.5}$$

上式为修正的 Redlich-Kwong(简称 **R-K**)方程,由 Holloway(1977)首先引入地质研究中,此后陆续有更多研究者提出了气体在高压条件下的 *P-V-T* 关系式。这些方程大部分都是基于 Redlich-Kwong 方程修改的,故亦称为 **MRK** 状态方程,其中,a 和 b 都被处理为温度和压力的特殊函数,而不是常数。例如,Halbach 和 Chatterjee(1982)提出

$$a(T) = A_1 + A_2 T + \frac{A_3}{T} \tag{5.4.6a}$$

$$b(P) = \frac{1 + B_1 P + B_2 P^2 + B_3 P^3}{B_4 + B_5 P + B_6 P^2} \tag{5.4.6b}$$

其中,A 和 B 均为常数。从实验测定的 H_2O 的直到 10 kbar,1000 ℃ 的 *P-V-T* 数据中导出了这两个常数值,并且进一步预测了直到 200 kbar 和 1000 ℃ 以下的H_2O的*P-V-T*性质。如图 5.11 所示,H_2O 的预测值与高压下冲击波实验测定导出的数值非常一致。

　　估算任一物质从压力为 P_1 到 P_2 的吉布斯自由能,需要在该压力变化范围内 VdP 的积分值。由于通常用 P 作为 V 的函数,因此上述积分可由标准积分方法通过分部来进行,以使得 $\int VdP$ 能够用 $\int PdV$ 来计算(6.8 节将讨论用状态方程

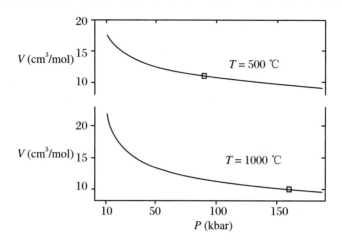

图 5.11　H_2O 的冲击波数据(图中画圈点)与 MRK 状态方程预测值比较图

Halbach 和 Chatterjee(1982),据 Chatterjee(1991)

$P = f(V, T)$ 来计算高温下的吉布斯自由能)。考虑到 PdV 解析式积分困难,特别是当 MRK 状态方程中参数 b 是 P 的很复杂的一个函数时,Holland 和 Powell(1991)使用了以下对 Redlich-Kwong 状态方程的处理方法。他们发现,如果 b 保持为常数,则所测定的体积在初始压力 P_0 以上就偏离由 MRK 方程所计算的体积值,该偏离可用以下方程计算:

$$V_m = V_m^{mrk} + \left[c \sqrt{(P - P_0)} + d(P - P_0) \right] \tag{5.4.7}$$

其中,c 和 d 是温度的函数,V^{mrk} 是用 MRK 状态方程所计算的体积(其中 b 为常数)。Holland 和 Powell(1991)称该式为补偿 Redlich-Kwong 方程或简称为 **CORK**,该式在 1~50 kbar 和 100~1600 ℃ 的 *P-T* 范围内计算结果颇佳。

Holland 和 Powell(1991)还将参数 a, b, c, d 以某个特定常数值以及临界温度 T_c 和临界压力 P_c 来表示,使得这些参数可以用于不同类型的气体,而与对应状态原理一致。

$$a = a_0 \frac{T_c^{5/2}}{P_c} + a_1 \frac{T_c^{3/2}}{P_c} T$$

其中,$a_0 = 5.45963 \times 10^{-5}$,$a_1 = -8.63920 \times 10^{-6}$,$a$ 的单位均为 kJ² · kbar⁻¹ · mol⁻²。上式中只要代入 T_c 和 P_c 值便可清晰地将参数 a 表达为温度的函数。利用 CORK 公式估算高压下气体的吉布斯自由能将在 6.8.3 节讨论。

对于**混合气体**,Redlich 和 Kwong(1949)提出了以下混合原理:

$$a = \sum_i \sum_j X_i X_j a_{ij} \tag{5.4.8a}$$

$$b = \sum_i X_i b_i \tag{5.4.8b}$$

其中,X_i 是气体组分 i 的摩尔分数,a_{ij} 是一个交叉系数,其性质取决于气体分子的性质,即究竟是极性分子(如 H_2O)还是非极性分子(如 CO_2)。对于不同的非极性

分子，a_{ij} 代表了参数 a 的几何意义，即

$$a_{ij} = (a_i a_j)^{1/2} \tag{5.4.9}$$

对于混合极性分子，交叉系数应该包含了可以说明混合气体构成的各相。例如，地质意义上最重要的流体 H_2O 和 CO_2，交叉系数可以表达为(Flowers,1979)：

$$a_{ij} = (a_{H_2O}^0 a_{CO_2}^0)^{1/2} + 0.5 R^2 T^{5/2} K \tag{5.4.10}$$

其中，K 是如下反应的平衡常数：

$$H_2O + CO_2 \Longrightarrow H_2CO_3$$

5.4.1.4 维里系数和维里型状态方程

由于气体只有在足够低的压力下具有理想行为，因此可将压缩系数 Z（式(5.4.4)）表达为 P 的函数，使得当 $P \to 0$ 时，$Z = 1$。例如

$$Z(P, T) = 1 + BP + CP^2 + DP^3 + \cdots \tag{5.4.11}$$

这一类的方程叫作**维里状态方程**。在上式中 P 的各个系数均具有统计力学上的理论意义，其中的 B, C, D 反映了不同数目分子间的相互作用(2个,3个,4个等等)对偏离理想气体行为的贡献。理论上说，这些相互作用可以由分子相互作用模型来计算，这种模型就是以一种维里状态方程来展现的。

然而，维里状态方程并不适合在地质条件下，特别是高压下的气体。Saxena 和 Fei(1987)发现一个与维里方程形式相似的状态方程能够很好地拟合在高压下气体的 PVT 数据。不同点是将上式中的 1 换成一个温度的函数项 $A(T)$，并且 P 的各个系数（即 B, C, D 等）均为压力的函数。

$$Z(P, T) = A(T) + BP + CP^2 + DP^3 + \cdots \tag{5.4.12}$$

这种类型的状态方程通常称为**维里型状态方程**。采用这种方程，必须将给定流体组分的数据按其不同的压力范围分别处理。Saxena 和 Fei(1987)将若干气体分子组分的数据分成三个压力范围：<1 kbar,$1 \sim 10$ kbar,>10 kbar，从而得到每个范围的各自系数。但要注意的是，这类维里型状态方程往往在低压下不适用，因为当 $P \to 0$ 时，该式不满足理想气体定律。

Belonoshko 和 Saxena(1991,1992)通过分子动力模拟估算了压力为 1 Mbar，温度为 4000 K 以下若干地质意义上很重要的流体组分的体积，包括 H_2O,CO_2,CH_4,CO,O_2,H_2。又将这些从分子动力（简称 MD）模拟计算得到的结果当做实验数据（"计算机实验"），并与可得到的较低 P-T 条件下的实验数据结合起来，提出了稠密流体的状态方程。用以下一个维里型的状态方程可以很好的拟合在 5 kbar 以上的整个数据：

$$P = \frac{a}{V} + \frac{b}{V^2} + \frac{c}{V^m} \tag{5.4.13}$$

其中

$$a = \left(a_1 + a_2 \frac{T}{1000} \right) \times 10^4$$

$$b = \left(b_1 + b_2 \frac{T}{1000}\right) \times 10^6$$

$$c = \left(c_1 + c_2 \frac{T}{1000}\right) \times 10^9$$

$a_1, a_2, b_1, b_2, c_1, c_2$ 和 m 均是常数，a, b, c 的单位分别是 kbar·cm^3，bar·(cm^3)^2 和 bar·(cm^3)^m。上式是 Tait(1889) 所提出的状态方程的一个延伸，而经几乎 100 年后又由 Spiridonov 和 Kvasov(1986) 再次提了出来。上述方程用于地质意义上一些重要的流体组分 $H_2O, CO_2, CH_4, CO, O_2, H_2$。Belonoshko 和 Saxena(1992) 给出了该式的各个常数，其中对 H_2O 的 P-T 条件为 5 kbar～1 Mbar，700～4000 K；对其他组分为 5 kbar～1 Mbar，400～4000 K。采用这些值，并且 V 以 cm^3/mol 为单位，即可得到压力值（以巴为单位）。将根据状态方程参数所计算的稠密流体的体积与实验数据比较，可以发现用模型所计算得出的较实验数据的最大误差约为 5%～6%。

Pitzer 和 Sterner(1994) 提出了 H_2O 和 CO_2 在压力为 0～10 GPa，温度为从临界点以下到 2000 K 范围内的状态方程。其特出的优点是由于 P-V-T 方程在很大范围内的连续性，所以可以进行微分和积分以获得其他热力学量，而不必避开某些产生不连续量的 P-T 条件。例如，计算压力 P' 条件下一组分的逸度需要计算从很低的逸度（其时逸度等于压力）到压力 P' 之间的 $\int VdP$（式(3.6.9)）。那么，如果有一个 P-V 关系在上述压力范围内连续的话，就可以进行计算了。如果出现不连续性，如 Belonoshko-Saxena 的状态方程遭遇的情况，在某个压力之下不适用，那么，就要将积分分成几个不同的压力范围来进行，使得每个范围中的 P-V 关系都是有效和连续的。有关 Pitzer-Sterner 状态方程的详细讨论已超出本节范畴，在网上可以找到用该方程来计算水的逸度的计算器。

5.4.2　固体和熔体

本节讨论的状态方程本来都是为固体推导的，但后来发现也适用于熔体。以下将讨论的两种类型的状态方程，Vinet 状态方程可能更适合于熔体，以及压缩性较高（>25%）的固体。

5.4.2.1　Birch-Murnaghan 状态方程

对于研究地球内部很高压力下的固体性质来说，最被广泛应用的状态方程是源于 Birch(1952) 的工作，而他又是基于 Murnaghan(1937) 提出的有限应变理论，因而统称为 Birch-Murnaghan 状态方程。Birch(1952) 证明了在应变 ε 和体积或密度 ρ 之间的关系为

$$\frac{V_0}{V(P)} = \frac{\rho(P)}{\rho_0} = (1 - 2\varepsilon)^{3/2} = (1 + 2f)^{3/2} \tag{5.4.14}$$

其中,下标 0 指的是零压条件,$f(=-\epsilon)$ 是为了方便引入的一个变量,对于压缩作用来说,该变量总是为正。因为,对压缩作用,$V_0/V(P)>0$,所以必须有 $f>0$。

为了得到恒温下的压力和体积的关系,需要用上亥姆霍兹自由能 F,因为该函数在式(3.1.9)中将 P 和 T 两个变量联系起来,$P=-(\partial F/\partial V)_T$。又利用链规则,可将 P 和 f 联系起来,即

$$P=-\left(\frac{\partial F}{\partial V}\right)_T=-\left(\frac{\partial F}{\partial f}\right)_T\left(\frac{\partial f}{\partial V}\right)_T \tag{5.4.15}$$

将式(5.4.14)改写为 $V/V_0=(1+2f)^{-3/2}$,在恒温下对该式两边求微分,得

$$\left(\frac{\partial V}{V_0}\right)_T=-\frac{3}{(1+2f)^{5/2}}\partial f$$

上式改写为

$$\left(\frac{\partial f}{\partial V}\right)_T=-\frac{1}{3V_0}(1+2f)^{5/2} \tag{5.4.16}$$

为了将 P 用体积或密度表达,则需要获得式(5.4.15)中右侧的第一个导数项。Birch(1952)将 F 作为 f 的多项式函数,即

$$F=af^2+bf^3+cf^4+\cdots \tag{5.4.17}$$

(注意,该式具有与通常多项式不同的特点,即其不含有常数项和 f 的一次项。本节后面将谈到为何没有这两项)。假设在 f 值很小条件下(即很小的压缩率),f 的指数高于 2 的值可以忽略不计,则有

$$\left(\frac{\partial F}{\partial f}\right)_T=2af \tag{5.4.18}$$

接下来就要将 a 和 f 用体积或密度来展示。这是推导状态方程最终表达式的最巧妙的一步。首先将方程(5.4.14)写为 $V(P)/V_0=(1+2f)^{-3/2}$,并将右边式以二项式展开[①],则对于较小的 f 值,有

$$\frac{V}{V_0}=(1-3f)$$

因此,有

$$\frac{\Delta V}{V_0}=-3f \tag{5.4.19}$$

其中 $\Delta V=V-V_0$。

又据等温体积模量 k_T 的定义(式(3.7.2),$k_T=1/\beta_T$),有

$$\lim_{P\to 0} k_T = k_{T,0} = -V_0\left(\frac{\Delta P}{\Delta V}\right)_T$$

$$=-V_0\frac{P}{\Delta V} \tag{5.4.20}$$

---

① 当 n 是实数时,按照二项式展开,则有 $(1+x)^n=1+nx+\dfrac{n(n-1)}{2!}x^2+\dfrac{n(n-1)(n-2)}{3!}x^3+\cdots$。

其中, $k_{T,0}$ 是零压力下的等温体积模量(换言之,这是当 $P = 0$, 温度恒定条件下 V 对 P 的曲线斜率的倒数;参见图 3.4)。注意在上述方程中, ∂P 被 $\Delta P = P - 0 = P$ 代替; ∂V 被 ΔV 代替。这是因为在很小的间隔中,导数可以用有限差分表示。将方程(5.4.15)给出的 P 的表达式代入上面方程,则有

$$k_{T,0} = \frac{V_0}{\Delta V}\left(\frac{\partial F}{\partial f}\right)_T\left(\frac{\partial f}{\partial V}\right)_T \tag{5.4.21}$$

因为小的压缩性,上面方程右边的第一个导数项可由式(5.4.18)给出,而第二项则由式(5.4.19)得到,即 $(\partial f/\partial V) = -1/3(V_0)$(这里提到的"小的压缩性"就是因为涉及的是 $k_{T,0}$)。将这些关系式代入式(5.4.21),并按照式(5.4.19)将 f 用 $-\Delta V/3V_0$ 代入,则就得到重要关系式

$$a = \frac{9}{2}(k_{T,0}V_0) \tag{5.4.22}$$

(注意在推导上式中,采用了 $(\partial f/\partial V) = -1/3(V_0)$, 此式仅当压缩性很小时有效。虽然式(5.4.16)中 $(\partial f/\partial V)$ 的表达式并不限于压缩性小的情况,但当在压缩性小的时候,该式显然就自然成为 $-1/3(V_0)$。)

将式(5.4.18)和式(5.4.22)结合,就可得

$$\left(\frac{\partial F}{\partial f}\right)_T = 9k_{T,0}V_0 f \tag{5.4.23}$$

将上式和式(5.4.16)代入式(5.4.15),得

$$P = 3k_{T,0}f(1+2f)^{5/2} \tag{5.4.24}$$

按照式(5.4.14),用 ρ/ρ_0 项来表示 f 和 $(1+2f)$, 最终就得到了在恒定温度下的压力和密度的关系式:

$$P = \frac{3k_{T,0}}{2}\left[\left(\frac{\rho}{\rho_0}\right)^{7/3} - \left(\frac{\rho}{\rho_0}\right)^{5/3}\right] \tag{5.4.25}$$

这即是**二次 Birch-Murnaghan(简称 B-M)状态方程**。之所以称其为二次是因为在亥姆霍兹自由能 F 的表达式(5.4.17)中的二次项以上的就作了截除。图 5.8 显示了用二次 B-M 状态方程来拟合橄榄石的 P-V 数据并延伸到高压条件下的情况。

如果将 F 多项式在三次项上截断,则经过更麻烦一些的步骤,可以得到所谓**三次 B-M 状态方程**,即

$$P = \frac{3k_{T,0}}{2}\left[\left(\frac{\rho}{\rho_0}\right)^{7/3} - \left(\frac{\rho}{\rho_0}\right)^{5/3}\right]\left\{1 + \xi\left[\left(\frac{\rho}{\rho_0}\right)^{2/3} - 1\right]\right\} \tag{5.4.26}$$

其中

$$\xi = \frac{3}{4}(k'_{T,0} - 4)$$

$k'_{T,0}$ 是 $P = 0$ 时体积模量的压力导数(即 $(\partial k_0/\partial P)_T$)。上述二次和三次状态方程被广泛应用于地球物理文献中。

比较上面两式可以看到,当 $k'_{T,0} = 4$ 时,三次 B-M 状态方程就减为二次 B-M

状态方程。所以,当一组压缩性数据用二次 B-M 状态方程拟合时,可以检查一下从拟合方程得到的 k_0' 是否等于 4。如果与 4 相差很大,则显然用二次状态方程拟合数据就不适合,即便拟合尚可,也很可能在作延伸时产生较大的体积误差。

关于 Birch 采用的亥姆霍兹自由能的多项式表达(式(5.4.17)),讨论如下:在接近 $f=0$,F 按照泰勒展开可表达为

$$F = F_0 + \beta f + af^2 + bf^3 + cf^4 + \cdots \tag{5.4.27}$$

或

$$\frac{\partial F}{\partial f} = \beta + 2af + 3bf^2 + 4cf^3 + \cdots \tag{5.4.28}$$

其中,$F_0 = F(f=0)$,f 的系数均为常数(与 F 对 f 的逐次的高阶导数有关)。显然 $f=0$ 时,$\mathrm{d}F/\mathrm{d}f = \beta$。然而,因为 F 在平衡条件下达到最小值,即平衡时 $\beta=0$。这样,$F - F_0 = af^2 + bf^3 + cf^4 + \cdots$ 由于 F_0 是常数,所以即便在 F 的表达式中出现 F_0 项也不会改变 $(\mathrm{d}F/\mathrm{d}f)$ 值,$(\mathrm{d}F/\mathrm{d}f)$ 可以根据式(5.4.15)将 P 用 V 或 ρ 来表达,即式(5.4.15))。当然,从严格意义来说,事实上 Birch 所说的亥姆霍兹自由能 F 应指的是 $(F - F_0)$。

5.4.2.2 Vinet 状态方程

Vinet 等(1987,1986)发现,虽然不同类型固体内的原子相互作用不同,因而意味着不太可能有一个通用的固体性质的表达式,但是对于各种固体的等温状态方程似乎还是存在着统一的格式。通过研究固体原子的相互作用,他们导出了一个统一方程,证明了较流行的 Birch-Murnaghan 状态方程更有效,特别是当压缩性大于初始体积 25% 的情况。因此,当前在地球物理学研究中,当处理岩石和岩浆在很高压力下的行为时,似乎更多地采用 Vinet 状态方程来取代使用 B-M 状态方程(如文献 Anderson 和 Isaak,2000)。如同 Birch-Murnaghan 状态方程一样,Vinet 状态方程也有不同次数的形式。但是,一个三次形式的方程似乎可以较好地用于地质上有意义的材料的 P-V 性质[1]。设 $\eta = V/V_0$,三次 Vinet 状态方程为

$$P(\eta) = 3k_0 \frac{(1 - \eta^{1/3})}{\eta^{2/3}} \exp\left[\frac{3}{2}(k_0' - 1)(1 - \eta^{1/3})\right] \tag{5.4.29}$$

---

[1]　Ghiorso(2004)证明了在 P-T 上有一个区域,这个区域硅酸盐熔体有时因其较高的 α 值可以进入,这种情况下 Vinet 状态方程会遇到数学处理上的异常问题。于是他提出一个新的状态方程来避免这个难题,并用以处理硅酸盐熔体的热力学性质。

第6章 相变、熔融和化学计量相反应

本章将先简单讨论固体状态的相变现象,在相变中一种物质转变为具有相同组成但对称性不同的物质,期间可能伴随在不同的晶格位置上原子的重新分配或者排列状态的改变。随后,导出一些热力学公式来计算包含具有固定组成的各相或化学计量各相的不均一反应的平衡条件。最后,导出一些需要用来处理溶液的热力学性质的公式。至于包括溶液在内的相反应的平衡条件的问题将在后面第10章中讨论。

6.1 吉布斯相律:初步讨论

有关相变和相平衡的任何讨论之前必须先讨论一下**吉布斯相律**或简称**相律**的问题。相律决定了体系中可以独立变化的**强度变量**的数目,这些强度变量是可观察的。相律的推导将在10.3节讨论,但在本节则要强调相律性质的某些要点和应用,以便在公式推导中不至忽略这些重要点。此外,本章中提出的一些概念需要用到相律。

一个相定义为一种物质,其宏观尺度上具有空间的均一性,并且物理上与同处一体系的其周围环境相区分。一种均匀的液体,或气体,或一种矿物(不是同种矿物的不同颗粒)构成了不同相。从相律的意义上说,组分数具有特别的意义,它指的是需要用以表达体系中各相组成的最小的化学组分数。但是,组分的选择并不是唯一的,通常根据是否方便的目的来选择。根据定义,体系中的组分数是唯一的。用一个三相的集合体作为例子,该集合体由钠长石($NaAlSi_3O_8$)、硬玉($NaAlSi_2O_6$)和石英(SiO_2)组成。然而,只需要用两种组分来表示这三相的组成,有三种选择:(1)$NaAlSi_2O_6$ 和 SiO_2;(2)$NaAlSi_3O_8$ 和 $NaAlSi_2O_6$;(3)$NaAlSi_3O_8$ 和 SiO_2。可以采用其中任何一组用适当的线性组合来表示所有的三相组成,但表示这三相组成所需的最小化学组分数是2。当然也可以用三种氧化物 Na_2O、Al_2O_3 和 SiO_2 的线性组合来表示三相组成,但这不是相律意义上的组分概念,因为超过了表示体系中各相组成所需的最小组分数。

有了上述关于组分的定义,再假设:(1)体系处于平衡(需要温度均一,并且无化学物质转移);(2)各相都处在一致的压力中;则有相律如下:

$$F = C - P + 2 \tag{6.1.1}$$

其中,F 是体系的自由度,即体系中可以独立变化的强度变量数;P 是相数;C 是组分数。在上述钠长石,硬玉和石英的三相集合体例子中,仅有两个强度变量,即压力(P)和温度(T)可以影响各相的稳定场。根据相律,$F = 1$(因为 $P = 3, C = 2$),这就意味着只要体系中有三相存在并处在平衡中,则只能改变压力或者温度,而不能两者同时改变;其中一个强度变量的变化取决于另一种强度变量的变化。因此,反应:钠长石══硬玉＋石英,被称作单变量反应。这也就是为什么在 P-T 空间里,钠长石和硬玉加石英的平衡稳定场只是被一条线分开,而不是一个区域,只要在固溶体中矿物都不含额外的组分,例如像钙长石($CaAl_2Si_2O_8$)溶于钠长石中形成斜长石,或者像透辉石($CaMgSi_2O_6$)溶于硬玉中形成硬玉质单斜辉石。图 6.1 显示了上述反应的实验测定结果。钠长石的稳定场和硬玉加石英的稳定场分列在两个不同的双变度 P-T 场中,在各自场中 P 和 T 两者均可在一定范围内独立变化。注意,当仅涉及钠长石稳定场时,$F = 2$,因为 $C = 1$(这里只需要一种组分 $NaAlSi_3O_8$ 就可以表示化学计量钠长石的组成)。

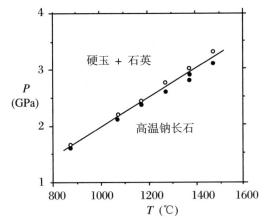

图 6.1　单变反应:高温钠长石══硬玉＋石英的 P-T 相图,由 Holland(1980)实验测定

图中黑圆点显示了在消耗了硬玉和石英时高温钠长石的生长,白圆点则显示了与此相反的过程。高温钠长石是钠长石在高温下的同质多象变体,其中 Al 和 Si 在四个四面体位置上是无序的(见习题 2.3)

6.2　相变和同质多象

　　一种组分在不同的结晶对称结构或物质状态之间的转变即是相变。同一种组分(如蓝晶石,硅线石和红柱石)存在不同的结晶结构的现象叫作同质多象。本节首先讨论相变的分类,然后讨论一种特别的相变类别,即伴随着固体中有序-无序变化的相变。

有关固体的相变有不同的分类方法。Oganov 等(2002)给出了较全面的有关各种分类的讨论。本节主要是根据 Ehrenfest(1933)提出的基于在转变条件下热力学性质改变所作的分类。按照这一思路,下面将要提到的所谓一级、二级或更高级的相变主要是取决于在转变条件下吉布斯自由能 G 对压力和温度的一阶、二阶或更高阶的导数上首次出现不连续性。在一级相转变中,不连续性出现在熵和体积上,熵和体积分别是 G 对温度和压力的一次导数($\partial G/\partial T = -S$;$\partial G/\partial P = V$);而在二级相变条件下,其一阶导数是连续的,但 G 的二阶导数,即 C_P,α 和 β 值都是不连续的(图6.2)。由于平衡时有 $\Delta H = T\Delta S$,因此一级相变中熵的不连续性意

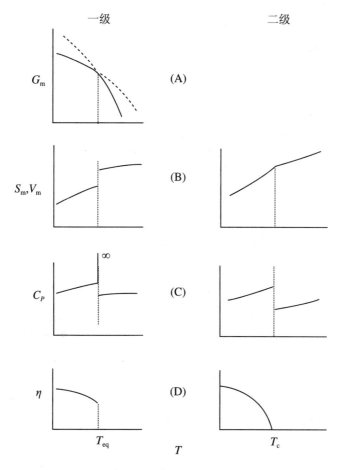

图6.2 在一级和二级相变中作为温度函数的某些热力学性质的变化特点
(A)一级相变中两相的吉布斯自由能的改变;(B),(C)在一级和二级相变中,G_m 的一阶导数(即 S_m 和 V_m)和 G_m 的二阶导数(即 C_P);(D)两种相变中长范围序参数 η 的变化

味着熵变的不连续性。由于 $C_P = \Delta H/\Delta T$，所以在一级相变温度下 C_P 成为无限大，并且热的吸收或释放都无法引起温度的改变，直到相变结束。到目前为止，尚未有二级以上的相变现象，但 Pippard(1957)讨论了一些可能的例子。

随着状态条件的改变，二级相变可能转变为一级相变。在 *P-T* 平面上发生二级相变转化为一级相变的点叫作 **三临界点**。在 5.1 节中所说的一般的临界点不可能存在于二级相变中，因为临界点将相分为不同的对称结构。然而三临界点与一般临界点还是有相似之处的，从相边界的一侧到另一侧，其 G 的一次导数性质（体积，焓和熵）有不连续的变化，而在超出三临界点的相边界上则又有连续变化。

大部分研究中所涉及的自然界中的同质多象相变，如蓝晶石/硅线石/红柱石（Al_2SiO_5），方解石/文石（$CaCO_3$），石英/柯石英/斯石英（SiO_2），石墨/金刚石（C）都是一级相变。Ehrenfest 所描述的那种在相变点上的二级相变现象，即吉布斯自由能的二阶导数发生不连续，而一阶导数则是连续的现象是很少的。Keesom 和 van Laar(1938)报道过这类很少有的例子，在零磁场中相变温度下锡的超导相变显示在一般锡和超导锡之间的 C_P 有一定的不连续性。Carpenter(1980)认为绿辉石（钠质斜辉石固溶体）从 $P2/n$ 到 $C2/c$ 空间群的相变也可能是二级相变。

有些相变显示出在相变温度附近的 C_P 值有 λ 形分布，如图 6.3 所示 SiO_2 从 α-石英（三方）到 β-石英（六方）的相变中出现的情况。这类相变既不是一级的也不是二级的。由于其 C_P 函数的形状，一般统称为 λ 相变。顺磁物质的铁磁性，铁电性以及液态氦的超流体性刚出现时都是这类相变的例子。

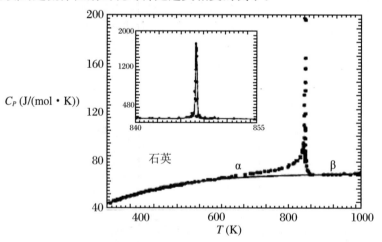

图 6.3　α-石英和 β-石英相变中热容 C_P 的 λ 形变化图（Richet,2001）

6.3　相变的朗道(Landau)理论

6.3.1　概述

在二级相变中相的一个或一个以上的热力学性质可以在低温和高温相之间连续变化。例如,原子的排列状态、一组原子的取向、单位晶胞参数或原子位置都可以在低温和高温相之间连续变化。朗道(Lev Landau,1908～1968,1962 年诺贝尔奖获得者)在 1937 年就提出了一个重要的现象学理论,来解释这些相变中相的吉布斯自由能改变。该理论即后来所谓的朗道理论,被广泛应用于许多矿物学问题,并由剑桥大学矿物学院的研究者作了归纳(如 Carpenter,1985,1987;Salje,1990;Putnis,1992)。下面将概述有关该理论的内容。但更进一步的详情,有兴趣的读者可参阅上述文献以及 Landau 和 Lifshitz(1958)。

在朗道理论中定义了一个序参数 η,该参数对高温相等于零,而对低温相来说,有一个不等于零的正值或负值。在二级相变中 η 值在温度降低至相变温度 T_{tr} 之下时,从零值平缓地增加或减少。例如 AB 类型合金(如 CuZn),在相变温度时成为完全无序的,因此可以定义一个构型序参数来表示在晶格位置 α 和 β 之间的原子分布

$$\eta = X_A^\alpha - X_B^\alpha \qquad (6.3.1)$$

其中,X 为晶格位置 α 上特定组分的原子分数。设 α 是当该相在有序时原子 A 优先选择的位置(则对应地 β 就是原子 B 优先选择的位置)。如果该相完全无序,则 $X_A^\alpha = X_B^\alpha$,即 $\eta = 0$;如果该相完全有序,则 $X_A^\alpha = 1$,$X_B^\alpha = 0$,即 $\eta = 1$。在中间序态,η 值就等于 0 到 1。这样,η 值取决于晶体中晶格位置的平均组成,其值可能与晶格中局部区域的组成不同。因此,η 是长程有序参数。朗道理论仅涉及长程有序参数,因此可以归入**平均场论**,该理论只考虑平均行为而忽略局部涨落。当非常靠近相变条件时该理论不适用,因局部涨落很大。这个较大涨落的区域称为 Ginzberg 区间(Ginzberg 因其和朗道合作在认识超导状态的理论贡献而获得 2003 年诺贝尔奖。Ginzberg-Laudau 理论就是源自朗道对二级相变的研究)。

朗道假设,在靠近相变点,$\eta = 0$,吉布斯自由能可用 η 的幂级数来表达,即

$$G(\eta) = G_0 + \alpha\eta + A\eta^2 + B\eta^3 + C\eta^4 + D\eta^5 + \cdots \qquad (6.3.2a)$$

其中 $G_0 = G(\eta = 0)$。吉布斯自由能的这种表达也常被叫作朗道势(事实上这种表达和在零应变状态附近亥姆霍兹自由能的幂级数很类似(见式(5.4.17)),该式用于推导 5.4.2 节中讨论的 Birch-Murnaghan 方程)。容易看到朗道势代表了 $\eta = 0$

处 G 的泰勒展开(附录 B.6),因而 η 的系数实际上表示了 G 对 η 的连续更高阶导数(如 $\alpha = \partial G/\partial \eta$,$A = (\partial G/\partial \eta)^2$,以此类推)。结果,由于二级相变点代表一个奇点,所以上面的 G 的幂级数不能随意引申到高阶,因 η 的 n 阶系数也需要 G 被微分到 n 阶。当 G 对 η 微分时,为了除去数值系数,G 的幂级数也常常被写作

$$G(\eta) = G_0 + \alpha\eta + \frac{1}{2}A'\eta^2 + \frac{1}{3}B'\eta^3 + \frac{1}{4}C'\eta^4 + \frac{1}{5}D'\eta^5 + \cdots \qquad (6.3.2b)$$

朗道基于高温($\eta = 0$)和低温($\eta \neq 0$)相的热力学稳定性判据,以及相变点本身的稳定性,导出了 η 的系数值的大小限定。有关的详细讨论,读者可参阅 Landau 和 Lifshitz(1958)的论文。以下只是提出他们的一些重要结论,并通过一些简单例子说明 η 的系数性质如何由稳定条件得以限定,并且为什么二级相变不可能有不等于零的 η 的奇数次系数。

关于展开系数的性质及其与相变级别的关系的主要结论如下:

(a) 线性项,即 α 值必须为零。这个结果是源于这样一个事实:当 $\eta = 0$ 时,$(\partial G/\partial \eta) = \alpha$,但完全无序相的稳定性(即 G 是最小值)要求该导数值为零。

(b) 二次项的系数 A 具有这样的性质,即在特定的温度 T_i 之上或之下,其值必须相应地为正或为负,而在温度 T_i 时其值为零。换言之,有

$$A = a(T - T_i), \quad a > 0 \qquad (6.3.3)$$

(c) 如果 G 的展开式包含奇数项,如 B,D 等,那么相变一定是一级相变(这是以在相变条件下序参数的两个值中的一个为零值为特征的)。

(d) 二级相变需要 G 的幂级数仅有偶数次项。但是,如果假定 G 的幂级数展开到 5 次项是合适的话,则其 4 次项系数 C 一定是正值。

(e) 即便当 G 的展开仅有偶数项,只要二次系数 $A > 0$,四次系数 $C < 0$,并且有六次项 $E\eta^6$($E > 0$),则一级相变还是可能的。

(f) 在上述后两种情况下,如果所有展开系数都相等,那么 $G - \eta$ 曲线在 $\eta < 0$ 和 $\eta > 0$ 条件下互成镜像。

(g) 如果奇数系数均为零,并且四次系数 $C = 0$,这表示了一级($C < 0$)和二级($C > 0$)相变之间的状态,则体系具有三临界条件。这种情况下,需要一个正的六次项($E > 0$)来得到作为 η 函数的 G 的最小值

$$G(P, T, \eta) = G_0 + A\eta^2 + E\eta^6, \quad E > 0 \qquad (6.3.4)$$

(h) 对二级和三临界相变来说,T_i 就是转变温度 T_{tr} 本身,而对一级相变来说,T_i 可以大于 T_{tr}。

虽然原理上来说,在给定温度下 G 的幂级数的各个系数都是温度的函数,但研究发现仅将二次项系数 A 按式(6.3.3)处理为温度的函数也是可以的。同样,也仅把 A 处理为受压力变化的影响。但是,尚未有 A 随压力变化的理论分析,通常就简单地假定 A 随压力呈线性影响变化。

晶体可能会有一个以上类型的序参数。例如,在低温下的矿物钠长石 NaAl-

Si$_3$O$_8$实际上经历了从单斜对称(C2/m:高温)到三斜对称(C:低温)的置换转变。再如组成为(Na$_{0.69}$K$_{0.31}$)AlSi$_3$O$_8$ 的相变发生在 415～450 K 之间(Salje,1988),但是,Al 和 Si 在四种类型的四面体位置上(即 $T_1(O)$,$T_1(m)$,$T_2(O)$ 和 $T_2(m)$)的分配随温度的降低而变化,Al 更多地进入到 $T_1(O)$ 的位置。所以在两种过程中就有两个序参数。然而,这两种过程不是独立的,因为两者都影响着单位晶胞参数。在朗道势中就可能混合了描述不同类型过程的不同序参数。有关这方面的全面讨论可参阅 Sajie(1988)和 Punis(1992)。例如,混合了置换和(Al,Si)成序效应的钠长石的吉布斯自由能可以用两组幂级数来表达,其中有两种序参数 η_d 和 η_{conf},及相应的其他配置(Putnis,1992),即

$$
\begin{aligned}
G(\eta_d, \eta_{conf}) = G_0 &+ \left[A_1(\eta_{conf})^2 + C^2(\eta_{conf})^4 + E_1(\eta_{conf})^6 + \cdots \right] \\
&+ \left[A_2(\eta_d)^2 + C_2(\eta_d)^2 + E_2(\eta_d)^6 + \cdots \right] \\
&+ \lambda(\eta_{conf})(\eta_d)
\end{aligned}
\tag{6.3.5}
$$

可以证明(Sajie,1988;Putnis,1992),作为序参数配合的结果,实际上代替发生两相相变的是仅一个相的有两个序参数参与的相变,并且在较低温度下三斜对称的晶体的稳定场较没有 Al-Si 无序的晶体的稳定场要大。

利用数学中的群伦理论,朗道导出了有关低温和高温相在二级相变中对称性质之间关系的一些重要结果(Laudau,Lifshitz,1958)。归纳如下:

(a) 对一个二级相变来说,其中两个相的对称性一定是相关的,高温相具有低温相的所有对称元素还有别的一些元素。用群伦理论的话说,低温相的对称群一定是高温相对称群的子群。而在一级相变的两相的对称群之间没有任何必须的联系。

(b) 当低温相的对称群的数目达到高温相的对称群数目的一半时,二级相变就有可能,而当前者仅为后者的三分之一时,则二级相变不可能。

注意对称性的论证并没有说明二级相变是否要发生,而是提供了这种相变的准入判据,即告诉了什么时候一个二级相变是不可能的。

6.3.2　关于二次系数的限定的推导

为了说明热力学稳定条件确实对式(6.3.2)中系数的性质加上了限定条件,这里来推导一下二级相变的固体的 G 的展开式中系数 A 的性质。对二级相变来说,G 的展开式中仅有偶数次项,四次以上的则忽略不计。在一个 P-T 条件下达到平衡时的 G 最小,按式(6.3.2a),有

$$
\left(\frac{\partial G}{\partial \eta} \right)_{P,T} = 2A\eta + 4C\eta^3 = 0
\tag{6.3.6}
$$

并且

$$
\left(\frac{\partial^2 G}{\partial \eta^2} \right)_{P,T} = 2A + 12C\eta^2 > 0
\tag{6.3.7}
$$

可以看到为了确保满足式(6.3.7),对高温相来说($\eta = 0$),必有 $A > 0$。而对低温相言($\eta \neq 0$),在一次稳定条件下(即式(6.3.6)),有 $2C\eta^2 = -A$;将此式代入式(6.3.7)即有 $-4A > 0$。所以,在 $T < T_{tr}$,有 $A < 0$。又由于在 $T > T_{tr}$时,有 $A > 0$,并且在 $T < T_{tr}$时,有 $A < 0$,所以,在 $T = T_{tr}$时,必有 $A = 0$。可见,与式(6.3.3)一致。

6.3.3 奇数次系数对相变的影响

以下分析一下在 G-η 关系式中奇数次系数如何导致一级相变(即最小 G 值时有两个 η 值)。为简单起见,假设在相变温度 G-η 的展开式中最高次数为 4。这样在平衡时的相变温度 T_{tr} 下,有

$$\frac{dG}{d\eta} = 0 = 2A\eta + 3B\eta^2 + 4C\eta^3$$

或

$$4C\eta^2 + 3B\eta + 2A = 0$$

这样,有

$$\eta = \frac{-3B \pm (9B^2 - 32AC)^{1/2}}{8C} \tag{6.3.8}$$

可见,在该相变温度 η 有两个解。由于其中一个解必须是 $\eta = 0$(对高温相所必须有的一个性质),所以有 $AC = 0$。因此,另一个解是 $\eta = -3B/(4C)$。

6.3.4 序参数与温度:二级和三临界相变

以下来推导在二级和三临界相变中接近相变温度时序参数与温度的关系。将式(6.3.3)和式(6.3.6)结合在一起,则对于二级相变有(这里,$T_i = T_{tr}$)

$$\eta = \left[\frac{a}{2C}(T_{tr} - T) \right]^{1/2} \tag{6.3.9}$$

如果序参数是这样定义以致其最大值为1,即 $T = 0$ 时,$\eta = 1$,则有

$$T_{tr} = \frac{2C}{a} \tag{6.3.10}$$

此时,式(6.3.9)就成为

$$\eta = \left(1 - \frac{T}{T_{tr}} \right)^{1/2} \tag{6.3.11}$$

对三临界相变来说,前面已提到过奇数次系数和四次系数(C)都等于 0,并且 $E > 0$(式(6.3.4))。这样,式(6.3.2a)中 G 对于 η 的最小值,并代入式(6.3.3)就得到 $a(T - T_{tr}) + 3E\eta^4 = 0$。因此,有

$$\eta = \left[\frac{a}{3E}(T_{tr} - T)\right]^{1/4} \tag{6.3.12}$$

如果在多数有序状态下$(T = 0)\eta = 1$,则有

$$T_{tr} = \frac{3E}{a} \tag{6.3.13}$$

即有

$$\eta = \left(1 - \frac{T}{T_{tr}}\right)^{1/4} \tag{6.3.14}$$

这样,按照朗道理论,相变的性质可以根据作为温度函数的序参数的特点来确定。在上式中$(1 - T/T_{tr})$的指数叫作**临界指数**。图 6.4 显示了对于一级,二级和三临界相变中作为(T/T_{tr})的函数的 η 的变化。

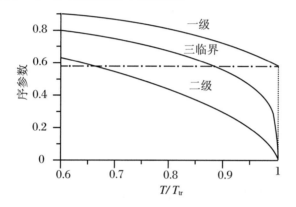

图 6.4　一级,二级和三临界相变中序参数随 T/T_{tr} 变化图

其中 T_{tr} 是各情况下的相变温度。二级相变和三临界的曲线分别由式(6.2.11)和(6.2.14)计算得到,而一级相变的序参数的变化只是图示性的,显示了在相变温度时 $\eta = \eta_1$ 和 $\eta = 0$ 条件下的两种不同的序状态。假定作为 η 函数的吉布斯自由能可以有效地采用幂级数的展开式直到 $T/T_{tr} = 0.6$

6.3.5　朗道势与序参数:动力学含义

图 6.5(a)中的图示说明了二级相变作为 η 函数的$(G - G_0)$的变化;图 6.5(b)和 6.5(c)为一级相变的$(G - G_0)$变化,前者所对应的是在 G 的展开式中仅有偶数次系数项,而后者则对应具有奇数次系数项(即 6.3.1 节中的(e)和(c)两种情况)。图 6.4 和 6.5 中,一个相在给定次序状态(即子晶格组成)的参数 η 可以具有相同数量级的正值或负值,取决于是否将 η 定义为 $X_A^a - X_A^a$ 或相反。所以,在图 6.5(a)和 6.5(b)中的 G-η 曲线均具对称性(即 $\eta < 0$ 的 G 与 $\eta > 0$ 的 G 互成镜像),这是因为作为 η 函数的 G 的幂级数展开式(6.3.2)中仅有偶数次系数

项。但是,图 6.5(c)则是非对称的,因为在 G-η 幂级数展开式中仅含奇数次系数项。在这种情况下,对有序状态 η 定义为正值,而 $\eta<0$ 则意味着一个无序或物理上无法得到的相。

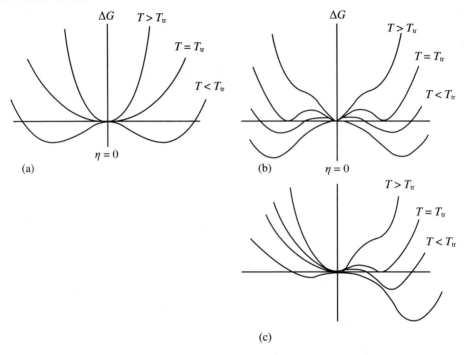

图 6.5　二级相变(a)和一级相变(b)、(c)中 ΔG($= G - G_0$)的变化图

在(a)和(b)中曲线的对称性是由于在作为 η 函数的 G 的幂级数中仅有偶数次系数项,而(c)中曲线的非对称性则是因为在 G 的幂级数中仅有奇数项。图(a)和(b)中的参数 η 可以是零,并且对于一个给定次序的状态的相来说可以是正值或负值,取决于如何定义 η。图(c)中 $\eta>0$ 是指有序相。注意,在图(b)和(c)中的温度等于一级相变温度 T_{tr} 时,G 呈现两个相等的最低值,一个是在 $\eta=0$ 处,另一个是 $\eta\neq0$ 时,这意味着有两个相同的稳定状态相,而二级相变的(a)中 G 只有一个最低值,即 $T\geqslant T_{tr}$ 时,$\eta=0$,而 $T\leqslant0$ 时,$\eta\neq0$,这意味着无论什么温度下只有一个稳定相(Carpenter, 1985)

可以看到图 6.5(b)和 6.5(c)中一级相变的相变温度时,在 $\eta=0$ 处有 G 的最小值,而在 $\eta\neq0$ 处也有一个相同的最小值。这就是说在相变温度时有两个具有不同次序状态的稳定相。而在二级相变的相变温度下只有一个最小值,即只有一个稳定相。吉布斯自由能曲线的形状反映了两类相变的不同的动力学途径。为了说明这一点,设想一个经历了一级相变的固体从其高于相变温度 T_{tr} 的条件下冷却,并且 $\eta>0$,如果冷却速率足够慢,以致平衡次序状态可以成为温度的函数,那么,固体在任何温度的次序状态将由在该温度下相应的 G 的最小值来决定。假定固体再冷却到相变温度以下附近,在 T_{tr} 和 T_i 之间(图 5.4(b)、(c)),则固体将转变为一个新的具有最小自由能所确定的 η 值(>0)的次序状态。但是,固体的次序状态的小的波动也会造成吉布斯自由能的上升,反过来又会抑止波动的发展。只有当这种波动超过了临界值,吉布斯自由能才会随着进一步的波动而下降,从而导致平衡次序状态的形成。这个过程即是均匀成核作用。由外部源或不连续稳定造成的平衡相的成核作用将是不均匀的(见 13.11 成核理论)。但是,从突然的或不连续的次序改变所导致的一级相变都需要以一定速率进行成核作用和生长。而另一方面,有序-无序过程的二级相变则不存在这种吉布斯自由能势垒。所以,二级相变不需要成核作用(在某种意义上,由次序状态改变造成的一级和二级相变的这些性质与成核作用以及与相的分离作用或不混合有关的亚稳分解作用都是相似的,关于这方面的讨论见 8.15 节)。

6.3.6　矿物学研究上的应用举例

朗道系数可以通过实验测定作为序参数的函数的某个热力学性质,如焓来确定。例如,G 根据式(6.3.2a)展开,其系数 $A = a(T - T_{tr})$(式(6.3.3)),其他参数不随温度变化,有

$$S = -\frac{\partial G}{\partial T} = S_0 - a\eta^2 \tag{6.3.15}$$

其中,$S_0 = S(\eta = 0)$。如果处理一个二级相变,则可以假定取 G 的展开式直到其四次项,又由 $H_0 = H(\eta = 0)$,$A = a(T - T_{tr})$,则有

$$\begin{aligned} H &= G + TS = H_0 + (A\eta^2 + C\eta^4) - T(a\eta^2) \\ &= H_0 - aT_{tr}\eta^2 + C\eta^4 \end{aligned} \tag{6.3.16}$$

因为 $C = aT_{tr}/2$(式(6.3.10)),所以上式成为

$$H(\eta) = H_0 - aT_{tr}\eta^2 + \frac{a}{2}T_{tr}\eta^4 \tag{6.3.17}$$

上式中的系数“a”就可以通过相变温度 T_{tr} 及相应的 H 作为 η,也就是式(6.3.15)中的$(S - S_0)$的函数的实验室测定来确定。由关系式 $G(\eta) - G_0 = (H(\eta) - H_0) - T(S(\eta) - S_0)$,也可得到函数$(G(\eta) - G_0)$。

图 6.6 显示了基于方解石的焓与 CO_3 团取向无序关系的量热法的测定数据(Redfern et al,1989)。η-T 的实验数据分析表明,其函数式与式(6.3.14)一致(Putnis,1992),这意味着有序-无序的转变是三临界的。因此,如上所讨论的(见本章 6.3.1 节中主要结论中的(g)小节),$C = 0$,在 G-η 幂级数展开式中需要六次系数项E。这里,$E = aT_{tr}/3$(式(6.3.13)),于是有

$$H(\eta) - H_0 = -aT_{tr}\eta^2 + \frac{a}{3}T_{tr}\eta^6 \tag{6.3.18}$$

根据图 6.6 的数据,得

$$H(\eta = 1) - H(\eta = 0) = 10000 \text{ J/mol}$$

$$= -aT_{tr} + \frac{a}{3}T_{tr}$$

其中 $T_{tr} = 1260$ K，则 $a = 11.9$ J/(mol·K)。同样也可得到 $(S(\eta) - S_0)$ 和 $(G(\eta) - G_0)$。

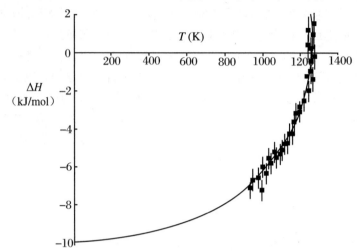

图 6.6　方解石中作为温度和焓函数的 CO_3 团取向无序的下落量热法测定结果

ΔH 是具有一定次序状态 η（$\eta = 0$ 时为完全无序状态）的方解石的焓（Redfern et al,1989）

6.4　$P\text{-}T$ 空间中的反应

6.4.1　稳定和平衡条件

下面讨论化学计量相之间的一个单变量反应。该反应造成 S 和 V 的不连续变化。设 $\Delta_r G$，$\Delta_r S$，$\Delta_r V$ 为反应引起的各自热力学性质的变化。例如，反应

$NaAlSi_3O_8$（钠长石：Ab）$=\!=\!=$ $NaAlSi_2O_6$（硬玉：Jd）$+$ SiO_2（石英：Qtz）

见图 6.1，在钠长石稳定场的任何一点上，有 $G(\text{Ab}) < G(\text{Jd}) + G(\text{Qtz})$，而在 Jd + Qtz 稳定场的任何一点上，则有 $G(\text{Ab}) > G(\text{Jd}) + G(\text{Qtz})$。通常，在反应物稳定场内（即写在反应左侧的各相），有

$$\sum_i r_i G(R_i) < \sum_j p_j G(P_j) \tag{6.4.1}$$

其中，R_i 是反应相，r_i 是其化学计量系数，P_j 是生成相，p_j 是其化学计量系数。在生成相的稳定场中（即写在反应右侧的各相），反应方向刚好相反。这不相同的反应是因着这样一个事实：在给定 $P\text{-}T$ 条件下，仅限于做 $P\text{-}V$ 功的一个体系将沿着其吉布斯自由能减少的方向演化（式(3.2.3)）。

图 6.7 说明了含有钠长石、硬玉和石英的体系在恒温下的 $G\text{-}P$ 的变化关系。

因为 $\partial G/\partial P = V$，是一个正值，所以 $G\text{-}P$ 曲线的斜率必然是正的。当钠长石与硬玉和石英在 $P\text{-}T$ 场中处于平衡时，即有 $G(\text{Ab}) = G(\text{Jd}) + G(\text{Qtz})$。概括地说，当生成物和反应物集合体在 $P\text{-}T$ 场中处于平衡时，下述条件必定得以满足

$$\underbrace{\sum_j p_j G(P_j) - \sum_i r_i G(r_i)}_{\Delta_r G} = 0 \tag{6.4.2}$$

上式左侧的差值称为反应的吉布斯自由能变化，即 $\Delta_r G$。按惯例，通常把 $\Delta_r G$ 写为生成物的总 G 值减去反应物的总 G 值。如果 $\Delta_r G < 0$，反应朝右(即朝向生成物集合体的方向)，反之，则相反。

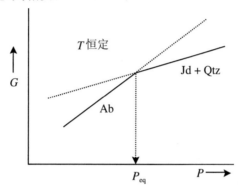

图 6.7 对应图 6.1 所示的反应(钠长石 = 硬玉 + 石英)的稳定场在恒温下的 $G\text{-}P$ 关系的图示说明

P_{eq} 是给定温度下的平衡压力。实线表明稳定集合体的吉布斯自由能

6.4.2　$P\text{-}T$ 斜率:克拉珀龙-克劳修斯方程

在平衡边界上熵和体积都有不连续的变化。为了导出该边界的 $P\text{-}T$ 斜率，根据式(3.1.10)，有

$$\mathrm{d}\Delta_r G = -\Delta_r S \mathrm{d}T + \Delta_r V \mathrm{d}P \tag{6.4.3}$$

因为平衡时 $\Delta_r G = 0$，则沿着平衡边界，有 $\mathrm{d}\Delta_r G = 0$。由上式，可得

$$\frac{\mathrm{d}P}{\mathrm{d}T} = \frac{\Delta_r S}{\Delta_r V} \tag{6.4.4}$$

上式称为克拉珀龙-克劳修斯方程。

习题 6.1　显然式(6.4.4)不能应用在二级相变中，因为这时 $\Delta_r S = \Delta_r G = 0$，会造成 $0/0$ 的无意义结果。所以，需要用另一个方程来表示二级相变的 $P\text{-}T$ 斜率。试证明该方程为

$$\frac{\mathrm{d}P}{\mathrm{d}T} = \frac{\Delta\alpha}{\Delta\beta} \tag{6.4.5}$$

（提示：展开 $V = f(P, T)$，并写出其全微分）同样，用 S 代替 V，证明

$$\frac{\mathrm{d}P}{\mathrm{d}T} = \frac{\Delta_r C_P}{T \Delta_r (V\alpha)} \tag{6.4.6}$$

上述两式也称为**俟伦费斯特方程**，是为了纪念物理学家俟伦费斯特（Paul Ehrenfest，1880～1933），他首先导出了上述方程。

习题 6.2 参照图 6.7，画出在恒压下的钠长石、硬玉及石英相应稳定场的 G-T 图。注意 G-T 符号上的热力学限制。

习题 6.3 钠长石（Ab：$NaAlSi_3O_8$）在 600 ℃ 左右很窄的温度范围内有二级相变，即低温钠长石 $\longleftrightarrow$ 高温钠长石。伴随该相变，还加剧了 Al 和 Si 在四个四面体位置 $T_1(O)$，$T_1(m)$，$T_2(O)$ 和 $T_2(m)$ 上的分配无序。假定低温钠长石是完全有序的，即所有 Al 均在 $T_1(O)$ 位置上，而高温钠长石是完全无序的，并且，假设 Al 和 Si 的无序分配对矿物的摩尔体积的影响忽略不计，试计算由钠长石的二级相变所造成的单变反应（钠长石 $\Longrightarrow$ 硬玉 ＋ 石英）的斜率变化，并画出 P-T 空间上的定性相图。

习题 6.4 式（6.4.4）中的 $\Delta_r S$ 和 $\Delta_r V$ 通常是 P 和 T 的函数。为了计算给定的 P-T 平衡条件下（如 P'，T'）的平衡反应线的斜率，则需要计算该条件下的 $\Delta_r S$ 和 $\Delta_r V$。可以根据在 1 bar 和 298 K 条件下的熵和体积的数据，以及热膨胀和压缩数据，用下式来计算：

$$\Delta_r S(P', T') = \Delta_r S^+ + \int_{298}^{T'} \left(\frac{\Delta_r C_P}{T}\right)_{1\,\text{bar}} \mathrm{d}T - \int_1^{P'} \Delta_r (\alpha V)_{T'} \mathrm{d}P \tag{6.4.7a}$$

$$\Delta_r V(P', T') = \Delta_r V^+ + \int_{298}^{T'} \Delta_r (\alpha V)_{1\,\text{bar}} \mathrm{d}T - \int_1^{P'} \Delta_r (\beta V)_{T'} \mathrm{d}P \tag{6.4.7b}$$

其中上标"＋"号指的是在 1 bar 和 298 K 条件下的熵和体积的数据。请推导上述两个方程。

6.5 脱水作用的温度极大值和熔融曲线

了解挥发作用，特别是脱水作用，以及熔融反应对于研究下地壳和地幔压力的地质过程有重要意义。这些作用在释放矿物的结构性挥发物和地球内部岩石的熔融行为中扮演着关键的作用。挥发物的释放对于地球内部的岩石性质诸如流变性和迁移性以及熔融温度有重要影响。事实上，如果没有水在降低矿物和岩石的熔融温度上的重大影响的话，也就没有了在俯冲带环境中（太平洋活火山带）的火山作用。

脱水反应的熵变总是一个正值。脱水反应在低压环境下的体积变化也是正值，但在高压环境下的体积变化却是负值。这是因为水的压缩系数大大超过反应固体相的总压缩系数。其结果是，当界限压力被超越时，脱水生成物的体积就要小于反应固体物的体积，如图 6.8 所示。这就引起 $\Delta_r V$ 从低压下的正值变为高压下

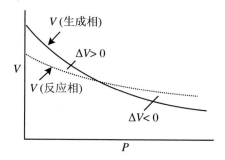

图 6.8　脱水反应中作为压力函数的反应相和生成相的体积变化图

图中,如前已在反应书写中所用的,V(生成相)和 V(反应相)分别指各生成相和反应相的总体积,即对于反应 $\nu_{ri} R_1 + \nu_{ri} R_2 + \cdots \longleftrightarrow \nu_{pi} P_1 + \nu_{pi} P_2 + \cdots$ 来说,V(生成相)$= \sum \nu_{pi} P_i$;V(反应相)$= \sum \nu_{ri} R_i$

的负值,因此在 $P\text{-}T$ 空间上的脱水反应线具有所谓"逆向弯曲"的特点。Bose 和 Ganguly(1995)对若干重要矿物的脱水反应线进行了计算和实验测定,如图 6.9 所示。随着压力的增加,脱水反应线的 $P\text{-}T$ 斜率的变化会引起含水矿物在相当浅的深度上的脱水作用,本来这些含水矿物是会在地质过程中(如海洋岩石圈的俯冲作用)伴随着诸如火山活动的结果(Bose,Ganguly,1995)和可能的俯冲带的地震活动(Hacker et al,2003)深埋进地球内部的。

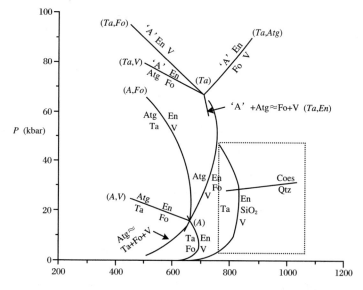

图 6.9　滑石和叶蛇纹石的脱水反应及其相关各相的化学反应

Ta:滑石($Mg_3 Si_4 O_{10}(OH)_2$;Atg:叶蛇纹石($Mg_3 Si_2 O_5(OH)_2$);En:顽火辉石($MgSiO_3$);Fo:镁橄榄石($Mg_2 SiO_4$);A:A 相($Mg_7 Si_2 O_8(OH)_6$);V:蒸气(H_2O)。请注意在高压下的脱水反应的所谓"逆向弯曲"特点。括号中以斜体字标记的相是可能由 Ta,Atg,En,Fo,A 和 V 组成的平衡子体系中所缺失的相。该图据 Bose 和 Ganguly(1995)修改

固体的熔融温度因相同的热力学原理应该显示与脱水作用相似的温度极大值。一个固体或一组固体熔融时的熵变总是正值,但是熔融的体积改变在低压下是正值,而超过界限压力即是负值,这是因为熔体的压缩系数大于固体的压缩系数。这一点可从图 6.10(a)所显示的 Cs 的熔融性质看出。地球上地幔中的主要岩石类型,即橄榄岩的熔融行为见图 6.10(b)。固相线和液相线①的斜率的变化是

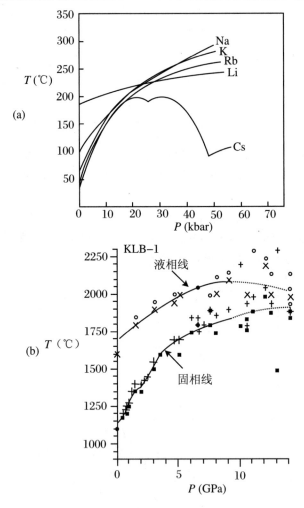

图 6.10　熔融温度-压力关系图

(a)若干碱金属(Newton et al,1962);(b)地幔橄榄岩,样品号 KLB-1(Iwamori et al,1995)。注意在(a)中 Cs 的熔融温度的极大值。由于 Cs 相变为密度更大的同质多象体,因而温度在极大值后还将升高。(b)中,熔融发生在固相线和液相线之间的温度区间上。图中为实验数据的示意图

① 在多相体系中,熔融作用通常要经历一个温度范围。熔融开始发生的温度连线即所谓固相线,而全部熔融时的温度为液相线。在固相线和液相线之间的熔体,残余基质的组成以及相的集合体都作为温度的函数而变化。

熔体和残余基质组成以及它们的压缩系数变化的结果。然而,值得注意的是,在熔融温度极大值的地方,必有 $\Delta V_m = V(\text{熔体}) - V(\text{"正在熔化的"固体}) = 0$("正在熔化的"固体指的是已经熔融了的部分固体,因为一个多相体系的整个集合体并不是在离散温度下熔融的)。因此,在地球深部形成的熔体可以较其周围的地幔物质重,因而留在地球内部。

　　讨论一下在 410 km 深度上地幔的基底不连续面上熔体存在和俘获的可能性是很有意义的。已经知道水的存在会降低矿物的熔融温度。Huang 等(2005)认为足够的游离水可能存在于地球上地幔的基底,并引起地幔岩石的部分熔融。但是,这样一个熔融层要保持重力上的稳定,如上所述,唯有熔体的密度因压力对 ΔV_m 的影响而比其周围的地幔岩石大。为了说明这个问题,Sakamaki 等(2006)测定了来自地幔岩石的部分熔融的不含水和含水熔体在 1600 ℃ 下作为压力函数的密度,该温度约相当于在 410 km 深处的不连续面的温度。实测结果如图 6.11 所示。结果显示含水的质量分数少于 6% 的岩浆在 410 km 深处的不连续面可以保持重力稳定。而熔体层的存在也与在该不连续面上观察到的地震异常相一致。

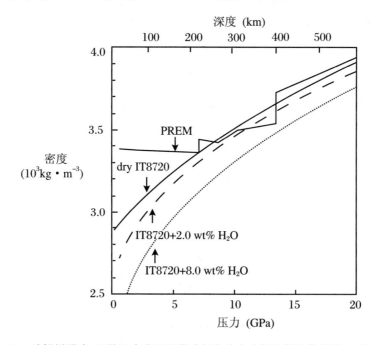

图 6.11　地幔橄榄岩、干的和含有不同量溶解水的含水部分熔融体的密度-压力关系图

PREM 表示地球初始参考组成(Dziewonski,Anderson,1981)。本图取自 Sakamaki 等(2006)

6.6 高压下熔融温度的推断

因为在非常高压力下熔融温度的实验室测定很困难,所以地球科学家常常不得不用基于低压下获得的熔融温度数据来估算所需压力下的熔融温度。因为熔融曲线是非线性的,因此这种估算需要一些理论知识,要明白固体的熔融温度与可获得的一些物理性质的相关性。化学计量固体的熔融温度在高压下的推算有几种方法。以下讨论地球科学研究中广泛使用的两种方法。

6.6.1 Kraut-Kennedy 方程

Kraut 和 Kennedy(1966)发现相对于随压力的变化,金属的熔融温度 T_m 对于其压缩系数 $\Delta V_s / \Delta V_0$ 则呈线性变化,其中 $\Delta V_s = V_0 - V_s(P)$,$V_0$ 是固体在围压条件下的体积(图 6.12)。此即 Kraut－Kennedy 熔融定律,表示为

$$T_m(P) = T_m^0 + C \frac{\Delta V_s}{V_0} \tag{6.6.1}$$

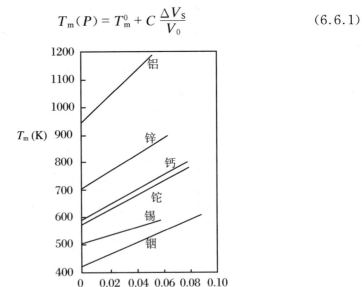

图 6.12 一些金属的熔融温度与压缩性呈线性关系

V_0 是 1 bar 下的固体体积(Anderson,1995;基于 Kennedy,Vaidya(1970)的数据)

其中,T_m^0 是大气压力下($P \sim 0$)的熔融温度,C 是常数。Kennedy 和其他合作者(Kennedy,Vaidya,1970;Leudemann,Kennedy,1968;Akella,Kennedy,1971)相

继发现了许多金属的上述线性关系,除了像铅这种软金属,具有低压下较大的 Grüneissen 参数值(~3);对离子固体来说,其 $T_m - \Delta V / V_0$ 关系呈下凹形,而对范德华固体则是上凹形的,1 bar 条件下两者的压缩性分别超过体积的 6% 和 10%。

Libby(1966) 和 Mukherjee(1966) 独立地证明了 Kraut-Kenney 熔融原理是来自克拉珀龙-克劳修斯方程的一个特例。克拉珀龙-克劳修斯方程(6.4.4)所描述的熔融温度对压力的函数关系为

$$\mathrm{d}T_m = \frac{\Delta V_m}{\Delta S_m}\mathrm{d}P$$

$$= \frac{\Delta V_m}{\Delta S_m}\left(\frac{\mathrm{d}P}{\mathrm{d}V_S}\right)\mathrm{d}V_S \tag{6.6.2}$$

其中,ΔV_m 和 ΔS_m 分别是熔融作用造成的体积和熵的改变。V_S 是固体的体积,$\mathrm{d}P$ 和 $\mathrm{d}V_S$ 是沿着熔融曲线的性质变化。如果假设这些性质的变化在等温条件下是近乎相等的,则由式(3.7.2)得

$$\frac{\mathrm{d}P}{\mathrm{d}V_S} \approx \left(\frac{\partial P}{\partial V_S}\right)_T = -\frac{k_T}{V_0} \tag{6.6.3}$$

将上两式合并,则

$$\mathrm{d}T_m \approx -\left(\frac{\Delta V_m k_T}{\Delta S_m V_0}\right)(\mathrm{d}V_S)_T \tag{6.6.4}$$

再假设上式最右侧括号中的项是常数,则有

$$\int_{T_m(P')}^{T_m(P)} \mathrm{d}T_m \approx -\left(\frac{\Delta V_m k_T}{\Delta S_m V_0}\right)\int_{V_S(P')}^{V_S(P)}(\mathrm{d}V_S)_T \tag{6.6.5}$$

或

$$T_m(P) \approx T_m(P') + \left(\frac{\Delta V_m k_T}{\Delta S_m}\right)\frac{[V(P') - V(P)]_T}{V_0} \tag{6.6.6}$$

上式基本上就是 Kraut-Kennedy 的熔融原理的表达式了(见式(6.6.1))。 Kraut-Kennedy 设定 $P' = 1$ bar,然而,可以容易看到,如果 P' 值大一些,那么可以更成功地推测熔融温度,因为 $[V(P') - V(P)]$ 这一项就可以在尽量靠近熔融温度而能取得压缩系数数据的条件下估算。

Boehler(1993) 利用了 Kraut-Kennedy 方程,推算 Fe-O-S 体系在实验室得到的直到 2 Mbar 压力下的熔融温度数据,来估算地球内核外部的压力条件下(约 3 Mbar)的熔融温度。外延的熔融温度被用来确定地球地核的固体层和外部液体层之间的温度,将在后面图 7.7 中讨论。

6.6.2　Lindemann-Gilvarry 方程

Lindemann(1910) 试图计算固体的爱因斯坦振动频率。他假设原子为谐振,

当在熔点时原子振动的振幅变大以致互相要发生碰撞。Gilvarry(1956,1957)采用了上述假设的思路,但是没有采用振幅变大而导致原子间发生碰撞的假设,他假定熔融发生时振动的振幅均方根(粗略说是平均振幅)超过了将原子分开的距离的临界分数,从而提出了下面称为 Lindemann-Gilvarry 熔融作用的方程,也简称 Lindemann 熔融方程。

$$\frac{\mathrm{d}T_m}{\mathrm{d}P} = \frac{2T_m}{k_T}\left(\varGamma_{th} - \frac{1}{3}\right) \tag{6.6.7}$$

其中,$\varGamma_{th}$ 是热力学 Grüneissen 参数(式(3.8.2))。该式成功地用来处理多种金属的熔融作用。Anderson 和 Lsaak(2000)应用该式描述了地球地核中铁的熔融作用。有兴趣的读者可进一步参阅 Poirier(1991)和 Anderson(1995)关于上述方程的推导和其他一些有关熔融的理论模型。

习题 6.5 试证 Lindemann-Gilvarry 熔融方程可以表示为

$$\frac{\mathrm{d}\ln T_m}{\mathrm{d}\ln\rho} = 2\left(\varGamma_{th} - \frac{1}{3}\right) \tag{6.6.8}$$

6.7 反应平衡 *P-T* 条件的计算

6.7.1 固定温度下的平衡压力

如果 P 和 T 是两个要控制的变量,那么任何一个反应在其平衡时必须满足 $\Delta G_r(P_e, T_e) = 0$,其中 P_e,T_e 是反应的平衡压力和温度条件。符号 Δ_r 将被用来表示反应物和生成物之间某个特定性质的差异,即写成 $\Delta_r Y = \sum Y(\text{生成物}) - \sum Y$(反应物)。例如,下面的反应

$$\begin{array}{cccc} \text{An} & \text{Gr} & \text{Ky} & \text{Qtz} \end{array}$$
$$3CaAl_2Si_2O_8 \Longrightarrow Ca_3Al_2Si_3O_{12} + 2Al_2SiO_5 + 2SiO_2 \tag{6.7.a}$$

这是一个可以用来确定变质岩压力的重要反应(详见 10.10 节;An:钙长石, Gr:钙铝榴石;Ky:蓝晶石;Qtz:石英)。只要这些矿物限定在化学计量端元组成,则该反应在任何 *P-T* 条件下的吉布斯自由能的变化 $\Delta_r G$,可写作

$$\Delta_r G(P, T) = G(\text{Gr}) + 2G(\text{Ky}) + 2G(\text{Qtz}) - 3G(\text{An})$$

如果已知反应中各相在反应还不处于平衡的某个 P, T 条件下的热力学性质,那么,为了计算在特定 T' 下的平衡压力 P_e,则需要有一个恒温下作为 P 函数的

$\Delta_r G$ 的表达式。然后根据平衡条件，$\Delta G_r(P_e, T') = 0$，代入 T'，求得 P_e。应用热力学性质，$(\partial G / \partial P)_T = V$，所以

$$\Delta_r G(P_e, T') = \Delta_r G(P, T') + \int_P^{P_e} (\Delta_r V)_{T'} \mathrm{d}P = 0 \tag{6.7.1}$$

如果已知作为 P 函数的 $\Delta_r V$，则可解出在 T' 时的 P_e 值。根据 P 作为 V 的函数（而不是 V 作为 P 的函数）来计算上式中右侧的积分项的数学方法见后面 6.8 节的讨论。这里需要注意的是，当所处理的是如反应式 (6.7.a) 这种仅包含固相的反应时，即使压力有几千巴的变化，其 $\Delta_r V$ 值也不会有太大变化，因为矿物都具有很相似的压缩性，所以生成物和反应物随压力的体积变化实际上就相互抵消了。这样，可以将 $\Delta_r V$ 从积分项中取出，来解温度 T' 条件下的 P_e 值，也只会造成很小的误差。

在热力学性质资料表上，通常可以看到在 1 bar 和 298 K 条件下的元素或氧化物组分的生成焓和第三定律熵以及作为温度函数的 C_{P-S}。为了用这些数据来解方程 (6.7.1)，要将 $\Delta_r G(P_e, T')$ 写为

$$\Delta_r G(P_e, T') = \Delta_r G(1, T') + \int_1^{P_e} \Delta_r V(P, T') \mathrm{d}P$$

$$= \Delta_r H(1, T') - T' \Delta_r S(1, T') + \int_1^{P_e} \Delta_r V(P, T') \mathrm{d}P \tag{6.7.2}$$

其中 $\Delta_r H(1, T')$ 和 $\Delta_r S(1, T')$ 可由它们在 1 bar 和 298 K 条件下的相应值即 $\Delta_r H^+$ 和 $\Delta_r S^+$ 按式 (3.7.5) 计算，即有

$$\Delta_r H(1, T') = \Delta_r H^+ + \int_{298}^{T'} \Delta_r C_P \mathrm{d}T \tag{6.7.3}$$

和

$$\Delta_r S(1, T') = \Delta_r S^+ + \int_{298}^{T'} \frac{\Delta_r C_P}{T} \mathrm{d}T \tag{6.7.4}$$

将上两式代入式 (6.6.2)，重新整理，则在平衡条件 $\Delta_r G(P_e, T') = 0$ 时，有

$$\Delta_r H^+ - T' \Delta_r S^+ + \left[\int_{298}^{T'} \Delta_r C_P \mathrm{d}T - T' \int_{298}^{T'} \frac{\Delta_r C_P}{T} \mathrm{d}T + \int_1^{P_e} (\Delta_r V(P, T')) \mathrm{d}P \right] = 0$$

$$\tag{6.7.5}$$

其中，上标"+"指的是在 1 bar 和 298 K 条件下的性质。注意，上式左侧开头的两项并不等于 $\Delta_r G^+$，因为 $\Delta_r S^+$ 乘上的是 T' 而不是 298 K。

如 4.5.1 节已讨论的，$\Delta_r H^+$ 值由元素或氧化物组分组成的生成物和反应物的生成焓 $(\Delta_r H)$ 计算得到，即

$$\Delta_r H(P, T) = \sum \Delta H_{f,e}(\text{生成物}) - \sum H_{f,e}(\text{反应物})$$

$$= \sum \Delta H_{f,o}(\text{生成物}) - \sum H_{f,o}(\text{反应物})$$

实际上,式(6.7.5)也可用于从单变量平衡的实验数据中获取 $\Delta_r H^+$ 和 $\Delta_r S^+$ 值。具体做法是计算上面式(6.7.5)中括号项在沿着平衡线的若干 P-T 条件下的值,并且将此值对于 T' 值来求回归方程。线性回归方程的斜率和截距即是 $\Delta_r S^+$ 和 $\Delta_r H^+$。

下面介绍一个应用实例:金刚石的生成深度。

"钻石恒久远",而钻石是在地球的什么深度演变而来的呢?

金刚石是从代表了地球地幔碎屑的榴辉岩和橄榄岩捕房体中获得的,这是在早期地质年代(主要是白垩纪,也有些是前寒武纪),由富 CO_2 的金伯利岩岩浆在其爆发式上升到地球表面过程中冲带出的。对于金刚石形成的最低深度的估计可以通过比较石墨-金刚石的相变的 P-T 条件和金刚石产区的古地温演变来进行。实验室测定已积累了石墨-金刚石相变的数据,但以下只是应用式(6.7.5)来计算它们的相变边界。石墨-金刚石的相变反应可写为

$$C(石墨) =\!=\!= C(金刚石) \tag{6.7.b}$$

根据 Robie 等(1978)的热力学资料,有

$$H_{f,e}(D:1\ bar, 298\ K) = 1895\ kJ/mol$$

$$C_P = a + bT + cT^2 + dT^{-0.5} + eT^{-2}\ J/(K \cdot mol)$$

对金刚石来说,$a = 98.445$,$b = -3.6554 \times 10^{-2}$,$c = 1.2166 \times 10^6$,$d = -1.6590 \times 10^3$,$e = 1.0977 \times 10^{-5}$;对石墨来说,$a = 63.160$,$b = -1.1468 \times 10^{-2}$,$c = 6.4807 \times 10^5$,$d = -1.0323 \times 10^3$,$e = 1.8079 \times 10^{-5}$。

Chatterjee(1991)归纳了金刚石(D)和石墨(G)两相的体积性质的数据如下:

$$V(D:1\ bar, T) = 0.3409 + 0.2015 \times 10^{-5} T + 0.984 \times 10^{-9} T^2\ (J/bar \cdot mol)$$

$$V(G:1\ bar, T) = 0.5259 + 1.2284 \times 10^{-5} T + 2.165 \times 10^{-9} T^2\ (J/bar \cdot mol)$$

$$\beta(D:298\ K) = 0.18 \times 10^{-6}\ bar^{-1}$$

$$\beta(G:298\ K) = 3.0 \times 10^{-6}\ bar^{-1} \qquad (两个\ \beta\ 值均独立于压力)$$

由于石墨在 1 bar 和 T 条件下是元素的稳定形态,所以取其在 1 bar 和 T 下为参考态,即有 $\Delta H_{f,e}(G:1\ bar, T) = 0$。这样,上述反应(6.7.b)在 1 bar,298 K 下的 $\Delta_r H$ 就由 $\Delta H_{f,e}$ 给出,即 $\Delta H_{f,e}(D:1\ bar, 298\ K) = 1895\ kJ/mol$。反应的 $\Delta_r C_P$ 的展开式为

$$\Delta_r C_P = \Delta a + \Delta bT + \Delta cT^2 + \Delta dT^{-0.5} + \Delta eT^{-2}$$

其中 $\Delta a = a(D) - a(G) = 35.285$,其余类推。

事实上,式(6.7.5)的前面四项的总和就是 $\Delta_r G(1, T)$,该值可以通过代入 $\Delta_r H^+$ 和 $\Delta_r S^+$ 值以及计算 $\Delta_r C_P$ 的积分来获得。例如,在 1 bar 和 1373 K 条件下,有

$$\Delta_r G(1\ bar, 1373\ K) = 7666.83\ kJ$$

利用在 1 bar 时作为温度函数的摩尔体积的数据,有

$$\Delta_r V(1 \text{ bar}, 1373 \text{ K}) = -0.201 \text{ J}/(\text{bar} \cdot \text{mol})$$

因为 $(\partial V/\partial P)_T = -V(1 \text{ bar}, T)\beta_T$（见式(3.7.2)及其后讨论），则有

$$V(P, T') = I - V(1 \text{ bar}, T') \int \beta_{T'}(P) dP \tag{6.7.6}$$

其中，I 是积分常数。假设 $\beta_{T'}(P) = \beta_{298}(P)$，按上面归纳的数据，这是一个常数。这样，有

$$V(P, T') = I - V(1 \text{ bar}, T') \beta_{298} P$$

上式的积分常数可由 $V(1 \text{ bar}, T')$ 代替 $V(P, T')$，并且右边 $P = 1$ bar 来得到，这样

$$V(P, T') = V(1, T') + V(1, T')\beta_{298} - V(1, T')\beta_{298} P \tag{6.7.7}$$

（注意，因为上式右边第二项是乘以 1 bar，因此该项的单位为 cm^3/mol 或 $\text{J}/(\text{bar} \cdot \text{mol}_\circ)$）由上式，有

$$\int_1^{P'} V(P, T') dP = \left[V(1, T') + \beta_{298} V(1, T') \right] P' - \frac{\beta_{298} V(1, T')(P')^2}{2}$$

所以

$$\int_1^{P_e} \Delta_r V(P, T') dP = \left[\Delta_r V(1, T') + \Delta_r \langle \beta_{298} V(1, T') \rangle \right] P_e - \frac{\Delta_r \langle \beta_{298} V(1, T') \rangle (P_e)^2}{2}$$

$$\tag{6.7.8}$$

将此式代入式(6.7.6)，并整理得到如下二次方程：

$$-\frac{\Delta_r \langle \beta_{298} V(1, T') \rangle}{2} P_e^2 + \left[\Delta_r \langle \beta_{298} V(1, T') \rangle + \Delta_r V(1, T') \right] P_e + \Delta_r G(1, T') = 0$$

$$\tag{6.7.9}$$

其中 $\Delta_r G(1, T')$ 代表了式(6.7.5)中的前四项。

上述方程可由通常的解二次方程的方法解出，得到两个 P_e 值，其中一个在物理意义上是不可能的。例如，当温度为 1300 K 时，解得相应的两个 P_e 值为 46.6 kbar 和 208.5 kbar，因为在解的平方根前有正负符号。两个数值中较大的一个 208.5 kbar 对应约 600 km 深度，这一深度对于金伯利岩岩浆的产生及将物质输送到地表太深了些。另外，金伯利岩捕掳体的 P-T 条件的计算表明其上升所经过的深度不会超过 200 km(Ganguly, Bhattacharya, 1987)。所以，可以采用 46.6 kbar 为石墨-金刚石相变的平衡压力条件（当由于 P 作为 V 的函数，因而公式比较复杂时，则由于平衡方程包含了更高次的 P_e，需要用数值法来解出 P_e）。

图 6.13 说明了所计算的 $P_e - T$ 的结果和位于印度南部的金刚石脉的古地温演化。Ganguly 等(1995)基于对元古代(约 1 Ga)的含金刚石脉的金伯利岩的捕虏体推断的 P-T 条件和热流数据计算了古地温演化。古地温曲线与石墨-金刚石相变边界相交在 48 kbar，该值相当于在约 150 km 深度。这张图中的古地温曲线与

南非地区含金刚石脉的金伯利岩的古地温曲线非常相像（Ganguly，Bhattacharya，1987）。总之，金刚石是从地球内部最少约 150 km 深处上升来的。

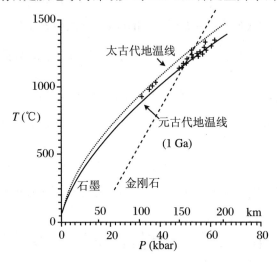

图 6.13　石墨/金刚石平衡反应线与印度南部发现金刚石的地盾区古地温线的比较

金刚石出现在元古代金伯利岩岩浆喷发出的地幔捕房体中。图中可见，金刚石形成在地球内部至少 150 km 的深处。图中"＋"号显示了基于矿物化学所计算的地幔捕房体的 P-T 条件。古地温曲线则根据捕房体及热流数据计算得到（Ganguly，1995）

6.7.2　同质多象相变效应

当温度超过蓝晶石稳定场的温度时，平衡反应（6.7.a）就会受到同质多象相变（即相同组分的不同晶形间的转变）的影响。许多具有地质意义的反应都包含了可以发生同质多象相变的相。以下是另一个反应例子：

$$\underset{\text{Talc}}{MgSi_4O_{10}(OH)_2} = 3\underset{\text{Enst}}{MgSiO_3} + \underset{\text{Qtz/Coes}}{SiO_2} + H_2O \qquad (6.7.c)$$

图 6.9 显示了上述反应及与石英（Qtz）-柯石英（Coes）相变的相交。以下将用平衡反应（6.7.12）来说明同质多象相变对平衡的影响。

假定上述反应平衡线处在石英稳定场内，现在要用石英-柯石英相变的热化学数据来计算处于柯石英稳定场的平衡线。在柯石英稳定场内滑石的分裂可以表达为以下石英稳定场的平衡线和石英-柯石英同质多象相变的线性组合。

$$Talc = 3\,Enst + Qtz + H_2O \qquad (1)$$

$$\text{Qtz} \Longrightarrow \text{Coes} \qquad\qquad (2)$$

$$\text{Talc} \Longrightarrow 3\,\text{Enst} + \text{Coes} + H_2O \qquad\qquad (3)$$

对此反应,有

$$\Delta_r G_3(P,T) = \Delta_r G_1(P,T) + \Delta_r G_2(P,T)$$

设 P_1 和 P_3 分别是反应(1)和(3)在温度 T' 时的平衡压力,则反应(3)在 P_1,T' 的自由能变化为

$$\Delta_r G_3(P_1,T') = \Delta_r G_1(P_1,T')^0 + \Delta_r G_2(P_1,T')$$

$$= \Delta_r G_2(P_1,T') \qquad\qquad (6.7.10)$$

反应(3)在 P_3,T' 的吉布斯自由能变化可表达为

$$\Delta_r G_3(P_3,T') = \Delta_r G_3(P_1,T') + \int_{P_1}^{P_3} (\Delta_r V_3)_{T'} \mathrm{d}P = 0 \qquad (6.7.11)$$

上式右侧等于零是因为 P_3 代表了反应(3)在温度 T' 时的平衡压力。将上两式合并,得

$$\Delta_r G_2(P_1,T') + \int_{P_1}^{P_3} (\Delta_r V_3)_{T'} \mathrm{d}P = 0 \qquad\qquad (6.7.12)$$

对于不同的温度 T',利用石英转变为柯石英的相变的自由能变化数据,可以解上述方程来得到在柯石英稳定场的滑石的平衡脱水反应线,这里,反应(3)的体积变化是压力和温度的函数。当然,上述计算步骤是在缺乏滑石的热化学性质数据的情况下用的。如果能取得滑石的热化学性质数据,则在柯石英稳定场的滑石的平衡脱水反应线可以通过一般的计算式(6.7.5)解得。

习题 6.6 反应(3)的体积改变可以表达为 $\Delta_r V_3 = \Delta_r V_3^S + V^{H_2O}$,其中 $\Delta_r V_3^S$ 是该反应的固体体积的变化,即 $\Delta_r V_3^S = 3V_{\text{Enst}} + V_{\text{Qtz}} - V_{\text{Talc}}$。假设 $\Delta_r V_3^S$ 在式(6.7.12)中积分项的上下限压力范围内不变,试计算温度为 800 ℃时柯石英稳定场内滑石脱水反应的平衡压力,可采用 Berman(1988)的有关固相的热力学性质数据,水的状态方程可采用式(5.4.13)(Belonoshko,Saxena,1992)。

(提示:用下面 6.8 节所述的方法及相继近似法解出 P^C 来估算 $\int_{P^Q}^{P^C} (V^{H_2O})_T \mathrm{d}P$,这里 P^Q 和 P^C 分别是温度为 T 时在石英和柯石英稳定场的平衡压力。)

习题 6.7 假设已有反应在 1 bar,298 K 条件下的 $\Delta_r G$ 数据以及参与反应的各相的 C_P 资料,但没有 $\Delta_r H$ 和 $\Delta_r S$ 数据。C_P 的函数形式为 $C_P = a + bT + c/T_2$。试利用已有资料和关系式 $\partial G/\partial T = -S$,推导 $\Delta_r G$ 在 1 bar 和任意温度下的一个计算公式。要完成积分项(注意:通过在导出的 $\Delta_r G(1\,\text{bar},T)$ 方程式上加上式

(6.7.1)的积分项,即可得到 $\Delta_r G(P,T)$ 的方程式,利用它可代替式(6.7.2)来计算温度 T 时的平衡压力 P)。

6.8　高压下应用状态方程估算吉布斯自由能和逸度

在前面所讨论的诸如 Redlich-Kwong,Birch-Muraghan 和 Vinet 等众多状态方程中,P 都是表示为体积的函数,而不是相反,并且从这些方程也不能重新整理出 $V(P)$,从而直接计算积分 $\int V\mathrm{d}P$。该积分关联了两个不同压力之间的吉布斯自由能。另外,该积分还需要来计算给定压力变化下的 $\lg f$ 的变化,这里 f 是逸度。

积分 $\int V\mathrm{d}P$ 可以用 $P(V)$ 状态方程及关系式 $\mathrm{d}(PV) = P\mathrm{d}V + V\mathrm{d}P$ 来估算,即

$$\int V\mathrm{d}P = \int \mathrm{d}(PV) - \int P\mathrm{d}V \tag{6.8.1}$$

如果上式左侧的积分在压力下限 P_1 到上限 P_2 之间,则所对应的右侧第一项积分区间为 $[P_1,V(P_1)]$ 和 $[P_2,V(P_2)]$,第二项积分区间为 $V(P_1)$ 和 $V(P_2)$(简单地可用 V_1 代表 $V(P_1)$,V_2 代表 $V(P_2)$,即有

$$\int_{P_1}^{P_2} V\mathrm{d}P = [P_2 V(P_2) - P_1 V(P_1)] - \int_{V_1}^{V_2} P\mathrm{d}V \tag{6.8.2}$$

以下根据常用的固体和液体的状态方程来推导上面右侧的积分项。

6.8.1　Birch-Murnaghan 状态方程

如果 P-V 关系采用式(5.4.23)的三次 Birch-Murnaghan 状态方程来表示,则有

$$P = \alpha\left[\left(\frac{V_0}{V}\right)^{7/3} - \left(\frac{V_0}{V}\right)^{5/3}\right]\left\{1 + \xi\left[\left(\frac{V_0}{V}\right)^{2/3} - 1\right]\right\} \tag{6.8.3}$$

其中

$$\alpha = \frac{3k_0}{2}, \quad \xi = \frac{3}{4}(k_0' - 4)$$

(简单重提一下,k_0 是压力 $P=0$ 和温度 T 时的体积模量,k_0' 则是 k_0 的压力导数。)由上面的 P-V 关系式,可得

$$\int_{V_1}^{V_2} PdV = \frac{3}{2}\alpha V_0^{5/3}(1-\xi)\left[\frac{1}{V^{2/3}}\right]_{V_1}^{V_2} - \frac{1}{2}\alpha\xi V_0^3\left[\frac{1}{V^2}\right]_{V_1}^{V_2}$$
$$+ \frac{3}{4}\alpha V_0^{7/3}(2\xi-1)\left[\frac{1}{V^{4/3}}\right]_{V_1}^{V_2} \tag{6.8.4}$$

只要在上式中,设 $\xi = 0$,即可得到 $P\text{-}V$ 关系用二次 Birch-Murnaghan 状态方程来表示的相应结果。

6.8.2　Vinet 状态方程

当 $c = 3/2(k_0'-1)$ 时,式(5.4.29)的 Vinet 状态方程成为

$$P = 3k_0\frac{1-\eta^{1/3}}{\eta^{2/3}}\exp[c(1-\eta^{1/3})] \tag{6.8.5}$$

其中,$\eta = V/V_0$。由于 $dV = V_0 d\eta$,则

$$\int PdV = 3k_0 V_0\int\frac{1-\eta^{1/3}}{\eta^{2/3}}\exp[c(1-\eta^{1/3})]d\eta \tag{6.8.6}$$

设 $y = (1-\eta^{1/3})$,则有 $d\eta = -3\eta^{2/3}dy$,因此

$$\int PdV = -9k_0 V_0\int y e^{cy}dy$$

该式的定积分为

$$\int_{V_1}^{V_2} PdV = -9k_0 V_0\left[\frac{e^{cy}}{c^2}(cy-1)\right]_{y_1}^{y_2} \tag{6.8.7}$$

其中,$y = 1-\eta^{1/3} = 1-(V/V_0)^{1/3}$,$c = 3/2(k_0'-1)$。

6.8.3　Redlich-Kwong 状态方程和有关的用于流体的状态方程

应用式(5.4.5)所给的 Redlich-Kwong 状态方程可得如下 $P\text{-}V$ 方程:

$$\int_{V_2}^{V_2} PdV = \left[RT\ln(V-b) + \frac{a}{b\sqrt{T}}\ln\left(\frac{(b+V)}{V}\right)\right]_{V_1}^{V_2} \tag{6.8.8}$$

其中,V 为摩尔体积,在式(5.4.5)中写作 V_m。在修正的 Redlich-Kwong 状态方程(简称 MRK)中,a 和 b 通常处理为温度和压力的函数(即式(5.4.6a)和式(5.4.6b))。但显然,当 b 为压力函数时,无法使用上述积分式。所以要用数值法解此积分。

如 5.4.1.3 节讨论的,正因为认识到当 b 为压力函数时所引起的用数值法解

MRK 积分式的困难，Holland 和 Powell（1991）提出了一个所谓 Redlich-Kwong 补偿状态方程（简称 CORK），其中 b 是作为常数。他们发现，由 b 作为常数所造成的误差可以因加入一个如式（5.4.7）的补偿项而得以校正。如果将该式中括号里各项作为一个校正体积 V^{cor} 的话，则有

$$\int_{P_1}^{P_2} V \mathrm{d}P = \int_{P_1}^{P_2} V^{\text{mrk}} \mathrm{d}P + \int_{P_1}^{P_2} V^{\text{cor}} \mathrm{d}P \tag{6.8.9}$$

上式右侧第一项积分可以将式（6.8.2）和式（6.8.8）结合一起来估算；而第二项则等于下式

$$\int_{P_1}^{P_2} V^{\text{cor}} \mathrm{d}P = \left[\frac{2C}{3}(P - P_0)^{3/2} + \frac{d}{2}(P - P_0)^2 \right]_{P_1}^{P_2} \tag{6.8.10}$$

这样，对 Holland 和 Powell（1991）的 Redlich-Kwong 补偿状态方程，最终有

$$\int_{P_1}^{P_2} V \mathrm{d}P = \left[P_2 V_2^{\text{mrk}} - P_1 V_1^{\text{mrk}} \right] - \left[RT\ln(V^{\text{mrk}} - b) + \frac{a}{b\sqrt{T}}\ln\left(\frac{b + V^{\text{mrk}}}{V^{\text{mrk}}}\right) \right]_{V_1^{\text{mrk}}}^{V_2^{\text{mrk}}}$$
$$+ \left[\frac{2C}{3}(P - P_0)^{3/2} + \frac{d}{2}(P - P_0)^2 \right]_{P_1}^{P_2} \tag{6.8.11}$$

其中，V^{mrk} 是由修正的 Redlich-Kwong 方程所计算的摩尔体积，a 为所要研究温度下的计算值，b 则为常数。

习题 6.8 应用 Belonoshko 和 Saxena 提出的流体状态方程式（5.4.13），试计算：

（a）H_2O 在 10 kbar，720 ℃条件下的吉布斯自由能和逸度。计算中可采用 Burnham 等（1969）的实验所得数据：G（5 kbar，720 ℃）$= -27903$ J/mol，f（5 kbar，720 ℃）$= 3964$ bar，V（5 kbar，720 ℃）$= 1.3569$ cm^3/gm，V（10 kbar，720 ℃）$= 1.093$ cm^3/gm。

（答案：G（10 kbar，720 ℃）$= -17267$ J/mol；$f = 14376$ bar。）

（b）水在 10 kbar，720 ℃条件下的逸度。

（c）见习题 8.5。

提示：参阅 3.6 节，常数 a，b，c 的单位分别为 bar·cm^3，bar·cm^6，bar·cm^{3m}。

评述：Burnham 等（1969）的实验得到，在 10 kbar，720 ℃条件下 G 和 f 的值分别为 -17071 J/mol 和 14723 bar，与根据 Belonoshko 和 Saxena（1992）的状态方程推导出的结果高度一致。后者也提出了一个方程来计算在 5 kbar，T 下 C—O—H 体系中具有地质意义的各种挥发物的逸度，这些逸度值或可进一步用他们在 $P > 5$ kbar 下有效的状态方程来计算其他压力条件下的逸度值。

6.9　Schreinemakers 原理

Schreinemakers 原理建立了一套规则来构作一个体系中能自相符的所有可能的平衡。该原理需要应用相律,并遵守有关各相稳定分析中满足自相符性的一些简单事实,例如一个由相 A 和相 B 组成的集合体必须位于 A 和 B 两相的稳定场内。

设一个 6 相组成的体系,即滑石(Ta),叶蛇纹石(Atg),顽火辉石(En),镁橄榄石(Fo),相 A(A)和蒸气(V)(相 A 是实验室在高温高压条件下实验所发现的若干高密度含水镁硅酸盐相之一。它们分别用字母来命名,一般统称为 DHMS 相)。图 6.9 的 P-T 图(Bose,Ganguly,1995)显示了综合实验资料和包括 Schrenemakers 原理在内的理论分析所得的该体系 6 相之间单变度反应的关系。本节将参考此图来讨论 Schreinemakers 原理。需要注意的是,相之间的关系当然也可以用 P 和 T 以外的其他强度变量来表述。Schreinemakers 原理也一样可以用于用其他变量表述的体系。后面 12.8.1 节的图 12.7 将有例子说明这一点。为了简单又不失一般性,这个 6 相体系中不包括石英和柯石英,虽然相图显示相平衡中包括了这两个相(Ta══En + SiO$_2$(Qtz/Coes) + V;Qtz══Coes)。假定每个相都限于纯端元组成,那么只需要三个组分 MgO,SiO$_2$,H$_2$O 即可描述上述各相的组成。

6.9.1　平衡反应的标记方法

设反应中组分数为 C,则按照相律,单变度反应的相数为 $C + 1$。然而,有时候一个特定的反应所包含的组分数可能少于一般体系中应有的组分数。这种情况下,一个单变度反应含有的相数少于含有所有组分的一般体系中的相数。用反应 Qtz = Coes 作个例子。这是一个单变度反应,因为该反应仅有一个组分 SiO$_2$,虽然在一般体系中还可能有其他组分,如 MgO 和 H$_2$O。这种比包含了一般体系中所有组分的相数少的单变度反应被称为**退化平衡**。后面将讨论这一类平衡的性质。

现在要问,在一个相数为 P,组分数为 C 的体系中有多少单变度反应? 这个问题很容易可用组合原理来回答,即

$$单变度平衡反应数 \leqslant \frac{P!}{(C+1)!\,(P-C-1)!}$$

等号指的是所有平衡反应都是非退化的。当 $P = 6$,$C = 3$ 时,则单变度平衡反应数 $\leqslant 15$。同样

$$\text{无变度平衡反应数} \leqslant \frac{P!}{(C+2)!\,(P-C-2)!}$$

所以该体系最多有 6 个无变度点。当然，并不是所有点都有地质学意义。图 6.9 中显示了两个无变度点。

在 Schreinemakers 的分析中，为了更好地进行表述，常将一个平衡反应用其缺失的相放在括号中来表示。图 6.9 中的两个无变度点为(Ta)和(A)。每一条在无变度点(Ta)交叉的单变度平衡线都缺少滑石及另外一个相。同样，每一条在无变度点(A)交叉的单变度平衡线都缺少相 A 及另外一个相。每一个无变度点上有五条发散出去的单变度平衡线。如果环绕一个无变度点有 X 个相，那么就有最多 X 个单变度平衡线从该点发散出去。环绕无变度点的所有单变度反应均可应用线性代数方法写出它们的化学平衡反应式(Korzhinskii,1959)。

现在来考察一个含有 5 个相的体系，即 Ta,En,Qtz,Coes 和 V。图 6.9 中右下方的矩形框中显示了这 5 相的平衡关系。整个体系由三种组分组成，即 MgO,SiO_2,H_2O。所以每一个非退化单变度平衡一定由 4 个相组成。其中两个单变度平衡反应为：Ta $=\!=\!=$ En + Qtz + V(Coes) 和 Ta $=\!=\!=$ En + Coes + V(Qtz)，它们相交而产生一个无变度点，点上有 5 相共存。如果体系中的所有单变度平衡线都是非退化的，那么从无变度点发出的一定还有三条单变度反应线，每条线均分别缺少点上共存相中的一相。然而，单变度反应 Qtz $=\!=\!=$ Coes 却有三相缺失，即 Ta,En 和 V。因此，该平衡可看作三重退化，这也意味着为了标记的目的，这相当于三条非退化单变度平衡线。这样，一个无变度点所发出的所有单变度反应都考虑了，在该部分体系里不可能再有其他平衡单变度反应。

6.9.2　自相符稳定判据

设反应为 A + B $=\!=\!=$ C + D,则任何包括相 A 和相 B 在内的任何反应(不管 A 和 B 是在反应的同一侧还是反应的两侧)都一定位于该反应 A + B 一侧所确定的半稳定场内。图 6.14 显示了该反应两侧的两个半稳定场。以图 6.9 右上部分反应(Ta,Atg)为例。包括相 A 和 En 的各个反应的稳定部分，即反应(Ta,Fo)和(Ta,V)的稳定部分均落在反应(Ta,Atg)的 A + En 一侧的半场内。同样包括 Fo 和 V 的各个反应的稳定部分均落在反应(Ta,Atg)的 Fo + V 一侧的半场内。图 6.9 中各个反应的排列都满足这个"半场限定"。这个拓扑限定的背后的理由其实是个很简单的稳定场原理。如果反应(Ta,Fo)的稳定部分位于 Fo + V 半场内，则该反应的相 A 和 En 会反应形成 Fo + V。这种"半场限定"的概念也可用其他不同的描述方法。

在某个平衡反应中的那些缺失相一定不在包含该反应的稳定部分的扇形的两

侧反应的产物中出现。例如,见图 6.9 中左上方的反应(Ta,Fo),该反应中缺失的相 Ta 和 Fo 不会作为反应(Ta,V)和(Ta,Atg)的产物出现,后两个反应界定了一个扇形面,包含了反应(Ta,Fo)的稳定部分。

一个多相集合体在其任何子集合体的稳定场以外不稳定的这样一个事实(即自相符稳定判据),决定了一个非退化单变度反应的稳定部分一定终止在无变度点。但是,对退化反应来说,其稳定部分有时会穿过无变度点,并延伸开去,因为这种延伸不一定违反自相符稳定判据。例如,退化反应 Qtz ══Coes 超越无变度点,并不违背任何稳定判据。

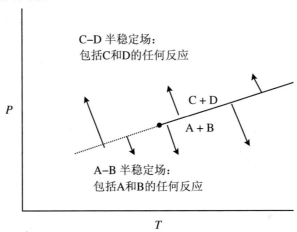

图 6.14　Schreinemakers 分析法中"半场限定"概念的图示说明

图中反应 A+B══C+D 的稳定部分(实线)和亚稳定部分(虚线)将 P-T 场分为 A−B 和 C−D 两个半场。中间黑圆点代表无变度点。包括 A 和 B 的任何反应一定位于 A−B 半场内;同样,包括 C 和 D 的任何反应一定位于 C−D 半场内

假如命名一个单变反应为 1 号,该 1 号反应可以表述为另外两个平衡反应——2 号和 3 号反应的线性组合,那么,1 号反应必位于反应 2 和 3 的稳定部分所确定的范围内。例如,图 6.9 中的反应(Ta,En),该反应可看作反应(Ta,Fo)和(Ta,Atg)的线性组合。所以,反应(Ta,En)的亚稳定延长部分位于由反应(Ta,Fo)和(Ta,Atg)的稳定部分所确定的范围内。

6.9.3　过量相的影响

在实际研究中,常常遇到这样的问题,有些相因其过量在反应中未被完全消耗。例如变泥质岩中的石英,虽然其参与各种反应,但因其量大从未被完全消耗掉。设一个相 A,过量存在,则以缺失该相为特征的所有单变度平衡反应(A,…)都是亚稳定的。因此,这些平衡反应所连接的无变度点也是亚稳定的。但是,如果

缺失一个过量相为特征的反应是退化的话,则平衡反应就是稳定的。Ganguly (1968)给出了有关的理论证明。

6.9.4　综述

利用 Schreinemakers 原理所导出的相关系构型只是自相符的,但不是唯一解,甚至有些构型如果对其某些反应的斜率和位置上不加限制条件的话是毫无意义的。例如,图 6.9 中的反应拓扑构型可以任意旋转一个角度而不违反上述原理。所以,至少需要知道一些反应的斜率和位置,从而导出有实质意义的构型。Cheng 和 Greenwood(1990)详细分析并导出了 C+3 相体系的所有可能的自相符的 Schreinemakers 拓扑构型,并应用在一些重要的地质体系研究中。

Schreinemakers 原理的主要价值就在于一旦取得某些反应的合理限制的信息,则可依此导出有意义的拓扑构型,从而更深入了解地质和行星过程。此外,对一个复杂体系的实验研究来说,它提供了一个"路线图"(Ganguly,1972),使得可以选择一个特定的关键性的平衡反应进行实验研究,从而认识相图的一些重要性质,同时,随着相图的进一步研究,可以有助于找出其他还未进行实验测定的反应的平衡条件。例如,图 6.9 中,如果反应(Ta,V)被实验测定,则就可推测知道反应 (Ta,Fo)需在什么实验条件下进行。

作为一个实际结合应用 Schreinemakers 原理的例子,环绕无变度点(Ta)的单变度反应排列就是按该分析方法结合有限的热力学资料和某些实验数据得出来的。反应(Ta,Atg)由 Luth(1995)实验测定。该反应与 Bose 和 Ganguly(1995)计算的叶蛇纹石分解反应 Atg══En+Fo+V 相交在约 70 kbar 条件下,得到一个无变度点(Ta)。由于该无变度点(Ta)由 5 个相组成,显然,还必须有另外三个单变度反应线从该点发散,如果它们都是非退化反应的话。这三个反应式可以用代数方法解得,而它们的拓扑排列则可应用 Schreinmakers 原理和有关反应 P-T 斜率上的热力学限制获得。

通过对比可以发现,龄期≥50 Myr 并以速率>3 cm/yr 俯冲的板块的 P-T 图形与反应(Ta,V)相交。因此,在板块前缘中的主要含水矿物叶蛇纹石不是通过脱水反应,而是可以由反应(Ta,V)将水传递给相 A,使得水进到下地幔的。这个由 Bose 和 Ganguly(1995)发现的可能的水输送到下地幔的途径是个重要的地质研究的例子,其中应用了 Schreinemakers 原理,并结合了实验和热力学资料。

第7章 热压和地球内部的绝热过程

"粗心的读者应当注意一点,通常的措辞在论及地球内部高压态时其实都被夸大了。举几个对应的例子:确定的(高压态用词)——可疑的(通常意义上),毫无疑问(高压态用词)——或许(通常意义上)……"

——Francis Birch

在第1章中论及了基本热力学方程式在地球内部从浅部地壳到深部地核的性质和各种过程中,以及在各种自然环境的许多过程中起重要作用的绝热流动等问题上的若干应用。有关地球深部的最重要而物理上难以得到的信息的来源就是能穿过地球内部的连续介质的地震波的波速。然而,根据地球内部的密度结构和矿物学组成所做的地震波速的解释又需要知道地震波速和热力学性质之间的联系,这正是本章要讨论的。地球深部诸如岩石的压缩和熔融以及地幔柱的上升等作用过程,实际上都是在绝热条件下进行的。这方面的内容将在本章以两种不同的角度来讨论:一种是发生在平衡条件下的具有等熵性质的绝热过程;另一种是作为不可逆过程的导致熵增加的的绝热减压作用。

7.1 热 压

7.1.1 热力学关系式

热压定义为恒定体积下伴随温度变化而产生的压力变化。热压可推导如下:一个物体的 P-V-T 关系可写为 $f(P,V,T)=0$。对这一类的隐函数,有(见附录 B)

$$\left(\frac{\partial P}{\partial T}\right)_V = -\frac{\left(\dfrac{\partial P}{\partial V}\right)_T}{\left(\dfrac{\partial T}{\partial V}\right)_P} = -\frac{\left(\dfrac{\partial V}{\partial T}\right)_P}{\left(\dfrac{\partial V}{\partial P}\right)_T} \tag{7.1.1}$$

利用式(3.7.1)和式(3.7.2),上式中右侧的导数比值就等于 $-\alpha/\beta_T$。因此,有

$$\left(\frac{\partial P}{\partial T}\right)_V = \frac{\alpha}{\beta_T} = \alpha k_T \qquad (7.1.2)$$

或

$$\Delta P_{th} = \int_{T_1}^{T_2} (\alpha k_T) \mathrm{d}T \qquad (7.1.3)$$

上式中的 ΔP_{th} 即热压。

α 和 k_T 均随温度的变化而变化,但在德拜(Debye)温度(θ_D)以上,固体的 αk_T 值几乎不再随温度而变化(Anderson,1995)(有关德拜温度的概念已在前面 1.6 节作了介绍)。图 7.1 说明了几种具有地质意义的组分的 αk_T 值的特点。假定 αk_T 值不变,则德拜温度以上固体热压随温度的变化为

$$\Delta P_{th} = P(T) - P(\theta_D) = \alpha k_T(T - \theta_D) \qquad (7.1.4)$$

其中,$P(\theta_D)$ 是德拜温度时的压力。下面会讨论在地球物理和地质研究中应用热压概念的两个例子。

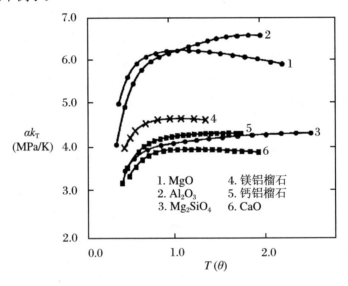

图 7.1　若干具有地球物理意义的组分的 αk_T 值随温度的变化(Anderson,1995)

7.1.2　地核

地核占整个地球质量的 32%,半径相当于地球半径的一半。根据地球物理的资料和陨石样品的分析可知,地核的主要成分是铁,并有熔融态的外部和坚固的内部。地核内部和外部的球形半径分别为 1221 km 和 3480 km,离地表深度分别为 5155 km 和 2885 km。本节首先要讨论有关地核中是否熔入了轻合金元素的问题。

Anderson(1995)计算了在 300 K 温度下铁的三种同质多形体 α 相(体心立方

体,bcc),ε 相(六角密堆积体,hcp)和 γ 相(面心立方体,fcc)的密度 ρ 与压力 P 的关系,并且根据 1981 年 Dziewonski 和 Anderson 所提供的由地球物理资料导出的初始参考地球模型(PREM)所限定的 ρ 与 P 的关系作了比较。结果显示在图 7.2(a)中。

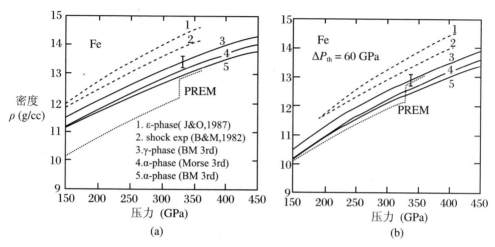

图 7.2　在两种条件下,(a)温度 300 K 和(b)经过热压校正,铁的各种同质多形体的密度和压力关系,以及与 PREM 地球模型(Dziewonski,Anderson,1981)的比较

热压的增加来自地核和 300 K 温度处的温度的差异。图中 PREM 地球模型中密度值的陡升是由于从液态外核向固体内核的转变(Anderson,1995)

基于铁的三种同质多形体各自的 ρ 与 P 的关系的实验资料(图 7.2(a))所获得的各相的 P-T 稳定场的相图表明,仅有 ε-铁在地核压力条件下保持稳定(Anderson,2000;Saxena,Dubrovinsky,2000)。但是,其在 300 K 和固态内核压力处的密度(图中虚线)均远高于 PREM 地球模型中内核的密度。这种矛盾至少有一部分是因为内核的温度达到了 5000 K(图 7.7)。如果能得到 ε-铁在地核压力下的热膨胀系数,则可校正其密度值。或者,利用 αk_T 值在高于德拜温度以上基本上不随温度变化的事实,通过加入来自内核和 300 K 的温差造成的热压来调整在恒定密度下的压力。

Anderson(1995)利用式(7.13),并假定地核的内圈和外圈的边界温度为 5500 ± 500 K,计算得到 $\Delta P_{th} \approx 58 \pm 5.2$ GPa。图 7.2(b)即是他根据图 7.2(a)采用 $\Delta P_{th} = 60$ GPa 作得的,显示了在地核温度下铁的同质多形体的 ρ 与 P 的关系。可见,ε-铁的密度还是远高于 PREM 地球模型中内核的密度。因此,可以认为,在内核中有较轻的合金元素存在。据分析,其中最主要可能存在的是元素 S(Anderson,1989;Li,Fei,2003)。地核压力条件下铁的相图迄今仍未确定。如果除了 ε-铁以外的其他某个铁相在地核压力下是稳定的话,则其密度应该高于 ε-铁的密度,从而更说明地核中应有轻的合金元素存在。

注释 7.1　地球内部简述

　　基于观察到的地震体波即 P 波(或纵波)和 S 波(或横波)的波速不连续性,地球内部可以分为四部分,即地壳,地幔,外圈地核和内圈地核。S 波不能在液相中传输。

　　图 B.7.1 说明地球内部的主要分层。地核主要由铁组成,外圈地核呈现为液态,不能传输 S 波。地幔则基本上由 $MgO - FeO - CaO - Al_2O_3 - SiO_2$ 体系的矿物组成,由过渡带分为上下地幔两个部分。过渡带中的 P 波和 S 波的波速的变化远比在上地幔和下地幔中的变化快。在上地幔中还有一个较窄的深度为 $60 \sim 220$ km 的带,称为慢速带,其中 P 波和 S 波的波速较其上和其下部分的波速为慢。该带可能由一小部分熔体组成。上下地幔中最主要的矿物分别是橄榄石 $(Mg,Fe)_2SiO_4$ 和 $(Mg,Fe)SiO_3$。从下地幔到外圈地幔之间有一个陡然的温度变化,在上下地幔之间的过渡带这种陡然的温度变化也可能出现。这种连接两个不同温度区域的较窄的带也称为热边界层。地球引力的

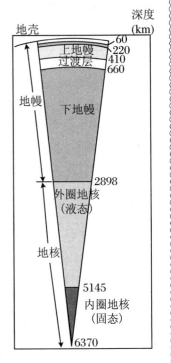

图 B.7.1　来自 Winter(2001)

加速度 g 从地表接近为常数值约 10 m/s^2 到靠近地核和地幔的边界处为 $9.8 \sim 10.6$ m/s^2,然后,就线性下降,直到在地心处为零值。地核的压力为 3.64 Mbar,在地幔和地核边界上密度从 5.56 g/cm^3 到 9.90 g/cm^3 不等。

7.1.3　岩浆-热液体系

　　本节要讨论伴随英云闪长岩岩浆的冷却过程和结晶作用的热压问题及其影响。英云闪长岩是主要由石英和长石组成的花岗岩类岩石,但其中斜长石固溶体 $NaAlSi_3O_8 - CaAl_2Si_2O_8$ 的百分比远比碱性长石固溶体 $(Na,K)AlSi_3O_8$ 高。Knapp 和 Norton(1981)采用 Burnham 和 Davis(1971)的实验数据计算了含质量分数为 4% 的溶解水的英云闪长岩岩浆侵入围岩并开始结晶作用时的热压。侵入地壳岩石的富含石英和长石的各类岩浆的含水量大体上在这一百分比(H_2O 的溶解作用可写作 $H_2O + O^{2-} \Longrightarrow 2(OH)^{-1}$,其中 O^{2-} 在岩浆中以聚合氧存在(见 8.9 节)。因此,特定的 H_2O 量代表了溶解的岩浆的量,而不是在岩浆中实际存在的分子水的量)。

图 7.3 为该体系的 *P-T* 相图。图中有四个稳定场：(a)位于液相线上的唯有液相存在的稳定场；(b)液相线下的 XLS(晶体)＋岩浆的稳定场；(c)XLS＋岩浆＋液体的三相稳定场；(d)位于固相线以下的完全结晶的英云闪长岩＋H_2O 的稳定场（固相线所处的温度是多相集合体开始熔融的温度，而液相线的温度则是达到完全熔融的温度）。随着岩浆冷却到液相线以下，结晶作用开始，但尚未有液相水析出，直到岩浆的温度降到三相稳定场内。这时，残余熔体因质量的减少而含饱和水，而所溶其中的水的质量保持恒定。所以，任何进一步的冷却将导致岩浆中水的出溶作用或脱水作用。当继续冷却到固相线温度以下时，则该体系发生完全结晶作用。

图 7.3 也给出了 Knapp 和 Norton(1981)计算的各稳定场中的等热压线。除了固相线以下的虚线等热压线只代表 H_2O 以外，其余热压等值线均代表了特定稳定场的稳定相的热压。值得指出的是，在三相场内热压值是负值，温度每增加一度，热压平均减少 100 bar。负压是岩浆随温度降低时，其中的溶解水逐渐析出的结果，同时也进一步导致 XLS＋岩浆＋液体的三相体系的体积增加，因而，该组成体系的热膨胀系数 α 亦为负值。

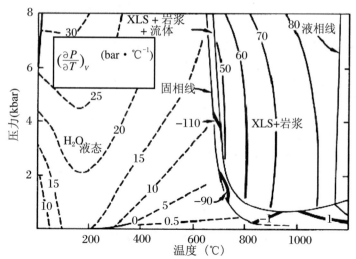

图 7.3　含质量分数为 4% 的 H_2O 的英云闪长岩相图

该体系在温度处于固相线以下时完全结晶，而在液相线以上则完全熔融。当岩浆冷却直到液相线下，结晶作用开始，当温度下降到某个固定压力下的固相线温度时，结晶作用完成。固相线以下，体系由英云闪长岩和出溶 H_2O 组成。图中固相线上的狭长带为与水共存的晶体和熔体相(标记为 XLS＋岩浆＋流体)。在该狭长带以上直到液相线下，晶体和流体共存。图中的等值实线值为给定稳定场的稳定集合体的净热压，即$(\partial P/\partial T)_V$，虚线等值线的值则是水的热压值(Knapp,Norton,1981)

图 7.4 显示了恒定体积的含质量分数为 4% 的溶解水的岩浆的上升 *P-T* 途径(Knapp 和 Norton,1981)。图中可见，初始途径落在两相稳定场中的显示出较大的压力下降，说明热压有较大的正值。一旦进入三相稳定场后，由于负的热压，则随着温度的下降，该体系的压力增加，但压力在 1 kbar 以下，增加还不大；而在

1 kbar以上,由于较大的负热压(图7.3),随该三相体系的冷却,压力就陡然增加。

该三相体系中压力的连续增加,加上在围岩中已有的所捕获水被侵入体加热的热膨胀效应,导致围岩中的大量裂隙进一步发展。形成金属矿床的岩浆流体就进入这些裂隙(Norton,1978),最终形成矿床。此外,岩浆的侵入作用也阻碍了由超高压造成的完全固结,从而形成堤坝,并保持为侵入体。

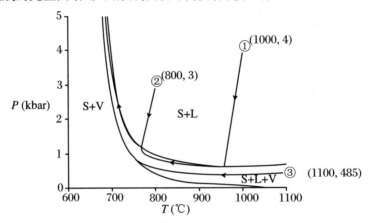

图 7.4　体积保持不变的含质量分数为 4% 的 H$_2$O 的英云闪长岩岩浆冷却过程的 *P-T* 轨迹图(图中箭头所示线)

轨迹由处在不同的相集合体稳定场(见图7.3)的体系的热压确定。在两相稳定场中(固体(S)+液体(L)),由于热压具有较大的正值,所以冷却导致压力的陡然下降。当岩浆冷却至三相稳定场时,由于热压为负值,所以压力随冷却而增加。特别是当压力超过1 kbar范围,压力更是陡然上升。图中括号中的数字标志了不同岩浆体系初始的温度 T(℃)和压力 P(kbar)条件(Knapp,Norton,1981)

7.2　绝热温度梯度

绝热温度梯度是地质和地球物理研究中的重要课题,可以提供了解地幔和地核以及岩浆房中的热梯度的基本情况。根据热力学第二定律(见式(2.4.6)),在可逆条件下的绝热过程($\delta q = 0$)是一个等熵过程。所以,导出平衡条件下的绝热温度梯度的方程也就是要获得$(\partial T/\partial P)_S$ 的表达式。作为温度 T 和压力 P 的函数的熵的全微分方程为

$$dS = \left(\frac{\partial S}{\partial T}\right)_P dT + \left(\frac{\partial S}{\partial P}\right)_T dP \tag{7.2.1}$$

上式中右侧第一个括号项等于 C_P/T(见式(3.7.5));根据麦克斯韦关系式(3.4.4),右侧的第二个括号项等于 $-(\partial V/\partial T)_P$。又利用热膨胀系数 α 的定义式

(3.7.1),则可等于 $-\alpha V$。于是,式(7.2.1)就成为

$$dS = \left(\frac{C_P}{T}\right)dT - (\alpha V)dP \qquad (7.2.2)$$

等熵条件下,$dS = 0$,因此有

$$\left(\frac{\partial T}{\partial P}\right)_S = \frac{VT\alpha}{C_P} \qquad (7.2.3)$$

将上式右侧的分子和分母除以分子量 M(或除以平均分子量,如果该体系由若干相组成的话),注意到 $V/M = 1/\rho$,其中 ρ 是密度;又将比热容 C_P/M 表示为 C_P',则有

$$\left(\frac{\partial T}{\partial P}\right)_S = \frac{T\alpha}{\rho C_P'} \qquad (7.2.4)$$

对垂直柱状物来说,在流体静力学条件下,有 $dP = \rho g dZ$,其中 g 是重力加速度,Z 是深度(方向向下采用"+"号),因此有

$$\left(\frac{\partial T}{\partial Z}\right)_S = \frac{gT\alpha}{C_P'} \qquad (7.2.5a)$$

或

$$\left(\frac{\partial \ln T}{\partial Z}\right)_S = \frac{\alpha g}{C_P'} \qquad (7.2.5b)$$

前面也曾利用热力学 Grüneissen 参数导出 $(\partial \ln T/\partial Z)_S$ 的表达式(3.8.9)。请读者自行证明式(7.2.5b)与式(3.8.9)相同。

　　式(7.2.5)通常用于计算在一个充分对流体系中温度随压力的变化问题。根据定义,一个等熵温度梯度指的是垂直柱状物里的平衡绝热温度梯度。因此,当介质中的实际温度梯度超过了等熵梯度,则体系就有对流发生以使温度梯度回到等熵温度梯度。如果体系的材料具有抗对流性质,则介质的实际温度梯度应该具有略超绝热性(图 7.5)。这是因为当体系稍许偏离平衡时,介质的对流使得温度均匀分布,所以,在一个充分对流介质中的等熵温度梯度与实际温度梯度十分一致。

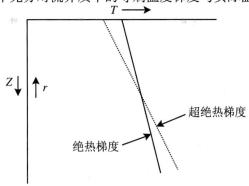

图 7.5　绝热梯度和超绝热梯度示意图

图中 Z 是深度,箭头向下为深度增加方向;r 则指地球半径,箭头向上为半径增加方向。对流使得体系具有一个等熵梯度,而与其平衡时的绝热梯度相同,其时 $\delta q = 0$,$dS = 0$

7.3 地幔和外圈地核的温度梯度

7.3.1 上地幔

通常认为地幔在大约 200 km 深度以下,而外圈地核的热对流足以使得这部分区域具有略超绝热的特性。此外,由于该区域所传导的热量损耗较慢,因此可以假定它们处于完全绝热条件下。由此,在岩石圈底的地幔(即约 200 km 深度以下)和地幔外圈的温度梯度可采用它们各自的等熵梯度。

图 7.6 是由 Turcotte 和 Schubert(1982)所计算的在海洋和大陆环境中地壳和上地幔浅部的稳态地热分布曲线。在 200 km 以下的曲线即是式(7.2.5)所计算的绝热梯度。当然,存在着区域性的地热变化,但基本上如图所示。在 200 km 以下或左右的地幔深度处的热对流作用足以让温度梯度等同于等熵温度梯度。在该深度以上,温度的变化是深度的函数,所以该深度代表了一个热边界层。热转移的主要形式是传导。假定表面温度保持在恒定值 298 K。

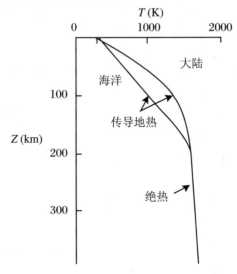

图 7.6 海洋和大陆环境中地壳和上地幔浅部的稳态地热分布曲线(Turcotte,Schubert,1982)

两种环境中深度 200 km 以下的温度分布相同,即与式(7.3.5)所计算的绝热(等熵)梯度一致。当然,也存在有一些很大的区域性的变化

下面采用地幔岩石的相关性质的平均值,来计算上地幔的平均等熵温度梯度或绝热温度梯度。典型的地幔岩石的体积分数组成为:橄榄石 60%,斜方辉石

20%,石榴石 10%,斜辉石 10%;其相关热力学性质为:$\alpha = 5.2 \times 10^{-5}/\text{K}$,$C'_P = 1.214 \text{ kJ/(kg · K)}$,$g = 10 \text{ m/s}^2$。注意需将其中 C'_P 的单位做调整,因为 $1 \text{ J} = 1 \text{ N · m} = 1(\text{kg · m/s}^2)(\text{m})$,因此,$C'_P = 1.214 \text{ m}^2/(\text{s}^2 · \text{K})$。将这些值代入式 (7.2.5),并设 $T = 1600 \text{ K}$,得

$$(\partial T/\partial Z)_S = 0.64 \text{ K/km}$$

(上述各项数据取自 Saxena 等(1993)。)

7.3.2　下地幔和地核

一直以来有许多研究者曾尝试测定下地幔的绝热温度变化。下面要特别讨论 Brown 和 Shakland(1981)根据地球物理资料所计算的等熵热的变化。首先,他们根据地震波速计算了地幔矿物的熵值,推测了地幔给定深度和相应温度条件下的密度。并将德拜理论进行修正,给出了熵和其他变量的关系(有关德拜理论概述见 4.2 节)。Brown 和 Shankland(1981)将温度选定为对应 660 km 的深度,该处地震波的不连续性确定了下地幔的顶部。他们先计算了熵值,然后找出能够产生相同熵值的较深处的温度。为此他们计算了若干等熵温度变化图形,但发现基于 660 km 处对应温度为 1600 ℃的图形最好,因为该温度值似乎与尖晶石到高温钙钛矿的相转变的 $P\text{-}T$ 条件最相一致,此相变也被认为是造成所观察到的地震波的不连续性的主要原因。图 7.7 显示了采用深度为 670 km、1600 ℃的下地幔的绝热温度(图 7.7)。

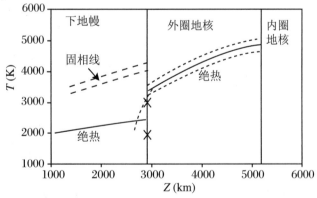

图 7.7　外圈地核和下地幔的绝热温度变化和下地幔的固相线温度变化图
地幔绝热温度线取自 Brown 和 Shankland(1981),其中,设 670 km 不连续层处温度为 1873 K。下地幔固相线取自 Boehler(1993):上面的虚线是根据金刚石压力釜高至 2 Mbar 的实验结果外推;下面的虚线则是由复式压力釜高至 1.6 Mbar 的实验结果外推。外圈地核的变化曲线则是基于 Boehler(1993)的对于 Fe-O 体系所作的 2 Mbar 以下的熔融温度实验结果,并将地核内外圈的界面温度固定为(4850±200)K 计算而得。将绝热温度线外推到地核/地幔界面有约(895±140)K 的不连续温度差。由地幔和地核的绝热温度线给出的地核-地幔的界面温度分别是(2450±140)K 和(3345±140)K。虚点线给出了该不连续温度之间的光滑连接

可以利用式(7.2.5)来计算外圈地核的绝热温度变化曲线。首先,需要知道外圈地核中重力加速度 g 随深度的变化的函数,以及随物质材料性质的变化。在地核-地幔界面,g 为 1068 cm/s^2;而在外圈地核和外圈的界面,g 则为 440 cm/s^2。PREM 地球模型中 g 和 Z 的对应数据可以用一个多项式来拟合,即

$$g = 15.458 - 0.001Z - 2 \times 10^{-7}Z^2$$

其中 Z 的单位为 km,g 的单位为 m/s^2。假设 α 和 C_P' 均为常数,将式(7.2.5b)积分,即有

$$\ln T(Z_2) = \ln T(Z_1) + \frac{\alpha}{C_P'}\left[(15.458)Z - 5 \times 10^{-4}Z^2 - \frac{2 \times 10^{-7}Z^3}{3}\right] \quad (7.3.1)$$

Brown 和 Shankland(1981)证实了地核外圈的 α 值从地核-地幔边界(C/M)的 13.2×10^{-6}/K 变化到地核内-外圈边界(Oc/Ic)的 7.9×10^{-6}/K。C_P' 值可以由推断的地核外圈的 C_V 值 27.66 J/(mol·K)和 Grüneissen 参数(Γ)来计算。后者从地核外圈顶部的 1.66 变化到底部的 0.94。式(3.8.1)给出了 C_P,C_V 和 Γ 之间的关系,即 $C_P = C_V(1 + \alpha T\Gamma)$。为了将 α 和 C_P' 作变量,用上式计算外圈地核的温度变化,需要采用有限差分法。为此,将地核外圈分成一系列的同心球壳层,从地核内-外圈界面(Ic/Oc)开始,每一层中的温度变化采用下一层的各参数值来计算。

地核 Ic/Oc 界面的温度可由含有假定的其他元素的铁的熔融温度确定。由于缺少高压下(约 3 Mbar)铁的熔融温度的实验数据,多年来都是将低压下的实验结果进行外推得到的。又由于实验的困难性,即使低压下实验结果也有很大的差异。所以,综合这些因素,估计在 3 Mbar 压力下,铁的熔融温度为 4000 K 到 8000 K 之间。或许,Boehler(1993)的实验结果最值得采纳。他利用金刚石压力釜进行了高达 2 Mbar 压力下的 Fe-O 体系中铁的熔融温度实验。结果显示 Oc/Ic 界面的铁的熔融温度为 4850±200 K。(从 2 Mbar 到 3 Mbar 的外推则可据 6.6.1 节中所述的 Kraut-Kennedy 熔融方程估算。)

图 7.7 中显示了在 Ic/Oc 界面采用了上述 Boehler 的温度值所计算的地核外圈的绝热温度曲线。下地幔和地核的绝热线在 C/M 界面分别交于 2450(±140)K 和 3345(±140)K,有 895(±140)K 的跃升[①]。界面上这种陡然的温度跃升造成地核中大量热量流出,引起地核内圈的结晶作用和成长。而结晶作用所释放的潜热也有助于地核外圈温度的保持。地核-地幔界面的热导作用也一定程度上使图 7.7 所示的界面上的温度的不连续性得以缓和。

通常,在两个具有不同温度的相邻的热域之间温度变化带叫作**热边界层**

---

① 根据 Murakami 等(2004)和 Ono(2004)的报道,构成下地幔主要组成的高温钛铁矿在约 125 GPa 的高压(相当于深度为 2700 km 处的压力)和相当于下地幔的绝热线的温度条件下相变而成为密度更高的相,即所谓后高温钛铁矿(正交空间群 Cmcm)。其相变线具有较大的正斜率,意味着后高温钛铁矿相的熵值较高温钛铁矿相低(见 6.4 节),所以,一定有后高温钛铁矿稳定场的绝热线的温度增加来恢复等熵条件。从而,温度跃升的数量级在地核-地幔界面就会减少。

（TBL）。在一定的动力和物理条件下，温度陡然变化的热边界层会不太稳定。地震波的数据及其数值模拟认为在地核-地幔界面的 TBL 中形成了多个热柱（Olson，1987；Kellogg，1997）。（需指出，在上下地幔之间的界面上的 TBL 是地幔热柱的源头。）这些热柱在地球内部几乎是绝热上升，在地幔动力过程中有很大作用。在地球表面上那些不直接与板块构造运动相关的大量的火山作用和"热点"（如冰岛，夏威夷）往往都是位于地幔热柱与地幔固相线的绝热 P-T 变化途径的交叉点，由该处熔融岩浆上升穿透到表面而形成的。

　　图 7.7 还显示了 Boehler（1993）根据将实验数据外推到 2 Mbar 进行估算的上地幔固相线。可以看出，在 C/M 界面的固相线温度较地幔可能的最高温度还要至少高约 550 K。因此，按照 Boehler 的数据，在 C/M 界面处或 D'' 层不应该有下地幔的熔融出现。这一结论与 Zerr 等（1998）的结果相左，后者也采用 Boehler 的数据，但导出的 C/M 界面上地核外圈的温度为（4000±200）K。

7.4　地球内部的等熵熔融

　　地球内部产生岩浆的最重要机理之一就是由诸如岩石圈的拉伸或局部的密度变化一类的局部扰动造成上地幔中岩石的上升。由于岩石的热扩散速度较地幔物质上升速度为慢，因此，上升过程基本保持为一个绝热过程[①]。为了分析上升的地幔物质的熔融过程，首先可以假设地幔物质减压过程中的熵产生可忽略不计。尽管严格意义上说，并不是这样，但这样可以提供一个有用的研讨的起点（有关熵产生的某些影响将在后面再讨论）。这里，上升物质的温度将采用等熵梯度 0.5～1.0 ℃/kbar。图 7.8 显示了具有不同初始温度的地幔岩石具有的等熵 P-T 轨迹（Iwamori，1995），计算按式（7.2.5），而地幔橄榄岩固相线（以熔融开始）和液相线（以熔融结束）的温度则作为压力的函数。图中的固相线和液相线之间的点线表示具有恒定熔融质量分数的等值线。地幔岩石的固相线和等熵 P-T 轨迹的相交点大致上确定了地幔中岩浆产出的深度。

　　图 7.8 中等熵轨迹上的数值是沿轨迹投影到地表的温度。按照 McKenzie 和 Bickle（1988）的说法，它们通常被称作地幔的"位势温度"，用 T_p 表示。只要没有因不可逆过程产生大量的熵，那么地幔中沿着绝热线的不同深度的岩石都有相同的位势温度。并且，即便这些岩石的初始温度不同，但都会基本上经历相同程度的部分熔融。只有那些具有明显不同 T_p 值的岩石可以被认为，它们所要经历的熔融程

---

　　① 地球内部物质上升是否造成大量热的损耗取决于一个叫作 Peclet 数（Pe）的无量纲值。$Pe = vl/k$，其中 v 是上升速度，l 是移动距离，k 是物质的热扩散率。当 Pe 值远大于 1 时，意味着没有任何明显的热量丢失。对地幔物质来说，其 Pe 值约为 30（McKenzie，Bickle，1998）。

度会有极大差异(这一点在后面 7.8 节有关与不可逆减压作用相关的熵产生效应时将再来讨论)。

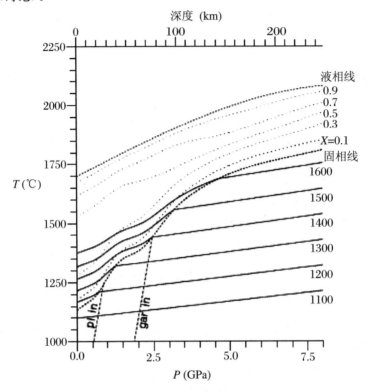

图 7.8　按式(7.2.5)计算的地幔中不同初始温度的岩石的等熵 *P-T* 轨迹,以及地幔橄榄岩的固相线和液相线随压力的变化

固相线和液相线之间的点线是熔体质量分数的等值线。固相线和液相线之间的轨迹也具有相同熵值,没有任何熔融相的流失或分离(Iwamori et al,1995)

随岩浆和残余固体向上移动的过程熔融作用中熔融体的产出率是个很有地质意义的问题。Stoper(1996)对此作了几何分析。为简单起见,考察图 7.9(a)中一个单一相的熔融作用。图中,沿着等熵梯度上升的固相与熔融曲线相交在点(2)。如果此时的热力学平衡能保持,则在进一步的上升过程中固相和熔体的混合物将沿着熔融曲线发展,直到在点(3)所有固相转变为熔体(这是由 6.1 节所述的相律所限定的。按照相律,一个有着相同组成的两相体系仅有一个自由度。本例中是具有相同组成的固相和熔体的体系,所以只有压力或者温度一个独立变量。这里,压力是一个独立变量,其随减压过程而变化,因此,温度随着压力的变化而沿着熔融曲线变化)。

在减压过程中熔融分数 x_m 随压力的变化可以定义为"**熔融产率**"。问题是:当体系在等熵条件下沿着从(2)到(3)单变度熔融曲线变化时,熔融产率是减少、增加还是保持不变?这一问题可以用压力-熵相图,沿着一条等熵减压途径来处理

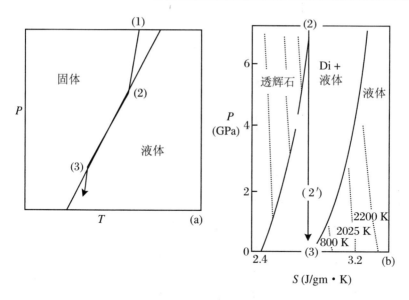

图 7.9　减压作用下上升的透辉石熔融示意图

(a)P-T 相图中显示了固相和液相的稳定场,以及减压作用途径,用(1)、(2)、(3)标记;
(b)等熵条件下的渐进熔融作用(Stolper,1996)

(Thompson(1970)最早论及这一类 T-S 相图及其应用)。为此,首先需要计算沿着熔融曲线的透辉石和液相的熵变。Stolper(1996)利用已有的热力学数据作了计算,结果如图 7.9(b)所示。图中假设等熵熔融由压力 7 GPa 开始,当固相和熔体的混合物达到点(2′)处时,固相和熔体的质量相等,这可以利用杠杆原理来确定(见 10.8.1 节)。在点(3′)处,体系完全熔融。此时,从(2)到(2′)所增加的熔融分数 x_m 与从(2′)到(3)所增加的熔融分数相同。换言之,在(2′)到(3)之间的 $\Delta x_m/\Delta P$ 值远较(2)到(2′)之间的 $\Delta x_m/\Delta P$ 为大。因此,一个很重要的结果就是,单组分体系中伴随等熵减压过程的熔融作用的熔融产率快速增加。根据这样对单组分体系的考察,于是有了 Asimow 等(1997)进一步对实际多组分和多相地幔物质,如橄榄岩的详细分析。研究表明,只要在矿物集合体中没有亚固相反应或相转变,那么,熔融产率均随压力降低而快速增加。

下面来研究一下在减压过程中固相发生相变的等熵减压-熔融作用的特点。为简化起见,仍用一个单组分 SiO_2 体系作为例子(Asimow et al,1995;Ghiorso,1997)。该体系的压力-熵相图如图 7.10 所示。高压条件下的 SiO_2 的同质多像体柯石英沿着等熵途径减压,在温度 2490 K 时开始熔融作用,接着熔融分数就逐渐增加,分数值可由杠杆原理确定。但是,当体系温度冷却到 2400 K 时,SiO_2 同质多像体的低压相石英出现,由于此时体系中有三相共存,即柯石英、石英和液相,因而有一个无变度点出现(见 6.1 节,相律)。只有当所有液相完全结晶到石英时,进一步的等熵减压作用才会发生。当温度到达 2375 K 以下,体系达到平衡时,所有柯石英转化为石英。在温度为 2370 K 以下,随着减压作用中的熔融产率增加,熔融又一次开始。可见,循着等熵途径 A,产生前后两次熔融,之间有压差 0.6 GPa 压力(或 18 km)的无矿带隔开。

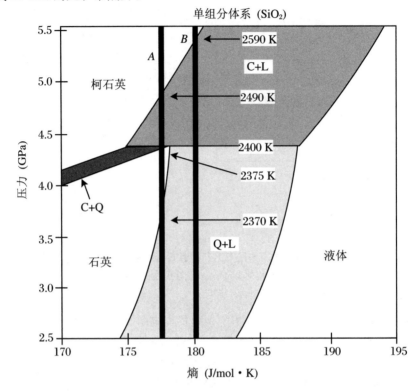

单组分体系 (SiO_2)

图 7.10　单组分体系中的相变对等熵减压 - 熔融作用的影响示意图
C:柯石英;Q:石英;L:液相(Ghiorso,1997)

沿着途径 B,该体系在 2400 K 温度时部分凝固,这是因为该条件下相变反应(柯石英→石英)生成了石英,而石英具有较柯石英高的熵值,而熵的增加,必然有液相量的减少作为补偿。但当温度 2400 K,所有柯石英转变为石英后,由于体系在石英和液相的稳定场进一步减压,所以熔融产率再次增加。由这个简单例子可见,在减压过程中固体的相变对熔融产率起到一个插入性或摆动性的作用。值得注意的是,在这个定性例子中,如果减压时的固相或固相集合体转变反应线在 P-T 图中具有正的斜率,则将转变为具有较大熵值的固相集合体(6.4.2 节中已讨论了有关熵变化、体积变化和 P-T 斜率的相互关系)。因此,一定有熔融分数的减少,以使熵值保持恒定。

7.5 地幔和地核中的热力学和地震波速的相关性

7.5.1 弹性性质和声速的关系

物体的动力性质,诸如声速和地震波速均与其弹性模数有关。这一点对于利用声速来测定弹性性质以及根据矿物性质来解释地球内部的地震波速非常重要。

可以证明,在等熵条件下,固体的声速 v,与其密度随压力的变化有关(Zeldovich,Raazier,1966;Kieffer,Delaney,1979),即

$$v^2 = \left(\frac{\partial P}{\partial \rho}\right)_S \tag{7.5.1}$$

根据式(3.7.3),有

$$k_S = \frac{1}{\beta_S} = -V\left(\frac{\partial P}{\partial V}\right)_S$$

由质量 m 和密度 ρ 之间的关系(即 $V = m/\rho$),可得 $\mathrm{d}V = -(m/\rho^2)\mathrm{d}\rho$ 将此式代入上式,则有

$$k_S = \rho\left(\frac{\partial P}{\partial \rho}\right)_S \tag{7.5.2}$$

与式(7.5.1)比较,得

$$v^2 = \frac{k_S}{\rho}$$

由上式可知,一个物体的绝热体积模数可以通过其超声波速度来获得。在声波通过一个物体的过程中熵产生通常是微不足道的(Kieffer,1977)。

通常,介质中的波速与其弹性性质可由上式相关联,其中 k_S 可以用不同的弹性模数或综合弹性模数来代入。地震波的纵波速度(v_P)和剪切速度(v_S),分别为

$$v_P^2 = \frac{k_S + \frac{4}{3}\pi}{\rho} \tag{7.5.3}$$

和

$$v_S^2 = \frac{\pi}{\rho} \tag{7.5.4}$$

其中,π 是剪切模数。

$$v_P^2 - \frac{4}{3}v_S^2 = \frac{k_S}{\rho} \equiv \phi \tag{7.5.5}$$

因为上式涉及地震波速度,因此比值 k_S/ρ 被称为**地震参数**,在地球物理文献中通常用符号 ϕ 表示。如后面将讨论的,关于比值 k_S/ρ 与地震波速度之间的相关性的研究构成了从地震波速和物质材料性质两方面来认识地球内部结构的重要环节。将式(7.5.5)代入式(3.8.9),则温度梯度与 k_S/ρ 和热力学 Grüneissen 参数 Γ_{th} 就连接在一起,由此,即可以得到与地幔中地震波速相关的绝热温度梯度的表达式

$$\left(\frac{\partial \ln T}{\partial Z}\right)_S = \frac{(\Gamma_{th})g}{\phi} = \frac{(\Gamma_{th})g}{v_P^2 - \frac{4}{3}v_S^2} \tag{7.5.6}$$

Anderson(1989)通过对造岩矿物已有资料的分析,发现在 $\ln\rho/\overline{M}$ 和 $\ln\phi$ 之间存在线性关系,即

$$\frac{\ln\rho}{\overline{M}} = -1.130 + 0.323\ln\phi \tag{7.5.7}$$

其中,$\overline{M}$ 是矿物或岩石的平均原子量。将上两式合并,即可得到与密度和平均原子量相关的地球内部的温度梯度的表达式,即

$$\left(\frac{\partial \ln T}{\partial Z}\right)_S = \frac{(\Gamma_{th})g}{33.06(\rho)^Q} \tag{7.5.8}$$

其中,$Q = 1/(0.323\overline{M})$。

7.5.2 径向密度变量

7.5.2.1 Williamson-Adams 方程

Williamson 和 Adams(1923)导出了自压缩球体的密度随地震参数变化的关系式,该式用于早期有关地球内部密度结构的讨论,并一直作为该领域进一步理论发展的基础。如果绝热条件下球体的密度变化仅与自压缩性质有关的话,则根据式(3.7.3),即

$$\left(\frac{\partial V}{\partial P}\right)_S = -V\beta_S = -\frac{V}{k_S}$$

将式 $V = m/\rho$ 和 $dV = -(m/\rho^2)d\rho$ 代入,并整理,就有

$$\left(\frac{\partial \rho}{\partial P}\right)_S = \frac{\rho}{k_S} = \frac{1}{\phi} \tag{7.5.9}$$

假设地球内部的压力处于流体静力平衡,即 $dP = -\rho g\, dr$,其中 r 是半径,则上式可变为

$$\left(\frac{\partial \rho}{\partial r}\right)_S = -\frac{\rho g}{\phi} \tag{7.5.10}$$

这就是 Williamson-Adams 方程。需注意的是,虽然直到地核-地幔界面,重力加速度 g 都表现为一个常数,但本质上 ρ,g 和 ϕ 都是 r 的函数。

由于地球各处组成不一,所以可以利用 Williamson-Adams 方程,由组成基本一致的一个壳层的地震波速来确定密度的变化,如下所述,可以从该壳层的顶部开始。

首先,上式可改写为

$$\partial \ln \rho(r) = -\frac{g(r)}{\phi(r)} \partial r$$

因此,有

$$\ln \rho(r_2) = \ln \rho(r_1) - \int_{r_1}^{r_2} \frac{g(r)}{\phi(r)} dr \qquad (7.5.11)$$

上述积分可以用数值法估算,从而得出均匀组成的球体壳层中因自压缩而致的绝热密度变化。图 7.11 即是用上式计算的地核外圈密度变化。外圈被分成若干薄的壳层,按照 PREM 地球模型(Dziewonski, Anderson, 1981; Anderson, 1989),在深度为 2891 km 处外圈地核顶部的密度设为 $9.90\ gm$。利用该模型中 $g(r)$ 和 $\phi(r)$ 的数据,按下式相继计算出每一层的平均密度:

$$\ln \rho(Z_i) = \ln \rho(Z_{j-1}) + \frac{\bar{g}}{\bar{\phi}}(\Delta Z_j)$$

其中,(ΔZ_j) 是第 j 层的厚度,$\bar{g}$ 和 $\bar{\phi}$ 分别是该层平均密度和平均地震参数。因为液态地核外圈的 $V_S = 0$,所以,由式(7.5.5),$\phi = V_P^2$。

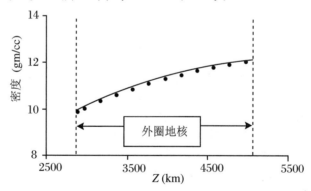

图 7.11　地球的外圈地核的密度变化

粗黑线:由 Williamson-Adams 方程数值法计算。数据取自 PREM 地球模型

7.5.2.2　Birch 修正式

因为地球内部的地核和地幔存在着热对流,所以严格意义上地核和地幔中的温度分配不能是等熵的。如 7.2 节所述,温度梯度必须是超绝热到某种程度。如果温度梯度没有完全达到绝热(即正确说没有达到完全等熵),则如 Birch(1952)所推导的,式(7.5.10)应修正为

$$\frac{\mathrm{d}\rho}{\mathrm{d}r} = -\frac{\rho g}{\phi} + \rho\alpha\tau \tag{7.5.12}$$

其中，τ 是实际温度梯度与等熵温度梯度（图 7.5）的差值，即

$$\frac{\mathrm{d}T}{\mathrm{d}r} = \left(\frac{\partial T}{\partial r}\right)_S - \tau \tag{7.5.13}$$

因为 $\tau < 0$，有 $(\partial T/\partial r)_S < 0$（即该值随温度增加而降低，而随 r 增加而增加），所以温度梯度是超绝热的（即 $\mathrm{d}T/\mathrm{d}r$ 的负值较 $(\partial T/\partial r)_S$ 的负值为大）。

可以按照热力学 Grüneisen 参数 Γ_{th} 来重组式(7.5.12)，从而估算 τ 对于计算密度变化的影响。由式(3.8.2)，得 $\alpha = \Gamma_{\text{th}} C_P / V k_S$ 将其代入式(7.5.12)，即有

$$\frac{\mathrm{d}\rho}{\mathrm{d}r} = -\frac{\rho g}{\phi(r)} + \frac{\Gamma_{\text{th}} C_P \tau}{V(k_S/\rho)} = -\frac{\rho g}{\phi} + \frac{\Gamma_{\text{th}} C_P \tau}{V\phi}$$

将 $-\rho g/\phi$ 提取出来，则

$$\frac{\mathrm{d}\rho}{\mathrm{d}r} = -\frac{\rho g}{\phi}\left(1 - \frac{\Gamma_{\text{th}} C_P \tau}{g(V\rho)}\right)$$

因为 $C_P/(V\rho) = C_P/M$（M：摩尔质量）$= C_P'$（即比热容），所以有

$$\frac{\mathrm{d}\rho}{\mathrm{d}r} = -\frac{\rho g}{\phi}\left(1 - \frac{\Gamma_{\text{th}} C_P' \tau}{g}\right) \equiv -\frac{\rho g}{\phi}(1 - \sigma) \tag{7.5.14a}$$

或

$$\frac{\mathrm{d}\rho}{\mathrm{d}Z} = \frac{\rho g}{\phi}(1 - \sigma) \tag{7.5.14b}$$

其中，$\sigma = \Gamma_{\text{th}} C_P' \tau / g$。如 3.8 节所述，Grüneisen 参数的变化在一个有限范围内，大致在 2 左右。地幔矿物的典型的 C_P 值约为 1 kJ/(kg·K)，即相等于 1000 N·m/(kg·K)，或者因为牛顿力的单位为 kg·m/s²，所以地幔矿物的 C_P' 约为 1000 m²/(s²·K)。如 7.3.1 节所述，地球的地幔的绝热温度梯度约为 0.6 K/km，因此，如果地幔的实际温度梯度是超绝热的，并且与绝热温度梯度相差约 0.6 K/km（约 100% 偏差），则采用 $g = 10$ m/s²，$\Gamma_{\text{th}} = 2 \pm 0.5$，就可算得 $\sigma \approx 0.09 \sim 0.15$。

式(7.5.12)的推导：

因 $\rho = f(P, T)$，所以有

$$\frac{\mathrm{d}\rho}{\mathrm{d}r} = \left(\frac{\partial\rho}{\partial P}\right)_T \frac{\mathrm{d}P}{\mathrm{d}r} + \left(\frac{\partial\rho}{\partial T}\right)_P \frac{\mathrm{d}T}{\mathrm{d}r} \tag{7.5.15}$$

将上式中第一和第二项的偏导数分别用 k_T 和 α 表示（见式(3.7.2)和式(3.7.1)），并假定有流体静力学方程 $\mathrm{d}P = -\rho g \mathrm{d}r$，则可得

$$\frac{\mathrm{d}\rho}{\mathrm{d}r} = -\frac{g\rho^2}{k_T} - \rho\alpha \frac{\mathrm{d}T}{\mathrm{d}r} \tag{7.5.16}$$

将式(7.5.13)的 $\mathrm{d}T/\mathrm{d}r$ 代入上式，以及代入按式(7.2.5a)所得的绝热（等熵）温度梯度，即 $(\partial T/\mathrm{d}r)_S = -(\partial T/\partial Z)_S = -gT\alpha/C_P'$，重新整理，有

$$\frac{\mathrm{d}\rho}{\mathrm{d}r} = -\frac{g\rho^2}{k_T} + \frac{\rho\alpha^2 Tg}{C_P'} + \rho\alpha\tau$$

$$= -\frac{g\rho^2}{k_T}\left(1 - \frac{\alpha^2 Tk_T}{\rho C_P'}\right) + \rho\alpha\tau \tag{7.5.17}$$

由式(3.7.15)可知,上式中的括号项等于 k_T/k_S。若将地震参数 ϕ 代入 k_S/ρ,则得到 $\mathrm{d}\rho/\mathrm{d}r$ 的表达式(7.5.12)。

7.5.3 地幔中的过渡带

Birch(1952)最早通过热力学分析提出了地球的地幔究竟是否具有化学上以及矿物学上均匀化的问题。他在这方面所作的开创性的贡献直到今天都是认识地幔的基础。Birch 推导了地震参数 ϕ 的变化作为绝热条件下均匀自压缩球体半径的函数表达式,即

$$1 - \frac{\mathrm{d}\phi}{g\mathrm{d}r} = \left(\frac{\partial k_S}{\partial P}\right)_S + \frac{\alpha k_S\tau}{\rho g}\left[1 + \frac{1}{\alpha k_S}\left(\frac{\partial k_S}{\partial T}\right)_P\right] \tag{7.5.18}$$

Birch(1952)应用了式(3.8.3),即 $k_S = k_T(1 + \Gamma_{th}\alpha T)$,其中 k_T 比 k_S 更常见。而热力学 Grüneissen 参数 Γ_{th} 的大小约在 2 左右一个较窄的范围内变化。这样,Birch 得以通过地幔可能组成的矿物性质的实验数据,来预测作为深度的函数式(7.5.18)等号左侧的大小,并命名为 ψ。

另外,也可以根据现有的地幔地震波速的资料,利用式(7.5.5)来计算参数 ψ 值。Birch(1952)发现根据式(7.5.18)计算得到的地幔 200 km 到 900 km 深处的 ψ 值远比利用地震波速的资料计算所得的 ψ 值小(图 7.12)。似乎没有任何合理的理由来修正地幔各相的热力学-物理参数,能够拟合所观察到的采用自压缩均匀球体模型的 200 km 到 900 km 之间陡然上升的 ψ 值。所以,Birch 认为,无论在矿物学意义上或化学变化意义上,还是说两者意义上,地幔都一定是不均匀的。目前的答案已较清楚了,因为关于矿物稳定场的实验资料显示,一些矿物的相变都发生在地幔中约 400 km 到 700 km 的深处,该处即通常所说的过渡带,在过渡带上也可能有化学变化(过渡带将地幔分成上地幔和下地幔,并对地球内部包括海洋板块的俯冲作用有巨大影响)。Birch 对该问题的热力学分析已经为进一步研究打下了一个基础,进一步按其分析的思路开展研究显然是有益的。

式(7.5.18)的推导:

根据方程 $k_S = \rho\phi$,有 $\mathrm{d}k_S = \rho\mathrm{d}\phi + \phi\mathrm{d}\rho$,因此

$$\frac{\mathrm{d}\phi}{\mathrm{d}r} = \frac{\mathrm{d}k_S}{\rho\mathrm{d}r} - \frac{\phi}{\rho}\frac{\mathrm{d}\rho}{\mathrm{d}r} \tag{7.5.19}$$

将上式两侧除以 g,用式(7.5.12)代入 $\mathrm{d}\rho/\mathrm{d}r$ 并应用静水力学方程 $\mathrm{d}P = -\rho g\mathrm{d}r$ 则可得到

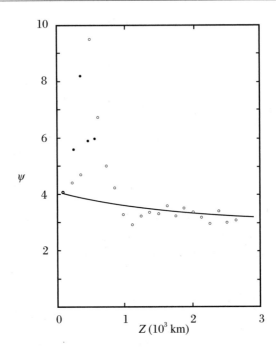

图 7.12 函数 $\psi = (1 - \mathrm{d}\phi/(g\mathrm{d}r))$ 的计算值(图中实线)与观察到的
采用自压缩均匀球体模型的 ψ 值比较图

注意,其中 200 km 至 900 km 深度处两者差异最大(Birch,1952)

$$\frac{\mathrm{d}\phi}{g\mathrm{d}r} = \frac{\mathrm{d}k_S}{\rho g \mathrm{d}r} - \frac{\phi}{\rho g}\left(-\frac{\rho g}{\phi} + \alpha \rho \tau\right)$$

或

$$1 - \frac{\mathrm{d}\phi}{g\mathrm{d}r} = \frac{\mathrm{d}k_S}{\mathrm{d}P} + \frac{\alpha \phi \tau}{g} \tag{7.5.20}$$

上式首先由 Bullen(1949)推导,后来 Birch(1952)提出了式中项 $\mathrm{d}k_S/\mathrm{d}P$ 所隐含的
温度的影响,即有 $k_S = f(P, T)$,因此

$$\frac{\mathrm{d}k_S}{\mathrm{d}P} = \left(\frac{\partial k_S}{\partial P}\right)_T + \left(\frac{\partial k_S}{\partial T}\right)_P \frac{\mathrm{d}T}{\mathrm{d}P} \tag{7.5.21}$$

利用式 $\mathrm{d}P = -\rho g \mathrm{d}r$,从式(7.5.13)可得

$$\frac{\mathrm{d}T}{\mathrm{d}P} = \left(\frac{\partial T}{\partial P}\right)_S + \frac{\tau}{\rho g}$$

代入上式,式(7.5.21)就成为

$$\frac{\mathrm{d}k_S}{\mathrm{d}P} = \left[\left(\frac{\partial k_S}{\partial P}\right)_T + \left(\frac{\partial k_S}{\partial T}\right)_P \left(\frac{\partial T}{\partial P}\right)_S\right] + \left(\frac{\partial k_S}{\partial T}\right)_P \frac{\tau}{\rho g} \tag{7.5.22}$$

将上式与式(7.5.21)比较即可看到,上式方括号各项即为偏导数 $(\partial k_S/\partial P)_S$,
则式(7.5.20)就成为

$$1 - \frac{\mathrm{d}\phi}{g\mathrm{d}r} = \left(\frac{\partial k_S}{\partial P}\right)_S + \frac{\alpha \phi \tau}{g}\left[1 + \frac{1}{\alpha \rho \phi}\left(\frac{\partial k_S}{\partial T}\right)_P\right] \tag{7.5.23}$$

将上式右侧 ϕ 用 k_s/ρ 代替,并整理可得式(7.5.18)。

7.6　绝热流动的焦耳-汤姆孙实验

有关绝热流动过程的热力学讨论不得不提的就是焦耳(Joule)和汤姆孙(Thompson,开尔文爵士)1853 年所做的经典实验,该实验是让气体不可逆地流经绝热空间中一个薄而刚性的多孔塞(图 7.13)。多孔塞的一侧(称室 1 或亚体系 1)的气压高于另一侧的气压(室 2),但两侧压力分别保持恒定。所以,总压的下降就在该多孔塞中发生。两侧气体从实验开始时的静止开始到实验结束,该体系不再有动力能的任何变化,但放置在多孔塞两侧的温度计读数显示两侧的温度差异取决于两侧的压力差。该实验结果的热力学分析导致了一个重要结论,即焦耳-汤姆孙所描述的这类不可逆绝热过程的实验是等焓过程,与之相反的可逆绝热过程则是等熵过程。以下作一说明。

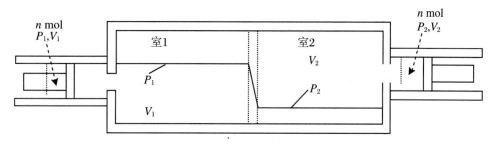

图 7.13　焦耳-汤姆孙实验示意图

图中虚线为 n mol 气体从左侧经多孔塞到右侧之前的初始位置

设 m 是流经多孔塞的气体质量。作用在室 1 的气体上的功为
$$W_1^- = -P_1(\Delta V_1)$$
其中,ΔV_1 是室 1 中气体的体积变化。用 v' 表示比容,即 $\Delta V_1 = -mv_1'$,因此,$W_1^- = mP_1 v_1'$;而另一方面,作用在室 2 的气体上的功为
$$W_2^+ = P_2(\Delta V_2) = P_2 m v_2'$$
由于 $W_2^+ = -W_2^-$,其中 W_2^- 是作用在室 2 上的功,则在整个组合体系上所做的净功 W^- 为
$$W^- = W_1^- + W_2^- = m(P_1 v_1' - P_2 v_2') \tag{7.6.1}$$
设 u_i' 是室 i 的内能,则整个组合体系的内能净变化为
$$\Delta U = \Delta U_1 + \Delta U_2 = -mu_1' + mu_2'$$
$$= m(u_2' - u_1') \tag{7.6.2}$$
此外,多孔塞中也有少量内能变化,但与整个体系的其余部分的内能相比,可忽略

不计。由于总组合体系处在绝热条件下，因此，由热力学第一定律，$\Delta U = W^-$，这样，由上面两个方程有 $m(u_2' - u_1') = m(P_1 v_1' - P_2 v_2')$，或者说，有

$$U_2 + P_2 V_2 = U_1 + P_1 V_1$$

因为 $H = U + PV$，所以

$$H_2 = H_1 \tag{7.6.3}$$

换言之，随着气体经多孔塞从高压向低压环境转移而减压，直到两侧压力均等，气体的焓值没有任何改变。一个组合体系，不论其有多少子体系，也无论什么时候流体或物质从高压向低压流经一个限流体系，上述结论都一样，动力能不会有大量的改变。这一类的流动过程通常叫作节流过程，是不可逆的过程，伴随熵的产生。

根据热焓随压力和温度变化的全导数，并设焓值恒定，则可以很容易导出温度随压力变化的公式。热焓随压力和温度变化的全导数为

$$dH = \left(\frac{\partial H}{\partial T}\right)_P dT + \left(\frac{\partial H}{\partial P}\right)_T dP = 0 \tag{7.6.4}$$

由定义可知，上式右侧的第一个导数等于 C_P 而第二个导数可以被证明等于 $V(1 - T\alpha)$（其证明留给读者，见习题 7.1）。于是，有

$$\left(\frac{\partial T}{\partial P}\right)_H (\equiv \mu_{\text{JT}}) = \frac{V(T\alpha - 1)}{C_P} \tag{7.6.5}$$

（注意，V 和 C_P 都是摩尔量，但如果使用其他特定量的话，它们的比值 V/C_P 也不变。）上式与等熵条件下的式(7.2.4)的差异就是分子项多了一个 V。

习题 7.1 试证

$$dH = C_P dT - V(T\alpha - 1)dP \tag{7.6.6}$$

提示：因为有 $dH = VdP + TdS$（见式组合(3.1.2)），则可将 dS 用 dT 和 dP 来表达（根据方程 $S = f(P, T)$）。然后，再用适当的麦克斯韦方程式（式组合(3.4.1)）。

式(7.6.5)等号左侧的数量即是焦耳-汤姆孙系数，通常用 μ_{JT} 表示。对任何物质来说，$T\alpha$ 值在低压下大于 1，而在高压下小于 1。当 $\mu_{\text{JT}} = 0$ 时，即为转变点，通常称为焦耳-汤姆孙倒反点。当 $T\alpha > 1$ 时（即压力小于倒反点处的压力时），温度变化的方向与压力变化方向相同；而当 $T\alpha < 1$ 时，则温度变化的方向与压力变化方向相反（见图 7.14）。图中，X 代表最高压力，Y 代表最高温度，在该温度点的气体可能由节流过程的绝热膨胀而开始冷却。（例如，对可以通过绝热膨胀被液化的氮气(N_2)来说，其 X 值 40 ℃时约为 375 bar，Y 值为 350 ℃。）在将气体液化的实际应用中（如通常的液化氮和液化氢的生产），是用压力泵来保持高压和低压两侧的压力差，而不是多孔塞。

Waldbaum(1971)计算了一些重要的造岩矿物的**焦耳-汤姆孙系数** μ_{JT}，它们的大小范围为 13～ - 30 K/kbar。Spera(1981)对地质意义上最重要的两种流体

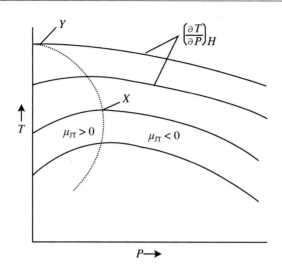

图 7.14 某假设物质的焦耳-汤姆孙系数随压力变化的函数示意图

图中 X 和 Y 分别代表该物质可以通过绝热条件下的不可逆膨胀作用（即压力降低）进行冷却的最高压力和最高温度。虚线为焦耳-汤姆孙倒反点的轨迹

H_2O 和 CO_2 的 $T\alpha$ 随压力的变化作了计算（见图 7.15）。显然，两者（或者也包括其他地质意义上重要的流体）的 μ_{JT}，在具有地质意义的很大范围内均是负值（$T\alpha <$ 1）。

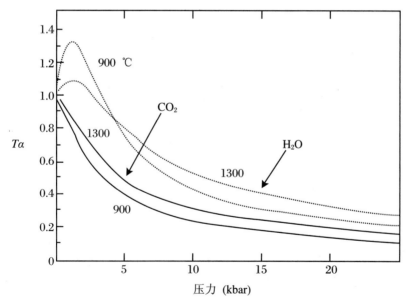

图 7.15 随压力变化的 H_2O（虚线）和 CO_2（实线）的 αT 值的变化图
（α：热膨胀系数）（Spera，1981）

Spera（1984b）估算了水溶液中盐浓度，温度以及压力对其 μ_{JT} 值的影响。特别

在相对较高温度下,盐浓度会降低 μ_{JT},他发现斑岩铜矿的矿物中流体包裹体的盐浓度高达 7.0 m 或更高。Spera(1984)还预测了二价离子的加入会导致水溶液的 μ_{JT} 值较之等当量的单价离子的 μ_{JT} 值有较大的降低。

7.7 伴随有动力能和势能变化的绝热流动

处理包括势能和(或)动能变化在内的绝热流动过程的概念上最直接的方法是要考虑体系整体的能量平衡,即一个体系的总能量的变化,包括内能、动力能和势能在内的总变化必须与体系从外部环境吸收的净能量相等。下面将处理一些较简单的仅包含动力能变化的水平流动的例子,以及包含势能和动力能两者均发生变化的垂直流动的例子。

7.7.1 伴随动力能变化的水平流动:伯努利方程

设流体为水平无黏滞性的,并且体系的动力能变化是由速度变化造成的,则能量平衡方程为

$$\Delta U + \frac{1}{2}m\Delta(v^2) = Q + W^- \tag{7.7.1}$$

(体系的能量改变 = 体系吸收的能量)

其中,v 是线速度,m 是体系的质量。注意 W^- 是体系所吸收的总功。那么,如果:(a)在移动的物体和环境之间没有热量转移(即 $Q=0$);(b)功的唯一形式是 PV 机械功,则将式(7.6.1)代入上式,有

$$\Delta U + \frac{1}{2}m\Delta(v^2) = P_1 V_1 - P_2 V_2 \tag{7.7.2}$$

又如果设流体是不可压缩的(即 $V_1 = V_2 = V$),则 $\Delta U = 0$(因为 $dU = \delta q + P dV$),于是,上述方程就成为

$$\frac{1}{2}m\Delta v^2 = -V(P_2 - P_1) = -V\Delta P \tag{7.7.3}$$

或

$$\Delta P = -\frac{m\Delta(v^2)}{2V} = -\frac{\rho\Delta(v^2)}{2} \tag{7.7.4}$$

其中,ρ 是密度。可见,无黏滞性和不可压缩性的流体,在绝热条件下随其水平速度的增加,压力会降低。上式即流体动力学中的伯努利(Bernoulli)方程,最初是从纯粹的力学意义上导出的。但是,经过了热力学意义上的推导后可见,整个推导是在非常严格有效的限制条件下进行的。

虽然,当考虑阻力因素时,由于速度和能量耗散效应的影响,需要将上述压力和速度做些修正,但是,伯努利方程还是提供了人们实际生活中遇到的一些现象的定性解释。例如,在遭遇暴风雨时,建筑物的屋顶被强风吹刮走,就是因为大风高速掠过屋顶时,引起外部压力减小;在设计飞机机翼时,机翼的上部需有向上凸的曲面,而其底部是平的,这使得速度增加时,上面的空气压力较下面的压力为小,因此给了飞机向上的升力(图 7.16);当河水流经一个较窄的河道时,流速增加,则作用在堤坝上的压力就减小,这似乎是违反直觉的;当血小板造成动脉受堵时,则血流的速度随之增加,而使动脉中的压力降低,当压力低于正常值时,就导致受堵动脉的塌陷。

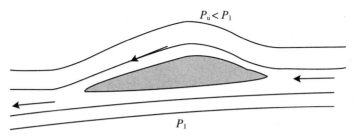

$$P_u < P_1$$

$$P_1$$

图 7.16　流线型机翼原理示意图(横剖面)

机翼上部的空气压力 P_u 要小于机翼下部的空气压力 P_1,导致飞机上升

7.7.2　垂直流动

7.7.2.1　温度随压力的变化

在许多地质研究问题中都涉及有流体的巨大落差的变化,即体系的势能发生变化,有 $mg\,dh$,其中 h 是高度(方向向上为正)。对绝热条件下某物体的无摩擦垂直位移来说,考虑到势能和动力能两者的影响,其能量平衡公式应为

$$dU + mg\,dh + 1/2\,m(dv^2) = \delta W^- \tag{7.7.5a}$$

或

$$\Delta U + mg(\Delta h) + mv(\Delta v) = W^-$$
$$= m(P_1 v_1' - P_2 v_2') \tag{7.7.5b}$$

其中,速度 v 方向向上取正值,v' 是体系的比容,Δ 代表状态 2 和状态 1 的差值(例如 $\Delta v = v_2 - v_1$)(注意:$1/2(m\,dv^2) = mv\,dv$)。左侧各项代表了体系的总能量,包括内部加外部的能量变化,而右侧则是体系在绝热条件下所吸收的能量。

重新整理上式,有

$$(U_2 + mP_2 v_2') - (U_1 + mP_1 v_1') + mg(\Delta h) + mv(\Delta v) = 0$$

由于有 $H = U + Pv = U + mPv'$,所以上式又可写为

$$\Delta H + mg(\Delta h) + mv(\Delta v) = 0$$

或以微分形式写为

$$dH + mgdh + m(vdv) = 0 \tag{7.7.6}$$

(上式左侧前两项可以看作 H 的全导数,即将 H 作为 P, T 和 h 的函数,而不仅仅是 P 和 T 的函数。所以,第二项相当于 $(\partial H/\partial h)_{P,T}dh$,而第一项则是由 P 和 T 的变化造成的 H 的变化,即由式(7.6.6)给出。)

将上式与式(7.6.6)合并,则对于单位质量的物体,有

$$C_P'dT - v'(T\alpha - 1)dP + gdh + vdv = 0 \tag{7.7.7}$$

将上式对 P 微分,并整理,有

$$\left(\frac{\partial T}{\partial P}\right)_{\text{Q(ir)}} = \frac{(T\alpha - 1)}{\rho C_P'} - \left(\frac{g}{C_P'}\right)\frac{dh}{dP} - \frac{v}{C_P'}\left(\frac{dv}{dP}\right)$$

$$= \mu_{\text{JT}} - \left(\frac{g}{C_P'}\right)\frac{dh}{dP} - \frac{v}{C_P'}\left(\frac{dv}{dP}\right) \tag{7.7.8}$$

其中,下标 Q(ir)表示体系虽在绝热过程条件下,但是不可逆的(即 $\delta q = 0, dS > 0$)。该过程叫作**绝热不可逆减压作用**,或简称 **IAD**。上式除去含有速度的项,即是 Ramberg(1972)先期导出的方程。有关该式对地球内部上升和熔融过程的应用将在 7.8 节中讨论。

7.7.2.2　间隙喷发泉

在美国怀俄明州的黄石国家公园内,有著名的名为 Old Faithful 的间隙喷发泉,其喷发的速度可以借助式(7.7.6)的能量平衡公式来估算。首先将 $mvdv$ 重新写为 $1/2(mdv^2)$,则有

$$dH + mgdh + \frac{1}{2}mdv^2 = 0 \tag{7.7.9}$$

或,将 d 用 Δ 替代,并两边除以 m,则

$$\Delta H' + g\Delta h + \frac{1}{2}(\Delta v^2) = 0 \tag{7.7.10}$$

所以,有

$$\Delta v = -\sqrt{2\Delta H' + 2g\Delta h} \tag{7.7.11}$$

间隙泉喷发到最高处时液体的速度 v_2 应为零,因此,$\Delta v = -v_1$,假设喷泉的焓值近似为常数,所以

$$v_1 = \sqrt{2g\Delta h} \tag{7.7.12}$$

Furbish(1997)导出上式,并对 Old Faithful 间隙泉的喷发速度进行了研究。Old Faithful 间隙泉喷发水柱的高度约为 30 m,从喷发口处测得的泉水速度约为 24 m/s。另一方面,最保守的估计,该间隙泉喷发初始期的喷发量约为 6.8 m³/s,喷口的横剖面为 0.88 m²,而喷口速度的最慢估计为 7.7 m/s(Furbish,1997)。

喷发泉的喷发伴随热量的流失。如果 ΔQ 是最终和最初状态之间的单位质量的热量的变化(即 $\Delta Q = Q_2 - Q_1$),则该量必须加到能量平衡方程式(7.7.10)的左侧。为此,式(7.7.12)的根号项中需加入 $2\Delta Q$。因为 $\Delta Q < 0$,所以,喷发速度就变为小于 24 m/s(注意 ΔQ 的 SI 单位为 J/kg 或 N · m/kg;而 $N = $ kg · m/s^2,所以 ΔQ 可以用单位 m^2/s^2)。由此,得到该喷发泉的喷发速度为 $7.7 < v < 24$ m/s。

7.8　地球内部物质的上升

式(7.7.8)给出了绝热条件下由不可逆的垂直流动造成的温度的变化,但该式忽略了摩擦的影响。因为 $\mathrm{d}h/\mathrm{d}P < 0$,所以重力效应产生正向的影响。即一方面,如前所述,在较高压力下矿物和地质意义上重要流体的 μ_{JT} 值为负值,从而相应地使得加热的物质从地球内部向上升,但同时,如 Ramberg(1972)指出的,由重力场的影响,使得前者的影响得以抵消,即使得 $\mathrm{d}T/\mathrm{d}P$ 值不至更偏负。下面讨论与地球内部物质上升相关的两类问题。

7.8.1　不可逆减压作用和地幔岩石的熔融

前面 7.4 节已从平衡角度讨论了地球内部绝热减压作用和熔融问题。但这里,要将物质在压力梯度下的绝热上升看作好像焦耳-汤姆孙的一系列的压力相继逐步降低的实验。Ganguly(2005)将地幔中的绝热上升和熔融处理为不可逆过程($\delta q = 0, \mathrm{d}S \neq 0$),而不是传统上处理为可逆过程。推导如下:

$$\mathrm{d}Z = -\mathrm{d}h = \mathrm{d}P/(\rho_{\mathrm{r}} g)$$

其中 Z 是深度(正值向下),ρ_{r} 是地幔岩石的密度,由式(7.7.8)可得

$$\left(\frac{\partial T}{\partial Z}\right)_{\mathrm{Q(ir)}} = \frac{\rho_{\mathrm{r}}}{\rho}\left(\frac{gT\alpha}{C_P'}\right) + \frac{g}{C_P'}\left(1 - \frac{\rho_{\mathrm{r}}}{\rho}\right) - \frac{v}{C_P'}\left(\frac{\mathrm{d}v}{\mathrm{d}Z}\right) \qquad (7.8.1)$$

上式右侧第一个括号等于等熵温度梯度(式(7.2.5a)),因此,有

$$\left(\frac{\partial T}{\partial Z}\right)_{\mathrm{Q(ir)}} = \frac{\rho_{\mathrm{r}}}{\rho}\left(\frac{\partial T}{\partial Z}\right)_S + \frac{g}{C_P'}\left(1 - \frac{\rho_{\mathrm{r}}}{\rho}\right) - \frac{v}{C_P'}\left(\frac{\mathrm{d}v}{\mathrm{d}Z}\right)$$

右侧第二项可看作体系中由向上流动作用的不可逆性质造成的熵增加的表现。因为 $\rho_{\mathrm{r}} > \rho$(否则,物质不可能上升),所以,该项为负值,这样,多多少少抵消了第一项的影响。物理学意义上意味着从地球内部上升的物质包的温度较等熵梯度预测的要高。见图 7.17(Ganguly,2005),假设上升速度为恒速,虚线为按照上式的计算结果,其中 ρ/ρ_{r} 取不同值,C_P' 的典型值为 1.2 kJ/(kg · K)。密度比值控制了上升的速度(并且当 $\rho \to \rho_{\mathrm{r}}$ 时,$u \to 0$)。如果密度比值接近 1,则温度梯度就基本等于

绝热条件下的等熵梯度。图7.17中显然可见,具有94%地幔密度的上升物质,如果移动速度是恒定的,则基本是等温的。如果上升物质的密度较低,则在上升过程中有净热值。

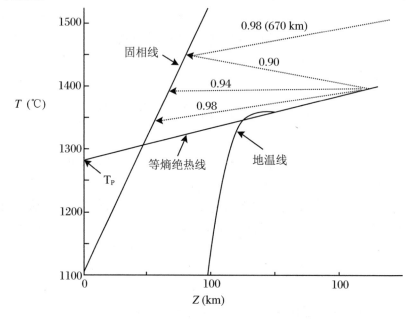

图7.17　来自地幔的物质的绝热上升的温度-深度(T-Z)轨迹

图中实线为绝热条件下的等熵上升途径,在此过程中上升物质的熵的产生均忽略不计。虚线表示具有不同密度的地幔物质的绝热途径,其中考虑了由上升物质的热膨胀所产生的熵的增加。标有0.98(670 km)的曲线显示了来自上下地幔界面,深度为670 km不连续面的具有98%地幔物质的热柱的不可逆绝热上升途径(Ganguly,2005)

　　一般认为,所谓上升的地幔物质组成的热柱来自地幔内部约660 km的上地幔-下地幔之间和2900 km的地幔-地核之间这样的热的分界面(注释7.1)。绝热T-Z轨迹与地幔物质固相线的交叉点标记了熔融的开始。通常假定热柱绝热上升途径是等熵的(Nicolas,1995)。但是,也有各种类型的不可逆性作用导致了在热柱中熵的增加。图7.17中标记为0.98(670 km)的曲线显示了来自670 km深度的密度为98%地幔的热柱的T-Z轨迹,其中考虑了按式(7.8.2)计算的不可逆膨胀作用的影响。热柱的初始温度由绝热(等熵)地温计延伸到670 km深度确定。结果发现,具有94%地幔密度的上升物质与固相线相交于等熵上升所确定的温度以上约150 ℃。因此,当热柱向上升到较浅深度时其熔融范围要比等熵上升的情况大得多。相变和摩擦对热柱的T-Z轨迹有影响,用等熵T-Z轨迹往往大大低估了热柱的熔融程度。

　　Ganguly(2005)分析了不可逆减压作用中地幔岩石的熔融产率问题。根据基本的能量守恒方程(式(7.7.6)),导出了熔融程度随压力的变化为

$$\left[\frac{\mathrm{d}x}{\mathrm{d}P}\right]_{Q(\mathrm{ir})} \approx \left[\frac{\mathrm{d}x}{\mathrm{d}P}\right]_S - \left[\frac{x\Delta v'_{(f)} + v(\mathrm{d}v/\mathrm{d}P)}{\Delta H_f + (x\Delta C'_{P(f)} + C'_{P,S})(\partial T/\partial x)_P}\right]$$

$$\approx \left[\frac{\mathrm{d}x}{\mathrm{d}P}\right]_S - \Lambda \tag{7.8.3}$$

其中，x 是熔融分数，$\Delta v'_{(f)}$ 和 $\Delta C'_{P(f)}$ 是溶融比容和比热容的变化值。Ganguly (2005)估算了熵产生的影响，用一个项 Λ 表示，并且证明了当上升的地幔物质其跨过固相线时所发生的熔融产率或熔融分数较用等熵条件所估算的几乎高出 50%之多。而熔融产率增加的潜在的重要结果就是发生熔融分离作用远较所设想的等熵减压作用情况快许多。

7.8.2　挥发物上升的热效应:结合流体动力学和热力学

为了估算伴随地球内部物质上升带来的温度变化,需要综合考虑所有关于质量,动量和能量守恒的方程式。Spera(1981)对此作了研究并应用到处理地质研究中的流体流动的问题。在直径为 d 的垂直导管中稳定单向流动的具有固定组成的单相流体的温度变化为

$$\frac{\mathrm{d}T}{\mathrm{d}Z} = \mu_{\mathrm{JT}}\left(\frac{\mathrm{d}P_f}{\mathrm{d}Z}\right) - \frac{v}{C'_P}\left(\frac{\mathrm{d}v}{\mathrm{d}Z}\right) + \frac{g}{C'_P} + \frac{4\kappa}{C'_P\dot{m}d}(T - T_w) \tag{7.8.4}$$

其中,κ 是热转移系数(J/(cm^2·s·K)),$\dot{m}$ 是质量流量(g·m/(cm·s)),T_w 是沿表面或导管壁的温度。注意到,有 $\mathrm{d}P = \rho g\mathrm{d}Z = -\rho g\mathrm{d}h$,所以,在绝热条件下($\kappa = 0$)并且 $\mathrm{d}P_f = \mathrm{d}P$,则上式就演变为仅考虑简单的热力学模型的计算式(7.8.2)。

采用质量和动量守恒条件,但忽略由沉淀作用,水解作用和侵蚀作用造成的反应热,则上式就变为(Spera,1984b)

$$\frac{\mathrm{d}T}{\mathrm{d}Z} = \frac{\alpha T}{\rho C'_P}\left(\frac{\dot{m}}{\rho}\right)^2 \frac{\mathrm{d}\rho}{\mathrm{d}Z} + \mu_{\mathrm{JT}}\frac{2C_f\dot{m}^2}{\rho d} + \frac{\alpha Tg}{C'_P} + \frac{4\kappa}{C'_P\dot{m}d}(T - T_w) \tag{7.8.5}$$

其中 C_f 是有效摩擦系数。如果流体是不可压缩的,则上式右侧第一项为零。

Spera(1984a)利用式(7.8.5)中的各个参数的合理值,估算了 $H_2O - CO_2$ 二元流体体系的减压作用中温度的变化,该类二元体系在变质和岩浆作用中是主要的流体组成。其结论是,对变质流体来说,起作用的主要是传导热和对流热转移以及与减压作用相伴的温度变化等综合因素,这些因素使得地幔热带到浅部,从而在岩石圈中产生局部的熔融。

多位研究者发现高温麻粒岩相变质岩是在 H_2O 高度耗尽的条件下形成的。Newton 和合作者(Janardhan et al,1982;Hansen et al,1987)研究了印度南部和斯里兰卡的麻粒岩,认为这些岩石是在 $P_{H_2O} < 0.3P_{total}$ 这样 H_2O 高度耗尽的条件下形成的,并且来自地幔或最下部的地壳 CO_2 也造成了 H_2O 的消耗。

Ganguly 等(1995)根据热的平流转移和不可逆减压作用的结果两个方面对地幔 CO_2 流动的热的影响进行了详细的研究。这里简单讨论一下有关不可逆作用方

面的影响。应用 Bottinga 和 Richet(1981)的有关 CO_2 的热力学资料(即 α,ρ 和 C_P)和式(7.7.8),取 dh/dP 值为 -3 km/kbar,Ganguly 等(1995)证明了 CO_2 的绝热不可逆减压作用会导致恒速上升过程中每减压 1 kbar(即相当于上升约 3 km)温度提高 15～20 ℃。由不可逆减压作用造成的 CO_2 的单位体积热容量为 $\rho C_P' \Delta T$,其中 ΔT 是减压作用下的温度变化。Ganguly 等(1995)因此认为,从深度 90 km 上升到 20 km(此深度大致是麻粒岩的形成深度)时,CO_2 在地球内的绝热上升导致其热容量增加约 594～790 J/cm³,这个增加量与由流体的平流热转移产生的热量相比明显影响大。

第 8 章　溶液热力学

"扩散作用向来就有远较溶液热力学难处理的说法。然而事实上,我认为扩散作用还是相对比较简单的……我能够很容易解释扩散流动……但我怀疑我永远不能向任何人清楚解释化学势。"

——E. L. Cussler(1984;扩散作用:流体体系中的质量迁移)

至此所讨论的都是具有固定组成的相的热力学势。当相的组成是可变的时,则要考虑组成变化对相的热力学势的影响。前面 3.1 节中已经知道具有广度性质的热力学势如 H,F 和 G 都是热力学应用中最常用的,却仍然只是辅助函数,因为它们都可以从更基本的热力学势通过体系的拉格朗日变换推导得到。对一个所有组分的质量都固定,并且不受外力场影响的均一体系来说,U 可以由广度性质 S 和 V 完全确定。如果体系中的不同组分的物质的量是变化的,则需对 U 的表达式作适当修正,并导出各种辅助热力学势。U 的表达式的修正就是要引入一个新的本质的热力学性质,即溶液中一个组分的**化学势**。

8.1　化学势和化学平衡

吉布斯在其不朽著作"论非均一物质的平衡"中奠定了化学热力学的基础。该书出版于 1875 年,并发表在 1878 年美国康涅狄格州科学院学报上(Gibbs,1993)。吉布斯证明,设一个均一体系中各种不同的组分的摩尔数为 $n_1,n_2,\cdots$,该体系与环境发生可逆质量交换,则体系的内能 U 是其组分摩尔数以及 S 和 V 的函数,即

$$U = U(S, V, n_1, n_2, \cdots) \tag{8.1.1}$$

与式(2.7.6)$U = U(S, V)$不同,按上式,U 的全导数为

$$dU = \left(\frac{\partial U}{\partial S}\right)_{V,n_i} dS + \left(\frac{\partial U}{\partial V}\right)_{S,n_i} dV + \left(\frac{\partial U}{\partial n_1}\right)_{V,S,n_k \neq 1} dn_1 + \left(\frac{\partial U}{\partial n_2}\right)_{V,S,n_k \neq 2} dn_2 + \cdots$$

(8.1.2)

其中,n_i 为所有组分(即 $n_1,n_2,\cdots$)的摩尔数,而 n_k 则是除 U 对之求偏导的该组分摩尔数 n_i 以外的所有组分的摩尔数。

同样,与 $\partial U/\partial S = T$ 和 $\partial U/\partial V = -P$ 相比,现在,U 对各组分的摩尔数或质

量数的偏导数将有不同的形式。吉布斯称 U 对 n_i 的偏导数为组分 i 的化学势,用符号 μ_i 表示,即

$$\mu_i = \left(\frac{\partial U}{\partial n_i}\right)_{S,V,n_j \neq n_i} \tag{8.1.3}$$

这样,式(8.1.2)可写作

$$dU = TdS - PdV + \sum_i \mu_i dn_i \tag{8.1.4}$$

注意上式仅对可逆过程有效,因为 TdS 替换了 δq 项。这样,容易看出,根据第二定律(式(2.4.9)),对于不可逆过程来说,dU 小于上式中右侧的值。

U 和其他辅助状态函数或势之间的关系并不因现在 U 还依赖于体系中组分的摩尔数而有影响。这是因为一个简单事实,辅助函数的表达式由 U 的偏拉格朗日变换求得。例如,U 对 V 进行偏拉格朗日变换,不管 U 是否依赖组分的摩尔数,有 $I_V \equiv H = U + PV$(式(3.1.4))。这样,对 H,F 和 G(见组合式(3.1.1),有 $H = U + PV$;$F = U - TS$;$G = U - TS + PV$)微分,并按式(8.1.4)可得到如下式组合:

$$dH = VdP + TdS + \sum_i \mu_i dn_i \tag{8.1.5}$$

$$dF = -PdV - SdT + \sum_i \mu_i dn_i \tag{8.1.6}$$

$$dG = VdP - SdT + \sum_i \mu_i dn_i \tag{8.1.7}$$

式组合(8.1.1)

上式中除了附加项 $\sum \mu_i dn_i$ 以外,其余均与具有固定不变的组分摩尔数的体系的对应式相同(见式组合(3.1.2))。

虽然式(8.1.3)构成了化学势的基本定义,但从上面三式可以看到化学势也可根据各个热力学势,即 H,F 和 G 在保持一个适当的组合变量常数条件下的变化率来定义。化学势的各种表达式归纳如下:

$$\mu_i = \left(\frac{\partial U}{\partial n_i}\right)_{S,V,n_k \neq n_i}$$

$$\mu_i = \left(\frac{\partial H}{\partial n_i}\right)_{P,S,n_k \neq n_i}$$

$$\mu_i = \left(\frac{\partial F}{\partial n_i}\right)_{V,T,n_k \neq n_i}$$

$$\mu_i = \left(\frac{\partial G}{\partial n_i}\right)_{P,T,n_k \neq n_i}$$

式组合(8.1.2)

其中,在地质研究中用得最多的是最后一个根据 G 得到的 μ_i 的定义式,因为 P 和 T 是研究中最感兴趣的变量。

现设一个封闭体系(图8.1),该体系被渗透膜分隔为两个均匀部分(即 I 和 II),并且设该渗透膜仅允许一种组分 i 穿越或扩散。如果该体系保持恒定的 P-T

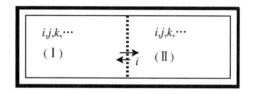

图 8.1　由半渗透膜隔开成两个部分的一个封闭体系,
该膜仅允许通过一种组分 i

条件,那么从一侧透过渗透膜进到另一侧的组分 i 所造成的体系总的吉布斯能的变化等于两个亚体系的吉布斯能变化的和。这样,在恒定的 P 和 T 条件下,有

$$dG = dG^{I} + dG^{II}$$
$$= \mu_i^{I} dn_i^{I} + \mu_i^{II} dn_i^{II}$$
$$= dn_i^{II}(\mu_i^{II} - \mu_i^{I}) \qquad (8.1.8)$$

上式最后的等号是因为整个体系是封闭的,即有 $dn_i^{I} + dn_i^{II} = 0$。对一个仅限于做 P-V 功的体系,其恒定 P-T 条件下的自然过程,有 $dG \leqslant 0$(式(3.2.4)),等号指体系达到平衡。这样,如果 $\mu_i^{II} > \mu_i^{I}$,则显然 $dn_i^{II} < 0$,意味着组分一定从子体系 II 流向子体系 I,即从较高的化学势的状态流向较低的化学势的状态(图8.2),体系的总自由能减少。当 $\mu_i^{I} = \mu_i^{II}$ 时,则必然没有组分 i 经过渗透膜的任何扩散作用,因为扩散过程不会减少体系的吉布斯自由能。所以子体系 I 和 II 之间的组分 i 的化学势相等就确定了整个体系的化学平衡条件。按照式(8.1.8)的推导,也很容易来表示其他各种条件下的平衡,例如在恒定的 T 和 V 条件下,或恒定的 S 和 V 条件下,或恒定的 S 和 P 条件下。对这些条件,只要相应地求取热力学势 F,U 和 H 的最小值也可得到两个子体系之间的组分 i 的化学势相等的条件。

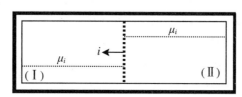

图 8.2　组分 i 从其较高的化学势状态流向较低的化学势状态

现在假定整个封闭体系含有任意的组分数,并且被分成任意个数的子体系,相互之间由半渗透膜隔开。为了让总体系的吉布斯自由能保持最小,一个必要和充分的条件是每一种组分的化学势在各个开放扩散交换的子体系中完全相同,因为,不然的话,一种组分由其较高的化学势扩散至较低的化学势必然导致体系的总吉布斯自由能的减少。

在上述中有两个要点需注意。第一,在规定条件下(即恒定 P-T 或 T-V 或 S-V 或 S-P)的化学平衡条件只是需要那些被允许在体系的各部分流动的组分的化学势相同。例如,在两个矿物$(Fe, Mg)SiO_3$(斜方辉石:Opx)和$(Fe, Mg)_2SiO_4$(橄榄石:Ol)之间的平衡,在不考虑电荷缺陷因素情况下,只需要$\mu_{Fe}^{Opx} = \mu_{Fe}^{Ol}$,在没有电荷缺陷情况下,由于电荷平衡的需要,两个矿物中的 Si 和 O 的成分都是固定的,因此,这些组分不允许在两个矿物之间扩散。

第二,要考虑多组分扩散作用中物质的流动。对于有两个以上组分的同时扩散的情况,一种组分由于与其他扩散组分强烈的交叉耦合作用,因而有可能向着其浓度甚或化学势增加的方向扩散。这种交叉耦合作用在多组分扩散理论中常被归因于流体动力效应,而向着组分浓度或化学势增加的方向扩散作用叫作**上坡扩散**。当然,仅当每一种扩散组分的化学势在体系允其流动的各部分之间都是相同的时,就达到平衡了。但一般来说,在多组分扩散作用中每一种组分不一定向着其化学势减少的方向流动。在这种作用中,每一种组分的流量取决于所有独立组分的化学势梯度,而不仅是其自身的化学势梯度。这是不可逆过程热力学的重要结论。请参阅后面的附录 A。然而,通常情况下,其他组分的交叉耦合作用不会强烈到足以改变另一个组分按其自身化学势梯度的流动方向的程度。

一般来说,事物总是从其相应的势的较高值流动或移动到较低值。例如,电荷从较高的电位流向较低电位;物体从较高的重力势落到较低的重力势。化学势的命名正是因为一个化学组分通常流向其化学势较低的方向。

8.2 偏摩尔性质

设 Y 是体系的某个广度热力学性质(即 G, F, H, S 或 V),那么,当压力,温度和所有其他组分的摩尔数均保持不变时,其对应的偏摩尔性质 y_i 就给出了 Y 相对于组分 i 的摩尔数变化的变化率,即有

$$y_i = \left(\frac{\partial Y}{\partial n_i}\right)_{P, T, n_j \neq n_i} \tag{8.2.1}$$

这样,偏摩尔吉布斯自由能定义为

$$g_i = \left(\frac{\partial G}{\partial n_i}\right)_{P, T, n_j \neq n_i} \tag{8.2.2}$$

同样,可以相应地对 F, H, S 和 V 定义它们的偏摩尔性质。

比较式(8.2.2)与式组合(8.1.2)中 μ_i 的表达式,可以看到在恒定的 P, T 和 n_i 条件下组分 i 的化学势 μ_i 与其偏摩尔吉布斯自由能相同。但是,很显然当化学势是用除 G 以外的其他任何状态函数定义,并用 y_i 表示其偏摩尔性质时,等式 $\mu_i = y_i$ 就不成立。

现在看一下一个广度量的总值或积分值与其相应的偏导数之间的关系。由于

$Y = f(P, T, n_1, n_2, \cdots)$，则在恒定的 P-T 条件下，有

$$dY = \left(\frac{\partial Y}{\partial n_1}\right)_{n_j \neq n_1} dn_1 + \left(\frac{\partial Y}{\partial n_2}\right)_{n_j \neq n_2} dn_2 + \cdots$$

$$= y_i dn_1 + y_2 dn_2 + \cdots \tag{8.2.3}$$

由于偏摩尔数具有强度性质，只要体系的组成保持不变，在恒定 P-T 条件下，其大小不会因体系的大小变化而变化。因为 $n_i = X_i N$，其中 X_i 是组分 i 的摩尔分数，N 是体系中所有组分的总摩尔数。如果 X_i 是恒定的，则有 $dn_i = X_i dN$。利用式 (8.2.3)，于是有 $dY = (y_1 X_1 + y_2 X_2 + \cdots) dN$。积分该式，即有

$$Y = (y_1 X_1 + y_2 X_2 + \cdots) N + I$$

其中，I 是积分常数。注意到，当 $N = 0$ 时，$Y = 0$（即当体系中不含任何内容时，体系没有广度性质），所以有 $I = 0$。上式中，将 n_i 代替 NX_i，就得到在恒定 P-T 条件下组分的广度性质和其相应的偏热力学性质之间的重要关系式

$$Y = \sum_i n_i y_i \tag{8.2.4}$$

例如，在恒定的 P-T 条件下，有

$$G = \sum_i n_i g_i = \sum_i n_i \mu_i \tag{8.2.5}$$

一个组分的摩尔性质显然不同于其偏摩尔性质，但是，从式(8.2.4)来看，可以将一种组分的偏摩尔性质看作是其在溶液中的"有效"摩尔性质，与纯物质的摩尔性质产生相应的机械混合的积分性质的方式相同，也就产生相应的溶液的积分性质。可以通过体积性质加以说明。对机械混合来说，$V = n_1 v_1^0 + n_2 v_2^0 + \cdots$，其中 V 和 v_i^0 分别是混合物的总体积和纯物质或纯组分 i 的摩尔体积。当组分在溶液中混合时，溶液的总体积 V 和特定组成的溶液的组分的偏摩尔体积之间有类似的关系，即按式(8.2.4)有

$$V = n_1 v_1 + n_2 v_2 + \cdots$$

将式(8.2.5)和式(8.1.7)合并就得到溶液组分化学势之间的重要关系式。将式(8.2.5)微分，有 $dG = \sum n_i d\mu_i + \sum \mu_i dn_i$。但根据式(8.1.7)，在恒定 P, T 条件下，又有 $dG = \sum n_i d\mu_i$。比较 dG 的这两个等式，可见在恒定 P-T 条件下，有

$$\sum_i n_i d\mu_i = 0 \tag{8.2.6}$$

或将上式两边同除溶液的总摩尔数，则又有

$$\sum_i X_i d\mu_i = 0 \tag{8.2.7}$$

此即**吉布斯-杜亥姆方程**，广泛应用于溶液热力学领域（见后文 8.5 节）。物理意义上说，在一个含 n 组分的体系中，$n-1$ 个组分的化学势是独立的。

习题 8.1 与式(8.2.7)相似的方程也适用于其他类型的偏摩尔性质。试证：在恒定 P-T 条件下,有

$$\sum_i X_i \mathrm{d} y_i = 0 \qquad (8.2.8)$$

提示:利用方程式 $Y = Y(P, T, n_1, n_2, \cdots)$

以后将称此式为吉布斯－杜亥姆通式。

习题 8.2 试证偏摩尔性质的以下方程式:

$$v_i = \left(\frac{\partial \mu_i}{\partial P}\right)_T; \quad -s_i = \left(\frac{\partial \mu_i}{\partial T}\right)_P; \quad h_i = \mu_i + T s_i$$

8.3 偏摩尔性质的测定

8.3.1 二元溶液

如果知道 Y 作为溶液的各组分摩尔数的函数的积分性质,那么,溶液中某个组分相应的偏摩尔数就可以很容易通过 Y 对 n_i 的偏微分,即式(8.2.1)求得。但是,通常函数中用的是组分的摩尔分数或浓度。本节将讨论从作为溶液组分的摩尔分数的函数的摩尔性质中导出偏摩尔数的方法。溶液的摩尔性质为 $Y_m = Y/N$ (例如,溶液的摩尔体积为 $V_m = V/N$,摩尔吉布斯能为 $G_m = G/N$,等等,其中 N 是所有组分的总摩尔数)。

首先考虑一个二元溶液,按照式(8.2.4),有

$$\mathrm{d} Y_m = \mathrm{d}(X_1 y_1 + X_2 y_2) = (X_1 \mathrm{d} y_1 + X_2 \mathrm{d} y_2) + (y_1 \mathrm{d} X_1 + y_2 \mathrm{d} X_2)$$

根据吉布斯－杜亥姆通式(8.2.8)可知,上式中的第一个括号项等于零。则在恒定 P-T 条件下,有

$$\mathrm{d} Y_m = y_1 \mathrm{d} X_1 + y_2 \mathrm{d} X_2 \qquad (8.3.1)$$

上式两边乘以 $X_1/\mathrm{d} X_2$,且对于二元溶液来说,有 $\mathrm{d} X_1 = -\mathrm{d} X_2$, 所以

$$X_1\left(\frac{\partial Y_m}{\partial X_2}\right)_{P,T} = -X_1 y_1 + X_1 y_2 \qquad (8.3.2)$$

又据式(8.2.4),有 $X_1 y_1 = Y_m - X_2 y_2$, 则得

$$X_1\left(\frac{\partial Y_m}{\partial X_2}\right)_{P,T} = -Y_m + y_2(X_1 + X_2) = -Y_m + y_2 \qquad (8.3.3)$$

或

$$y_2 = Y_m + X_1\left(\frac{\partial Y_m}{\partial X_2}\right)_{P,T} \qquad (8.3.4)$$

该式可以写为两种不同形式,即

$$y_i = Y_m + (1 - X_i)\left(\frac{\partial Y_m}{\partial X_i}\right)_{P,T} \tag{8.3.5}$$

$$y_i = Y_m + \left(\frac{\partial Y_m}{\partial X_i}\right)_{P,T} - X_i\left(\frac{\partial Y_m}{\partial X_i}\right)_{P,T} \tag{8.3.6}$$

上面两式在以后讨论多元组分溶液的偏摩尔性质时将十分有用。

一种组分的偏摩尔数与溶液的摩尔性质之间的关系可以由式(8.3.5)给出很简单的几何解释。如图 8.3 所示,一个假想的二元组分溶液的摩尔性质 Y_m 是组分 2 的摩尔分数 X_2 的函数。根据式(8.3.4),两个组分 y_1 和 y_2 在溶液组成为 X_2' 的偏摩尔性质可由 $Y - X$ 曲线在 X_2' 处的切线与两端 $X_2 = 0$ 和 $X_2 = 1$ 的垂直线相交点给出。为了证明这一点,假设对应溶液组成 X_2' 的值为 y_2。由图8.3,有

$$y_2(X_2') = Y_m(X_2') + Z$$

其中,$Y_m(X_2')$ 是溶液组成为 X_2' 时的 Y 的摩尔值。而

$$Z = (1 - X_2')\tan\theta$$

其中,$\tan\theta = (\partial Y_m/\partial X_2)$。所以,有

$$y_2(X_2') = Y_m(X_2') + (1 - X_2)\frac{\partial Y_m}{\partial X_2}$$

即如式(8.3.5)。显然,由图 8.3 可知,当 $X_i \rightarrow 1$ 时,$y_i \rightarrow y_i^0$,这里 y_i^0 即为纯组分 i 的摩尔数。

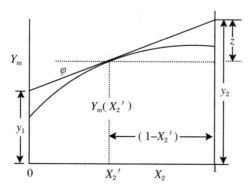

图 8.3　二元组分溶液中,由式(8.3.5)定义的偏摩尔数 y_i 的几何意义说明图

8.3.2　多元组分溶液

确定多组分溶液的偏摩尔数有两种不同的方法。一种是根据 Daken(1950)提出的将式(8.3.5)用于多元组分溶液;另一种是用 Hillert 等人(1998)提出的式(8.3.6)。以下只是列出这两种方法得到的最终结果式,并分别命名为 Darken 和 Hillert方程。有兴趣的读者可参阅他们的论文来了解如何推导这些方程。

8.3.2.1 Darken 方程

Darken(1950)证明了摩尔性质为 Y_m 的多组分溶液的一个组分的偏摩尔性质 y_i 可以由下式确定,即

$$y_i = Y_m + (1 - X_i)\left(\frac{\partial Y_m}{\partial X_i}\right)_{P,T,X_j/X_k \cdots X_n/X_k} \tag{8.3.7}$$

其中,$j \neq k \neq i$ 或 $n \neq k \neq i$。式(8.3.7)称为 Darken 方程,该式与二元溶液组分的偏摩尔性质表达式(8.3.5)相似。在除求导的组分以外的所有组分的相应量保持恒定条件下将 Y_m 求偏导数,这样,多组分溶液就降为一个假二元溶液。以一个三元溶液体系为例。设三元溶液的组成沿着图8.4中顶点1和二元底线2-3的连接直线变化,可见溶液组成中 X_2/X_3 的比值不变。这时,该三元溶液就是一个准二元溶液,其固定 X_2/X_3 比值线上任意点的组成的偏摩尔性质 y_i 可以由 Darken 方程得到。Sack,Loucks(1985)和 Ghiorso(1990)在处理多元矿物固溶体问题时应用了 Darken 方程。

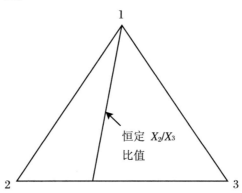

图 8.4　三元组分溶液降为假二元组分溶液的图示说明

其中连接端元组分1到底边的直线既是假二元线,此线上具有恒定的 X_2/X_3 比值

8.3.2.2 Hillert 方程

多元组分体系中偏摩尔性质的 Hillert 方程为

$$y_i = Y_m + \left(\frac{\partial Y_m}{\partial X_i}\right)_{P,T,X_{j\neq i}} - \sum_{l=i}^{n} X_1 \left(\frac{\partial Y_m}{\partial X_1}\right)_{P,T,X_{i\neq 1}} \tag{8.3.8}$$

该方程的优点在于在总和中涉及所有组分的各项可用相同方法处理,这就使得计算容易进行。因为有化学计量上的约束,即 $\sum X_i = 1$,在一个 n 组分体系中只有 $n-1$ 个独立组分。读者可从 Hillert(1998)中了解上式如何导出,但下面将说明二元表达式(8.3.6)如何转化为上式。

式(8.3.6)可写作

$$y_i = Y_m + \left(\frac{\partial Y_m}{\partial X_i}\right)_{(i+j),P,T} - X_i\left(\frac{\partial Y_m}{\partial X_i}\right)_{(i+j),P,T} \qquad (8.3.9)$$

其中,下标$(i+j)$表示i和j的摩尔分数的和保持恒定(在二元组分溶液中,$X_i + X_j = 1$)。为清晰起见,在下面偏导数下标中省略了作为常数的P和T。可以很容易证明,对于任何函数$Z = f(x_i, x_2, x_3 \cdots)$,有

$$\left(\frac{\partial Z}{\partial x_i}\right)_{(i+j),k} = \left(\frac{\partial Z}{\partial x_i}\right)_{j,k} - \left(\frac{\partial Z}{\partial x_j}\right)_{i,k} \qquad (8.3.10)$$

其中,下标k表示除i和j以外的其他摩尔分数保持恒定的组分(读者可以通过设定一个函数$Y = aX_i + bX_j + cX_k$来检查上式的有效性,并按上式左右两边进行运算,将会得到$a - b$)。将式(8.3.9)中的偏导数项按式(8.3.10)展开,重新整理,并代入$X_j = 1 - X_i$,则得

$$y_i = Y_m + \left(\frac{\partial Y_m}{\partial X_i}\right)_{X_j} - X_i\left(\frac{\partial Y_m}{\partial X_i}\right)_{X_j} - X_j\left(\frac{\partial Y_m}{\partial X_j}\right)_{X_i} \qquad (8.3.11)$$

此即式(8.3.8)的二元形式。

习题 8.3 许多溶液的摩尔性质可以表示为$Y_m = \sum X_i y_i^0 + \sum W_{ij}X_iX_j$,其中$W_{ij}$是对于$i$-$j$二元体系的常数,$y_i^0$是纯组分$i$的摩尔性质(这一类溶液统称为规则溶液,详见9.2.1节)。试用式(8.3.8)证明组分i的偏摩尔性质为$y_i = y_i^0 + \sum W_{ij}X_j - \sum W_{kj}X_kX_j$,其中前一个总和中包括了所有含$i$的二元组合,而后一个总和则包括了所有的二元组合。并证明当除了两个组分以外的其余组分均等于零时,此式回归到由式(8.3.4)导出的二元溶液的表达式。

8.4 溶液中组分的逸度和活度

溶液α中一个组分逸度的定义式与一个纯组分的吉布斯自由能的表达式(3.6.1)十分相似,只是用该组分的偏吉布斯自由能或化学势代替纯组分的吉布斯自由能,即

$$\mathrm{d}\mu_i^\alpha = RT\mathrm{d}\ln f_i^\alpha \qquad (8.4.1)$$

将式(8.4.1)在恒定的P-T条件下两个不同组成的体系状态间积分,有

$$\mu_i^\alpha(P,T,X) = \mu_i^\alpha(P,T,X^*) + RT\ln\left[\frac{f_i^\alpha(P,T,X)}{f_i^\alpha(P,T,X^*)}\right] \qquad (8.4.2)$$

根据式(8.4.1),式(8.4.2)等号右边的第一项又可表达为(即在两个不同压力的体系状态间积分)

$$\mu_i^\alpha(P,T,X^*) = \mu_i^\alpha(P',T,X^*) + RT\ln\left[\frac{f_i^\alpha(P,T,X^*)}{f_i^\alpha(P',T,X^*)}\right] \qquad (8.4.3)$$

将式(8.4.2)和(8.4.3)合并后,有

$$\mu_i^\alpha(P,T,X) = \mu_i^\alpha(P',T,X^*) + RT\ln\left[\frac{f_i^\alpha(P,T,X)}{f_i^\alpha(P',T,X^*)}\right] \qquad (8.4.4)$$

上面式(8.4.2)和式(8.4.4)表明作为压力和组成函数的化学势可以用两项的和来表达,其中的一个对数项解释了组成变化的影响。但是,将 $\mu_i(P,T,X)$ 分成两项并非只有唯一的形式。根据式(8.4.2),化学势随压力的变化可以由两项算式得出;而式(8.4.4)中,则仅有对数项得出。上两式右边的化学势被赋予的条件与分母中活度项被赋予的条件相同,这些条件既是**标准状态**,而逸度项的比值称为组分 i 在 P,T,X 条件下的**活度** $a_i(P,T,X)$。逸度和活度这两个概念都是由 Lewis 提出的(Lewis,1970;Lewis,Randall,1961),使得热力学公式可以应用到包含组分为非理想混合的溶液和气体的相平衡研究中。引进活度概念的原理是基于这样一个事实,即对高度非挥发物质来说,例如固体,如果不利用非常高级的仪器的话,根本不可能精确测定其逸度值。这种情况下,用物质在两个不同状态下的逸度的比值来代替不同状态下的个别逸度就大有好处。

所以,对应式(8.4.2),可将 $\mu_i^\alpha(P,T,X)$ 表示为

$$\mu_i^\alpha(P,T,X) = \mu_i^\alpha(P,T,X^*) + RT\ln a_i^\alpha(P,T,X) \qquad (8.4.5)$$

或对应式(8.4.4),有

$$\mu_i^\alpha(P,T,X) = \mu_i^\alpha(P',T,X^*) + RT\ln a_i^\alpha(P,T,X) \qquad (8.4.6)$$

需要注意的是,上述两式中的 $a_i(P,T,X)$ 有不同值,因为它们代表了不同状态下所对应的逸度。如果设上述两式左边的化学势等于标准状态下的化学势,则两种情况下均有 $RT\ln a_i^\alpha(P,T,X)=0$,或 $a_i^\alpha(P,T,X)=1$。可见,组分在**其选定的标准态的活度等于1**,而不管所选定的标准态为何值。对于标准态的选定,没有严格的热力学上的限制,除了必须满足:(1)标准态的温度即是**所研究条件下的温度**,这是因为方程(8.4.2)~(8.4.4)的计算均需在恒定温度下完成;(2)**固定的组成**。

虽然最终结果与所选择的标准态没有关系,但毫无疑义,选择适当的标准态能够大大简化结果的获得。这一点正是 Lewis 和 Randall(1961)所强调的要始终记得灵活选择标准态的原因,也就是要避免一种混淆的看法,即一旦对某给定的物质选择了标准态就一劳永逸不再改变。然而事实上,如下面将指出的,标准态的选择通常是为了更方便地应用热力学方法。为了简洁起见,将温度 T 时标准态的化学势和逸度分别表示为 $\mu_i^{*,\alpha}(T)$ 和 $f_i^{*,\alpha}(T)$, 其中没有隐含任何有关对压力的选择的要求,无论是选择所研究的压力条件下的 P,还是一个确定的压力 P'。总之,上面两式可用一个通式表示为

$$\mu_i^\alpha(P,T,X) = \mu_i^{*,\alpha}(T) + RT\ln a_i^\alpha(P,T,X) \qquad (8.4.7)$$

其中

$$a_i^\alpha = \frac{f_i^\alpha(P, T, X)}{f_i^*(T)} \tag{8.4.8}$$

　　（常有这样的说法，即纯组分的活度等于 1。但这种说法并不严密，除非所选的标准态是纯组分在所研究的 P-T 条件下的标准态，即 $\mu_i^*(T) = \mu_i^0(P, T)$。在后面 8.8.2 节将提到原因，这种对标准态的选择很适合处理有关非电解质溶液的问题。）

　　当处理固溶体或液体时，与之平衡的气相往往有多种组分。如果该气相具有理想气体的性质，而密度大的溶体中的组分具有相似的能量性质的话，那么，一个组分的偏气压 P_i 将与溶体中该组分 i 的量呈线性关系。即如果溶体中组分 i 的摩尔分数为 X_i，则有 $P_i = P_i^0 X_i$，其中 P_i^0 是纯组分 i 在相同温度下的气压。图 8.5(a) 显示了一个二元组分溶体所测定的组分气压的线性关系。然而，更多情况下，当与溶体平衡的气相偏离理想性质时（图 8.5(b)），则是组分的逸度（或校正气压）而不是其气压，与溶体中该组分的摩尔分数成正比，即 $f_i = f_i^0 X_i$，其中 f_i^0 是纯组分 i 在 P-T 条件下的逸度，同时假定溶体中各组分具有相似的能量性质。但如果这种假定不满足的话，则组分 i 的逸度为 $f_i = f_i^0 X_i \gamma_i$，其中 γ_i 是校正系数，即考虑到了溶体中各组分的能量性质差异的影响。这样，可写成一般表达式为

$$f_i^\alpha(T) = f_i^{*, \alpha}(T)(X_i \gamma_i)^\alpha \tag{8.4.9}$$

其中，X_i 是溶体中组分 i 的可测量值或是组分 i 含量的函数；γ_i 是相应的校正系数。而可调参数 γ_i 则是相 α 中组分 i 的**活度系数**。除了 X_i 是溶液组成的函数性质以外，γ_i 则是压力、温度和组成的函数。所以，用上述活度的定义（式(8.4.8)），则式(8.4.9)可改写为

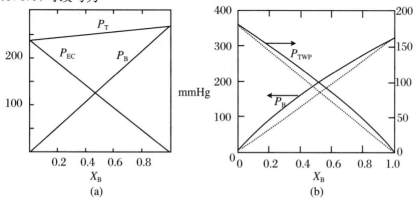

图 8.5　作为组成函数的组分气压和总压(P_T)的线性(a)和非线性(b)变化图

图(a)是温度在 49.99 ℃下的苯(B)-乙烯氯化物(EC)溶液，由 von Zawidzki(1900)测定；

图(b)是温度在 55 ℃下的苯(B)-2,2,4 三甲基十五烷(TMP)溶液，由 Sandler(1977)测定

$$a_i^\alpha = (X_i^{\cdot} \gamma_i^{\cdot})^\alpha \tag{8.4.10}$$

因此,有

$$\mu_i^\alpha(P, T, X) = \mu_i^{\cdot,\alpha}(T) + RT\ln X_i^{\cdot,\alpha} + RT\ln \gamma_i^{\cdot,\alpha} \tag{8.4.11}$$

概括以下几点来作为本节的总结:

在恒定的 P, T, X 条件下,

(a) 一个组分的逸度和化学势是个绝对量;

(b) 而组分的活度则取决于所选择的标准态;

(c) γ_i 则取决于标准态的选择和组成函数 $X_i^{\cdot}$,这从式(8.4.11)可明显看出。

8.5 用吉布斯-杜亥姆方程确定组分活度

如果已知二元组分体系中一种组分的活度,则利用吉布斯-杜亥姆方程,就可知道另一个组分的活度。将式(8.2.7)和式(8.4.5)合并,则

$$X_1 \mathrm{d}\ln a_1 = -X_2 \mathrm{d}\ln a_2 \tag{8.5.1}$$

这样,即有

$$\int_{X_1'}^{X_1''} \mathrm{d}\ln a_1 = -\int_{X_1'}^{X_1''} \frac{X_2}{X_1} \mathrm{d}\ln a_2$$

或

$$\ln a_1(X_1'') = \ln a_1(X_1') - \int_{X_1'}^{X_1''} \frac{X_2}{X_1} \mathrm{d}\ln a_2 \tag{8.5.2}$$

其中,X_1' 和 X_1'' 表示摩尔分数 X_1 的两个值。如果 a_2 是已知作为 X_1' 和 X_1'' 之间组成的函数,那么,在组成为 X_1'' 的 a_1 就可由上式中的积分完成。将 X_2/X_1 对 $-\ln a_2$ 作二维图求积分或直接用数值法求积分都会在靠近端点组成时产生精度问题,因为当 $X_2 \to 1$ 时,则 $X_2/X_1 \to \infty$,而当 $X_2 \to 0$ 时,则 $-\ln a_2 \to \infty$。Darken 和 Gurry(1953)指出后者的难点可以避免,只要用 $\ln \gamma_1$ 来代替 $\ln a_1$,然后由 $a_1 = X_1 \gamma_1$ 得到 a_1。为此,先将式(8.5.1)改写为

$$X_1 \mathrm{d}\ln X_1 + X_1 \mathrm{d}\ln \gamma_1 + X_2 \mathrm{d}\ln X_2 + X_2 \mathrm{d}\ln \gamma_2 = 0$$

因为 $X_i \mathrm{d}\ln X_i = \mathrm{d}X_i$,并且 $\mathrm{d}x_1 + \mathrm{d}X_2 = 0$,整理式(8.5.2),得

$$\ln \gamma_1(X_1'') = \ln \gamma_1(X_1') - \int_{X_1'}^{X_1''} \frac{X_2}{X_1} \mathrm{d}\ln \gamma_2 \tag{8.5.3}$$

由于 γ_2 是有限值,当 $X_2 \to 0$ 时,γ_2 接近于一个常数(即亨利定律,见8.8节),所以在 $X_2 = 0$ 处上式积分的图形估算就不会有问题。图 8.6 就是按照上式对二元 Cd-Pb 体系通过图解积分来估算 γ_{Pb}。当然现在用计算机可以得到更精确的数值解。

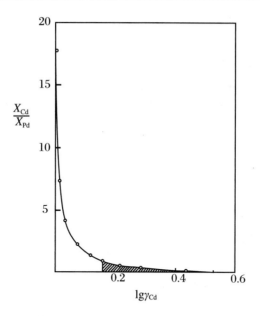

图 8.6　由 Cd‐Pb 二元体系在 500 ℃下 $\lg\gamma_{Cd}$的实验数据,按照式(8.5.3)计算结果所作图解积分来确定 $\lg\gamma_{Pb}$值。在两种组成之间 $\lg\gamma_{Pb}$的变化由图中曲线下的阴影面积给出(Darken,Gurry,1953)

8.6　溶液的摩尔性质

8.6.1　常用公式

利用式(8.2.5),溶液的摩尔吉布斯自由能 G_m为

$$G_m = \frac{G}{N} = \frac{1}{N}\left(\sum_i n_i\mu_i\right) = \sum_i X_i\mu_i \tag{8.6.1}$$

将式(8.4.7)代入,即有

$$G_m = \sum_i X_i\mu_i^* + RT\sum_i X_i\ln a_i \tag{8.6.2}$$

或者,按式(8.4.10)再将活度项分解开,则有

$$G_m = \underbrace{\sum_i X_i\mu_1^*}_{机械混合} + \left[RT\underbrace{\sum_i X_i\ln X_i}_{\Delta G_m^{ideal}} + RT\underbrace{\sum_i X_i\ln\gamma_i}_{\Delta G_m^{xs}}\right] \tag{8.6.3}$$

式(8.6.3)等号右边第一项表示标准态组分的**机械混合**的每摩尔吉布斯自由

能,而括号中的两项反映了混合作用的**化学**效应,用$\Delta G_{\mathrm{m}}^{\mathrm{mix}}$表示($\Delta G_{\mathrm{m}}^{\mathrm{mix}}$又分成理想和过理想效应两项,详见后叙)。这些概念可由图8.7说明,其中,选择在研究的P-T条件下的纯端元组分作为标准态。

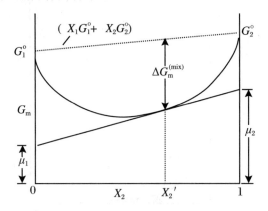

图8.7 稳定二元体系的混合作用的吉布斯自由能(图中向下凸圆弧实线)的图解说明

虚线代表机械混合的吉布斯自由能。$\Delta G_{\mathrm{m}}^{(\mathrm{mix})}$是在组成$X_2{}'$处的混合能。$\mu_1$和$\mu_2$分别是在组成$X_2{}'$处的组分1和2的偏摩尔吉布斯能或化学势

式(8.6.3)即是一个基本方程,溶液的其他摩尔性质可从此式导出。利用等式$S = -(\partial G/\partial T)_P$和$V = -(\partial G/\partial T)_T$,即可导得如下溶液的摩尔熵($S_{\mathrm{m}}$)和($V_{\mathrm{m}}$):

$$S_{\mathrm{m}} = \sum_i X_i S_1^* + \underbrace{\left[- R \sum_i X_i \ln X_i^* - R \sum_i X_i \ln \gamma_i - RT \sum_i X_i \frac{\partial \ln \gamma_i}{\partial T}\right]}_{\Delta S_{\mathrm{m}}^{\mathrm{mix}}}$$

$$(8.6.4)$$

和

$$V_{\mathrm{m}} = \sum_i X_i V_i^* + \underbrace{\left[RT \sum_i X_i \frac{\partial \ln \gamma_i}{\partial P}\right]}_{\Delta V_{\mathrm{m}}^{\mathrm{mix}}}$$

$$(8.6.5)$$

又由$H = G + TS$,则有

$$H_{\mathrm{m}} = \sum_i X_i H_i^* + \underbrace{\left[- RT^2 \sum_i \frac{\partial \ln \gamma_i}{\partial T}\right]}_{\Delta H_{\mathrm{m}}^{\mathrm{mix}}}$$

$$(8.6.6)$$

现选用橄榄石固溶体$(\mathrm{Fe},\mathrm{Mg})_2\mathrm{SiO}_4$作为例子来说明上述概念。如后面9.1节将所论及的,其端元组分$\mathrm{I}_2\mathrm{SiO}_4$($\mathrm{I}$:$\mathrm{Mg}$或$\mathrm{Fe}$)的活度可表达为

$$a_{\mathrm{I}_2\mathrm{SiO}_4} = (X_{\mathrm{I}}\gamma_{\mathrm{I}})^2 \qquad (8.6.7)$$

其中,指数 2 是因为该固溶体的化学式有 2 mol 阳离子。与组分活度的一般式 a_i^q $= (X_i \gamma_i)$ 相比较,有 $X_{Fo} = (X_{Mg})^2$,$\gamma_{Fo} = (\gamma_{Mg})^2$,其中 Fo 代表镁橄榄石 (Mg_2SiO_4)。相应地,铁橄榄石 (Fe_2SiO_4) 的活度也有一样的表述。将方程式 (8.6.7) 和 (8.6.2) 合并,则每摩尔固溶体 $(Fe, Mg)_2SiO_4$ 的吉布斯自由能为

$$G_m = \sum_i X_i \mu_i^* + RT \sum_i X_i \ln(X_i \gamma_i)^2$$
$$= (X_{Mg} \mu_{Mg_2SiO_4}^* + X_{Fe} \mu_{Fe_2SiO_4}^*)$$
$$+ [2RT(X_{Mg}\ln X_{Mg} + X_{Fe}\ln X_{Fe}) + 2RT(X_{Mg}\ln \gamma_{Mg} + X_{Fe}\ln \gamma_{Fe})]$$

$$(8.6.8)$$

如果选择所研究 P-T 条件下纯镁橄榄石 (Mg_2SiO_4) 和纯铁橄榄石 (Fe_2SiO_4) 为标准状态,则上式中右边第一个括号项等于 $(X_{Mg}G_{Fo}^o + X_{Fe}G_{Fa}^o)$。

8.6.2　混合熵和活度表述的选择

至此,值得回顾一下前面第 2 章关于从玻尔兹曼方程导出的混合熵的表达式。式 (2.6.6) 显示,溶液中混合单元的随机分配为 $S_{conf} = -\nu R \sum X_i \ln X_i$,其中 ν 表示每摩尔该溶液中混合单元的摩尔数。由此式即得出式 (8.6.8) 方括号中的第一项,即端元组分混合熵中理想混合部分的贡献 $T\Delta S_{mix}$(理想),因为随机分配是理想混合的必要条件。这样,就为固溶体 $(Fe, Mg)_2SiO_4$ 的端元组分的活度表述的选择提供了理论基础。一般来说,活度的表达式应当是这样:当活度系数项忽略不计时,由它可以得到从玻尔兹曼方程式获得的混合熵。

8.7　理想溶液和过量热力学性质

8.7.1　热力学方程式

只要其中被选择来描述该溶液性质的每个组分的活度系数都等于 1,这个溶液就定义为热力学意义上的理想溶液。于是,从式 (8.4.11) 得到,对理想溶液的每个组分 i 而言,有

$$\mu_i^\alpha(P, T, X) = \mu_i^{*,\alpha}(T) + RT\ln X_i^{\cdot,\alpha} \qquad (8.7.1)$$

所以理想溶液的摩尔性质可以很容易地从方程式 (8.6.3)~(8.6.6) 得到,只要设其中的 $\gamma_i = 1$。显然,对于热力学意义上的理想溶液来说,其摩尔焓 (H_m) 和摩尔体积 (V_m) 均可很简单地由其相应的标准态性质的线性组合得到。这种线性组合因而也常被称作**机械混合**。例如,如果将所研究的 P-T 条件下的纯组分选作标

准态,则溶液的 H_m 和 V_m 可由其个别的端元组分的线性组合给出,只要溶液性质就其各端元组分的混合是理想的。但从式(8.6.3)和(8.6.4)可以注意到,即使对于热力学意义上的理想溶液来说,仍有不等于零的混合吉布斯自由能和混合熵。式(8.6.3)显示了混合吉布斯自由能的理想和非理想部分。

理想溶液的摩尔性质归纳如下:

$$
\begin{aligned}
G_m &= \sum_i X_i \mu_i^* + RT \sum_i X_i \ln X_i \\
S_m &= \sum_i X_i S_i^* - R \sum_i X_i \ln X_i \\
V_m &= \sum_i X_i V_i^* \\
H_m &= \sum_i X_i H_i^*
\end{aligned}
$$

式组合(8.7.1)

注意,因为 $X_i < 1$,所以理想混合吉布斯自由能总是小于零,而理想混合熵则总是大于零。理想混合体积和理想混合焓则为零。

溶液的热力学性质与其对应的理想性质之间的差异可以定义为**过量**(英文缩写为 xs)热力学性质。例如,根据式(8.6.8),对 1 mol 橄榄石固溶体 $(Fe, Mg)_2SiO_4$ 的过量吉布斯自由能来说,有

$$\Delta G_m^{xs} = 2RT(X_{Mg} \ln \gamma_{Mg} + X_{Fe} \ln \gamma_{Fe}) \tag{8.7.2}$$

上式中的 2 是因为所选择的橄榄石,其每摩尔量中有 2 mol 的 $(Fe + Mg)$。如果写成 1 mol 混合单元,即 $(Fe, Mg)Si_{0.5}O_2$,可由图 8.8 说明其固溶体中混合的理想和过量吉布斯自由能。式(8.6.3)中包含了过量吉布斯自由能项。在式(8.6.3)~(8.6.6)中凡含活度系数 γ_i 的项构成了过量热力学性质。

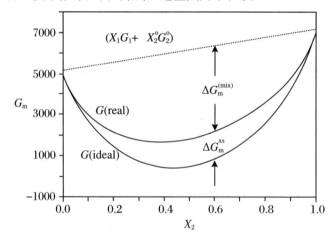

图 8.8 二元组分溶液中混合摩尔吉布斯自由能 $\Delta G_m^{(mix)}$ 和
过量摩尔吉布斯自由能 ΔG_m^{xs}

后面 9.2.2 节中将给出该图的具体计算,本例中 $\Delta G^{xs} > 0$

这样,根据定义,项 $RT\ln\gamma_i$ 就代表了组分 i 的过量化学势。又由于化学势代表了偏摩尔吉布斯自由能,所以 $RT\ln\gamma_i$ 实际上就代表了溶液中组分 i 的过量偏摩尔吉布斯自由能。因此,根据偏摩尔性质的定义式(8.2.1),有

$$RT\ln\gamma_i \equiv \mu_i^{xs} = \left(\frac{\partial \Delta G^{xs}}{\partial n_i}\right)_{P,T,n_j \neq n_i} \tag{8.7.3}$$

利用式(8.3.5),对二元组分溶液来说,有

$$RT\ln\gamma_i = \Delta G_m^{xs} + (1 - X_i)\left(\frac{\partial \Delta G_m^{xs}}{\partial X_i}\right) \tag{8.7.4}$$

从方程(8.3.7)和(8.3.8)可以很容易将上式引申到多组分溶液体系中。在多元体系中利用式(8.3.8)计算活度系数更方便一些。

8.7.2　理想混合:关于组分的选择和性质

从量热学的角度看,溶液如果具有零混合焓,则是因其生成热与端元组分间的组成呈线性变化。但是,即使溶液的生成热和其他性质相对于端元组分的性质来说具有非理想行为,仍可通过设定端元组分的假想性质而将溶液处理为理想溶液或只是在一定组成范围内具有少许非理想性。用图 8.9 来说明这一点,其中 A 和 B 的混合产生正值的混合焓。然而,如果将一个假定的生成焓值 $\Delta H'_{f(B)}$ 赋予组分 B,则在 X_B 为 0~0.6 范围内,溶液的混合行为可以处理为理想溶液。这是完全合理的,并且往往有利于选择组分的假想性质或作为标准态的假想组分。通过将实际测定的性质数据的外推,或其他方法,例如对所研究的组成范围内非理想性质的最小化计算,可导出溶液的热力学性质。

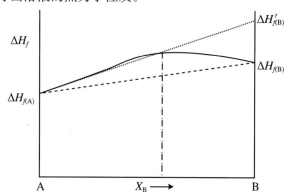

图 8.9　二元溶液组分 A 和 B 的非理想混合焓在组成范围 0≤
X_B≤0.6 范围内处理为理想混合性质的图示说明

其中假设了组分 B 的生成焓 $\Delta H'_f$,实际的生成焓 ΔH_f 随组成的变化由实线标记

8.8 稀释溶液中溶解物和溶剂的特性

认识稀释溶液中溶解物和溶剂的热力学行为,对于如何选择适当的标准态,从而简化活度-组成关系,和掌握溶液的特性,例如熔体中影响其性质的水的特性,以及认识熔体中微量元素的地球化学作用等,都有重要意义。稀释溶液中溶解物和溶剂的极限性的特点分别体现在亨利(Henry)定律和拉乌尔(Raoult)定律中。虽然这两个定律都来自各自的实验测量,但事实上它们互成因果关系。以下先讨论亨利定律,该定律的提出在拉乌尔定律之前,而拉乌尔定律是亨利定律深入研究的结果。

后面的 11.2 节将会论及亨利定律在认识熔体中微量元素的平衡特性起着关键的作用,这种平衡特性与熔融的程度和源区的性质有关。Ottonello(1997)归纳了在热液和岩浆体系中具有地球化学意义的满足亨利定律的各种元素的浓度极限,十分有用。

8.8.1 亨利定律

亨利(William Henry,1774~1836)发现,当溶质在溶液中的摩尔分数很小时,其部分汽压与其摩尔分数成正比。此即亨利定律(**Henry** 定律)。在近代表述中,分压已被说明气相的非理想特性的逸度概念所取代。亨利定律的公式表示为

$$\text{Limit } X_i \to 0, \quad f_i = K_H X_i \tag{8.8.1}$$

其中,X_i 是溶质 i 的摩尔分数;K_H 是亨利定律常数。如果不用摩尔分数,而直接用测得的物质的量浓度 m_i,如在电解质溶液领域常用的,则有

$$\text{Limit } m_i \to 0, \quad f_i = K_H^* m_i \tag{8.8.1'}$$

其中,K_H^* 是采用物质的量浓度的亨利定律常数(物质的量浓度定义为每千克溶剂中的溶质的摩尔数)。由于逸度与活度成比例(即 $a_i = f_i/f_i^*$,其中 f_i^* 是标准态逸度(式(8.4.8))),所以又有

$$\text{Limit } X_i \to 0, \quad a_i \propto X_i \tag{8.8.2}$$

并且与物质的量浓度表示式一样,其中的比例常数即是亨利定律常数除以 f_i^*。

将式(8.8.2)与式(8.4.10)比较,即可知式(8.8.2)中的比例常数等于活度系数 γ_i。所以,在亨利定律有效范围内,γ_i **独立**于 X_i(或 m_i),但是与 P,T 和溶液组成**相关**。

上面最后三个公式中的溶质 i 是溶液中的**实际溶质**,而不是游离或伴随的溶质。图 8.10 显示了溶液中实际溶质的亨利定律特点。但如上所述,该定理并不满

足逸度(或活度)与未解离的部分溶质,例如水溶液中 HCl 的摩尔分数之间的关系,但却分别满足与离子产物 H^+ 和 Cl^- 之间的关系。当 $X_{HCl^·} \to 0$ 时,HCl 的逸度将与 $(X_{HCl^·})^2$ 成比例,而不是满足式(8.8.2)或(8.8.1),其中 $X_{HCl^·}$ 是水溶液中未离解的极微量的 HCl 的摩尔分数,即

$$X_{HCl^·} = \frac{n_{HCl^·}}{n_{HCl^·} + n_{H_2O}} \tag{8.8.3}$$

其中,$n_{HCl^·}$ 是水溶液中未解离的 HCl 的摩尔数。下面用 $X_{i^·}$ 表示溶质 i^* 的标称摩尔分数。

一般地说,对几近全部解离的溶质的逸度,有

$$\text{Limit } X_{i^·} \to 0, \quad f_{i^·} = K_H(X_{i^·})^n \tag{8.8.4}$$

其中,n 是溶液中 1 mol 的溶质 i^* 中各组分的总摩尔数;$X_{i^·}$ 则是溶质的表观或标称摩尔分数。将上式两侧除以溶质的标准状态逸度 $f_{i^·}$,则有

$$\text{Limit } X_{i^·} \to 0, \quad a_{i^·} = K_H'(X_{i^·})^n \tag{8.8.5}$$

其中,$K_H' = K_H/f_{i^·}$。

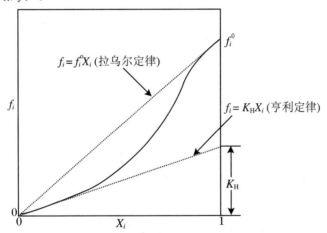

图 8.10　溶液中组分的逸度和组成关系

当溶液稀释时满足亨利定律,而在接近完全浓缩时则满足拉乌尔定律

为了证实上面陈述中有关指数 n 的性质,需要较详细地考察一下水溶液中 HCl 的性质。在稀释条件下,HCl 几乎全部离解为

$$HCl(aq) \Longrightarrow H^+(aq) + Cl^-(aq) \tag{8.8.a}$$

用后面 10.4 节导出的结果,可得到在平衡条件下

$$K = \frac{(a_H^{aq+})(a_{Cl}^{aq-})}{a_{HCl}} \tag{8.8.6}$$

其中,K 是恒定 P-T 条件下的常数(因而称其为平衡常数),而 a 则代表水溶液中特定组分的活度。因为组分的活度与其逸度成比例(式(8.4.8)),有

$$f_{HCl} \propto (f_{H^+})(f_{Cl^-}) \tag{8.8.7}$$

这里,省略了 aq,如果 H^+ 和 Cl^- 都遵守亨利定律,利用式(8.8.1),由 $X_{HCl} \to 0, f_{H^+} \propto X_{H^+}, f_{Cl^-} \propto X_{Cl^-}$,则由上式,有

$$f_{HCl} \propto (X_{H^+})(X_{Cl^-}) \tag{8.8.8}$$

其中

$$X_{H^+} = \frac{n_{H^+}}{n_{H^+} + n_{Cl^-} + n_{H_2O}} \tag{8.8.9}$$

$$X_{Cl^-} = \frac{n_{Cl^-}}{n_{H^+} + n_{Cl^-} + n_{H_2O}} \tag{8.8.10}$$

如果 HCl 在溶液中完全离解,则据化学反应计量式(8.8.a),有 $n_{H^+} = n_{Cl^-} \approx n_{HCl^\cdot}$,则

$$X_{H^+} = X_{Cl^-} \approx \frac{n_{HCl^\cdot}}{2n_{HCl^\cdot} + n_{H_2O}} \tag{8.8.11}$$

对于稀释的 HCl 溶液来说,上式中分母近似等于 $(n_{HCl^\cdot} + n_{H_2O})$ 因此 $X_{H^+} = X_{Cl^-} \approx X_{HCl^\cdot}$。这样,当 $X_{HCl^\cdot} \to 0$ 时,由式(8.8.8),得

$$f_{HCl} \propto (X_{HCl^\cdot})^2 \tag{8.8.12}$$

8.8.2 拉乌尔定律

拉乌尔(Francois-Marie Raoult,1830~1901)从实验研究发现,当溶剂的摩尔分数接近 1 时,其气压为 $P_s^\circ X_s$,其中 P_s° 是纯溶剂的气压(图 8.5(b)),X_s 能达到何值仍满足该式则取决于体系。像亨利定律的近代表述一样,拉乌尔定律也根据逸度而不是气压来表达,因为气相具有非理想性质。下面将要说明溶剂的这一性质是稀释溶液中溶质遵守亨利定律的结果。

假设一种溶液含有多种溶质,每一种溶质在一定的稀释范围内都遵守亨利定律。根据吉布斯-杜亥姆方程(式(8.2.7)),在恒定 P-T 条件下,有

$$\sum_i X_i \mathrm{d}\mu_i + X_j \mathrm{d}\mu_j = 0$$

其中,i 代表溶质,j 代表溶剂。应用式(8.4.1) $\mathrm{d}\mu_i = RT\mathrm{d}\ln f_i$,有

$$\sum_i X_i \mathrm{d}\ln f_i + X_j \mathrm{d}\ln f_j = 0 \tag{8.8.13}$$

如果每一种溶质都遵守亨利定律,则有

$$X_1 \mathrm{d}\ln X_1 + X_2 \mathrm{d}\ln X_2 + X_3 \mathrm{d}\ln X_3 + \cdots + X_j \mathrm{d}\ln f_j = 0 \tag{8.8.14}$$

将上式两侧对 X_1 求导,有

$$X_1 \frac{\mathrm{d}\ln X_1}{\mathrm{d}X_1} + \sum_{i \neq 1} X_i \frac{\mathrm{d}\ln X_i}{\mathrm{d}X_1} + X_j \frac{\mathrm{d}\ln f_j}{\mathrm{d}X_1} = 0 \tag{8.8.15}$$

或,应用方程式 $\mathrm{d}X/X = \mathrm{d}\ln X$,有

$$1 + \sum_{i \neq 1} \frac{\mathrm{d}X_i}{\mathrm{d}X_1} + X_j \frac{\mathrm{d}\ln f_j}{\mathrm{d}X_1} = 0 \tag{8.8.16}$$

将化学计量关系式 $X_1 + X_2 + X_3 + \cdots + X_j$(溶剂)$= 1$ 两侧对 X_1 求导,有

$$1 + \sum_{i \neq 1} \frac{\mathrm{d}X_i}{\mathrm{d}X_1} + \frac{\mathrm{d}X_j}{\mathrm{d}X_1} = 0 \tag{8.8.17}$$

将上两式合并,有

$$X_j \frac{\mathrm{d}\ln f_j}{\mathrm{d}X_1} = \frac{\mathrm{d}X_j}{\mathrm{d}X_1} \tag{8.8.18}$$

这样,有

$$\mathrm{d}\ln f_j = \mathrm{d}\ln X_j \tag{8.8.19}$$

由于已经设定溶液满足亨利定律,上式对溶剂(j)在溶质遵守亨利定律的组成范围有效。将上式在 $X_j = 1$ 和 X_j' 之间积分,X_j' 是溶质遵守亨利定律的范围内溶剂的组成,则有

$$\ln \frac{f_j(X_j')}{f_j^\circ} = \ln X_j'$$

其中,$f_j(X_j')$ 和 f_j° 分别是在所研究 $P-T$ 条件下溶剂组成为 X_j' 和纯相时的逸度。因为当 $X_j \to 1$ 时,有 $X_i \to 0$,所以有

$$\lim X_j \to 1, \quad f_j(X_j) = f_j^\circ X_j \tag{8.8.20}$$

如果选择所研究的 $P\text{-}T$ 条件下组分的纯相作其标准态,则 $f_j(X_j)/f_j^\circ = a_j(X_j)$,这种情况下,拉乌尔定律可写为

$$\lim_{X_j \to 1}, \quad a_j = X_j \tag{8.8.21}$$

图 8.11 说明了在以所研究的 $P\text{-}T$ 条件下的纯相为标准态时,溶液中组分的活度与其组成的函数关系。图中该组分与理想溶液状态有负偏离。

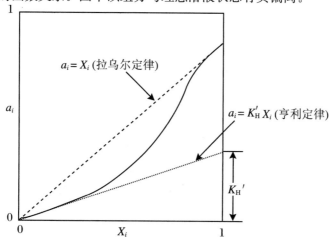

图 8.11 假想的二元组分溶液中组分(i)的活度与组成的关系图

图中显示了当以所研究 $P\text{-}T$ 条件下组分的纯相(实际的或假设的)为其标准态时,在溶液处在稀释和浓缩两个极端时的特点。$K_H' = K_H/f_i^\circ$,其中 K_H 是逸度表示式(8.8.1)中的亨利定律常数,f_i° 是所研究 $P\text{-}T$ 条件下纯组分 i 的逸度

习题 8.4 试导出溶液中一组分的活度与组成的关系,假设标准态为如图 8.10 中将满足亨利定律的逸度外推至 $X_i = 1$ 时的状态。

8.9 水在硅酸盐熔融中的作用

Burnham 和 Davis(1974)测定了溶解在钠长石(NaAlSi$_3$O$_8$)熔体中 H$_2$O(w) 的逸度。一个很有意义的发现是,在熔体中的标称水的含量从低到很高的范围内,f_w 与 $(X_w.)^2$ 成正比,其中 $X_w.$ 表示熔体中 H$_2$O 的表观或标称摩尔分数(即非电离的水的摩尔分数)。图 8.12 显示了实验观察到的 800 ℃时 $f_w^m - (X_w.)^2$ 的函数关系。在该观察中包括了钠长石熔融中完全电离分解为氢氧根离子的 H$_2$O。从这一点可进一步考虑水在硅酸盐中溶解度的机理及其在岩石学中的重要意义。

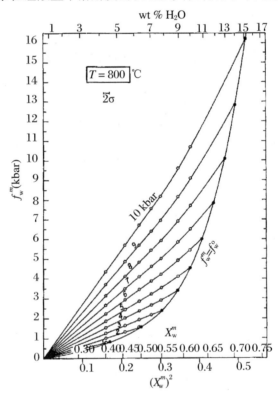

图 8.12 NaAlSi$_3$O$_8$ - H$_2$O 中 H$_2$O 的逸度与其摩尔分数 X_w^m 的关系图

方块符号表示温度为 800 ℃总压分别为 2~10 kbar 下熔体中标称 H$_2$O 的摩尔分数。曲线 $f_w^m = f_w^o$ 表示 800 ℃条件下的饱和边界,f_w^o 则为气相中纯水的逸度 (Burnham,Davis,1974)

硅酸盐在结构上的拓扑变化根本上是基于相邻 SiO_4 四面体中氧原子分配方式的不同。每个四面体由中心位置的 Si 原子和顶点上的四个氧原子组成。虽然硅酸盐熔体也由 SiO_4 四面体群组成,但却是以一种随机排列的方式,并且一定程度上在相邻四面体之间共享氧原子,其程度取决于形成熔体的矿物结构。例如,在镁橄榄石 Mg_2SiO_4 熔体中 SiO_4 四面体之间没有氧原子的共享或聚合,因此其结晶状态下也缺乏氧原子的聚合,而钠长石的熔体中存在许多共享的氧原子,所以形成了三维的 SiO_4 四面体的网络结构,即每个四面体的四个氧原子分别为四个相邻四面体所共享。

硅酸盐熔体中水的分解,通常假定是水与聚合氧或桥氧(O_b)的反应形成的,即

$$H_2O(m) + O_b(m) \rightarrow 2(OH)^-(m) \tag{8.9.a}$$

上述反应过程形成两个分离的聚合四面体,如图 8.13 所示,每个 $(OH)^-$ 与两个四面体的顶点相连,这两个四面体的顶点本来是与桥氧相连的[1]。有关熔化机理关于水对硅酸盐熔体的物理-化学性质的影响以及水对矿物熔融温度的不均匀下降的影响的研究可得出许多重要的结论,水的存在会影响由岩石的部分熔融形成的硅酸盐熔体的组成(Philpotts,1990)。

上面 8.8.1 节说明,如果一摩尔溶质完全分解,则在亨利定律对实际溶质有效范围内,标称溶质的逸度与其摩尔分数的 n 次乘方成比例(见式(8.8.5)和式(8.8.12)),其中 n 为一摩尔标称溶质中所分解的溶质的摩尔数,**但仅当标称溶质的摩尔分数趋于零时才满足**。如下要说明的,在稀释溶液中 f_{w^*} 与 (X_{w^*}) 成正比清楚地意味着当 $X_{w^*} \rightarrow 0$ 时,水几乎完全地分解为两个 $(OH)^-$ 离子。但必须强调指出,由式(8.8.12)的推导可以知道如果 H_2O 继续完全分解为两个 $(OH)^-$,那么在较高的 X_{w^*} 值时,$f_{w^*} \propto (X_{w^*})^2$ 就不成立。然而正如 Stolper(1982a)指出的,即使到较高的 X_{w^*} 值,但依旧 $f_{w^*} \propto (X_{w^*})^2$,则说明除了当 X_{w^*} 足以稀释以致熔体中桥氧的活度 $a(O_b)$ 能保持不变以外,水在硅酸盐熔体中没有全部分解为两个 $(OH)^-$ 离子。

f_{w^*} 与 (X_{w^*}) 的函数关系可由下面方法导得。对平衡反应(8.9.a)来说,有

$$K(P,T) = \frac{(a_{OH^-}^m)^2}{(a_{H_2O}^m)(a_{O_b}^m)} \tag{8.9.1}$$

其中,$K(P,T)$ 为恒定 P-T 条件下的平衡常数(平衡常数的概念将在 10.4 节再详述)。因为在恒定 P-T 条件下的逸度和活度成正比,所以由上式可得

$$f_{H_2O}^m \propto \frac{1}{a_{O_b}^m}(f_{OH^-}^m)^2 \tag{8.9.2}$$

---

[1] 该熔化机理或可用鲍林静电价规则(Pauling,1960)予以解释。按照该原理,与 4 个氧原子配位的 Si^{4+} 离子配给每个氧一个正电荷。这样,每个聚合氧离子 O^{2-} 就从共用四面体的两个 Si^{4+} 离子上得到两个正电荷。当桥氧为两个 OH^- 离子替换并且四面体解聚时,事实上电荷依旧保持,因为每个羟基因从一个中心 Si^{4+} 离子得到一个正电荷。

又随着 $X_w. \to 0$，有 $X_{(OH)^-} \to 0$，则按照亨利定律，有

$$f^m_{(OH)^-} \propto X^m_{(OH)^-} \qquad (8.9.3)$$

如果 $X_{(OH)^-}$ 很小，所以按照反应(8.9.a)所生成的氢氧根离子也少到不足以影响 $O_b(m)$ 的数量，因此 $a^m_{O_b}$ 在恒定 P-T 条件下有效地起到常数的作用。当 $X_w. \to 0$，可将上面两式合并得到

$$f^m_{H_2O} \propto (X^m_{(OH)^-})^2 \qquad (8.9.4)$$

然而，因为按照反应(8.9.a)，$X_{(OH)^-}(m) = 2X_w.$ 并且在平衡条件下，$f^m_{H_2O} = f^v_{H_2O}$，所以最后得到，当 $X_w. \to 0$，有

$$f^v_{H_2O} = f^m_{H_2O} \propto (X^m_w.)^2 \qquad (8.9.5)$$

Stolper(1982a；1982b)由淬火的硅酸盐玻璃的红外光谱和热力学计算证明了在熔体中 H_2O 的形成量的变化与熔体中标称 H_2O 的数量呈函数关系。如图8.14所示，光谱数据表明在稀释条件下，正如式(8.9.5)所显示的，水几乎全部分解为氢氧根离子，但是，熔体中的分子 H_2O 则随标称水(H_2O^*)的量的增加而增加，以致当 H_2O^* 的质量分数大于4.5%时超过熔体中氢氧根离子的量。

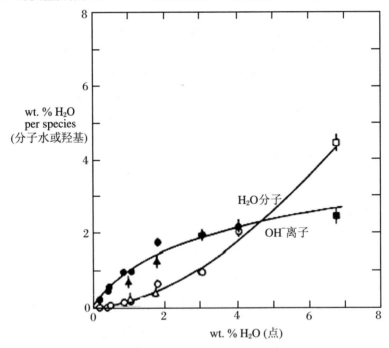

图8.14　由红外光谱测定的硅酸盐熔体中的分子 H_2O 和 $(OH)^-$ 的浓度
(wt.%，质量分数)与标称(总)水量的关系图
圆圈：流纹岩玻璃；三角：玄武岩玻璃；方块：钠长石玻璃(Stolper,1982)

8.10　标准状态:摘要与述评

即便可能有些多余,在这里还是要不厌其烦地归纳一下上述有关标准态的讨论:

(a) 标准状态的温度必须总是设定为所要研究的温度,但可以自由选择标准状态的组成和压力。当然这种选择也需谨慎进行。

(b) 设溶液中的一组分为 i。一种方便的处理方法是,在任何 P-T 条件下,当 $X_i \to 1$ 时,要有 $a_i = X_i$。正如式(8.8.21)所示,这只有将在所研究 P-T 条件下的纯组分 i 作为标准态才可以实现。采用这种标准态,当 $X_i \to 0$ 时,有 $a_i \to K_H X_i$,其中 K_H 是常数(见图 8.11)。

(c) 当处理的对象只是溶液中的稀释组分时,最好要选用标准态,能够使得当 $X_i \to 0$ 或 $m_i \to 0$ 时,有 $a_i = X_i$,其中 m_i 是溶液中组分 i 的摩尔分数,取决于对 i 所用的测定方法。这时就要采用一种假设的状态作为标准态,这种假设的状态可以通过将满足"亨利定律线"外推直到 $X_i \to 1$ 或 $m_i \to 1$ 来得到(见习题 8.4)。有关该标准态的选择将在后面的 12.4 节论述电解液的内容时再讨论。

(d) 对凝聚组分来说,通常将其在 1 bar 和 T 时的纯组分态作为标准态。这样,在 1 bar 和 T 条件下,$a_i \to X_i$。而在较高压力下纯组分的活度为

$$RT \ln a_i^\circ(P', T) = G_i^\circ(P', T) - G_i^\circ(1\ \text{bar}, T) = \int_1^{P'} V_i^\circ dP \quad (8.10.1)$$

上式第一个等号来自方程式(8.4.7)。

(e) 对气相来说,最好使活度在数值上等于逸度。为此,气相的标准态的选择,一定要使得在所选的压力下纯气相的逸度等于 1(图 8.15)。由于在足够低的压力下,所有气体都具有理想性质,所以,可以假定 $P = 1$ bar 时,$f_i = P = 1$。然而,即使气压在 1 bar 时还没有低到足以使所有气体都具理想性质,但由此产生的误差通常很小,特别是较之处理自然过程,常会遇到其他大得多的不确定因素,更可忽略不计。

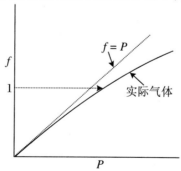

图 8.15　将逸度为 1 的气体选作标准态,其实际压力不一定为 1

习题 8.5 (继习题 6.8)试用习题 6.8 的结果计算 10 kbar 和 720 ℃ 条件下纯水的活度。分别使用两种不同的标准态：(1) 10 kbar 和 720 ℃ 的纯水；(2) 1 bar 和 720 ℃ 的纯水，假设 $P \leqslant 1$ bar 时，$f = P$。

8.11 溶液的稳定性

当溶液有相分离时就可能不稳定，这是由于组成波动和溶液中新相的同构稳定晶核的生长造成的溶液内在的不稳定性，或者即便溶液对于组成波动还是稳定的，但分离出来的相具有不同的结构。根据 Mueller(1964)的分析，可以将固溶体的不稳定性分成两类：**内因式不稳定性**和**外因式不稳定性**。内因式不稳定性可以用大家熟知的碱性长石$(Na,K)AlSi_3O_8$的分离作用为例，当在冷却时，它会分离为两种结构的碱性长石相，一种富 Na，另一种富 K。而外因式不稳定性可用单斜辉石 $Ca(Fe,Mg)Si_2O_6$ 的分解作用为例，本来是单斜结构的晶体分解为相对富 Mg 的单斜辉石和贫 Mg 的具斜方结构的斜方辉石。以上两个例子可用化学式表示为

$$v_1(Na_xK_{1-x})AlSi_3O_8 \rightarrow v_2(Na_yK_{1-y})AlSi_3O_8 + v_3(Na_zK_{1-z}AlSi_3O_8)$$

$$(8.11.a)$$

其中，$y > x$，$z < x$，它们都是单斜结构。

$$v_1'Ca(Mg_{x'}Fe_{1-x'})Si_2O_6 \rightarrow v_2'Ca(Mg_{y'}Fe_{1-y'})Si_2O_6 + v_3'(Mg_{z'}Fe_{1-z'})SiO_3$$

$$(8.11.b)$$

其中，$y' > x'$，$z' < x'$；上式中反应物为单斜结构，两产物中前者为单斜结构，后者是斜方结构。以下将讨论这两类不稳定性的热力学性质。

8.11.1 溶液的内在稳定性和不稳定性

溶液中随着组分的进一步溶解，溶液的自由能一定减少。以二元组分的溶液为例，有

$$\Delta G_m^{mix} = RT(X_1 \ln a_1 + X_2 \ln a_2)$$

为简单起见，假设活度用摩尔分数表示为 $a_i = X_i \gamma_i$。按照前面讨论的有关稀释溶液的定律，当 $X_2 \rightarrow 0$ 时，有 $a_2 = K_H' X_2$，$a_1 = X_1$，K_H'是亨利定律常数(图 8.11)。即当 $X_2 \rightarrow 0$ 时，有

$$\Delta G_m^{mix} = RT(X_1 \ln X_1 + X_2 \ln X_2 + X_2 \ln K_H')$$

当温度为恒定时，将上式两边对 X_2 微分，注意到，有 $dX_1 = -dX_2$(因为 $X_1 + X_2 = 1$)并且 $d \ln X_i = dX_i / X_i$，则有

$$\frac{\partial \Delta G_m^{mix}}{\partial X_2} = RT \left(\ln \frac{X_2}{X_1} + \ln K_H' \right) \tag{8.11.1}$$

可见,当 $X_2 \to 0$ 时,$\partial \Delta G_m^{mix}/\partial X_2 \to -\infty$。在上式中若用 $-dX_1$ 代替 dX_2,则也有当 $X_1 \to 0$ 时,$\partial \Delta G_m^{mix}/\partial X_1 \to -\infty$。因此,由于 $G_m = X_i G_i^o + (1-X_i)G_j^o + \Delta G_m^{mix}$,所以当 $X_i \to 0$ 时,有

$$\frac{\partial G_m}{\partial X_i} = (G_i^o - G_j^o) + \frac{\partial \Delta G_m^{mix}}{\partial X_i} = -\infty \tag{8.11.2}$$

可以很容易证明该结果并不限于上面所选的活度 - 组成关系的形式,而是一个通用的结果(读者可以试用关系式 $a_i = (X_i \gamma_i)^\nu$ 来证明)。

由此可见,溶液中只要加入极少量的其他组分就会使它的吉布斯自由能降低。这就是为什么在自然环境中见不到纯矿物,任何少量其他组分的加入都会使体系更加稳定。当溶液的 G_m-X 函数线是向下弯曲(即朝向 X 轴)的形状时,溶液的摩尔吉布斯自由能 G_m 是低于不在混合状态中的体系的 G_m 值。例如,图 8.16(a) 中,体系总组成为 X^*,曲线①给出 G-X 关系。**点 f** 为均匀溶液的 G_m。而相同总组成的未混合的相体系的整个 G_m 值一定位于点 f 之上,因为如图 8.16(a) 中的点 e 所示,该值由连接未混合(亚稳定)相的摩尔吉布斯自由能的线与定义总组成的垂直线的交点给出。这样,因为 $G_m(e) > G_m(f)$,所以未混合相的溶液较之具有相同总组成的均匀混合溶液更不稳定。所以,如果 G_m-X 函数线呈向下弯曲的形状或用公式表示,有

$$\left(\frac{\partial^2 G_m}{\partial X^2} \right)_{P,T} > 0 \tag{8.11.3}$$

(上式意味着 G_m-X 曲线的斜率沿 X 方向增加。)那么,对未混合为同构的相而言,均匀混合溶液要稳定。

假设 G-X 曲线的中间一段如图 8.16(a) 的曲线②弯曲向上。在这个"凸起"部分,均匀混合溶液的 G_m 要大于未混合相的整个 G_m 值。例如,曲线 2 上的点 a 给出了总组成为 X^* 的均匀混合溶液的 G_m 值,该值显然大于由点 b, c 和 d 给出的未混合相的任意组合的总 G_m 值。但是,体系的最小吉布斯自由能状态则由点 d 处未混合相的组合的总 G_m 值给出。

点 d 的特殊性在于它位于 G_m-X 曲线向上弯曲段的**公切线**上。其意义是,在该点上一个未混合相 α 中的一组分的化学势等于该组分在另一个未混合相 β 中的化学势,即 $\mu_1^\alpha = \mu_1^\beta$,此即平衡时必须满足的条件。为了更好地理解这一点,可以设想该公切线是 G_m-X 曲线上两条切线的重合,如图 8.17 所示,一条在"凸起"部分的 α 侧,另一条在 β 侧。按照图 8.7 中的截取法在 G_m-X 曲线上导出相中某个组分的化学势 μ_1^i 的过程,可以很容易从图 8.17 中发现在 G_m-X 曲线的公切线所确定的未混合相 α 和相 β 的组成处,有 μ_1^α(即 α 侧切线在 $X_1 = 1$ 上的截距)$= \mu_1^\beta$(即 β 侧切线在 $X_1 = 1$ 上的截距),同样,有 $\mu_2^\alpha = \mu_2^\beta$。图 8.16(b) 说明了与图 8.16(a) 中曲线②所对应的溶液的活度-组成关系的定性性质。因为未混合相都是同构的,

而在两相中的每一种组分都使用一样的标准态,因此在平衡时未混合相中每一种组分的活度也相同。

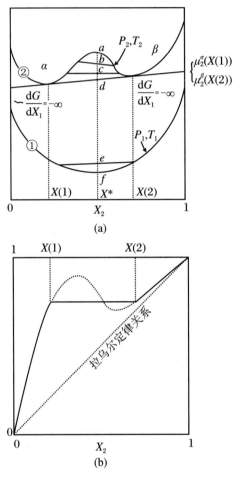

图 8.16 **(a)二元体系中吉布斯自由能与组成的关系;(b)在 P_2-T_2 条件下的活度-组成的定性关系**

(a) 在 P_1-T_1 条件下,自由能曲线总是向下凹,任何一种如点 f 所示的均匀组成都比相同总组成但未混合的组合体系具有较低的自由能。在 P_2-T_2 条件下,在自由能曲线向上凸起范围内的任何混合组成都具有较未混合为低的自由能。对组成 X^* 来说,其最小自由能状态既是组成分别为 $X(1)$ 和 $X(2)$ 的两相组合。

(b) 实线为稳定组成(Ganguly,Saxena,1987)

二元组分体系中带"凸起"特点的 G_m-X 曲线的公切线所确定的两个点也叫作**双节点**。图 8.17 中还显示了带"凸起"特点的 G_m-X 曲线上的另一对特殊点。在这两个点上 G_m-X 曲线正好由向上凸起转变为向下凹,这两点被叫作**旋节点**,根据定义,它们也就是拐点。旋节点在未混合溶液动力学中扮演着很重要的作用,后面的 8.13 节我们再来讨论这一点。

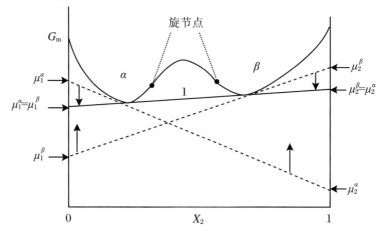

图 8.17　由 G_m-X 曲线的公切线所定义的平衡性质以及旋节点

公切线 1 可看作在 G_m-X 曲线两侧的两条切线(虚线)的重合线

8.11.2　外在的不稳定性:固溶体的分解作用

一个固溶体可能因为两相组合的原因而变得不稳定,这是因其 G_m-X 曲线与其他相不同的 G_m-X 曲线相交的结果。如图 8.18 显示了两个假设的具有不同结构的固溶体 A 和 B 的 G_m-X 曲线。每一个固溶体对于相分离作用来说都是内在稳定的。但是,每一种固溶体在其图中垂直线所确定的摩尔吉布斯自由能均高于与垂直线对应的相的组合的总吉布斯自由能。这两个组合可以由曲线 G_m(A) 和 G_m(B) 的公切线确定,这样可以满足平衡条件,即 μ_1(A) = μ_1(B) 和 μ_2(A) = μ_2(B)。

MgMgSi$_2$O$_6$-CaMgSi$_2$O$_6$(即顽火辉石(En)-透辉石(Di))及其铁的对应物(即铁辉石-钙铁辉石)是地质研究中很重要的体系,它们显示出具有地质意义的固溶体的内在和外在的不稳定性。图 8.19 显示了在 1 bar 压力下的 En-Di 体系的相图。图 8.20 则显示了在 En,Pig 和 Di 固溶体共生温度 1320 ℃ 以上和以下条件下的 G_m-X_{Ca} 曲线。在温度 1460 ℃ 以下具有单斜结构的辉石固溶体(单斜辉石:CPx)的 G_m-X 曲线呈现向上凸起的形态,并分解为两个单斜相:易变辉石(Pig)和透辉石(Di$_{ss}$;ss 指固溶体)。在富 Mg 组成段,CPx$_{ss}$ 的 G_m-X 曲线与同一个二元组分体系的斜方辉石固溶体的 G_m-X 曲线相交而形成顽火辉石(En$_{ss}$)和易变辉石固溶体(图 8.20(a))。但是,正如图 8.20(b)所示,在 1320 ℃ 以下 OPx 和 CPx 固溶体的两条 G_m-X_{Ca}曲线的公切线②的斜率大于 CPx 固溶体 G_m-X_{Ca}曲线隆起两侧曲线的公切线①的斜率。这就导致了由 Pig 固溶体转变为 En 固溶体以及在辉石的两个稳定相之间组成差异的扩大。图 8.19 显示了在 Pig 到 OPx 转变温度以下的亚稳定固溶体分离线。

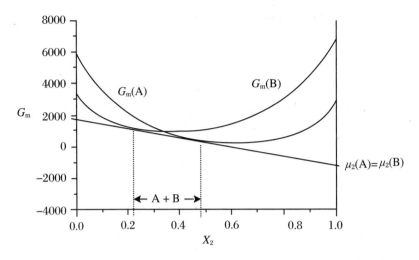

图 8.18 二元组分体系中具有相同总组成的两个固溶体 A 和 B 的摩尔吉布斯自由能和组成关系图

这两个固溶体相对于未混合或相的分离来说都是内在性稳定的,因为它们的 G_m-X 曲线总是呈现向下弯曲的形状($\partial^2 G_m / \partial X^2 > 0$)。但是,任何组成在两垂直点线范围内的固溶体都是不稳定的。由点线所示组成的固溶体 A 和 B 的组合,等于相应量的由总组成确定的两相

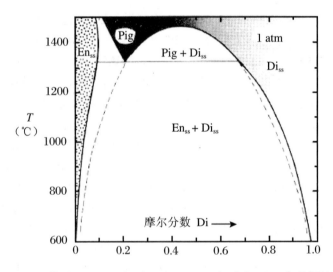

图 8.19 二元体系 $Mg_2Si_2O_6$(En) – $CaMgSi_2O_6$(Di)在 1 bar 条件下的相关系(图中 ss 代表固溶体)

在高温下有些相关系较其他相而言处于亚稳定(据 Lindsley, 1983)

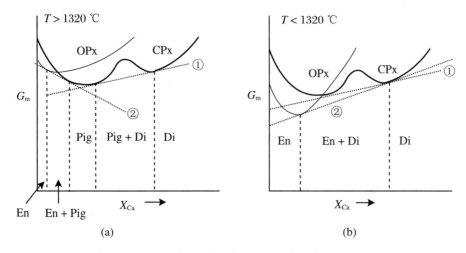

图 8.20　单斜辉石(CPx:粗线条)和斜方辉石(OPx:浅线条)的吉布斯自由能与组成
　　　　关系图

Pig:易变辉石(CPx);Di:透辉石(CPx);En:顽火辉石(OPx)

8.12　旋节线,临界点和双节线(或溶离线)的条件

8.12.1　热力学方程式

如图 8.21 所示,二元组分溶液的 G_m-X 曲线上凸起的大小是作为温度的函数
而连续变化的(通常凸起的尺寸随温度下降而增加)。在 T-X 关系图上共生平衡
组成的轨迹确定了一个区域,在此区域里溶液出现不稳定的相分离。该轨迹称为
溶离线或**双节线**,其所围的组成区域叫作**混溶间隙**。(所以图 8.19 中在 En_{ss} 和 Di_{ss}
之间的组成间隙不是溶离线。)两条旋节点的轨迹统称为**旋节线**。两个不混合相的
组成最终出现一致的那个温度叫作溶液的**临界温度**或**会溶温度**。用符号 $T_c(sol)$
表示,以区分在前面讨论相图时使用的临界点的符号 T_c(见图 5.2)。但这两个临
界点具有相同的意义,即在该点上两相的性质上的差异不复存在。

因为一个旋节点反映了 G_m-X 曲线向上弯曲和向下弯曲之间的转变,用数学
语言说即是在 $\partial^2 G_m/\partial X^2 > 0$ 和 $\partial^2 G_m/\partial X^2 < 0$ 之间的转折,则在该点上必有
$\partial^2 G_m/\partial X^2 = 0$(或简写为 $G_{XX} = 0$)。此外,临界温度还需满足下面将要讨论的关
于 G_m 对 X 三次求导的特点。

图 8.22 说明了 G_m 对 X 二次和三次求导以及围绕旋节点的一些定性特点。
在该二元体系左侧旋节点上有 $\partial^3 G_m/\partial X^3 < 0$,而在右侧,则相反,有 $\partial^3 G_m/\partial X^3 >$

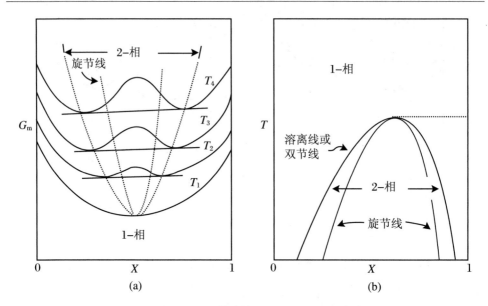

图8.21　(a) 非理想二元体系的 G_m-X 图；(b) 相应的 T-X 图

该体系因偏离理想性而有相的不混合或相的分离出现(Ganuly,Saxena,1987)

0。所以在临界条件当两个旋节点相遇时，一定有 $\partial^3 G_m/\partial X^3 = 0$。总之，在旋节点和临界条件必须满足的热力学条件为

在旋节点和临界点位置上，

$$\frac{\partial^2 G_m}{\partial X^2} = 0 \tag{8.12.1}$$

而仅在临界点，且有

$$\frac{\partial^3 G_m}{\partial X^3} = 0 \tag{8.12.2}$$

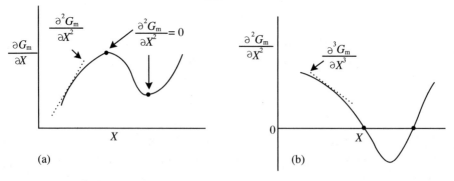

**图8.22　二元体系中 G_m 对 X 的一次、二次导数(a)和三次导数(b)经旋节线组成的
变化图**

图中旋节点用黑点表示，一次导数的特点是根据图8.17中显示的 G_m-X 曲线

利用上述的两个条件可以得到一个根据组成展开的 ΔG_m^{xs} 表达式，以计算二元

体系的临界和旋节线条件。设一个二元溶液，例如 $FeSiO_3 - MgSiO_3$ 体系，其中每摩尔端元组分有 1 mol 可交换的离子（即 Fe 和 Mg 离子）。

溶液的摩尔吉布斯自由能为

$$G_m = \left[XG_1^o + (1-X)G_2^o \right] + \Delta G_m^{ideal} + \Delta G_m^{xs} = \left[XG_1^o + (1-X)G_2^o \right]$$
$$+ RT \left[X\ln X + (1-X)\ln(1-X) \right] + \Delta G_m^{xs} \tag{8.12.3}$$

这里，为简便起见，将 X 代替了 X_1。在旋节点和 $T_c(sol)$ 处都必须满足式 (8.12.1) 中的二次导数的条件，由此可得到

$$\frac{\partial^2 \Delta G_m^{xs}}{\partial X^2} = \frac{RT}{X(1-X)} \tag{8.12.4a}$$

由式 (8.12.2) 还得到在 $T_c(sol)$ 处的另一个方程，即

$$\frac{\partial^3 \Delta G_m^{xs}}{\partial X^3} = -\frac{RT(2X-1)}{X^2(1-X)^2} \tag{8.12.4b}$$

这样，按照不同的溶液模型给出的 ΔG_m^{xs} 的表达式代入上述两式，就可导出多种特殊形式的方程，后面的第 9 章将予以讨论。这里先来考虑一个非理想溶液的简单类型，即所谓"**简单混合**"或"**规则溶液**"（详见 9.2 节关于规则溶液和亚规则溶液模型的讨论）。对这类溶液来说，$\Delta G_m^{xs} = W^G X(1-X)$，其中 W^G 是一个能量参数，取决于温度和压力，即有 $W^G = W^H - TW^S + PW^V$（W^H，W^S 和 W^V 分别是焓、熵和体积相互作用参数，而 W^G 是自由能相互作用参数）。W^H，W^S 和 W^V 均为常数。将该 ΔG_m^{xs} 的表达式代入上面两个方程，并求微分，则得到所谓"**简单混合**"溶液的旋节线和临界点条件的关系式，即

旋节线：

$$\left. \begin{array}{l} 2W^G = \dfrac{RT}{X(1-X)} \\[3mm] 0 = \dfrac{RT(2X-1)}{X^2(1-X)^2} \end{array} \right\} \text{临界条件下} \qquad \begin{array}{l} (8.12.5a) \\[5mm] (8.12.5b) \end{array}$$

旋节线满足式 (8.12.5a)，而临界温度则同时满足式 (8.12.5a) 和 (8.12.5b)。由式 (8.12.5b) 可见，相应的临界组成为 $X = 0.5$，此值代入式 (8.12.5a) 即可得到"**简单混合**"溶液的临界温度计算式

$$2RT_c(sol) = W^G = W^H - T_c(sol)W^S + PW^V$$

或

$$T_c(sol) = \frac{W^H + PW^V}{2R + W^S} \tag{8.12.6}$$

与旋节线不同的是，双节线或溶离线所反映的是两个共存相的平衡组成。它们的计算是基于要满足两个相之间的热力学平衡条件。对一个二元组分体系来说，双节线的条件为

$$\begin{array}{l} \mu_1^\alpha = \mu_1^\beta \\[2mm] \mu_2^\alpha = \mu_2^\beta \end{array} \tag{8.12.7}$$

与上面对旋节线的分析方法一样，通过按不同的溶液模型得到相应的化学势

的表达式,从而建立双节线上共生相平衡组成之间的各种关系式。例如,对"**简单混合**"溶液来说,其中一个组分的化学势为

$$\mu_i^\alpha = \mu_i^o + RT\ln X_i^\alpha + W^G(1 - X_i^\alpha)^2$$

对 β 相也有同样的表达式。所以将它们代入式(8.12.7)并整理,即可得到二元"**简单混合**"溶液的 T-X 关系式

$$\frac{RT}{W^G} = \frac{1 - 2X_i^\alpha}{\ln\left(\dfrac{1 - X_i^\alpha}{X_i^\alpha}\right)} \tag{8.12.8}$$

式(8.12.5a)和(8.12.8)分别表示了二元简单混合溶液模型的旋节线和溶离线的 T-X 关系。从两式中看到,压力的影响是通过 W^G 项,因为 W^G 项中有过量混合体积项 ΔV_m^{xs}(根据前面给出的简单混合溶液的 ΔG_m^{xs} 和 W^G 的关系,有 $\partial W^G / \partial P = \partial \Delta G_m^{xs}/\partial P = \Delta V_m^{xs}$)。这个结论不仅限于简单混合溶液模型,对一般情况都是适用的。对矿物固溶体来说,ΔV_m^{xs} 通常是很小的正值,所以压力对旋节线和溶离线的影响不大。例如,图 8.23 显示了所计算的镁铝榴石–钙铝榴石二元石榴石固溶体((Mg, Ca)$_3$Al$_2$Si$_3$O$_{12}$)中压力对溶离线的影响(Ganguly et al,1996)。可见混合性质相对组成(即亚规则溶液)来说是非对称的,在富镁铝榴石一端,似乎没有过量混合体积。

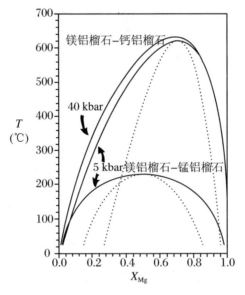

图 8.23　镁铝榴石–钙铝榴石和镁铝榴石–锰铝榴石体系中计算所得的溶离线和旋节线以及压力对镁铝榴石–钙铝榴石体系溶离线的影响(Ganguly et al,1996)

对**多元组分体系**来说,首先需要对其他所有组分写出与式(8.12.7)相似的方程,然后可解出两个共生相的平衡组成,计算步骤必须要采用数值方法。对三元组分体系来说,其旋节线的计算较溶离线或双节线要简单得多,并且对简单混合溶液

模型来说,就是一个易处理的分析解。这样,旋节线的计算就以相对直接的方式解决了可混溶间隙的估算(混溶间隙一定包含了旋节线,但是两条旋节线必须在临界温度处互相接触)。Ganguly 和 Saxena(1987)讨论了三元体系旋节线的计算。对一个三元体系,而其中每二元的结合具有简单混合的体系来说,其旋节线的表达式的分析显示,在三元组成空间中,当二元相互作用参数 W^G 值具备某个组合时,它可能以一个孤立的圈呈现。换句话说,一个三元组分体系即使其所有二元组成都是稳定的,也可能存在一个混溶间隙。Raub 和 Engel(1947)发现了这样一个三元混溶间隙的实际例子存在于 Au – Ni – Cu 体系中(Meijering(1950);Ganguly, Saxena(1987)均有引述)。地质上很重要的 $KAlSiO_4$(白榴石)– Fe_2SiO_4(铁橄榄石)– SiO_2(石英)体系的熔体中也存在孤立的三元混溶间隙(图 8.24)。

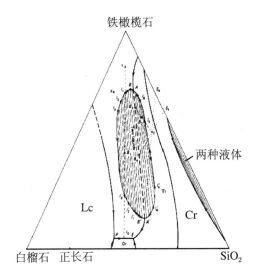

图 8.24　$KAlSiO_4$(白榴石)– Fe_2SiO_4(铁橄榄石)– SiO_2(石英)三元体系,其中显示有一个孤立的混溶间隙

二元和三元混溶间隙中的线与平衡时共生的两种液体的组成相连。图中,Lc:白榴石,Cr:方石英。据 Phipotts(1995),由 Roedder(1951)的实验数据绘制

习题 8.6　试证对 $\Delta G_m^{xs} = (W_{12}^G X_2 + W_{21}^G X_1) X_1 X_2$ 的亚规则溶液来说,其临界条件必须满足以下方程:

$$W_{12}^G(6X_1 - 4) - W_{21}^G(6X_1 - 2) = -\frac{RT_{c(sol)}}{X_1(1 - X_1)}$$

$$6(W_{12}^G - W_{21}^G) = -\frac{RT_{c(sol)}(2X_1 - 1)}{X_1^2(1 - X_1)^2}$$

$$(8.12.9)$$

8.12.2　上限和下限临界温度

如图 8.19 和 8.20 所显示的随着温度的降低,通常混溶间隙会增加。但是,也

有一些有机溶液(如二乙胺-水,苯-尼古丁),当温度下降直到下限临界温度,其混溶间隙也随之减少(图8.25(a))。此外,还有的溶液具有上限和下限临界温度,从而在 T-X 平面上形成一个封闭的混溶圈,如乙二胺-水和 m-甲苯胺-甘油溶液所显示的(图8.25(b))。下面讨论上限和下限临界温度的热力学性质,以及在岩浆体系里下限临界温度 T_c 存在的可能性。

不论在上限临界温度(简称 UCT)之上还是在下限临界温度(简称 LCT)之下,溶液无论具有怎样的组成都是稳定的。在临界温度下有 $\partial^2 G_m/\partial X^2 = 0$,且对稳定溶液来说,据式(8.11.3),应有 $\partial^2 G_m/\partial X^2 > 0$,所以当温度升至 UCT 以上和在 LCT 以下该值均为正。将 $\partial^2 G_m/\partial X^2$ 简写为 ∂G_{XX},则在 UCT 之上,有 $\partial^2 G_{XX}/\partial T > 0$,而在 LCT 以下,有 $\partial G_{XX}/\partial T < 0$。又因为有以下等式:

$$\underbrace{\frac{\partial}{\partial T}\left(\frac{\partial^2 G}{\partial X^2}\right)}_{\partial G_{XX}/\partial T} = \frac{\partial^2}{\partial X^2}\left(\frac{\partial G}{\partial T}\right) = \underbrace{-\frac{\partial^2 S}{\partial X^2}}_{-S_{XX}} \qquad (8.12.10)$$

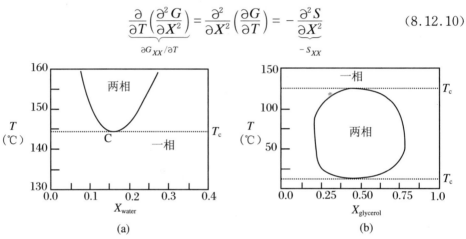

图8.25　(a)乙二胺-水二元体系中临界温度下限;(b) m-甲苯胺-甘油二元体系的临界温度的上下限(Kondepuddi et al,1998)

所以,在 UCT 处,有 $-S_{XX} > 0$ 或 $S_{XX} < 0$;而在 LCT 处,有 $-S_{XX} < 0$ 或 $S_{XX} > 0$。另外,在临界温度,有 $G_{XX} = 0$,因而 $H_{XX} = TS_{XX}$(因为 $G = H - TS$),所以在临界温度的上下限满足以下热力学条件(Hess,1996):

$$H_{XX} = TS_{XX} < 0 \quad \text{(在 UCT)} \qquad (8.12.11a)$$

$$H_{XX} = TS_{XX} > 0 \quad \text{(在 LCT)} \qquad (8.12.11b)$$

因为 $H = XH_1^\circ + (1-X)H_2^\circ + \Delta H^{mix}$,其中 X 是组分1的摩尔分数,则有 $H_{XX} = (\Delta H^{mix})_{XX} = (\Delta H^{xs})_{XX}$,后一个等号是因为有 $(\Delta H^{mix})_{ideal} = 0$(溶液的混合性质是相应的理想性质和过量性质的总和)。这样,就得到以下在两个临界温度的混合焓的性质:

$$(\Delta H^{mix})_{XX} = (\Delta H^{xs})_{XX} < 0 \quad \text{(在 UCT)} \qquad (8.12.12a)$$

$$(\Delta H^{mix})_{XX} = (\Delta H^{xs})_{XX} > 0 \quad \text{(在 LCT)} \qquad (8.12.12b)$$

根据 Hess(1996),可以用图8.26来对方程作出几何解释。图中显示,假如没有拐点(即意味着 ΔH^{mix}-X 曲线没有像图8.26(a)和8.26(b)所出现的上下波状图形),则(a)具有上限临界温度的体系的 ΔH^{mix} 一定大于 0,而 $(\Delta H^{mix})_{XX} < 0$;(b)具有下限临界温度的体系的 ΔH^{mix} 一定小于 0,而 $(\Delta H^{mix})_{XX} > 0$。此外,对于未混合的体系,其 $\Delta G^{xs} = \Delta H^{mix} - T\Delta S^{xs} > 0$,所以对于一个 *H-X* 曲线的斜率单调变化的体系,存在下限临界温度,必有 $\Delta S^{xs} < 0$。

　　迄今为止,尚未有任何地质上有重大意义的体系具有下限临界点的固溶体分离线的报道。然而,Navrotsky(1992)认为这种固溶体分离线可能在氧化物熔体中存在,因曾报导过在(Na,K)铝硅酸盐中 ΔH^{mix} 为负值。Hess(1996)则对硅酸盐熔体问题提出了详细分析,认为富橄榄石熔体中的 ΔS^{xs} 很可能是负值,因而在橄榄石熔体中可能存在具有下限临界温度的含两种液体的条件范围。

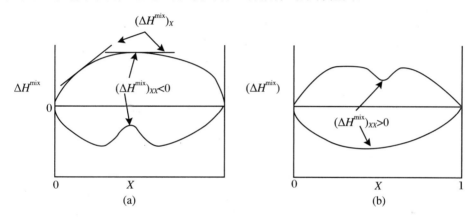

图 8.26　二元溶液中的 ΔH^mix-X 关系图

其中(a)$(\Delta H^{mix})_{XX} < 0$;(b)$(\Delta H^{mix})_{XX} > 0$。下标 *X* 和 *XX* 分别指 ΔH 对 *X* 的一次和二次导数

8.13　出溶作用中的相干应变效应

　　在固体出溶过程中,当出溶的片晶非常细的时候,两个相的晶格面局部或完全连续或结合一起地保持在两相界面上(图 8.27)。由于两相中晶格间距是不同的,因而与界面交叉的晶格面的连续性引起了弹性应变能。因此,有相干应变存在的出溶过程就不能简单地根据 ΔG^{mix} 来处理,还需要考虑相干应变的效应,ΔG^{mix} 仅能用于不含应变的化学相互作用。Cahn(1962)和 Robin(1974)研究了这类问题。

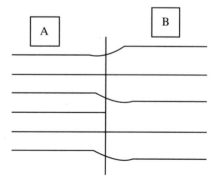

图 8.27　晶体 A 和 B 之间的部分相干晶面

他们的分析证明了**相干溶线**(即存在相干应变的固溶体分解线)必须在没有应变或**化学溶线**的条件下(图8.28)。

常温下,将一定质量的某个相从其静压状态带入非静压状态需要由机械功产生的弹性应变能。Cahn(1962)定义了一个新的受到相干应变影响的固溶体的能量函数:

$$\phi_m = G_m + k(X_i - \overline{X}_i)^2 \tag{8.13.1}$$

其中,最后一项是应力能,$\overline{X}_i$ 是晶体总量中组分 i 的摩尔分数的平均值。这个能量函数也叫作 Cahn 函数。在连贯出溶中共存相的组成由 ϕ_m-X 曲线的公切线给出,就如无应变的出溶作用中相的组成由 G_m-X 曲线的公切线给出(图8.17)。

根据已知的碱性长石的弹性常数,Robin(1974)计算得 $k = 603.6 \sim 704.6$ cal/mol,进而计算得到碱性长石固溶体的相干溶线。图8.28将碱性长石的化学溶线和相干溶线作了比较。计算相干旋节线的方法和计算化学旋节线的相同,但是前者用的是 Cahn 函数而不是吉布斯函数。

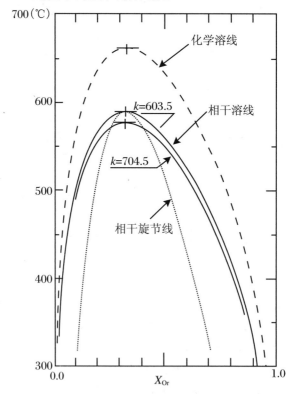

图8.28 NaAlSi₃O₈(Ab) - KAlSi₃O₈(Or)二元体系的固溶体分解线和旋节线

当两个晶体的晶面在出溶过程中连续保持界面相互作用,使得化学出溶受到相干应变的影响,因而形成图中的相干溶线和旋节线(Robin,1974)

在许多自然矿物中都有薄片状的出溶现象。通过透射电子显微镜的观察结果得知出溶的薄片始终保持着晶格面的相干性,则出溶作用的温度就要用相干溶线而不是化学溶线来计算(然而,当出溶过程进入到晶粒分离阶段时,就没有相干晶格面)。隐纹长石就是非常小的薄片状的出溶作用的一个例子,这是一种很细小的薄片状的富钾和富钠碱性长石的混合矿物。实验结果发现,生成隐纹长石的均一温度远小于由化学溶线计算所得的温度,这主要是因为相干应变造成了溶线尺寸的萎缩。

如果具有相干晶面的两个相的其中一个又在冷却过程中发生了包含几何形状的变化,则尚有额外的应力影响其自由能以及共生成长中的形态或组织结构。Parsons 和 Brown(1991)详细地讨论了相干应变对各种类型环境下天然岩石(从火山喷出物到麻粒岩)在冷却过程中碱性长石出溶作用微结构发展的影响。

习题 8.7 碱性长石固溶体$(Na, K)AlSi_3O_8$的混合摩尔吉布斯自由能可以表达为

$$\Delta G_m^{mix} = RT(X_1 \ln X_1 + X_2 \ln X_2) + (W_{12} X_2 + W_{21} X_1) X_1 X_2$$

其中,最右侧一项是 ΔG_m^{xs} 按亚规则溶液模型的表达式。设下标 1 为 $Ab(NaAlSi_3O_8)$,下标 2 为 $Or(KAlSi_3O_8)$,取亚规则 W 参数为以下值,并取 $k = 603$ cal/mol,试计算在 590 ℃下的 ΔG_m^{xs}值和 ϕ_m-X 曲线,并确定有和没有相干应变时共生相的组成。

$$W_{12} = 6420 - 4.632\, T \text{ cal/mol}$$
$$W_{21} = 7784 - 3.857\, T \text{ cal/mol}$$

8.14　旋节线的分解

在出溶过程动力学中旋节线起着一个很重要的作用。如图 8.29 所示,旋节线处的组成(即图中 d 点处组成)的均匀相对于一些自然的变动是不稳定的,因为这些变动通常会导致两相的总自由能要小于均匀相的自由能。与此相反,旋节线和双节线之间组成(如组成 a)的均匀相对于组成的较小变动则是稳定的,因为均匀相的自由能要小于由组成变动造成的各相的总自由能。因此,对组成 a 来说,出溶过程需要生成新相的稳定核。

在旋节线平均组成附近的少许组成变动造成的出溶作用通常叫作旋节线分解。这种分解导致形成非常细小的调幅结构,而没有急剧的轮廓分明的界线(如图 8.30 所示)。这一类的分解往往以**快速冷却**的环境为特点。Cahn(1968)提出了旋节线分解的动力模型。有关该模型及其在演示岩石热历史中的应用在 Ganguly 和 Saxena(1987)的研究中也作了讨论。如前面已讨论的,旋节线并不确定两个未混

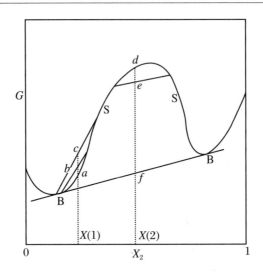

图 8.29 二元体系的吉布斯自由能-组成关系图

图中显示了由于变动而形成的总组成为 $X(1)$ 和 $X(2)$ 的体系自由能变化。
S:旋节线,B:双节线(Ganguly,Saxena,1987)

合相的平衡组成,因为这是一个动力学意义上的边界而不是相边界。这也就是为什么如图 8.30 这样的旋节线结构在很慢冷却的环境中无法保持,在这个环境中足够长时间体系能达到平衡。

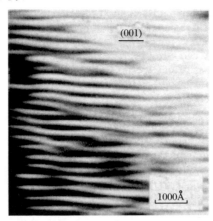

图 8.30 旋节线分解形成的亚钙透辉石出溶作用的微调幅结构

(Buseck et al,1980;引用了 McCallister 和 Nord 的工作)

固体的旋节线分解受相干旋节线控制(图 8.28),而不是受化学旋节线控制的,因为从观察到的是非常细小的调幅结构而不是急剧的轮廓分明的界线可知,相之间在结构上是互为相干的。相干应变会造成在出溶的新的颗粒界面上晶面"互咬",因而当相干应变消除,出溶组成从相干溶线移动到化学溶线时,体系就达到了稳定平衡状态。

8.15　固溶线测温法

如果能够得到有关作为温度和压力函数的固溶线的数据资料,则与固溶线相关的共生矿物的组成就可提供主岩生成温度范围的信息。例如常见的矿物对:斜方辉石-单斜辉石,含钙橄榄石-铁镁质橄榄石,方解石-白云石,碱性长石-斜长石等都是地质上的"固溶线温度计"。Essene(1989)对这些温度计有详细的讨论。图8.19 显示了 $Mg_2Si_2O_6$ - $CaMgSi_2O_6$ 二元体系在 1 bar 条件下斜方和单斜辉石的组成差异。注意在该图中,1320 ℃下不稳定的易变辉石和透辉石之间的组成差异构成了实际上的固溶线(见 8.12.1 节)。但是,顽火辉石和透辉石之间的组成差异并不是实际的固溶线,只是习惯上仍被称为固溶线而已。总之,在本节中,上述两种情况下的组成差异都叫作"固溶线"。

为了基于固溶线两翼上的共生矿物组成来确定生成温度,需要明白其他天然集合体组分对一定压力条件下的固溶线位置的影响。例如,无论斜方辉石还是单斜辉石在其固溶体中都包含大量的含铁成分 $Fe_2Si_2O_6$(铁辉石:Fs)和 $CaFeSi_2O_6$(钙铁辉石:Hd)。所以,有关斜方和单斜辉石之间的组成差异至少要用一个四元组分体系(En - Fs - Di - Hd)来考虑。图 8.19 表示在 Mg 一端的端点剖面图,图中显示了该四元体系及其相关系的一个剖面所表示的组成差异。而图 8.31 则是 5

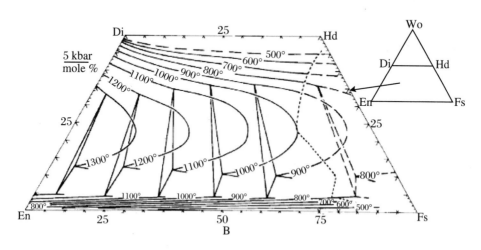

图 8.31　辉石 $Di(CaMgSi_2O_6)$ - $Hd(CaFeSi_2O_6)$ - $En(Mg_2Si_2O_6)$ - $Fs(Fe_2Si_2O_6)$ 四边形平面上 5 kbar 条件下等温线投影图

Wo:$Ca_2Si_2O_6$(硅灰石)。右上角的三角形显示了所连接的普通辉石、斜方辉石和易变辉石的平衡组成(Lindsley,1983)

kbar 条件下组成差异上的等温线在 Fe 一端剖面上的投影图（Lindsley,1983）。该图中,三角形连接了在不同温度下斜方辉石、普通辉石和易变辉石的平衡组成。如果仅有两个共生的辉石,例如普通辉石和斜方辉石,则理想组成应落在两侧的同一条等温线上。然而,实际上却不一定能达到,这是因为斜方辉石的等温线之间的间隙很小以及分析误差等问题。有关两个辉石温度计及其应用的实例见诸于许多研究文献中（例如 Lindsley,1983;Sengupta et al,1999;Schwartz et al,2005）。

Davidson 和 Mukhopadhyay(1984)给出了钙橄榄石和铁镁橄榄石之间的固溶线的相互关系。含钙的成分是 $CaMgSi_2O_4$（钙镁橄榄石）和 $CaFeSi_2O_4$（钙铁橄榄石）,而含铁镁成分的有 Mg_2SiO_4（镁橄榄石）和 Fe_2SiO_4（铁橄榄石）。可以看出,在一个 Mg_2SiO_4- Fe_2SiO_4- Ca_2SiO_4 三元体系中四边形橄榄石类中的固溶线的相互关系相当于图 8.31 所讨论的 Mg_2SiO_6- Fe_2SiO_6- Ca_2SiO_6 三元体系中四边形辉石类中的固溶线的相互关系,除了在特定的 T-X 条件下辉石中有易变辉石的缺失。

与上述体系的共生矿物组成最佳拟合的等热固溶线的若干计算程序已公开发表（例如,Sack,Ghiorso,1994）。如果主矿物和其出溶的薄层晶片的组成可以测定,那么,如 8.13 节所讨论的,就一定能解释固溶线上所反映的相干应变的作用。Robin 和 Ball(1988)计算了四边形辉石类矿物中固溶线的相干应变的效应。结果发现在 Mg-Ca 二元体系中相干应变的效应是很大的,导致临界混合温度下降约 47 ℃。然而,当组成从二元变成四边形时,相干应变效应会渐渐减弱,在 Fe/(Fe+Mg)≈0.6 时,这种效应的影响已可忽略不计。

8.16　场势中的化学势

8.16.1　公式表示

在有某种场存在的情况下,例如电场,磁场和引力场中,一个组分的化学势与其在该场中的位置有关。但只要该场势是均匀的,则化学势不会随体系在场中的位置的改变而改变。然而,如果场势本身有明显改变的话,则必须考虑改变带来的效应。

以引力场为例。设 i 为 α 和 β 两相中的一个组分,这两个相由于重力势能的变化而位于两个不同的高度,其位置相差为 Δh。根据能量守恒方程,有

$$\Delta U + m_i g \Delta h = Q + W^- \tag{8.16.1}$$

其中,m_i 是组分的质量,g 为重力加速度。上式左侧等于体系的总能（内能加外

能),而右侧等于由体系所吸收的总能(在前面 7.7.2 节中,当处理绝热流时已使用了该式,其中设 $Q=0$)。因此,在恒温和恒定体积时化学平衡的条件不再是流动组分在两相中化学势的不变,而是组分化学势和重力势的总和不变(Gibbs,1875;Gibbs,1961),即

$$\mu_i + m_i gh = 常量 \tag{8.16.2a}$$

因此,有

$$\mu_{i(1)} + m_i gh_1 = \mu_{i(2)} + m_i gh_2$$

或

$$\mu_{i(1)} - \mu_{i(2)} = m_i g(h_2 - h_1) \tag{8.16.2b}$$

其中,下标 1 和 2 指在垂直方向上的不同位置。

如果处在一个电场中,则如 Guggenheim(1929)所证明的(Guggenheim,1967a,b),平衡条件为

$$\mu_i^{\mathrm{I}}(0) + (F'z_i)\varphi^{\mathrm{I}} = \mu_i^{\mathrm{II}}(0) + (F'z_i)\varphi^{\mathrm{II}} \tag{8.16.3}$$

其中,φ^{I} 和 φ^{II} 分别是作用在位置 I 和位置 II 上组分 i 的电势;F' 是法拉第常数;z_i 是组分 i 的化合价;而 $\mu_i(0)$ 则是在该位置在没有电场条件下的化学势($F'=eL$ $=9.648\ 5\times10^4\mathrm{C/mol}=5\ 511.5\ \mathrm{J/(V \cdot mol)}$,其中 e 是点电荷,L 是阿伏伽德罗常数)。上两个方程之间的相似处是显而易见的。量 φ 相当于 gh,两者都是指场势,而 F_{z_i} 相当于 m_i,两者都代表摩尔性质。

没有场势存在条件下的化学势有时也被叫作**内部化学势** $\mu_{(\mathrm{int})}$,如果加上场势的效应,例如 $F_z\varphi$ 和 mgh 项,则被称为**外部化学势** $\mu_{(\mathrm{ext})}$。$\mu_{(\mathrm{int})}$ 和 $\mu_{(\mathrm{ext})}$ 的总和即是体系的总化学势 $\mu_{(\mathrm{tot})}$。Guggenheim(1929)将电场中的 $\mu_{(\mathrm{int})}+\mu_{(\mathrm{ext})}$ 叫作电化学势。一般来说,当平衡时 $\mu_{(\mathrm{tot})}$ 的**梯度**趋于零。

8.16.2　应用

8.16.2.1　地球大气圈中压力和组成的变化

式(8.16.2)的简单应用之一就是导出大气压力与高度的关系式。设地球表面的高度为零,h 为其上高度,则由方程(8.16.2b),有

$$\mu_i(h) + m_i gh = \mu_i(0) \tag{8.16.4}$$

假定地球大气为理想气体,而且温度不变,则由式(8.4.1),有

$$\mu_i^*(T) + RT\ln P_i(h) + m_i gh = \mu_i^*(T) + RT\ln P_i(0)$$

或

$$P_i(h) = P_i(0)\mathrm{e}^{-m_i gh/RT} \tag{8.16.6}$$

上式即气压计算式。

地球大气圈的温度变化大致在 $220\sim300\ \mathrm{K}$ 之间。海平面的干燥空气的组成

相当于 78% N_2 和 21% O_2。这两种组分占有空气组成的 99%。对理想气体来说，$P_i = P_T X_i$，其中 P_T 是总压力，X_i 是组分 i 的摩尔分数。所以，在地球表面（$P_T = 1$ bar 条件下），有 $P(N_2) = 0.78$，$P(O_2) = 0.21$。

图 8.32 显示了按式（8.16.6）计算的平均温度为 260 K 下，地球大气圈中 N_2 和 O_2 的分压和高度的函数关系。图中的垂直虚线为典型的飞机飞行高度。珠穆朗玛峰的高度是 8948 km（29028 ft）。右上角插图表示两种气体的摩尔分数和高度的函数关系，计算中 $P(N_2) + P(O_2) \approx P(\text{total}) = P_i / X_i$，其中 P_i 和 X_i 分别是组分 i 的分压和摩尔分数。用火箭飞行器在 10 km 到 40 km 所收集到的数据（Kittel，et al，1980）证实了图 8.32 所显示的计算结果。

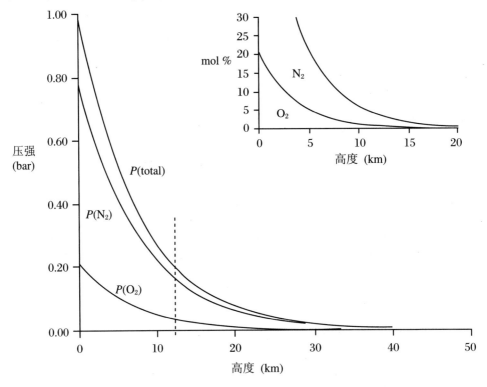

图 8.32 平均温度为 260 K 的地球大气圈摩尔分数中 N_2 和 O_2 的分压及总压与高度的函数关系图

右上角插图表示两种气体的摩尔分数和高度的函数关系。图中垂直虚线为典型的飞机飞行高度。珠穆朗玛峰的高度是 8848 m（29028 ft）

8.16.2.2 引力场中的溶液

Brewer（1951）早就论述了有关地球引力场中组分平衡分配问题，但似乎没有引起地球科学家的足够重视。以下将主要依据 Brewer 的分析方法提出对该问题的处理。在恒温条件下，一个组分化学势的全导数为

$$d\mu_1 = \left(\frac{\partial\mu_1}{\partial P}\right)dP + \sum_1^{n-1}\left(\frac{\partial\mu_1}{\partial X_i}\right)dX_i = v_1 dP + RT\sum_1^{n-1}\left(\frac{\partial\ln a_1}{\partial X_i}\right)dX_i \quad (8.16.7)$$

其中，v_i 是组分 i 的偏摩尔体积，n 是组分数。由于有 $n-1$ 个组分的摩尔分数是独立的，所以要求 $n-1$ 项的总和。同样，在求 $\partial\mu_1/\partial X_i$ 时，则有 $n-2$ 个组分的摩尔分数为常数，这是因为仅有 $n-1$ 个独立组分中的一个用于求偏导数。

在流体静力学平衡时，$dP = -\rho g dh$，其中 ρ 是溶液密度，则有

$$d\mu_1 = -(v_1\rho g dh) + RT\sum_1^{n-1}\left(\frac{\partial\ln a_1}{\partial X_i}\right)dX_i \quad (8.16.8)$$

将 $a_1 = X_1\gamma_1$ 代入，即有

$$\frac{d\ln a_1}{dX_1} = \frac{d\ln X_1}{dX_1} + \frac{d\ln\gamma_1}{dX_1} = \frac{1}{X_1} + \frac{d\ln\gamma_1}{dX_1}$$

于是，有

$$RT\sum_1^{n-1}\frac{\partial\ln a_1}{\partial X_i} = RT\frac{\partial\ln a_1}{\partial X_1} + RT\sum_{i\neq1}^{n-2}\frac{\partial\ln a_1}{\partial X_i} = \frac{RT}{X_1} + \frac{RT\partial\ln\gamma_1}{\partial X_1} + RT\sum_{i\neq1}^{n-2}\frac{\partial\ln a_1}{\partial X_i}$$

$$(8.16.9)$$

上式代入方程(8.16.8)，即有

$$d\mu_1 = -v_1\rho g dh + RT d\ln X_1 + \left(\frac{RT\partial\ln\gamma_1}{\partial X_1}\right)dX_1 + RT\sum_{i\neq1}^{n-2}\left(\frac{\partial\ln a_1}{\partial X_i}\right)dX_i$$

$$(8.16.10)$$

在恒温和恒重力加速度下，一个在引力场中高度发生较大变化的柱状物体的平衡条件为

$$\frac{d\mu_1}{dh} + m_1 g = 0 \quad (8.16.11)$$

其中，m_1 是组分 1 的摩尔质量。将式(8.16.10)所给出的 $d\mu_1$ 代入上式，并重新整理，得

$$\frac{d\ln X_1}{dh} = (v_1\rho - m_1)\frac{g}{RT} - \left(\frac{\partial\ln\gamma_1}{\partial X_1}\right)\frac{dX_1}{dh} - \sum_{i\neq1}^{n-2}\left(\frac{\partial\ln a_1}{\partial X_i}\right)\frac{dX_i}{dh} \quad (8.16.12)$$

此即恒温和恒重力加速度条件下，柱状体中引力场作用下某组分平衡分配的一般条件。

有一种特别情况是值得讨论一下的，那就是对一个二元体系来说，式(8.16.12)中的最后一项为零。如果组分 1 被稀释到满足亨利定律，或者使得溶液变为理想溶液，那么，式(8.16.12)中右侧的第二项也将消失。因此，dX_1/dh 的符号由式(8.16.12)右侧的第一项确定，该符号与 $(\rho - m_1/v_1)$ 的符号相同。为简单起见，这里将这个括号项写作 $\Delta\rho'$。

如果二元溶液具有理想性质，则 $v_1 = v_1^\circ$，其中 v_1° 是纯组分 1 的摩尔体积。这样，$\Delta\rho' = \rho - \rho_1^\circ$，所以如果 $\rho_1^\circ > \rho$，则 $dX_1/dh < 0$，这就意味着组分 1 必趋于下沉，反之亦然。这一结论符合通常的经验。但是，式(8.16.12)表明，这也不是一般的特性。因

为,如果溶液的性质是非理想的话,则可能会补偿密度差异造成的效应。例如,Brewar(1951)提出虽然铀是重元素,因而按理似乎应当随深度的增加而浓度增加,但由于与硅酸盐熔体中氧的相互作用很强的非理想性质,使得 $\partial \ln a_U / \partial O \ll 0$。这样,因为 $dO/dh > 0$,则有

$$\left(\frac{\partial \ln a_U}{\partial O}\right) \frac{dO}{dh} \ll 0$$

所以,铀与氧的相互作用的非理想性质正好抵消了铀的下沉的趋势。Brewar(1951)还证明了式(8.16.12)的总和项中其他类似的各项也都没有重要影响,因此"与氧相互作用效应"的程度实际上足以大到使得铀会集中在上部,尽管铀有较高的密度。

8.16.2.3 同位素比值随高度的变化

对某元素的一种同位素来说,式(8.16.12)中的第二和第三项与该元素的另一个同位素的各项是一样的,因此,在恒定的重力加速度 g 值的引力场中,有

$$\int_{h_1}^{h_2} d \ln\left(\frac{I}{I'}\right) = \frac{(m_1' - m_1)g}{RT} \int_{h_1}^{h_2} dh \tag{8.16.13}$$

其中,(I/I') 是该元素的两个同位素的比值。有

$$\left(\frac{I}{I'}\right)_{h_2} = \left(\frac{I}{I'}\right)_{h_1} \exp\left[\frac{(m_1' - m_I)g\Delta h}{RT}\right] \tag{8.16.14}$$

其中,$\Delta h = h_2 - h_1$。利用上式就可计算某元素的同位素的比值在单相(例如熔体)中随高度的变化,从而得到引力场中平衡条件下两个元素的同位素比值的相互关系。当然,引力场作用的影响与通过扩散作用及对流作用的运输过程产生的平衡作用的时间尺度密切相关。显然,这方面需作进一步探索。

8.17 渗透平衡

8.17.1 渗透压和逆向渗透

在 U 形管中的底部安置一个半渗透膜(图 8.33)。该膜不能渗透那些可以溶解在溶剂中的溶质,这样,就将溶液中的纯溶剂和已溶解溶质的溶液分开。例如,将 NaCl 溶液经过渗透膜就仅可得到透过膜的 H_2O。假设 U 形管左边(Ⅰ侧)是纯溶剂,右侧(Ⅱ侧)是溶液。可以看到溶剂将经由膜从左流向右侧(Ⅱ侧)。这是因为溶质的溶

解作用使得在Ⅱ侧的溶剂的化学势低于仅含纯溶质的Ⅰ侧的化学势。这个流动过程会一直进行,直到由两边管子中不一样的高度造成的压力差达到一定值为止。这种两侧之间由半渗透膜分开造成的压力差叫作**渗透压**,可以用以下热力学原理计算。

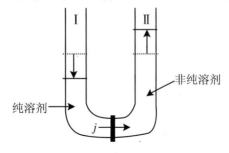

图 8.33　溶剂(j)从纯溶剂一侧(Ⅰ)经半渗透膜流向不纯的一侧(Ⅱ)
虚线和实线分别显示两侧开始和结束的液面高度

在 U 形管中右侧溶剂(j)的化学势由下式给出:

$$\mu_j^{\mathrm{II}}(P^{\mathrm{II}}, T, X_j) = \mu_j^{\mathrm{o}}(P^{\mathrm{II}}, T) + RT\ln a_j^{\mathrm{II}}(P^{\mathrm{II}}, T, X_j) \tag{8.17.1}$$

而左侧的化学势为 $\mu_j^{\mathrm{o}}(P^{\mathrm{I}}, T)$,其中 μ_j^{o} 是纯的溶剂的化学势;P^{I} 和 P^{II} 分别是Ⅰ侧和Ⅱ侧的压力。当平衡时,U 形管中两侧溶剂的化学势一定相同,即

$$\mu_j^{\mathrm{o}}(P^{\mathrm{I}}, T) = \mu_j^{\mathrm{II}}(P^{\mathrm{II}}, T, X_j)$$

所以

$$\mu_j^{\mathrm{o}}(P^{\mathrm{I}}, T) = \mu_j^{\mathrm{o}}(P^{\mathrm{II}}, T) + RT\ln a_j^{\mathrm{II}}(P^{\mathrm{II}}, T, X_j)$$

即

$$-RT\ln a_j^{\mathrm{II}} = \mu_j^{\mathrm{o,II}}(P^{\mathrm{II}}, T) - \mu_j^{\mathrm{o,I}}(P^{\mathrm{I}}, T) = \int_{P^{\mathrm{I}}}^{P^{\mathrm{II}}} V_j^{\mathrm{o}}\,\mathrm{d}P \tag{8.17.2}$$

其中,V_j^{o} 是纯溶剂的体积(上式右侧等号是因为 $\partial G/\partial P = V$)。如果Ⅱ侧中的溶剂的活度和纯溶剂的摩尔体积已知,则上述方程即可得到渗透压 $P^{\mathrm{osm}} = P^{\mathrm{II}} - P^{\mathrm{I}}$。通常情况下,在 P^{II} 和 P^{I} 的溶剂体积都一样,所以可设定 V_j^{o} 为常数,则得

$$P^{\mathrm{osm}} = -\frac{RT\ln a_j^{\mathrm{II}}}{V_j^{\mathrm{o}}} \tag{8.17.3}$$

由此,就有一个很有意义的结果,即如果在不纯的一侧(Ⅱ侧)施加的压力超过 P^{osm},使得 $\mu_j^{\mathrm{II}} > \mu_j^{\mathrm{I}}$,则溶剂就可以从不纯的一侧流向纯的一侧。这种过程叫作**反渗透**,这一原理常被应用来制取纯水。

8.17.2　渗透系数

对理想溶液来说,式(8.17.3)可写作

$$P^{\mathrm{osm}}(\text{理想}) = -\frac{RT\ln X_j^{\mathrm{II}}}{V_j^{\mathrm{o}}} \tag{8.17.4}$$

式(8.17.3)对式(8.17.4)的比值称为渗透系数,通常用 ϕ 表示。显然,有

$$\phi = 1 + \frac{\ln\gamma_i}{\ln X_i} \tag{8.17.5}$$

一个组分的化学势与其渗透系数的关系即可导出。首先,有

$$\mu_i = \mu_i^* + RT\ln X_i + RT\ln\gamma_i$$

将式(8.17.5)的 $\ln\gamma_i$ 的表达式代入上式,即有

$$\mu_i = \mu_i^* + \phi RT\ln X_i \tag{8.17.6}$$

很容易看到如果采用质量摩尔浓度来代替摩尔分数作浓度度量的话,那只要将上式中的 X_i 改为 m_i,其余表述不变,仍得到相同的 μ_i。

但是,既然已经用活度系数来表示溶液的混合性质偏离理想的程度,为什么还要用上渗透系数呢? 答案是存在这样一个事实,即在稀释的水溶液中,溶质可能极大地偏离理想的混合性质,而水的活度系数则非常接近 1,这就可能产生认为在溶剂和溶液之间本来是理想混合的错觉。Robinson 和 Stokes(1970)用一个例子讨论了这个问题。在 2 mol 水溶液($X(H_2O) = 0.9328$)中 KCl 的活度系数是 0.614,显示出它是远远偏离理想混合性质的;但是,$\gamma(H_2O) = 1.004$,这就传达了近似于理想溶液的错觉。事实上,采用渗透系数来表示非理想特性的话,根据式(8.17.5)由 $\gamma(H_2O)$ 来计算,得 $\phi(H_2O) = 0.943$,即可得到正确判断。

8.17.3 溶质摩尔质量的测定

在二元溶液体系中,$X_j = 1 - X_i$,其中 X_i 是溶质的摩尔分数。根据 $\ln(1 + X)$ 的展开式,可写作

$$\ln X_j = \ln(1 - X_i) = -X_i - \frac{X_i^2}{2} - \frac{X_i^3}{3} - \cdots$$

对含某组分 i 的稀释溶液来说(即 $X_i \ll 1$),上述展开式的 X_i 的四次及更高次项可以忽略不计,这样,$\ln X_j = -X_i = -n_i/n_j$。又根据稀释溶液的特点,有 $a_j = X_j$。

这样,对稀释溶液来说,由式(8.17.4)得到

$$P^{osm} = \frac{RTX_i^{\mathrm{II}}}{V_j^\circ} \tag{8.17.7}$$

又由于 $X_i^{\mathrm{II}} = n_i^{\mathrm{II}}/n_j^{\mathrm{II}}$(因为溶液非常稀,因而溶液的摩尔数就等同于溶剂的摩尔数),所以最后得

$$P^{osm} = \frac{RTn_i^{\mathrm{II}}}{V_j^{\mathrm{II}}} \tag{8.17.8}$$

其中,V_j^{II} 是不纯一侧的溶剂的总体积,该值几乎等同于不纯的稀释溶液的总体积。这样,通过测量已知溶质质量的稀释溶液的渗透压,就可确定溶质的摩尔数,进而根据溶质的相对分子质量 $(MW)_i = (总重量)_i/n_i$,得到 $(MW)_i$.

第 9 章　非电解质溶液的热力学和混合模型

矿物和熔体的溶液性质将简化了体系模型的实验室测定结果与激发实验研究灵感的复杂的自然及其他体系联系在一起。溶液的性质需要以组成、温度和压力的函数来表达,要能够在尽量大的条件范围内列出对应数据的表格,并且能外推至实验数据以外。研究热力学的溶液模型和混合模型的目的就是要对数据表格进行开发性分析。溶液模型可以合理地表达各种不同类型溶液中某组分的活度,而混合模型主要处理过量热力学函数。在本章中,主要涉及多年来采用理论和实证研究所提出的各种热力学溶液模型和混合模型,而且这些模型也已经在不同程度上被成功地应用于一些具有重要地质意义的问题中[①]。

9.1　离子溶液

离子溶液指的是由个别离子或特定的离子复合物组成了混合单元的溶液。例如,二元橄榄石固溶体$(Fe,Mg)_2 SiO_4$,其中混合单元是 Fe^{2+} 和 Mg^{2+},而混合体$(SiO_4)^{4-}$ 则组成了化学上惰性架构。橄榄石固溶体是所谓单晶位离子固溶体,而石榴石$^{\text{Ⅷ}}(Fe,Mg,Ca,Mn)_3 {}^{\text{Ⅵ}}(Al,Cr,Fe^{3+})_2 Si_3 O_{12}$ 则是双晶位离子固溶体的例子(左侧上标表示阳离子的氧配位数)。另外,也有在达到内部电荷平衡的几个位置上都有置换作用的多晶位离子固溶体。如果在一个位置以上有置换作用的话,则固溶体也会有因两个不同位置之间的相互作用而引起的所谓交互性质。所以,这种在一个位置以上包含内部电荷平衡的置换作用的固溶体通常叫作**交互固溶体**。

在一开始就需注意到,只要是基于组分的相同的标准状态,对一个组分的活度的所有表述都是相同的。但是,一个组分的活度系数的显函数则取决于活度本身的表达式。离子固溶体模型为开发各种表达式提供了一条合理途径。

---

① 本节中的大部分材料之前已发表在《矿物学 EMU 会议论文集》(第三卷)上(Ganguly,2001)。

9.1.1 单晶位,子点阵和交互溶液模型

从微观角度看,理想混合意味着混合元的随机分布。因而一般来说,溶液中的一个端元组分的活度应该表达为组成的函数,使得由 $\Delta G_m(\text{mix})$ 的热力学表达式所导出的混合摩尔熵中的理想部分,与从玻尔兹曼关系式在假定随机分布条件下导出的 $\Delta S_m(\text{mix})$ 的表达式(2.6.6)相一致。如 8.6.2 节所指出,对 $(A,B,\cdots)_m F$ 一类单晶位固溶体来说,端元组分 $A_m F$ 的活度为

$$a_{A_m F} = (x_A \gamma_A)^m \tag{9.1.1}$$

即满足上述相一致的条件。上式中 x_A 是特定晶位上 A 的原子分数;γ_A 则是同一个晶位上离子 A 的活度系数,反映出与其他离子相互作用的非理想性。γ_A 也可看作组分 $AF_{1/m}$(例如橄榄石固溶体 $MgSi_{0.5}O_2$)的活度系数。注意,X_A 等于分子组分 $A_m F$ 的摩尔分数(例如橄榄石中 $X_{Mg} = X_{Fo}$,其中 Fo 指的是镁橄榄石组分 Mg_2SiO_4)。可以证明,当选择纯组分为标准状态时,在选定压力下,随着 $X_A \to 1$,有 $a_{A_m F} = (X_A)^m$(特别要强调,标准状态的温度一定要是研究条件下的温度)。

双晶位(I和II)交互固溶体可以 $^I(A,B)_m{}^{II}(C,D)_n P$ 为例,其中,在两个位置上的置换作用之间没有任何化学计量上的关系,也就是说,比值 A/B 与比值 C/D 是相互独立的。该双晶位二元交互溶液的摩尔吉布斯能可以用图 9.1 所示的参考面表达,其式为

$$G_m = \left[x_A x_C G^{\circ}_{A_m C_n P} + x_B x_C G^{\circ}_{B_m C_n P} + x_A x_D G^{\circ}_{A_m D_n P} + x_B x_D G^{\circ}_{B_m D_n P} \right]$$

$$+ \left[mRT^{\,I}\left(\sum_i x_i \ln x_i \right) + nRT^{\,II}\left(\sum_i x_i \ln x_i \right) \right] + \Delta G_m^{xs} \tag{9.1.2}$$

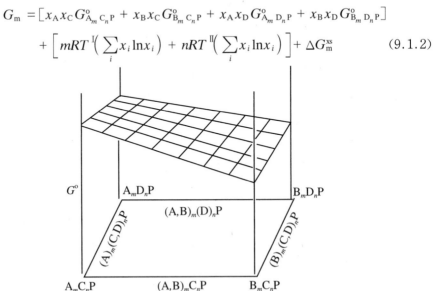

图 9.1 双晶位二元交互固溶体中端元组分的机械混合的吉布斯自由能
边界上的二元确定了单晶位的端元机械混合的自由能。画有格子的面不在一个平面上

其中,x_i 是圆括号左侧上标位置上 i 的原子分数;在等号右边第二个方括号中的集合项则是 $-TS^{mix}$(理想);最后一项 ΔG_{m}^{xs} 则是在**个别位置**上的非理想的相互作用所产生的过量混合摩尔吉布斯自由能。

Hillert 和合作者(1998)称这种用端元组分的吉布斯自由能来表示交互溶液的自由能的方法为**组合能量模型**,而不论这些端元组分是实际的还是假设的。一般来说,那些根据各种晶格的组成和性质来表示溶液的混合性质和宏观端元组分的活度-组成关系的方法叫作**亚晶格模型**。

假设在每一个晶格位置上的相互作用都是理想的,因而在式(9.1.2)中的 ΔG_{m}^{xs} 等于零,这样二元交互溶液中端元组分的化学势为

$$\mu_{A_mC_nP} = \mu_{A_mC_nP}^{o} + \Delta G_{rec}^{o}\left[^{I}(1-x_A)\,^{II}(1-x_C)\right] + RT\left[m\,\ln{}^{I}(x_A) + n\,\ln{}^{II}(x_C)\right]$$

$$(9.1.3a)$$

或

$$\mu_{A_mC_nP} = \mu_{A_mC_nP}^{o} + \Delta G_{rec}^{o}\left[^{I}(1-x_A)\,^{II}(1-x_C)\right] + RT\ln\left[^{I}(x_A)^{m}\,^{II}(x_C)^{n}\right]$$

$$(9.1.3b)$$

其中,$\mu_{A_mC_nP}^{o}$ 是所研究的 P-T 条件下纯组分 A_mC_nP 的吉布斯自由能,ΔG_{rec}^{o} 则是下列均一交互反应的吉布斯自由能的变化:

$$A_mC_n + B_mD_n \Longrightarrow A_mD_n + B_mC_n \qquad (9.1.a)$$

Flood 等(1954)首次导得上式。在式(9.1.3b)中最后中括号里的项表示了宏观组分 A_mC_nP 个别位置上理想混合时的活度,而且交互作用的影响可以忽略不计。换言之,有

$$a_{A_mC_nP}(\text{理想}) = \left[^{I}(x_A)^{m}\,^{II}(x_C)^{n}\right] \qquad (9.1.4a)$$

式(9.1.3)右侧的第二项就成为

$$RT\ln(\gamma_{A_mC_nP})_{rec} = {}^{I}(1-x_A)\,^{II}(1-x_C)\Delta G_{rec}^{o} \qquad (9.1.4b)$$

对于有两个位置以上混合的溶液,其 a-X 方程中的理想混合部分可以用式(9.1.4)的相同形式来写。则上式可改写成一般形式

$$RT\ln(\gamma_{i_mj_nP})_{rec} = \pm\,^{I}(1-x_i)\,^{II}(1-x_j)\Delta G_{rec}^{o} \qquad (9.1.5)$$

其中,若 i_mj_nP 为式(9.1.4a)所表示的一类交互反应的反应物组分,则符号为正;若是生成物组分,则符号为负。

式(9.1.3)及其扩展到多位置-多组分溶液的方程式可以根据式(8.3.8)对每个亚晶格进行体系的相应微分而导出(Wood, Nicholls, 1978; Sundman, Agren, 1981; Hillert, 1998)。对于上面所涉及的两个位置的溶液,用式(8.3.8)就可得到

$$\mu_{A_mC_nP} = G_m + \frac{\partial G_m}{\partial x_A} + \frac{\partial G_m}{\partial x_C} - {}^{I}\left(\sum_i x_i\frac{\partial G_m}{\partial x_i}\right) - {}^{II}\left(\sum_j x_j\frac{\partial G_m}{\partial x_j}\right) \qquad (9.1.6)$$

对二元体系,由上式即可得到式(9.1.3)。

式(9.1.3)突出了交互反应的一个重要特性。因为 ΔG_{rec}^{o} 项的存在,所以即使

在个别位置上的相互作用是理想的,交互溶液也仍会具有非理想性(在这个意义上说,一个组分的化学势无法完全由溶液组成来确定)。

Førland(1964)通过对交互溶液组分活度的统计力学和热力学推导计算比较,认为交互溶液的熵变应该是非常小的,这意味着 ΔG°_{rec} 对温度的变化十分不敏感。Lierman 和 Ganguly(2003)利用了该结果对尖晶石中的 Al/Cr 比值在斜方辉石 $(Fe,Mg)SiO_3$ 和尖晶石 $(Fe,Mg)(Al,Cr)_2O_4$ 之间 (Fe,Mg) 的分馏作用上的交互作用的影响进行了模拟研究。在后面 11.1 节将进一步讨论交互溶液对元素分馏作用的影响。

当晶体位置的性质是非理想的时,组分的活度系数就要用式(9.1.5)结合其他反映其各个位置和相互依存的非理想性的所有附加项一起来表达。对固溶体来说,位置之间的交叉作用会因为一个位置上的键距受另一个位置上组成变化的影响而加强。如果一个位置上的相互作用不受另一个位置上组成影响,则有

$$\gamma_{i_m j_n P} = \big[^{\rm I}(\gamma_i)^m\,^{\rm II}(\gamma_j)^n\big](\gamma_{i_m j_n P})_{rec}$$

或,将上式代入式(9.1.5),有

$$\gamma_{i_m j_n P} = \big[^{\rm I}(\gamma_i)^m\,^{\rm II}(\gamma_j)^n\big]\exp\big[\pm\,^{\rm I}(1-x_i)\,^{\rm II}(1-x_j)(\Delta G^\circ_{rec}/RT)\big]$$

$$(9.1.7a)$$

以及

$$a_{i_m j_n P} = \big[^{\rm I}(x_i)^m\,^{\rm II}(x_j)^n\big]\gamma_{i_m j_n P} \qquad (9.1.7b)$$

其中,γ_i 和 γ_j 反映了在 i 和 j 特定位置上的非理想相互作用,x 表示位置的原子分数。$(\gamma_{i_m j_n P})_{rec}$ 项符号的意义与式(9.1.5)的相同。在两个位置上混合特性的相互依赖性需要加上另外一些项来表示,或者被包括在与位置有关的活度系数项内。

至于像式(9.1.1)所表述的单晶位上理想混合的情况,上述针对多晶位溶液的 a-X 方程的理想部分也可由比较混合熵的表达式来得到,也就是按照一般的热力学方程和在个别位置上发生理想混合所需要的的随机分配的统计力学公式。为了显示这一点,设一个具有两个亚晶格的二元组分溶液 $^{\rm I}(A,B)_m\,^{\rm II}(C,D)_n P$,其中端元组分为 $A_m C_n P$ 和 $B_m D_n P$。

按照一般的热力学方程,有

$$\Delta S^{mix}_m = -R\sum_i X_i \ln a_i$$
$$= -R(X_{A_m C_n P}\ln a_{A_m C_n P} + X_{B_m D_n P}\ln a_{B_m D_n P}) \qquad (9.1.8)$$

其中,X_i 是特定的宏观端元组分的摩尔分数。

假设在个别亚晶格上的原子随机分配,则由式(2.6.9)得

$$\Delta S^{mix}_m = -R\big[^{\rm I}(x_A\ln x^m_A + x_B\ln x^m_B) + {}^{\rm II}(x_C\ln x^n_C + x_D\ln x^n_D)\big] \qquad (9.1.9)$$

又由化学计量原理,有 $^{\rm I}x_A = {}^{\rm II}x_C = X_{A_m C_n P}$,和 $^{\rm I}x_B = {}^{\rm II}x_D = X_{B_m D_n P}$,所以上式就成为

$$\Delta S_{\mathrm{m}}^{\mathrm{mix}} = -R\left[\left(X_{\mathrm{A}_m\mathrm{C}_n\mathrm{P}}\ln(^{\mathrm{I}}x_{\mathrm{A}}^m{}^{\mathrm{II}}x_{\mathrm{C}}^m) + X_{\mathrm{B}_m\mathrm{D}_n\mathrm{P}}\ln(^{\mathrm{I}}x_{\mathrm{B}}^m{}^{\mathrm{II}}x_{\mathrm{D}}^n)\right)\right] \quad (9.1.10)$$

比较式(9.1.8)和(9.1.10),就可得到两个亚晶格上原子理想混合或随机分配的溶液的端元组分活度为

$$a_{\mathrm{A}_m\mathrm{C}_n\mathrm{P}} = \left[^{\mathrm{I}}(x_{\mathrm{A}})^m{}^{\mathrm{II}}(x_{\mathrm{C}})^n\right]$$

相应地,也可得到另一端元组分的类似表达式。

9.1.2 无序溶液

与上节不同,有一类固溶体 $^{\mathrm{I}}(\mathrm{A},\mathrm{B})_m{}^{\mathrm{II}}(\mathrm{C},\mathrm{D})_n\mathrm{P}$ 中晶体结构位置Ⅰ和Ⅱ上的组分 A 和 B 是无序分配或分馏的。斜方辉石 $^{\mathrm{M1}}(\mathrm{Fe},\mathrm{Mg})^{\mathrm{M2}}(\mathrm{Fe},\mathrm{Mg})\mathrm{Si}_2\mathrm{O}_6$ 即属这类固溶体,其中 Fe 和 Mg 在两个非等同的八面体位置 M1 和 M2 位置上无序分配(Ghose,1982)。(Ganguly 等人(1994)也注意到斜方辉石中 Fe-Mg 的无序分配是主岩体冷却速率的重要指标。)无序固溶体也可看作是交互溶液。所以,双晶位无序固溶体的组分的活度应按式(9.1.7)表达。例如,斜方辉石固溶体中组分 $\mathrm{Mg}_2\mathrm{Si}_2\mathrm{O}_6$ 的活度为

$$a_{\mathrm{Mg}_2\mathrm{Si}_2\mathrm{O}_6} = {}^{\mathrm{M1}}(x_{\mathrm{Mg}}\gamma_{\mathrm{Mg}})^{\mathrm{M2}}(x_{\mathrm{Mg}}\gamma_{\mathrm{Mg}})$$
$$\times \exp\left[^{\mathrm{M1}}(1 - x_{\mathrm{Mg}})^{\mathrm{M2}}(1 - x_{\mathrm{Mg}})\Delta G_{\mathrm{rec}}^{\circ}/RT\right] \quad (9.1.11)$$

其中,$\Delta G_{\mathrm{rec}}^{\circ}$ 是以下交互反应的标准状态吉布斯自由能的变化:

$$(^{\mathrm{M1}}\mathrm{Mg}^{\mathrm{M2}}\mathrm{Mg})\mathrm{Si}_2\mathrm{O}_6 + (^{\mathrm{M1}}\mathrm{Fe}^{\mathrm{M2}}\mathrm{Fe})\mathrm{Si}_2\mathrm{O}_6 \rightleftharpoons (^{\mathrm{M1}}\mathrm{Fe}^{\mathrm{M2}}\mathrm{Mg})\mathrm{Si}_2\mathrm{O}_6 + (^{\mathrm{M1}}\mathrm{Mg}^{\mathrm{M2}}\mathrm{Fe})\mathrm{Si}_2\mathrm{O}_6$$

在缺少相应的有关热力学混合性质的情况下,通常的近似做法是将这样一种无序双晶位固溶体中端元组分的活度用所谓的**双晶位理想模型**来表述,即

$$a_{\mathrm{A}_m\mathrm{A}_n\mathrm{P}} = \left[^{\mathrm{I}}(x_{\mathrm{A}})^m{}^{\mathrm{II}}(x_{\mathrm{A}})^n\right] \quad (9.1.12)$$

其中,$^{\mathrm{I}}x_{\mathrm{A}}$ 和 $^{\mathrm{II}}x_{\mathrm{A}}$ 分别代表晶位Ⅰ和Ⅱ上 A 的原子分数。将此式与方程(9.1.7)比较可见,双晶位理想模型不仅仅意味着 $^{\mathrm{I}}\gamma_{\mathrm{A}} = {}^{\mathrm{II}}\gamma_{\mathrm{B}} = 1$,而且也意味着 $\Delta G_{\mathrm{rec}}^{\circ}/RT = 0$。此外,如下面要证明的,除了完全无序的特定情况以外,其固溶体的宏观行为显示出与理想性的负偏离,即 $a_{\mathrm{A}_m\mathrm{A}_n\mathrm{P}} < X_{\mathrm{A}}$,其中 X_{A} 是 A 的宏观原子分数。

设 p 和 q 分别是参与有序-无序作用过程的晶位总数中晶位Ⅰ和晶位Ⅱ的分数,即 $p = m/(m + n)$,$q = 1 - p$,则有 $X_{\mathrm{A}} = p(^{\mathrm{I}}x_{\mathrm{A}}) + q(^{\mathrm{II}}x_{\mathrm{A}})$。所以,$X_{\mathrm{A}} \geqslant (^{\mathrm{I}}x_{\mathrm{A}})^m(^{\mathrm{II}}x_{\mathrm{A}})^n$,其中仅在完全无序这种特定情况时取等号,此时 $^{\mathrm{I}}x_A = {}^{\mathrm{II}}x_A$(读者可以很容易代入晶位原子分数和晶位分数来证实这一点)。总之,对于双晶位理想模型,根据方程(9.1.12),必有 $a_{\mathrm{A}_m\mathrm{A}_n\mathrm{P}} \leqslant X_{\mathrm{A}}$。显然,该模型不能用于 $a_{\mathrm{A}_m\mathrm{A}_n\mathrm{P}} \leqslant X_{\mathrm{A}}$ 的情况。例如,斜方辉石固溶体 $^{\mathrm{M1}}(\mathrm{Fe},\mathrm{Mg})^{\mathrm{M2}}(\mathrm{Fe},\mathrm{Mg})\mathrm{Si}_2\mathrm{O}_6$,其端元组分 $\mathrm{Mg}_2\mathrm{Si}_2\mathrm{O}_6$ 的活度不可写作 $a(\mathrm{Mg}_2\mathrm{Si}_2\mathrm{O}_6) = (^{\mathrm{M1}}x_{\mathrm{Mg}})(^{\mathrm{M2}}x_{\mathrm{Mg}})$,因为目前为止取得的

热力学资料表明对 $FeSiO_3$ 和 $MgSiO_3$ 的宏观组分的混合物来说,其热力学性质似乎接近理想或有稍许正偏离(Stimpfl et al,1999)。

9.1.3　成对置换作用

许多固溶体需要成对置换作用以保持其宏观电中和性。例如,有两个端元组分,$NaAlSi_3O_8$(钠长石:Ab)和 $CaAl_2Si_2O_8$(钙长石:An)组成的斜长石中即包含了(Na^+Si^{4+})⟷($Ca^{2+}Al^{3+}$)这样的成对置换作用。当固溶体保持局部电中和时,Na^+ 被 Ca^{2+} 置换必定伴随着其最邻近的四面体晶位上 Si^{4+} 为 Al^{3+} 所置换。这时,按照离子溶液模型所表示的端元成分(例如 $NaAlSi_3O_8$)的活度就应该将式(9.1.1)中的 X 看作成对离子的摩尔分数(例如 X_{NaSi}),并且等于每摩尔固溶体该离子对摩尔分数的 m 指数。这样,可将斜长石固溶体重新写为($NaSi,CaAl$)($AlSi_2O_8$),则

$$a(Ab) = X_{NaSi}\gamma_{NaSi} \equiv X_{Ab}\gamma_{Ab} \tag{9.1.13}$$

当热扰动超过固溶体中的库仑力时,则局部电中和将至少有一部分被破坏。这时,活度-组成公式会有所不同而更接近于"理想"溶液的特点。然而,值得注意的是,在斜长石和含铝斜辉石($CaMgSi_2O_6$-$CaAl_2SiO_6$)两固溶体中均含有成对多价置换作用,其端元成分的活度非常接近于它们各自的分子分数,即便当量热和结构的数据显示出固溶体中有明显的电荷不平衡(Wood et al,1980;Newton et al,1980)。这意味着局部的电荷平衡的破坏引起了 ΔH_{mix} 和 $T\Delta S_{mix}$ 两项的同等增加,以致这时的 ΔG_{mix} 与局部电荷平衡(LCB)模型中理想特性的量相同。因此,LCB模型实际上为含有多价置换作用固溶体的活度计算提供了一个简便的途径。

9.1.4　离子熔融:特姆金模型和其他模型

特姆金(Temkin,1945)提出熔化的盐可以完全分解为阳离子和阴离子,并且这两类离子形成两类不同的亚晶格,虽然它们不可分离,但也不是在阳离子和阴离子之间形成混合。由于强烈的库仑力的作用,阳离子被阴离子所包围,反之亦然。所以,熔化的盐的结构可以看作由两种相互渗透的阳离子亚晶格和阴离子亚晶格组成,如图9.2所示。如果在个别亚晶格中离子的置换作用保持电荷平衡,那么熔融盐的溶液中的活度-组成方程的理想部分可以按式(9.1.4a)来表示。这种情况下,m 和 n 就是指分离的这两类离子的产物。例如,在 $MgCl_2$ 和 CaF_2 固溶体中,如果按照 X^2Y^{2-}⟶$X^{2+}+2Y^-$ 从溶液中完全分离出两类盐的话,则固溶体的亚晶格可表示为 $[^I(Mg^{2+},Ca^{2+})][^{II}(Cl^-,F^-)_2]$。这种将离子熔融处理为阳离子和阴离子亚晶格的方法叫作特姆金模型。事实上,从历史的角度看,上面所讨论的

亚晶格或组分能量模型都代表了特姆金模型的延伸。

图 9.2 特姆金模型说明图

在该模型中熔化的盐或离子熔体可以看作两类分别由阳离子和阴离子互相穿插的亚晶格

Hillert 和其他合作者（Hillert，2001）将特姆金模型推广应用到含有多价阳离子和阴离子亚晶格以及中性组分的置换作用的离子熔融中。例如，将 Ca-CaO-SiO$_2$ 体系的熔体在整个三元组成范围内处理为 $^I(Ca^{2+})_p{}^{II}(O^{2-}, SiO_4^{4-}, Va^{2-}, SiO_2^0)_2$。在这个模型中，$Va^{2-}$ 和 SiO_2^0 分别表示二价阴离子空隙和中性 SiO_2 分子。CaO-Al$_2$O$_3$ 液体可写作为 $(Ca^{2+}, Al^{3+})_p(O^{2-}, AlO_{1.5}^0)_q$，这里的系数 p 和 q 的值不同，取决于为了保持溶液的中性组成的变化。Hillert 和其他合作者的方法可进一步推广以处理多元硅酸盐熔体，这对于了解由岩石部分熔融产生的岩浆作用具有重要意义。

9.2 二元体系的混合模型

迄今为止，有许多不同公式表示的混合模型来处理作为组成函数的固溶体过量热力学性质。本节所讨论的模型可应用到只有一个位置或不同位置但具有成对的置换作用的固溶体，例如上面已讨论过的斜长石固溶体。当固溶体包括了内部电荷平衡的多位置置换作用时，例如石榴石固溶体（$(Fe, Mg, Mn, Ca)_3(Al, Fe^{3+}, Cr)_2Si_3O_{12}$），则每个位置上的混合性质也可以用本节所用的模型来处理。其中，最基本的就是作为组成函数的 ΔG^{xs} 的表达式，由该式就可根据标准的热力学方法（见 8.6 节）导出所有其他的过量热力学性质。下面将首先讨论二元溶液，然后是三元和更多组分的溶液。

9.2.1 Guggenheim 或 Redlich-Kister 模型，简单混合和规则溶液模型

Guggenheim（1937）提出二元溶液混合物的摩尔过量自由能可以用多项式表示为

$$\Delta G_m^{xs} = X_1 X_2 \left[A_0 + A_1(X_1 - X_2) + A_2(X_1 - X_2)^2 + \cdots \right] \quad (9.2.1)$$

其中,系数 $A_0, A_1, A_2, \cdots$ 等在恒定 $P\text{-}T$ 条件下为常数。显然,该多项式满足当组成为端元组成时(即 $X_1 = 0$ 或 $X_2 = 0$),ΔG^{xs} 等于零。

根据式(8.7.4),μ_i^{xs} 和 $\Delta G_{\mathrm{m}}^{\mathrm{xs}}$ 的关系为

$$\mu_i^{\mathrm{xs}} = \Delta G_{\mathrm{m}}^{\mathrm{xs}} + (1 - X_i)\left(\frac{\partial \Delta G_{\mathrm{m}}^{\mathrm{xs}}}{\partial X_i}\right) \tag{9.2.2}$$

前面已经得到 $RT\ln\gamma_i = \mu_i^{\mathrm{xs}}$,将上式代入,并利用式(9.2.1),则可得到

$$RT\ln\gamma_1 = X_2^2\big[A_0 + A_1(3X_1 - X_2) + A_2(X_1 - X_2)(5X_1 - X_2) + \cdots\big] \tag{9.2.3a}$$

和

$$RT\ln\gamma_2 = X_1^2\big[A_0 - A_1(3X_2 - X_1) + A_2(X_2 - X_1)(5X_2 - X_1) + \cdots\big] \tag{9.2.3b}$$

上述关于活度系数的表达式是由 Redlich 和 Kister(1948)首先导出的,因此称为 Redlich-Kister **方程**。有时候,甚至 Guggenhein 多项式也被称为 Redlich-Kister 方程,当然这似乎不太合适(这可能是因为这两位作者还将 Guggenhein 多项式引申到三元体系造成的,有关这一点详见后面的讨论)。

可以看到,当下标为奇数的 A 的各常数项 $A_1, A_3, \cdots$ 为零时,$\Delta G_{\mathrm{m}}^{\mathrm{xs}}$ 对于组成呈现对称关系。然而还有多种对称关系取决于在 $\Delta G_{\mathrm{m}}^{\mathrm{xs}}$ 保留的下标为偶数的 A 的数目。根据 Guggenhein(1967)的结论,这些溶液可统称为**对称溶液**。非理想溶液的一种最简单的表达式就是在式(9.2.1)中除了第一个常数项外其余全部为零。这种情况下,$\Delta G_{\mathrm{m}}^{\mathrm{xs}}$ 对于组成呈现抛物线对称的函数关系。Guggenhein 称其为**简单混合模型**,因为这代表了偏离理想状况的最简单形式。按惯例,当溶液为简单混合模型时,A_0 通常用 W 或 W^G 代替,因此,有

$$\Delta G^{\mathrm{xs}} = W^G X_1 X_2 \tag{9.2.4}$$

而根据式(9.2.3),又有

$$RT\ln\gamma_i = W^G(1 - X_i)^2 \tag{9.2.5}$$

其中,W^G 对于压力 P 和温度 T 的函数关系分别为

$$\left(\frac{\partial W^G}{\partial P}\right)_T = \frac{1}{X_1 X_2}\left(\frac{\partial \Delta G^{\mathrm{xs}}}{\partial P}\right)_T = \frac{\Delta V^{\mathrm{xs}}}{X_1 X_2} \tag{9.2.6}$$

$$\left(\frac{\partial W^G}{\partial T}\right)_P = \frac{1}{X_1 X_2}\left(\frac{\partial \Delta G^{\mathrm{xs}}}{\partial T}\right)_P = -\frac{\Delta S^{\mathrm{xs}}}{X_1 X_2} \tag{9.2.7}$$

Hildebrand(1929)将满足式(9.2.4)的溶液称为**规则溶液**,其中的相互作用参数 W^G 则是不依赖于压力 P 和温度 T 的。因此,规则溶液实际上是具有理想混合体积和混合熵的简单混合模型中的特殊情况。然而,在当前应式(9.2.4)于溶液模型时,往往没有那么严格地进行区分 W^G 是否随 P, T 变化,而统称为规则溶液。本书也用规则溶液来称呼简单混合模型(从历史角度看,规则溶液的概念其实是在

简单混合模型的概念之前,因此,规则溶液并不是为了引进简单混合模型的特殊情况)。规则溶液模型在溶液热力学模型的发展中有着特别的地位,因为该模型的特点与简单形状的非极性分子混合的统计力学的结论相一致。

根据 Thompson(1967)的方法,W^G 通常相应地被分解为焓(W^H)、熵(W^S)和体积(W^V),即

$$W^G(P,T) = W^H(1\ \text{bar}, T) - TW^S(1\ \text{bar}, T) + \int_1^P W^V \text{d}P \qquad (9.2.8)$$

由式(9.2.8)可见,W^G 的分解式具有 G 分解为 H,S 和 V 的一样的形式。由于地质条件下,$P \gg 1\ \text{bar}$,所以在地质文献中通常假定 W^V 不随 P 变化,因此,式(9.2.8)中的最后一项可写作 PW^V。而 W^H 和 W^S 随温度的变化与过量混合热容有关,这是因为振动频率随组成的变化是非线性的。又由于固溶体的热容数据十分缺失,因而 W^H 和 W^S 往往都假设为常数。然而,Vinograd(2001)从对 Pyr - Grs 和 Diop - CaTs 固溶体的光谱分析中得出,它们的 W^H 和 W^S 与温度有显著的依赖关系(镁铝榴石(Pyr):$Mg_3 Al_2 Si_3 O_{12}$;钙铝榴石(Gros):$Ca_3 Al_2 Si_3 O_{12}$;透辉石(Diop):$CaMgSi_2 O_6$;钙 Tschermak(CaTs):$CaAl_2 SiO_6$)。

当固溶体的混合热力学性质呈现对称特性时,通常采用规则模型来拟合。但事实上,数据往往是难得有很好并且可足以确定是否呈完美的抛物线形状的。Stimpfl 等(1999)利用单晶的 X 射线衍射,对二元斜方辉石固溶体($Fe,Mg)SiO_3$ 中 Fe^{2+} 和 Mg 在非等价八面体亚晶格 M1 和 M2 的分配和温度的函数关系作了详细研究。根据测定数据,在假定随机分配的条件下,计算了 Fe 和 Mg 的 ΔS^{mix}。结果显示 ΔS^{mix} 在组成上基本上是对称的,但是方程并不呈现抛物线形状。相反,在作 Guggenhein 多项式拟合时发现,最佳拟合需要两个偶数参数,即 A_0^s 和 A_2^s,这里的上标 s 指的是那些与 ΔS_m^{xs} 有关的项,即方程(9.2.1)所示的 $\Delta S_m^{\text{xs}} = X_1 X_2 [A_0^s + A_2^s (X_1 - X_2)^2]$。

9.2.2 亚规则模型

在岩石学和矿物学文献中广泛采用一种非常简单的非对称溶液模型。实际上就是将规则溶液方程——式(9.2.4)中的参数 W^G 看作一个简单的组成函数,即

$$W^G(\text{SR}) = W_{21}^G X_1 + W_{12}^G X_2$$

这样,就有

$$\Delta G_m^{\text{xs}}(\text{SR}) = (W_{21}^G X_1 + W_{12}^G X_2) X_1 X_2 \qquad (9.2.9)$$

和

$$RT \ln \gamma_i(\text{SR}) = [W_{ij} + 2X_i(W_{ij} - W_{ij})] X_j^2 \qquad (9.2.10)$$

其中,SR 指亚规则,而 W_{ij}^G 则是 P 和 T 的函数(亚规则溶液模型公式中的 W_{ij} 也被

叫作 Magrules **参数**)。式(9.2.10)是将式(9.2.9)的 $\Delta G_{\mathrm{m}}^{\mathrm{xs}}(\mathrm{SR})$ 代入到式(8.7.4)中并进行相应运算而得。当 $W_{ij} = W_{ji}$ 时,该式就成为规则溶液模型。

显然,当 $X_1 \rightarrow 1$ 时,$W^G(\mathrm{SR}) \rightarrow W_{21}^G$,而当 $X_2 \rightarrow 1$ 时,$W^G(\mathrm{SR}) \rightarrow W_{12}^G$。所以,简单来说,一个二元体系的亚规则模型可以看作拟合的组成两端数据的两个规则溶液模型的加权平均(图9.3)。亚规则模型中的每个 W_{ij}^G 也可按式(9.2.8)分解为焓,熵和体积诸项。

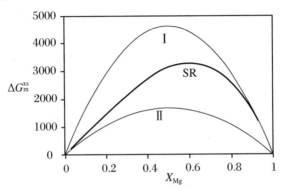

图9.3 **图中粗线所表示的亚规则混合特性可以看作用另外两条细线所表示的拟合两端端元组成的规则溶液特性的加权平均**

计算中使用的参数为 600 ℃温度下镁铝石榴石-钙铝石榴石二元固溶体的混合特性(Ganguly et al,1996):$W_{\mathrm{CaMg}}^G = 18\,423$ J/mol;$W_{\mathrm{MgCa}}^G = 6\,630$ J/mol。图中亚规则线按下式计算:$\Delta G_{\mathrm{m}}^{\mathrm{xs}} = W^G(\mathrm{SR}) \cdot X_{\mathrm{Mg}} X_{\mathrm{Ca}}$,其中,$W^G(\mathrm{SR}) = X_{\mathrm{Mg}} W_{\mathrm{CaMg}}^G + X_{\mathrm{Ca}} W_{\mathrm{MgCa}}^G$。曲线 I 和曲线 II 则分别按 $\Delta G_{\mathrm{m}}^{\mathrm{xs}} = W_{\mathrm{CaMg}}^G X_{\mathrm{Mg}} X_{\mathrm{Ca}}$ 和 $\Delta G_{\mathrm{m}}^{\mathrm{xs}} = W_{\mathrm{MgCa}}^G X_{\mathrm{Mg}} X_{\mathrm{Ca}}$ 进行计算

将 $\Delta G_{\mathrm{m}}^{\mathrm{xs}}$ 的 Guggenheim 多项式(9.2.1)自第二项后删除,并利用恒等式 $A_0 = A_0(X_1 + X_2)$(因为有 $X_1 + X_2 = 1$),则得到亚规则溶液 $\Delta G_{\mathrm{m}}^{\mathrm{xs}}(\mathrm{SR})$ 为

$$\Delta G^{\mathrm{xs}}(\mathrm{SR}) = [(A_0 + A_1)X_1 + (A_0 - A_1)X_2]X_1 X_2 \qquad (9.2.11)$$

用 W_{21}^G 和 W_{12}^G 分别代替式(9.2.11)右侧第一个和第二个圆括号内部分,则上式就成为标准的亚规则溶液方程式(9.2.9)。

图9.4 显示由 Newton 等(1977)发表的镁铝榴石-钙铝榴石($Mg_3 Al_2 Si_3 O_{12}$-$Ca_3 Al_2 Si_3 O_{12}$)二元体系固溶体的过量混合热的量热法测定数据。这些数据可以很完美地用亚规则方程式(9.2.10)进行拟合(用 ΔH^{xs} 代替 ΔG^{xs})。然而,该图中的拟合线与亚规则模型的参数有关,这些参数代表了量热法实验和平衡反应实验的数据的最优化分析结果(这里说的平衡反应实验数据指的是在恒温下化学反应 $\mathrm{Gr} + 2\mathrm{Ky} + \mathrm{Q} \Longrightarrow \mathrm{An}$ 的平衡压力随石榴石固溶体组成的变化的实验室测定。有关包括固溶体在内的热力学混合性质和平衡反应条件的变化将在 10.12 节中详述)。

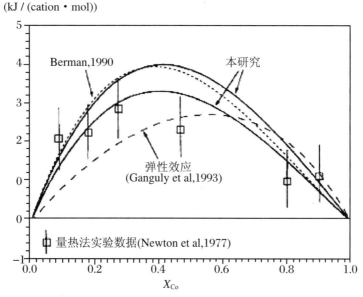

图 9.4　镁铝榴石-钙铝榴石二元体系固溶体的过量混合焓 ΔH^{xs} 和组成的关系

小方块标志是 Newton 等(1977)发表的量热法实验数据(误差为 $\pm 1\sigma$)。"本研究"指的是由 Ganguly 等(1996)用亚规则模型对平衡反应实验数据的拟合。所用的模型参数则是对量热法和相平衡实验进行最优化数据处理所得。上面的拟合线表示"优先模型",其亚规则参数为 $W^H_{CaMg} = 21627$ J/mol; $W^H_{MgCa} = 9834$ J/mol。图中点线表示的"Berman 模型"指的是根据 Berman(1990)发表的数据,用相同的最优化程序(不过该套数据较缺乏大量的相平衡实验数据)得到的参数所进行的拟合。而图中虚线则是 Ganguly 等(1993)利用摩尔体积和弹性性质资料对 ΔH^{xs} 所做的理论计算(详见附录 C.3.2)。

9.2.3　Darken 二次方程式

Darken(1967)指出,当溶剂组分(设为组分 1)的活度系数符合式(9.2.5)所给的规则溶液关系时,那么,吉布斯-杜亥姆方程(式 8.2.7)则要求溶质组分的活度系数必须满足以下关系式:

$$RT\ln\gamma_2 = W^G(1 - X_2)^2 + I \qquad (9.2.12)$$

其中,I 是积分常数。为了使得组分 2 能够遵从拉乌尔定律,即当 $X_2 \to 1$ 时,$a_2 = X_2$,则当 γ_1 在整个组成范围上均满足规则溶液特性时,积分常数 I 必须为零。如果 γ_1 只是在靠近端元组成的有限范围满足规则溶液特性的话,则 γ_2 应在相同组成范围内满足上式,而 $I \neq 0$。这时,ΔG^{xs}_m 在靠近端元组分 1 处,应有

$$\Delta G^{xs}_m = W^G X_1 X_2 + IX_2 \qquad (9.2.13)$$

此即所谓 Darken 二次方程式(DQF)。

采用上述方程,则固溶体在靠近端元组分 1 组成范围内的摩尔吉布斯自由

能为

$$G_m = X_1 G_1^o + X_2 G_2^o + \Delta G_m^{mix}(\text{理想}) + (W^G X_1 X_2 + IX_2)$$
$$= X_1 G^o M_1 + X_2(G_1^o + I) + \Delta G_m^{mix}(R) \tag{9.2.14}$$

其中,$\Delta G_m^{mix}(R)$为

$$\Delta G_m^{mix}(R) = \Delta G_m^{mix}(\text{理想}) + W^G X_1 X_2$$

此即规则溶液模型的混合摩尔自由能(见式(9.2.4))。

将式(9.2.14)中的$(G_2^o + I)$用G_2'代替,则可写为

$$\Delta G_m = X_1 G_1^o + X_2 G_2' + \Delta G_m^{mix}(R) \tag{9.2.15}$$

因此,Powell(1987)指出,在端元组分 1 范围内满足 DQF 的固溶体可以看作端元组分 1 和另一个假设的端元组分 $2'$ 之间的规则溶液,其吉布斯自由能等于端元组分 2 的吉布斯自由能加上积分常数 I。

通过对大量的二元合金,特别是其中铁作为溶剂的二元合金的活度系数实验结果的分析,Darken(1967)证明了当溶剂 1 遵循规则溶液特性直到溶质成分 2 增加到一定程度时,则溶剂 2 同时在相同浓度范围内遵循式(9.2.12)所表示的关系,其中 $I \neq 0$。Darken 进一步建议许多固溶体在其两端端元组成范围内都可处理为上述的二次方程式,其中 W 和 I 都有特定值。而组成处于中间部分的固溶体的特性较为复杂,因为要从一个端元的二次方程特性转化到另一个端元的二次方程的特性。Powell(1987)通过对若干二元矿物固溶体的摩尔体积数据的分析,认为中间部分的数据采用 DQF 模型比规则溶液模型更好。

对于在两端遵循 DQF 模型的固溶体来说,其中间组成部分性质可以采用类似亚规则溶液模型的 ΔG_m^{xs} 表示为端元组成的规则溶液模型的加权平均(见式(9.2.10)和图 9.3),即也采用端元的数据来求加权平均值,有

$$\Delta G_m^{xs}(1-2) = X_1(W_{21}^G X_1 X_2 + I_{21} X_2) + X_2(W_{12}^G X_1 X_2 + I_{12} X_1)$$
$$= X_1 X_2(W_{21}^G X_1 + W_{12}^G X_2 + I_{21} + I_{12}) \tag{9.2.16}$$

其中,下标 ij 表示端元区域 j 的特性。注意,当 $X_i \rightarrow 1$ 时,ΔG^{xs}仅由第一个等号后的含 $X_i(\cdots)$项给出。

在应用 DQF 处理混合性质的数据时需特别注意数据的质量。因为数据被分成三个区域,即两个端元区域和一个中间区域,所以在拟合数据时有很大的灵活性,正如 Ganguly(2001)所说,即使质量较差的数据用 DQF 比用亚规则模型可得到更好的拟合。

9.2.4 准化学及相关模型

在经典规则溶液模型中,假设固溶体组分的分配是随机的,虽然事实上它们的配对势能不同。由于一种组分趋向于被另外某些组分所环绕,从而具有较强的相互作用势能,所以这种假设严格意义上并不正确。在高温条件下,原子分配可以有

效地达到随机分配,每摩尔的热能,RT,足以高到使这些组分不能相互连在一起。Guggenheim(1952)就曾寻求用简单混合模型来解决这个问题,他用二元固溶体作为例子,组分对 1-1,2-2 和 1-2 通过下面的均一反应中的能量变化关联在一起:

$$1-1+2-2 \Longrightarrow 2(1-2) \tag{9.2.16a}$$

这种热力学混合模型称为**准化学模型(QC)**,因其是固溶体中不同组分对之间的化学反应,而且这些组分对的平衡浓度也与化学反应平衡常数中组分的平衡浓度的表示方法一样(见 10.4 节)。

Guggenheim(1952)设一个晶格的总势能由 1-1,2-2 和 1-2 的对的势能组成,并且将长程力的效应忽略不计,从而引入交换能 W_{QC} 的概念,有

$$W_{QC} = LZ[\Gamma_{12} - 1/2(\Gamma_{11} + \Gamma_{22})] \tag{9.2.17}$$

其中,L 是阿伏伽德罗常数,Z 是原子或离子 1 或 2 周围最邻近的配位数,Γ_{ij} 则是这些组分对之间交换反应的势能。这里,Z 代表了一个原子在其特定亚晶格中的配位数,而不是通常采用的环绕一个中心原子的多面体配位数。举例来说,在 NaCl 和 KCl 固溶体中每一个碱性原子有六个最邻近的 Cl 原子(反之亦然)。然而,在上面方程(9.2.17)中,Z 必须等于 12,这是在晶格中的一个中心碱性原子周围最邻近的碱性原子的数目。简单混合模型中的 W^H 与上面所定义的交换能完全相同。需要指出的是,虽然 Guggenheim 在导出式(9.2.17)中将长程力忽略不计,但事实上仍可以将这些力考虑进去并用相同形式的方程表述,即式中的 $Z[\cdots]$ 项改写为 $\sum Z^{(k)}[\Gamma_{12}^{(k)} - 1/2(\Gamma_{11}^{(k)} + \Gamma_{22}^{(k)})]$,其中累加运算包括 k 个邻近对(即第一最邻近,第二最邻近,第三最邻近的,等等)(Vinograd,2001)。即便随着距离的增加相互作用的能量快速衰减,但 $Z^{(k)}$ 则能随距离而快速增加,因而长程力的综合影响有可能是很大的。

为了计算不同大小的分子或原子的混合,Guggenheim(1952)还导出称为接触因子 q 的参数,该参数用来表示一个原子与其最邻近位置上不同类型的另一个原子的几何关系。接触因子具有这样的特性,即当两个中的一个接触因子趋于 1 时,有 $q_1/q_2 \to 1$(当然也可以假定满足其他情况。例如,Green(1970)假定当两个中的一个接触因子趋于 1 时,有 $q_1 q_2 = 1$)。Guggenheim(1952)证明了一个组分偏离随机分配的程度可用参数 β 给出,即

$$\beta = \left\langle 1 - 4\theta_1 \theta_2 \left[1 - \exp\left(\frac{2W_{QC}}{ZRT}\right) \right] \right\rangle^{\frac{1}{2}} \tag{9.2.18}$$

其中,θ 与接触因子有关,即

$$\theta_1 = 1 - \theta_2 = \frac{X_1 q_1}{X_1 q_1 + X_2 q_2} \tag{9.2.19}$$

当固溶体中达到随机分配时,$W/RT \to 0$,则 $\beta \to 1$,而在正偏离($W>0$)或负偏离($W<0$)理想状态时,则分别有 $\beta>1$ 或 $\beta<1$。

根据以上推定,Guggenheim(1952)导出了以下二元溶液混合过量摩尔吉布斯

自由能的 QC 表达式，即

$$\frac{\Delta G_{\mathrm{m}}^{\mathrm{xs}}}{RT} = \frac{Z}{2}\left\{\left[\frac{X_1 q_1 \ln(\beta + \theta_1 - \theta_2)}{\theta_1(\beta + 1)}\right] + \left[\frac{X_2 q_2 \ln(\beta + \theta_2 - \theta_1)}{\theta_2(\beta + 1)}\right]\right\} \quad (9.2.20)$$

又利用 $H = \partial(G/T)/\partial(1/T)$，则得

$$\Delta H_{\mathrm{m}}^{\mathrm{xs}} = \left[\frac{4X_1 X_2 W_{QC}}{\beta(\beta + 1)}\right]\exp\left(\frac{2W_{QC}}{ZRT}\right)\cdot\left[\frac{X_1 q_1 \theta_2}{\beta + \theta_1 - \theta_2} + \frac{X_2 q_2 \theta_1}{\beta + \theta_2 - \theta_1}\right] \quad (9.2.21)$$

再根据方程 $G = H - TS$，即可导得 $\Delta S_{\mathrm{m}}^{\mathrm{xs}}$。

对于二元体系来说，如果该准化学模型提供了适当的数据分析模型的话，则未知参数 q 和 W_{QC} 可以根据相平衡或混合焓的实验数据得出。Green（1970）根据 NaCl-KCl 的固溶分离线的实验数据的分析得出 q_{Na^+}/q_{K^+} 几乎等于这两个端元组分的阳离子半径或摩尔体积的比值。但是，Fei 等（1986）在镁铝石榴石-钙铝石榴石，透辉石-CaTs 以及透辉石-顽火辉石固溶体的端元组成的接触因子和摩尔体积的比值之间却没有发现这种等号关系。

在经典的 QC 理论中，混合焓和混合熵呈现出偏离理想状态的最大负值（即有利于 1-2 对的形成）是在 $X_1 = X_2 = 0.5$ 处。二元体系中 ΔH^{mix} 呈现出"V"字形的负偏离，而 ΔS^{mix} 则呈现出"W"字形，其下垂的中间部分取决于有序度（图 9.5）。但是，在实际情况中，最大偏离处往往不是正好在 $X = 0.5$ 处。为了更好地表达实际固溶体的特性并且处理最大偏离位置的问题，许多研究者已对上述的准化学理论进行了修正和引申。有兴趣的读者可以参考 Ganguly（2001）和 Ottonello（2001），获知更多有关模型的讨论。

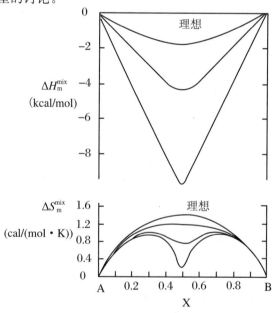

图 9.5　呈现不同有序度的准化学混合特性的二元体系的混合焓和
　　　　混合熵（Pelton et al, 1986）

简单混合模型或规则溶液模型实际上可以直接地作为 QC 模型中的一个特例,即当 W_{QC}/RT 很小并且组分 1 和 2 在形状和大小上很相似时,它们的接触因子相同。然而,W_{QC}/RT 的大小和接触因子的不同具有内在的联系,W_{QC}/RT 不可能太小,除非混合的组分的性质非常相近。

简单混合(或规则溶液)模型和 QC 模型也可分别作为所谓**集团变分法**中零次和一次的特殊情况,该集团变分法是由 Kikuchi(1951)提出的。Burton 和 Kikuchi (1984a,1984b) 应用该方法处理了 $CaCO_3 - MgCO_3$ 和 $Fe_2O_3 - FeTiO_3$ 固溶体。Vinograd(2001)详细讨论了集团变分法,并应用在石榴石和辉石固溶体中。

9.2.5　无热溶液,Flory-Huggins 模型和 NRTL(非随机双位置)模型

Fowler 和 Rushbrooke(1937)的统计力学研究和 Meyer 及其合作者的量热法测定结果(如 Meyer 和 van der Wyk(1944))表明,即使当 $\Delta H^{mix} = 0$ 时,有些溶液不同大小和不同形状的分子的混合仍具有非随机分配或非理想熵效应的特点。这类溶液称为**无热溶液**。无热溶液的热力学性质十分类似于聚合物,其中的组分大小不同,但能量性质十分接近。例如地壳中在很大的 $P\text{-}T$ 范围内形成的最常见的造岩矿物**方沸石**,其往往显示无热的混合行为(见 Neuhoff 等(2004)和习题9.1)。然而,在矿物固溶体中具有无热特点的并不多,因为不同大小的原子的置换往往都会因晶格的畸变和键能的非线性变化而产生非理想的焓变。尽管如此,无热溶液模型还是为某些已经成功用于处理矿物固溶体的模型起了一个引导的作用。

Flory(1941,1944)和 Huggins(1941)分别给出了在单一溶剂(1)中的聚合物组分(2)的非能量固溶体的混合熵为

$$\Delta S_m^{mix} = -R(X_1 \ln\Phi_1 + X_2 \ln\Phi_2) \tag{9.2.22}$$

其中,Φ_1 和 Φ_2 分别为溶剂和聚合物所占用的位置分数。设溶剂和聚合物的分子数分别为 N_1 和 N_2,并且在聚合物分子中有 p 个小段,即有

$$\Phi_1 = \frac{N_1}{N_1 + pN_2}, \quad \Phi_2 = \frac{pN_2}{N_1 + pN_2} \tag{9.2.23}$$

其中,$N_1 + pN_2$ 是溶液中的总位置数。这里假定每个晶格(或准晶格)位置均有溶剂分子或一段聚合物。当晶格位置被一段聚合物占有时,其邻近的位置则被其余的聚合物段占有,以致每个聚合物分子占有了 p 个晶格位置。

Wilson(1964)将 Flory-Huggings 公式引申到不仅大小不同,而且能量也各异的分子的混合性质研究上。该引申要考虑一个中心分子或原子(设为 i)周围两种分子对 $i\text{-}j$ 和 $i\text{-}i$ 的相互作用能量,以及导出环绕中心组分的周围组分的局部体积分数的算式,来计算环绕一个中心分子或原子的两种组分所出现的相对概率。Wilson 假定环绕一个中心组分 i 的两种分子对的"局部摩尔分数"(即 χ_{ii} 和 χ_{ji})的比值为

$$\frac{\chi_{ji}}{\chi_{ii}} = \frac{X_j \exp(-E_{ji}/RT)}{X_i \exp(-E_{ii}/RT)} \tag{9.2.24}$$

其中，E_{ji} 是 i 和 j 之间的摩尔相互作用能。这样，环绕相同类型的中心组分的局部体积分数为

$$\xi_i = \frac{V_i \chi_{ii}}{V_i \chi_{ii} + V_j \chi_{ji}} \tag{9.2.25}$$

其中，V_i 和 V_j 是组分 i 和 j 的摩尔体积。Wilson 利用局部体积分数代替 Flory-Huggins 公式(9.2.22)中的总位置分数。于是，有

$$\Delta G_m^{xs} = -RT\left[X_1 \ln(X_1 + \Lambda_{12}X_2) + X_2 \ln(X_2 + \Lambda_{12}X_2)\right] \tag{9.2.26}$$

其中

$$\Lambda_{12} = \frac{V_2}{V_1} \exp\left[-\frac{E_{12} - E_{11}}{RT}\right] \tag{9.2.27a}$$

$$\Lambda_{21} = \frac{V_1}{V_2} \exp\left[-\frac{E_{12} - E_{22}}{RT}\right] \tag{9.2.27b}$$

需要注意的是，Wilson 公式中的局部体积分数加在一起并不总等于 1(Prausnitz et al,1986)，而且，Wilson 公式也没有得到严格的证明，而只是将 Flory-Huggins 公式作一个直观的引申来说明混合中的能量效应。但是，该公式还是很成功地应用在多个二元体系中(Orye et al,1965)，并且似乎在处理后面所涉及的多组分固溶体问题上也有用处。然而，有两个局限性还是需指出(Wilson,1964；Prausnitz et al,1986)，首先，该式无法得到 $\ln\gamma$-X 关系上的极大值；其次，也没能得到产生相分离时的 Λ_{12} 和 Λ_{21} 的值，在相分离时，在 G_m-X 曲线上会产生"凸起"(而其下降处接近端元区域)。换言之，不存在可以得到 $\partial^2 G_m / \partial X_i^2 < 0$ 的这两个参数值。所以，如果固溶体有一个不相混溶区，则 Wilson 方程必须仅适用于溶体是连续的 P-T-X 条件范围内。

Renon 和 Praunitz(1968)修正了 Wilson 公式，通过导入一个校正系数 α_{12} 作为能量项的乘数而应用于相分离的情况。该模型又被称为**非随机两液模型**(NRTL)，其 ΔG_m^{xs} 等于

$$\Delta G_m^{xs} = X_1 X_2 \left[\frac{(E_{12} - E_{22})G_{21}}{X_1 + X_2 G_{21}} + \frac{(E_{21} - E_{11})G_{12}}{X_2 + X_1 G_{12}}\right] \tag{9.2.28}$$

其中

$$G_{ij} = \exp\left[-\frac{\alpha_{12}(E_{ij} - E_{jj})}{RT}\right] \tag{9.2.29}$$

从上式也可导出其他的热力学混合过量函数(Prausnitz et al,1986)。

当 $\alpha_{12} = 0$ 时(即完全的随机混合)，$G_{ij} = 1$，并且局部的摩尔分数比降低到总的摩尔分数比(式(9.2.24))。在此条件下，NRTL 模型中的 ΔG_m^{xs} 就等于

$$\Delta G_m^{xs} = \Delta E(X_1 X_2) \tag{9.2.30}$$

其中，$E_{12} = E_{21}$，则有

$$\Delta E = 2E_{12} - (E_{11} + E_{22}) \tag{9.2.31}$$

上述方程与规则溶液模型的表达式(9.2.4)在形式上相同。但是,仅当 $E_{ij} = Z/2(L\Gamma_{ij})$ 时(其中 Z 是环绕中心组分 i 或 j 的最邻近组分 i 和 j 的配位数),ΔE 减少为根据成对势能所作的 W 的表达式。所以,E_{ij} 应该处理为与 i 和 j 之间成对势能成正比的量。比较 NRTL 和 QC 模型,Renon 和 Prausnitz(1968)认为 α_{12} 应该等于 $1/Z$,所以 $\alpha_{12} < 1$。然而,却不时地发现报道的根据矿物固溶体的混合性质的实验数据所导出的 α 值与预期的 $1/Z$ 值不同。

9.2.6　Van Laar 模型

对于二元体系来说,van Laar(1910)导出的含有两个常数的表达式是迄今历史最久和最成功的模型,其原理是基于范德华(van der Waal)方程式及采用了理想混合熵。van Laar 模型可以用下式表示

$$\Delta G^{xs} = \frac{\Omega(a_1 a_2 X_1 X_2)}{(a_1 X_1 + a_2 X_2)(a_1 + a_2)} \tag{9.2.32}$$

其中,Ω 是与组分 1 和 2 之间的相互作用能有关的一个项,a_1 和 a_2 是常数。利用式(8.7.4),上式就成为

$$RT\ln\gamma_i = \frac{\Omega X_j^2 a_i (a_j)^2}{(a_i + a_j)(X_i a_i + X_j a_j)^2} \tag{9.2.33}$$

Ganguly 和 Saxena(1987)证明了 van Laar 模型实际上是准化学模型在特定条件下的形式,即相互作用能要小于 RT 值。van Laar 模型的导出及其和 QC 模型的关系显示 van Laar 模型可以用于具有很小或中等偏离理想的溶液,也就是说溶液中的混合单元应是十分相近和非极性的。有意思的是,尽管从微观理论看,van Laar 模型有其很大的局限性,但还是应用得相当成功,或许较之 Margules 或其他两个常数的模型更成功(例如,Prausnitz 等(1986))。图 9.6 就是一例,其中用 van Laar 模型可以拟合苯和异辛烷混合物的活度系数和组成的函数关系,两者在分子大小上十分不同。该模型还非常成功地应用于处理 C－H－O－S 体系中的二元混合溶液,该体系中含有极性的 H_2O 和非极性分子,是地质作用过程中最重要的一种流体体系。

Van Laar 模型的物理意义并不清楚,特别当它被应用于相对复杂的混合物体系时更是这样。但是,Saxena 和他的同事(Saxena,Fei,1988;Shi,Saxena,1992)通过将 C－H－O－S 体系中与端元组分 1 和 2 的摩尔体积相应的两个常数 a_1 和 a_2 作相等处理也得到了很好的结果。他们的研究又由 Aranovich 和 Newton(1999)继续。用该模型处理 6~14 kbar 和 600~1000 ℃ 这样高压和高温条件下 H_2O－CO_2 二元体系中的活度和组成关系。他们实验测定了在下列脱碳和脱水反应中流体组成的变化对平衡条件的影响:

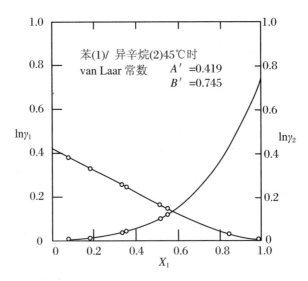

图 9.6 采用 van Laar 模型所拟合的苯和异辛烷混合物的活度系数和组成的函数关系,两者在分子大小上十分不同(Prausnitz et al,1986)

CaCO₃(方解石) + SiO₂(石英) ══ CaSiO₃(钙硅石) + CO₂

MgCO₃(菱镁矿) + MgSiO₃(顽火辉石) ══ Mg₂SiO₄(镁橄榄石) + CO₂

Mg₃Si₄O₁₀(OH)₂(滑石) ══ 3MgSiO₃ + SiO₂ + H₂O

根据已知的流体相的组成及其对上述反应平衡条件的影响(图 9.7),他们导出了在该二元体系中 H_2O 和 CO_2 的活度系数,其中假定参数 Ω 是 P 和 T 的函数,即

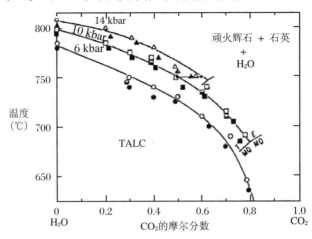

图 9.7 在压力为 6 kbar,10 kbar 和 14 kbar 条件下滑石的脱水反应的平衡温度和 CO_2 - H_2O 体系中流体组成的实验数据及其对流体相采用 van Laar 模型的拟合结果

空心符号表示滑石分解为顽火辉石 + 石英的反应,而实心符号则表示与之相反的反应

(Aranovich,Newton,1999)

$$\Omega = (A + BT)\left[1 - \exp(-20P)\right] + CPT$$

其中，P 是压力，单位为 kbar；A 和 B 均为常数。在中括号中的项确保了当 $P \to 0$ 时的理想气体特点（后面 10.12 节将讨论有关把相的热力学混合性质与反应平衡条件联系在一起的方法）。由平衡反应的 P-T 条件与流体组成的实验数据导出上式中的常数为 $A = 12893\ J$，$B = -6.501\ J/K$，$C = 1.011\ 2\ J/(K \cdot kbar)$。图 9.7 中的实线表示根据这些参数所计算的 14 kbar 条件下平衡温度和气相中 CO_2 摩尔分数的函数关系。

值得注意的是，式（9.2.33）不允许作为组成函数的活度系数存在极值。因此，van Laar 模型显然不适合用于那些已知是存在极值的体系中。Holland 和 Powell（2003）将 van Laar 模型作了扩展并成功应用到一些非对称的矿物固溶体和 H_2O-CO_2 体系中。

9.2.7　伴生溶液

伴生溶液是指那些负偏离理想性质的端元组分的中间产物的溶液。该溶液模型假定溶液的各组分之间形成分子型伴生物。如果在伴生物形成之后还有残余的话，则在这些伴生物和自由离子之间的相互作用就可以用各种溶液模型，例如规则溶液模型，来模拟实验数据。地质上具有这种模型特点的一个重要体系就是 O-S-Fe 的硫化物流体。图 9.8 显示了 S-Fe 二元体系中硫逸度的对数与硫的表观摩尔分数的函数关系（Kress，2000）。表观摩尔分数即是指计算总硫的摩尔分数，而不考虑任何中间的生成物。即硫的表观摩尔分数为 S/(S+Fe)，其中 S 和 Fe 为混合溶液的硫和铁的摩尔数。图 9.8 显示了 S-Fe 二元流体在中间组成范围内 $f(S_2)$ 的急剧变化。$\lg f(S_2)$ 的急剧变化意味着 S_2 的化学势的快速变化（这是因为有 $d\mu_i = RT\,d\ln f_i$），显然不能只用 S 和 Fe 原子之间的非理想相互作用模型来处理。图 9.8 中的不同类型的虚线说明了用这种模型显然是不适合的。$\mu(S_2)$ 的快速变化意味着 G-X 图上中间组成范围内存在一个较陡的谷形，这说明可能存在中间组分。

事实上 Dolezalek（1908）是最早提出伴生溶液模型的，他认为在溶液中的真实组分满足拉乌尔定律或理想混合特性，问题是如何正确地鉴别出真实组分。如果采用组分的表观摩尔分数来作为其真实的摩尔分数，那么，理想的伴生溶液一定会导致对端元组分的活度-组成关系的一个负偏离。下面以 Hilderrand 和 Scott（1964）的工作为例。设溶液由 n_A 摩尔的 A 和 n_B 摩尔的 B 组成，其中 $n_B < n_A$，假定所有摩尔数的 B 和 A 结合生成中间组分 AB。因此，这种情况下，溶液实际由 n_B 摩尔的 AB，$n_A - n_B$ 摩尔的 A 和 0 摩尔的 B 组成，因此溶液中的总摩尔数 N 等于 $(n_A - n_B) + n_B = n_A$。所以，在溶液中实际的 A 的摩尔分数 y_A 为

$$y_A = \frac{n_A - n_B}{n_A} = 1 - \frac{n_B}{n_A} = 1 - \frac{X_B}{X_A} \tag{9.2.34}$$

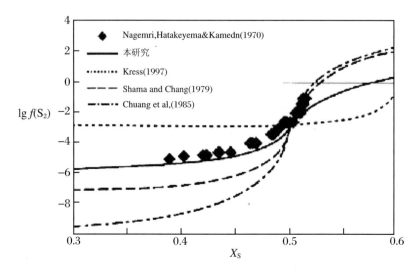

图9.8　在1 bar和1200 ℃条件下 S－Fe 熔流体中硫逸度随硫的摩尔分数的变化（Naga-mori et al,1970）

图中各条线为根据不同模型的计算结果，其中最成功的是采用伴生溶液模型来处理的结果（Kress,2000），图中标记为"本研究"，用实线表示。该模型将熔体看作由 Fe,S 和 FeS（即伴生组分）组成，并具有规则溶液类型的相互作用（Kress,2000）

其中，X 表示 A 或 B 的表观摩尔分数。对理想的伴生溶液来说，$a_A = y_A$，而从上式应有 $y_A < X_A$。所以理想伴生溶液中 A 的活度要小于其表观摩尔分数。图9.9 说明了理想伴生溶液中活度 A 和由上式定义的表观摩尔分数之间的函数关系。对角线表示不存在中间组分 AB 并且 A 和 B 完全理想混合的限制范围。

当 A 和 B 部分结合时，则 a_A-X_A 的函数关系将在图9.9的对角线和曲线之间。这种中间情况的计算需要知道均一组分生成反应的平衡常数（平衡常数的概念将在10.4节中讨论，但具有基本化学基础的读者想必熟悉这一概念）。假设只有部分 B 与 A 结合生成 n_{AB} 摩尔的 AB，那么溶液中就有（$n_A - n_{AB}$）摩尔的 A，和（$n_B - n_{AB}$）摩尔的 B。则溶液中的总摩尔数为 $n_{AB} + (n_A - n_{AB}) + (n_B - n_{AB}) = n_A + n_B - n_{AB}$。假设溶液中的实际组分理想混合，于是，有

$$a_A = y_A = \frac{n_A - n_{AB}}{n_A + n_B - n_{AB}} \tag{9.2.35}$$

显然，类似的方程也可以对其他两个组分写出。假定 A,B 和 AB 之间是理想混合的，则反应 A+B══AB 的平衡常数为

$$K = \frac{y_{AB}}{y_A y_B} = \frac{n_{AB}(n_A + n_B - n_{AB})}{(n_A - n_{AB})(n_B - n_{AB})} \tag{9.2.36}$$

如果 n_A 和 n_B 可以知道，则已知 K 值，即可得 n_{AB}；又将 n_{AB} 代入式（9.2.35）可得 a_A。同样也可计算其他活度。

还有若干将流体的混合性质采用理想伴生模型的成功例子（如 Blander et al,

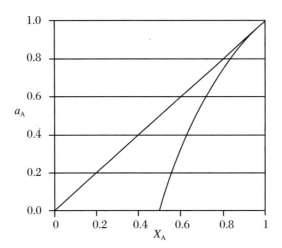

图9.9 理想伴生溶液中一个主要组分 A 的活度与其表观摩尔分数的函数关系

曲线代表所有次要组分 B 与 A 形成了中间组分 AB 时的函数关系。对角线则表示没有任何中间组分形成的 A 和 B 的理想溶液的情况。对于部分 B 与 A 形成中间组分的情况则位于对角线和曲线之间

1987；Zeng et al,1996)。但是,事实上或需也要考虑溶液组分之间存在着一个非零值的相互作用能量,以便更好地模拟溶液性质。Kress(2000)对 O－S－Fe 体系的流体就采用了溶液组分之间有"规则溶液"类的相互作用的模型。他考虑到了 Fe－O 二元体系中的 FeO 和 Fe－S 二元体系中的 Fe－S 以及 O－S－Fe 三元体系中的 FeO－S。图9.8 中的实线即是按其模型预测的 S－Fe 二元体系,可见与实验结果非常吻合,较其他不考虑溶液中间产物的模型要好许多。

如 Hillert 和 Sundman(2001)所讨论的,伴生溶液模型无法预测交互溶液中的混溶间隙。而另一方面,亚晶格模型则预知了非混合特性。他们讨论了双亚晶格(two-sublattice)的修正方案,使其能成功预测交互溶液的非混合特性。

习题 9.1 方沸石固溶体具有无热的混合特性,可以看作是由两个端元 $(Na_{0.755}Al_{0.755}Si_{2.25}O_6 \cdot 1.125H_2O)$ 和 $(Na_{1.05}Al_{1.05}Si_{1.95}O_6 \cdot 0.975H_2O)$ 组成的二元体系。对该二元固溶体所进行的量热法实验没有发现明显的混合焓,但该体系的混合熵则为

$$\Delta S^{xs} = (\Psi + 3R)\left(\sum_k X_k \ln X_k\right)$$

其中,k 表示一个端元组分,$\Psi = -2.20(\pm 75)$J/(mol·K)(Neuhoff et al,2004)试用该数据导出其中一个端元组分的活度系数 γ_k 的表达式。

9.3 多元组分溶液

有关溶体热力学的一个实际问题就是如何综合二元体系的溶液性质,使其公式化以成功预测多元组分溶液的性质。多元组分过量吉布斯自由能模型往往采用两种方法。根据(Cheng et al,1994)的归纳,可以称之为"**幂级数多元模型**"和"**投射多元模型**"。在第一种方法中,首先将多元溶液的 $\Delta G_{\mathrm{m}}^{\mathrm{xs}}$ 用适当的根据组分的摩尔分数展开的幂级数表示。然后经过一些代数操作,多元溶液的 $\Delta G_{\mathrm{m}}^{\mathrm{xs}}$ 的展示式转化为与二元性质(可以是规则的或亚规则的)关联的式子。这种做法后来也被用来处理将一些特定的二元特性结合在一起。第二种方法则是按照行之有效的经验途径将各个二元过量自由能性质结合在一起。

根据多元溶液各二元子系的大多为非对称的热力学性质可得到相应的多元体系的性质。例如,一个亚规则的多元溶液指的就是其多数的二元子体系都具有亚规则的特点。下面首先讨论在单一结构位置上混合的溶液模型,然后再讨论在多个结构位置上混合的所谓多位置混合溶液模型。

9.3.1 幂级数多元模型

最早最成功的多元模型是 Wohl(1946,1953)提出的将 $\Delta G_{\mathrm{m}}^{\mathrm{xs}}$ 用组分摩尔分数的幂级数来展示的模型。当将幂级数的级数控制为 3 次(即将更高级数项都删除),并经整理,那么,一个三元溶体的 $\Delta G_{\mathrm{m}}^{\mathrm{xs}}$ 可以表示为

$$\Delta G_{\mathrm{m}}^{\mathrm{xs}} = \sum_{i \neq j} X_i X_j (W_{ij}^G X_j + W_{ji}^G X_i) + X_i X_j X_k \left[\frac{1}{2} \sum_{i \neq j} (W_{ij} + W_{ji}) + C_{ijk} \right]$$

$$(9.3.1)$$

其中,W 指二元亚规则参数,C_{ijk} 为三元相互作用参数。虽然在随后的地球化学文献中一些研究者也相继提出了一些三元和四元幂级数表示式。但是,Cheng 和 Ganguly(1994)发现所有这些表达式其实和 Wohl 的三元表达式在根本上是一样的,或者只是延伸到四元体系溶液而已。如果将幂级数的级数截取到 3 次,那么,四元体系溶液的 $\Delta G_{\mathrm{m}}^{\mathrm{xs}}$ 可以表示为

$$\Delta G_{\mathrm{m}}^{\mathrm{xs}} = \sum_{i \neq j} X_i X_j (W_{ij}^G X_{ji} + W_{ji}^G X_{ij}) + \sum_{i \neq j, \neq k} X_i X_j X_k C_{ijk} \qquad (9.3.2)$$

其中,X_{ji} 和 X_{ij} 分别是组分 j 和 i 在二元 $i-j$ 连线上投射点的摩尔分数。这些二元摩尔分数可以通过将多元组成法向投影到二元连接线上获得。分析可得 $X_{ij} = 1/2(1 + X_i - X_j)$。有意思的是,注意到在式(9.3.2)中右边的第一项代表了亚规则二元体系的 $\Delta G_{\mathrm{m}}^{\mathrm{xs}}$ 的总和,而在此二元边界上与法线交叉点的组成显然对于多元

组成来说距离最短。此外,当二元体系为亚规则特性时,则四元或更高次的溶体的公式里不含有四次或更高次的项(Jordan(1950),Helffrich 和 Wood(1989),Mukhopadhyay 等人(1993)也各自分别得到这一结论)。利用上式和式(8.7.3),

$$RT\ln\gamma_i = (\partial\Delta G^{xs}/\partial n_i)$$

则可得到多元亚规则溶体中某组分的活度系数的表达式。需注意的是,上式中的 G^{xs} 是指总的过量吉布斯自由能,而不是式(9.3.2)所表示的摩尔分数的过量自由能。这两个量的关系为 $\Delta G^{xs} = N\Delta G_m^{xs}$,其中 N 是溶体的总摩尔数。将式(9.3.2)通过一些热力学公式操作即可得到 $RT\ln\gamma_i$ 的计算式(Cheng et al,1994,1996)。

式(9.3.2)有一种特殊情况,即当多元溶体中的各二元子系均具规则特性时,则有 $W_{ij} = W_{ji} = W_{i-j}$。这样,三元规则溶体中一个组分的活度系数为

$$RT\ln\gamma_i = \sum_{j \neq i} W_{i-j}X_j^2 + X_jX_k\left[W_{i-j} + W_{i-k} - W_{j-k} - C_{ijk}(1-2X_i)\right]$$

(9.3.3)

如果有另外的会与其他组分产生规则溶液特性的相互作用的组分加入,则只要在方程的右边加上像 $X_jX_k[\cdots]$ 这样的项即可。

Redlich 和 Kister(1948)利用用于二元溶体的 Guggenheim 的多项式,即式(9.2.1)来表示多元溶体的 ΔG_m^{xs},后人称其为 Redlich – Kister 模型,它包括各二元 ΔG^{xs} 的总和加上多元校正项,即

$$\Delta G_m^{xs} = \sum X_iX_j\Delta(G_m^{xs})_{ij} + 多元校正项$$

(9.3.4)

其中,$\Delta(G_m^{xs})_{ij}$ 可据式(9.2.1)代入 X_i 和 X_j 计算得到(注意这里的 X_i 和 X_j 是多元体系中组分的原子或摩尔分数,而不是上面所讨论的投射的二元摩尔分数)。在冶金学研究文献里可见到 Redlich-Kister 模型被广泛应用。然而也应当看到,实际上只要体系中各二元子体系是规则或亚规则模型,即当二元过量自由能的多项式中除 A_1 以外的更高次的常数项均为零时,Redlich-Kister 模型就等同于 Wohl 模型(Cheng et al,1996)。

9.3.2 投射多元模型

对于将二元性质结合起来预测多元性质的方法有好几种,在它们的表达式中有的包含、有的没有包含多元相互作用项。应用最多的有图 9.10 中所示的 Kohler(1960),Colinet(1967),Muggianuetal 等(1975)和 Caboz(1965)等人提出的方法。Hillert(1998)归纳了这些方法应用于三元溶体中的 ΔG_m^{xs} 的表达式。Muggianuetal 等人(1975)和 Jacob,Fitzner(1977)也曾分别提出过上述最短距离的方法。因此,在本书中将这类模型称为 Muggianu-Jacob-Fitzner 模型。Bonnier 和 Caboz(1965)也曾提出 ΔG_m^{xs} 的表达式,后经 Toop(1965)修改将三元的 ΔG_m^{xs} 的表达式作为二元规则溶体模型 ΔG_m^{xs} 的总和,即 ΔG_m^{xs}(三元)$= \sum X_{ij}X_{ji}$

$\Delta(G_m^{xs})_{ij}$,其中 X_{ij} 和 X_{ji} 是三元组成点到二元组成边界的最短距离。这种经修改的 Bonnier-Caboz 公式在文献中常被称为 Toop 模型。采用不同的多元体系投射公式的主要动机是要由二元性质来预测多元性质,也就是说多少要"吸收"一些在二元性质组合中各种组分相互作用的效应。

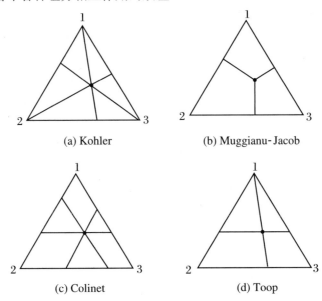

(a) Kohler   (b) Muggianu-Jacob

(c) Colinet   (d) Toop

图 9.10   三元体系"投射多元模型"的图示说明

一个三元溶体的 ΔG_m^{xs} 值可由各投射在二元边界上的组成的二元子系的 ΔG_m^{xs} 值的组合来计算(Ganguly,2001)

　　Toop 的方法实际上是非对称的,即将一种组分(图 9.10(d)中的组分 1)与其他两种组分不同处理。所以这种方法主要应用在一种组分的性质与其他两种组分的性质明显不同的三元体系里。例如,Pelton 和 Blander(1986)在研究三元 SiO_2 － CaO － FeO 硅酸盐熔渣体系中采用了修改过的 QC 公式,即用 Toop 的方法将各二元性质组合起来。其中选择了 SiO_2 作为组分 1,因其是个酸性组分而其他两个为碱性组分。结果发现将二元性质根据这种模型所计算得到的三元性质与实验数据相当吻合。对许多固溶体来说,往往还要能够鉴别出某种组分与其余组分性质上的差异。例如铝硅酸盐石榴石 $(Fe,Mg,Ca)_3Al_2Si_3O_{12}$ 中,Ca 是最不理想的混合组分,而 Fe 和 Mg 的混合接近理想特性(Ganguly et al,1996)。所以 Ca 可以在一个非对称公式中处理为一个单独的组分。

9.3.3   幂级数模型和投射模型的比较

　　根据 Wohl(1946)的幂级数方法所得到的多元亚规则溶液的 ΔG_m^{xs} 表达式(9.3.2)包含了二元过量吉布斯自由能的组合,即是由多元组分体系中的组成按最短距离到达二元边界的组成的过量吉布斯自由能的组合。而这正是图 9.10(b)所示的 Muggianu-Jacob 投射多元模型中所采用的将二元子系组合起来的方法。因此,对 Muggianu-Jacob 模型中所采用的组合二元子系的方法来说,似乎有了一种独立的理论上的理由。正如 Jacob 和 Fitzner(1977)及后来与 Jacob 个人所认识到的,对冶金体系来说,如果忽略三元相互作用,用最短距离方法所预测的三元 $\Delta G_\mathrm{m}^{\mathrm{xs}}$ 值较之其余方法都要好一些。但是,三元性质的预测值和实验测定值的一致程度却随着二元子系非理想性的增加而变差,特别是当 $\Delta G_\mathrm{m}^{\mathrm{xs}}$ 超过 15 kJ/mol 时,这就暗示了可能存在着更高次项的影响。

9.3.4　更高次相互作用项的估算

理论上不可能仅从二元的数据来确定多元组分相互作用项的值。对于给定模型的高次的相互作用值,需要通过由二元数据根据模型的计算结果与实验测定得到的多元性质来进行对比来确定。但是,令人疑问的是,在可预测的将来,是否至少在地质上有意义的体系里会有足够多的实验数据可以满足上述目的。比较可行的另一个途径是从固溶体的结晶学资料和成对离子的势能值来确定二元和多元组分的焓值(Ottonello,1992)。目前,各种二元和多元组分体系的造岩矿物固溶体的结晶学资料十分丰富,因此,有可能采用这种方法来预估不同多元模型中高次项的相对数量级大小,从而确定不同模型在仅根据二元数据来预测多元性质方面的有效性。

Cheng 和 Ganguly(1994)在理论分析的基础上提出了计算方程(9.3.2)中 C_{ijk} 项在特定条件下的近似值的方法,该特定条件即是需要有一对二元子系 j - k 的特性接近于理想性质。例如,固溶体钛铁矿(Fe, Mn, Mg)TiO₃ 和石榴石 $(\mathrm{Fe}, \mathrm{Mg}, \mathrm{Ca})_3 \mathrm{Al}_2 \mathrm{Si}_3 \mathrm{O}_{12}$ 就具备这种特性。这两种固溶体中,前两种组分的混合性质都接近于完全理想(Shibue,1999;Ganguly et al,1996)。确实,在几乎所有已知热力学混合性质的铁镁硅酸盐中发现 Fe^{2+} 和 Mg 的混合性质只稍许偏离理想性质。因此,Cheng 和 Ganguly(1994)所提出的公式可以应用在含有一对 Fe^{2+} - Mg 二元子系的三元造岩矿物固溶体。计算公式如下:

$$C_{ijk} \approx \sum \sigma_{ij}\sigma_{ik}\left[(W_{ij} - W_{ji})\frac{X_j}{X_j + X_k} + (W_{ik} - W_{ki})\frac{X_k}{X_j + X_k} \right] \quad (9.3.5)$$

其中,当 $i \equiv j$ 时,$\sigma_{ij} = 0$;而当 $i \neq j$ 时,则 $\sigma_{ij} = 1$。

9.3.5　具有多位置混合的固溶体

Hillert(1998)建议采用下面形式来表示一个双位置的二元交互溶液 $^\mathrm{I}(\mathrm{A}, \mathrm{B})_b{}^\mathrm{II}(\mathrm{C}, \mathrm{D})_c$ 的 ΔG^{xs}(其 G_m 表达式见方程(9.1.2)):

$$\Delta G_{\mathrm{m}}^{\mathrm{xs}} = x_{\mathrm{A}} x_{\mathrm{B}} x_{\mathrm{C}} (I_{\mathrm{AB:C}}) + x_{\mathrm{A}} x_{\mathrm{B}} x_{\mathrm{D}} (I_{\mathrm{AB:D}}) + x_{\mathrm{C}} x_{\mathrm{D}} x_{\mathrm{A}} (I_{\mathrm{CD:A}}) + x_{\mathrm{C}} x_{\mathrm{D}} x_{\mathrm{B}} (I_{\mathrm{CD:B}})$$

$$(9.3.6)$$

其中,x_{A}是组分 A 在位置 I 上的原子分数,$I_{\mathrm{AB:C}}$是位置 II 完全被 C 占据时位置 I 上 A 和 B 之间的相互作用参数;而 $I_{\mathrm{CD:A}}$ 则是位置 I 完全被 A 占据时位置 II 上 C 和 D 之间的相互作用参数;以此类推。采用上式可以得到与其他位置上组分占有性质相关的特定位置上发生混合的溶液的不同情况下的 $\Delta G_{\mathrm{m}}^{\mathrm{xs}}$ 值。换句话说,即得到图 9.1 所示的组成四方图对侧坐标上不同的 $\Delta G_{\mathrm{m}}^{\mathrm{xs}}$ 值。例如,当 $x_{\mathrm{C}} = 1$ 时,$\Delta G^{\mathrm{xs}} = x_{\mathrm{A}} x_{\mathrm{B}} (I_{\mathrm{AB:C}})$,而当 $x_{\mathrm{D}} = 1$ 时,$\Delta G^{\mathrm{xs}} = x_{\mathrm{A}} x_{\mathrm{B}} (I_{\mathrm{AB:D}})$。每一个位置相互作用参数可以采用 Guggenheim 方程或 Redlich-Kister 方程,即就是方程(9.2.1)的方括号里的表达式来表示,根据数据的要求将其在适当的项后的各项删除。Hillert(1998)将这种方法应用到了具有多个亚晶格位置和多个组分的溶液体系中。

9.3.6　结论

上面所归纳的是一直以来在处理矿物固溶体上各种溶液模型的物理学基础和基本的理论架构。这些模型也被应用在熔体中。可以发现在应用这些模型的数学模拟过程中,当数据量比较有限时,拟合结果较好的模型不止一个,但此时,不同模型所预测的 ΔH^{mix} 和 ΔS^{mix} 可以是非常不同的。所以,这种情况下很重要的一点是检查所使用的溶液模型的理论基础,以确保所采用的溶液模型和该固溶体的微观性质相兼容。

根据讨论和比较的结果,Guggenheim 的多项式(9.2.1)或所谓的 Redlich-Kister 公式对于二元固溶体似乎提供了一个较简单和灵活的模型,虽然,在某些特定情况下,例如在短距离有序的固溶体中,QC 模型可能更适合一些。另外,对二元固溶体应用 Guggenheim 多项式还有其他的好处,即在处理交互固溶体时采用 Hillert 导出的方程式(9.3.8),该式中的 $\Delta G_{\mathrm{m}}^{\mathrm{xs}}$ 对于各个二元子系来说就成为 $x_i x_j (I_{ij})$ 的形式。那些满足 DQF 模型(见 9.2.3 节)的二元固溶体还可以通过定义一个组成介于真实组分和假设组分之间的溶液,按式(9.2.15)来处理。最后,如果只用二元性质来预估多元性质,则将二元性质组合起来的"最短距离方法"可能是最好的方案,因正如上面已讨论的这种方案有其理论基础。非对称的 Toop 方法则可以应用在一种组分具有和其他组分明显不同性质的溶体中。

第 10 章 含有溶体和气体混合物的平衡

"使事物尽量简化,但不失其精髓"。

——Albert Einstein

前面第 6 章中已讨论了组成固定的各相之间平衡关系的热力学处理方法。本章将进一步讨论组成可变化的各相之间的平衡计算。首先要强调的一点是各相之间 P-T-X 的平衡计算与下面为了方便的缘故而选择的相的性质无关,所讨论的 P-T-X 关系适合一般情况。

相之间的平衡关系往往采用 P-T-X 相图来说明,在相图上显示了各相的稳定场。本章中要用一节来阐述这类相图的一些基本概念,所用的例子具有岩石学上的重要意义,但又是相对简单的体系。此前出版的一些书(如 Philipotts,1990;Winter,2001;Ernst,1976;Ehlers,1987)已经将这些基本概念用来讨论许多地质学问题。总的来说,基于这些概念在地质学、材料科学和陶瓷业上的重要性,已有大量书籍讨论了相平衡及其相图。所以本节对于相图的讨论就比较简短,而着重来探讨一些基本的热力学、质量平衡和相图几何概念的问题。

10.1 反应程度和平衡条件

设 ν_i 为反应中某化学组分的系数,若是反应物,该系数为正值,生成物则为负值。Δn_i 为反应过程给定阶段中组分摩尔数的改变量。这里,$\Delta n_i / \nu_i$ 是一个很有意义的量,与组分的选择无关。为了说明这点,让我们考察一个简单反应:$H_2 + Cl_2$ $\Longrightarrow$ 2HCl。假设反应进行到一个时刻,5 mol 的 H_2 被消耗,即 $\Delta n_{H_2} = -5$ mol,根据反应式,则有 $\Delta n_{Cl_2} = -5$ mol,$\Delta n_{HCl} = 10$ mol;然而,因为(化学计量系数的正负值分别代表生成物和反应物)$\nu_{H_2} = \nu_{Cl_2} = -1$,$\nu_{HCl} = 2$,我们有

$$\frac{\Delta n_{H_2}}{\nu_{H_2}} = \frac{\Delta n_{Cl_2}}{\nu_{Cl_2}} = \frac{\Delta n_{HCl}}{\nu_{HCl}} = 5$$

对无限小的反应过程来说,可用 dn_i 代替 Δn_i。

著名的比利时热力学学院的创始人 DeDonder(1872～1957)根据各组分的变化,定义了一个反应度量 ξ:

$$\frac{\mathrm{d}n_i}{\nu_i} = \mathrm{d}\xi \tag{10.1.1}$$

其中,$\mathrm{d}\xi$ 是反应度量 ξ 的一个无限小量。ξ 也被称为反应进程变量或简称进程变量。注意化学计量系数符号的转变(对生成物来说,$\nu_i > 0$,对反应物,则 $\nu_i < 0$),因此 $\mathrm{d}\xi > 0$ 意味着反应向右,$\mathrm{d}\xi < 0$ 则表示反应向左。

让我们来考察一个任意的反应,用符号表示为

$$\sum_i \nu_i A_i = 0 \tag{10.1.2}$$

该方程中 ν_i 的符号有上述正负变化。当吉布斯引入化学势概念时,他想到的是一个体系中的化学组分由于和环境交换而发生的摩尔数的变化。然而,无论是一个体系内部和外部环境发生质量交换,还是体系内化学反应所造成的某组分摩尔数的变化,对 G 的变化的影响是一样的。这样,根据式(8.1.7),在给定 P-T 条件下,一个体系中化学反应所引起的吉布斯能的变化为

$$(\partial G)_{P,T} = \sum_i \mu_i \mathrm{d}n_i$$

根据式(10.1.1)将 $\mathrm{d}n_i$ 代入,有

$$\left(\frac{\partial G}{\partial \xi}\right)_{P,T} = \sum_i \nu_i \mu_i \tag{10.1.3}$$

对于任何一个恒定 P-T 条件下的自然反应过程,体系的 G 值必然减少,直到达到平衡(图10.1),因此,有

$$\left(\frac{\partial G}{\partial \xi}\right)_{P,T} = \sum_i \nu_i \mu_i \leqslant 0 \tag{10.1.4}$$

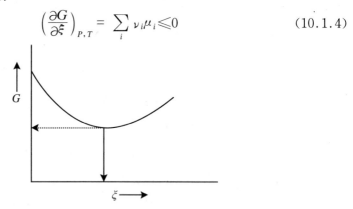

图10.1　在恒定 P-T 条件下,体系的吉布斯自由能 G 值作为反应进程变量函数 ξ 的示意图。G 值最小处为反应的平衡条件

习题 10.1　试证含有溶体相的一个单变度反应,其克拉珀龙-克劳修斯方程(式(6.4.4))为

$$\frac{\mathrm{d}P}{\mathrm{d}T} = \frac{\Delta s}{\Delta v} \tag{10.1.5}$$

其中,Δs 和 Δv 分别为偏摩尔熵和偏摩尔体积(提示:首先证明 $\mathrm{d}\mu_i = -s_i \mathrm{d}T + v_i \mathrm{d}P$)。

10.2　化学反应的吉布斯自由能变化和亲和性

根据早年 Lewis 和 Randall(1923)对热力学理论的分类和提法，$\sum \nu_i \mu_i$ 通常用符号 $\Delta_r G$ 表示，叫作**吉布斯自由能变化**，或简称**吉布斯能变化**。根据式(10.1.4)，在给定 P-T 条件下，反应按吉布斯能减少方向进行。

根据反应过程中熵值的增加，DeDonder(1927)又提出了亲和性的概念，即亲和性值 A 随着反应进程而增加，有

$$A = -\sum \nu_i \mu_i = -\Delta_r G$$
$$\text{产物的 } \nu_i > 0$$
$$\text{反应物的 } \nu_i < 0 \tag{10.2.1}$$

分析一下 DeDonder 如何从熵增加原理导出对一个化学反应方向的判断依据是很有启发意义的。根据式(8.1.4)，有

$$\mathrm{d}S = \frac{\mathrm{d}U + P\mathrm{d}V}{T} - \frac{\sum_i \mu_i \mathrm{d}n_i}{T} \tag{10.2.2}$$

可以看出，式(10.2.2)等号右侧的第一和第二项分别代表了由热的可逆交换（因为 $\mathrm{d}U + P\mathrm{d}V = T\mathrm{d}S = \delta q$）以及与周围物质交换导致的体系熵变。DeDonder 注意到在一个封闭体系中所进行的不可逆化学反应，其内部的熵值可以根据上式的第二项来表达(Kondepudi et al,2002)

$$\mathrm{d}S_{\text{int}} = -\frac{\sum_i \mu_i \mathrm{d}_i n_i}{T} \tag{10.2.3}$$

其中，$\mathrm{d}_i n_i$ 表示不可逆反应中 i 组分摩尔数的变化。代入式(10.1.1)，即有

$$\mathrm{d}S_{\text{int}} = -\frac{\sum_k \mu_i (\nu_i \mathrm{d}\xi)}{T} \tag{10.2.4}$$

或

$$\mathrm{d}S_{\text{int}} = \left(\frac{A}{T}\right)\mathrm{d}\xi \tag{10.2.5}$$

其中，$A = -\sum \nu_i \mu_i$。

如果我们将反应写作

$$r_1 A_1 + r_2 A_2 + \cdots = p_1 B_1 + p_2 B_2 + \cdots \tag{10.2.6}$$

则

$$A = \sum_i r_i \mu_{A_i} - \sum_j p_j \mu_{B_j} \tag{10.2.7}$$

那么,根据第二定律(式(2.4.9)),$dS_{int} \geqslant 0$,所以由式(10.2.5)可知,$Ad\xi \geqslant 0$。因此 A 和 $d\xi$ 的符号相同。即如果 $A > 0$,则 $d\xi > 0$(这种情况下反应向右进行),反之亦然。

反应的亲和性和吉布斯自由能这两种概念都有其在化学热力学上的独立发展,在文献中的使用往往反映出个人的偏好。但因为亲和性的概念的提出和熵变量有关,所以通常用于处理熵变的不可逆热力学中。我们将在附录 A 中再讨论有关熵变的问题。

10.3　吉布斯相律和杜亥姆定理

在 6.1 节中已介绍了吉布斯相律,并且定义了相、组分和自由度等概念。下面将推导该相律并阐述和证明另一重要理论,即杜亥姆定理。相律针对的是一个体系在平衡条件下独立**强度**变量的总数的问题,而不管它是开放体系还是封闭体系,只要该体系不受诸如重力这种外力场变化的影响。相律不涉及各相的性质。而另一方面,杜亥姆定理则可确定那些需要固定的变量的数目(不管其是强度变量还是广度变量或是两者皆有),使得一个**封闭体系**的平衡性质能够完全地表示。

设体系的变量总数为 V,这些变量中存在 R 个独立的相互关系数,则可以独立变化的变量数,即自由度为 $(V - R)$。例如,有两个变量 y 和 x,它们之间的关系为 $y = mx + c$,则体系的自由度为 1。也就是说,如果我们确定了一个变量值,则另一个也被确定。但是,假定这两个变量又有一个新的关系,例如 $y = m'x + c'$,则体系的自由度为零。由于需要两个变量同时满足它们之间的两个独立关系,所以两个变量的值固定不变。此例中,x 和 y 值即是两个关系式所确定的两条直线交点的坐标。

10.3.1　相律

10.3.1.1　一般推导

设体系中的相的数目为 P,组分数为 C。如果每一个相均含有所有组分,则强度组成变量(原子分数)的总数为 PC。此外,压力和温度也是两个强度变量,其中假定在某一相上的压力不被体系外的压力所缓冲(在某些地质课题中压力缓冲的影响需要考虑,例如在固体-气体体系中气体压力会由于与体系外部储存库的气体交换而被缓冲,而固体的压力则由于所受的过重压力或岩石静压力而不受影响)。这样,整个体系在恒定 $P\text{-}T$ 条件下的强度变量总数为 $PC + 2$。

现在来看看这些强度变量中的独立的相互关系数。首先,可以看到对每一个相的组分数之间有化学计量的限制,即 $\sum_{i} (X_i)^\alpha = 1$,其中 $(X_i)^\alpha$ 是相 α 中组分 i 的原子分数。这样的关系式总数为 P。

强度变量中的其他相互关系则可由化学平衡所需的热力学条件来获得,即每个组分在每个相中的化学势在平衡条件下相同。假定各相中含有每种组分,则有

$$(\mu_1)^1 = (\mu_1)^2 = (\mu_1)^3 = \cdots = (\mu_1)^P$$

$$(\mu_2)^1 = (\mu_2)^2 = (\mu_2)^3 = \cdots = (\mu_2)^P$$

C 个关系　　　……　　　　　　　　　　　　(10.3.1)

$$(\mu_C)^1 = (\mu_C)^2 = (\mu_C)^3 = \cdots = (\mu_C)^P$$

←——$(P-1)$ 个关系——→

其中,下标指组分,上标指相。每一行有 $(P-1)$ 个关系(因为有 $P-1$ 个方程)。因此由(10.3.1)的方程总数可得到 $C(P-1)$ 独立关系。再假定任何组分的化学势与外界的交换上没有附加的限制关系,于是,强度变量的自由度 F 为

$$F = [PC + 2] - [P + C(P-1)] = C - P + 2$$

上式等号右侧第一个括号表明了强度变量的总数,第二个括号表明了变量间的独立关系数。

总之,相律说明如果一个含有 P 个相,C 个组分的体系,满足以下条件:① 处于化学平衡;② 具有一致的压力;③ 任何组分的化学势都不受与外部储存库的物质交换的缓冲作用的支配;④ 也不受诸如重力这样的外力变量的影响;则其**强度变量**的自由度数为

$$F = C - P + 2 \tag{10.3.2}$$

10.3.1.2　特殊情况:受外部缓冲作用影响的体系

对于受外部缓冲作用影响的体系的相律,只要去掉上面推导的假定条件很容易就可修改。如图 10.2 所示,设有 κ 个组分的化学势为外部储存库经由半渗透膜对这些组分的交换作用所支配,因此,任何一相中这类组分的化学势与其在储存库

图 10.2　一体系中的两个组分 2 和 4 的化学势被外部的储存库所缓冲

该体系和储存库之间由仅能渗透组分 2 和 4 的膜隔开

的化学势相同,由于在储存库和体系之间组分的交换对储存库该组分总量的影响不大,所以,储存库该组分的化学势固定不变。于是,体系各相化学势的等式即 (10.3.1)方程式数就变为$(C-\kappa)$,因此独立方程数为$(P-1)(C-\kappa)$。然而,由于每一相有κ组分的化学势为外部控制,共有κP个方程数。此外,如前所述,我们有P个化学计量限制条件的方程数,则有

$$F = [PC+2] - [(P-1)(C-\kappa)+\kappa P+P]$$

或

$$F = (C-\kappa) - P + 2 \qquad (10.3.3)$$

当$F=0$时,就可得到体系平衡时最多可以共生的相的总数。如果P和T保持不变(意味着2个自由度受限制),则将上式右侧减去2,就得到在恒定P-T条件下,有

$$P_{\max} = C - \kappa$$

上式可以用来说明在自然环境中常常看到的岩石中虽然组分很多但矿物种类较少,甚至只有单一矿物的情况(注意相数P是可以随着组分数C的增加而增加的)。式(10.3.3)首先由 Korzhinski(1959)采用别的方法导出(他的方法曾有很大争议,但结论却毫无疑问是正确的,所以在让人们认识到需要修改相律以说明天然岩石中出现单一矿物带的现象这一点上他是值得的)。Rumble(1982)讨论了岩石学、化学(包括稳定同位素组成)和地质学等方面的证据来确定在所考察的岩石中是否有某些组分为外界所缓冲。

很显然,如果体系中气相的压力P_g为外界所缓冲,从而与固相的压力P_s不同,则相律又可有以下的修正形式(Ganguly et al,1987):

$$F = (C-\kappa) - P + 2 + I \qquad (10.3.4)$$

其中,如果$P_g = P_s$,则$I=0$;如果$P_g \neq P_s$,则$I=1$。

10.3.2 杜亥姆定律

对一个所含的各组分的质量不变的**封闭体系**来说,**需要指定多少变量来确定该体系的强度和广度的平衡性质**?杜亥姆定律为此提供了答案,即一个封闭体系中在平衡条件下**仅需两个**独立变量。不管两个都是强度或广度变量,还是一个强度变量一个广度变量,只要两个变量一旦确定,则体系的所有平衡性质包括强度和广度性质就都被确定。当然,其强度变量的总数仍为相律所限制。例如,在一个双变量封闭体系中压力和温度一旦确定,则每一相的组成和质量也就确定。虽然杜亥姆定律并不能告诉我们如何导出体系的平衡性质,但其重要性在于指出了只要有两个变量确定,则封闭体系的所有性质都是唯一的。下面我们来推导杜亥姆定律。

设一个体系含C个化学组分和P个相,假定每一相含有所有组分,即每一相

有 C 个摩尔数,所以体系共有 PC 个摩尔数。加上压力和温度两个变量,于是,整个体系有 $PC+2$ 个变量。各相之间化学平衡的独立关系式(10.3.1)共有 $C(P-1)$ 个。此外,由于体系是封闭的,每个组分的摩尔数不变,所以,对每一种组分 j 来说,其质量平衡式为

$$(n_j^1 + n_j^2 + \cdots + n_j^P) = N_j \tag{10.3.5}$$

其中,n 是上标所对应相(如 p 是指第 p 相)中组分 j 的摩尔数,N_j 是体系中组分 j 的总摩尔数。显然,一共有 C 个这样的关系。所以,可变化的独立变量数

$$\upsilon = [PC+2] - [C(P-1)+C] = 2 \tag{10.3.6}$$

杜亥姆定律对于封闭体系所限定的可变化的变量总数的结论,成为许多地质和行星问题计算的基础。例如,Spear(1988)就利用该定律开发了火成岩和变质岩体系中相化学及矿物含量作为 P-T 变化的函数的定量分析(该项工作也是 Spear 等(1982)早期研究的延伸,即用所谓"吉布斯方法"考察强度变量之间的关系)。杜亥姆定律也构成了封闭体系平衡条件下实际矿物丰度和相组成计算的基础(10.13节)。由于封闭体系的总可变化数是 2,那么,即可发现是否已将在给定条件下变量之间的所有需要计算的独立关系都已考虑进去。

习题 10.2 试证明即便每一相里不含所有 C 个组分,如式(10.3.2)所表达的相律也同样有效。

(提示:设第 C 组分仅存于 φ 个相中($\varphi < P$),并设一组如式(10.3.1)所示各相中各组分化学势的方程组。)

10.4 化学反应的平衡常数

10.4.1 与活度积相关的定义和方程

一个平衡的化学反应可用下式表示:

$$\sum_i \nu_i C_i = 0 \tag{10.4.a}$$

($\nu_i > 0$ 时为生成物,$\nu_i < 0$ 时为反应物)其中,C_i 是某指定相的一个组分。下面用一个实际列子来说明

$$\overset{\text{Plag}}{3CaAl_2Si_2O_8} = \overset{\text{Grt}}{Ca_3Al_2Si_3O_{12}} + \overset{\text{Ky}}{2Al_2SiO_5} + \overset{\text{Qtz}}{SiO_2} \tag{10.4.b}$$

式中,$CaAl_2Si_2O_8$ 是矿物相斜长石中的一种组分,其他化学式也同样为所对应相的组分(分别用简称表示,即 Plag:斜长石;Grt:石榴石;Ky:蓝晶石;Qtz:石英)。根

据式(10.4.a),该反应可写作

$$(Grs)^{Grt} + 2(Al_2SiO_5)^{Ky} + (SiO_2)^{Qtz} - 3(An)^{Plag} = 0$$

其中,Grs 和 An 分别代表 $Ca_3Al_2Si_3O_{12}$(钙铝榴石)组分和 $CaAl_2Si_2O_8$(钙长石)组分。

在任何给定的 P, T, X 条件下,反应(10.4.a)的吉布斯自由能改变可如式(10.2.1)表示

$$\Delta_r G(P,T,X) = \sum_i \nu_i \mu_i(P,T,X) \tag{10.4.1}$$

其中,μ_i 是相 ϕ_j 中组分 i 的化学势。将化学势按式(8.4.6)代入($\mu_i = \mu_i^* + RT\ln a_i$)并整理即得

$$\Delta_r G(P,T,X) = \left[\sum_i \nu_i (\mu_i)^*\right] + RT\ln \prod_i (a_i)^{\nu_i} \tag{10.4.2}$$

其中,$\prod\limits_i$ 表示所有活度项的积,产物的活度的幂符号为正,反应物的活度的幂符号为负。在方括号中的算项,是反应的标准状态化学势的变化值,可记为 $\Delta_r G^*(T)$。将此式用到反应式(10.4.b)中,即有

$$\Delta_r G(P,T,X) = \Delta_r G^*(P,T)$$
$$+ RT\left[\ln(a_{Grs}^{Grt}) + 2\ln(a_{Al_2SiO_5}^{Ky}) + \ln(a_{SiO_2}^{Qtz}) - 3\ln(a_{An}^{Plag})\right]$$

$$\tag{10.4.3}$$

上式又可写为

$$\Delta_r G(P,T,X) = \Delta_r G^*(P,T) + RT\ln \frac{(a_{Grs}^{Grt})(a_{Al_2SiO_5}^{Ky})^2(a_{SiO_2}^{Qtz})}{(a_{An}^{Plag})^3} \tag{10.4.4}$$

根据这个例子,对任何一个反应,均可写成通式

$$\Delta_r G(P,T,X) = \Delta_r G^*(T) + RT\ln \frac{(a_{C_1^1}^{P_1})^{\nu_1''}(a_{C_2^1}^{P_1})^{\nu_2''}\cdots}{(a_{C_1^1}^{R_1})^{\nu_1'}(a_{C_2^1}^{R_1})^{\nu_2'}\cdots} \tag{10.4.5}$$

其中,P_i 为生成相,ν_i'' 是生成相中组分 C_i'' 的化学计量数,R_i 则为反应相,ν_i' 是生成相中组分 C_i' 的化学计量数。式中活度比值项部分称为**反应商**,用符号 Q 表示。这样,在任意条件下反应的吉布斯自由能的变化值可表达为

$$\Delta_r G(P,T,X) = \Delta_r G^*(T) + RT\ln Q \tag{10.4.6}$$

反应达到平衡时,$\Delta_r G(P,T,X) = 0$,所以有

$$RT\ln Q_{eq} = -\Delta_r G^*(T) \tag{10.4.7}$$

由此式可见平衡时的反应商值 Q_{eq} 仅取决于给定温度下所选的标准态。Q 的特定值就是**平衡常数 K**,即

$$RT\ln Q_{eq} \equiv RT\ln K = -\Delta_r G^*(T) \tag{10.4.8}$$

需要注意的是,各相的标准态并不需要参照相同的压力。关于这一点将在后面10.5.1节有关混合标准态的使用中涉及。很显然,由上式可知,**平衡常数 K 不是组成的函数**。不论各相组成如何,在一定的 *P-T* 条件下,K 是确定值。

10.4.2　平衡常数与压力和温度的关系

根据式(10.4.8)，平衡常数与压力的函数表达式，取决于标准态的选定。如果选定在 1 bar 和所研究的温度时纯端元相的状态作为相中该组分的标准态，即 $\Delta_r G^*(T) = \Delta_r G^\circ(1 \text{ bar}, T)$，则平衡常数与压力无关。而如果选任意所研究的压力和温度时的纯端元相的状态为标准态，则 $\Delta_r G^*(T) = \Delta_r G^\circ(P, T)$，则平衡常数与压力有关，因为 $RT(\partial \ln K / \partial P) = -\partial(\Delta_r G^\circ / \partial P) = -\Delta_r V^\circ$。

归纳起来，若将标准态绑定在一个固定的压力，有

$$\left(\frac{\partial \ln K}{\partial P}\right)_T = 0 \tag{10.4.9a}$$

而将标准态绑定在所研究的变化压力时，则有

$$\left(\frac{\partial \ln K}{\partial P}\right)_T = -\frac{\Delta_r V^*}{RT} \tag{10.4.9b}$$

根据式(10.4.8)，平衡常数随温度的变化为

$$\left(\frac{\partial \ln K}{\partial T}\right)_P = -\left(\frac{\partial(\Delta_r G^* / RT)}{\partial T}\right)$$

展开微分运算，即有

$$\left(\frac{\partial \ln K}{\partial T}\right)_P = -\frac{1}{R}\left[\frac{T\frac{\partial \Delta_r G^*}{\partial T} - \Delta_r G^*}{T^2}\right] = -\frac{1}{R}\left(\frac{-T\Delta_r S^* - \Delta_r G^*}{T^2}\right)$$

因为 $H = G + TS$，故有

$$\left(\frac{\partial \ln K}{\partial T}\right)_P = \frac{\Delta_r H^*}{RT^2} \tag{10.4.10a}$$

或换一种表达方式，因为 $dT = -T^2 d(1/T)$，故有

$$\left(\frac{\partial \ln K}{\partial(1/T)}\right)_P = -\frac{\Delta_r H^*}{R} \tag{10.4.10b}$$

上面的式(10.4.10a)和(10.4.10b)即是计算一定压力下随相组成的变化而变化的平衡温度的**通式**。

实际应用中，式(10.4.10b)要更方便一些。该式也很容易通过将式(10.4.8)写作

$$\ln K = -\frac{\Delta_r H^*}{RT} + \frac{\Delta_r S^*}{R} \tag{10.4.11}$$

并在 ΔH^* 和 ΔS^* 为常数条件下，两边对 $1/T$ 求导得到。显然，在这里没有导入任何假设，所以不论 ΔH^* 及 ΔS^* 和温度的相关性质如何，该式均有效。

习题 10.3　设 ΔH^* 及 ΔS^* 为温度的函数，试用式(10.4.11)的两边对 $1/T$ 求导，以得到式(10.4.10b)。

习题 10.4 试直接用图 10.20 所示的相图,但不用任何有关文献中 G,H 和 S 的数据,来计算反应 $GASP$ 在温度 800 ℃,压力 23 kbar 条件下的平衡常数,其中各相均用纯组分 (P,T) 标准态。可从文献获得任何其他所需数据(提示:第一步先在平衡线上确定 800 ℃ 所对应的 $\ln K$ 值)。

10.5　固体–气体反应

许多地球和行星科学课题都涉及固体–气体反应。本节将用两类不同课题方面的例子来说明如何计算固体–气体反应。

10.5.1　太阳星云的凝聚

图 10.3 显示了随太阳星云组成的气体的压力变化,不同矿物的平衡凝聚温度(Lewis et al,1984)。太阳星云中的压力很低,约小于 10^{-2} bar,Lewis(1974)认为太阳星云凝聚的温度递减基本上是个绝热过程,Cameron 和 Pine(1973)最初也这样认为并做过计算。图 10.3 绝热线上的不同记号表明了所推断条件下形成的各个行星。这些条件基于这样一个事实,即为了满足一个行星的密度、总化学组成和其他性质,它必须是在一个特定的空间,按凝聚的次序有规则地形成的。例如,火星的密度很低,仅 3.9 mg/cm³(地球为 5.4 mg/cm³),无法形成大量金属 Fe;在其形成前,大部分 Fe 的存在应是以氧化物(FeO)的形式以及结合进铁镁质矿物。而另一方面,火星的密度又大到含有大量的含水矿物蛇纹石。所以,火星的形成条件应介于来自太阳星云的 FeO 和蛇纹石的凝聚条件。有兴趣的读者可进一步参阅 Lewis(1974)所作的讨论。较全面的有关太阳星云中各种矿物随温度变化的平衡凝聚过程的计算最早可见于 Grossman(1972)以及 Grossman 和 Larimer(1974)的论文。此后,Saxena 和 Erikson(1986)采用最小吉布斯自由能方法分析了矿物的平衡凝聚过程。Grossman 及其合作者也继续发表了一系列论文。本节的目的就是要说明如何用反应的平衡常数来计算作为总气体压力 P_T 函数的平衡凝聚温度,并且通过计算及在陨石中观察到的矿物的比较,来讨论一些有关太阳星云凝聚过程的重要观点。

以镁橄榄石 Mg_2SiO_4 为例,在太阳星云中包含气体在内的形成该矿物的反应为

$$SiO + 2Mg + 3H_2O \Longrightarrow Mg_2SiO_4 + 3H_2 \qquad (10.5.a)$$

(凝聚后,镁橄榄石在稍低温度下即转化为顽火辉石 $MgSiO_3$,即

$$SiO + Mg_2SiO_4 + H_2O \Longrightarrow 2MgSiO_3 + H_2$$

因此,图 10.3 中没有显示镁橄榄石的凝聚条件。)

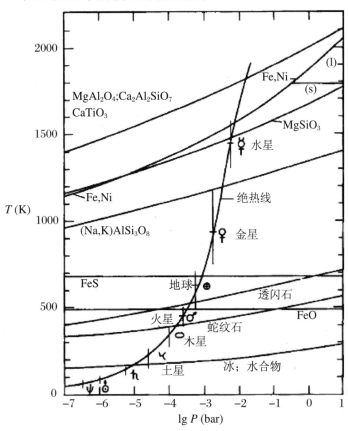

图 10.3　随太阳星云组成的气体的压力变化的不同矿物的平衡凝聚温度(Lewis et al,1984)

最初凝聚的镁硅酸盐是镁橄榄石(Mg_2SiO_4),但接下来在稍低的温度下即转化为顽火辉石。图中绝热线表示了因与太阳之间的距离增加而温度下降的太阳星云中作为压力函数的等熵曲线。各行星(从水星到海王星)在该线上的位置均由惯用符号表示(Lewis et al,1984)

当上述顽火辉石形成反应平衡时,据式(10.4.8),有

$$K_{(10.5.a)}(P,T)\equiv e^{-\Delta G^*/RT}=\frac{(a^{ol}_{Mg_2SiO_4})(a^g_{H_2})^3}{(a^g_{SiO})(a^g_{Mg})^2(a^g_{H_2O})^3} \quad (10.5.1)$$

可设定以下标准态:

固体:在所研究 P,T 条件下的纯固相,即有

$$G^{*(s)}(T)=G^{0(s)}(P,T)$$

气体:在单位逸度和所研究 T 条件下的纯气相,即有

$$G_i^{*(g)}(T)=G_i^{0(g)}[P(f=1),T]$$

其中,$P(f=1)$ 指的是当温度为 T 且逸度为 1 bar 时的压力(图 8.15)。根据气体的标准态,气相的活度与其逸度数值相等,$a_i^g=f_i^g$(根据定义 $a_i(P,T,X)=$

$f_i(P,T,X)/f_i^*(T)$。由于随着 $P \to 0$,所有气体都具有理想气体性质,这样进一步又假定当 $P=1$ 时,$f \approx 1$。所以,有

$$\Delta G^*(P',T) \approx G^\circ_{\text{fors}}(P',T) + \Delta G_i^{\circ(\text{g})}(1;T)$$

(注意上式右侧的两个吉布斯能项中的压力不同。)纯镁橄榄石的吉布斯能与它在 1 bar 时的值有关,即

$$G^\circ_{\text{fors}}(P',T) = G^\circ_{\text{fors}}(1\ \text{bar},T) + \int_1^{P'} V^\circ_{\text{fors}}\,\mathrm{d}P$$

由于星云的压力远小于 1 bar,所以上式中的积分项可写作 $V^\circ_{\text{fors}}(P'-1) = -V^\circ_{\text{fors}}$。(注意,最后一项实际上是要乘以 1 bar,其单位为 $\text{cm}^3 \cdot \text{bar}$。)故有近似式

$$\Delta G^*(P',T) \approx G^\circ_{\text{fors}}(1\ \text{bar},T) - V^\circ_{\text{fors}} \times 1(\text{bar}) + \Delta G_i^{\circ(\text{g})}(1;T) \qquad (10.5.2)$$

若 G 值取焦耳为单位,则体积 V 的单位为 J/bar。

因太阳星云中压力极低,所以气体均可假设为理想气体,即 $f_i^{\text{g}} = P_i^{\text{g}} = P_T X_i^{\text{g}}$。则有

$$a_i^{\text{g}}(P,T,X) \approx P_T X_i^{\text{g}} \qquad (10.5.3)$$

将上式代入式(10.5.1),得

$$e^{-\Delta G^*/RT} \approx \frac{(a_{\text{Mg}_2\text{SiO}_4}^{\text{Ol}})(X_{\text{H}_2}^{\text{g}})^3}{P_T^3 (X_{\text{SiO}}^{\text{g}})(X_{\text{Mg}}^{\text{g}})^2 (X_{\text{H}_2\text{O}}^{\text{g}})^3} \qquad (10.5.4)$$

其中,ΔG^* 可据热力学数据由式(10.5.2)计算得到。

如果已知太阳气体的组成,以及 P_T 和 $a_{\text{Mg}_2\text{SiO}_4}^{\text{Ol}}$ 的数据,则据式(10.5.5)可解出唯一的未知数——温度 T,即镁橄榄石的平衡凝聚温度。但是,考虑到气体组成也会随均匀反应的温度的变化而变化,所以计算凝聚温度时要用迭代法,以确保在得到最后温度时的气体组成与上述结果一致。当某一相凝聚后,则要删除凝聚在该相中的组分来重新计算气体组成,并以此作为气体的初始组成重新计算下一步相对较低的一些相的凝聚温度。

在球粒陨石中的橄榄石和辉石均显示它们的 FeO/(FeO + MgO) 比值大于 0.15。但另一方面,Grossman(1972)根据太阳气体组成所做的平衡凝聚作用的计算表明,在这些硅酸盐矿物中仅有微量的 FeO,因为 Fe 在同时凝聚的 Fe - Ni 合金中更趋稳定(图 10.3)。在平衡时,金属铁与气相 H_2O 的氧化反应温度可最低延续到 550 K。然而,在如此低温下,固-气反应和 FeO 对硅酸盐矿物的扩散作用已慢到不足以造成硅酸盐中 FeO 的富集。为了能解释在硅酸盐矿物中观察到的 FeO 含量,很显然要有在球粒陨石形成环境中能使 $f(O_2)$ 增加的机理,从而 Fe 可在足够高的温度下被氧化。在太阳星云形成过程中,局部范围尘埃/气体比值的增加有可能造成这样的结果。因为尘埃的成分相对富氧,所以尘埃的汽化作用所产生的气体也较太阳的组成富氧。这个例子说明通过比较陨石中平衡凝聚作用的计算和实际观察,可以加强对太阳星云形成过程的认识。Yoneda 和 Grossman(1995)以及 Ebel 和 Grossman(2000)对富集尘埃环境中的平衡凝聚作用进行了

研究。

10.5.2　金星的表面-大气圈相互作用

根据对金星的一些研究所收集到的数据所作的分析,其表面温度约为 750 K,并且金星是处在一个 CO_2 非常富集(约 95%)的大气圈中。根据 Lewis 和 Prinn (1984)的研究,金星大气圈的 $P\text{-}T$ 变化图形基本上与 CO_2 的绝热(等熵)温度梯度(式(7.2.3))一致。

基于金星表面的高温,Muller(1963)设想,与地球的情况不同,金星的表面岩石和其大气圈之间至少应当处于部分平衡中,因为在这样高的温度下的许多大陆变质过程都能达到平衡。于是,他认为金星表面的壳岩的矿物特点与金星的大气圈组成有关。迄今为止,关于金星的地壳和大气圈间平衡的假设仍被看作是研究它们的基础。有关该课题较新的和详细的研究可见于 Lewis 和 Prinn(1984)的文章。下面将证明所推断的金星大气圈的 CO_2 分压确实和含有方解石、斜方辉石、单斜辉石等矿物组成的地壳的平衡的 CO_2 分压相似。

在大陆变质过程中,有两个产生 CO_2 的重要反应,即

$$\underset{\text{Cal}}{CaCO_3} + \underset{\text{Qtz}}{SiO_2} = \underset{\text{Wo}}{CaSiO_3} + CO_2 \qquad (10.5.b)$$

$$\underset{\text{Opx}}{MgSiO_3} + \underset{\text{Cal}}{CaCO_3} + \underset{\text{Qtz}}{SiO_2} = \underset{\text{Di}}{CaMgSi_2O_6} + CO_2 \qquad (10.5.c)$$

由于金星的质量和密度均与地球类似,所以 Muller(1963)假设金星的总岩成分与地球也相似,因此,行星演化应该导致金星的表面岩石出现地壳的对应物。所以,上面的反应也应该同样发生在金星表面的地壳岩石中。

假设所有矿物都是纯相,并设其标准态为压力 1 bar,温度 T 的纯相,则各凝聚组分的活度在压力 1 bar,温度 T 下均为 1,而 $a(CO_2) \approx f(CO_2)$,则上述反应的平衡常数为

$$K_{(10.5.b)} \equiv \exp(-\Delta_r G^\circ_{(10.5.b)}/RT) \approx f_{CO_2} \qquad (10.5.5)$$

$$K_{(10.5.c)} \equiv \exp(-\Delta_r G^\circ_{(10.5.c)}/RT) \approx f_{CO_2} \qquad (10.5.6)$$

其中,$\Delta_r G^\circ$ 是压力 1 bar 和温度 T 下吉布斯自由能的变化,各相均为各自的纯相。由于大气圈压力很低,所以 $f(CO_2) = P(CO_2)$。

图 10.4(Muller et al,1977)显示了根据反应各相在压力为 1 bar 和温度 T 时的热力学数据计算所得到的温度 T 和分压 $P(CO_2)$ 的关系。而所推断的金星的 $P(CO_2)$ 和温度 T 的变化落在图中一个大十字的范围,和计算结果吻合。

此后,Lewis(1970)进一步发展了 Muller 的这一"交互作用"模型,根据由光谱资料推断的金星大气圈的组成,导出了有关金星地壳矿物的有用信息。金星地壳所含有的稳定矿物有:辉石、石英、磁铁矿、方解石、石盐、萤石、透闪石、镁黄长石和

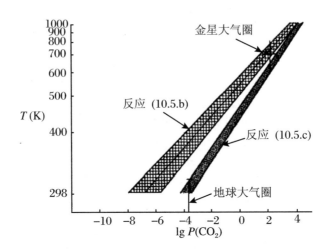

图 10.4　金星大气圈所实测的 $P(CO_2)\text{-}T$ 数据与主要的产生 CO_2 的反应的平衡线的比较

图中线间的宽度反映了由热化学数据造成的计算误差。图中也显示了地球大气圈的 $P(CO_2)\text{-}T$ 范围，以作比较(Muller et al,1976)

红柱石等,当然并不都共生。根据矿物学推断,Lewis(1970)还认为金星的表面存在富硅的变异,而不是宇宙中 Mg/Si 的平均比值(约为 10)。

10.5.3　陨石中干燥气相为介质的金属-硅酸盐反应

在阿连德(Allende)陨石中观察到颇令人费解的现象,即在环绕金属包裹体的窄带里有富铁的橄榄石晶体。如果说,铁的富集是由于一个简单的交换反应,即

$$Mg_2SiO_4(Ol) + 2Fe(金属) \Longrightarrow Fe_2SiO_4(Ol) + 2Mg(金属)$$

则金属包裹体就应当显示镁的富集,然而这一现象既不太可能发生(因为镁在铁中的溶解度极低),也确实没有观察到。Dohmen 等(1998)通过克努森小室(Knudsen cell)质谱仪和实验数据的热力学分析对此现象作了研究(在克努森小室中,含有样品的容器均匀受热,固体升华产生的蒸气经过容器顶部的小孔逸出,并由四极质谱仪分析)。设法在高温和可控氧逸度 $f(O_2)$ 条件下将质谱仪中镁橄榄石和铁隔开,并检测逸出气体和残余物的组成,结果发现镁橄榄石有气化反应

$$Mg_2SiO_4(固体) \longrightarrow 2Mg(g) + SiO(g) + 3/2O_2(g) \tag{10.5.d}$$

同时,金属铁气化为气相铁,即

$$Fe(金属) \longrightarrow Fe(气相) \tag{10.5.e}$$

随后气相中的反应导致固体铁橄榄石 Fe_2SiO_4 的形成

$$2Fe(g) + SiO(g) + 3/2\,O_2(g) \longrightarrow Fe_2SiO_4(s) \tag{10.5.f}$$

上述三个反应加在一起就有了这样一个以气相为介质,由镁橄榄石和金属铁形成的铁橄榄石的反应,即

$$Mg_2SiO_4(s) + 2Fe(m) \rule[0.5ex]{2em}{0.4pt} Fe_2SiO_4(s) + 2Mg(g) \qquad (10.5.g)$$

其平衡常数为

$$K_{(10.5.g)}(P,T) = \left[\left(\frac{X_{Fe}}{X_{Mg}}\right)^2\right]^{Ol}\left[\frac{(P_{Mg}^g)^2}{(a_{Fe}^m)^2}\right] \qquad (10.5.7)$$

所以,有

$$\left[\frac{X_{Fe}}{X_{Mg}}\right]^{Ol} \propto \left[\frac{a_{Fe}^m}{P_{Mg}^g}\right]^{gas} \qquad (10.5.8)$$

在 Dohmen 等人(1998)的实验中铁是纯相,$a_{Fe}^m = 1$,所以橄榄石中 Fe 的含量与 P_{Mg} 成反比。此项研究很好地证明了分开的凝聚相可以经过各自升华形成的气相而相互反应。

Donmen 等人(1988)在一个实验中还发现,随着橄榄石多晶集合体与金属铁的分离,接近表面的橄榄石颗粒的 Fe 含量从 2% 到 4% 不等,但个别颗粒的组成原先是完全均匀的(实验中温度高到足以让颗粒的组成均匀)。这种组成的变化很可能是由于 P_{Mg} 的波动。在陨石中可以预期有相同的效应,即 a_{Fe}^m/P_{Mg}^g 比值影响了硅酸盐矿物的组成。

10.5.4 蒸气组成对平衡温度的影响:温度 T 与 X^V 的关系图

设一个含有一个或两个蒸气组分的反应

$$A \rightleftharpoons B + \nu_1 V_1 + \nu_2 V_2 \qquad (10.5.h)$$

其中,A 和 B 为固相,其中 V_1 和 V_2 为两个蒸气相,ν_1 和 ν_2 分别是它们的化学计量系数。两个系数中的一个可以等于 0、大于 0 或小于 0。具有地质上意义的这类反应往往包含了 CO_2 和 H_2O,如

$$Mg(OH)_2(水镁石) \rule[0.5ex]{2em}{0.4pt} MgO(方镁石) + H_2O, \quad [\nu(CO_2) = 0]$$
$$(10.5.i')$$

$$CaCO_3 + SiO_2 \rule[0.5ex]{2em}{0.4pt} CaSiO_3(硅灰石) + CO_2, \quad [\nu(H_2O) = 0]$$
$$(10.5.i'')$$

$$透闪石 + 3CaCO_3 + 2SiO_2 \rule[0.5ex]{2em}{0.4pt} 5CaMgSi_2O_6(透辉石) + 3CO_2 + H_2O,$$
$$[\nu(CO_2) > 0, \nu(H_2O) > 0] \quad (10.5.j)$$

$$3CaMg(CO_3)_2 + 4SiO_2 + H_2O \rule[0.5ex]{2em}{0.4pt} 滑石 + 3CaCO_3 + 3CO_2,$$
$$[\nu(CO_2) > 0, \nu(H_2O) < 0] \quad (10.5.k)$$

(透闪石:$Ca_2Mg_5Si_8O_{22}(OH)_2$;滑石:$Mg_3Si_4O_{10}(OH)_2$。)

在压力不变时,气相组成的任何改变都会导致固-气单变反应的平衡温度的改变,或在温度不变时导致平衡压力的改变。但是由于在反应中气相所呈现的方式不同,所以等压过程中,反应平衡温度随蒸气相组成 X^V 的变化对上述三类反应在性质上是不同的(式(10.5.i')和式(10.5.i'')类型相同,均仅含一种气相)。Greenwood(1967)首次导出了这几类反应的 T-X^V 图形。

采用纯相的 (P,T) 作标准态,将式(10.4.10a)整理后,可得

$$(\partial T)_P = (\partial \ln K)_P \frac{RT^2}{\Delta_r H^o} \tag{10.5.9}$$

上式两边对 X_1^V(即蒸气相中组分1的摩尔分数)微分,有

$$\left(\frac{\partial T}{\partial X_1^V}\right)_P = \frac{RT^2}{\Delta_r H^o}\left(\frac{\partial \ln K}{\partial X_1^V}\right)_P \tag{10.5.10}$$

设固相均为纯态,则反应(10.5.h)在平衡时有

$$K = \left[(X_1\gamma_1)^{V_1}(X_2\gamma_2)^{V_2}\right]_{eq}^g \tag{10.5.11}$$

其中,X 和 γ 分别为气相组分的摩尔分数和活度系数(V_1 指组分1,V_2 指组分2),g 代表气相。

合并上面两个方程,并为了简洁,删去上标 V,即可得

$$\left(\frac{\partial T}{\partial X_1}\right)_P = \frac{RT^2}{\Delta_r H^o}\left(\frac{\nu_1 \partial \ln(X_1\gamma_1)}{\partial X_1} + \frac{\nu_2 \partial \ln(X_1\gamma_2)}{\partial X_1}\right)_P$$

或

$$\left(\frac{\partial T}{\partial X_1}\right)_P = \frac{RT^2}{\Delta_r H^o}\left(\frac{\nu_1}{X_1} + \frac{\nu_2}{X_2}\left(\frac{\partial X_2}{\partial X_1}\right) + \frac{\nu_1 \partial \ln\gamma_1}{\partial X_1} + \frac{\nu_2 \partial \ln\gamma_2}{\partial X_2}\right)_P \tag{10.5.12}$$

上式即是含一种或两种气体的固-气相反应的平衡温度随气相组分变化的计算通式。显然,也可推至含有更多气体组分的体系。

10.5.4.1 二元气相

设一个二元理想气体,其中 $\gamma_1 = \gamma_2 = 1$,并且 $\mathrm{d}X_1 = -\mathrm{d}X_2$,代入式(10.5.12),则有

$$\left(\frac{\partial T}{\partial X_1}\right)_P^{ideal} = \frac{RT^2}{\Delta_r H^o}\left(\frac{\nu_1}{X_1} - \frac{\nu_2}{X_2}\right)_P \tag{10.5.13}$$

设气相中组分的混合是理想的,即据上式,可作出下面要讨论的三种不同类型的反应的 T-X^V 图。首先,来确定一下单变线上的拐点(极大或极小值)。在拐点处,$\partial T/\partial X_1 = 0$,根据式(10.5.13),有

$$\left[\nu_2 X_1 = \nu_1 X_2 = \nu_1(1 - X_1)\right]_{T_{extm}} \tag{10.5.14}$$

因此,有 $X_1(\nu_1 + \nu_2) = \nu_1$,或

$$\left[X_1 = \frac{\nu_1}{\nu_1 + \nu_2}\right]_{T_{extm}} \tag{10.5.15}$$

其中,T_{extm} 表示最高温度。根据上式,如果化学计量系数的符号相反,则 X_1 可以大于1或是负值。但是,因为 X_1 只可能在 0 到 1 的范围内,即 $0 \leqslant X_1 \leqslant 1$,所以上式要有合理的结果,则化学计量系数的符号必须一致,即是说,气相的两个组分均需在反应(10.5.j)的同一侧。这类反应在 T-X^V 上就有平衡温度的极值。那么问题是,温度是极大值还是极小值呢?

要回答这个问题,只要将式(10.5.13)两侧再对 X_1 求导,则有

$$\left(\frac{\partial^2 T}{\partial X_1^2}\right)_P^{\text{ideal}} = \frac{RT^2}{\Delta_r H^\circ}\left\{-\left[\frac{\nu_1}{X_1^2}+\frac{\nu_2}{X_2^2}\right]+\frac{2RT}{\Delta_r H^\circ}\left(\frac{\nu_1}{X_1}-\frac{\nu_2}{X_2}\right)^2\right\} \quad (10.5.16)$$

如果 $\partial^2 T/\partial X_1^2 > 0$，则极值为最小值，反之，则为极大值。因为，在极值处式 (10.5.14) 必须被满足，所以上式右侧括号中的最后一项就等于 0，所以，极值温度和 X_1 的关系为

$$\left(\frac{\partial^2 T}{\partial X_1^2}\right)_P^{\text{ideal}} = -\frac{RT^2}{\Delta_r H^\circ}\left(\frac{\nu_1}{X_1^2}+\frac{\nu_2}{X_2^2}\right) \quad (10.5.17)$$

对如式 (10.5.j) 一类的反应，两个气相组分均在产物一侧，ν_1 和 ν_2 值均为正，又 $\Delta_r H^\circ > 0$，故 $\partial^2 T/\partial X_1^2 < 0$，即有最高温度。从式 (10.5.15) 可见，最高温度出现时的气体组成就是反应释放的具理想混合性质的气体组成。例如，对反应 (10.5.j) 来说，最高温度出现时，$X(H_2O) = 1/(1+3) = 0.25$，此即释放的流体相组成。

对如式 (10.5.k) 一类的反应，两种气相成分分列固-气反应的两侧，其化学计量系数的符号相反。很容易得知，这种情况下，式 (10.5.15) 的结果或是 $X_1 < 0$ 或是 $X_1 > 1$。不论怎样，两者都违反了物理的限制条件，即必须 $0 \leqslant X_1 \leqslant 1$。可见，那种两种气相成分分列固-气反应两侧的反应其温度没有极大值，但在 $T\text{-}X$ 图上有拐点。

图 10.5 是上述三种固-气反应的 $T\text{-}X$ 相图的基本构型，即：①$\nu_i > 0$，$\nu_j = 0$，式 (10.5.i′) 和 (10.5.i″)；②$\nu_i > 0$，$\nu_j > 0$，式 (10.5.j)；③$\nu_i > 0$，$\nu_j < 0$，式 (10.5.k)。借助对这些反应拓扑性质的分析，可以了解实际观察到的相互交叉的固-气反应痕迹的原因 (Carmichael, 1969) 以及恢复变质过程中的 $T\text{-}X^V$ 条件演变 (Ghent et al, 1979)。

10.5.4.2　三组分气相

当存在一定量的第三种挥发气体时，图 10.5 所示的拓扑构型可看作是在第三种组分某个恒定摩尔分数值上的剖面图。第三种组分 (组分 3) 的影响可以通过沿着一个固定的 X_1/X_2 比值的平衡线的位移来加以计算。Ganguly (1977) 曾指出，如果 X_1/X_2 比值保持不变，并且气相为理想溶液模型，则

$$\left(\frac{\partial T}{\partial X_3}\right)_{P, X_1/X_2}^{\text{ideal}} = -\frac{RT^2}{\Delta_r H^\circ}\left(\frac{\nu_1+\nu_2}{X_1+X_2}\right) \quad (10.5.18)$$

习题 10.5　设一个固-气反应，其 $\Delta_r H^\circ$ 不随温度变化，其中气体为单相多组分气体，固体为纯相，试证明在压力不变时，反应平衡温度随气相组成的变化如下式：

$$\frac{1}{T(X_1)} = \frac{1}{T_0} - \frac{\nu_1 R}{\Delta_r H^\circ}(\ln a_1^V)_{\text{eq}} \quad (10.5.19)$$

其中，T_0 和 $T(X_1)$ 分别是当气相仅含组分 1 和气相含有 X_1 摩尔分数的组分 1 时的平衡温度 (提示：见式 (10.4.10))。

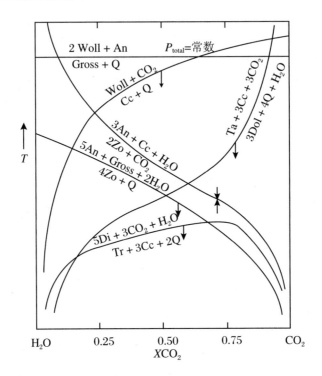

图 10.5　流体相组成对含有两种挥发组分的各种类型的固-气反应的平衡温度的影响(见本文中反应(10.5.j)~(10.5.k))

图中箭头定性显示理想混合流体组分增加的效应,相对的箭头则表示没有效应
(Ganguly et al,1987)

10.5.5　变质和岩浆体系的挥发性组成

在变质和岩浆体系中的挥发组分往往是在与石墨的平衡反应中形成的。挥发组分在变质岩石的矿物演化以及火山和深成作用中起着重要的作用。在岩浆和变质体系中的主要挥发组分可用 C－O－H－S 四组分体系来表示。当有石墨存在时,可看作石墨和挥发物两相体系。根据相律(10.3.2),该体系的自由度为 $F = C - P + 2 = 4$。所以为确定挥发组分,需要固定四个变量。P 和 T 为两个变量,其余两个变量可以是任意两个挥发组分的逸度(或两个逸度之比值,或逸度和比值的组合)。选择哪一种挥发组分的逸度保持不变可据实际操作方便而定。显然,最好是选择那些在天然集合物中能独立估算其逸度值的。这样,只要固定 $f(O_2)$ 和 $f(S_2)$,就可进行计算。

确定 P-T 条件和固定两个逸度后,根据在气相中各个独立均一反应的平衡常数,以及石墨和挥发物之间反应的平衡常数,再加上各挥发组分的分压总和须等于总压的条件限制,就可计算出气相的组成。

在变质和岩浆体系中主要的挥发组分为 CO,CO_2,H_2O,H_2 和 S_2。它们间的反应如下：

$$C + \frac{1}{2}O_2 \longrightarrow CO \tag{10.5.l}$$

$$C + O_2 \longrightarrow CO_2 \tag{10.5.m}$$

$$C + 2H_2 \longrightarrow CH_4 \tag{10.5.n}$$

$$H_2 + \frac{1}{2}O_2 \longrightarrow H_2O \tag{10.5.o}$$

$$H_2 + \frac{1}{2}S_2 \longrightarrow H_2S \tag{10.5.p}$$

$$\frac{1}{2}S_2 + O_2 \longrightarrow SO_2 \tag{10.5.q}$$

此外,有

$$P(\text{total}) = \sum_i P_i$$

或

$$P(\text{total}) = \sum_i \frac{f_i}{\phi_i} \tag{10.5.20}$$

其中,ϕ_i 是组分 i 的逸度系数。由于 $f(O_2)$ 和 $f(S_2)$ 很小,为 $10^{-15} \sim 10^{-20}$ bar 数量级,所以,在式(10.5.20)中总压可忽略不计。

当压力 P 和温度 T 一定时,体系中有 9 个不同的逸度和碳活度 a_C,共计 10 个强度变量,所以需要 10 个方程来求得唯一解。在上面式(10.5.l)~(10.5.q)7 个反应中,$f(O_2)$ 和 $f(S_2)$ 值被固定,而且石墨(或金刚石)的存在确定了其活度 a_C 为 1,这样就达到了由相律所导出的相同结论,即当存在石墨或金刚石,并确定两个挥发物的组分时,则所有挥发组分的逸度(以及摩尔分数)就被确定。但是,使用相律的好处在于它可以以直接的方式指出,为了得到唯一解需要固定多少强度变量。如果不存在游离石墨相,则 $F = 5$,所以还需要固定一个强度变量,则可采用固定 a_C 值或固定两个逸度的比值。

在 French(1966)的开创性工作的基础上,Holloway(1981)在固定压力 P,温度 T,氧逸度 $f(O_2)$ 和硫逸度 $f(S_2)$ 的条件下,同时计算反应式(10.5.l)~(10.5.q)的平衡常数组成的方程组和式(10.5.20),得到了各挥发组分的逸度值。该结果提供了一个基本架构来帮助认识岩浆从地球内部上升过程中与石墨平衡条件下其挥发组分的演化。图 10.6 显示了 Holloway 的研究结果。所采用的较低温度大体对应了在 CO_2-H_2O 流体相存在时熔融的花岗岩的固相线,而较高温度则大体对应了橄榄岩的固相线。如图 10.6(a)所示,流体组分特别是 H_2S 和 CO_2 的摩尔分数对 $f(O_2)$ 很敏感。岩浆的 $f(O_2)$ 条件位于略高于反应 $Fe_2SiO_4 + O_2 \longrightarrow Fe_3O_4 + SiO_2$ 所缓冲的 $f(O_2)$ 值(通常称为 QFM 缓冲)以上直到 2 至 3 个数量级范围内(Haggerty,1976)。在石墨存在的情况下,挥发组分则由高压下富 H_2O 向低压下的富 CO_2 变化。与石墨达到平衡的其他挥发组分是 H_2S 和 CH_4。

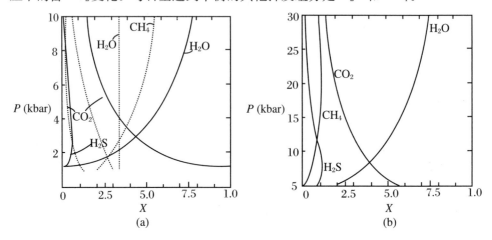

图 10.6 C - O - H - S 体系中作为压力,温度和 $f(O_2)$ 函数的与石墨平衡的流体组成

图中 X 轴以摩尔分数为单位。(a) $T = 750\ ^\circ C$,实线:$f(O_2) = QFM - 1$,虚线:$f(O_2) = QFM - 2$;(b) $T = 1100\ ^\circ C$,$f(O_2) = QFM - 2$。QFM:石英-铁橄榄石-磁铁矿缓冲反应,即 $3Fe_2SiO_4(Fay) + O_2 \Longrightarrow 2Fe_3O_4(Mag) + 3SiO_2(QTz)$(Holloway,1981)

10.6 固体和熔体之间的平衡温度

10.6.1 低共熔体和包晶体系

固体的熔融反应可用下式表示:

$$A(固) \longleftrightarrow A(液) \tag{10.6.a}$$

如果熔体的组成发生变化,而固体的组成保持不变,并且如果熔融热不随温度变化,则当压力一定时,平衡温度将作为熔体组成的函数,按式(10.4.10)而变化。因为对象是熔融过程,故将熔融热 $\Delta_r H^\circ$ 写作 ΔH_m°。设 ΔH_m° 不随温度改变,上述反应中 $K = (a_A^l)_{eq}$,则

$$\frac{1}{T_m} = \frac{1}{T_0} - \frac{R}{\Delta H_m^\circ}(\ln a_A^l)_{eq} \tag{10.6.1}$$

其中,T_m 是一个特定组成的熔体的熔融温度,T_0 是不含任何其他成分的纯固相 A 的熔融温度,a_A^l 是液相中组分 A 的活度。采用所研究 $P\text{-}T$ 条件下的纯固相和液相为标准态。

可以用 $CaMgSi_2O_6$-$CaAl_2Si_2O_8$ 体系作为式（10.6.a）一类反应的例子来研究其熔融过程。其端元组成分别为透辉石和钙长石。熔融反应为

$$CaMgSi_2O_6(Di) \longleftrightarrow CaMgSi_2O_6（液体）$$
$$CaAl_2Si_2O_8(An) \longleftrightarrow CaAl_2Si_2O_8（液体）$$

(10.6.b)

其中，熔体的组成在该体系的两个端元之间变化。压力为 1 bar 时体系端元的熔融性质为：$T_0(Di) = 1665$ K，$T_0(An) = 1826$ K；$\Delta H_m^{\circ}(Di) = 77404$ J/mol，$\Delta H_m^{\circ}(An) = 81000$ J/mol。T_0 和 ΔH_m° 值分别取自 Bowen(1965) 和 Robie 等 (1978)。假定液相中的组分理想混合，将这些数据代入式（10.6.1）即可计算在 1 bar 条件下透辉石和钙长石的熔融行为。其结果显示在图 10.7 中。该图和 Bowen(1915) 由实验测定的相图非常一致。

透辉石和钙长石的熔融温度分别随着它们偏离端元组成而降低。根据相律（式 (10.3.2)），两条熔化或液相线相交产生一个无变度点。该点称为**共晶点**(e)，其所对应的温度称为固相温度（通常，**液相线**指的是相图上保持完全液相时的最低温度的一条曲线，而**固相线**则指保持完全固相时的最高温度的一条曲线）。注意，由于压力为常数，即减少了一个自由度，则据相律，$F = C - P + (2-1) = C - P + 1$。在此例中的共晶点处平衡时有两个组分和三个相（透辉石，钙长石和熔体），故 $F = 0$。

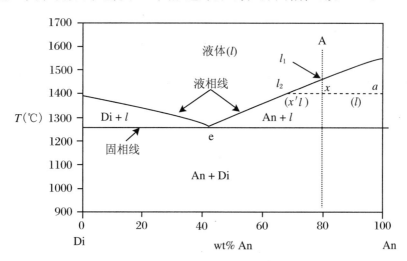

图 10.7　计算所得的压力为 1 bar 条件下透辉石和钙长石二元体系的熔融温度-组成图，其中假设熔体具有理想溶液性质

两条液相线交叉处的共熔点位于 $T = 1270$ ℃(T_e)，wt% An = 42。图中标示了液相和各相的集合体。在固相线温度以下的稳定集合体为 An + Di。设初始熔体组成为 x(80wt% An)，当温度为 T_1 时，有 An 析出。当温度为 1400 ℃时，液相质量(l)和 An 晶体质量($x'l$)的比值等于图中 ax 和 l_2x 线段长之比（即 $l/x'l = ax/l_2x$）

图 10.8 显示了部分 MgO-SiO_2 体系的熔融行为。顽火辉石(En：$MgSiO_3$)在高

温下发生多晶转变成原顽火辉石(PEn),但在低温下并不融化为与其有相同组成的液态,直到温度为 1557 ℃ 条件下才产生稍许富硅的液体,其反应可写为 PEn ══Fo+l(富硅)。在压力为 1 bar 时,该液体的组成由包晶点 P 给出。由 PEn 所展示的低压熔融现象叫作**不一致熔融**(当 P>3 kbar 时,PEn 则融化为其同组成的液体,以致在 PEn 一致熔融温度以下中 MgSiO₃处的垂直线将相图分成两半,两边各有一个共晶点)。

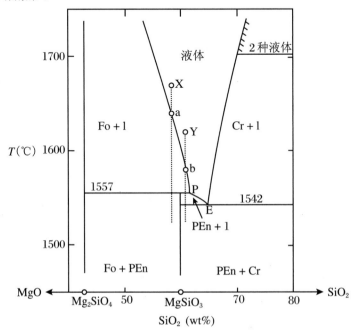

图 10.8 部分 MgO-SiO₂ 体系相图(Bowen et al,1914)

图中,P:包晶点;E:共晶点;Fo:镁橄榄石(Mg₂SiO₄);PEn:原顽火辉石(MgSiO₃);
Cr:方英石(SiO₂);l:液体

10.6.2 固溶体体系

如果反应(10.6.b)中的固体是固溶体,则 $k = (a_A^l/a_A^s)_{eq}$,因此,若假设 ΔH_m^o 不随温度变化,则据式(10.4.10b),有

$$\frac{1}{T_m} = \frac{1}{T_{0(A)}} - \frac{P}{\Delta H_{m(A)}^o}\left(\ln\frac{a_A^l}{a_A^s}\right)_{eq} \tag{10.6.2}$$

其中,下标(A)表示纯相 A 融化为其同组成的液体。那么,对一个二元体系中的另一相 B 来说,同样有

$$\frac{1}{T_m} = \frac{1}{T_{0(B)}} - \frac{R}{\Delta H_{m(B)}^o}\left(\ln\frac{a_B^l}{a_B^s}\right)_{eq} \tag{10.6.3}$$

将活度项以其组成的近似式来表示,并考虑到在二元体系中每相仅有一个组成变量,那么,如果 T_0 和 ΔH_m^o 已知,则同时解上两个方程就能获得特定温度 T_m 时的固相和熔融相的组成。

以一个熔融的**二元固溶体**$(A, B)_\nu F$ 为例,将上两式中的活度项用离子溶液模型式(9.1.1)代入,并且,每相有 $X_A = 1 - X_B$,则重新整理,可得

$$\ln\left(\frac{X_A^l}{X_A^s}\right) + \ln\left(\frac{\gamma_A^l}{\gamma_A^s}\right) = -\frac{\Delta H_{m(A)}^o}{\nu R}\left(\frac{1}{T_m} - \frac{1}{T_{0(A)}}\right) \tag{10.6.4}$$

和

$$\ln\left(\frac{1 - X_A^l}{1 - X_A^s}\right) + \ln\left(\frac{\gamma_B^l}{\gamma_B^s}\right) = -\frac{\Delta H_{m(B)}^o}{\nu R}\left(\frac{1}{T_m} - \frac{1}{T_{0(B)}}\right) \tag{10.6.5}$$

其中,每一相的 γ_A 和 γ_B 可用一组二元相互作用参数和一个组成变量来表达。例如,若固相的性质为规则溶液,则 $\ln\gamma_A^s = (W^s/RT)(1 - X_A^s)^2$,$\gamma_B = (W^s/RT)(1 - X_B^s)^2$(式(9.2.5)),其中 W^s 是 A 和 B 之间的相互作用参数。这样,如果固相和液相中的二元作用参数和纯端元的熔融性质已知,则上述两个方程有三个未知数,即 X_A^l,X_A^s 和 T_m。如果其中一个变量能被确定,则其余两个未知数即可从方程组解出。以二元固溶体斜长石(plagioclase)为例:其两个端元为 $NaAlSi_3O_8$(钠长石:Ab)$- CaAl_2Si_2O_8$(钙长石:An),Bowen(1913)对此体系所做的实验测定如图 10.9 所示。

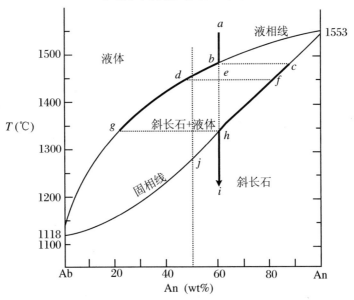

图 10.9 压力为 1 bar 条件下,钠长石(Ab)-钙长石(An)二元体系相图(Bowen,1913)

假设熔体和固体都具有理想混合性质,则由式(10.6.4),得

$$X_A^l = X_A^s e^{\varphi_1} \tag{10.6.6}$$

而由式(10.6.5),得

$$(1 - X_A^l) = e^{\varphi_2} - X_A^s e^{\varphi_2} \tag{10.6.7}$$

其中，φ_1 和 φ_2 分别是式(10.6.4)和(10.6.5)右侧的量值。合并这两式，即得

$$X_A^s = \frac{e^{\varphi_2} - 1}{e^{\varphi_2} - e^{\varphi_1}} \tag{10.6.8}$$

将上式得到的 X_A^s 值代入式(10.6.6)即可得到共生液相的平衡组成。

10.7 共沸混合体系

有些体系的共生曲线(固相线和液相线或者沸腾线和凝固线)会出现**一致的极值**，这样的体系被称作共沸混合体系。例如具有重要地质意义的两种固溶体碱性长石($NaAlSi_3O_8$-$KAlSi_3O_8$)和黄长石($Ca_2Al_2SiO_7$-$Ca_2MgSi_2O_7$)均具有一致的固相线和液相线的最小值(**负向共沸混合**)。图 10.10 为二元碱性长石的相图。共沸混合体系也有可能出现共生曲线一致的最大值(**正向共沸混合**)。有几种液体(如 H_2O-HNO_3)显示了正向混合。在发生 Fe 和 Mg 分馏作用的石榴石和十字石的固溶体之间也具有这类特性(Ganguly et al,1987)。

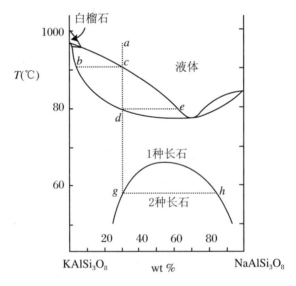

图 10.10　固溶体碱性长石($NaAlSi_3O_8$-$KAlSi_3O_8$)体系的共沸混合特性(Bowen et al,1950)

注意，图中由于固相线的作图误差，本来应该完全重合的固相线和液相线的最小值似有稍许不同。图中几条水平线表示共生相的平衡组成(源自美国《科学》杂志)

由于共沸混合作用中的两相有相同的组成，如果熔融热和端元相的熔融温度

已知,则由式(10.6.4)和式(10.6.5)就可得到在 $T_m = T_{az}$ 时固体和液体的组分活度系数之间的两个明确的关系式。如果液相的混合性质均可用规则溶液模型(即式(9.2.5))表示的话,则共沸混合的条件就可以用来说明两相的混合性质。

在碱性长石和黄长石这两个二元体系中存在负向共沸混合特性,是因为在这两个体系中均有很大的固溶分离线。这意味着固溶体具有强烈的正向偏离理想混合的性质,导致中间组成范围的固溶体较之液相更不稳定。但是,固溶分离线的存在并不一定导致负向共沸混合作用。

习题 10.6 假设熔融热不随温度而变,熔体具有理想混合性质,试导出类似式(10.6.2)的表达式,用以计算图 10.8 中 P 和 E 之间作为 $X_{SiO_2}^l$ 函数的液相线温度。在 P 点的熔体组成和端元相的熔融焓已知。此外,该式中不需任何其他数据(提示:参见式(10.4.10b))。

习题 10.7 假设液相和固相理想混合,试计算 1 bar 压力下 Mg_2SiO_2(镁橄榄石)-Fe_2SiO_4(铁橄榄石)体系中共生固相和熔体的平衡温度及其组成关系。用质量分数(wt%)为组成单位,并采用以下已知值:$T_{0(Fo)} = 2163$ K,$T_{0(Fa)} = 1490$ K,$\Delta H_{m(Fo)}^\circ = 114$ kJ/mol,$\Delta H_{m(Fa)}^\circ = 92.173$ kJ/mol(Robie et al 1978; Navrotsky et al 1989)。标出固相和液相线。将计算所得图与图 10.9 中固液线所围的熔融区域的对称性作比较,并说明其差异。

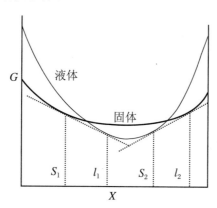

图 10.11 定性说明图 10.10 中 $d - e$ 线在温度略高于共沸混合体系的温度以及在恒定 $P\text{-}T$ 条件下自由能 G 对组成 X 的关系

稳定的固-液组成由图中的共切线决定

习题 10.8 图 10.11 定性说明了图 10.10 中负共沸混合体系在恒定 $P\text{-}T$ 条件下的吉布斯自由能与组成的关系。请按该图的架构并参考 8.11.2 节画出:

(1)当温度恰为共沸混合时(最低值)的吉布斯自由能与组成的关系图;

(2)与图 10.11 相配的正向共沸混合作用的吉布斯自由能与组成的关系图。

10.8 固-液相图的解读

含有固相熔融的相图在解释自然岩浆过程中起着很重要的作用。本节的目的不是要深入广泛地讨论这类相图,而是要特别揭示一些基本而重要的指导解释相图的原理。有关相图的解释有两个基本要求,即:(1)满足相律;(2)封闭体系中总组成不变。

10.8.1 共熔体系和包晶体系

以图 10.7 中一个位于点 A 的初始组成和温度条件的体系为例,探讨一下二元共熔体系的液相结晶过程。图中当液相温度冷却到稍低于液相线时(即点 l_1),钙长石开始沉淀,而液相组成则沿着液相线变化直到点 e。注意,一般说来,保持组成不变而又正好冷却到液相线的液相结晶作用是不平衡的。然而,因为点 l_1 代表了组成保持不变条件下正好冷却到液相线的还只存在液相一相时理论上的极限点,那么按惯例,结晶作用就从点 l_1 开始。在任意一个下降温度条件下,液相(l)和钙长石晶体($x'l$)的质量比由**杠杆原理**确定,以保持体系质量守恒。例如,当温度为 1400 ℃时,根据杠杆原理 $m(l)/m(x'l) = ax/l_2x$,其中 ax 和 l_2x 分别是总组成 x 处两侧水平线的长度。当液相组成随温度下降达到低共熔点时,透辉石开始从液相中结晶。其结果是,只要体系保持平衡,那么即使体系失去热量,但温度仍保持不变(因为恒压下自由度 $F = 0$)。当液相全部结晶为 Di + An 集合体,则体系就增加一个自由度($F = 1$,因为此时 $C = P = 2$),从而失去热量进一步冷却。在图上低共熔点另一侧的结晶过程遵循相同的原理,不过以透辉石的结晶作用开始。

当加热时,以任何比例混合的 Di 和 An 集合体就会在共熔点温度 T_e 开始熔化,在图 10.7 中显示为一条水平直线。其初始熔体的组成即是在共熔点处的组成。在该温度时,两固相中的一相消失取决于 Di 和 An 在共熔点 e 时的相对比例。剩余固相随着加热进一步熔融,使得熔体的组成沿液相线发展,直到液相组成与初始固相总组成相同。例如,设固相总组成为 x,则在共熔点处透辉石消失,而液相的组成随着加热从点 e 演变至点 l_1。

具有图 10.8 中包晶点 P 右侧组成的液相的结晶作用,其一般过程与上面对图 10.7 的论述相同。而点 P 左侧的液相组成则不同,当在液相线温度发生结晶作用时,Fo 先析出,继而 Fo 进一步结晶而液相组成沿液相线相继改变直到到达包晶点 P。此时,液相与 Fo 反应形成 PEn,导致等压单变量环境。除去初始液相组成正好完全等于 En 这种特殊情况,在液相能被进一步冷却前,液相或 Fo 一定已被完全消耗掉(这样体系就增加一个自由度)。至于哪一相被消耗则取决于初始液相组成。如果初始组成为图 10.8 中 MgSiO₃ 左侧的点 X,则最后液相一定完全消失而形成 Fo 和 PEn 的平衡集合体,后者在亚固相线冷却时形成 En。该集合体包含按杠杆原理确定各相的比例,以保持体系总组成恒定。另一方面,如果初始组成位于 En 和 P 之间,如图 10.8 中的点 Y 所示,则 Fo 完全被转熔反应消耗,而液相最终下降到低共熔点 E,导致产生平衡集合体 PEn + Cr(方英石,cristoballite)(如果在低温下,并保持平衡的话,该两相形成 En 和石英)。请读者自行解释组成正好为 MgSiO₃ 的液相结晶作用。

当初始组成分别为点 P 和 E 的液相加热时,集合体 Fo + En 或 Fo + PEn 在加热至转熔温度时(压力 1 bar 时为 1557 ℃)熔融发生,而集合体 En + SiO₂ 或 PEn + SiO₂ 加热至低共熔点时(压力 1 bar 时为 1542 ℃)熔融。对集合体 Fo + PEn 来说,PEn 必须在温度升到超过转熔点之前全部熔融。当 PEn 全部熔融后,液相的 T-X(温度-组成)条件则随 Fo 的熔融沿液相线朝左侧发展,直到液相总组成达到原先初始的固相组成。例如,集合体 Fo + PEn 或 Fo + En 的初始总组成位于图上连接点 X 的垂直虚线,那么当液相组成达到液相线上的点 a 时,集合体也就完全熔融,否则就不能保持体系总组成恒定。

如果集合体 PEn + Cr 的初始总组成位于图上连接点 Y 的垂直虚线,那么 Cr 就一定在点 E 处消失,而液相的 T-X 变化则趋向点 P。在点 P 处,En 不一致熔融为 Fo + l,直到 En 全部消耗。熔体的 T-X 变化则随 Fo 的熔融沿液相线朝左侧发展,直到在点 b 处 Fo 完全熔融。

习题 10.9 试证明"杠杆原理"。

提示:先考虑质量守恒关系,有 $m_i^l + m_i^s = m_i^{bulk}$,其中 m 代表质量,而后证明有

$$X_m^l X_i^l + X_m^s X_i^s = X_i^{bulk} \qquad (10.8.1)$$

其中,X_m^l 和 X_m^s 分别是液相和固相的质量分数,由此可导出杠杆原理。注意:式(10.8.1)也可推广到一个含 n 相的体系的质量守恒关系,即

$$\sum_{j=1}^{n} X_m^j X_i^j = X_i^{bulk} \qquad (10.8.2)$$

10.8.2　二元固溶体的结晶作用和熔融

本节以 NaAlSi₃O₈(Ab:钠长石)-CaAl₂Si₂O₈(An:钙长石)体系中的斜长石为例,说明含固溶体的二元体系的结晶作用和熔融行为。图 10.9 是在压力为 1 bar

条件下实验测定的熔融作用。液相的结晶行为可以从图中的点 a 处液相的冷却开始。当液相温度降至点 b 时(严格说是略在该点以下)结晶作用开始,组成为 c 的固体析出。进一步冷却时,液相和固相的组成分别沿液相线和固相线变化。在任何一个温度,共生液相和固相的平衡组成由诸如 d-f 这样的连接两端的水平线给出。当体系冷却至点 g 对应的温度时达到平衡,结晶作用全部完成。在该温度,固相的组成与初始液相的组成完全相同,体系中不再有液相存在。该体系的总组成不变,冷却时液相和固相均富集钠长石,而两相的相对丰度也相应地改变以保持式(10.8.1)中的总组成不变。在任何一个温度,固相和液相的质量比由**杠杆原理**给出。例如,在液相冷却至点 d 时,有 $m(1)/m(\text{plag}) = ef/ed$。

对于平衡结晶作用,在固相线上任何一点,例如点 f,结晶的斜长石固溶体一定和液相完全反应而在更低一些的温度产生平衡组成。但是,刚开始时这种组成的调整只发生在固-液相的表面,因而只是晶体的外层达到了平衡组成。如果在冷却时,晶体和液相之间的组分扩散作用太慢而难以达到完全平衡,例如在地质环境条件下的斜长石情况,则晶体的内部组成无法调整到所对应温度下的平衡组成,从而出现成分分带现象。

再考察一下体系中点 f 处结晶的固体被移走的情况,因为在地质过程中这种前期形成的晶体被移走的现象是很常见的,造成的原因是由于晶体的沉淀或漂浮,或者在晶液粉糊状物中液体逐渐被挤压出去。这种伴随前期形成的晶体被移走的液相的结晶作用叫作**分馏结晶作用**(上面提及的组分分带的发展过程也是一种分馏结晶作用,因为部分晶体也是从相互作用的体系中被有效地移走)。当结晶物被移走时,那么结晶体系的有效总组成就向着点 d 的组成方向移动。如果保持平衡,就在点 j 所对应的温度和组成时结束结晶作用。这样,分馏结晶作用可以在沿液相线平衡点下的"过冷"液相中发生。

与低共熔体系不同,固溶体的平衡熔融行为正好与其结晶作用完全相反。如图 10.9 中,由粗垂直线所对应的组成为质量分数 60% An 的长石在温度升至点 h 时开始熔化(严格说要略高于该点温度)。随着温度的升高,固相进一步熔融,固液两相的组成分别沿固相线和液相线变化。当体系温度升至点 c 时,体系全部熔融。

对于具有共沸混合特性和固溶线的碱性长石体系来说(图 10.10),液相完全的结晶作用和上面所讨论的斜长石固溶体的结晶作用原理一样。例如,当温度降到点 c 时,组成为点 a 的液相发生完全的结晶作用,在结晶过程中固液组成分别沿固相线和液相线变化。当全部结晶作用完成,温度进一步冷却到达固溶体分解线时,组成为点 d 的固溶体开始出溶。点 h 给出了最初出溶的富集钠长石的组成下限。在平衡条件下继续冷却导致出现两种组成的碱性长石,沿着固溶体分解线的两翼,一个富正长石,另一个富钠长石。

10.8.3 熔融线和固溶体分解线的交叉现象

在许多体系中熔融线和固溶体分解线的相互交叉产生复杂的二元相关系。如图 10.12 所示的两种情况。在 1 bar 条件下 MnO-FeO 体系的相图与图 10.12(a) 右侧的示意图相似,而二元碱性长石,$NaAlSi_3O_8$-$KAlSi_3O_8$ 体系在 $P(H_2O) \geqslant$ 3 kbar条件下与图 10.12(b)右侧的示意图相似。本节将说明这两个体系中液相的结晶作用特点,从而读者也能从所述原理中自行得出两个体系的熔融特点。在碱性长石体系中固溶体分解线和熔融线的交叉是由于随着体系压力 $P(H_2O)$ 大于 3 kbar,O-H进一步溶解,以致熔融温度降低(Winkler,1976)。并且随着压力增大固溶体分离温度也会升高(在熔融线和固溶体分解线相交过程中熔融温度降低起主要作用)。

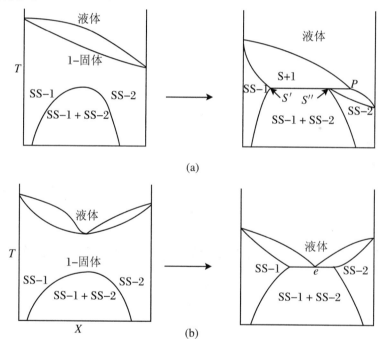

图 10.12 二元体系恒压条件下熔融线和固溶体分解线的交叉构成的示意相图

上面右侧的相图的定性特点是仿佛熔融环线"倒塌"在左侧相图的固溶体分解线上。"不倒塌"的状况很少存在。图中,SS:固溶体;P:转熔点;e:低共熔点

在图 10.12(a)的右侧图形中,当液相组成达到液相线上的点 P 之前,其结晶作用原理与上节(图 10.9)所讨论的二元固溶体的结晶作用相同。但在点 P,液相和组成为 S' 的固溶体 SS-1 反应生成组成为 S'' 的不混溶的固溶体,从而出现一个

恒压下无变度点。如图 10.8 所示,其中点 P 为转熔点。该体系的进一步平衡冷却仅当 S' 或 l 中的一个完全耗尽后方有可能,取决于液相的初始组成(l_0)是在点 S'' 的右侧或左侧。如果液相全部耗尽(l_0 在点 S'' 左侧),则只要满足固相组成的调节动力学机理,进一步的冷却会导致两种不混合的固溶体的组成沿两条固溶体分解线变化。而另一方面,如果耗尽的是固体 S'(l_0 在点 S'' 和点 P 之间),在转熔点温度之下的进一步冷却,则会导致固液组成分别沿固相线和液相线变化,而其总组成不变。

在图 10.12(b) 中,熔融环线和固溶体分解线的交叉产生共熔点 e。在到达共熔点温度 T_e 之前,根据初始液相组成,共生固相的组成将沿着两条固相线中的一条变化,同时液相组成也随着变化直到点 e。在该共熔温度,组成为水平线两端的不混熔固体同时从液相中结晶析出,直到液相完全耗尽为止。随着体系的进一步冷却,只要动力学上允许,两端固体的组成将继续沿着固溶体分离线的两翼继续变化。

习题 10.10 根据图 10.7,请描述混合物 Fo + En 的熔融作用,即说明熔融的开始和结束温度(或相应的固态点和液态点温度),初始熔融的组成,无变度情况,以及随着体系的温度升高而熔融的固相。

习题 10.11 用图示说明共沸混合体系中的固溶体分离线与熔融线在最低温度线左侧交叉时的等压相图。

10.8.4 三元体系

由于增加一种组分使得自由度增加,所以恒压下一个三元体系边界上二元体系中的无变度点(共熔点或转熔点)转化为无变度线。根据该线是与二元体系的共熔点连接还是与转熔点连接,可分别叫作**共熔线**或**反应线**。图 10.13 的三元体系相图中包含了在二元体系中的共熔和转熔关系,但没有任何固溶体。共析线和反应线代表了三元体系中相邻的液相面的交叉线在三元平面上的投影,并与无变度点相连。点 E 表示由三条共析线相交所确定的三元共熔点。随着液相沿着共析线冷却,则由该线分开的两相同时从液相中结晶析出。线 $P - P'$ 是反应线(即由二元体系的转熔点或反应点转化到三元体系而来),沿着该线,相 B 与液相反应形成不一致熔融相 B'。点 P 则是三元转熔点,其温度较三元共熔点 E 为高。

下面用图 10.13 中标记为 X 的液相组成的结晶过程来讨论三元体系中的熔体结晶作用原理。当液相冷却至液相面时,相 B 开始析出。随着温度进一步冷却,相 B 继续从液相中结晶析出,于是,液相组成从初始的组成 X 沿着 B 和 X 两点的连线变化。当液相冷却到反应线 $P - P'$ 的温度时,液相与先前已结晶析出的

相 B 反应形成相 B'。这样,液相的组成沿反应线演变直到点 P'。在点 P',相 C 开始析出,而导致一个等压无变度条件。其结果是,只有当相 B 或液相完全被它们间的反应耗尽后,体系才能保持平衡条件下的进一步冷却。现在,为了使封闭体系中的总组成守恒,初始组成必须始终位于体系各相组成的连线所构成的多面体内。因此,对于点 X 处的总组成来说,其液相一定要在点 P' 处耗尽,析出平衡集合体 B + B' + C;如果初始液相组成位于线 P-P' 和点线 B'-C 之间,则相 B 必在点 P' 耗尽。在后者情况下,液相的组成从点 P' 到点 E 沿低共熔线 P'-E 变化,同时析出相 B' 和相 C。最后,在三元低共熔点,结晶作用析出相 A,并在固定温度下继续,直到液相全部结晶。显然,如果初始液相组成位于线 P-P' 和线 B'-C 之间,则集合体 A + B + C 保持了体系的初始组成。

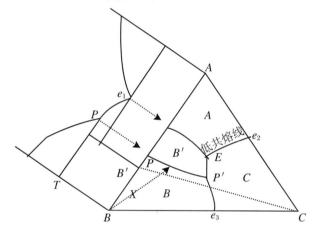

图 10.13　三元等压熔融相图

其中 A-B 二元体系含有低共熔点(e)和转熔点(P),其他 B-C 和 A-C 二元体系均仅含低共熔
点。三角形 ABC 的相关系反映了三元空间中液相线相互关系的投影。图上仅表示了 A-B 二元相
关系,其中箭头显示了该体系低共熔点和转熔点在底平面的投影。E 为三元低共熔点的投影,该点
由三条低共析线的交叉形成。P-P' 表示单变度反应线:B+1$\rightarrow$$B'$ 的投影。图中标示了三维空间中
各相的稳定场。有关初始组成为 X 的液体的结晶作用见文中的讨论

当温度升高时,固相集合体的熔融作用与其总组成有关。如果组成在虚线 B'-C 之下,则在三元转熔温度发生熔融,其初始熔体组成为点 P';如果组成在虚线 B'-C 之上,则在三元低共熔温度发生熔融,其初始熔体组成为点 E 给出。现在,来讨论总组成为点 X 处的集合体 B + B' + C 的熔融过程。在三元转熔温度,相 C 全部耗尽,因而液相的 T-X 条件沿着朝向连接到点 P 的反应线变化,伴随着相 B' 的不一致熔融为 B+l,直到到达箭头的顶点。在该点相 B 完全耗尽时,液相的 T-X 条件则沿着朝向点 X 的液相面变化,其组成的改变受限于通过该点的虚线。在 X 处相 B 完全熔融。

从以上有关三元体系中熔融作用的讨论中,我们可以注意到地质意义上很重要的一点:无论体系中初始固相之间的相对比例如何(例如地球内部含大量岩浆的上地幔中各矿物相的比例),其初始的岩浆组成却是有限的,即由该体系中不变点所确定。由于发生少量的部分熔融作用后,可能只有整个体系的百分之几还不到,岩浆即从源区逸出,因此来自地幔的主要岩浆的组成类型并不多。

习题 10.12 根据图 10.13 中 B' 和 C 区域的总组成,分别讨论集合体 $A + B' + C$ 的熔融作用(包括初始熔融,熔体组成的演变,固相集合体的变化以及最后的熔体组成)。

10.9 自然体系:花岗岩和月球玄武岩

10.9.1 花岗岩

如图 10.14 所示,碱性长石体系的共沸混合作用特点使 $NaAlSi_3O_8$-$KAlSi_3O_8$-SiO_2 体系的熔融温度面有最低温度(Bowen et al,1964)。随着体系 $P(H_2O)$ 的变化和钙长石($CaAl_2Si_2O_8$)成分的加入,最低温度的位置多少发生些变化。而当 $P(H_2O) \geqslant 3$ kbar 时,转变为三元低共熔点,即与图 10.12(b)所示的碱性长石二元低共熔点的出现相一致。随着体系 $P(H_2O)$ 的升高,相应的液相中 H_2O 的溶解作用的增加及其液相吉布斯自由能的降低,碱性长石熔融环线下降到较低的温度,并最终形成固溶体分离线和熔融环线的交叉(随着 $P(H_2O)$ 的升高,固溶体分离线的温度也少许提高)。作为压力函数的包括低共熔点在内的最小量熔融轨迹通常就被称作**花岗岩最小量熔融**。这样,所谓花岗岩体系的分馏结晶作用或者含有"花岗岩成分"的泥质岩在有水参与下的部分熔融,会生成与自然体系收集点相应的有限范围内的组成的液相。确实,自然界中有大量各种组成的花岗岩和流纹岩(超过两千种之多),如果将它们按标准化组成放在 Ab-Or-Qtz 体系中,可发现它们都聚集在该体系最低温度的组成范围内。图 10.14(c)是标准化到 Ab-Or-Qtz 体系的各种花岗岩组成的汇集图以及作为压力函数的共沸混合和低共熔最小温度(Anderson,1996)。这种组成上的一致性不是偶然的,任何有关花岗岩成因的非岩浆源的理论都很难予以解释。在岩石学学者中有关花岗岩成因的长期辩论最终倾向于岩浆成因说。

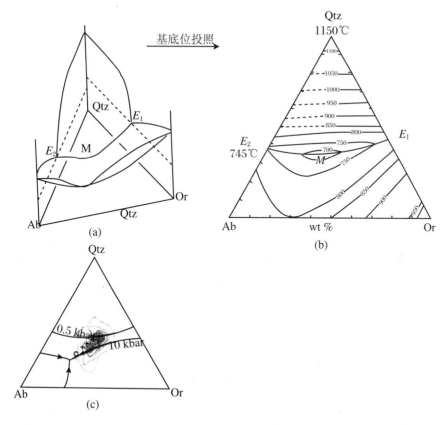

图 10.14　(a)$P(H_2O)\leqslant 3$ kbar 条件下三元 Ab-Or-Qtz"花岗岩体系"的熔融作用
示意图;(b)$P(H_2O)=2$ kbar 条件下相关液相线的投影图(由 Winkler
(1976)据 Bowen 和 Tuttle(1964)的数据制图);(c)标准化到 Ab-Or-Qtz
体系的自然界花岗岩的组成及其不同 $P(H_2O)$ 条件下该三元体系的最
低温度的位置

十字记号:代表 $P(H_2O)$ 分别为 0.5 kbar,2 kbar,3 kbar 和 4 kbar 时的最低共沸混合点;圆
圈:$P(H_2O)=5$ kbar 时,三元低共熔点(Anderson,2005;牛津大学出版社批准引用)

10.9.2　月球玄武岩

对几次月球探险带回样品的测试发现,月球高地的主要成分是富集斜长石的
玄武岩。由于 Apollo 14 飞船登陆的地点命名为 Fra Mauro,并且所带回的样品也
是最多的一次,所以这些样品通常被叫作 Fra Mauro 玄武岩。在对它们的研究中
一个很自然的问题就是,这些组成不同的玄武岩样品是否在成因上有关联,并且代
表了低压下结晶作用不同阶段的产物。如图 10.15 所示,Fra Mauro 玄武岩的组
成可以很好地用一个假三元体系 $(Mg,Fe)_2SiO_4(Ol)$ - $CaAl_2Si_2O_8(An)$ - $SiO_2(Si)$

来描述。将橄榄石和辉石分开的线是反应线,即橄榄石和液体反应生成辉石。该图上还标有在 1 bar 和无水且低 $f(O_2)$ 条件下实验测定的共熔线和反应线。压力在 5 kbar(不含水)以下该相图没有任何定性上的改变,只是液相面和单变度线稍有位移。

除了在 Ol-An 上多了两个二元低共熔点及因此造成的三元空间中相交在无变度点的共熔线,该相图定性上与图 10.12 相似。值得注意的是,Fra Mauro 组成群在该三元体系上的投影都集中在体系的单变度反应线附近或其上,体系的最低温度出现在图上标为 C 的低共熔点。出现所观察到的 Ol-An-Si 三元体系中这种与低压液相线有关的 Fra Mauro 玄武岩组成分布说明,唯一的可能是这些玄武岩样品代表了从岩浆房反复喷发的液相在低于 5 kbar 低压环境下的结晶产物,即相当于月球外壳 100 km 的范围。

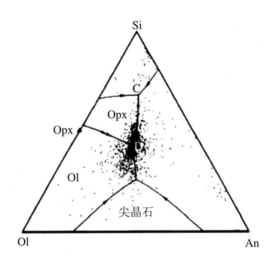

图 10.15 橄榄石-钙长石-硅三元体系中低压下液相线的关系以及月球 Fra Mauro 玄武岩在该体系上标准化的组成分布(Walker et al,1981)

10.10 低共熔点温度及组成与压力的关系

低共熔点温度与压力的关系可由克拉珀龙-克劳修斯方程(10.1.5)给出,并改写为下式:

$$\left(\frac{\partial T}{\partial P}\right)_e = \frac{\Delta \overline{V}_m}{\Delta \overline{S}_m} \tag{10.10.1}$$

其中，$\Delta\overline{V}_m$ 和 $\Delta\overline{S}_m$ 分别表示熔融所产生的体积和熵的变化，即

$$\Delta\overline{S}_m = X_1\Delta_m S_1^o + X_2\Delta_m S_2^o + \Delta S^{mix}$$

和

$$\Delta\overline{V}_m = X_1\Delta_m V_1^o + X_2\Delta_m V_2^o + \Delta V^{mix}$$

对二元理想混合液体来说，有 $\Delta V^{mix} = 0$，$\Delta S^{mix} = -R(X_1\ln X_1 + X_2\ln X_2) > 0$。因此，$\Delta\overline{V}_m$ 是体系两个端元相熔融的体积变化的权重平均值，而 $\Delta\overline{S}_m$ 则大于相应的理想混合共熔液相的权重平均值。与纯端元相比较，ΔS^{mix} 使得低共熔点温度随着压力的变化而减小。图 10.16 显示了二元 CsCl‑NaCl 体系的熔融温度作为压力（最高到 55 kbar）的函数。

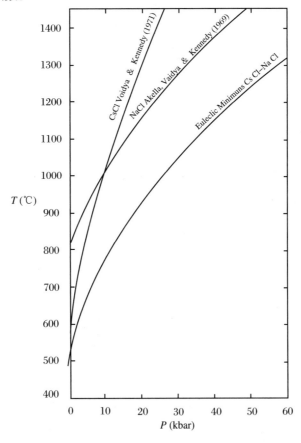

图 10.16　CsCl‑NaCl 体系的熔融温度与压力的关系

取自 Kim 等(1972)，见下文有关 Vaidya，Kennedy(1971)及 Akella 等(1969)文章的讨论

当共熔体显示出强烈的负向偏离理想溶液时（即 $\Delta V^{mix} < 0$），导致 $\Delta\overline{V}_m \approx 0$ 因而压力对低共熔点温度的影响就很小。这对研究地核形成特别有意义。Brett 和 Bell(1969)，Ryzhenko 和 Kennedy(1973)以及 Usselman(1975)分别测定了 Fe‑FeS 体系在压力 60 kbar 以下的低共熔温度。前两项的实验数据展示在图 10.17

中。Fe－FeS 低共熔体系的特性很可能造成了地球早期地核的形成，即随着地球增长而温度升高时在很高的压力下重铁在还没有完全熔融的硅酸盐熔体中富集，并最终与熔体分离进入地核（重力势能的释放进一步加热地球，从而导致硅酸盐熔融而形成早期的岩浆海）。

低共熔组成随压力的变化可由 van Laar 定律推导，Prigogine 和 Defay(1954) 及 Kondepudi 和 Prigogine(1998)发表了有关结果。Prigogine 和 Defay 证明了 $(\partial X_2 / \partial P)_e$ 的符号取决于以下项：

$$\frac{\Delta V_{m(1)}^o}{\Delta S_{m(2)}^o} - \frac{\Delta V_{m(2)}^o}{\Delta S_{m(2)}^o} \tag{10.10.2}$$

其中的两项比值分别代表了端元相 1 和 2 的熔融温度随压力的变化。从此式可见，如果组分 2 的熔融温度随压力的变化小于组分 1 的变化，则共熔组成中组分 2 逐渐增加（因为 $\partial X_2 / \partial P > 0$），反之亦然。

在图 10.16 中，可以看到体系 CsCl－NaCl 的低共熔温度随压力的变化，其初始 dT/dP 接近于纯 CsCl 的熔融曲线的 dT/dP 值，但随着压力的增加，该变化率趋向于接近纯 NaCl 的熔融曲线的 dT/dP 值。这是因为在低压下 CsCl 的熔融温度 T_m 要低于 NaCl 的熔融温度，使得低共熔融相对富集 CsCl 组分。然而，由于 NaCl 的 T_m 随压力的变化率较小，所以根据式(10.10.2)低共熔融就逐步富集 NaCl，从而使得低共熔融温度随压力的变化接近于 NaCl 的熔融温度随压力的变化率。

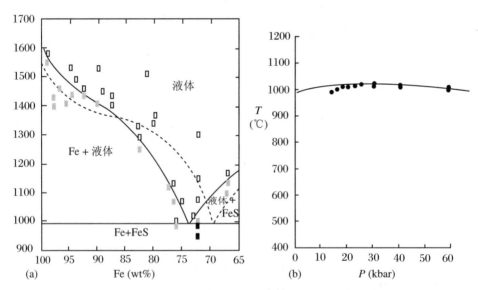

图 10.17　Fe－FeS 体系的熔融关系

(a)分别在 1 bar(虚线)和 30 kbar(实线)条件下；所示符号为 30 kbar 条件下的实验结果。空心矩形：液体；灰色矩形：固体 + 液体；实心矩形：固体。数据取自 Brett 和 Bell(1969)，经 Elsevier 批准采用。(b) Fe－FeS 体系的低共熔温度随压力的变化。圆点表示实验数据。取自 Ryzhenko, Kennedy(1973)

10.11　非纯体系中的反应

10.11.1　含固溶体的反应

地质研究中一个通常很有意义的课题就是固溶体组成的改变对一个反应的 $P\text{-}T$ 平衡条件的影响。例如,反应

$$3CaAl_2Si_2O_8(An) \Longrightarrow Ca_2AlSi_3O_{12}(Grs) + Al_2SiO_5 + SiO_2 \qquad (10.11.a)$$

该反应是在体系中只包含纯端元相的一个单变量反应(其中 $P=4, C=3$,所以 $F=1$)。由于该反应对确定岩石的 $P\text{-}T$ 条件方面的重要性,已有多位研究工作者进行了实验室测定,最新并较全面的一次实验由 Koziol 和 Newton(1988)进行,结果如图 10.18 所示。在实验所使用的 $P\text{-}T$ 条件下,稳定的铝硅酸盐多面体是蓝晶石。然而,在天然集合体中通常见到的是夕线石,这是因为组成变化对平衡条件的影响,使得平衡条件位移至夕线石的稳定场中。

在天然集合体中钙长石和钙铝榴石分别是斜长石固溶体和石榴石固溶体中的溶解组分。如式(8.4.7)所确定的 An 和 Grs 组分的化学势不断的变化导致上述反应的平衡条件的变化。一般来说,计算反应的固溶体组成的变化造成反应的 $P\text{-}T$ 平衡条件发生位移的最重要的地质意义,就在于可以重新构筑所观察到的与此反应有关的相集合体的形成条件。

下面即来推导一个公式用于计算由于相组成变化造成的单变量反应在 $P\text{-}T$ 空间中的位移。可以将压力固定而计算温度变化,或反之。根据式(10.6.1),可计算恒压下的温度变化。其中活度代表了 Q_{eq} 或 K,该式可改写为

$$\frac{1}{T} = \frac{1}{T_0} - \frac{R}{\Delta_r H^\circ}(\ln K) \qquad (10.11.1)$$

其中,T_0 是恒定压力 P 条件下纯端元相反应的平衡温度,$\Delta_r H^\circ$ 是在 P, T_0 条件下反应的焓变。假定 $\Delta_r H^\circ$ 在 T_0 和 T 之间变化不大(如果不用此假设,则需将 $\Delta_r H^\circ$ 作为温度的函数,根据式(10.4.10b)求积分)。

但常用的更方便的方法是计算恒定温度下的压力变化,这是因为计算与 $\Delta_r V$ 相关,而就天然体系来说,对 $\Delta_r V$ 可取得更完整的数据。根据描述反应的吉布斯自由能变化的式(10.4.5),有

$$\Delta_r G(P, T, X) = \Delta_r G^*(T) + RT\ln Q(P, T, X) \qquad (10.11.2)$$

其中,$\Delta_r G^*(T)$ 是在 T 条件下反应的标准自由能变化值,而

$$RT\ln Q(P, T, X) = RT\ln\Big[\underbrace{\prod_i (X_i)^{v_i}}_{Q_x}\Big] + RT\ln\Big[\underbrace{\prod_i (\gamma_i)^{v_i}}_{Q_\gamma}\Big] \qquad (10.11.3)$$

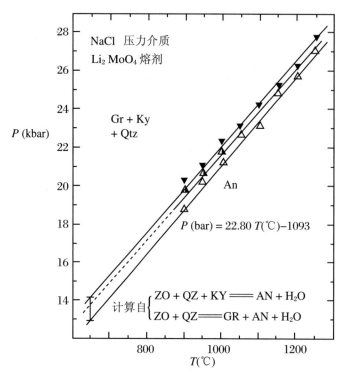

图 10.18　重要反应 (3 钙长石 (An)══钙铝榴石 (Gr) + 2 蓝晶石 (Ky) + 石英 (Qtz))的实验室测定

用作实验的初始相均由四个晶体相组成。实心符号代表生成钙铝榴石(Gr)+ 蓝晶石(Ky)+ 石英(Qtz)的反应;空心符号表示与上述反应的方向相反;半填充符号表示没有明显变化。图中还标出了根据其他两个反应计算所得的在 650 ℃ 处的平衡条件(取自 Koziol 和 Newton(1988),经美国矿物学会允许)

其中,X_i 和 γ_i 分别是组分 i 在一特定相中的摩尔分数和活度系数(见 10.4 节)。将上式两个中括号项分别用 Q_x 和 $Q_\gamma(P,T,X)$ 代替,即有

$$RT\ln Q(P,X,X) = RT\ln Q_x + RT\ln Q_\gamma(P,T,X) \qquad (10.11.3')$$

为了得到该非纯相反应在 T 时的平衡压力 P_e,可以将式(10.11.2)的右侧表达为压力的函数,并导入平衡条件 $\Delta_r G(P_e,T,X)=0$。这里用图 10.19 加以说明。

如前所作,选择纯组分为标准态,即 $\Delta_r G^*(T) = \Delta_r G^o(P,T)$。需指出的是,有时候不采用热力学数据表上的数据来计算 $\Delta_r G^o(P,T)$,而直接采用该平衡反应的实验测定数据来作计算会更好。因为实验所进行的反应仅包含纯相(图10.18),所以,有

$$\Delta_r G^*(T') \equiv \Delta_r G^o(P,T') = \Delta_r G^o(P_o,T') \overset{0}{\nearrow} + \int_{P_o}^{P}(\Delta_r V^o)_{T'}\,dP$$

$$(10.11.4)$$

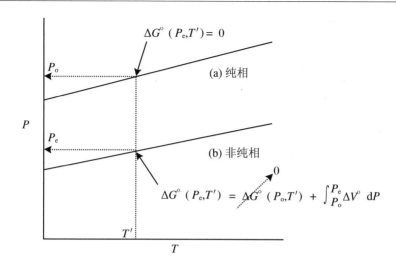

图 10.19　由组成变化造成平衡边界位移的计算式的说明图

(a)仅含纯端元相的反应的平衡边界;(b)由于组成影响造成的平衡边界的位移。ΔG^0:当所有相均为纯相时的反应的吉布斯自由能变化值

其中,P_0 是在温度 T' 时纯端元相反应的平衡压力;$(\Delta_r V^\circ)_{T'}$ 是在温度 T' 时作为压力函数的反应的体积变化。上式右侧的第一项为零,因其代表了在平衡 P-T 条件下纯端元反应的吉布斯自由能变化。这样,式(10.11.2)就成为

$$\Delta_r G(P, T', X) = \int_{P_0}^{P} (\Delta_r V^\circ)_{T'} \mathrm{d}P + RT' \ln Q(P, T', X) \quad (10.11.5)$$

设 $P = P_e$,其中 P_e 是在温度 T' 时非纯相反应的平衡压力(图 10.19),有

$$\Delta_r G(P_e, T', X) = 0 = \int_{P_0}^{P_e} (\Delta_r V^\circ)_{T'} \mathrm{d}P + RT' \ln K(P_e, T') \quad (10.11.6)$$

其中,根据惯例,用 K 代替 Q_e。如式(10.11.3)一样,将 K 分解为组成项(K_x)和活度系数项(K_γ),即 $K = K_x K_\gamma$。需要强调的是,K 在固定 P-T 条件下不是组成的函数,但这并不意味着 K_x 和 K_γ 与组成无关。

对于作为标准态的理想溶液,所有组分的活度系数 $\gamma = 1$,因此温度 T' 时的 P_e 可以容易地从上式得到,其中 Q_e 值可以根据式(10.11.3)的平衡相组成计算。对只含固相的反应来说,由于各相体积随压力变化的性质相似,所以 $\Delta_r V^\circ$ 随着压力的变化不大。所以对这类反应来说,如果假设 $\Delta_r V^\circ$ 为常数,也不会对 P_e 的计算带来太多误差。

对一般情况下包含非理想溶液的反应来说,需要通过将 $RT \ln Q$ 作为压力的函数来进一步拓展式(10.11.6)。根据所选择的标准态 $\mu_i^*(T) = \mu_i^\circ(P, T)$ 和式(8.4.11),得

$$RT \left(\frac{\partial \ln \gamma_i}{\partial P} \right)_{T,X} = \left(\frac{\partial \mu_i}{\partial P} \right)_{T,X} - \left(\frac{\partial \mu_i^\circ}{\partial P} \right)_{T,X}$$
$$= \overline{V}_i - V_i^\circ \quad (10.11.7)$$

所以,有

$$RT \ln \gamma_i(P,T,X) = RT \ln\gamma_i(1,T,X) + \int_1^P \overline{V}_i \mathrm{d}P - \int_1^P V_i^\circ \mathrm{d}P$$

$$(10.11.8)$$

其中,$\overline{V}_i$ 和 V_i° 分别是某相中组分 i 的偏摩尔体积和摩尔体积(注意,在本节和以下各个章节都用 $\overline{V}_i$ 来表示组分的偏摩尔体积,以取代符号 V_i,以免和化学计量系数符号 ν 相混淆)。

利用上式,活度系数的比值 K_γ 可以写为

$$RT \ln K_\gamma(P,T,X) = RT \ln K_\gamma(1,T,X) + \int_1^P (\Delta_r\overline{V})_T \mathrm{d}P - \int_1^P (\Delta_r V^\circ)_T \mathrm{d}P$$

$$(10.11.9)$$

将上式代入式(10.11.6),便可得到计算非纯相反应的平衡压力的**一般方程式**,即

$$RT \ln[K_X K_\gamma(1,T,X)] + \int_1^{P_e} (\Delta_r\overline{V})_T \mathrm{d}P - \int_1^{P_o} (\Delta_r V^\circ)_T \mathrm{d}P = 0$$

$$(10.11.10)$$

其中,P_o 和 P_e 分别是温度为 T 时纯相反应和具有 K_X 值的非纯相反应的平衡压力。注意到在上式中有

$$\int_{P_o}^{P_e} (\Delta_r V^\circ) \mathrm{d}P - \int_1^{P_e} (\Delta_r V^\circ) \mathrm{d}P = -\int_1^{P_e} (\Delta_r V^\circ) \mathrm{d}P$$

同样,为了简化,可假定对固-固反应来说,至少在地壳的压力范围内,$\Delta\overline{V}$ 和 ΔV° 不随压力变化。另外,$\Delta_r\overline{V}$ 和 $\Delta_r V^\circ$ 这两项随压力增加而偏离常量的程度应该差不多,而且符号相反,所以可以抵消。此外,我们所处理的地质问题基本都是 $P_o \gg 1$ 和 $P_e \gg 1$ 的情况,所以,式(10.11.10)中最后两项的积分可分别简化为 $P_e(\Delta_r\overline{V})$ 和 $P_e\Delta V^\circ$。但当计算的范围扩展到地幔条件时,则固-固反应的 $\Delta_r V$ 值受 P-T 条件的影响需予以考虑。

习题 10.13　试采用纯组分(1 bar,T)标准态推导式(10.11.10)。

10.11.2　计算实例

Ganguly 等(2000)分析测定了喜马拉雅山 Sikkim 地区的一个由四种矿物——石榴石、斜长石、夕线石和石英组成的共生集合体(样品号 No. 64/86),据此计算了反应(10.11.a)的平衡条件。该例可以让我们看到相组成的变化如何来影响反应平衡线的位移。其中石榴石颗粒呈现带状组成,其晶核中心组成很一致,而颗粒表面 $100~\mu\mathrm{m}$ 内的组成呈带状,这是因为在岩石的上升剥露作用过程中 P-T 条件的改变而引起的石榴石组成的变化(这种表面的带状组成是来自温度高于 $650\,\mathrm{℃}$ 以上花岗石相经上升剥露的变质岩石中石榴石的典型情况,而在 $650\,\mathrm{℃}$ 以上

的变质作用中石榴石组成呈现均一)。Ganguly 等(2000)的研究指出在重建的最高变质温度条件下,所测定到的斜长石与石榴石的晶核组成相平衡。Dasgupta 等(2004)对如何选择石榴石的带状组成和其他矿物组成以获得最高变质温度作了详细分析。根据电子探针测定,斜长石和石榴石颗粒核心的平均组成为

石榴石:$X_{Fe} = 0.64$,　$X_{Mg} = 0.27$,　$X_{Mn} = 0.02$,　$X_{Ca} = 0.07$

斜长石:$X_{Ca} = 0.35$,　$X_{Na} = 0.63$,　$X_{K} = 0.02$

根据参与反应(10.11.a)的矿物石榴石、铝硅酸盐、斜长石的英文名称的首字母,该反应常被称为 GASP。现用上述组成来计算 GASP 在穿越蓝晶石-夕线石相变边界时的平衡条件。首先,取铝硅酸盐为蓝晶石,然后计算当平衡条件处在夕线石稳定场时蓝晶石-夕线石相变的影响(图 10.20)。

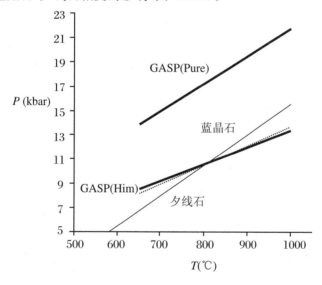

图 10.20　计算由组成变化而造成的 GASP 平衡反应线的位移

GASP 反应:3 钙长石(An)══╤钙铝榴石(Gr) + 2 蓝晶石(Ky) + 石英(Qtz)。GASP(Pure)指反应各相全部为纯相,由 Koziol 和 Newton(1988)实验测定所得,见图 10.18;GASP(Him)则是由来自喜马拉雅山的天然样品测定,并由上述计算所得的平衡反应线的位移。虚线为采用理想固溶体模型;粗实线为非理想固溶体模型;细实线为蓝晶石/夕线石的反应边界线(Holdway,1971)

石英和铝硅酸盐(用 AS 表示)都是纯相,根据所选择的标准态(即在 P, T 下的纯相),有 $a(Al_2SiO_5)^{AS} = a(SiO_2)^{Qtz} = 1$。石榴石和斜长石均用离子溶液模型(见 9.1.1 节),即 $a(Grs)^{Grt} = [(X_{Ca}\gamma_{Ca})^3]^{Grt}$ 和 $a(An)^{Plag} = (X_{Ca}\gamma_{Ca})^{Plag}$。所以,有

$$K = \frac{a_{Grs}^{Grt}}{(a_{An}^{Plag})^3} = \frac{[(X_{Ca}\gamma_{Ca})^3]^{Grt}}{[(X_{Ca}\gamma_{Ca})^3]^{Plag}} \qquad (10.11.11)$$

又设两者都具有理想性质,则 $Q_\gamma = 1$;$\Delta_r V = \Delta_r V^\circ$。假定 $\Delta_r V$ 不随压力变化,于是式(10.11.10)成为

$$P_e(T) = P_o(T) - \frac{RT\ln Q_x}{(\Delta_r V^o)_T}$$

在 1 bar,298 K 条件下,$\Delta_r V = -66.2$ cm³。根据上述组成,有 $Q_x = (0.07/0.35)^3 = 0.01$。又假设 $\Delta_r V^o$ 与温度无关,于是可将 $(P_e - P_o)$ 作为温度的函数解出,然后,根据图 10.18 给出的 P_o 作为温度 T 的函数的表达式,可以得出 P_e。在夕线石稳定场中,计算得出的含有作为铝硅酸盐的蓝晶石的平衡线是亚稳定的。在 6.2 节中,基于同质多像转变的讨论,已对含夕线石的稳定线作了计算。由于同质多像转变反应 2 K_y = 2 Sill 的自由能变化较小,因此,含两种不同矿物蓝晶石和夕线石的 GASP 的位移也不大,在温度 1000 ℃时,压力仅差 400 bar,如图 10.20 中虚线所示说明。

事实上,石榴石和斜长石均显示出非理想混合性质。式(10.11.10)中计算 $RT\ln K_y(1,T,X)$ 所需的各活度项可以从对它们的混合性质的研究资料中得到 (Ganguly 等,1996;Fuhrman et al,1988)。石榴石和斜长石的摩尔体积均与组成有线性相关关系,所以可设 $\Delta \overline{V} \approx \Delta V^o$。图 10.20 中粗线的 GASP(Him)就是根据式(10.11.10)计算所得的 P_e 和 T 关系的最终结果,其中考虑到了石榴石和斜长石的非理想混合性质的影响,并且将 ΔV 处理为压力和温度的函数(有关的计算程序可直接联系作者或从其网上获得)。结果显示对石榴石和斜长石采用非理想混合模型与理想混合模型所得的结果差异不是很大。这意味着对石榴石和斜长石的理想混合性质的偏离本身起到了互相抵消的作用,例如,对喜马拉雅山样品的组成来说,$(\gamma_{Ca}^{Grt}/\gamma_{Ca}^{Plag}) \approx 1$,此外也证明了假设 $\Delta_r V$ 不随压力和温度变化的有效性。

需注意的是,该反应中有四相共存,虽然增加了组分数,但石榴石、斜长石、铝硅酸盐和石英保持在单变度反应中。这是因为固定了每相中的每种组分值,因此消除了由增加组分而产生的自由度。

10.11.3 含固溶体和气体混合物的反应

10.11.3.1 热力学的公式表示

通常这类反应中的气相用逸度,固相用活度来处理,因此,可以将用于恒定温度下计算平衡压力的一般式(10.11.10)的左侧的第一项分解成两个部分,即

$$RT\ln[K_xK_y(1,T,X)] = RT\ln\underbrace{[K_X^s K_\gamma^s(1,T,X_s)]}_{K'(s)} + RT\ln\underbrace{[K_X^g K_\gamma^g(1,T,X_g)]}_{K'(g)}$$

$$(10.11.12)$$

其中,X_s 和 X_g 分别表示固相和气相的组成。为简便起见,将式(10.11.12)左侧两个中括号项分别用 $K'(s)$ 和 $K'(g)$ 表示。

对一个仅含一种气体的固-气反应来说,该反应可写作 A + B ═══ C + D + νH_2O,因此,有

$$RT\ln K'(g) = \nu_i RT \ln a_i^g = \nu_i RT \ln \frac{f_i(1, T, X_g)}{f_i^*(T)} \qquad (10.11.13)$$

在推导式(10.11.10)时,对每种组分均采用了在所研究的 P, T 条件下的纯组分作为其标准态,而在上式中则采用 1 bar 和所研究的温度 T 条件下的纯组分作为其标准态,即 $f_i^*(T) = f_i^o(1, T)$,因此,有

$$RT\ln K'(g) = \nu_i RT\ln \frac{f_i(1, T, X_g)}{f_i^o(1, T)} \qquad (10.11.14)$$

式(10.11.10)中的两个积分项 $\int \Delta V \mathrm{d}P$ 可分解为固相和气相两个部分,即 $\int (\Delta V)_s \mathrm{d}P + \int (\Delta V)_g \mathrm{d}P$。根据逸度和化学势的关系 $\mathrm{d}\mu_i = RT\mathrm{d}\ln f_i$,有

$$\int_1^{P_e} \overline{V_i}\,\mathrm{d}P = RT\ln f_i(P_e, T, X_g) - RT\ln f_i(1, T, X_g) \quad (10.11.15\mathrm{a})$$

和

$$\int_1^{P_o} V_i^o \mathrm{d}P = RT\ln f_i^o(P_o, T) - RT\ln f_i^o(1, T) \qquad (10.11.15\mathrm{b})$$

其中,$\overline{V_i}$ 和 V_i^o 分别是组分 i 的偏摩尔体积和摩尔体积。P_o 和 P_e 分别是在纯相和非纯相体系中温度 T 时的平衡压力。

将上面三式代入,并重新整理,则式(10.11.10)可写为

$$RT\ln K'(s)(1, T, X) + RT\nu_i\ln \frac{f_i(P, T, X_g)}{f_i^o(P_o, T)} + \int_1^{P_e} (\Delta_r \overline{V}_s)\mathrm{d}P - \int_1^{P_e} (\Delta_r V_s^o)\mathrm{d}P = 0$$

$$(10.11.16)$$

如果反应包含一种以上气体,则上式左侧的第二项可表示为 $RT \sum \nu_i \ln(f_i(P, T, X_g)/f_i^o(P_o, T))$。

10.11.3.2　计算实例

下面用一个实例来说明式(10.11.6)的应用,该例来自 Ghent 等(1979)的研究。样品取自加拿大不列颠哥伦比亚省的 Mica Creek,是一个由十字石、石榴石、蓝晶石和石英组成的集合体。Ghent 计算得到该集合体的平衡压力和温度为 8.2 kbar,640 ℃。各矿物相的组成如下:X_{Fe}(Staur) = 0.77,X_{Fe}(Grt) = 0.68,蓝晶石和石英为纯相,故有 $a(Al_2SiO_5)^{Ky} = a(SiO_2)^{Qz} = 1$。石榴石的组成呈带状分布,上述组成是其晶粒边缘与十字石达到平衡的均一组成。在这两种固溶体矿物中除了二价离子位置上有置换作用发生外,其他位置上无明显的置换发生。下面来估算在平衡时的蒸气相的组成。

上述集合体样品可用下面的反应式来表示:

$$\text{Staur} \qquad\qquad\qquad\qquad \text{Garnet}$$
$$6Fe_2Al_9Si_{3.75}O_{22}(OH)_2 + 12.5SiO_2 \Longrightarrow 4Fe_3Al_2Si_3O_{12} + 23Al_2SiO_5 + 6H_2O$$

$$(10.11.a)$$

图 10.21 显示了该反应的边界。根据离子模型,有

$$a(\text{Fe 端元组分})^{\text{Staur}} = \left[(X_{Fe}\gamma_{Fe})^2\right]^{\text{Staur}}$$

$$a(\text{Fe 端元组分})^{\text{Grt}} = \left[(X_{Fe}\gamma_{Fe})^3\right]^{\text{Grt}}$$

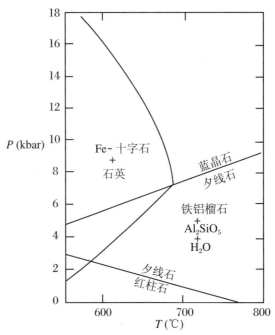

图 10.21　根据 Ganguly(1972)以及 Rao 和 Jonannes(1979)的实验数据,由 Pigage 和 Greenwood 计算的 Fe-十字石 + 石英的脱水反应平衡线 (经 America Journal of Science 许可发表)

所以,有

$$K'(s) = \left(\frac{X_{Fe}^{\text{Grt}}}{X_{Fe}^{\text{Staur}}}\right)^{12}\left(\frac{\gamma_{Fe}^{\text{Grt}}}{\gamma_{Fe}^{\text{Staur}}}\right)^{12}$$

　　根据已有资料,可以合理假定上式中活度系数比值为 1,这样 $\ln K'(s) \approx 12\ln(0.68/0.77) = -1.492$。另外,又从已有资料,得 $\Delta_r\overline{V} = \Delta_rV^{\circ} - 148.26 \text{ cm}^3$。该式意味着矿物的摩尔体积与其组成呈线性关系。所以推断得出,在压力 $P_{\circ}$ 为 13200 bar 时,该集合体的平衡温度等于 640 ℃。Burnham 等(1969)实验测定了压力 10 kbar 和温度 1000 ℃下,作为压力和温度函数的纯水的活度。用外推法得到在上述压力和温度条件下,$f^{\circ}(H_2O:P_{\circ}, T) = 27.98$ kbar。将 $K'(s)$,ΔV 和 $f^{\circ}(H_2O)$ 代入式(10.11.16),得

$$P_e(\text{bar}) \approx -18620 + 3032\ln f_{H_2O}(P_e, T, X_v) \qquad (10.11.17)$$

上面已经看到,该集合体所导出的压力是 8.2 kbar。采用此值,就可将与集合体处于平衡的水的逸度和流体相组成计算出来。蒸气相中水的逸度可以如式(8.4.8)表达为

$$f_{H_2O}(P_e, T, X_g) = f^o_{H_2O}(P_e, T)a_{H_2O} \qquad (10.11.18)$$

将上两式合并,重新排列,则有

$$\ln(a_{H_2O}) = \frac{P_e + 18620 - 3032\ln f^o_{H_2O}(P_e, T)}{3032} \qquad (10.11.19)$$

根据 Burnhem 等(1969)的数据,导出在平衡压力和温度(8.2 kbar,640 ℃)条件下纯水的逸度是 8163 bar,代入上式,即得 $a(H_2O) = 0.85$。如果蒸气相具有理想混合性质,则 $a(H_2O) = X(H_2O) = 0.85$。

如果想知道当气体为纯相,而**仅仅固体组成**发生变化时对固-气反应平衡条件的影响。例如,固体组分如上所述,而气相为纯相,要计算在 640 ℃时的压力 P_e,则式(10.11.17)可写为

$$P_e(bar) \approx -18620 + 3032\ln f^o_{H_2O}(P_e, T) \qquad (10.11.20)$$

该式可用逐次近似法解出,即变化 P_e 值直到方程两侧的值相差无几。最终得到 $P_e(640 ℃) = 10.2$ kbar。

10.12　从相平衡实验获取活度系数

从上面的讨论可知,计算由组成变化而造成的平衡反应线位移需要组分在溶体中的活度系数的资料。所以很显然,如果位移已知,并且仅有一种组分的活度系数未知而其余都知道,则可推断出该活度系数。如果有一种以上组分的活度系数未知,则需要多个关于组成变化影响平衡位移的数据资料,从而可列出和未知数数目相等的方程。

以下采用 Ganguly 等(1996)的一项研究作为例子。该项工作是要确定石榴石组成的变化对 GASP 反应的平衡压力的影响,如图 10.22 所示。石榴石的组成位于 Mg－Mn－Ca 三元体系中,其中 Mg/(Mg＋Mn)为常数,等于 0.68。实验在恒温 1000 ℃但不同压力条件下进行。石榴石由已知的不同初始组成合成,其他矿物相斜长石、蓝晶石和石英均为纯端元组分。将它们的混合物在某一特定压力下保持一段时间,然后淬火,用电子探针对样品中的石榴石组成变化进行测定。在每一个 P-T 条件下,混合物中石榴石的初始组成与其在和斜长石、蓝晶石、石英平衡反应后的组成是不同的,即石榴石的组成随着反应的进行生成其他相,而朝平衡值方向变化。每次实验中石榴石组成的初始和最终值用带箭头的直线连接,箭头所指为组成演化方向。在温度为 1000 ℃的每个不同压力下得来自两个不同方向的

石榴石所能达到的最终的平衡组成。

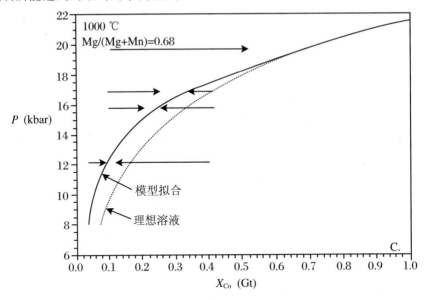

图 10.22　实验测定在温度 1000 ℃条件下：石榴石（Grs）+ 蓝晶石（Ky）+ 3 石英（Qtz）═══3 钙长石（Ann），即 GASP 反应，由于 Mg－Mn－Ca 三元体系中石榴石的 Ca 含量的变化而造成的平衡反应线的位移，其中石榴石的 Mg/（Mg + Mn）比值固定为 0.68

图中正反向的箭头表示实验测定的在某压力下平衡的石榴石的组成范围，可见虚线表示的理想固溶体模型无法拟合实验结果，而粗线表示的非理想固溶体模型则能拟合实验结果（Ganguly et al,1996）

式（10.11.10）给出了等温条件下由组成改变而造成的平衡压力的变化。由于除了石榴石的各相均为纯相，所以 $K_X K_y = \left[(X_{Ca} \gamma_{Ca})^{Grt} \right]^3$。因为 K_X，$P_\circ$ 和 P_e（即在 K_X 和 T 时的平衡压力）已知，所以可从式（10.11.10）得到 1000 ℃条件下作为石榴石组成和压力（P_e）函数的 γ_{Ca}^{Grt} 值。根据适当的固溶体模型，这些实验资料能用于构建 γ 的分析表达式。图 10.22 中的理想固溶体的曲线是式（10.11.10）在 $K_\gamma = 1$ 时的计算结果。该线和实验所确定的石榴石平衡组成之间的差异意味着在 Mg－Mn－Ca 三元体系中的石榴石是非理想模型的固溶体。这里把理想固溶体模型的曲线的计算留给读者自己进行，其中假设 $\Delta \overline{V} = \Delta V^\circ \approx$ 常数。另外，也让读者思考如何从实验测定的 1000 ℃条件下的压力-组成（$P－X$）关系来获取 γ_{Ca}^{Grt} 值。

在 Ganguly 等（1996）的研究中，石榴石固溶体的模型是在上述大量有关 GASP 反应线随四元（Fe－Mg－Mn－Ca）体系中石榴石组成变化的实验和二元（Ca－Mg）体系中混合焓的热测定的数据（见图 9.4），以及石榴石－橄榄石和石榴石-黑云母平衡对中石榴石组成对 K_D（Fe－Mg）的影响的实验数据（见式（11.2）和图 11.3）等基础上，通过最优化程序获得的。石榴石中 Ca 的活度系数 γ_{Ca}^{Grt} 可以表达为四元非规则模型(见 9.3.1 小节),其相互作用参数则可用平衡方程组(即式(10.11.10))的数值法解来获得。为此编制了一个最优化程序来获得对所有数据的最佳统计拟合。图 10.22 中的"模型拟合"即是采用了所得到的非规则混合参数来计算作为石榴石组成函数的平衡压力的结果。

另外一个例子是从相平衡的资料中来获取活度系数,根据式(10.6.3)或(10.6.4),即可以根据实验所测定的相平衡数据来限定体系在液相线温度处的热力学混合性质。如果固相和液相的热力学性质均为理想的,则 $\lg(X_i^l/X_i^s)$ 与 $(1/T_m - 1/T_0)$ 成正比。偏离这种正比关系的,则意味着固相或液相中至少有一相是非理想的。如果知道其中一相的混合性质,则从实验所测定的数据范围,可得到另一相的作为温度函数的热力学性质。图 10.23 显示了 $\lg(X_{Di}^m/X_{Di}^s)$ 与 $(1/T_m - 1/T_0)$ 之间的关系,是 Ganguly(1973)所做的透辉石-硬玉固溶体熔融关系的实验结果。可以看到两个变量之间的正比关系,即说明单斜辉石固溶体在接近固相线条件下呈理想混合性质。

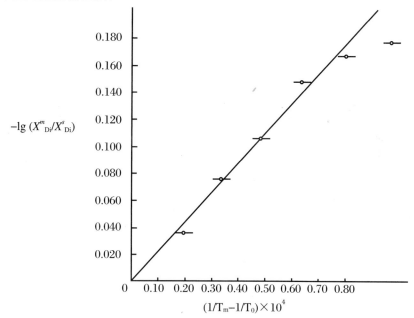

图 10.23　根据在 1400～1650 ℃条件下透辉石-硬玉共生熔融的平衡组成推导得到的 $\lg(X_{Di}^m/X_{Di}^s)$ 与 $(1/T_m - 1/T_0)$ 的关系图(Ganguly,1973)

可以看到两个变量之间呈正比关系,说明熔体和单斜辉石固溶体在接近固相线条件时具有理想混合性质(该图得到 Elsevier 的允许使用)

10.13　相的平衡丰度和组成

10.13.1　在恒定 $P\text{-}T$ 条件下的封闭体系

按照杜亥姆定律(10.3 节),如果一个封闭体系中有两个变量被固定,那么该体系的其余性质都被确定。例如,封闭体系的 $P\text{-}T$ 条件固定,则相组成、丰度以及其他强度性质,诸如 $f(O_2)$ 等就被确定。一旦各相的性质、组分和丰度已知,则体系的其他性质都可一一导出。

Smith 和 Misen(1991)讨论了封闭体系在恒定 $P\text{-}T$ 条件下计算相丰度的几种方法。对于这种总组成限定的体系,最被广泛使用的方法就是所谓的最小吉布斯自由能法。实际上这是一个**约束优化**问题,通常采用**拉格朗日乘数法**来处理。下面简单介绍该方法的理论基础。

假设一个封闭体系含有组分 CaO,FeO,MgO,Al_2O_3 和 SiO_2(简称为 CMAS),其中每种组分都被确定。我们通常把这些氧化物组分归类于**基本**组元。例如,假定体系含有 95 mol MgO,那么在一定 $P\text{-}T$ 条件下,不论各相性质如何,也不管含有 MgO 的相数(或相的端元组分)多少(例如,对石榴石来说,其分子式是 $(Mg,Fe,Ca)_3Al_2Si_3O_{12}$;对斜方辉石来说,其分子式为 $(Mg,Fe,Ca)SiO_3$),MgO 的总摩尔数($n_{MgO(T)}$)一定是 95,可写作

$$n_{MgO(Pyr)} + n_{Pyr} + n_{MgO(Enst)}\, n_{Enst} + \cdots = 95$$

其中,$n_{MgO(Pyr)}$ 是石榴石中 1 mol 镁铝榴石(Pyr:$Mg_3Al_2Si_3O_{12}$)的 MgO 的摩尔数,$n_{MgO(Enst)}$ 是斜方辉石中 1 mol 顽辉石(Enst:$MgSiO_3$)的 MgO 的摩尔数,其余类推。用 N^α 表示相 α(即 Grt,Opx 等)的摩尔数,则上面的质量守恒关系可重新表达为

$$n_{MgO(Pyr)}\,(X_{Pyr}^{Grt}N^{Grt}) + n_{MgO(Enst)}\,(X_{Enst}^{Opx}N^{Opx}) + \cdots = 95 \tag{10.13.1}$$

对体系中每一种其他**基本**组元都有上述相同的关系式。当然如何设定体系中一组基本组元是任意的,但必须满足使得相的任何端元组分都能表达为基本组元的线性关系。

根据拉格朗日乘数的有限优化法的基本原理,可以证明由质量守恒原理所确定的体系自由能达到最小时,需满足以下方程(Ganguly et al,1987):

$$\mu_i^\alpha - \sum_k \lambda_k n_{k(i)} = 0 \tag{10.13.2}$$

其中，$n_{k(i)}$ 是端元相 i 中基本组元 k 的摩尔数（如式（10.13.1）中的 $n_{\mathrm{MgO(Pyr)}}$ 和 $n_{\mathrm{MgO(Enst)}}$），λ_k 是组元 k 的拉格朗日乘数法的常数。虽然该常数在我们所研究的问题中无实际意义，但在数学计算中起主要作用。

为了更好地说明用拉格朗日乘数法来处理这种条件极小值问题的过程，我们来考察石榴石的端元组分：钙铝榴石（Gros：$Ca_3Al_2Si_3O_{12}$），铁铝榴石（Alm：$Fe_3Al_2Si_3O_{12}$）和镁铝榴石（Pyr：$Mg_3Al_2Si_3O_{12}$）。根据式（10.13.2），有

$$\left.\begin{array}{l}
\mathrm{Gros(Grt)}:\mu_{\mathrm{Gros}}^{\mathrm{Grt}} - \lambda_{\mathrm{CaO}}(3) - \lambda_{\mathrm{Al_2O_3}}(1) - \lambda_{\mathrm{SiO_2}}(3) = 0 \\
\mathrm{Alm(Grt)}:\mu_{\mathrm{Alm}}^{\mathrm{Grt}} - \lambda_{\mathrm{FeO}}(3) - \lambda_{\mathrm{Al_2O_3}}(1) - \lambda_{\mathrm{SiO_2}}(3) = 0 \\
\mathrm{Pyr(Grt)}:\mu_{\mathrm{Pyr}}^{\mathrm{Grt}} - \lambda_{\mathrm{MgO}}(3) - \lambda_{\mathrm{Al_2O_3}}(1) - \lambda_{\mathrm{SiO_2}}(3) = 0
\end{array}\right\} \quad (10.13.3)$$

其中，根据离子溶液模型（见 9.1 节）

$$\mu_{\mathrm{Gros}}^{\mathrm{Grt}} = \mu_{\mathrm{Gros}}^{\mathrm{o}}(P,T) + 3RT\ln X_{\mathrm{Ca}}^{\mathrm{Grt}} + 3RT\ln\gamma_{\mathrm{Ca}}^{\mathrm{Grt}} \quad (10.13.4)$$

其余类推。对其他各相的每种端元组分来说，也可写出相同的关系。另外，对每一相来说，又有化学计量系数关系式

$$\sum_i X_i^\alpha = 1 \quad (10.13.5)$$

由上面的式（10.3.1），式（10.3.2）和式（10.13.5），即可采用数值解得到各相的组成（即 X_i^α 值）和拉格朗日乘数。独立方程的个数与其中未知数的个数相等。然而，当体系中有许多相和组分时，式（10.13.4）一类的非线性方程会带来一些数学处理上的困难。此外，由非理想混合性质的各相构成的体系的自由能表面存在局部最小值。所以，要用适当的数值解法来得到综合最小值（Ghiorso，1994）。总之，由许多相和组分组成的体系的最小自由能 G 的问题，需要用逐次近似法来解。

White 等（1958）提出了一种方法来避免处理拉格朗日数值解法中的非线性问题。该方法是将各相的连续 G-X 表面任意等分为若干适当部分（如图 10.24 所示），就可用线性方法来处理体系的最小自由能问题。由于在当时这种方法涉及大量的方程而超过计算能力，因而未被采用。但现在这已不成问题，Connolly（1990，2005）发展了这种称为 Perple X 的方法（可从有关网上获得）与大量造岩矿物的数据资料库结合来处理最小自由能问题。这种所谓"假组分方法"的基本原理介绍如下。

在热力学中溶液的摩尔吉布斯自由能-组成空间可由其纯端元相的性质及反映了这些端元相间混合性质的对数项来表述（见式（8.6.3））。如上所述，将固溶体的 G-X 关系近似为若干不连续的假组合 $\mathrm{ps}(i)$（图 10.24）。每个假组合的摩尔自由能 $G_{\mathrm{m,ps}(i)}$ 可按式（8.6.3）根据实际的端元组分自由能和混合性质来计算得到。

由固定组成的 K 个组分的体系的总吉布斯自由能可表达为

$$G = \sum_{i=1}^k n_i G_{\mathrm{m}(i)} \quad (10.13.6)$$

其中，n_i是组分i的摩尔数，该组分i的吉布斯自由能为$G_{m(i)}$。端元相和假组合相都包含在该表达式中。该式是线性的，对限定总组成的体系可以用诸如 Simplex（Press et al,1990）一类的解线性方程的软件来解出。解出的答案调和了体系中端元相和假组合相。结合假组合的数据可获得固溶体的组成及其丰度。用这种方法得出的解的质量取决于假组合的选择。可以先粗分组成来定义假组合，得到初始解，再在初始解附近细分假组合的组成来得到更精确的解。

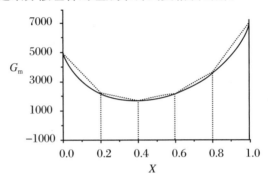

图 10.24　固溶体的摩尔吉布斯自由能 G_m 的近似解，采用其假组合的自由能，即以 $X = 0.2$ 等分，X 是组分的摩尔分数

目前已可从网上得到自由能最小化程序及其相关的造岩矿物体系的资料（如Holland et al,1998）。此外还有一些软件，如 Perple X（Connolly,1990），Theriak-Domino（de Capitani et al,1987；de Capitani,1994）和 MELT/pMELT（Asimow et al,1998；Ghiorso et al,1995；Ghiorso et al,2002）。后者特别用于处理地幔和行星体系中的部分熔融问题。

图 10.25 显示了约束自由能最小化方法在计算地幔绝热密度变化方面的应用，其中深度在 $200\sim800$ km，对应的压力 $6.42\sim29.38$ Gbar（Ganguly et al,2008）。地幔的总成分设定为 Ringwood（1982）给出的地幔岩模型，即占地幔岩总成分98%的一个 $CaO-FeO-MgO-Al_2O_3-SiO_2$ 体系。各相的丰度和组成由拉格朗日乘数法计算（使用了 Eriksson 和 Pelton 的计算软件 FACTSAGE），再根据 P-V-T 关系将它们转换为密度。

计算得到的地幔岩密度变化可以和由 Dziewonski 和 Anderson（1981）据地球物理性质倒推的地球模型（PREM）相比较。可以看出热力学计算的地幔密度和PREM 的结果非常一致。值得注意的是，计算的密度变化图形显示出在 400 km 和 660 km 处密度有骤然变化，在该两处也正是地震波速快速变化（或不连续）之处。然而，与 PREM 不同的是，计算的图形在 500 km 处还有一个较小的密度突变。这应该反映出该深度的一个地震不连续面，但迄今未报道为全球性的不连续面。然而，密度的不连续必须是全球性的。在 500 km 处地震不连续的非全球性可能是目前还缺乏发现小的不连续面的能力。

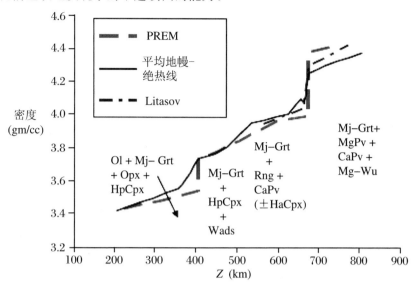

图 10.25 沿地幔岩总组成的绝热温度剖面所计算的密度对深度的变化及其与 PREM 数据的比较

垂直线显示了主要矿物的转变深度。注意到随温度降低,在接近 400 km 处(过渡带顶部)密度快速跌落,而在 670 km 处(过渡带底部)密度快速增加。某些引起密度较大变化的矿物已标示在图中。Ol:橄榄石;Grt:石榴石;Cpx:单斜辉石;Opx:斜方辉石;HP - Cpx:高压单斜辉石;Wads:瓦兹利橄榄石(β - 橄榄石);Rng:尖晶橄榄石(γ - 橄榄石);Ilm:钛铁矿;Mg - Pv:镁钛矿;Ca - Pv:钙钛矿;MgWu:镁方铁矿;Mj - Grt:镁铁榴石

图 10.26 显示了利用 MELTS 软件对原始洋中脊玄武岩(或称 MORB)的平衡和分馏结晶作用的计算结果(Ghiorso,1997)。上部图形显示的是在压力 1 kbar 条件下作为温度函数的矿物丰度。分馏结晶作用的丰度由每 2～5 ℃ 为一步所析出的晶体来计算,即重新计算每一步所剩余的熔融组成,并进一步在封闭体系中结晶。下部图形显示的是在平衡(左图)和分馏(右图)结晶作用中熔体组成的演化。

10.13.2 采用压力－温度以外的其他变量条件

对封闭体系来说,常常采用的保持为常数的变量为(P,T),或(T,V),或(S,P),平衡集合体和相组成可以用惯用的热力学参数吉布斯自由能 G 或 F(亥姆霍兹自由能)或焓 H 的最小化方法计算得到,如 3.2 节所讨论的。但是,在处理地质问题中,我们有时也遇到需要在其他变量条件下来计算平衡集合体和相组成。我们需要找出新的参数以便进行最小化处理得到平衡集合体和相组成。

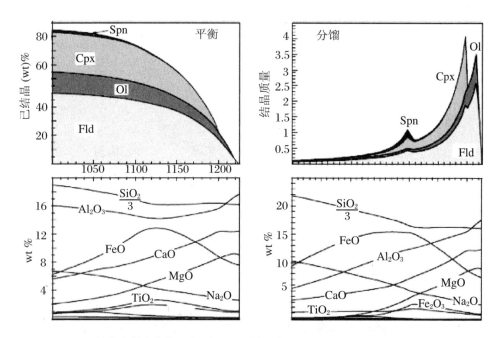

图 10.26　洋中脊玄武岩的平衡(左图)和分馏(右图)结晶作用,由 MELT 软件的体系最小自由能计算方法得到(Ghiorso,1995)

上部两图为压力 1 kbar 条件下作为温度函数的各相丰度,而下部两图显示了熔体组成的演化(Ghiorso,1997)

有两种地质上有意义的问题:①在体系中一种组分的化学势在与外部库容交换过程中保持恒定;②体系中所有组分的焓,压力和摩尔数不变条件下的岩浆同化作用。Ghiorso 和 Kelemen(1987)讨论了此类问题。他们认为等焓线计算可以提供岩浆作用过程的一个极好的近似,在此过程中,同化物比岩浆中饱和的矿物易熔。由相应函数的拉格朗日变换可以得到在这些过程中趋于最小化的势能值。

拉格朗日变换的一般原理已在 3.1 节中讨论过,并应用于推导热力学势 H,F 和 G。概括来说,函数 $Y = Y(x_1,x_2,x_3,\cdots)$ 的偏拉格朗日变换为

$$(I_{X_i})_{x_j \neq x_i} = Y - \left(\frac{\partial Y}{\partial X_i}\right)_{X_j \neq X_i} X_i \tag{10.13.7}$$

其中,$(I_{X_i})_{x_j \neq x_i}$ 是当其余变量($X_j \neq X_i$)均为常数时,Y 对 X_i 的偏拉格朗日变换。如 3.2 节所示,设 $Y = U$(内能),且 $m = \pm(\partial Y/\partial X_i)$,则最小偏拉格朗日变换给出了 m 为常数和 $X_j \neq X_i$ 时的平衡条件。这样,我们就可在下面两种情况下建立可用来最小化的势能。

情况(1):组分 k 的化学势不随压力和温度变化。这样,式(10.13.7)中的导数项在恒定压力和温度下,且 $n_j \neq n_k$ 时(即除了 n_k 以外,其余组分的摩尔数均为常

数)等于 $\pm\mu_k$。由于 $\mu_k = (\partial G/\partial n_k)_{P,T,n_j} \neq n_k$,所以 Y 相当于吉布斯自由能 G,函数的拉格朗日变换为

$$(I_{n_k})_{P,T,n_j \neq n_i} = G - \left(\frac{\partial G}{\partial n_k}\right)_{P,T,n_j \neq n_i} n_k$$

$$= G - \mu_k n_k \tag{10.13.8}$$

从上式很容易看到,对任何自然过程,所变换的函数 $(G - \mu_k n_k) < 0$,并且当平衡时有最小值,即 $(G - \mu_k n_k) \leqslant 0$。此性质留待读者自行证明。在地球化学和岩石学文献中,这一类在移动组分的化学势固定的开放体系中可用于平衡集合体的最小化计算的势能通常被叫作**柯尔任斯基势能**,因为是俄国岩石学家 D. S. Korzhinskii(1959)首先提出的(其后 Thompson(1970)对此进一步厘清)。这种由于外部的储存库而保持化学势为常量的组分被 Korzhinskii 叫作完美可移动组分,被 Thompson(1970)叫作 K-组分。如果有几种这样的组分,则上述方程中最后一项为 $-\sum \mu_k n_k$。

情况(2):需要找出一个函数,该函数在压力 P 和 n(总组分的摩尔数)为常数条件下对某种变量求导能得到 H。该函数就是 G/T。这里留待读者自己来证明 $H = ((\partial G/T)/\partial(1/T))_{p,n}$。于是,有

$$(I_{1/T})_{p,n} = \frac{G}{T} - \left(\frac{\partial(G/T)}{\partial(1/T)}\right)_{p,n} \frac{1}{T}$$

$$= \frac{G}{T} - \frac{H}{T} = -S \tag{10.13.9}$$

岩浆及其同化物构成了一个孤立体系。由于该体系中,$dS \geqslant 0$(根据第二定律:见式(2.4.8)),熵值 S 达到极大而相应的变换函数 $(I_{1/T})_{p,n}$ 趋于极小。在压力 P 和总摩尔数 n 为常数条件下取熵的极大值,可以得到等焓同化作用中的平衡相集合体及其组成。

图 10.27 显示了来自 MORB(洋中脊玄武岩)结晶作用的矿物相丰度的集合体的等焓同化作用的结果。在初始温度 500 ℃时,同化作用开始形成泥质岩。同化物 A 和 B 的总组成是一样的,只是同化物 B 含有质量分数 1.35% 的水,而同化物 A 不含水。从矿物学来说,同化物 A 由石英-钛铁矿-钾长石-斜方辉石-尖晶石-长石组成,而同化物 B 则由石英-钛铁矿-白云母-黑云母-石榴石-长石组成。图 10.27 中的计算结果显示了与同等质量的无水集合体相比,含水集合体的同化作用结果导致了较低的最终温度和较少量的晶体。如 Ghiorso 和 Kelemen(1987)所讨论的,岩浆中围岩的同化作用可能根本上改变结晶矿物的丰度形式和性质以及随后的岩浆组成的演化作用。

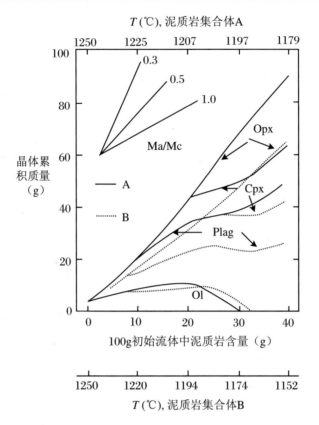

图 10.27　在 3 kbar 条件下初始温度为 500 ℃的镁质洋中脊玄武岩（MORB：FAMOUS527－1－1）的泥质岩的等焓同化作用中结晶固态的累积质量曲线

同化物 A 和 B 具有相同的总组成，但 B 含有质量分数 1.35% 的水。Ma/Mc 指的是同化的质量与结晶的质量的比值。详细内容见正文。本图取自 Ghiorso 和 Keleman(1987)

习题 10.14　试证明在恒定压力 P 和温度 T 条件下，如果移动成分 k 的化学势在与体系外部储存库交换过程中不变，而其余成分的摩尔数也恒定，则柯尔任斯基（Korzhinskii）势具有（$G - n_k \mu_k$）≤0。

（提示：参阅 3.2 节，U 值取决于组分的摩尔数。）

第 11 章　地质体系中的元素分馏作用

在诸如矿物与矿物,矿物与熔体,矿物与蒸气相,以及熔融金属与硅酸盐流体这些共存相之间的元素分馏作用,对于认识地质作用和行星形成有着非常重要的意义。本章将着重讨论元素分馏作用的热力学原理及其在以下方面的应用:(1)地球化学;(2)玄武岩浆中稀土元素的分配模型;(3)与地球早期历史岩浆洋相关的地球地幔中亲铁元素的丰度问题(较之分馏进入硅酸盐,亲铁元素更倾向于进入金属相)。

11.1　主要元素的分馏作用

11.1.1　交换平衡和分配系数

Ganguly 和 Saxena(1987)详细地讨论了共生矿物之间元素分馏作用的热力学方法并引申到元素的同位素,例如 ^{18}O 和 ^{16}O 的分馏作用。一般来说,两个相之间相同价态的两种组分 i 和 j(如 Fe^{2+} 和 Mg)的平衡分馏作用可以用一个简单的交换反应来表示

$$i - \alpha + j - \beta = i - \beta + j - \alpha \tag{11.1.a}$$

例如,在共生石榴石和黑云母两种矿物之间 Fe^{2+} 和 Mg 的分馏作用可以用以下交换反应来表示:

$$1/3(Fe_3)Al_2Si_3O_{12}(Grt) + K(Mg)Al_3Si_3O_{10}(OH)_2(Bt) =\!=\!=$$

$$1/3(Mg_3)Al_2Si_3O_{12}(Grt) + K(Fe)Al_3Si_3O_{10}(OH)_2(Bt) \tag{11.1.b}$$

与反应(11.1.a)的形式一致,之所以说上述反应是平衡反应,是因为每一边均有 1 mol 的交换组分(Fe^{2+} 或 Mg)。这一类的平衡反应的写法并不是热力学本身所要求的,主要是为了实用的方便,即在平衡常数的公式中所有项的指数可以降到 1。为了说明这点,来考察一下石榴石的端元组分的活度,在石榴石中亚晶格配位数为八(Ⅷ)和六(Ⅵ)。按照离子溶液模型(见 9.1 节和方程(9.1.7b)),有

$$a_{\text{Alm}}^{\text{Grt}} = \left[^{\text{VIII}}(X_{\text{Fe}}\,\gamma_{\text{Fe}})^3\right]\left[^{\text{VI}}(X_{\text{Al}}\,\gamma_{\text{Al}})^2\right]\gamma_{\text{Alm(rec)}} \tag{11.1.1a}$$

$$a_{\text{Pyr}}^{\text{Grt}} = \left[^{\text{VIII}}(X_{\text{Mg}}\,\gamma_{\text{Mg}})^3\right]\left[^{\text{VI}}(X_{\text{Al}}\,\gamma_{\text{Al}})^2\right]\gamma_{\text{Pyr(rec)}} \tag{11.1.1b}$$

其中，Alm 和 Pyr 分别代表石榴石中铁和镁的端元组分，如式(11.1.b)所示，在方括号中的项表示了占有位置的组分的摩尔分数(X)和活度系数(γ)，而 rec 项则是由于交互作用部分组分的活度系数。对反应(11.1.b)的平衡常数 K 来说，如果代入上面所示的活度表示式，则含有比值$(a_{\text{Pyr}}^{\text{Grt}}/a_{\text{Alm}}^{\text{Grt}})^{1/3}$项的平衡常数 K 即成为$\left[^{\text{VIII}}(X_{\text{Mg}}/X_{\text{Fe}})^{\text{VIII}}(\gamma_{\text{Mg}}/\gamma_{\text{Fe}})\right]^{\text{Grt}}(\gamma_{\text{rec}}')$，其中 γ_{rec}'是两个交互作用组分活度系数的比值，即等于$\left[\gamma_{\text{Pyr(rec)}}/\gamma_{\text{Alm(rec)}}\right]$。

这样，交换反应(11.1.a)的平衡常数可写为

$$K = \underbrace{\left[\frac{(X_i/X_j)^\beta}{(X_i/X_j)^\alpha}\right]}_{K_{\text{D}}}\underbrace{\left[\frac{(\gamma_i/\gamma_j)^\beta}{(\gamma_i/\gamma_j)^\alpha}\right]}_{K_{\gamma(\text{site})}}K_{\gamma(\text{site})} \tag{11.1.2}$$

其中，$K_{\gamma(\text{rec})}$包含了所有交互组分的活度系数项。根据式(9.1.7a)，如果交换反应中没有直接参与的位置上仅为一种离子的话，则有 $K_{\gamma(\text{rec})}=1$。按照惯例，上述方程中第一个方括号中的摩尔分数各项用符号 $K_{\text{D}}(i-j)$ 或 K_{D} 表示，称作**分配系数**。

由上式，则

$$\ln K_{\text{D}} = \ln K(P,T) - \ln K_{\gamma(\text{site})}(P,T,X) - \ln K_{\gamma(\text{rec})}(P,T,X) \tag{11.1.3}$$

因此，一般来说，K_{D}是 P、T 和 X 的函数，但是式中的 $K_{\gamma(\text{site})}$ 不仅仅反映了 i 和 j 之间的非理想相互作用，也反映了 i 和 j 与其他在同一位置上发生置换的离子之间的相互作用。在两相均为理想溶液的特定条件下，$K_\gamma=1$，则 K_{D}只是 P 和 T 的函数。

11.1.2　作为温度和压力的函数的 K_{D}

$\ln K_{\text{D}}$ 随温度的变化可用 $\ln K$ 随温度的变化形式来表示，即按照式(10.4.11)，可写作

$$\ln K_{\text{D}} = A + \frac{B}{T} \tag{11.1.4}$$

很容易看出方程中的 A 和 B 分别与反应的熵变和焓变成正比。对于含有两种矿物固溶体的交换平衡来说，ΔH 和 ΔS 随温度的变化不是很强烈，往往在几百度间隔的温度范围内 $\ln K_{\text{D}}$与交换反应温度呈线性函数关系。之所以 $\ln K_{\text{D}}$随温度的变化不很强烈，原因是因为根据式(3.7.5)，ΔH 和 ΔS 随温度的变化是通过式中的 ΔC_P项，而后者对于两侧都是同一相的交换反应来说是很小的。

分配系数通常是由实验室测定得到的，如图 11.1 所示，将测得数据按上式进

行拟合得到。图中 K_D 是下列 $Fe^{2+} - Mg$ 交换反应中 Fe^{2+} 和 Mg 在斜方辉石和尖晶石之间的分配系数,定义 $K_D = (X_{Fe}/X_{Mg})^{Spnl}/(X_{Fe}/X_{Mg})^{Opx}$ (Liermann et al,2003):

$$MgAl_2O_4(Spnl) + FeSiO_3(Opx) \longleftrightarrow FeAl_2O_4(Spnl) + MgSiO_3(Opx)$$

$$(11.1.c)$$

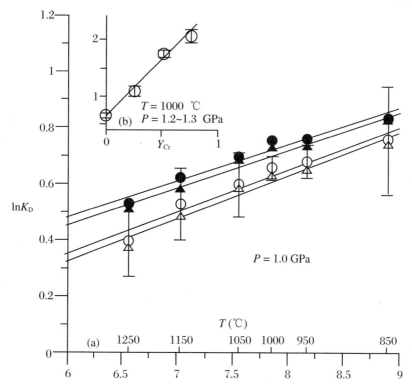

图 11.1　斜方辉石和尖晶石之间 $Fe^{2+} - Mg$ 分配系数 K_D 随温度变化的实验室测定结果

图中所示的实验数据均按式(11.1.4)标准化到压力为 1.0 GPa 下的值,再用式(11.1.6)作线性拟合。垂直线代表 $\pm \sigma$。不同的符号代表了不同的尖晶石中 Fe^{3+} 的估算方法,不同的估算方法当然会影响到 K_D 的不同结果。图中的插图显示了 $\ln K_D$ 随尖晶石八面体中 Cr,Y_{Cr} 的摩尔分数的变化(Liermann et al,2003)

将式(11.1.3)两侧对压力求导,即可得到 $\ln K_D$ 随压力的变化

$$\left(\frac{\partial \ln K_D}{\partial P} \right)_T = - \frac{\Delta \overline{V}}{RT} \tag{11.1.5}$$

其中,$\Delta \overline{V}$ 是交换反应的偏摩尔体积变化值。该式的推导在下面将作为一个问题留给读者。但是,在地质温度计研究中感兴趣的那些固溶体都显示出体积和组成之间的线性关系。因此,完全可以用近似公式,$\Delta \overline{V} \approx \Delta V^\circ$。另外,由于交换反应的两侧是同一个矿物,所以,$\Delta V^\circ$ 随压力的变化是很小的,即便各种标准态下的体积

随压力的变化而变化。所以,对基于固溶体交换反应的地质温度计来说,有

$$\ln K_D(P) \approx \ln K_D(P^*) - \frac{\Delta V^{\circ}(P - P^*)}{RT} \tag{11.1.6}$$

如图 11.1 所示,该式也被用来将实验室得到的 K_D 数据标准化到一个恒定的 10 kbar 的压力值条件下。

11.1.3 K_D 随组成的变化

对非理想性的体系来说,式(11.1.3)所示的 $\ln K_D$ 公式就需要加入与组成有关的各项,即采用第 9 章讨论的各种溶液模型将 K_γ 项展开,这样 $\ln K_D$ 就成为 P,T 和 X 的函数。在二元或准二元体系中(即体系中有两个以上的组分,但除了两种组分以外的所有组分都保持不变),$K_D(i-j)$ 随组成的变化可以用所谓 **Roozeboom** 图来说明,在该图中展示了 $\overline{X_i^\alpha}$ 和 $\overline{X_i^\beta}$ 的相关关系,其中 $\overline{X_i}$ 代表 i 的二元摩尔分数,即 $i/(i+j)$。在实验室研究中,通常都将体系设计为二元体系,这样,二元摩尔分数也就是总体系的摩尔分数。图 11.2 展示了尖晶石$(Fe,Mg)Al_2O_4$ 和斜方辉石$(Fe,Mg)SiO_3$ 之间以及橄榄石$(Fe,Mg)_2SiO_4$ 和斜方辉石$(Fe,Mg)SiO_3$ 之间的 Fe/Mg 分馏作用的实验室测定(分别见 Liermann et al,2003 和 von Seckendorff et al,1993)。两组实验数据均在恒定的 P-T 条件下取得。实验中将作为初始反应物质已知组成的两相置于恒定的 P-T 条件下,随后,矿物中的 Fe 和 Mg 发生交换并逐步达到平衡组成。

如果 K_D 保持不变,或者说当 $K_D(i-j)$ 不依赖 i/j 的比值,则如图 11.2(a)所示,平衡分配曲线相对连结 X_i^α-X_i^β 的对角线来说基本上是对称的。$K_D(i-j)$ 不依赖 i/j 的比值意味着在该二元体系中($K_{\gamma(\text{site})}=1$)两个固溶体都具有理想性质(或接近理想性质),或者在两相中 i 和 j 在混合中对于理想混合都有相同的偏离,以致对于 K_D 的非理想性质的影响相互抵消了。图 11.2(b)则显示了非对称的分配曲线,意味着 K_D 是两相的 Fe/Mg 比值的函数,因此,两相中至少有一相的 Fe-Mg 的混合性质是非理想的。图 11.2 所示分配数据的最简单解释就是在尖晶石和斜方辉石中的 Fe^{2+} 和 Mg 混合基本上是理想的,而在橄榄石中是非理想的。通过分配数据对组成的依赖关系可以导出非理想混合性质的各个参数值。

为了说明组分混合的非理想性质在一种组分与另一种交换组分在相同位置上置换的效应,采用 Mn 在石榴石和黑云母之间交换反应 $K_D(Fe-Mg)$ 上的影响来作个例子。$Fe-Mg$ 交换反应由式(11.1.b)给出,而图 11.3 显示了 Mn 对 $K_D(Fe-Mg)$ 的效应。图中的数据来自美国新墨西哥州 Pecos Baldy 的天然样品(William et al,1990),研究表明,样品基本上是在 P-T 恒定条件下形成的。Mn 在黑云

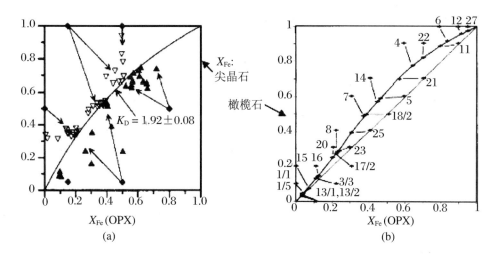

图 11.2　Fe²⁺ 和 Mg 在两相中平衡分馏作用的实验室测定

(a)尖晶石-斜方辉石,($T=1000$ ℃,$P=9$ kbar;(b)橄榄石-斜方辉石($T=1000$ ℃,$P=16$ kbar)(分别见 Liermann et al,2003 和 von Seckendorff,1993)。在图(a)中,初始组成由深色菱形符号显示,而反应后的组成由三角形符号表示。图中可见,大部分反应后的数据可以由分配系数 K_D 为常数的一条对称曲线来拟合。在图(b)中,初始组成则用数学表示,并用直线连接到反应的最终结果上。可见,平衡分配曲线不对称,即意味着 K_D 与 Fe^{2+}/Mg 比值相关。在上述两组实验中,平衡分配曲线都是由双向实验结果来确定的,即从平衡分配曲线的两侧向 K_D 值靠近

母中的置换作用相对于 Mn 在石榴石中的置换作用来说可以忽略不计,因此,实际观察到的与组成变化的依赖关系就是由于 Mn 在石榴石固溶体中的非理想混合性质造成的。据 Ganguly 等人(1996)的研究表明,Mn 和 Fe 及 Mg 的混合具有"规则溶液"的特性,可采用式(9.2.5)。而黑云母中 Fe 和 Mg 的混合则是理想性质的。所以,对石榴石可采用式(8.3.3)所示的三元规则溶液模型,将式(11.1.3)中的 $RT\ln K_\gamma$ 展开并整理,则有

$$RT\ln K_D = RT\ln K(P,T) + W_{Fe-Mg}^G(X_{Mg} - X_{Fe}) + (W_{Mg-Mn}^G - W_{Fe-Mn}^G)X_{Mn}^{Grt}$$

$$(11.1.7)$$

其中,W_{i-k}^G 是 i 和 k 之间规则溶液自由能相互作用参数。将 Ganguly 等人(1996)所得的各个 W 参数代入上述方程,便可得到如图 11.3 中实线所示的 $\ln K_D$ 和 X_{Mn} 的函数变化关系。

　　另外一种情况是虽然阳离子没有参与到交换反应中,但其在晶格位置上的置换也会影响到交换反应系数,可以用 Cr 对尖晶石和斜方辉石之间的 Fe－Mg 交换反应的影响作为一个例子。Liermann 和 Ganguly(2003)完成了这一实验,如图11.1(b)所示。该实验中所用的尖晶石可表示为 $^{IV}(Fe^{2+},Mg)^{VI}(Cr,Al)_2O_4$,其中罗马数字显示的上标为晶格位置的配位数。特别需要注意的是,虽然在四面体位置上 Fe^{2+} 和 Mg 几乎是理想混合(见图 11.2(a)),但 Cr/Al 比值的变化却会影响

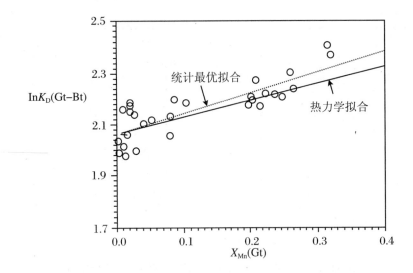

图 11.3 来自美国新墨西哥州 Pecos Baldy 的岩石样品中石榴石和黑云母之间 Fe–Mg 交换系数受石榴石中 Mn 的置换的影响关系图

图中圆圈代表实际测定数据(Williams et al,1990),而"热力学拟合"表示用式(11.1.7)所进行的拟合线,其中各相互作用参数均来自 Ganguly 等(1996). W_{Fe-Mg} 项的影响忽略不计

$K_D(Fe-Mg)$,也就是对方程(11.1.3)中的交互活度系数项产生影响。按式(9.1.7)写出 $FeAl_2O_4$ 和 $MgAl_2O_4$ 的活度系数的互易部分,则由式(11.1.5)可得

$$\ln K_D(Fe - Mg) \approx \ln K - \ln K_{\gamma(site)} + \frac{\Delta G_{rec}^o}{RT} Y_{Cr}^{Spnl} \qquad (11.1.8)$$

其中,Y_{Cr}^{Spnl} 是 Cr 在尖晶石八面体位置上的原子分数(这里采用符号 Y 是要强调这是在一个位置上的置换,而不是通过交换离子的占有),$\Delta_r G_{rec}^o$ 则是下面尖晶石中同质互易交换反应的标准状态自由能:

$$FeCr_2O_4 + MgAl_2O_4 \longleftrightarrow MgCr_2O_4 + FeAl_2O_4 \qquad (11.1.d)$$

如果 $K_{\gamma(site)} \approx 1$,则 $\ln K_D$ 将是非常接近于由 $Cr/(Cr+Al)$ 所给出的 Cr 的原子分数的线性函数,实验结果已证明了这一点。

一般也认为,ΔG_{rec}^o 对温度的变化不大(Ganguly et al,1987),因此,从某个温度提取来的 ΔG_{rec}^o 值可以被用来计算在别的温度下 $\ln K_D(Fe^{2+}-Mg)$ 与 X_{Cr} 的函数关系。根据图 11.1(b) 上的数据所得的 ΔG_{rec}^o 值,计算了不同温度下尖晶石和斜方辉石之间 $\ln K_D(Fe^{2+}-Mg)$ 对 $X_{Cr}(sp)$ 的函数关系,结果确实和其他更复杂一些的理论所作的计算结果完全一致(Liermann et al,2003)。

11.1.4 热力学地质温度计

如果活度系数各项的表达相对简单,例如满足规则溶液模型,则就可能利用它来导出一个简单的温度计,可以借助普通的计算器或者表格软件算得。对一些较复杂的溶液模型,则需要由计算软件解出。Liermann 和 Ganguly(2003)应用尖晶石和斜方辉石之间 Fe^{2+} - Mg 分馏作用的实验结果给出了一个相对简单的温度计。首先,他们利用式(11.1.6)将不同压力下的实验数据标准化到 1 bar 压力下的值,并采用端元组分的摩尔体积差值为 $\Delta V^\circ = -0.628\ cm^3$,然后用式(11.1.6)作线性拟合。结果就得到在 1 bar 条件下,$A = -0.351(\pm 0.102)$,$B = 1217(\pm 120)$(注意:这仅是 Liermann 和 Ganguly(2003)利用实验中 Fe^{3+} 的四种不同的估算方法中的一种得到的结果,不同的 Fe^{3+} 会得到不同的 $K_D(Fe^{2+} - Mg)$ 值。但比较而言,用这一套数据得到的温度计似乎较其他的为好)。用式(11.1.6),可得

$$\ln K_D = -0.351 + \frac{1217}{T} + \frac{7.626 \times 10^{-3}(P-1)}{T} \tag{11.1.9}$$

其中,P 以 bar 为单位。对通常地质研究对象来说,$P \gg 1$,所以 $P - 1 \approx P$。又根据式(11.1.7),考虑到斜方辉石中 Al 与 Fe 和 Mg 混合作用的影响,在该式中将 Mn 为 Al 的取代以及加入在尖晶石八面体位置上 Cr 的置换作用的影响(式(11.1.8))综合在一起,可得到下式

$$\ln K_D \approx -0.351 + \frac{1217}{T} + \frac{76.26 P(GPa)}{T} - \frac{\Delta W_{Al}(X_{Al})^{Opx}}{RT} + \frac{\Delta G_{rec}^\circ (Y_{Cr})^{Spnl}}{RT} \tag{11.1.10}$$

其中,压力的单位为 GPa,ΔW_{Al} 为斜方辉石的(W_{MgAl}-W_{FeAl})项,x 和 y 分别是占有位置的原子分数(不是交换离子所占有的原子分数)。重新整理上式,得

$$T \approx \frac{1217 + 76.26(GPa) - C(X_{Al})^{Opx} + D(Y_{Cr})^{Spnl}}{\ln K_D - A} \tag{11.1.11}$$

其中,$C = \Delta W_{Al}/R = 1863\ K$,$D = \Delta G_{rec}^\circ/R = 2345\ K$。

习题 11.1　试导出式(11.1.5)。

提示:先用式(11.1.3),然后导出 $\partial \ln \gamma_i / \partial P$,再由此导出 $\partial \ln K_\gamma / \partial P$ 的表达式。

习题 11.2　试按规则溶液模型,即式(9.3.3),将式(11.1.7)进一步扩展,其中要包括考虑石榴石中 Ca 与其他阳离子(Fe,Mg 和 Mn)的非理想相互作用的效应。

11.2 矿物和熔体之间的微量元素分馏作用

11.2.1 热力学公式

Gast(1968)的有关玄武岩浆的元素分布模型开创性地提供了有关玄武岩浆起源的非常重要的信息。自那时起到现在,大量的矿物和熔体之间微量元素分馏作用的实验测定和理论估算以及观察到的熔体中微量元素分布的模型解释,一直是非常活跃的研究领域。矿物和熔体的元素分馏作用的热力学处理主要是依赖于溶质(微量元素)在高稀释条件下的亨利定律的特性,以及质量守恒定律。根据元素或离子在液体和固体之间的平衡分馏作用,可写出如下熔融反应:

$$i(液) \longleftrightarrow i(固) \tag{11.2.a}$$

如果 i 是微量元素,则比较方便采用 ppm,即 $10^{-6}\,\mathrm{g/g}$,来表达其在一相中的成分,而不用数值很小的摩尔分数来表达。如前面(8.4 节)所述,活度的表达式可以任意地选择用一种组分的方便测定的量来表示。对上述反应,有

$$K_a(P,T) = \frac{a_i^s}{a_i^l} = \underbrace{\left[\frac{C_i^s}{C_i^l}\right]}_{D_i^{s/l}}\left[\frac{\gamma_i^s}{\gamma_i^l}\right] \tag{11.2.1}$$

其中,C_i^l 是 i 的浓度,用 ppm 为单位。为方便起见,上式右侧第一个方括号中的比值用符号 $D_i^{s/l}$ 表示,称其为组分 i 的矿物-熔体**配分系数**。为简单起见,在以下表示配分系数和浓度的公式中不用下标 i.既然 i 是一个非常稀释的组分,所以肯定要满足式(8.8.1)的亨利定律,即两个活度系数的比值在恒定的 P-T-X_{solv} 条件下是一个常数(注意:遵守亨利定律意味着 a_i 与固定组成的溶剂中的 $[i]$ 成正比)。因此,$D_i = f(P,T,X_{\mathrm{solv}})$,但在亨利定律作用范围内与 $[i]$ 无关,则有

$$D^{s/l} = \frac{C^s}{C^l} = f(P,T,X_{\mathrm{solv}}) \tag{11.2.2}$$

此即能斯特(Nernst)分配定律。

按照质量守恒定律,有

$$C^l X_{\mathrm{m}}^l + C^{s(1)} X_{\mathrm{m}}^{s(1)} + C^{s(2)} X_{\mathrm{m}}^{s(2)} + \cdots + C^{s(n)} X_{\mathrm{m}}^{s(n)} = C^b \tag{11.2.3}$$

其中,s(j)指固相 j,X_{m}^l 和 $X_{\mathrm{m}}^{s(j)}$ 分别是总体系中液相和固相 j 的质量分数,C^b 则是总体系中 i 的总量(以 ppm 为单位,或者与 C^l 及 C^s 一样的单位)。上式中,$C^{s(j)}$ 可以写为

$$C^{s(j)} = D^{s(j)/l}(C^l) \tag{11.2.4}$$

其中，$D^{s(j)/l}$ 是在固定 P-T-X_{sol} 条件下固相 j 和液相之间 i 的配分系数。这样式 (11.2.3) 可以改写为

$$C^l \Big(X_{\text{m}}^l + \sum_{j=1}^{n} X_{\text{m}}^{s(j)} D^{s(j)/l} \Big) = C^b \tag{11.2.5}$$

设上式括号内求和的项为 $\langle D \rangle^{s/l}$，又按习惯，将 X_{m}^l 写为 F，则上式就成为

$$\frac{C^l}{C^b} = \frac{1}{F + \langle D \rangle^{s/l}} \tag{11.2.6}$$

其中，$\langle D \rangle^{s/l}$ 是 F 的函数和总体系中固相的质量分数。在一种极端情况下，即所谓的**模态熔融**中，熔融时固相的相对比例保持不变，每一种固体出熔的比例不变，则有 $X_{\text{m}}^{s_j}(F) = \alpha X_{\text{m}}^{s_j}(F=0)$，其中 α 是恒定的分数量。但由于总体系中每一种固相的质量分数在熔融中发生变化，所以 $\langle D \rangle^{s/l}$ 也要变化。

也可以很方便地将上式按权重平均配分系数 $\overline{D}^{s/l}$ 来重写，其中配分系数的权重因子不再是总体系中有关固相的质量分数，而是体系中该**固相部分**的质量分数，即

$$\overline{D}^{s/l} = \sum_{j} \overline{X}_{\text{m}}^j D^{s(j)/l} \tag{11.2.7}$$

如果在熔融过程中各个配分系数都有效地保持常数的话，则该模态熔融过程还可以用加权平均配分系数来处理。因为 $\overline{X}_{\text{m}}^j = w^{s(j)} / W_T^s$，其中 $w^{s(j)}$ 和 W_T^s 分别是固相 j 的重量和所有固相的总重量，所以，根据式 (11.2.5) 和式 (11.2.7) 中 $\langle D^{s/l} \rangle$ 和 $\overline{D}^{s/l}$ 的定义，有

$$\langle D \rangle^{s/l} - \overline{D}^{s/l} = \sum_{j} D^{s(j)/l}(X_{\text{m}}^{s(j)} - \overline{X}_{\text{m}}^j) \tag{11.2.8}$$

又因为

$$X_{\text{m}}^{s(j)} - \overline{X}_{\text{m}}^j = \frac{w^{s(j)}}{W_T^s + w_1} - \frac{w^{s(j)}}{W_T^s} = -\frac{w_1 w^{s(j)}}{(W_T^s + w_1) W_T^s}$$

其中，w_1 是液相的质量分数，则有

$$X_{\text{m}}^{s(j)} - \overline{X}_{\text{m}}^j = -F \overline{X}_{\text{m}}^j \tag{11.2.9}$$

将上式代入式 (11.2.8)，得

$$\langle D \rangle^{s/l} = \overline{D}^{s/l} - F \sum_{j} D^{s(j)/l}(\overline{X}_{\text{m}}^j) = \overline{D}^{s/l} - F \overline{D}^{s/l} \tag{11.2.10}$$

这样，式 (11.2.5) 就可写为

$$\frac{C^l}{C^b} = \frac{1}{\overline{D}^{s/l} + F(1 - \overline{D}^{s/l})} \tag{11.2.11}$$

上式最早也由 Shaw(1970) 以不同的方法导出，可以应用在熔融和结晶过程中处理熔体中标准化微量元素成分随熔融分数变化的计算，其中，如果假设各个 $D^{s(j)/l}$ 值

为常数,则在该模态熔融中,所用的总配分系数不变。

如上所述的,直到最终熔体完全分离出来,总熔融分数 F 在固相熔融过程中始终保持与固相平衡相应的值,这样的熔融过程叫作**分批熔融**。如果熔融过程虽然是连续的,但聚集在一处而形成累积熔融分数 F,则称之为**分离熔融**。Shaw (1970)给出这样聚集的液相组成 $\overline{C^l}$ 为

$$\frac{\overline{C^l}}{C_o} = \frac{1}{F}\left[1 - (1-F)^{1/\overline{D}^{s/l}}\right] \tag{11.2.12}$$

对于**非模态分批熔融**来说,则将式(11.2.12)和质量平衡结合在一起(Shaw, 1970),可得

$$\frac{C^l}{C_o} = \frac{1}{\overline{D}_o^{s/l} + F(1-P)} \tag{11.2.13}$$

其中,$\overline{D}_o^{s/l}$ 是初始平均配分系数,而

$$P = \sum_j p_j D^{s(j)/l}$$

其中,P_j 是熔体中矿物 j 的质量分数。

对洋中脊下的熔融作用的研究表明,在某些情况下 $D^{s(j)/l}$ 极大地依赖于熔体和固相的溶剂组成(Salters et al,1999)。但是通过将 $\overline{D}^{s/l}$ 值在熔融或结晶过程中阶梯式改变的方式,还是可以应用上述方程的。此外,如 Ottonello(1977)指出,亨利定律的均衡常数在极端稀释条件下也可能变化,从而影响 D 值,这可能是因为固体中的微量元素的溶解机理发生改变的结果。

由于在满足亨利定律的溶质浓度的范围内,式(11.2.1)中的活度系数的比值是常数,所以 $D^{s/l}$ 对压力和温度变化的依赖关系相当于平衡常数 K 对压力和温度的关系,即

$$\frac{\partial \ln D^{s/l}}{\partial(1/T)} = -\frac{\Delta H^o}{R} \tag{11.2.14}$$

$$\frac{\partial \ln D^{s/l}}{\partial P} = -\frac{\Delta V^o}{RT} \tag{11.2.15}$$

其中,ΔH^o 和 ΔV^o 分别是纯相的熔化反应(11.2.a)的焓变和体积变。在恒压下,$D^{s/l}$ 随温度增高而降低。在低压下,熔化反应(11.2.a)通常具有体积的负改变,因此,低压下的 $D^{s/l}$ 与压力成正相关关系。但是,由于液体较之固体有更大的压缩性,所以,ΔV^o 随着压力升高而逐渐减少负改变,一直升高到足够大的压力下,ΔV^o 成为正值。因此,随着压力增加,$D^{s/l}$ 也先从增加开始,达到某个临界压力($\Delta V^o = 0$)值时 $D^{s/l}$ 也达到了极大值,随后就下降。(Asahar 等人(2007)发现,对反应 FeO(s)══Fe(金属液体)+O(金属液体)来说,其 K_D 定义为

$$K_D = (X_O^{Fe-1})(X_{Fe}^{Fe-1})/X_{FeO}^{mw}$$

当压力为 10 GPa,温度为 2373~3073 K 时,K_D 有极小值。该研究的结果证实了

上面关于 $D^{s/1}$ 随压力而改变的分析。值得注意的是，Ashara 等人（2007）在上述熔化反应的右侧写上了液相组分，这正好与上面所做的相反，因此，在常温下，K_D 趋于极小值，而不是极大值。）

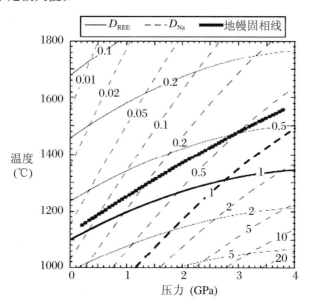

图 11.4　**压力和温度对单斜辉石和熔体之间 Na（虚线）和三价 REE（实线）的**
　　　　　配分系数的影响

灰粗线表示地幔的固相线（McDade et al，2003）

图 11.4 利用单斜辉石和熔体之间 Na 和 REE(3＋)的配分系数来说明 $D^{s/1}$ 在临界压力下与 P 和 T 的函数关系，其中 $D^{s/1}$ 随压力的变化有极大值（McDade et al，2003）。灰色虚线是指地幔的固相线。如这些作者注意到的，沿着地幔固相线走向，随压力增高 Na 的分配系数增加，而 REE 的分配系数则降低。绝热上升和熔融作用过程基本上都是等温过程，因而往往伴随着配分系数的降低。

11.2.2　应用

11.2.2.1　来自石榴石-橄榄石的玄武岩的元素模式

除了 $D^{s/1}$ 对溶剂组成、压力和温度的依赖关系外，$D^{s/1}$ 还会受到由于一些元素的扩散较慢而造成的不平衡的影响。例如石榴石中的 REE，就与熔融萃取作用的时间长短有关。这往往会使得矿物和熔体之间达不到完全平衡，从而影响熔体的标准化微量元素成分和源岩的熔融分数或部分熔融的范围大小的相互联系（Tirone et al，2005）。尽管这样，式（11.2.11）、（11.2.12）和（11.2.13）对于了解源岩的矿物学和形成一定类型的玄武岩的部分熔融程度还是非常有用的。下面采用一个具体例子来说明,设石榴石-橄榄岩的组成为橄榄石(60%)、斜方辉石(20%)、单斜辉石(10%)和石榴石(10%),计算其熔体的标准化 REE 成分和部分熔融程度的函数关系。随着熔融过程的进行,由于矿物相对丰度的变化,$\overline{D}^{s/l}$ 也不断变化,同时也受到造成熔融分数增加的 P-T 条件变化的影响。如果假定对一小部分熔融而言,$\overline{D}^{s/l}$ 保持不变,图 11.5 显示了当石榴石-橄榄岩部分熔融分别为 2%、4% 和8% 的计算结果。计算中对应各别元素的 $\overline{D}^{s/l}$ 值均来自 Shaw(2006)。结果显示,相对于源岩,少量部分熔融所得的液相中富集轻的 REE(或用 LREE 表示)。液相的标准化 REE 模型随部分熔融的增加从重的 REE(HREE)以逆时针方向旋转散开。

图 11.5 所显示的液相中 LREE 富集的模型显示了在源岩中有石榴石的存在。由于在 20 kbar 以下(约 60 km),石榴石-橄榄岩转变为尖晶石-橄榄岩,所以这种模型也提供了有关发生熔融的地幔的最浅深度的信息。图中也显示了石榴石对于熔体中微量元素分配模型的影响(图中菱形标记的虚线),假设石榴石是岩石中仅起影响作用的矿物,即对于每一种 REE,有 $\overline{D}^{s/l} = D^{Grt/l}$,则当部分熔融为 2% 时,影响即可产生。

在部分熔融过程中,由于矿物丰度的变化以及熔融岩体在地球内部上升过程中 P-T 条件的变化,总配分系数也会改变。图 11.5 显示当部分熔融 8% 时,$D^{sj/l}$ 约下降三分之二(图中三角形标记的虚线)。如上所述,绝热减压会有降低 $D^{sj/l}$ 的效应。

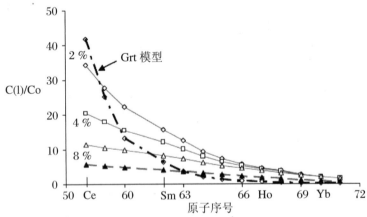

图 11.5 石榴石-橄榄岩部分熔融熔体中稀土元素(REE)配分模型

该岩石组成为 40% 橄榄石、20% 斜方辉石、10% 石榴石和 10% 单斜辉石,图中分别列出以源岩组成为标准的部分熔融为 2%、4% 和 8% 的熔体的 REE 配分模型。图中标记为"Grt 模型"的虚线即是当源岩中仅有石榴石一种矿物时的配分模型。标记为实心三角形的虚线则显示了对于部分熔融为 8% 时 $D^{sj/l}$ 下降三分之二所造成的影响

11.2.2.2 不相容微量元素作为熔体源岩的指示

$D^{s/1} \ll 1$ 的微量元素被称为不相容微量元素,因为它们强烈地趋向于进入液相,因而与晶格位置不相容($D^{s/1} \gg 1$ 的微量元素称为相容微量元素)。从式(11.2.11)和(11.2.13)很容易看到,熔体中两个不相容微量元素的比值与它们在熔融前源岩中的比值相同,即

$$\left(\frac{C_i}{C_k}\right)^1 = \left(\frac{C_i}{C_k}\right)^0 \tag{11.2.16}$$

因此,不相容元素的比值可以提供有关源岩的重要信息。

11.2.3 配分系数的估算

由于缺少有关 $D^{s/1}$ 依赖压力、温度和溶剂组成的充足资料,所以尽管 $D^{s/1}$ 可能在熔融过程中与压力、温度和溶剂(熔体和固体)组成密切相关,但往往还是不得不采用 $D^{s/1}$ 的一个平均常数值来模拟随熔融分数 F 变化的微量元素演化。Blundy 和 Wood(1994)提出了估算微量元素配分系数的一种方法。该法将熔融反应(11.2.a)的 ΔG° 表示为微量元素 i 在晶格中置换主元素 j 所造成的晶格应变能。下面将对 Blundy-Wood 模型略作修正,但不影响其最后结果。该模型的局限性和利用计算机模拟方面的进展由 Allan 等(2001)作了详细讨论。

首先,无论是固体或液体的标准状态自由能 G_i° 均可表达为两项之和,即

$$G_i^\circ = G_j^\circ + \Delta G_{j \to i}^\circ$$

其中,右侧第一项是含有主离子 j 相的标准吉布斯自由能,而第二项则是由 i 交换 j 造成的自由能变化。因此,对于反应(11.2.a),有

$$\Delta G_a^\circ = G_i^\circ(s) - G_i^\circ(l) = (G_j^\circ(s) + \Delta G_{j-i}^\circ(s)) - (G_j^\circ(l) + \Delta G_{j-i}^\circ(l))$$

$$= -\underbrace{(G_j^\circ(l) - G_j^\circ(s))}_{\Delta G_j^\circ(f)} + (\Delta G_{j-i}^\circ(s) - \Delta G_{j-i}^\circ(l)) \tag{11.2.17}$$

上式中最后等号的右侧第一个括号项就是含有主离子 j 的固相的熔化作用的自由能 $\Delta G_j^\circ(f)$。

在没有诸如晶格场效应(见 1.7.2 节)和键能变化所引起的化学作用影响条件下,ΔH_{j-i}° 项应该和由阳离子 i 交换主阳离子 j 产生的应变能 $\Delta E_{\text{strain}(j \to i)}$ 相同。此外,由于液体的结构较为开放和易变,所以与固体相比,液体的置换应变能忽略不计。上式最后等式中的自由能又可以分解为焓和熵(即按 $G = H - TS$),这样,熔融反应(11.2.a)的平衡常数可表达为

$$K_a = e^{-\Delta G_a^\circ/RT} = K_a^\circ e^{(-\Delta E_{\text{strain}(j \to i)}^s)/RT} \tag{11.2.18}$$

其中,K_a° 是压力和温度的函数,即

$$K_a^o = \left[e^{(\Delta S_j^{o,f} + \Delta S_{j\to i}^o(l) - \Delta S_{j\to i}^o(s))/R}\right]\left[e^{-\Delta H_j^{o,f}/RT}\right] \tag{11.2.19}$$

将式(11.2.18)和(11.2.1)合并,并整理,即得

$$D_i^{s/l} = \left[K_a^o e^{(-\Delta E_{strain(j\to i)}^s)/RT}\right]\left[\frac{\gamma_i^s}{\gamma_i^l}\right] \tag{11.2.20}$$

在亨利定律有效范围内,恒定的 P-T 条件和恒定的溶剂组成条件下,活度系数为常数。所以,如果溶质满足亨利定律,则各个 γ_i 可以和 K_a^o 合并而定义一个新参数 $D_o^{s/l}$,该参数在恒定 P-T 和恒定溶剂组成条件下为常数,即有

$$D_i^{s/l} = D_o^{s/l} e^{-(\Delta E_{strain}(s))/RT} \tag{11.2.21}$$

Blundy 和 Wood(1994)将该式中的应变能项,采用了由 Brice(1975)导出的在各向同性介质中阳离子缺陷结构的机械应变能的公式。其中,主阳离子位置的半径为 r_o,交换该阳离子的微量元素的离子半径为 r_i,以及在交换过程中晶体晶格中的有效杨氏模数为 E,则

$$D_i^{s/l} \approx D_o^{s/l} \exp\left[-4\pi LE\left(\frac{r_o}{2}(r_i - r_o)^2 + \frac{1}{3}(r_i - r_o)^3\right)/RT\right] \tag{11.2.22}$$

上式中,L 是阿伏伽德罗常数,R 是气体常数。根据上式,$D_i^{s/l}$ 与 r_i 的函数关系呈抛物线关系,当 $r_i = r_o$ 时,也即当交换作用的应变能消失时,D_o 为极大值。因此,$D_o^{s/l}$ 被叫作无应变配分系数。

图 11.6 显示了实验数据和按照上式所计算的 $D_i^{s/l}$-r_i 关系的一致性。如果能够取得所研究的矿物的有关相同电荷的阳离子在矿物-熔体中配分系数的足够数据的话,则通过数据拟合计算,可得到 $D_o^{s/l}$,E 和 r_o 等值,并由此来计算没有任何实验数据的其他同电荷和化学性质的阳离子的配分系数。此外,还可以根据发生微量元素交换反应的特定位置上最佳拟合的阳离子的大小来预先确定 r_o 值,例如,如果在单斜辉石的八配位数 M2 位置上发生交换反应,则可预先确定八配位数的 Ca 的半径。E 的大小与晶格位置的刚度有关,并且也确定了 $D_i^{s/l}$-r_i 的抛物线函数图形扁平的程度,E 值越大,则抛物图形越扁平。

利用上式,很容易导出两个微量元素的配分系数之间的关系式,该式中的无应变配分系数 $D_o^{s/l}$ 相互抵消。这样就可以在同一个矿物/熔体体系中从一个已知配分系数的元素来预测其他元素未知的配分系数。对于多价交换反应,即 i^{m+} 交换 j^{n+} $(m \neq n)$,Wood 和 Blundy(1994)提出,要得到电荷为 $m+$ 和 $n+$ 的阳离子的配分系数的指数比值,例如,对于单斜辉石来说,$D_o^{3+}/D_o^{2+} = 0.14 \pm 0.06$。他们用该值成功预测了 Ca^{2+} 为主阳离子的单斜辉石和熔体之间三价 REE 的配分系数。

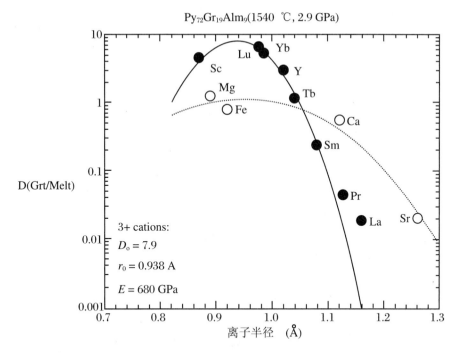

图 11.6 离子半径对于石榴石 $Py_{73}Gr_{19}Alm_9$ 和熔体之间配分系数的影响

实验数据在 1540 ℃ 和 29 kbar 条件下取得,拟合曲线采用 Blundy-Wood 模型,即式(11.2.22)(Van Westrenen et al,2000)

11.3 金属–硅酸盐分馏作用:岩浆洋和地核的形成

通常认为,在地球早期历史阶段,由于巨大冲击产生的热量,大量地幔物质经历了熔融形成了所谓的"陆生岩浆洋"。富铁的金属物质的分离作用形成了地球的地核,金属液滴穿过岩浆洋将亲铁元素一并带进地核。对月球,火星和小行星灶神星(Vesta)来说,过程也一样。金属液滴很可能在陆生岩浆洋的基底上积聚起来,最终又形成地球内核(图 11.7)。

在地球的地幔中所发现的诸如 Ni,Co,Mo,W 等亲铁元素,大大超过人们根据这些元素在 1 bar 和 1200~1600 ℃ 条件下,在熔融铁金属和硅酸盐熔体之间的平衡分馏作用进行预测的结果。这就是所谓的地球地幔的"过量亲铁元素"问题,近年来一直是人们感兴趣和研究的课题(详见综述,Righter et al,2003;Wood et al,2006;Rubie et al,2007)。比较一致的观点是认为之所以地球地幔中"亲铁元素"丰度超出预期,是因为预测是基于低压下的分配实验数据计算的,而事实上这些元素在液态金属和硅酸盐熔体之间的平衡分馏是在深部岩浆洋的很高的压力条件下进行的(对火星、月球和灶神星也同样有所谓"过量亲铁元素"问题)。

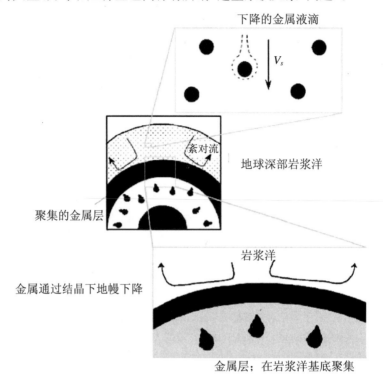

图 11.7　地球早期历史上硅酸盐岩浆洋形成过程中金属-硅酸盐分离作用的示意图

中间一幅图显示了覆盖在下地幔(白色)上的深部岩浆洋和在岩浆洋基底上的金属液滴池。而金属液滴池的金属间隙地下降而形成地核(Rubie et al,2003)

虽然地幔的中度亲铁元素 Ni 和 Co 也有明显的"过量"问题,但它们在球粒陨石中的相对丰度不变(地幔 Ni/Co＝18.2;球粒陨石 Ni/Co＝21.2),一般认为 Ni和 Co 构成了形成地球的最早物质。Thibault 和 Walter(1995)以及 Li 和 Agee(1996)对液态金属和硅酸盐熔体之间 Ni 和 Co 的配分系数在温度为 2123～2750K 条件下随压力的变化进行了实验研究,发现 Ni 和 Co 的 $\lg D$-P 曲线在接近 28GPa 处相互交叉。此外,该压力下的 D 值也降低到一个程度,可以与所推断的地幔中的 Co 和 Ni 的浓度相兼容(图 11.8(a))。所以,实验结果似乎同时解决了两个问题(即地幔中 Co 和 Ni 的"过量"和球粒陨石中的一致丰度),并且还提出了在靠近底部压力 28 GPa 处存在的深部岩浆洋。但是,后来由 Kegler 等人(2005)所进行的实验认为,Co 和 Ni 在液态金属和硅酸盐熔体之间的分配系数 K_D 随压力的变化相同(图 11.8(b))。在硅酸盐熔体中 Co^{2+} 和 Ni^{2+} 配位数的变化是造成压力

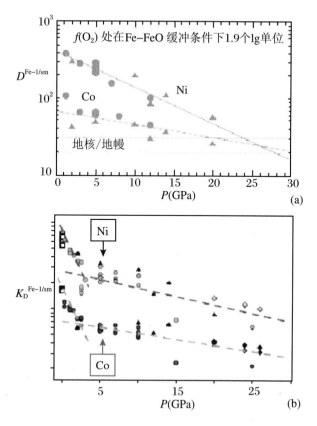

图 11.8　Fe 金属液态和硅酸盐熔体之间 Ni 和 Co 的分配随压力的变化(a)和分配系数随压力的变化(b)

(a)中的数据来自 Thibault 和 Walter(1995)以及 Li 和 Agee(1996);(b)中的数据来自 Kegler 等人(2005)。(a)中的长方形框显示在平衡分配作用条件下能够合理解释在陆生地幔和地核的 Ni 和 Co 的丰度的 D 值范围

3 GPa 条件下 $\ln K_D$-P 的斜率不连续的原因(Keppler et al,1993)。除了压力因素以外,氧逸度对金属和硅酸盐之间的元素配分系数也有重要影响(图 11.9)。所以,在估算岩浆洋的金属-硅酸盐分配作用时要考虑 $f(O_2)$ 变化的影响。下面将讨论金属/硅酸盐之间的平衡热力学,讨论液态金属和硅酸盐熔体之间 Co 和 Ni 的配分(D)和分配系数(K_D)随压力的变化(在后面 13.7 中将再讨论地球和火星的内核形成问题)。

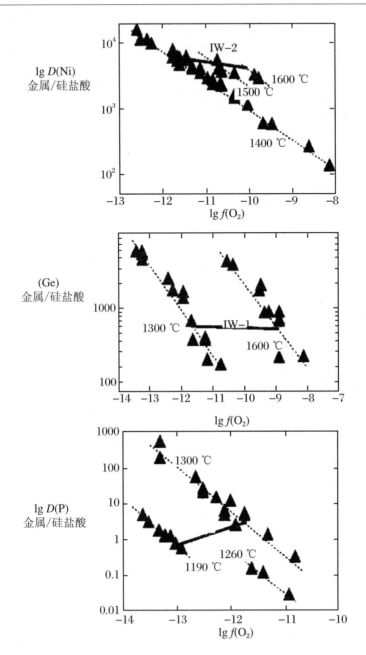

图 11.9　氧逸度 $f(O_2)$对于在金属/硅酸盐之间的 Ni, Ge
和 P 等元素的配分系数的影响

IW-1:$f(O_2)$处在铁-方铁体缓冲条件下 1 个 lg 单位

11.3.1　金属-硅酸盐配分系数随压力的变化

Capobianco 等(1993)指出在液态铁和硅酸盐熔体之间元素 Ni 的分配作用事实上包括了该元素的氧化状态的变化,因而不能简单地采用如(11.2.a)这样的反应式来处理;相反,需要在具有质量和电荷守恒的氧化还原反应基础上考虑。因此,在液态铁(Fe-1)和硅酸盐熔体(sm)之间元素 Co 的分配,应该考虑为下列反应所控制:

$$Co(Fe-1) + 1/2 O_2(g) = CoO(sm) \tag{11.3.a}$$

对元素 Ni 的分配作用的控制反应也如此。选择在 P-T 条件下的凝聚相的纯态为它们的标准态。如前面已指出的一样,用 1 bar 和 T 条件下的氧气的纯态为氧的标准态,平衡时,有

$$\Delta_r G(P,T,X) = 0 = \underbrace{\Delta_r G_{con}^{o}(P,T) - G_{O_2}^{o}(1\text{ bar}, T)}_{\Delta_r G^*(T)} + RT\ln \frac{a_{CoO}^{sm}}{(a_{Co}^{Fe-1})(f_{O_2}^{g})^{1/2}}$$

$$\tag{11.3.1}$$

其中,上标 o 指纯相;并有 $\Delta_r G_{con}^{o} = G_{CoO(sm)}^{o} - G_{Co(Fe-1)}^{o}$。上式右侧的前两项即为温度 T 下反应式(11.3.a)的标准自由能变化值;而式中分母部分的氧逸度是因为对 $O_2(g)$ 选择了特定的标准态(即 $a(O_2) = f(O_2)/f^*(O_2)$,当 $P = 1$ bar 时,$f(O_2) \approx 1$)。按照惯例,$G_{O_2}^{o}(1\text{ bar}, T) = 0$。这样,可将 Co 的配分系数定义为

$$D_{Co}^{Fe-1/sm} = \frac{X_{Co}^{Fe-1}}{X_{CoO}^{sm}} \tag{11.3.2}$$

式(11.3.1)即可写为

$$RT\ln D_{Co}^{Fe-1/sm} = \Delta_r G_{con}^{o} + RT\ln \gamma_{CoO}^{sm} - RT\ln \gamma_{Co}^{Fe-1} - \frac{1}{2}RT\ln f_{O_2}^{g} \tag{11.3.3}$$

上式右侧的第一和第二项随压力的变化可以分别按照 $(\partial G/\partial P)_T = V$ 和 $RT(\partial \ln f_i/\partial P)_T = v_i$(式(10.11.15a))来估算,其中 v_i 是 i 的偏摩尔体积。为了估算活度系数项在恒温下随压力的变化,首先需要展开 $\ln\gamma = f(P,T,X)$。然后,就可以利用在恒温下 $\ln\gamma$ 的全导数,即式(B.1.4)

$$\left(\frac{\partial \ln\gamma_i}{\partial P}\right)_T = \left(\frac{\partial \ln\gamma_i}{\partial P}\right)_{T,X}\left(\frac{\partial P}{\partial P}\right)_T + \left(\frac{\partial \ln\gamma_i}{\partial X_i}\right)_{P,T}\left(\frac{\partial X_i}{\partial P}\right)_T$$

假设亲铁元素稀释到足以满足亨利定律,则由于在恒定 P-T 和溶剂组成条件下满足亨利定律范围内的 γ_i 不随 X_i 变化,所以上式中的最后一项就可以删除(详见 8.8.1 小节)。在此情况下,用式(10.11.7),则

$$\left(\frac{\partial \ln\gamma_i}{\partial P}\right)_T \approx \left(\frac{\partial \ln\gamma_i}{\partial P}\right)_{T,X} = v_i - V_i^{o} \tag{11.3.4}$$

其中，V_i° 和 v_i 分别是 i 的摩尔体积和偏摩尔体积，于是有

$$\left(\frac{\partial \ln D_{\text{Co}}^{\text{Fe-1/sm}}}{\partial P}\right)_T = \frac{1}{RT}\left(\Delta_r v_{\text{Co}} - \frac{1}{2}v_{\text{O}_2}\right) \tag{11.3.5}$$

其中，$\Delta_r v_{\text{Co}} = v_{\text{CoO(sm)}} - v_{\text{Co(Fe-1)}}$。

一般情况下，对硅酸盐熔体中进行分配的金属离子的任意一种氧化条件而言，Capobianco 等人(1993)给出的反应方程为

$$M(\text{Fe}-1) + n/4\,\text{O}_2 \Longrightarrow M^{n+}O_{n/2}(\text{sm}) \tag{11.3.b}$$

其中，n 是金属离子的电荷数。根据式(11.3.3)和(11.3.5)的推导，则有一般表达式为

$$RT\ln D_{\text{M}}^{\text{Fe-1/sm}} = \Delta_r G_{\text{con}}^\circ + RT\ln\gamma_{\text{MO}_{n/2}}^{\text{sm}} - RT\ln\gamma_{\text{M}}^{\text{Fe-1}} - \frac{n}{4}RT\ln f_{\text{O}_2}^{\text{g}} \tag{11.3.6}$$

和

$$RT\left(\frac{\partial \ln D_{\text{M}}^{\text{Fe-1/sm}}}{\partial P}\right)_T = \left(\Delta_r v_M - \frac{n}{4}v_{\text{O}_2}\right) \tag{11.3.7}$$

其中，M 的配分系数定义为

$$D_{\text{M}}^{\text{Fe-1/sm}} = \frac{X_{\text{MO}_{n/2}}^{\text{Fe-1}}}{X_{\text{M}}^{\text{sm}}} \tag{11.3.8}$$

和

$$\Delta_r v_{\text{M}} = v_{M^{n+}O_{n/2}(\text{sm})} - v_{\text{M(Fe-1)}} \tag{11.3.9}$$

式(11.3.7)右侧的第二项(即 v_{O_2})会对 $D_{\text{M}}^{\text{Fe-1/sm}}$ 随压力的变化产生负向的影响，但是，D 随压力的变化可以是正向或负向的，取决于 $\Delta_r v_{\text{M}}$ 和 v_{O_2} 的大小。

11.3.2　金属-硅酸盐分配系数随压力的变化

某种组分在含铁液体和硅酸盐熔体中的分配也可以用 11.1.1 小节中所讨论的交换反应来表达，即可写为

$$\text{Fe(Fe}-1) + \text{CoO(sm)} \Longrightarrow \text{Co(Fe}-1) + \text{FeO(sm)} \tag{11.3.c}$$

其**分配系数** K_{D} 为(见式(11.1.2))

$$K_{\text{D}}(\text{Co}-\text{Fe})^{\text{Fe-1/sm}} = \frac{(X_{\text{Co}}/X_{\text{Fe}})^{\text{Fe-1}}}{(X_{\text{CoO}}/X_{\text{FeO}})^{\text{sm}}} \tag{11.3.10}$$

按照式(11.1.3)，有

$$\ln K_{\text{D}}(\text{Co}-\text{Fe})^{\text{Fe-1/sm}} = \ln K_{3.\text{c}} - \ln K_{\gamma(3.\text{c})} \tag{11.3.11}$$

其中，$K_{\gamma(3.\text{c})}$ 是活度系数之比，定义为

$$K_{\gamma(3.\text{c})} = \frac{(\gamma_{\text{Co}}/\gamma_{\text{Fe}})^{\text{Fe-1}}}{(\gamma_{\text{CoO}}/\gamma_{\text{FeO}})^{\text{sm}}} \tag{11.3.12}$$

将式(11.3.11)两侧对压力求导，重新整理，则有

$$\left(\frac{\partial \ln K_D (\mathrm{Co} - \mathrm{Fe})^{\mathrm{Fe-1/sm}}}{\partial P}\right)_T = -\frac{\Delta_r v_{\mathrm{Co}}}{RT}$$

$$= -\frac{1}{RT}\left[(v_{\mathrm{Co(Fe-1)}} - v_{\mathrm{Fe(Fe-1)}}) - (v_{\mathrm{CoO(sm)}} - v_{\mathrm{FeO(sm)}})\right]$$

$$(11.3.13)$$

上式的求导过程留待读者自行处理,其过程与式(11.3.5)的推导相似,包括要假定 Co 和 Fe 满足亨利定律。对一种氧化价位为 n 价的金属来说,其交换反应的一般式为

$$n/2\mathrm{Fe(Fe-1)} + \mathrm{M}^{n+}\mathrm{O}_{n/2}(\mathrm{sm}) = \mathrm{M(Fe-1)} + n/2\mathrm{FeO(sm)} \quad (11.3.\mathrm{d})$$

则

$$\left(\frac{\partial \ln K_D (\mathrm{M} - \mathrm{Fe})^{\mathrm{Fe-1/sm}}}{\partial P}\right)_T = -\frac{\Delta_r v_{\mathrm{M}}}{RT}$$

$$= -\frac{1}{RT}\left[\left(v_{\mathrm{M(Fe-1)}} - \frac{n}{2}v_{\mathrm{Fe(Fe-1)}}\right) - \left(v_{\mathrm{MO_{n/2}(sm)}} - \frac{n}{2}v_{\mathrm{FeO(sm)}}\right)\right]$$

$$(11.3.14)$$

11.3.3 Ni-Co 的配分和分配系数随压力的变化

由式(11.3.5)和与 $D_{\mathrm{Ni}}^{\mathrm{Fe-1/sm}}$ 类似的表达式,在恒温条件下,可得

$$\frac{\partial}{\partial P}(\Delta \ln D_{\mathrm{Ni-Co}}^{\mathrm{Fe-1/sm}}) = \frac{1}{RT}(\Delta_r v_{\mathrm{Ni}} - \Delta_r v_{\mathrm{Co}})$$

$$= \frac{1}{RT}\left[(v_{\mathrm{Co(Fe-1)}} - v_{\mathrm{Ni(Fe-1)}}) - (v_{\mathrm{CoO(sm)}} - v_{\mathrm{NiO(sm)}})\right]$$

$$(11.3.15)$$

其中,$\Delta \ln D_{\mathrm{Ni-Co}}^{\mathrm{Fe-1/sm}} = \ln D_{\mathrm{Ni}}^{\mathrm{Fe-1/sm}} - \ln D_{\mathrm{Co}}^{\mathrm{Fe-1/sm}}$。同样,由式(11.3.13)和 Ni 的分配系数的表达式,则有

$$\frac{\partial}{\partial P}(\Delta \ln K_D (\mathrm{Ni} - \mathrm{Co})^{\mathrm{Fe-1/sm}}) = \frac{1}{RT}\left[(v_{\mathrm{Co(Fe-1)}} - v_{\mathrm{Ni(Fe-1)}}) - (v_{\mathrm{CaO(sm)}} - v_{\mathrm{NiO(sm)}})\right]$$

$$(11.3.16)$$

其中,$\Delta \ln K_D (\mathrm{Ni} - \mathrm{Co})^{\mathrm{Fe-1/sm}} = \ln K_D (\mathrm{Ni} - \mathrm{Fe})^{\mathrm{Fe-1/sm}} - \ln K_D (\mathrm{Co} - \mathrm{Fe})^{\mathrm{Fe-1/sm}}$。上面两个方程式的右侧完全相同。因此,如图 11.8 所示的 $\ln D$ 和 $\ln K_D$ 对压力的依赖变化是不相容的。可见,在含铁液体和硅酸盐熔体之间的 Ni 和 Co 的配分或分配系数随压力的变化问题并没有解决。下面将讨论一种合理的替代方法。

由于 $\mathrm{Fe}(3\mathrm{d}^6 4\mathrm{s}^2)$,$\mathrm{Co}(3\mathrm{d}^7 4\mathrm{s}^2)$ 和 $\mathrm{Ni}(3\mathrm{d}^8 4\mathrm{s}^2)$ 在元素周期表的一排上占有三个连续的位置,因此,可以合理地假定 $v_{\mathrm{Ni/NiO}} - v_{\mathrm{Co/CoO}} \approx v_{\mathrm{Co/CoO}} - v_{\mathrm{Fe/FeO}}$,其中 $v_{\mathrm{Ni/NiO}}$ 是含铁液体和硅酸盐熔体中相对其他金属和金属氧化物的偏摩尔体积的 Ni 或 NiO 的偏摩尔体积,其余也如此。这样,根据式(11.3.16),有

$$\frac{\partial}{\partial P}(\Delta \ln K_D(Ni-Co)^{Fe-1/sm}) = -\frac{1}{RT}\Big[(v_{Ni(Fe-1)} - v_{Co(Fe-1)}) - (v_{NiO(sm)} - v_{CoO(sm)})\Big]$$

$$\approx -\frac{1}{RT}\Big[(v_{Co(Fe-1)} - v_{Fe(Fe-1)}) - (v_{CoO(sm)} - v_{FeO(sm)})\Big]$$

$$(11.3.17)$$

上式中近似符号后的结果与 $K_D(Co-Fe)^{Fe-1/sm}$ 随压力变化的式(11.3.13)相同。利用图 11.8(b)所示的实验数据,可知近似式中方括号内的值约为 8 cm³/mol。为了简单起见,将上式中两个方括号中的体积分别表达为

$$\Delta_r V_{Ni-Co} = (V_{Ni(Fe-1)} V_{Co(Fe-1)}) - (V_{NiO(sm)} - V_{CoO(sm)}) \qquad (11.3.18)$$

$$\Delta_r V_{Co-Fe} = (V_{Co(Fe-1)} V_{Fe(Fe-1)}) - (V_{CoO(sm)} - V_{FeO(sm)}) \qquad (11.3.19)$$

假设 $\Delta_r v_{Co-Fe}$ 随压力变化不大,例如在图 11.8(b)中所显示的在 $P > 3$ GPa 条件下 $\ln K_D$-P 呈线性关系,所以,可以对式(11.3.17)在压力 P^* 和 P^{ref} 之间积分,则有

$$\big[\Delta \lg K_D(Ni-Co)\big]_{P^*} - \big[\Delta \lg K_D(Ni-Co)\big]_{P^{ref}} \approx -\frac{8(P^* - P^{ref})}{2.303RT} \qquad (11.3.20)$$

其中,在下标所示的特定压力下

$$\Delta \lg K_D(Ni-Co) = \lg K_D(Ni-Fe)^{Fe-1/sm} - \lg K_D(Co-Fe)^{Fe-1/sm}$$

该方程表明,当 $P^* > P^{ref}$ 时,$\Delta \lg K_D(Ni-Co)_{P^*} < \Delta \lg K_D(Ni-Co)_{P^{ref}}$,也就是,随着压力的增加 Ni 和 Co 的 $\lg K_D$-P 的曲线会相交。如果相交于压力 P^*,则式(11.3.20)左侧第一项就等于零,所以有

$$P^* \approx P^{ref} + \frac{2.303RT(\Delta \lg K_D(Ni-Co))_{P^{ref}}}{8} \qquad (11.3.21)$$

将 P^{ref} 选定在 5 GPa,并根据图 11.8(b)得到压力为 5 GPa 时的 $\Delta \lg K_D(Ni-Co)$ 值,由此,最后得到 $P^* \approx 32.3$ GPa。

可见,在导出上式中用上了一个合理的前提条件,即 $\Delta_r v_{Ni-Co} \approx \Delta_r v_{Co-Fe}$,则可使得地幔和球粒陨石中 Ni 和 Co 的"过量丰度"的原因得以解决,其中假设在对应大约 32 GPa 的深度下含铁液体和岩浆达到平衡。该深度与图 11.8(a)中 Ni 和 Co 的 $\lg D$-P 曲线的相交点的条件一致。考虑到 $\Delta_r v_{Ni-Co}$ 值推测的误差 20% 的话,则 Ni 和 Co 的 $\lg D$-P 曲线的相交点的压力范围为 27~41 GPa。

11.4 温度和氧逸度 $f(O_2)$ 对金属-硅酸盐配分系数的影响

根据估算,地球的地核的形成压力在 25~50 GPa,温度为 2000~3750 K 之间 (Rubie et al,2007)。尽管在高压高温实验领域已有了大量的进展,但仍然需要将

元素分馏的实验室结果合理地延伸到接近地核形成的更高压力和温度条件下。当然,这种延伸必须满足热力学原理。

根据式(11.3.8)可得到在恒压下的配分系数随温度变化的函数式为

$$\left(\frac{\partial \ln D_{\mathrm{M}}^{\mathrm{Fe-1/sm}}}{\partial T}\right)_P = \frac{1}{R}\left(\frac{\partial(\Delta_r G_{\mathrm{con}}^\circ / T)}{\partial T}\right)_P + \left(\frac{\partial \ln(\gamma_{\mathrm{MO}_{n/2}}^{\mathrm{sm}} / \gamma_{\mathrm{M}}^{\mathrm{Fe-1}})}{\partial T}\right)_P - \frac{n}{4}\left(\frac{\partial \ln f_{\mathrm{O}_2}}{\partial T}\right)_T$$

$$(11.4.1)$$

为了估算上式右侧的前两项,可以注意到有

$$\frac{\partial(G/T)}{\partial T} = -\frac{H}{RT^2} \tag{11.4.2}$$

并且

$$\left(\frac{\partial \ln \gamma_i}{\partial T}\right)_{P,X} = \frac{1}{R}\left(\frac{\partial(\mu_i - \mu_i^\circ)}{\partial T}\right)_{P,X} = -\frac{h_i - H_i^\circ}{RT^2} \tag{11.4.3}$$

其中 h_i 是组分 i 的偏摩尔焓(上式中的第一个等号是因为方程式 $\mu_i = \mu_i^\circ + RT\ln X_i + RT\ln \gamma_i$)。假定亲铁元素的行为满足亨利定律,则有$(\partial \ln \gamma_i / \partial T)_P = (\partial \ln \gamma_i / \partial T)_{P,X}$。最后关系式的导出就和式(11.3.4)的第一个方程的导出相同。这样,将上述两式代入式(11.4.1),并整理,即可得到

$$\frac{\partial \ln D_{\mathrm{M}}^{\mathrm{Fe-1/sm}}}{\partial T} = -\frac{\Delta_r h}{RT^2} - \frac{n}{4}\frac{\partial \ln f_{\mathrm{O}_2}}{\partial T} \tag{11.4.4}$$

其中,$\Delta_r h = h(\mathrm{MO}_{n/2})^{\mathrm{sm}} - h(\mathrm{M})^{\mathrm{Fe-1}}$,由此,则有

$$\ln D_{\mathrm{M}}^{\mathrm{Fe-1/sm}}(T_2) = \ln D_{\mathrm{M}}^{\mathrm{Fe-1/sm}}(T_1) - \frac{1}{R}\int_{T_1}^{T_2}\frac{\Delta_r h}{T^2}\mathrm{d}T - \frac{n}{4}\left[\ln f_{\mathrm{O}_2}(T_2) - \ln f_{\mathrm{O}_2}(T_1)\right]$$

$$(11.4.5)$$

有时候为了方便,可将 $\mathrm{d}(1/T)$ 取代 $-\mathrm{d}T/T^2$,这样,如果在整个所选温度间隔范围内 $\Delta_r h$ 为**常数**的话,则有

$$\ln D_{\mathrm{M}}^{\mathrm{Fe-1/sm}}(T_2) = \ln D_{\mathrm{M}}^{\mathrm{Fe-1/sm}}(T_1) + \frac{\Delta_r h}{R}\left(\frac{1}{T_2} - \frac{1}{T_1}\right) - \frac{n}{4}\left[\ln f_{\mathrm{O}_2}(T_2) - \ln f_{\mathrm{O}_2}(T_1)\right]$$

$$(11.4.6)$$

如若所研究的体系缺乏获得偏摩尔焓的实验数据的话,要将 $\ln D - T$ 的函数关系延伸到更高温条件下是非常困难的。Capobianco 等(1993)为此只能假设 $\Delta_r h = \Delta_r H^\circ$。

按照式(11.4.6),如果活度系数项的变化影响可以忽略不计,则 $\lg D - \ln f(\mathrm{O}_2)$ 的函数呈斜率为 $-n/4$ 的线性关系。图 11.9 汇总的数据显示出不同阳离子的 $\lg D - \ln f(\mathrm{O}_2)$ 线性关系的斜率几乎都是 $-n/4$,其中 n 是各别离子的常规价态的电荷数(如对 Ni,Ge,P 来说,n 分别为 2,4,5)。所以,似乎可以合理地推断其他微量元素的 $\lg D - \ln f(\mathrm{O}_2)$ 线性关系的斜率也是 $-n/4$,其中 n 是各自常规价态的电荷数。

第 12 章　电解液和电化学

所谓电解液是在溶液中部分或全部分离为带电粒种的混合物。通常,可将一种电解液的分解反应写作

$$M_{\nu_+} A_{\nu_-} = \nu_+ (M^{z^+}) + \nu_- (M^{z^-}) \tag{12.a}$$

其中,ν_+ 和 ν_- 分别是正负离子(或离子化合物)数,而 z_+ 和 z_- 则是它们各自形态的电荷数。例如,H_2SO_4 在水溶液中的离解反应为 $H_2SO_4 = 2H^+ + SO_4^{2-}$,其中 $\nu_+ = 2, z_+ = 1+, \nu_- = 1, z_- = 2-$。有关电解液的热力学在认识各种地球化学演化的化学平衡和组分重新分配中起着非常重要的作用,诸如海洋和大气圈、流体和岩石之间的相互作用过程,在水溶液中溶质的搬迁,沉积岩的形成作用以及岩浆－热液体系等等。

电解质按其在水溶液中的电离性质分为**强**电离或**弱**电离。在处理电解溶液时,一般采用**质量摩尔浓度**来度量溶解物的浓度。质量摩尔浓度定义为每千克纯溶剂(通常指水)中溶质的摩尔数[①]。在溶液中已经稀释的电解质的成分通常用 ppm 值表示,即是每 10^6 g 溶液中的溶质量。ppm 值可以按下式转化为质量摩尔浓度:

$$质量摩尔浓度 = (ppm/g) \times 10^{-3}$$

(其中 g 为溶质的摩尔质量,单位为 g/mol。)溶液可以是中性或带电荷。一个离子的性质在电中性溶液中与在带电溶液中完全不同。在处理电解液热力学中,溶液整体看作电中性。

12.1　化　学　势

电解液中一种组分的化学势通常按前述方式(见式组合(8.1.2))来定义。例如,一个正离子的化学势 μ_+,定义为

---

① 另外一种浓度为摩尔浓度 M,其定义为每升溶液中溶质的摩尔数。但由于溶剂的密度随 P-T 条件的变化而改变,因而使得 M 成为 P-T 的函数,所以一般避免用摩尔浓度来度量。

$$\mu_+ = \left(\frac{\partial G}{\partial n_+}\right)_{P,T,n_-,n_u,n_o} \tag{12.1.1}$$

其中，G 为电中性溶液的总吉布斯自由能，n_+ 和 n_- 分别是正负离子的摩尔数，n_u 是未电离溶质的摩尔数，而 n_o 则是溶剂的摩尔数。由于溶液电中性的条件，带电组分的化学势不能用常规方法测定，这些常规方法通常需要带电组分的摩尔数有宏观的变化，而同时相反电荷组分的摩尔数（随其他变量）保持不变。但是，采用带电荷组分的化学势来处理电解液在形式上是正确的，而且将如下面要讨论的，还可以测定 μ_+ 和 μ_- 的特别的线性组合关系(Denbigh,1981)。

如果 μ_u 是电解液中未电离部分的化学势，则根据反应式(12.a)，平衡时有

$$\mu_u = \nu_+ \mu_+ + \nu_- \mu_- \tag{12.1.2}$$

现在可以考察一下溶液的吉布斯自由能随其电解质增加的变化率。设 dm_e 为电解质的无穷小增加量，则可以定义电解质的化学势 μ 为电解质总吉布斯自由能随 m_e 的变化率，即

$$\mu = \left(\frac{\partial G}{\partial m_e}\right)_{P,T,n_o} \tag{12.1.3}$$

值得注意的是，不考虑电解质溶解后发生什么，如果将溶液的 G 的全导数，即式(12.1.2)和 m 及各种溶质之间的关系结合一起，则可以得出，在平衡时有(Denbigh,1993)

$$\mu = \nu_+ \mu_+ + \nu_- \mu_- \tag{12.1.4}$$

由于 μ 是可测的，则上述方程右侧离子的化学势的线性组合也是可测的。比较方程(12.1.2)和(12.1.4)，可见

$$\mu = \mu_u = \nu_+ \mu_+ + \nu_- \mu_- \tag{12.1.5}$$

12.2　平均离子活度和活度系数

各种溶解和非溶解溶质的活度都可以基于它们的质量摩尔浓度

$$a_i = m_i \gamma_i \tag{12.2.1}$$

其中，a_i 和 m_i 分别为组分 i 的活度和质量摩尔浓度。由于个别离子活度度量很难得到，通常引入可测定的离子活度的线性组合来处理电解质溶液，从而引出了平均**离子活度**和**平均离子活度系数**的概念[①]。

---

①　后面将提到常用的 pH 值，其定义为 $\mathrm{pH} = -\lg a_{\mathrm{H}^+}$。$\mathrm{H}^+$ 离子的活度可结合实验和理论分析方法来确定，但正如 Pitzer(1995)指出的，"单个离子活度值的根本性的不确定性依旧"。

将带电荷组分的化学势按其各自的标准态性质和通常用方程(8.4.5)所表达的活度形式,则由上面式(12.1.5)和(12.2.1)可有

$$
\begin{aligned}
\mu = \mu_u &= \nu_+ \left[\mu_+^* + RT\ln(m_+ \, \gamma_+) \right] + \nu_- \left[\mu_-^* + RT\ln(m_- \, \gamma_-) \right] \\
&= \nu_+ \mu_+^* + \nu_- \mu_-^* + RT\ln\left[(m_+)^{\nu^+} (m_-)^{\nu^-} \right] + RT\ln\left[(\gamma_+)^{\nu^+} (\gamma_-)^{\nu^-} \right]
\end{aligned}
$$

$$(12.2.2)$$

其中,m_+ 和 m_- 分别是正负离子的质量摩尔浓度;符号 $*$ 则通常表示在所研究温度条件下的标准态。上式中最后方括号中的活度系数乘积即用于定义电离液的**平均离子活度系数** $\gamma_\pm$,为

$$
(\gamma_\pm)^\nu = (\gamma_+)^{\nu^+} (\gamma_-)^{\nu^-} \tag{12.2.3a}
$$

或

$$
\gamma_\pm = \left[(\gamma_+)^{\nu^+} (\gamma_-)^{\nu^-} \right]^{1/\nu} \tag{12.2.3b}
$$

其中,$\nu = \nu_+ + \nu_-$。相应地,电解液的**平均离子活度**定义为

$$
a_\pm = m_\pm \, \gamma_\pm \tag{12.2.4}
$$

其中,$m_\pm$ 是**平均离子质量摩尔浓度**,与上述 $\gamma_\pm$ 的定义方式相似,用了个别离子的质量摩尔浓度。方程(12.2.3b)可以表示为

$$
\gamma_{\pm, k} = \left(\prod_i \gamma_i^{\nu_i} \right)^{1/\nu} \tag{12.2.5}
$$

其中,k 指电解液,i 为某电离组分,ν_i 为化学计量系数,有 $\nu = \sum \nu_i$。

12.3　质量平衡关系

溶液中的离子可能以游离离子或与其他离子络合的形式存在。例如,在 $NaCl$ 和 Na_2SO_4 水溶液中,钠可以 Na^+,$NaCl$,$NaSO_4^-$,$NaOH$ 和 Na_2SO_4 的形式出现,则钠的总质量摩尔浓度为

$$
m_{Na}(\text{总}) = m_{Na^+} + m_{NaCl} + m_{NaSO_4^-} + m_{Na(OH)} + 2(m_{Na_2SO_4})
$$

上式最后一项乘以 2 是因为在一摩尔 Na_2SO_4 中 Na 的摩尔数为 2。用一般式表示,有

$$
m_i(\text{总}) = \sum_k \nu_{i(k)} m_k \tag{12.3.1}
$$

其中,$\nu_{i(k)}$ 是溶质 k 中 i 离子的摩尔数;m_k 则是该溶质的摩尔数。

12.4　标准状态的约定和性质

12.4.1　溶质标准态

当处理溶液中的主要组分(j)时,通常希望选择一个标准态,使得当 $X_j \to 1$ 时,有 $a_j = X_j$。如 8.8.2 小节已经讨论过的,可以通过选择在所研究 $P\text{-}T$ 条件下的纯组分的标准态来实现。在处理稀释溶液时,最好的标准态是当 $m_i \to 0$ 时,有 $a_i = m_i$,因为这就是溶质在稀释溶液中的性质。但从理论上说,只要采用的是首尾一致的分析方法,活度系数取 1(或别的值)并不影响最终结果。

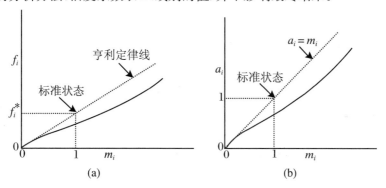

图 12.1　图示(a)和(b)分别说明在逸度-质量摩尔浓度和活度-质量摩尔浓度函数图上将亨利定律线(虚线)延伸到质量摩尔浓度为 1 处选择为溶质的标准态

实线显示负偏离理想性质的实际溶液的特性。在(a)中,亨利定律线服从方程 $f = K_H(m_i)$,其中 K_H 是常数,而 f^* 是质量摩尔浓度为 1 时假定标准态的逸度

按照稀释溶液的亨利定律(方程(8.8.1′),当 $m_i \to 0$ 时,有 $f_i = K_H^* m_i$,其中 i 是某溶质,K_H^* 是常数,即亨利定律常数(也就是活度系数,与一定范围内的溶质浓度无关)。将"亨利定律线"的函数 $f_i = K_H^* m_i$ 的直线延伸,选择与 $m_i = 1$ 相交点处的溶质的相应的假定状态为其标准态(图 12.1(a)),即为基于无限稀释性质的**溶质标准态**。这样,亨利定律线的斜率 K_H^* 就等于 $f_i^*/1 = f_i^*$。所以,亨利定律转化为

$$\underset{m_i \to 0}{\mathrm{limit}} \quad f_i = f_i^* m_i$$

由定义 $a_i = f_i/f_i^*$(式(8.4.8)),所以,有

$$\text{limit} \quad a_i = m_i$$
$$m_i \to 0 \qquad\qquad (12.4.1)$$

如图 12.1(b)所示。

对于任何离子组分来说,由于在实际溶液中该离子组分实际上并不按亨利定律延伸到质量摩尔浓度为 1,所以按上述步骤所定义的溶质标准态是假想状态。但是,对中性溶质来说,实际溶液中该溶质的质量摩尔浓度为 1 仍可能满足亨利定律特性,因此,按上述步骤所选的标准态是一个真实状态。不论是真实或假想状态,凡是遵循当**质量摩尔浓度为 1 而活度也为 1** 的性质的溶质标准态均冠以上标"×"。

对于强电解质(如 NaCl),即便几乎在溶液中完全电离,按 8.8.1 节中所讨论的(式(8.8.13)),其活度 a_e 有

$$a_e \propto (m^{\cdot})^{\nu} \quad (当 m^{\cdot} \to 0 时)$$

其中,∝ 表示成正比,$m^{\cdot}$ 是电解质没有分解时计算的质量摩尔浓度(简单说就是已知的加入到溶液中电解质的质量);$\nu = \nu^+ + \nu^-$。很容易看到,上述由亨利定律特性延伸到单位质量摩尔浓度所定义的"溶质标准态"可以导致方程

$$a_e = (m^{\cdot})^{\nu} \quad (当 m^{\cdot} \to 0 时) \qquad\qquad (12.4.2)$$

显然,式(12.4.1)和(12.4.2)是亨利定律的同一表述,其中最巧妙的标准态的选择就是让比例常数为 1。

12.4.2 离子的标准态性质

由于实验中很难测定电中性溶液中单种离子的性质,通常将离子结合在一起,例如 $H^+(aq)$ 和 $(OH)^-(aq)$,$NH_4^+(aq)$ 和 $(OH)^-(aq)$ 等等,得到它们结合生成的吉布斯自由能。但是,列出所有这样一对对离子的 ΔG_f 并不方便。采用的另一种比较方便的方法是得到每个离子与一个通用离子结合的 ΔG_f,但假定后者的 ΔG_f 为零。该法就是假定如下反应的 $\Delta_f G(1\ bar, T) = 0$ 进行的:

$$1/2 H_2(g) \longleftrightarrow H^+(1\ mol\ 理想水溶液) + e^- \qquad (12.4.a)$$

这相当于在压力为 1 bar 和任意温度下从气态形成一摩尔理想水溶液中的 H^+ 的标准生成吉布斯自由能为零。这样,因为 $\partial(\Delta_f G)/\partial T = -\Delta_f S$,$\Delta_f G = \Delta_f H - T\Delta_f S$,所以上述反应的生成熵和生成焓的变化一定也等于零。

为了明白如何用假设 $\Delta G_f^{\times}(H^+)$ 为零来计算其他离子的 $\Delta G_f^{\times}$ 值的体系方法,采用 Denbigh(1981)所讨论的一个例子。对于离子对 $H^+(aq)$ 和 $(OH)^-(aq)$ 的结合,有

$$\Delta G_f^{\times}(1\ bar, 298\ K) = -157297.48\ J/mol$$

而离子对 $NH_4^+(aq)$ 和 $(OH)^-(aq)$，有

$$\Delta G_f^x(1\ bar, 298\ K) = -236751.64\ J/mol$$

由于设 $\Delta G_f^x(H^+)(1\ bar, 298\ K)$ 为零，所以 $\Delta G_f^x(OH)^-(1\ bar, 298\ K) = -157297.48\ J/mol$，因此，$\Delta G_f^x[NH_4^+(aq)](1\ bar, 298\ K) = -236\ 751.64 + 157297.48 = -7954.16\ J/mol$。

12.5　平衡常数，溶度积和离子活度积

当反应(12.a)达到平衡时，有

$$K \equiv \exp(-\Delta_r G^*/RT) = \frac{(m_{\nu^+}^{\nu^+}\ m_{\nu^-}^{\nu^-})\gamma_{\pm}^{\nu}}{a_{M_{\nu^+}A_{\nu^-}}} \tag{12.5.1}$$

其中，$\gamma_{\pm}^{\nu}$ 代替了 $(\gamma_+^{\nu^+})(\gamma_-^{\nu^-})$（见式(12.2.3a)）。如果 $M_{\nu^+}A_{\nu^-}$ 是固态电解质，选择其在所研究 P-T 条件下的纯相作其标准态，则

$$RT\ln K(P,T) = \mu_{M_{\nu^+}A_{\nu^-}}^o - \nu_+(\mu_+^x) - \nu_-(\mu_-^x)$$
$$= G_{M_{\nu^+}A_{\nu^-}}^o - \nu_+(\mu_+^x) - \nu_-(\mu_-^x) \tag{12.5.2}$$

上式所定义的平衡常数 K 叫作**溶度积**，通常用 K_{sp} 表示。而电离的溶质的活度积，通常用 $\prod a_i^{\nu_i}$ 表示（即式(12.5.1)右侧的分项），则叫作**离子活度积**（简称 IAP）。

从式(12.5.1)可知，当溶液与其纯固相电解质处于平衡时，$IAP = K_{sp}$，这是因为对固体来说，其标准态即其在所确定 P, T 条件下的纯态，所以，纯相的活度等于 1。很容易看到，如果 $IAP > K_{sp}$，而且未电离的溶质也不进入到固溶体中，则溶液必有多余的溶质析出，以降低 IAP 达到其相应的平衡值，反之亦然。但是，如果电解质 $M_{z^+}A_{z^-}$ 进入固溶体，情况如何呢？这时显然要将反应系数 Q（即式(12.5.1)右侧的各项值）与 K_{sp} 比较，而不是与 IAP 比较。当 $Q > K_{sp}$ 时，则溶液将析出固体电解质，反之亦然。可以用一个应用实例来说明说明溶度积和离子活度积的概念。Anderson(1996)讨论了海水中具有碳酸盐贝壳的一类**海洋生物**残余物的反应问题。反应可表示为

$$CaCO_3 \longleftrightarrow Ca^{2+} + CO_3^{2-} \tag{12.5.a}$$

根据浅表海水中的 Ca 和 CO_3^{2-} 的质量摩尔浓度计算上述反应的 IAP 为 $10^{-7.87}$。而反应的 K_{sp} 值则还取决于 $CaCO_3$ 的多形体，方解石(Calc)或文石(Arag)，其计算式为 $K_{sp} = \exp(-\Delta_r G^*/RT)$，其中 $\Delta_r G^* = G_f^x(CO_3^{2-}) + G_f^x(Ca^{2+}) - G^o(Calc/Arag)$

用标准态的数据，可得

$$K_{sp}(\text{Calc}) = 10^{-8.304}$$

和

$$K_{sp}(\text{Arag}) = 10^{-8.122}$$

可见,上述两个值都小于 IAP。因此,海洋生物的碳酸盐壳在浅表海水中并不分解。但在海平面 5 km 以下的深度,IAP 值要小于 K_{sp} 值。所以具有碳酸盐外壳的海洋生物在此深度以下就不能生存。这就是所谓的**海洋碳酸盐补偿深度**。

习题 12.1 考虑水溶液中某固态电解质的电解作用,假定是发生在固溶体中,例如反应(11.5.a)CaCO₃溶解于固溶体(Ca,Mg)CO₃。试问,当 IAP<K_{sp} 时,该固体一定溶解吗?

12.6 离子活度系数和离子强度

12.6.1 Debye‑Hückel 定律及其相应方法

有关稀释电离溶液中离子活度系数讨论的一个方便的出发点就是 **Debye-Hückel 极限定律**的理论表述。该定律导出在稀溶液中离子的活度系数,推导中有如下假设:

①在稀离子溶液中对理想性质的偏离完全是由于离子间的电相互作用;②离子均为点电荷;③溶质完全溶解;④离子间的排斥力忽略不计。由于排斥力随分离距离加大快速降低,所以假设④显然对于稀离子溶液是很合理的。在上述假设框架中,Debye 和 Hückel 导出了如下单个离子活度系数的表示式:

$$\lg\gamma_i = - AZ_i^2 \sqrt{I} \qquad (12.6.1)$$

其中,Z_i 是离子 i 的电荷;A 为常数,其单位为 $(\text{kg/mol})^{1/2}$,其大小取决于溶剂的介电常数和密度;I 为溶液的离子强度,其值为

$$I = 1/2\sum m_i Z_i^2 \text{ mol/kg} \qquad (12.6.2)$$

举一个例子,1 mol 的 La₂(SO₄)₃溶液,其电离作用可写为

$$La_2(SO_4)_3 \longrightarrow 2La^{3+} + 3SO_4^{2-}$$

则该溶液的离子强度为 $1/2[2(3)^2 + 3(2)^2] = 15$ mol/kg。

Debye 和 Hückel(1923)对他们早期的理论作了修正,即假定离子均为不变形的具有相等半径的球体,从而考虑了离子大小的效应和相互间的短距离相互作用。在他们的基础上的一个广泛采用的活度系数计算式(Robinson et al,1959;Helgeson,

1969)为

$$\lg\gamma_i = -\frac{AZ_i^2\sqrt{I}}{1 + Ba_i\sqrt{I}} + B\cdot I \qquad (12.6.3)$$

其中,最后一项($B\cdot I$)既是 Debye 和 Hückel(1923)公式的扩展,上述方程就叫作 Debye – Hückel 扩展方程式。其中 B 是与溶剂性质有关的一个常数,a_i 是不同电荷离子之间的最近距离;$B\cdot$(常叫作 B 点或偏离函数)是由实验数据确定的一个可调整的参数。事实上 a_i 项也可作一个可调整参数来处理。Ba_i 的单位为 $(kg/mol)^{1/2}$。

上述方程似乎比较适合应用于 1 mol 溶质浓度左右的溶液。Helgeson 和 Kirkham(1974)发表了从 0 ℃ 到 300 ℃ 的水的 A 和 B 值。在 0 ℃ 时,$A = 0.4911$,$B = 0.3244$,而到 300 ℃ 时,A 和 B 分别为 1.2555 和 0.3965(B 的单位为 $kg^{1/2}/(mol^{1/2}\cdot Å)$)。可以看出,当溶液成为稀溶液时,式(12.6.3)就成了 Debye – Hückel 极限定律(式(12.6.1)),因为随着 $I\rightarrow 0$,方程(12.6.3)中分数的分母趋近于 1。

由于测量个别离子的活度系数很困难,所以将 γ_+ 和 γ_- 结合在一起得到了 $\gamma_\pm$ 的方程(12.2.3),该式就可以对照实验室测定数据。将个别离子活度的表达式(12.6.3)代入式(12.2.3),并采用一个简单的可调参数 $\dot{a}$,则有

$$\nu(\lg\gamma_\pm) = -\frac{A\sqrt{I}}{I + B\dot{a}\sqrt{I}}(\nu_+ z_+^2 + \nu_- z_-^2) + \nu B\cdot I \qquad (12.6.4)$$

又由于电中性的条件要求 $|\nu_+ z_+| = |\nu_- z_-|$,所以在上式括号中的项可写为 $(\nu_- z_- z_+ + \nu_+ z_+ z_-) = z_- z_+(\nu_+ + \nu_-) = \nu(z_- z_+)$。这样,最后就得

$$\lg\gamma_\pm = -\frac{A|z_+ z_-|\sqrt{I}}{1 + B\dot{a}\sqrt{I}} + B\cdot I \qquad (12.6.5)$$

在由单个电解质的电解产物组成的溶液中,由于 12.4.1 小节(图 12.1)中所讨论的溶质标准态的选择的结果,单个离子和平均离子活度系数的表达式均满足当 $m_i\rightarrow 0$ 时 $\gamma_i\rightarrow 1$。显然,这是因为 $m_i\rightarrow 0$ 时,$I\rightarrow 0$(对单个电解质的电离作用,电解组分的质量摩尔浓度互相成正比)。上述式(12.6.5)中分数的分子反映了远程库仑力的效应,而采用刚球模型的离子之间短程相互作用力效应则体现在分母项上。B 点项也部分地包含了离子和溶质分子之间的短程效应以及无法用刚球模型适当表示的离子间的短程相互作用。

Helgeson(1969)汇总了式(12.6.3)中各参数的值,用于计算压力为 1 bar,温度为 300 ℃ 以下高浓度 NaCl 水溶液中电解离子的活度系数。Garrels 和 Christ (1965)也发表了 60 ℃ 以下水溶液的 A,B 和 $\dot{a}$ 等参数值。他们主要采用了经典的 Debye-Hückel 公式(即式(12.6.3),但不考虑 B 点项),计算了水溶液中若干离子

的活度系数,并与由实验结果按下面将讨论的"平均盐法"所计算的平均活度系数 $\gamma_{\pm}$ 进行了比较。如图 12.2 所示,两种方法在离子强度 0.1 以下达到高度一致。但在更高的离子强度条件下,Debye-Hückel 方程所预测的值和用平均盐法对实验模拟结果的偏离可能主要是因为 B 点项。

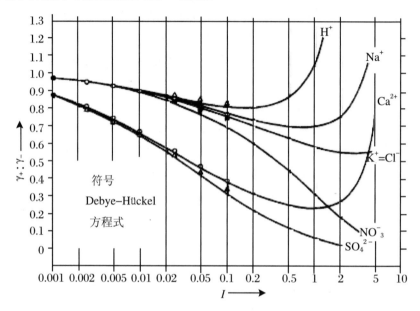

图 12.2　离子活度系数与离子强度的相互关系

符号表示了采用修正的 Debye-Hückel 方程式(11.5.5)(不考虑 B 点项)所计算的结果,而各曲线则是按照"平均盐方法"从实验所得平均活度系数所计算的离子的活度系数和离子强度的函数关系(Garrels et al,1965)。当 $I>0.1$,Debye-Hückel 方法不适用

12.6.2　平均盐方法

Garrels 和 Christ(1965)将所谓的"平均盐法"引入地球化学的研究中,用来计算在较强的离子强度下水溶液中的个别离子活度系数,在这些条件下往往已无法用经典的 Debye-Hückel 模型处理 γ_i 和 I 的函数关系。该法将 γ_i 和可以实验室测定的平均离子活度系数联系在一起。其中,假定水溶液中 $\gamma_{K^+} = \gamma_{Cl^-}$,这是有一些根据证明这一点的(MacInnes(1919)最早提出该关系式,所以也称为 MacInnes 俗定),则用方程(12.2.3b),有

$$\gamma_{\pm KCl} = \left\lfloor (\gamma_{K^+})(\gamma_{Cl^-}) \right\rfloor^{1/2} = \gamma_{K^+} = \gamma_{Cl^-} \tag{12.6.6}$$

利用上式由实测的 $\gamma_{\pm KCl}$ 计算得到 γ_{K^+} 和 γ_{Cl^-} ,则可由获得的平均离子活度系数的实验数据来计算许多其他离子各自的活度系数。例如以 MCl_2 电解质溶液为例,

其中 M 表示二价阳离子,则据方程(12.2.3b)和(12.6.6),有

$$\gamma_{\pm MCl_2} = \left\lfloor (\gamma_{M^+})(\gamma_{Cl^-})^2 \right\rfloor^{1/3} = \left\lfloor (\gamma_{M^+})(\gamma_{\pm KCl})^2 \right\rfloor^{1/3}$$

所以,有

$$\gamma_{M^+} = \frac{(\gamma_{\pm MCl_2})^3}{(\gamma_{\pm KCl})^2} \tag{12.6.7}$$

计算与 K 相结合形成电解质(例如 KF)的阴离子活度的方法与此相似。

如果电解质不含 K 或 Cl,则需加入一个中间步骤,以与这两个离子关联。此法叫作"双桥法"(Garrels et al,1965)。例如,由测定的 $\gamma_{\pm Cu_2SO_4}$ 值来计算 $\gamma_{Cu^{2+}}$,需用 $\gamma_{SO_4^{2-}}$,而该值则可由 $\gamma_{\pm K_2SO_4}$ 的实验测定值得到。

12.7　多组分高离子强度和高压高温体系

通常在模拟自然过程中所处理的溶液体系往往是多组分的电解质,具有高离子强度,并且其 P-T 条件远远超过目前电解质热力学所主要涉及的 1 bar 和 298 K 的压力和温度环境。例如,海水形成卤水的渐进蒸发作用,最终导致多组分高离子强度溶液,其离子活度的计算无法采用 Debye-Hückel 公式的简单延伸。此外,在模拟诸如洋中脊或地壳中流体-岩石相互作用的各种地质作用时,需要了解电解质溶液在较高的压力和温度条件下的性质。有两个研究组对这类问题的解决作出了主要的贡献。一个是由 Pitzer(1973,1975,1987)领导的小组,另一个是 Helgeson 和其合作者(Helgeson et al,1974a,b,1976;Helgeson et al,1981;Tanger et al,1981,1988;Shock et al,1992)。文献中常称为 Pitzer 方程或模型,和 HKF 模型。

Pitzer 方程最初是用于处理 1 bar 和 25 ℃ 条件下较高离子强度的多组分电解质。后来又被延伸用到较高的压力和温度条件下(Pitzer,1987)。本节的讨论只限于认识有关多组分电解质的性质如何体现在 Pitzer 方程中,因为这一点正是 Pitzer 方程的重要之处。有关 Pitzer 方程的详细阐述可见 Harvie 和 Weare(1980)以及 Wolrey(1992)。

Pitzer 导入了多组分电解质溶液的 ΔG^{xs} 为

$$\frac{\Delta G^{xs}}{RT} = n_w \left[f(I) + \sum_{ij} \lambda_{ij} m_i m_j + \sum_{ijk} \xi_{ijk} m_i m_j m_k \right] \tag{12.7.1}$$

其中,n_w 是溶剂的质量,以千克为单位;$f(I)$ 是电子远距相互作用的一次"Debye-Hückel 函数";λ_{ij} 和 ξ_{ijk} 分别是二元和三元相互作用参数,它们本身又是离子强度的函数。上式两个总和运算需要包含多组分溶液中的每一个二元和三元子体系。

从上式可见,除了 $f(I)$ 项外,该式等同于非电离溶液的 ΔG^{xs} 表达式(式(9.3.2))。该式也可扩展至包括四元相互作用,但应用表明,处理多组分电离溶液的性质并不需要采用四元以上的相互作用项(在前面已讨论过关于多组分非电离溶液性质,如果其各二元体系可以满足规则或亚规则模型的话,则可以不需要四元相互作用项)。上式中的"Debye-Hückel 函数"不等于通常用于活度系数的Debye-Hückel 公式,但非常相似(Pitzer,1973)。与处理非电解溶液一样,二元和三元相互作用参数是通过对多组分电解溶液的二元和三元子体系的实验数据的拟合运算而得到的。如前面8.6节已讨论过的,一旦有了 ΔG^{xs} 的表达式,则其余各过量热力学性质包括离子活度系数均可由对 ΔG^{xs} 的热力学运算操作得到。图 12.3 显示了在高离子强度水溶液的活度系数用 Pitzer 公式成功拟合的例子。Lawrence Livermore 国家实验室开发了基于 Pitzer 模型的计算程序 EQ3NR(Wolrey,1992)该程序具备自相一致的各种参数。

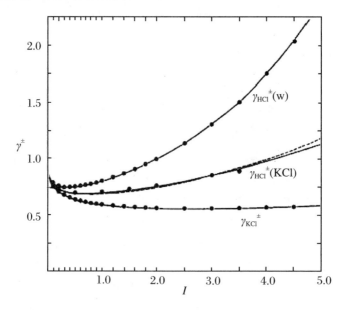

图 12.3　不同体系中的 HCl 和 KCl 的中性活度系数与离子强度的函数关系

图中, $\gamma_{HCl}{}^{\pm}$ (w)和 $\gamma_{HCl}{}^{\pm}$ (KCl)分别是 HCl 在 HCl－H_2O 和 KCl－H_2O 中 HCl 的中性离子活度系数; $\gamma_{KCl}{}^{\pm}$ 是 KCl－H_2O 中 KCl 的中性离子活度系数。实线表示采用 Pitzer 模型的计算结果,而虚线为采用 Pitzer 方程简化形式的计算结果;圆点为实验结果(Harvie et al,1984)

Pitzer 模型已被成功地应用于计算压力和温度为 1 bar 和 25 ℃的地质条件下矿物的析出顺序。图 12.4 显示了对 Na－Mg－Cl－SO_4－H_2O 体系 1 bar 和 25 ℃条件下实验室相图测定和利用 Pitzer 模型计算结果的一致性(Harvie,1980)。他们计算了由海水的蒸发作用造成的矿物的析出过程。计算结果和德国 Zechstein 蒸发盐矿所观察到的矿物带次序基本一致。而在此之前所做的简化计算结果并没有显示出如此的一致性，从而对该矿形成提出了较为复杂的假设。Harvie 和 Weare(1980)的计算结果最终证实了 Zechestein 矿的成因是海水渐进蒸发的结果。

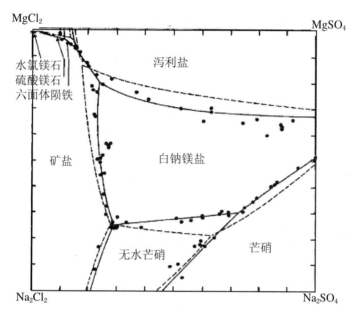

图12.4　Na - Mg - Cl - SO₄ - H₂O 体系相图的理论计算和实验结果(圆点)比较图
实线为 Harvie 和 Weare(1980)根据 Pitzer 模型的计算结果，虚线为他们采用其他模型的计算结果

　　前述的 HKF 研究者所提出的水溶液中各组分标准状态性质的一整套内洽数据可以广泛地应用于压力为 1～5 kbar,温度为 0～1000 ℃ 范围内各种地球化学反应平衡常数的计算。目前在地球化学和材料学领域广泛使用计算程序 SUPCRT92(Johnson et al,1992)进行上述计算。标准状态性质可以由基本理论结合实验资料来获得,后者可以对理论上的参数加以限制。有关 HKF 所有研究论文的讨论远超本节的范畴,只是要强调的是,HKF 各模型综合考虑了远距和短距离子的相互作用,溶剂离子周围结构的局部塌陷作用,电解溶液介电常数随浓度的变化,以及与离子强度相关的离子效应。许多应用 HKF 模型所得到的预测和实测相一致的例子显示出该模型的可靠性。图 12.5(Helgeson,1981)以及图 12.6 (Tanger et al,1988)分别显示不同压力和温度条件下 NaCl 的平均活度系数和标准偏摩尔体积的变化。

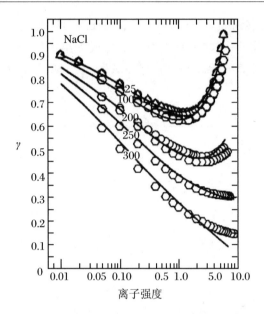

图 12.5　不同温度(　℃)条件下 NaCl 平均离子活度系数随离子强度变化的
实验室测定(图中符号)和 HKF 模型计算结果的比较图

图中 25 ℃的曲线是在压力为 1 bar 条件下,其余曲线的压力值均由其特定温度时的液–
气平衡条件所确定(Helgeson,1980)

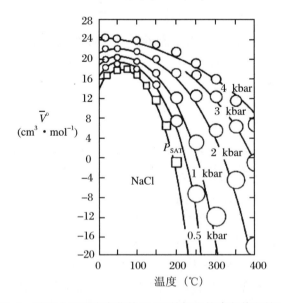

图 12.6　随压力和温度变化的 NaCl 的标准偏摩尔体积的理论计算
曲线(Tanger et al,1988)和实验室测定值(图中符号)比较图

图中 P_{SAT} 指压力条件为沿着 H_2O 的液–气饱和压力

12.8　矿物稳定场活度图

在恒定的 $P\text{-}T$ 条件下,流体组成的变化会影响矿物的稳定场。所以,构作矿物稳定场随流体在恒定 $P\text{-}T$ 条件下活度的变化图很有用处。这类图形称为**活度图**,图中的两个轴分别表示所选溶液组分的活度(或活度的组合)。Bowers 等(1984)发表了造岩矿物在压力和温度分别为 5 kbar 和 600 ℃ 以下根据 Helgeson 等(1981)给出的标准状态热力学数据所得到的这类活度图。以下将先说明构建这类活度-活度图的热力学方法,然后再讨论其应用。各矿物组分和 H_2O 的标准态均选其在 $P\text{-}T$ 条件下的纯组分,而稀释的溶液组分则取其由亨利定律线所定义的单位摩尔的溶质标准态。

12.8.1　计算方法

为了说明活度图的计算方法,用钾长石($KAlSi_3O_8$)、高岭石($Al_2Si_2O_5(OH)_4$)和白云母($KAl_3Si_3O_{10}(OH)_2$)在 1 bar 和 298 K 条件下水中的稳定场作为例子(Anderson,2005)。上述三种矿物和水溶离子间的反应方程如下:

$$KAlSi_3O_8 + \frac{1}{2}H_2O + H^+(aq) \Longrightarrow \frac{1}{2}Al_2Si_2O_5(OH)_4 + 2SiO_2(aq) + K^+(aq)$$

$$(12.8.a)$$

$$3/2KAlSi_3O_8 + H^+(aq) \Longrightarrow 1/2KAl_3Si_3O_{10}(OH)_2 + 3SiO_2(aq) + K^+(aq)$$

$$(12.8.b)$$

和

$$KAl_3Si_3O_{10}(OH)_2 + 3/2H_2O + H^+(aq) \Longrightarrow 3/2Al_2Si_2O_5(OH)_4 + K^+(aq)$$

$$(12.8.c)$$

为了计算平衡边界,首先考察反应(12.8.a),并假定矿物和水均为纯态,即 $a(H_2O) = a_i(矿物) = 1$。这样,在 1 bar 和温度 T 的平衡条件下,有

$$K_a(1,T) = e^{-\Delta_r G_a^*/RT} = \frac{(a_{SiO_2}^{aq})^2(a_{K^+}^{aq})}{(a_{H^+}^{aq})} \qquad (12.8.1)$$

其中

$$\Delta_r G_a^* = [1/2(\Delta G_{f(kaolinite)}^\circ + 2\Delta G_{f(SiO_2:aq)}^X + \Delta G_{f(k^+:aq)}^X]$$
$$- [\Delta G_{f(k\text{-}spar)}^\circ + 1/2(\Delta G_{f(H_2O)}^\circ) + \Delta G_{f(H^+:aq)}^X] \qquad (12.8.2)$$

采用 Wagman 等(1982)的有关数据,又有 $\Delta G^X_{f(\mathrm{H}^+,\mathrm{aq})} = 0$,则上式的值为

$$\Delta_r G^*_a (1\,\mathrm{bar}, 298\,\mathrm{K}) = \big[1/2(-3799.7) + 2(-833.411) + (-283.27)\big]$$
$$- \big[-3742.9 + 1/2(-237.129)\big]$$
$$= 11.523\,\mathrm{kJ} \tag{12.8.3}$$

式(12.8.1)中有三个活度项,所以其中有两项需要结合在一起才能构成一个二维的活度图。将不同的活度项结合一起的方式其实就是确定如何在同一图上表现体系中的所有平衡。例如,将 $a(\mathrm{SiO_2})$ 设立为 X 轴,将比值 $a(\mathrm{K}^+)/a(\mathrm{H}^+)$ 设立为 y 轴。事实上,如下将讨论的,更为有用的方式是采用活度的对数值作为坐标,而不采用活度值本身。

其次,计算活度图上平衡反应边界线的斜率。这只要从 K 的表达式即可得到。例如,对平衡反应(12.8.a),将式(12.8.1)两边取对数,重新整理,则有

$$\lg \frac{a_{\mathrm{K}^+}}{a_{\mathrm{H}^+}} = \lg K_a - 2\lg(a_{\mathrm{SiO_2}}) \tag{12.8.4}$$

同样有

$$\lg \frac{a_{\mathrm{K}^+}}{a_{\mathrm{H}^+}} = \lg K_b - 3\lg(a_{\mathrm{SiO_2}}) \tag{12.8.5}$$

和

$$\lg \frac{a_{\mathrm{K}^+}}{a_{\mathrm{H}^+}} = \lg K_c \tag{12.8.6}$$

此式意味着如果将反应(12.8.c)的平衡边界线放在 $\lg(a_{\mathrm{K}^+}/a_{\mathrm{H}^+})$-$\lg(a_{\mathrm{SiO_2}})$ 图上,其斜率为零。

式(12.8.4)～(12.8.5)均为线性方程,在活度图上,$\lg[a_{\mathrm{SiO_2}}]$ 的系数即为平衡界线的斜率,而 $\lg K$ 项则是该平衡界线的截距。根据关系式 $\ln K = -\Delta_r G^*/(RT)$,代入标准状态自由能的值即可得到 $\ln K$ 值。由上面计算得到的平衡反应(12.8.1)的 $\Delta_r G^*(1\,\mathrm{bar}, 298\,\mathrm{K})$,可得到 $\lg K_a(1\,\mathrm{bar}, 298\,\mathrm{K}) = -2.019$。同样的方法,可得到 $\lg K_b(1\,\mathrm{bar}, 298\,\mathrm{K}) = -4.668$,$\lg K_c = 3.281$。

图 12.7 即是根据上面得到的各平衡常数和最后三个方程所计算得到的 1 bar 和 298 K 条件下白云母、高岭石和钾长石的平衡稳定场所限定的反应边界。根据反应(12.8.a)和(12.8.b),$a_{\mathrm{SiO_2(aq)}}$ 的增加会增大钾长石相对于白云母或高岭石的稳定场。所以,钾长石位于图上 $a_{\mathrm{SiO_2}}$ 较高的一侧。另外,钾长石的分解产物的变化也一定造成其相关的由高岭石和白云母之间的转化反应的延伸所限定的稳定场的减小。因此,必有如图 12.7 这样的拓扑构型相图。

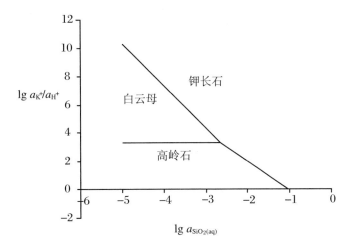

图 12.7　1 bar 和 298 K 条件下，作为水溶液中离子的活度函数的白云母、高岭石和钾长石的稳定场关系图

12.8.2　应用

12.8.2.1　泉水

本节用 Norton 和 Panichi(1978)以及 Marini 等(2000)对意大利泉水的研究为例，阐述利用水溶组分的活度图处理的地质问题。

Norton 和 Panichi(1978)研究了意大利北部 Abano 区域的泉水，通过比较与该区基岩中的各种矿物发生平衡作用的水化学确定了其源区和浅表循环的途径。图 12.8 是 1 bar 和 75 ℃(348 K)条件下的 $\lg(a_{Ca^{2+}}/(a_{H^+})^2) - \lg(a_{Mg^{2+}}/(a_{H^+})^2)$ 活度图，显示了高岭石、钙-蒙脱石和镁-蒙脱石的稳定场(这里，将如何得到在该活度图上平衡线的各个反应方程留给读者思考)。假定矿物相和 H_2O 的活度均为 1。

图 12.8 中虚线为饱和水条件下的方解石($CaCO_3$)和白云石($CaMg(CO_3)_2$)在 $P(CO_2) = 10^{-2}$ bar 时的平衡线。饱和水的条件计算如下：首先，方解石在水溶液中的溶解作用为

$$CaCO_3 + 2H^+(aq) \Longrightarrow Ca^{2+}(aq) + CO_2(g) + H_2O \qquad (12.8.d)$$

因此，有

$$K_d \equiv e^{-\Delta_r G_d^*} = \frac{(a_{Ca^{2+}}^{aq})(a_{CO_2})(a_{H_2O})}{(a_{CaCO_3})(a_{H^+}^{aq})^2} \qquad (12.8.7)$$

设其中 CO_2 的标准态为在目标温度 T 时逸度为 1 的纯 CO_2 相，因此在 1 bar，T 下有 $a_{CO_2} = f(CO_2) \approx P_{CO_2}$，$G^*(CO_2) \approx G^°(CO_2)$。又假定 $CaCO_3$ 是纯相，即有

$a_{CaCO_3} = 1$,这样,上述方程可简化为

$$K_d \equiv e^{-\Delta_r G_d^*} \approx \frac{(a_{Ca^{2+}}^{aq})(P_{CO_2})}{(a_{H^+}^{aq})^2} \tag{12.8.8}$$

其中

$$\Delta_r G_d^* \approx [\Delta G_{f(Ca^{2+};aq)}^X + \Delta G_{f(CO_2)}^o + \Delta G_{f(H_2O)}^o]$$
$$- [\Delta G_{f(CaCO_3)}^o + 2\Delta G_{f(H^+;aq)}^X]$$

所有 G 值均为 1 bar 和 348 K 条件下的值。因此,对于方解石的水饱和作用,有

$$\lg\left(\frac{a_{Ca^{2+}}^{aq}}{(a_{H^+}^{aq})^2}\right) \approx \lg K_d(1\ bar, 348\ K) - \lg P_{CO_2} \tag{12.8.9}$$

可见,在 $\lg(a_{Ca^{2+}}/a_{H^+}^2) - \lg(a_{Mg^{2+}}/a_{H^+}^2)$ 图中,方解石的水饱和曲线是一条水平线(即随 X 轴方向上的变化的斜率为零),其截距为 $\lg(K_d/P_{CO_2})$。据此,读者可自行作出白云石的水饱和方程。

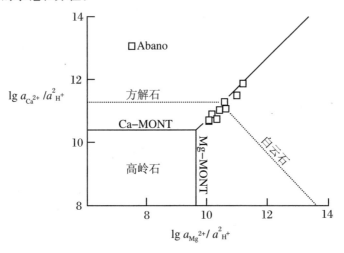

图 12.8 在 1 bar 和 75 ℃ 以及 H_2O 活度为 1 的条件下,计算所得
与水相平衡的有关矿物的稳定场的活度图

图中方形符号为实测的来自意大利 Abano 区域水样品的组成,虚线分别显示的是在 P_{CO_2}
$= 10^{-2}$ 条件下方解石和白云石的水饱和组成线(Norton et al,1978)

图 12.8 中的方形符号代表了在 Abano 温泉地区测得的水化学组成。这些符号出现在钙-蒙脱石和镁-蒙脱石之间的反应线上,意味着该流体流经了含有这些矿物的基岩,并且与它们基本上达到了化学平衡。此外,也有若干流体组成(没有显示在图 12.9 中)落在方解石和白云母的水饱和曲线之上或附近。这就意味着流体也流经含有这些碳酸盐矿物的基岩。氧同位素组成表明温泉流体其实是大气水渗透进前阿尔卑斯二叠纪和中生代的含水层,它们位于 Abano 区域的北面。可见,将稳定同位素地球化学和热力学计算结合在一起可以获得表面上所看到的温

泉的源区以及流经途径的信息。

　　Marini 等(2000)研究了意大利 Genoa 的 Bisagno 山谷温泉的水化学,提出了由基岩和水溶液之间的反应动力学所造成的水化学演化模式。其中有关动力学内容超出了本章的范畴,读者可由该文了解有关动力模型的介绍。图 12.9 的两张活度图显示了所测定的流体组成(圆圈所示)和计算得到的流体组成的动力演化途径(十字所示)。

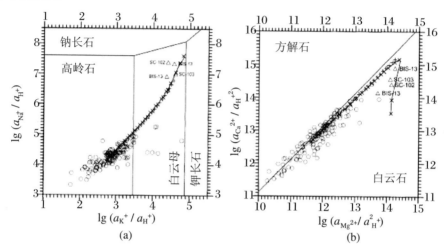

图 12.9 意大利 Genoa 的 Bisagno 山谷温泉水的实测(圆圈)和计算所得(十字)化学组成比较的矿物稳定场的活度图(Marini et al,2000)

　　由图可见,实测和计算所得的化学组成非常一致。实测的流体组成多数处在高岭石稳定场内,因而显然是在该场内演变的(图 12.9(a))。流体组成也沿着方解石和白云石之间的平衡线演化(图 12.9(b)),这意味着随着流体途经基岩时,流体与这些矿物也达到了平衡。实测组成也没有显示流体有任何与高岭石-白云母之间的缓冲反应。这和基于该区特点所建立的动力学模型计算所得的流体组成非常一致。正如 Marini 等(2000)注意到的,流体和碳酸盐之间的平衡(图 12.9(b)),以及没有高岭石-白云母的缓冲反应带(图 12.9(a)),都与碳酸盐在水溶液中较高溶出率的特点相符。

　　有关 Bisagno 山谷流体的组成变化还有一个有意思的现象是,其组成似乎逐步朝向钠长石、钾长石、白云母的不变点,该点代表水溶液和所处含水岩石之间的最终稳定平衡状态。但是,可能是动力作用的原因,组成的演化途径并没有按照由热力学所预测的白云母-高岭石的平衡线进行。热力学计算证实了这一点,虽然与水溶液平衡的矿物稳定场的活度图为流体-岩石相互反应提供了基本框架,但流体组成实际上并不一定按照与矿物之间的热力学平衡结果而演化。

习题 12.2 试写出含饱和水溶液的白云石的反应方程并确定该线在 $\lg(a_{Ca^{2+}}/a_{H^+}^2)$-$\lg(a_{Mg^{2+}}/a_{H^+}^2)$ 活度图(图 12.8)上的斜率。

12.8.2.2 镁硅酸盐稳定场

下面可再举一个利用活度图的例子。图 12.10 是 $\lg(a_{Mg^{2+}}/a_{H^+}^2)$ 和 $\lg(a_{H_2SiO_4})$ 的活度图,显示了计算所得的镁硅酸盐的稳定场(Faure,1991)。为了计算活度图上的矿物稳定场,先要写出镁橄榄石在水中的分解反应式,即

$$1/2\,Mg_2SiO_4 + 2H^+\,(aq) \longleftrightarrow Mg^{2+} + 1/2\,H_4SiO_4\,(aq) \qquad (12.8.e)$$

由上式的平衡常数可得到

$$\lg\frac{a_{Mg^{2+}}}{(a_{H^+})^2} = -0.5\lg(a_{H_2SiO_4}) + 14.2 \qquad (12.8.10)$$

上式在图 12.10 中用虚线表示,并标记"镁橄榄石"(Forsterite)。镁橄榄石与具有虚线之上组成的水溶液稳定平衡,而在虚线之下组成的水溶液中发生分解反应。

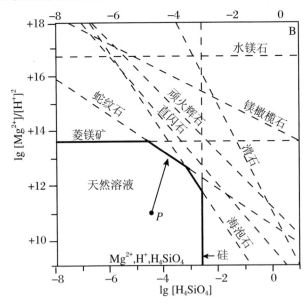

图 12.10 1 bar 和 25 ℃水中纯硅酸镁的稳定范围

随着[Mg^{2+}/H^+]和/或[H_4SiO_4]活度比的增加,水中将按活度变化的方式沉淀
出菱镁矿、蛇纹石、海泡石或无定形硅中的一相。本图显示在地表与天然水具
有热力学稳定性的矿物相为菱镁矿、蛇纹石、海泡石或无定形硅

在平衡条件下,所有镁硅酸盐矿物都可以在该活度图左下方的粗实线以下的组成的水溶液中溶解。图中箭头显示当初始组成为 P 的溶液组成随着顽火辉石的溶解而变化的方向。流体组成的轨迹与蛇纹石的稳定场相交。因此,在平衡条件下,初始组成为 P 点处的溶液中当有足够多的顽火辉石溶解后就会有蛇纹石析

出。图 12.10 显示了在地球表面上唯有菱镁矿、蛇纹石、海泡石和无定形硅与天然水达到热力学稳定共存。

12.9　电化学电池和能斯特方程

12.9.1　电化学电池和半电池

在电化学电池中,一个电极的氧化作用所释放的电子,通过导线流入另一个电极,因而可用于还原反应,如图 12.11 所示。根据 IUPAC(International Union of Pure and Applied Chemistry,纯化学和应用化学国际联合会)的规定,将经过还原反应的电池部分画在右侧。该图中左侧锌的金属电极则发生与溶液的氧化反应

$$Zn(金属) \longrightarrow Zn^{2+}(溶液) + 2(e^-) \tag{12.9.a}$$

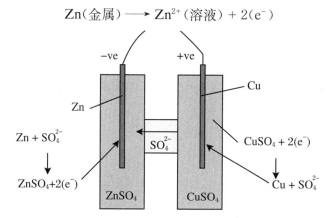

图 12.11　由两个所谓半电池组成的电化学电池示意图

从左侧的由锌电极的氧化作用释放的电子,转移到右侧的半电池,
与 $CuSO_4$ 溶液反应在铜极上形成铜的沉淀。由 Cu^{2+} 的还原作用
所释放的硫酸根离子则经过半渗透膜转移到左侧半电池

释放的电子经过导线转移到右侧浸入 Cu^{2+} 离子溶液中的 Cu 极。电子与溶液的反应为

$$Cu^{2+}(溶液) + 2(e^-) \longrightarrow Cu(金属) \tag{12.9.b}$$

导致金属 Cu 在电极上沉淀。该电池的左右两部分叫作半电池,而上述两个反应构成了半电池反应。整个体系的净反应可写为

$$Zn(金属) + Cu^{2+}(溶液) \longrightarrow Zn^{2+}(溶液) + Cu(金属) \tag{12.9.c}$$

净反应可从浸入 $CuSO_4$ 溶液中的金属 Zn 棒上看到,即金属 Zn 溶解在溶液中而形成 $ZnSO_4$($Zn + CuSO_4 \longrightarrow ZnSO_4 + Cu$),而同时有金属 Cu 的沉淀。

假设左侧半电池中的溶液是 $ZnSO_4$，右侧的为 $CuSO_4$。则少量 Zn 的氧化作用释放的电子转移到 Cu 极，与 $CuSO_4$ 反应形成金属 $Cu(CuSO_4 + 2(e^-) \longrightarrow Cu$(金属) $+ SO_4^{2-}$)。如果除了电子转移以外电池是完全孤立的，则整个过程将因电荷在半电池中的积累而停止。为了让过程继续进行，两个半电池之间要用半渗透膜连接使得 SO_4^{2-} 离子可以从右侧的半电池转移到左侧，并保持反应 Zn(金属) $+ SO_4^{2-} \longrightarrow ZnSO_4 + 2(e^-)$ 释放电子。

12.9.2　电池的电动势和能斯特方程

上述电子转移过程中的两个半电池之间的电势差可以通过将电压计或电位计用金属导线连接在两个电极而测得。按照 IUPAC 的规定，整个电池的电动势（emf）E 定义为

$$E = E(右侧还原电极) - E(左侧氧化电极)$$

如果电荷 χ 上的电势的变化为 E，则该电荷上的电功为 χE。因此，当有 n 摩尔个电子（负电荷）为电势变化 E 作用时，则整个体系上的电功为 $-nF'E$，其中 F' 是法拉第常数（96484.56 J/(V·mol)）。前面 3.2 节中已提到在恒定 P-T 下，平衡时承受非 PV 功作用的体系中，反应的吉布斯自由能的变化等于作用在该体系的可逆非 PV 功（见式组合（3.2.1））。所以，当电功是唯一作用在某体系的非 PV 功时，即电子以可逆方式从左侧转移至右侧，则在恒定 P-T 的平衡条件下

$$\Delta_r G = - nF'E \tag{12.9.1}$$

上式即为**能斯特关系**。设反应为 $mA + nB \rightleftharpoons pC + qD$，则按式（10.4.5）有

$$\Delta_r G = \Delta_r G^* + RT\ln \frac{(a_C)^P (a_D)^q}{(a_A)^m (a_B)^n}$$

如果该反应含有电子以可逆方式从左侧向右侧转移的话，则利用式（12.9.1），可得

$$E = E^* - \frac{RT}{nF'}\ln \frac{(a_C)^P (a_D)^q}{(a_A)^m (a_B)^n} \tag{12.9.2}$$

上式中 E^* 是电池的电动势，其时电池中的所有离子都处于各自的标准态。该式也叫作**能斯特方程**，其中 $R/F' = 8.617 \times 10^{-5}$ V/K。

12.9.3　半电池标准电动势和全电池反应

如果能够得到各种半电池的 E^* 值，则可以将它们配成不同的对，从而得到具有各种 E^* 值的全电池。但是，问题是半电池反应的 E^* 值无法直接测定。因此，为了使得半电池的 E^* 值可以以一致的方式结合在一起而得到全电池的 E^* 值，采

用了将一个半电池与一个标准氢电极(standard hydrogen electrode,简称 SHE)连接以确定该全电池的电动势。SHE 是一个气体电极,其中 H_2 气体在一个特殊处理的铂金片上冒泡溢出。气体的分解作用(由 Pt 所催化)释放出 2 mol 电子,即有

$$2H^+(溶液) + 2(e^-) \Longrightarrow H_2(g)$$

$$\leftarrow 分解$$

(上式按 IUPAC 的规定写成,即将被还原物写在右侧。)假设 E^*(SHE)等于零,则可将全电池(即 SHE 加上半电池)的 E^* 值算作半电池的 E^* 值(这一步骤相当于 12.4.2 小节中所讨论过的,设一摩尔理想水溶液的 $\Delta G_f^X(H^+)$ 值等于零)。Ottonello(1997;表 8.14)给出了相对 SHE 的半电池的 E^* 值。

12.10　水溶液中氢离子活度:pH 和酸度

水溶液中 H^+ 的活度通常用 pH 值来表示,其定义为

$$pH = -\lg(a_{H^+}) \tag{12.10.1}$$

H_2O 的分解反应写作

$$H_2O(l) \Longrightarrow H^+(aq) + OH^-(aq) \tag{12.10.a}$$

则在 1 bar,298 K 条件下,反应的平衡常数为 1.008×10^{-14},即

$$K_a = \frac{(a_{H^+}^{aq})(a_{OH^-}^{aq})}{a_{H_2O}} = 1.008 \times 10^{-14} \tag{12.10.2}$$

当水为纯水,则 1 bar 和 298 K 条件下,$a(H_2O) = 1$,因而有

$$\lg(a_{H^+}^{aq}) + \lg(a_{OH^-}^{aq}) = -14 \tag{12.10.3}$$

溶液为酸性时,$a_{H^+} > a_{OH^-}$,而溶液为碱性时,则相反。对中性溶液来说,有 $a_{H^+} = a_{OH^-}$。所以

$$\lg(a_{H^+}^{aq}) > -7 \quad 或 \quad pH < 7 \quad (酸性溶液)$$

$$\lg(a_{H^+}^{aq}) < -7 \quad 或 \quad pH > 7 \quad (碱性溶液)$$

12.11　Eh - pH 稳定场图

在地球化学文献中通常将相对于 SHE 所测得的电池的电势称作 Eh。Eh 和 pH 都是自然环境中可以利用适当的电极所测得的值(有关这部分的实际操作的讨

论可参见 Garrels 和 Christ(1965)。Anderson(2005)也讨论了有关自然环境中 Eh 值测定的问题)。所以,这对于通过构建 Eh 和 pH 的二维图上展示矿物和金属在恒定 P-T 条件下的稳定场是很有用的。此即所谓的 Eh-pH 图。这类图的另一个优势是在于当描述许多矿物的稳定关系时要涉及 H^+,或者说要利用 H^+ 来做某些处理。Eh-pH 图的研究开始于比利时的冶金学家 Pourbaix(1949)的工作,以及由 Garrels 和 Christ(1965)所引用的其后 1952~1957 年发表的 54 篇论文。而地球化学文献中这类图的发展和广泛应用则归功于 R. M. Garrels 及其研究团队。Brookins(1988)汇总了对处理地球化学问题有用的这类 Eh-pH 图。

Eh-pH 图的结构是基于能斯特方程,即式(12.9.2)。下面来看一个例子。首先将水在 1 bar 和 298 K 条件下的稳定性用 Eh 和 pH 项来表示。为此,可将液体水和气态氧气之间的反应写为

$$O_2(g) + 4H^+(aq) + 4(e^-) = 2H_2O(l) \tag{12.11.a}$$

上述反应的能斯特方程为

$$Eh = E_a^* - \frac{RT}{4F'}\ln\frac{(a_{H_2O})^2}{a_{O_2}^g(a_{H^+}^{aq})^4} \tag{12.11.1}$$

水为纯水,有 $a(H_2O) = 1$,并且将气体的标准态定为单位活度(约 1 bar)和 T 下的纯相,所以 a_{O_2} 就等于其偏压。代入 RT/F' 值($T = 298$ K),则上式成为

$$Eh = E_a^* + (0.0148)\lg P_{O_2} - (0.0591)pH \tag{12.11.2}$$

E^* 值可从能斯特关系,式(12.9.1)和有关标准生成吉布斯自由能表得到。因为,按惯例将 $O_2(g)$ 和 $H^+(aq)$ 的 $G_{f,e}$(由元素构成的生成自由能)值定为零,则按 Wagman 等(1982)的数据资料,有

$$\Delta_r G_a^* = 2\Delta G_{f,e}^o(H_2O) = -474.26 \text{ kJ/mol}$$

由此,可得 $E_a^* = (-\Delta_r G_a^*/4F') = 1.23$ V。

因为总压固定为 1 bar,所以稳定场的上限(即最氧化条件下的稳定场)即可由设定 $P(O_2) = 1$ bar 得到。而 Eh-pH 图上水的稳定场的下限则对应于 $P(H_2) = 1$ 的条件。与 $P(H_2) = 1$ 对应的 $P(O_2)$ 可从下述反应的平衡常数计算:

$$2H_2O(l) = 2H_2(g) + O_2(g) \tag{12.11.b}$$

上述方程的 $\lg K$(1 bar, 298 K) = -83.1。所以,$P(H_2) = 1$ bar,则 $P(O_2) = 10^{-83.1}$ bar。图 12.12 显示了由式(12.11.2)计算的水的 Eh-pH 的稳定场图(上限为 $P(O_2) = 1$ bar,下限为 $P(O_2) = 10^{-83.1}$ bar)。

为了说明 Eh-pH 图中矿物稳定场的问题,用铁的氧化物在与水共存时的稳定场作为例子(Garrels et al,1965)。按 IUPAC 规定(被还原集合体写在右侧),有水参与的金属 Fe 和磁铁矿(Fe_3O_4)之间的半电池反应为

$$Fe_3O_4(s) + 8H^+(aq) + 8(e^-) = 3Fe(s) + 4H_2O \tag{12.11.c}$$

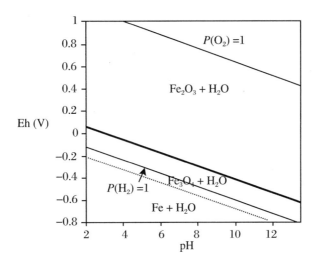

图 12.12　1 bar 和 298 K 下水和铁的氧化物的 Eh-pH 图

水的稳定场的上下限(用细线表示)分别由 $P(O_2)=1$ bar 和 $P(H_2)=1$ bar 确定。Fe_3O_4 和 Fe 之间有水共存的亚稳定界线用虚线表示(因在 H_2O 的平衡稳定范围以下)

有水参与的磁铁矿和赤铁矿(Fe_2O_3)稳定场的半电池的反应为

$$3Fe_2O_3(s) + 2H^+ + 2(e^-) \Longrightarrow 2Fe_3O_4(s) + H_2O(l) \qquad (12.11.d)$$

假设固相均为纯端元相,因此每个固体组分的活度均为 1,而水为纯水,活度为 1,因此有

$$Eh_c = E_c^* - \frac{RT}{8F'}\ln\frac{1}{(a_{H^+})^8} \qquad (12.11.3)$$

和

$$Eh_d = E_d^* - \frac{RT}{2F'}\ln\frac{1}{(a_{H^+})^2} \qquad (12.11.4)$$

由 Wagman 等(1982)关于各相的标准自由能数据表上查得各 E^* 值,按能斯特关系(式(12.9.1))计算,则得

$$Eh_c = -0.087 - 0.591\,pH; \quad \Delta_r G_c^* = 66884\ J \qquad (12.11.5)$$

和

$$Eh_d = 0.214 - 0.591\,pH; \quad \Delta_r G_d^* = -41329\ J \qquad (12.11.6)$$

图 12.12 即显示了按上两式所计算的在 Eh-pH 平面上磁铁矿和水稳定场的上下范围。而由平衡方程(12.11.c)所定义的 Fe_3O_4/Fe 反应边界,因为落在水稳定场的下限之下,所以是亚稳定的。

其次,考察一下水中铁氧化物的稳定场。下面两个反应式可用来研究铁氧化物和 Fe^{2+}(aq)之间的平衡关系:

$$Fe_3O_4(s) + 8H^+(aq) + 2(e^-) \Longrightarrow 3Fe^{2+}(aq) + 4H_2O \qquad (12.11.e)$$

$$Fe_2O_3(s) + 6H^+ (aq) + 2(e^-) \Longrightarrow 2Fe^{2+}(aq) + 3H_2O \quad (12.11.f)$$

取 H_2O，Fe_3O_4 和 Fe_2O_3 的活度为 1，则有

$$Eh_e = E_e^* - \frac{RT}{2F'}\ln \frac{(a_{Fe^{2+}}^{aq})^3}{(a_{H^+}^{aq})^8} \quad (12.11.7)$$

和

$$Eh_f = E_f^* - \frac{RT}{2F'}\ln \frac{(a_{Fe^{2+}}^{aq})^2}{(a_{H^+}^{aq})^6} \quad (12.11.8)$$

所以，对 Fe_3O_4 的稳定场，有

$$Eh_e = E_e^* - 0.089\lg(a_{Fe^{2+}}^{aq}) - 0.236pH \quad (12.11.9)$$

而对 Fe_2O_3 的稳定场，则有

$$Eh_f = E_f^* - 0.059\lg(a_{Fe^{2+}}^{aq}) - 0.177pH \quad (12.11.10)$$

其中，$E_e^* = 0.88$ V，$E_f^* = 0.66$ V（如前所述，E^* 值可由 Wagman 等(1982)所列的标准自由能数据表以及式(12.9.1)计算得到。）

Garrels 和 Christ(1965)曾提议，当溶液中与某固体平衡的溶解组分的总活度小于 10^{-6} 数量级时，可将该固体的溶解度视为零。也就是说，这样，在 Eh-pH 上的某个范围应当被看作固体与水接触时的稳定不变的领域。图 12.13 显示了 1 bar 和 298 K 条件下的水中，没有明显的分解作用的铁氧化物的稳定场，以及同样条件下水的稳定场和 $Fe^{2+}(aq)$ 的活度等值线。

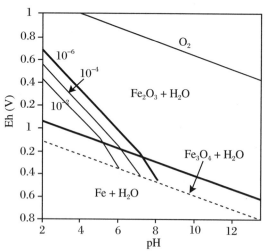

图 12.13　1 bar 和 298 K 条件下的 Eh-pH 图

图中显示与水共存的赤铁矿和磁铁矿的稳定场，以及水中 Fe^{2+} 的活度等值线。

当 $a(Fe^{2+}) < 10^{-6}$ 时，固体在水中的溶解度视为零

12.12　海水的化学模型

典型的水蒸气的离子强度约为 0.01 mol/kg, 而海水的离子强度则高达 0.7 mol/kg(Garrel et al,1965)。可见, 水蒸气中的可溶离子组分的相互作用可忽略不计, 而海水中离子的相互作用则很大。Garrels 和 Thompson(1962)最初提出了有关海水中离子相互作用的复杂性问题。如今, 复杂的计算可以采用公用的 Lawrence Livermore 实验室的计算程序 EQ3NR 来进行(Wolrey,1992)。该程序可以计算水溶组分的地球化学稳定场。但是, 为了明白计算如何进行, 以及所涉及的很有意义的近似处理方法, 还是有必要讨论一下 Garrels 和 Thompson(1962)的工作。本节先讨论他们的研究, 再与 EQ3NR 程序处理的结果比较。

Garrels 和 Thompson(1962)所使用的 25 ℃含氯量为 19‰的表面海水的平均组成见表 12.1。由于生成各种络合物, 表中所列的不一定是海水中的实际成分, 而只是表示了海水中各种离子的总成分。

表 12.1　25 ℃(pH = 8.15)含氯量为 19‰的表面海水的平均组成

离子	质量摩尔浓度	离子	质量摩尔浓度
Na^+	0.48	SO_4^{2-}	0.028
Mg^{2+}	0.054	HCO_3^-	0.0024
Ca^{2+}	0.010	CO_3^{2-}	0.00027
K^+	0.010		
Cl^-	0.56		

来源:Garrels 和 Christ(1965)。

当某种离子以各种不同离子络合物或自然组分出现时, 可写出其质量平衡方程, 其总质量与表 12.1 给出的海水中该离子的含量相当。例如, 各种含硫酸盐组分的丰度一定满足等式

$$m_{SO_4^{2-}}（总）= 0.028$$
$$= m_{NaSO_4^-} + m_{KSO_4^-} + m_{CaSO_4^0}$$
$$+ m_{MgSO_4^0} + m_{SO_4^{2-}}（游离） \tag{12.12.1}$$

假设不再有其他硫酸盐组分加入, 并且每一种金属硫酸盐的电离作用为如下形式:

$$NaSO_4^- \rightleftharpoons Na^+ + SO_4^{2-} \tag{12.12.a}$$

于是, 有

$$K = \frac{(m_{Na^+})(m_{SO_4^{2-}})}{m_{NaSO_4^-}} K_\gamma \qquad (12.12.2)$$

其中，K_γ 表示不同组分活度系数的比值。

对上述四种金属硫酸盐可写出四种类似的方程。对 Na^+ 离子来说，除了与 SO_4^{2-} 络合外，还可能有 $NaCl$，Na_2CO_3 等等。所以，与式（12.12.1）一样，还可写出其他 Na^+ 的质量平衡式，以及和式（12.12.2）相似的其他 Na 络合物的平衡常数关系式。所以，对各种离子而言，可以产生与未知组分数一样多的独立的质量平衡方程以及平衡常数关系式。这样，理论上说，可以算出每一种组分的丰度（因为独立方程总数等于体系未知组分的总数）。如果知道活度系数，就可利用计算技术解出体系的所有方程以获得每种组分的质量摩尔浓度。由 Garrels 和 Thompson（1962）估算的离子强度为 0.7 mol/kg，海水中各种离子的活度系数列于表 12.2。

表 12.2　在 25 ℃ 海水中（离子强度：0.7；含氯度：19‰）各种离子的活度系数（Garrels，1962）

溶解物	γ	溶解物	γ	溶解物	γ
$(NaHCO_3)^0$	1.13	HCO_3^-	0.68	Na^+	0.76
$(MgCO_3)^0$	1.13	$NaCO_3^-$	0.68	K^+	0.64
$(CaCO_3)^0$	1.13	$NaSO_4^-$	0.68	Mg^{2+}	0.36
$(MgSO_4)^0$	1.13	KSO_4^-	0.68	Ca^{2+}	0.28
$(CaSO_4)^0$	1.13	$MgHCO_3^+$	0.68	Cl^-	0.64
		$CaHCO_3^+$	0.68		
		CO_3^{2-}	0.20		
		SO_4^{2-}	0.12		

离子强度等于 0.7 mol/kg 的值来自于根据表 12.1 的数据的计算，但该表并没有包括所有金属离子的络合物。然而，严格意义上说，除非知道所有的络合物，否则无法计算离子强度。因此当采用初始的 0.7 mol/kg 的离子强度值得到不同组分的质量摩尔浓度后，还需要重新计算离子强度，将这一过程重复进行，直到没有大的离子强度值上的变化。计算机可以完成这个简单的任务。但事实上发现，这种重新计算的结果并没有与单纯用初始值有太多差异，因而并不一定要用这种重复计算。

Garrels 和 Thompson（1962）最初假定海水中的阳离子 Na^+，K^+，Ca^+ 和 Mg^{2+} 以游离离子存在，例如，m_{Na^+}（总）$= 0.48 \approx m_{Na^+}$（游离），m_{K^+}（总）$= 0.01 \approx m_{K^+}$（游离），等等。由于金属离子的质量摩尔浓度远远大于络合阴离子 SO_4^{2-}，CO_3^- 和 HCO_3^- 的质量摩尔浓度，并且 Cl^- 又几乎完全以游离离子存在，所以上述的简化假设是合理的。上面提到的方程组的迭代计算结果也表明初始值的假定是合

表 12.3　计算所得的溶解在 25 ℃的海水中（离子强度：0.7；含氯度：19‰；pH = 8.15）的主要组分（Garrels et al,1962）

阳离子	质量摩尔浓度（总）	游离离子	Me – SO₄ 离子对	Me – HCO₃ 离子对	Me – CO₃ 离子对	Me – Cl
Na⁺	0.48(0.47)	99%(95%)(100%)	1%(1.4%)			(3.5%)
K⁺	0.010(0.010)	99%(98%)(100%)	1%(1.6%)			(8.7%)
Mg²⁺	0.054(0.053)	87%(77%)(99.8%)	11%(14%)	1%	0.3%(0.16%)	(2.2%)
Ca²⁺	0.010(0.010)	91%(90%)(99.8%)	8%(6.5%)	1%	0.2%(0.24%)	
阴离子	质量摩尔浓度（总）	自由离子	Ca – 阴离子对	Mg – 阴离子对	Na – 阴离子对	K – 阴离子对
SO₄²⁻	0.028(0.028)	54%(47%)(100%)	3%(2.4%)	22%(27%)	21%(23%)	0.5%
HCO₃⁻	0.0024(0.0019)	69%(69%)(100%)	4%(1.76%)	19%(9.6%)	8%(19.7%)	
CO₃²⁻	0.0003(0.0001)	9%(21.7%)(30.2%)	7%(22.3%)(16%)	67%(56%)(54%)	17%	
Cl⁻	0.56(0.54)	100%(96%)(100%)			(3%)	

括号中的数值系由 EQ3NR 计算程序所得（Wolrey,1992）

理的,只有小部分的 Ca^{2+} 和 Mg^{2+} 与其他阳离子络合。

    表 12.3 汇总了由 Garrels 和 Thompson(1962)发表的溶解在海水中的主要一些组分的丰度。而由 EQ3NR 程序所作的海水的测试结果也显示在同一表格的括号中;斜体印刷的数据是基于式(12.6.3)和相关的活度系数公式的计算结果,而正体的数据则是用 Pitzer 方程式的计算结果,这方面内容已在 12.7 节讨论过(对某些离子来说,用 Garrels 和 Thompson(1962)方法和 EQ3NR 程序所计算得到的总的质量摩尔浓度之间有少量差异)。对总摩尔数大于 0.002 的离子来说,除了 Mg^{2+} 和 Ca^{2+} 两种离子的丰度,不同方法计算的结果都相当一致。用 Pitzer 方程组计算结果证明游离离子构成了它们几乎全部的质量摩尔浓度。而其他方法却显示只有很少的游离离子。Garrels 和 Thompson(1962)提到过他们的计算是基于假设 Mg^{2+} 和 Ca^{2+} 的总质量摩尔浓度全部是由游离离子构成的。

第 13 章 表 面 效 应

处于晶相表面的原子层和晶相内部的原子的能量环境是不同的,所以晶相的表面性质和其内部性质也有区别。作为例子,图 13.1 即是 1 bar 和 270 K 条件下冰的晶体内部和近表架构的分子动态模拟图,显示了相表面和内部的原子架构的不同。

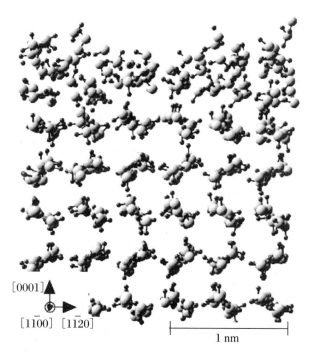

[0001]

[1$\bar{1}$00] [11$\bar{2}$0]

1 nm

图 13.1 在 1 bar 和 270 K 条件下冰中的水分子的表面和内部的分子动态模拟图
图中大的灰色圆球代表氧原子,小的黑球代表氢原子。细线代表连结氢和氧原子的共价健
(Ikeda-Fukazawa,2004)

有关表面的性质,在诸如裂隙的发展,岩石的脆性疲劳,薄片中观察到的晶体形态和岩石微结构的变化,结晶颗粒和脱溶片晶的粗化、溶解度、成核作用,固体基质中流体的互联性以及流体的毛细上升现象等方面都起着至关重要的作用。通常,表面的特殊性对于一个晶相的稳定性并没有很大的影响,但是当晶体的表面积与体积之比超过一定范围,即颗粒的尺寸足够小时,晶体的稳定场就可能与宏观热

力学性质所计算的稳定场有所不同。本节将讨论一些基本的表面性质及其在解释自然过程中的应用。表面热力学的基础与其他热力学的许多分支一样都密切相关（Gibbs，1993）。

13.1　表面张力及其功

当涉及表面效应问题时，通常会导入表面张力的性质 σ，即单位长度上的力，其单位为 J/m^2（因为力/长度 $\equiv N/m$；$N：J/m$）。表面张力抵制其表面的扩张，所以，为了让表面扩张，必须做功克服张力。所做的功即**表面功**。用一个简单的例子：设将一块各向同性的宽度为 1 的矩形材料在其长度方向上可逆扩张 dx。则作用在该体系上的功（力乘上位移）就等于（$\sigma 1$）$dx = \sigma A_s$，其中（$\sigma 1$）是表面张力，而 A_s 是表面扩展的面积。所以 σA_s 就是生成一个新的表面积 A_s 所需要做成的功。

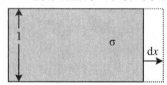

图 13.2　一块矩形材料的扩展需要抵消表面张力（单位长度上的力）σ 的示意图

由表面功而造成封闭体系的内能的变化，根据式（2.1.3），有

$$dU = \delta q - PdV + \sigma dA_s \qquad (13.1.1)$$

因为，$G = U + PV - TS$，$\quad F = U - TS$，则对开放体系有

$$dG = -SdT + VdP + \sum_i \mu_i dn_i + \sigma dA_s \qquad (13.1.2)$$

和

$$dF = -SdT - PdV + \sum_i \mu_i dn_i + \sigma dA_s \qquad (13.1.3)$$

上述方程适合于任何形状的各向同性材料。对各向异性固体来说，表面张力具有方向性。

从上述两式，可见

$$\sigma = \left(\frac{\partial G}{\partial A_s}\right)_{P,T,n_i} \qquad (13.1.4)$$

和

$$\sigma = \left(\frac{\partial F}{\partial A_s}\right)_{V,T,n_i} \qquad (13.1.5)$$

13.2 表面热力学函数和吸附作用

为了处理表面张力问题,首先需要对于两相之间的界面有个清晰的定义。如果有两个相互接触的均匀相 A 和 B,从一相穿过一个平面到另一相时,它们的各种性质并不发生不连续的变化,但只是在几个分子层的小范围内显示连续变化。例如,来考察一下一种组分从一相到另一相的浓度变化,则该组分的浓度与距离的变化图形基本上如图 13.3 所示。

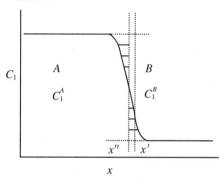

图 13.3 某主要组分 1 在 A 和 B 两相界面上浓度和距离的变化图

组分 1 原先在两相中分别均一分布。图中 x'' 处的虚线两侧,由横线所示的两个小面积相等,据此,可将 x'' 处的平面作为相 A 和相 B 之间的界面,该面满足在溶剂的浓度 $C_1 - x$ 曲线下的“等面积限制”条件。在界面上,溶剂的表面浓度等于零。在此界面以外,两相均一组成带之间所选的任何位置上的界面,例如图上 x' 处,组分 1 的浓度都不等于零

根据 Gibbs(1993)的提议,两相之间的界面可以定义为任何几何形状的表面,该面位于浓度连续变化带内,带内所有的点都处于与附近点一样的条件下。例如,图 13.3 中,垂直虚线所示的位于 x' 处的一个平面,就在浓度变化带内,任何与此平面平行的平面都可被定义为界面。整个体系的体积为两相所分离,即位于所选择的 x' 处的界面的左右两边即分别是相 A 和相 B 的体积。

设 V_A 和 V_B 分别是所选择的界面两侧相 A 和相 B 的体积,C_i^A 和 C_i^B 是组分 i 在两相内部的浓度(质量/体积),A_s 是界面的面积,Γ_i 是每单位界面上组分 i 的浓度,则有如下关系式:

$$\Gamma_i A_s = n_i - n_i^A - n_i^B = n_i - C_i^A V_A - C_i^B V_B \tag{13.2.1}$$

其中,n_i 是组分 i 在整个体系中的总摩尔数,n_i^A 和 n_i^B 分别是组分 i 在相 A 和相 B 中的摩尔数。可以很容易看到,由于界面的位置并非唯一,所以其浓度也不具有唯

一性。当存在两个或两个以上组分时,比较方便的是选择一个界面,使其中的溶剂或主要组分的浓度为零。如果称此为组分 1,则有 $n_1 = C_1^A V_A + C_1^B V_B$。如图 13.3 所示,从几何意义上说,选择 x 轴的某个位置为界面是要使得该界面两侧的浓度曲线以下的面积相等。一般来说,由于这样一种界面的定义,界面上其他组分的浓度就不等于零。

一旦确定了界面,则界面的各热力学函数就可用与表面浓度相同的方式定义。例如,单位表面面积的吉布斯自由能 G_s 与体系总热力学性质的关系,有 $G_s A_s = G - G^A - G^B$,其中 G 是整个体系的吉布斯自由能;G^A 和 G^B 则分别是相 A 和相 B 的吉布斯自由能。由于 $G = \sum_i n_i \mu_i$,所以,有

$$G_s A_s = G - \sum_i n_i^A \mu_i^A - \sum_i n_i^B \mu_i^B \tag{13.2.2}$$

因此,可写成通式为

$$Y_s A_s = Y - \sum_i n_i^A y_i^A - \sum_i n_j^B y_i^B \tag{13.2.3}$$

其中,Y 可指任何一种热力学性质,Y_s 是单位表面面积的热力学性质,y_i 则是相应相中组分 i 的偏摩尔热力学性质。

在两相中的组分的化学势并不受表面积变化的影响,所以,将式(13.1.2)与式(13.2.2)合并,即可得到在恒定 T 和 P 下,封闭体系中(即组分 n_i 值恒定)表面积变化时的关系式

$$G_s dA_s = \sigma dA_s - \sum_i \mu_i^A dn_i^A - \sum_i \mu_i^B dn_i^B \tag{13.2.4}$$

由于平衡时,组分的化学势在体系的各处相等,所以,上述方程又可简写为

$$G_s dA_s = \sigma dA_s - \sum_i \mu_i (dn_i^A + dn_i^B)$$

其中,$\mu_i = \mu_i^A = \mu_i^B$。对封闭体系(即 $dn_i = 0$)来说,根据前面表面浓度的定义式(12.2.1),上式括号中的量等于 $-\Gamma_i dA_s$。所以,将两边除以 dA_s,则有

$$G_s = \sigma + \sum_i \mu_i \Gamma_i \tag{13.2.5}$$

对一元组分的体系来说,因为仅有一种组分,所以,其表面张力与其单位面积上的表面自由能相同。

将上式微分并代入 $dG_s = -S_s dT + V_s dP + \sum \mu_i d\Gamma_i = -S_s dT + \sum \mu_i d\Gamma_i$ (注:这里,$V_s = 0$),则有

$$d\sigma = -S_s dT - \sum_i \Gamma_i d\mu_i \tag{13.2.6}$$

上式由吉布斯导出,被称为**吉布斯吸附方程**。该式在表面热力学发展中起着重要作用。

如果问题所涉及的是表面接触的一个小体积中的界面,则问题转化为该接触

体积本身。Cahn(1979)导出了下面的关系式:

$$\mathrm{d}\sigma = -[S]\mathrm{d}T + [V]\mathrm{d}P - \sum_i [\Gamma_i]\mathrm{d}\mu_i \qquad (13.2.7)$$

其中,方括号中的变量均指该接触体积的性质。

13.3 温度、压力和组成对表面张力的影响

温度和压力对界面及其表面张力的影响可由式(13.2.6)导得。将式对温度求导,则

$$\left(\frac{\partial\sigma}{\partial T}\right) = -S_s - \sum_i \Gamma_i\left(\frac{\partial\mu_i}{\partial T}\right)_{P,n_{j\neq i}} = -S_s + \sum_i \Gamma_i s_i \qquad (13.3.1)$$

同样,在恒温下对压力求导,有

$$\left(\frac{\partial\sigma}{\partial P}\right) = -\sum_i \Gamma_i v_i \qquad (13.3.2)$$

上述两式中的 v_i 和 s_i 分别是体相中组分 i 的偏摩尔体积和偏摩尔熵。很显然,根据式(13.2.7),表面张力与压力和温度有关。

考察一下溶液中一个由两组分 1 和 2 组成的一个相的表面。在恒温下,式(13.2.6)成为

$$\mathrm{d}\sigma = -\Gamma_1\mathrm{d}\mu_1 - \Gamma_2\mathrm{d}\mu_2 \qquad (13.3.3)$$

如果所选的界面的条件满足 $\Gamma_1 = 0$(图 13.3),则

$$\Gamma_2 = -\left(\frac{\partial\sigma}{\partial\mu_2}\right)_T = -\frac{1}{RT}\left(\frac{\partial\sigma}{\partial\ln f_2}\right) \qquad (13.3.4)$$

其中,f 代表逸度(式(8.4.1))。对理想溶液或者满足亨利定律的稀释溶液来说,有 $\mathrm{d}\mu_2 = RT\mathrm{d}\ln X_2$,所以,有

$$\Gamma_2 = -\frac{1}{RT}\left(\frac{\partial\sigma}{\partial\ln X_2}\right)_T \qquad (13.3.5a)$$

这样,如果存在表面吸附作用的话,即有 $\Gamma_2 > 0$,而因有溶液组分加入到总相或溶液组分活度的增加,则表面张力减少。由于吸附作用的效应,纯相材料的表面张力是很难从实验室里取得的。利用式(13.3.5a),溶质的表面浓度可以从表面张力的变化作为溶质的摩尔分数或逸度的函数而得到。

Halden 和 Kingery(1955)测定了氧、硫和碳的吸附作用对熔融铁的表面张力的影响(图 13.4)。如后面将看到的,硫和氧的吸附作用所导致的熔融铁的表面张

力减少的效应在地球和火星的地核生成中起重要的作用。

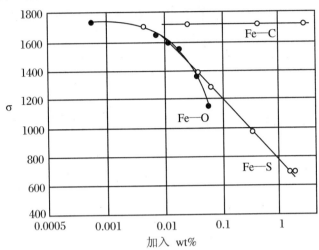

图 13.4　碳、硫和氧的加入对与空气接触的液态铁的表面
张力(σ,dyn/cm)的影响(Halden et al,1955)

13.4　裂纹扩展

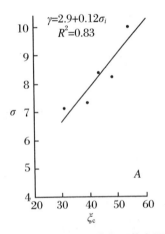

图 13.5　在不同化学环境中石英表面张
力($\times 10^5$ J/cm^2)与裂纹扩展
所需应力(MPa)之间的关系
(Dunning et al,1984)

定性来说,产生裂纹所需的应力取决于产生一个新的表面所需的能量。因此,吸附溶质造成的减少表面张力或表面自由能的效应也起到了影响固体中裂纹扩展的作用。固体中裂纹扩展所需的临界应力 ξ_c 和表面应力的函数关系为(Lawn et al,1975)

$$\xi_c = \left(\frac{2E\sigma}{(1-\nu^2)\pi c} \right)^{1/2} \qquad (13.4.1)$$

其中,E 是扬氏模量,ν 是泊松比,c 是声速。化学吸附作用减少表面自由能使得裂纹扩展所需的临界应力值降低。图 13.5 显示了不同化学环境条件下测定的石英表面自由能值与同一环境中

的裂纹扩展所需临界应力的关系。可见,化学吸附作用减少表面自由能的效应对弱化地质材料起到重要的影响(Dunning et al,1984)。被高表面活性的盐水所饱和的岩体较之干燥的岩体或含少量纯水的岩体要脆弱的多,并且有更多的微裂隙。此外,由于化学渗透导致的表面张力或表面自由能的减少,也可能使得已闭锁的断层产生应力。

13.5 晶体的平衡形状

Gibbs(1993)和 Curie(1885)分别提出过颗粒的平衡形状即是其表面积上的表面自由能为极小值时的形状。就是说,平衡形状的形成过程是寻求 $\sum G_{s(J)} A_{s(J)}$ 量的最小值的过程,其中 $G_{s(J)}$ 和 $A_{s(J)}$ 分别是特定的界面自由能和第 J 个表面面积。为简化讨论起见,设定体系仅一种组分,所以 G_s 就等于其表面张力(式(13.2.5))。如果 σ 与方向无关,则平衡形状就是球形,因为这是对于给定体积具有最小面积的几何形状。而如果 σ 与表面的方向有关,则 Gibbs-Curie 问题的答案要取决于所谓的 Wulff 定理。下面简述如何用该理论来确定晶体的平衡形状的方法(Herring,1953)。

从晶体的中心作一系列的辐射线,使得每条线的长度与垂直该线的面的表面张力成正比。每条线所用的比例相同。这样构建的结果就会形成一个封闭体,而封闭体的表面包含了表面张力在各方向上变化的信息。图 13.6 即代表了这样一个封闭体的一个剖面,通常称为 γ 图,但这里为了和本书的符号相一致,称其为 σ 图(因为本书中 γ 通常用于活度系数)。在每一条矢径与封闭表面相交点作该矢径的垂直面。这些被各矢径线没有交叉过别的晶面而直接到达的晶面构成了晶体的平衡形状。图 13.6 显示了一个二维例子。对各向同性的液体来说,上述过程就产生了一个球形 σ 图,所以晶体的平衡形状是一个球体。

由于表面张力与吸附作用有关,因此固体的平衡晶体形状也不是一致的,而与环境有关。图 13.7 显示了黄铁矿(FeS_2)在不同的地质环境下形成的不同的平衡形状,这些形状说明了吸附作用在造成晶体形态中的影响。Li 等(1990)给出了 KCl 晶体在所处的不同 Pb^{2+} 浓度过饱和溶液环境中的晶体形状。

Herring(1953)强调,事实上只有少数固体晶体"有希望达到平衡形状"。这是因为,形成特定形状所要转移的大量原子所需的能量远超已有的与要达到的平衡晶体形状的表面能量之间的差异所产生的驱动力。但是,由于地质过程具有漫长

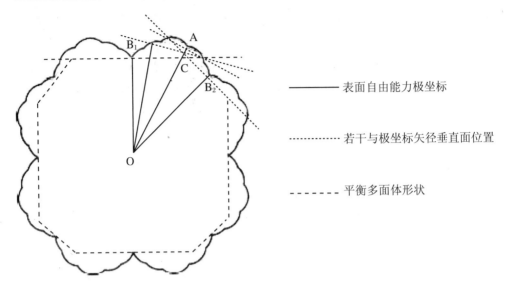

图 13.6　用 Wulff 理论构作晶体平衡形状方法示意图(Herring,1953)

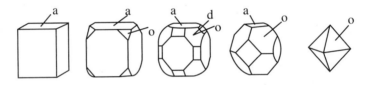

图 13.7　在不同环境中生成的黄铁矿晶体形状(Sunagawa,1957)

的退火时间,所以平衡形状也有可能实现。那些在最初很高温度下具有球体形状的晶体往往最终形成非球体的平衡晶体形状。

　　基于所谓晶体的平衡形状是在其表面能最小化条件下,可以设想晶体的主要一些晶面应该是那些具有相对较小表面能的面。另一方面,通常发现最主要的晶面是具有最大原子面密度的晶面。所以,一个给定晶体中具有最大原子面密度的晶面也具有最低的表面能。为了保持晶体的总密度,这些面也会有最大的晶面间隔。

　　Pierre Curie(1985;1859~1906)证明了一个达到了平衡形状的晶体,其中心到某晶面的距离(d_i)与晶面表面张力(σ_i)的比为常数,即有

$$\frac{d_1}{\sigma_1} = \frac{d_2}{\sigma_2} = \frac{d_3}{\sigma_3} = \cdots \tag{13.5.1}$$

其中,1,2,3等是各个平衡晶面。所以,表面张力越大的晶面,其面离晶体中心的距离越远。由于几何形状的限制,晶体晶面的面积取决于其到晶体中心的距离,距离越远,则晶面面积越小。图13.8是十字石晶体中与 c 轴垂直的一个剖面图。十字石是一种具有正交对称的棱柱状的矿物,其(001)面离中心最远。由各晶面的相

应距离和晶面大小,可以认为十字石中 $\sigma(110)<\sigma(010)<\sigma(001)$。

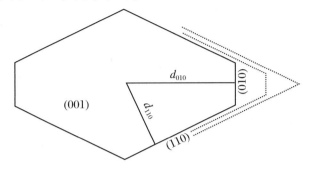

图 13.8　十字石晶体中与 c 轴垂直的一个剖面图

图中显示了晶面的相对尺寸。根据晶面大小和它们到中心的

距离,可以得出 $\sigma(110)<\sigma(010)<\sigma(001)$ (Philpotts,1990)

　　Becke(1913)第一个发现并被后人证实,自然界岩石中的许多变质矿物较之其他矿物的晶面发育得更好。在变质岩中的矿物可以按照它们形成的自形颗粒,排列成所谓的变晶系列(Muller,Saxena,1977;Philpotts,1990)。这实际上反映了矿物的表面能量。当矿物在岩石中成长时,有些矿物的一些晶面发育很完整,而有些矿物则充填空隙形成他形晶体。如 Philpotts(1990)所讨论的,为了达到表面自由能对岩石整个自由能的贡献最小,则需要岩石中各种矿物的晶体特性之间仿佛有一种相互妥协,即表面能较高的矿物具有较小的晶面,反之,表面能较低的矿物具有较大的晶面。

13.6　接触角和双面角

　　当三个不同晶体的晶面沿着一条线相交时,晶面之间的平衡角度在流体静力学条件下就由晶面的界面张力控制(Gibbs(1993)证实了大量晶体颗粒之间接触的不稳定性)。图 13.9 显示了在表面张力和接触角度之间的平衡关系。图中,设三种晶体颗粒 1,2 和 3 相交在一条线上。设 α,β 和 γ 是它们的接触角度,$\boldsymbol{\sigma}_{12}$,$\boldsymbol{\sigma}_{23}$ 和 $\boldsymbol{\sigma}_{13}$ 是表示界面张力的矢量。每个界面张力都从点 P 处发出力。平衡时,σ_{12} 方向上力的大小等于由 P 点向右侧方向上的净合力。该净合力是沿着 $1-3$ 和 $2-3$ 界面的张力在 $\boldsymbol{\sigma}_{12}$ 作用力线上的法向投影的总和。这样,如果界面张力与方向无关,则平衡时有

$$\sigma_{12} = \sigma_{13}\cos\varphi_1 + \sigma_{23}\cos\varphi_2 \qquad (13.6.1)$$

其中，σ_{ij} 是矢量 $\boldsymbol{\sigma}_{ij}$ 的量度。

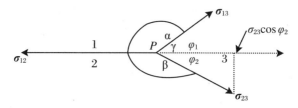

图 13.9　作用在三个晶体颗粒 1,2 和 3 的连接点的表面张力矢量示意图

平衡时，$\boldsymbol{\sigma}_{23}$ 和 $\boldsymbol{\sigma}_{13}$ 在虚线（即 $\boldsymbol{\sigma}_{12}$ 作用线）上的投影的总和，即 $\sigma_{23}\cos\varphi_2 + \sigma_{13}\varphi_1$ 等于 $\boldsymbol{\sigma}_{12}$。

图中，角度 γ 叫作双面角，这时的 $\boldsymbol{\sigma}_{12}$ 为同一相的两个颗粒之间的表面张力

如果所有表面张力的大小相等，即 $\sigma_{12} = \sigma_{13} = \sigma_{23}$，上式成为

$$\cos\varphi_1 = 1 - \cos\varphi_2 \tag{13.6.2}$$

当 $\varphi_1 = \varphi_2 = 60°$ 时，上式有唯一解，即 $\gamma = \varphi_1 + \varphi_2 = 120°$，而 $\alpha + \beta = 360° - 120°$。既然 $\sigma_{23} = \sigma_{13}$，故 α 和 β 必然相等。所以，有 $\alpha = \beta = \gamma = 120°$。同一种矿物的三个颗粒有时会满足表面张力的等同条件。

Kretz(1994)汇总了有关麻粒岩中若干种矿物的三个晶粒连接点处接触角的测定值，证实了单种矿物情况下，接触角度接近 $120°$。图 13.10 是一个例子：一种矿物与另一种矿物的两个晶粒相交，例如，单斜辉石和方柱石（Cpx 和 Scp-Scp），可见同一种矿物晶粒的界面角，即**两面角**，不再等于 $120°$。这就是在同种矿物对之间和不同种矿物对之间的表面张力不同之故。

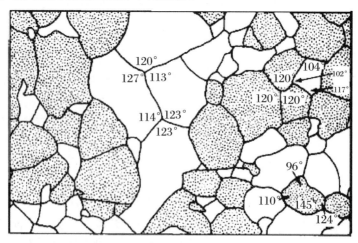

图 13.10　麻粒岩中同种矿物的三颗粒接触点的接触角示意图

图中，有点颗粒为 Ca-辉石；未画点的颗粒为方柱石(Kretz,1966)

利用式(13.6.1)，并假定表面张力与方向无关，则可由同种矿物对之间和不同

种矿物对之间的表面张力得到两面角的大小。设 1 和 2 是同相 A 的两个颗粒,3 是另外一相 B 的颗粒(图 13.9),则有 $\alpha = \beta$,且 $\varphi_1 = \varphi_2 = \gamma/2$。将 σ_{12} 写作 σ_{AA};$\sigma_{13} = \sigma_{23}$ 写作 σ_{AB}。则式(13.6.1)成为

$$\frac{\sigma_{AA}}{\sigma_{AB}} = 2\cos(\gamma/2) = 2\cos\theta \tag{13.6.3}$$

其中,$\theta = \gamma/2$。图 13.11 说明了上式关系,即两面角大小随同种矿物对之间和不同种矿物对之间的表面张力的比值变化的函数关系。

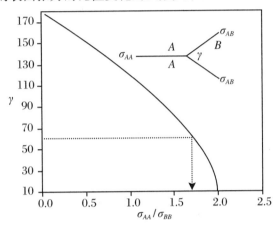

图 13.11　双面角 γ 随相同相之间和不同相之间的表面张力比值的变化图

图中箭头所示,当固-固相和固-液相之间的表面张力比为 1.73 时,对应的完全流通的液相的双面角为 60°。当 γ 小于或等于 60°时,则沿着颗粒边缘粒隙会有网络状的流体通道存在

很显然,如果表面张力与方向无关的话,则双面角等于 180°的情况将不可能出现,因为这意味着 $\sigma_{AA} = 0$,即在物理学意义上不可能发生。但事实上,双面角为 180°的情况在天然岩石中常被看到。图 13.12 中,在角闪石和两个黑云母晶粒之间的双面角,以及黑云母和两个角闪石晶粒之间的双面角均为 180°。这种现象通常用表面张力与方向有关来解释。如果设 σ_{13} 和 σ_{23} 与方向有关,即 $\sigma_{13} = f(\varphi_1)$,$\sigma_{23} = f(\varphi_2)$,就可导出表面达到平衡时的以下关系式(Herring,1953):

$$\sigma_{12} - \sigma_{13}\cos\varphi_1 - \sigma_{23}\cos\varphi_2 + \frac{\partial\sigma_{13}}{\partial\varphi_1}\sin\varphi_1 + \frac{\partial\sigma_{23}}{\partial\varphi_2}\sin\varphi_2 = 0 \tag{13.6.4a}$$

对于表面张力是恒定的情况,上式即转化为式(13.6.1)。

双面角与压力和温度的函数关系也容易通过对式(13.6.3)的微分来导得。据 Passeron 和 Sangiogi(1985),有

$$\sigma'_{AA} = 2\sigma'_{AB}\cos\theta - 2\sigma_{AB}\sin\theta(\theta') \tag{13.6.4b}$$

或

$$\theta' = \frac{2\sigma'_{AB}\cos\theta - \sigma'_{AA}}{2\sigma_{AB}\sin\theta} \tag{13.6.5}$$

其中,上标撇号指对压力或温度的一阶导数。显然,当 $2\sigma'_{AB}\cos\theta = \sigma'_{AA}$ 时,双面角($\gamma = 2\theta$)与温度(或压力)无关;而当 $2\sigma'_{AB}\cos\theta$ 大于或小于 σ'_{AA} 时,则双面角将随温度(或压力)的增加或减小。

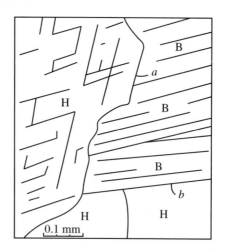

图 13.12　在角闪石(H)和黑云母(B)之间的 180°的接触角

界面 a 与角闪石的(110)平行;界面 b 与黑云母的(001)平行

(Kretz,1966)

　　双面角的变化可以是线性的或非线性的。图 13.13 显示了 Zn‐Sn 和 Ni‐Pb 体系的熔体和固体之间的双面角随温度的变化。在 Zn‐Sn 体系中,当温度达到 325 ℃以上,双面角非常快速地呈非线性下降,在 340 ℃时甚至降到零。而 Ni‐Pb 体系,其双面角随温度的变化呈线性变化。图 13.14 显示了在石英岩基质中的 H_2O‐CO_2 流体的双面角在 4 kbar 条件下随温度的变化(Holness,1993)。但是,要根据这些图中的 γ 值随 T 的变化推延出超过实验条件下的双面角随温度的变化,则还需要慎行。

　　Passeron 和 Sangiorgi(1985)根据双面角的变化,并假定在一定范围内双面角随温度的变化呈线性,导出了温度和表面张力的关系式。该假设意味着双面角对温度的二阶微分,θ'' 值为零。推导过程首先是将式(13.6.4)对温度求导,再设 $\theta'' = 0$,从新整理,可得

$$\sigma'_{AB} = -\sigma_{AB}\left(\frac{\theta''}{2\theta'} + \frac{\theta'}{2\tan\theta}\right) \tag{13.6.6a}$$

$$\sigma'_{AA} = -\sigma_{AB}\left(\frac{\theta''}{\theta'}\cos\theta + \frac{1+\sin^2\theta}{\sin\theta}\theta'\right) \tag{13.6.6b}$$

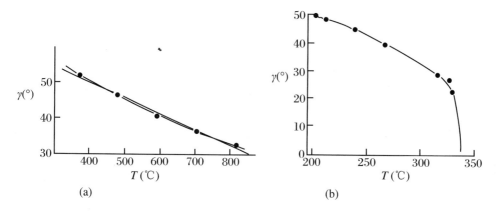

图 13.13　在 Ni‑Pb 体系(a)和 Zn‑Sn 体系(b)中双面角随温度的变化

(a)中的两条曲线分别为采用线性和非线性函数作的拟合(Passeron et al,1985)

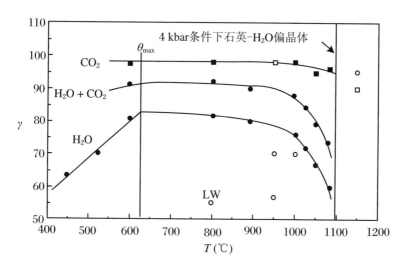

图 13.14　在 4 kbar 条件下,石英岩基质中 H_2O‑CO_2 流体的双面角随温度变化的实验测定值

图中实心圆点据 Holness(1993),其余空心圆圈系据其他资料

13.7　双面角与互连的熔体或流体通道的关系

一个给定体积分数的流体可能会形成一个连通的网络或者维持一个孤立的囊形,对此,两个晶粒和一个流体相的三联点的双面角可以起很重要的判断依据作用。首先,可以确定熔融程度,即在源区的部分熔融岩石中所保持的熔融分数的大

小。其次,可以确定熔融组成,行星内核分离作用所需的熔融量,以及变质岩中流体的渗透性。玄武岩浆要向上浸透至地幔,则其较低密度的岩浆必须形成一个连通的网络。而在地幔环境中,形成这种连通网络的熔融分数的大小与岩浆和地幔矿物的双面角相关。此外,部分熔融岩石的物理性质与熔体的分布有关。

当双面角所涉及的相包括熔体时,也称之为**润湿角**。Smith(1964)研究了金属中的液相分布。他发现,当 σ_{AA} 对 $\sigma_{A-熔体}$ 的比值大于 $\sqrt{3}$(或 1.73)时,液相总是形成贯穿金属颗粒的三维网络。而另一方面,当 σ_{AA} 对 $\sigma_{A-熔体}$ 的比值小于 $\sqrt{3}$ 时,液相会在金属的一些角部位置形成孤立的囊形。与该表面张力的临界比值所对应的是一个 $60°$ 的双面角(图 13.11)。此后,Balau 等(1979)以及 von Bergen 和 Waff(1986)先后证明了在若干条件下:① 流体静应力;② 固体和熔体之间的界面曲率恒定;③ 双面角大小与方向无关,则不论熔体的体积分数如何,熔融相都会沿着颗粒的边缘形成互连的通道,其时,$0<\gamma<60°$,而当 $\gamma=0$ 时,则只在颗粒表面熔融。图 13.15 中显示了熔融体积分数保持在 0.01 和润湿角为 $50°\sim60°$ 时熔体通道的形状。如果润湿角大于 $60°$,则为了能形成互连的通道,熔体体积分数需达到一定有效数值。而当熔体分数小于该临界值时,则熔体就像被掐断了一样。图 13.16 显示了 von Bergen 和 Waff(1986)所计算的有**连接**边界的熔体和**断了连接边界**的熔体的润湿角或双面角与熔体体积分数之间的关系。图中两条曲线之间的范围内可以形成断开连接的边界或继续保持连接的边界,取决于固体-熔体界面的曲率。Balau 等(1979)及 von Bergen 和 Waff(1986)的成果对于地球和行星体系中有关双面角的大量研究起了基础性的作用。下面将讨论几个例子。有关利用部分熔融实验截面中实测的表观双面角的分布来得到实际双面角的问题可参见 Jurewicz(1986)的研究。

13.7.1 岩石中熔融相和熔体薄膜的连通性

对于地质体系的熔体润湿角的大量研究提供了有关岩体中熔体连通性的认识。例如,与组成为拉斑玄武岩到霞石玄武岩范围之间的玄武岩浆接触的橄榄石,在 $10\sim30$ kbar 和 $1230\sim1260$ ℃条件下,其润湿角平均值为 $20°\sim37°$(Waff,Balau,1982)。对于橄榄岩熔融,橄榄石-熔体的润湿角为约 $45°$,而辉石-熔体的润湿角为 $60°\sim80°$(Toramuru,Fuji,1986)。Kohlstedt(1992)曾报道了上地幔岩石中的平均润湿角为 $20°\sim50°$。对与石英或长石接触的花岗岩流体,其润湿角的中间值分别为 $60°$ 和 $50°$(Jurewicz,Watson,1985)。Rose 和 Brenan(2001)研究了与橄榄石接触的 Fe-Ni-Co-Cu-O-S 熔体的润湿角,并讨论了在硫化物熔体流动性

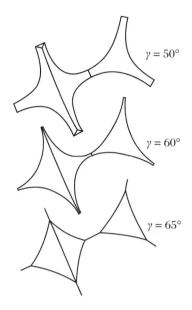

图 13.15 熔融体积分数为 0.01,润湿角为 50°～65°
之间条件下的熔体互连通道形状

与此相比,润湿角为 20°～50°之间的熔体互连通道的形状变化不

大(von Bergen,Waff,1986)

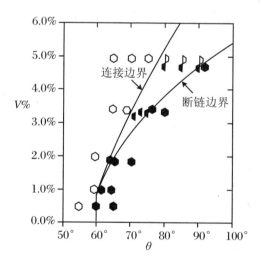

图 13.16 断链边界和连接边界的熔体体积分数 $V\%$ 及
双面角(或润湿角)θ 值的关系

空心六边形:具有互连通道;实心六边形:孤立囊熔体;半六边形:或具有互连通道

或孤立囊(von Bergen et al,1986)

研究中的应用。

Hess(1994)分析了很薄的熔体膜的热力学性质。他证实了即使当固相与熔体相之间的润湿角大于零度,在晶体表面之间仍会有薄的熔体膜存在。这是因为熔体膜的热力学性质和那些形成了双面角的熔体相的热力学性质是不同的。Von Bargen 和 Waff(1986)对润湿角与晶体表面间存在的熔体相的关系作了研究,但尚未对上述两者的区别加以分析。有兴趣的读者可参考 Hess(1994)关于地幔岩石中玄武岩熔体的热力学分析和熔体薄膜存在的可能性讨论。

13.7.2　地球和火星中内核的形成

基于地球物理的各种证据,以及相平衡和密度的数据资料,一般都公认,地核和火星内核是由铁和溶于其中的硫和氧组成的。液态金属从固态硅酸盐基质中的分离作用需要熔体的连通性。在应力分布满足流体静力学条件下,该连通性与熔体分数的大小以及双面角或润湿角有关。

Gaetani 和 Grove(1999)在总压力为 1 bar,其中 $\lg f(O_2) = -10.3 \sim -7.9$ bar;$\lg f(S_2) = -2.5 \sim -1.5$ bar 条件下,测定了 Fe‐O‐S 熔体和橄榄石之间的双面角。他们发现当 $f(O_2)$ 接近 Fe‐FeO 的氧的缓冲带条件时($Fe + 1/2 O_2 \Longrightarrow FeO$),只有少量氧溶于硫化物熔体中,并且润湿角几乎为 $90°$,以致失去熔体的连通性。但当 $f(O_2)$ 的条件接近石英‐铁橄榄石‐磁铁矿缓冲带时(即 $3Fe_2SiO_4 + O_2 \Longrightarrow 2Fe_3O_4 + 3SiO_2$),氧在熔体中的溶解度大大增加直到质量分数为 9%,而润湿角则下降到 $52°$,熔体连通起来。从图 13.11 可以看到,橄榄石和铁质熔体之间润湿角的下降意味着表面张力比值 $\sigma_{Ol-Ol}/\sigma_{Ol-Fe(melt)}$ 的增加,及由此随着氧在液态金属中溶解度的增加,$\sigma_{Ol-Fe(melt)}$ 值的减少。所以,液态铁熔体中氧的溶解度对于熔体和橄榄石之间表面张力的效应就相当于其对熔体和空气之间的表面张力的影响(见图 13.4)。

由于表面张力受压力影响,在地幔硅酸盐和 Fe‐O‐S 熔体之间的双面角或润湿角也会极大地受压力的影响。因为在橄榄石‐熔体界面上的氧和硫的吸附作用,表面张力 $\sigma_{Ol-Fe(melt)}$ 值会随着压力的增加而减少,见式(13.3.2),因此,导致双面角的加大(图 13.11)。Terasaki 等(2005)测定了压力为 20 GPa 条件下的橄榄石和 Fe-O-S 熔体之间的双面角。这一压力条件更接近地核和火星内核的形成条件。结果显示在图 13.17 中。与 Gaetani 和 Grove(1999)的测定结果相比,双面角有明显增加。但是,Terasaki 等(2005)的测定数据并没有显示出双面角在压力和温度分别为 3.5 GPa、1377 ℃ 直到 20 GPa、1927 ℃ 的范围内有什么明显变化。然而,需指出的是,这种情况并不说明在上述范围内双面角不受压力和温度的影响,因为压力的增加实际上伴随温度的增加,而两者变化的效应相互抵消。图 13.18显示了橄榄石基质中 Fe-S-O 熔体囊的透射电子显微镜(TEM)的图像。其中在初始混合物中的铁-硫的体积百分比为 2%。由图中箭头所示的邻近的橄榄石晶粒界面的 TEM 高分辨率图像可见没有任何熔体膜的迹象。该晶面的双面角约为70°。所以,熔体膜的缺失证实了 von Bargen 和 Waff(1986)在理论上的预见(图13.16)。

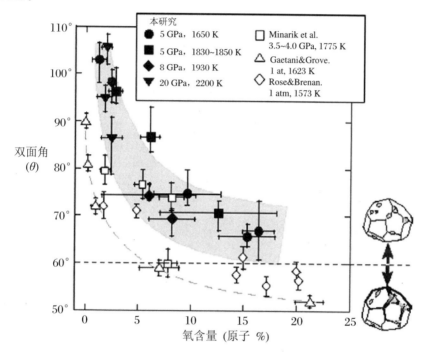

图 13.17　在高压高温条件下橄榄石基质中双面角或润湿角

随 Fe-O-S 熔体中氧含量的变化

实心符号:Terasaki 等(2005)的实验结果;空心符号:取自其他研究者(见 Terasaki et al,2005)

在 von Bergen 和 Waff(1986)之后,Terasaki 等(2005)计算了熔体连接和熔体断开的熔融界限(熔融分数)随橄榄石中 Fe/(Fe + Mg) 的摩尔比(写作 Fe♯)变化的函数关系,在图 13.19 中显示了含 S 量为 10% 和 14% 的地核和火星内核的橄榄石的 Fe♯。从图中箭头所示的地球地幔和火星地幔中橄榄石的 Fe♯ 值可知,对地球地幔来说,熔体连接的界限正好处在熔融分数为 9.5%(体积分数)处,而对火星地幔则为 6%(体积分数)。该结果表明如果地球和火星的地核是由金属熔体的浸透作用形成,并且应力分布满足流体静力学条件,则金属熔体的体积分数应当大

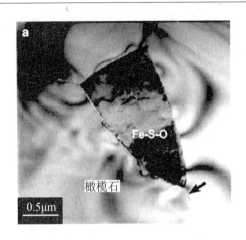

图 13.18 橄榄石颗粒中包含的 Fe-S 熔体囊的 TEM 像

图中,箭头所示处的橄榄石晶面的高分辨 TEM 像没有显示熔体膜的存在。实验条件为 4.6 GPa,1960 K(Terasaki et al,2005)

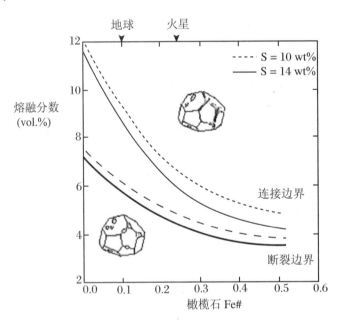

图 13.19 铁-硫化物熔体连接和断裂的熔融边界(熔融分数)随橄榄石中 Fe/(Fe+Mg)比值(即 Fe♯)变化的函数关系图

其中,设地球和火星内核的含硫量分别为 10%(虚线)和 14%(实线)。地球地幔和火星地幔的橄榄石的 Fe♯ 如图中箭头所示(Terasaki et al,2005)

于上述临界值。但当熔融终止且小于临界范围时,则在硅酸盐基质中会形成独立的熔体囊。地球化学研究证明了 Fe‐O‐S 熔体与行星硅酸盐地幔的分离作用发生在地核形成过程中。所以,同样的机理也包含在失去连接的金属熔体进入内核中。所以存在着一种可能是硅酸盐大范围地熔融形成所谓的"岩浆洋"(参见 11.3 节)。另一种可能性则是在内核形成过程中地幔不存在非静力学应力的条件。Bruhn 等(2000)证明具有很大应变速度的剪切形变也可以造成在初始就断开连接的金属熔体囊之间有大量的连通性。此外,在其他元素(例如 Si)加入情况以及 Terasaki 等(2005)的实验没有设计到的地质条件下,地幔矿物和 Fe-O-S 熔体之间的双面角也会减少到 60°临界值以下。

13.8　表面张力和晶粒粗化

　　无论是矿物晶粒,液滴还是气泡,当存在一个弯曲界面时,在其界面上都有压力梯度,并且表面上的组分的化学势也会随其表面曲率的增加而增加。所以,曲率越大的晶粒(即小颗粒)往往会消失而留下曲率较小的晶粒(即大颗粒)。这样一个伴随着曲面体的表面积对体积比的平均值的减少而逐渐粗化的过程叫作**奥斯特瓦尔德(Ostwald)熟化**。

　　为了理解上述现象的热力学基础,可以用一个球型气泡的生长作为一个例子(见图 13.20)。该气泡和液体一起组成的体系具有固定的体积和温度。气泡里的压力 P_i 必须大于外部压力 P_{ex},若不然气泡就会瘪掉。可以推导压力差 $P_i - P_{ex}$ 的一个表达式。由于整个体系处于固定的 T,V 条件下,处理这类体系比较合适的热力学势为亥姆霍兹自由能,在体系平衡时,该势值趋于最小值。

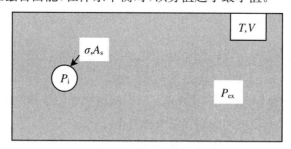

图 13.20　气泡生成示意图

图中,处于压力为 P_{ex} 的液态介质中的气泡内压为 P_i。整个体系保持在恒定的 T,V 条件下。σ 是气泡-液体界面的表面张力;A_s 是气泡的表面积

　　设 V_b 和 V_{ex} 分别为气泡和外部介质的体积;A_s 为气泡表面积。据式(13.1.3),常温和组成不变条件下,气泡体积的无限小量的改变所引起的气泡亥姆霍兹自由能的变化为 $dF_b = -P_i dV_b + \sigma dA_s$,而周围液体亥姆霍兹自由能的变化为 $dF_{ex} = -P_{ex}$

dV_{ex}。气泡膨胀造成表面积改变而引起的外部介质的自由能变化忽略不计。由于整个体系的体积保持恒定,所以 $dV_{ex} = -dV_b$,因而有 $dF_{ex} = P_{ex}dV_b$。在平衡时,$dF_T = dF_b + dF_{ex} = 0$,其中 F_T 指整个体系的总亥姆霍兹自由能。因此,有

$$dF_T = 0 = -dV_b(P_i - P_{ex}) + \sigma dA_s \tag{13.8.1}$$

或

$$P_i - P_{ex} = \sigma \frac{dA_s}{dV_b} \tag{13.8.2}$$

对球体来说,其面积 $A = 4\pi r^2$;体积 $V = 4/3(\pi r^3)$,因而有 $dA_s = 8\pi r dr$ 和 $dV_b = 4\pi r^2 dr$。所以,就得到球形气泡的内外压力差为

$$P_i - P_{ex} = \frac{2\sigma}{r} \tag{13.8.3}$$

上述方程也用于球形液滴和球形固态晶粒。

上述方程为知名的**拉普拉斯(Laplace)方程**,使得可以将气泡的一种组分的化学势表示为曲面半径 r 的函数。在恒定外部压力条件下,同一种组分在半径为 r_1 和 r_2 的两个球形气泡中的化学势关系为

$$\mu_i(r_2) = \mu_i(r_1) + \int_{P_1}^{P_2}\left(\frac{\partial \mu_i}{\partial P}\right)dP = \mu_i(r_1) + \int_{P_1}^{P_2} v_i dP \tag{13.8.4}$$

其中,P_1 和 P_2 分别是半径为 r_1 和 r_2 的两个球形气泡中的压力,v_i 为组分 i 的偏摩尔体积。基本上可认为,当压力 P_1 和 P_2 之间变化很小时,该摩尔体积值也不变。所以上式中右侧最后一项就等于 $v_i(P_2 - P_1)$。用式(13.8.3),有 $P_2 - P_1 = 2\sigma(1/r_2 - 1/r_1)$,代入上式,即得

$$\mu_i(r_2) = \mu_i(r_1) + 2\sigma v_i\left(\frac{1}{r_2} - \frac{1}{r_1}\right) \tag{13.8.5}$$

此式即 Gibbs-Thomson **方程**的一般式。该式常被用来描述单组分体系,即一个半径为 r 的晶粒和大到足以使表面能值可忽略不计($1/r \sim 0$)的晶体之间吉布斯自由能之差(可回顾一下,单组分体系中,化学势与 G 值相同)。从上式很显然看到,如果 $r_2 > r_1$,则括号中的是负值,因此有 $\mu_i(r_2) < \mu_i(r_1)$。换言之,一个组分的化学势随着颗粒的增大而减小。因此,如果有化学转移的动力作用的话,组分一定是从小颗粒向大颗粒转移,从而小颗粒越来越小,而大颗粒越来越大(这好比说,富的越来越富,穷的越来越穷)。

Kretz(1994)讨论了在变质岩中观察到的晶粒粗化现象,认为这是自然环境中一个复杂的过程,特别是当有变形作用发生以及岩石的温度增加时。Joesten

(1991)汇总了有关晶粒粗化的自然界观察的和实验室研究的结果。Kretz(1994)得出结论,认为由表面能驱动的晶粒粗化作用在许多单矿物岩石中是显而易见的,例如大理石和石英岩,在合适条件下,具有两种或两种以上矿物的岩石中也可发生。Cashman 和 Ferry(1988)以及 Miyazaki(1991)也主张在石英-长石基质中的石榴石晶体的粗化是由表面能驱动的。但 Kretz(1994,2006)基于自然观察和理论研究不同意该结论(Atherton,1976;Carlson,1999)。他强调的事实是与无黏聚力相关的表面能量是很小的量,例如在金属中大约是 1×10^{-4} J/cm² (Raghavan et al,1975)。Kretz(2006)认为在石榴石-长石和石榴石-石英界面也是相同的数值。这样,对摩尔体积为 115.1 cm³ 的铁铝榴石来说(此值与 Ganguly 等(1996)得到的铁铝榴石的偏摩尔体积值相同),根据式(13.8.5)可算出,大的晶粒($1/r \sim 0$)的铁铝榴石的化学势较之半径为 0.1 mm 的小晶粒的化学势仅少 2.3×10^{-2} J/mol。这种数量级上的差异对于要驱动铁铝榴石组分从小晶粒到大晶粒的扩散似乎还太小。

13.9 颗粒大小对溶解度的影响

下面讨论溶体中粒子大小对其溶解度的影响。半径为 r 的晶粒的溶解过程可以用下面的反应表示,即

$$i(固体,r) \rightleftharpoons i(液体) \tag{13.9.a}$$

将固体的标准态选为目标 $P\text{-}T$ 条件下的纯固体,并设其半径 r^* 足以大,以致 $2\sigma v_i / r^*$ 项的值可忽略不计。将此标准态记为 $\mu_i^{o,s}(r^*)$。这样,根据式(13.8.5),有

$$\mu_i^s(r) = \mu_i^s(r^*) + \frac{2\sigma v_i}{r}$$

或

$$\mu_i^s(r) = \mu_i^{o,s}(r^*) + RT\ln a_i^s(r^*) + \frac{2\sigma v_i}{r} \tag{13.9.1}$$

对上述反应(13.9.a),平衡时有 $\mu_i^s(r) = \mu_i^l$,所以

$$\mu_i^{o,s}(r^*) + RT\ln a_i^s(r^*) + \frac{2\sigma v_i}{r} = \mu_i^{o,l} + RT\ln a_i^l(r) \tag{13.9.2}$$

其中,$\mu_i^{o,l}$ 代表液体中 i 的标准态,即选择在所研究 $P\text{-}T$ 条件下的 i 的纯液态; $a_i^l(r)$ 是与半径为 r 的晶粒平衡的液体中 i 的活度。

因为 $\Delta_r G^\circ(P,T) = \mu_i^{\circ,l} - \mu_i^{\circ,s}$,将上式重新整理,则有

$$RT\ln\frac{a_i^l(r)}{a_i^s(r^*)} = -\Delta_r G^\circ(P,T) + \frac{2\sigma v_i}{r} \qquad (13.9.3)$$

上式也可用不受晶粒大小影响的平衡常数 K 来表示,即代入 $K = \exp[-\Delta_r G^\circ(P,T)/RT]$,则上式成为

$$\frac{a_i^l(r)}{a_i^s(r^*)} = K\exp\left(\frac{2\sigma v_i}{rRT}\right) \qquad (13.9.4)$$

此式最早由 Lasaga(1998)导出。如果处理的是纯固体,则有 $a_i^s(r^*)=1$。因此,很显然,固相的溶解度随着颗粒的变小而增加。然而,还是存在着一个颗粒大小的阈值,一旦小于此值,颗粒大小的影响就非常明显。

根据上述方程,当纯固体的颗粒大小从 r^* 减小到 r 时,溶液中一种组分的活度的增加为 $\Delta a_i^l = a_i^l(r) - a_i^l(r^*) = K(e^\varphi - 1)$,其中 φ 为式(13.9.4)右侧括号中的项。所以,半径为 r 的颗粒的活度 a_i^l 的相对比重的增加,即溶解度的增加,可表示为

$$\frac{\Delta a_i}{a_i^l(r^*)} = \frac{K}{a_i^l(r^*)}(e^\varphi - 1) = (e^\varphi - 1) \qquad (13.9.5)$$

上式中最后一个等号反映了一个事实,即当固体为纯相,$r=r^*$ 时,则 $a_i^l = K$。为了说明此式的应用,用石英晶粒的大小对其溶解度的影响为例,假设晶粒为球体。Parks(1984)研究了石英在不同环境下的表面张力。在与液态水接触的环境中,表面张力为 $360(\pm 50)\,\mathrm{mJ/m^2}$。图 13.21 显示了石英的溶解度随着其晶粒半径的减小而增加的计算结果,其中采用了 $\sigma = 360\,\mathrm{mJ/m^2}$,$v = 22.7\,\mathrm{cm^3/mol}$。可以发现,当颗粒小于 $0.25\,\mu m$ 时,石英的溶解度快速增加。

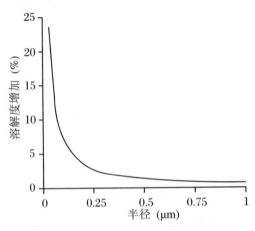

图 13.21 温度为 25 ℃条件下,石英的溶解度随其晶粒大小的变化曲线

相比较可见,对大的颗粒,其表面能的影响可忽略不计

13.10　出溶片晶的粗化作用

在实验研究中常常观察到一种现象,即当矿物在某个动力学上有利的温度退火时,其出溶的片晶逐渐粗化。这种现象是上述"奥斯特瓦尔德(Ostwald)熟化"的另一类例子。

Brady(1987)特别注意到这样一个事实,如图 13.22 所示,连续粗化的出溶片晶不可能出现具有非常平整表面的晶面,这是因为整个过程不能导致片晶的表面积与体积之比值降低,并且,由于同一种组成的片晶的平整表面上组分的化学势是相等的,因此,缺少一定的驱动力将组分从一个片晶转移到另一个片晶上去。因此,Brady(1987)提出,片晶的粗化过程实际上是那些有着楔形边缘的片晶(以下简称 WSE)逐渐延展,转而发育成长为平整表面的片晶的过程,如图 13.23(a)所示。在实验室样品和天然样品的透射电镜图像中都能看到有楔形边缘(WSE)的片晶。图 13.23(b)是来自小行星 Vesta(小行星带位于火星和木星之间轨道上)的一块陨石中辉石的一张透射电镜图片,其母岩是倍长玄武岩(或倍长辉长岩)。

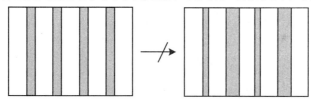

图 13.22　图示简单说明,以消耗已有的完美片晶而形成粗化的具有平整表面的完美出溶片晶是不可能的,因为并没有使得片晶的整个表面积对体积的比值有所减小

针对 WSE 消除过程中的对称性,Brady(1987)在 Gibbs 的基本原理基础上证明了在 WSE 的相 α 的摩尔吉布斯自由能 $G_m^\alpha(\text{WSE})$ 与具有完美平整面的相 α 的摩尔吉布斯自由能 $G_m^\alpha(\infty)$ 之间的差值为

$$G_m^\alpha(\text{WSE}) - G_m^\alpha(\infty) = \frac{2V_\alpha \sigma_{\text{LFS}}}{\lambda_\alpha} \tag{13.10.1}$$

其中,V_α 是出溶相 α 的摩尔体积,σ_{LFS} 是具有完美平整面的相 α 的表面自由能,λ_α 则是 WSE 片晶的平均宽度。图 13.23(a)说明,WSE 逐渐消除而形成具有较大晶面的片晶的出溶作用会导致整个体系的吉布斯自由能减少。

Brady(1987)提出了一个很适用于天然出溶作用的假设,即假设出溶片晶和主相均为二元溶液,并且主相与出溶片晶的两面都处于局部平衡。利用式(13.10.1)和有关组分流量随几何形状参数变迁的 Fick 定律,Brady(1987)导出了出溶片晶

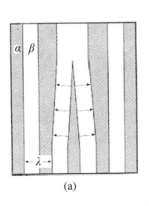

(a)   (b)

图 13.23   (a)具有较大的平整表面的相 α 的出溶片晶示意图;(b)来自陨星 Pasamonte 中辉石的出溶片晶(001)的[010]的暗场视像,据推测,该 陨星来自小行星 Vesta 的倍长玄武岩(或倍长辉长岩)

(a)图中楔形边缘的片晶的组分经穿越主相 β 的扩散作用形成较完整的片晶(Brady, 1987);(b)图中较暗的相是普通辉石,而浅色的相则是易变辉石。注意,在靠近图像中间 有楔形边缘的易变辉石

的粗化随时间变化的关系式为

$$\lambda^2 = \lambda_0^2 + kt \qquad (13.10.2)$$

其中,k 是速率常数,λ 是出溶片晶的平均间距(见图 13.23(a)),λ_0 是 λ 的初始值, 即 $\lambda_0 = \lambda(t = 0)$。

有关片晶粗化动力学的实验数据与上述方程式非常符合,如图 13.24 所示,λ^2

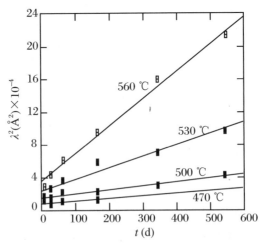

图 13.24   碱性长石($NaAlSi_3O_8$-$KAlSi_3O_8$)出溶片晶粗化作用 的实验结果,显示 λ^2 与温度和时间的关系

实验室的等温数据可用式(13.9.2)很好地拟合。实验数据来自 Yund 和 Davidson (1978)(Brady,1987)

与 t 之间有很好的线性函数关系。速率常数 k 是温度的函数,该值可以通过不同温度下实验室获得的 λ^2 与 t 之间的关系来确定。对上式在自然界中的应用有兴趣的读者可参阅 Schwartz 和 McCallum(2005)的文章,作者在观察辉石出溶片晶的粗化作用(图 13.23(b))和有关片晶粗化动力学的实验数据基础上,得到了来自小行星 Vesta 陨石(倍长辉长岩)的冷却速率。

13.11　成核作用

13.11.1　理论

从一相到另一相的相变需要成核作用和新相的生长。但是,由于表面能与新相初始的微小晶粒或晶胚的形成有关,所以只有那些尺寸上超过了一定临界值的晶胚才能进一步生长,形成新的相,而临界值以下的晶胚会消失。为了了解这一现象,接下来考察一个相变反应 $\alpha \rightarrow \beta$。从相 α 到相 β 晶胚相变的吉布斯能的变化为 ΔG_{e},如果只用两个项来表示 ΔG_{e},有

$$\Delta G_{e} = V_{e}(\Delta G_{v}) + A_{s}\sigma$$

其中,V_{e} 和 A_{s} 分别是晶胚的体积和表面积,ΔG_{v} 是与晶胚单位体积生长有关的吉布斯自由能的变化,而 σ 是晶胚和相 α 之间的表面张力。设晶胚为半径为 r 的球形,则有

$$\Delta G_{e} = \frac{4}{3}\pi r^{3}(\Delta G_{v}) + 4\pi r^{2}\sigma \tag{13.11.1}$$

式中,由于 $\Delta G_{v} < 0$(否则的话,从 α 到 β 的相变不可能发生),所以右侧第一项为负值,而右侧第二项为正值。两项加在一起的净和在一定的 r 值可达到最大,如图 13.25 所示。与最大的 $\Delta G_{e}(\beta)$ 值所对应的半径称为成核作用临界半径 r_{c}。在晶胚的 $r < r_{c}$ 情况下,由于晶胚的继续生长是要增加吉布斯自由能,因而逐渐消失,反之,在晶胚的 $r \geqslant r_{c}$ 的情况下,由于晶胚的继续成长是降低了吉布斯自由能,因而晶胚继续成长。所以 $r \geqslant r_{c}$ 的晶胚就成为**稳定核**。

将 ΔG_{e} 对 r 求导并求其极大值即可得到临界值 r_{c},即

$$\left(\frac{\partial \Delta G_{e}}{\partial r}\right) = 0 = 4\pi r_{c}^{2}(\Delta G_{v}) + 8\pi r_{c}\sigma = 4\pi r_{c}(r_{c}\Delta G_{v} + 2\sigma)$$

所以,有

$$r_{c} = -\frac{2\sigma}{\Delta G_{v}} \tag{13.11.2}$$

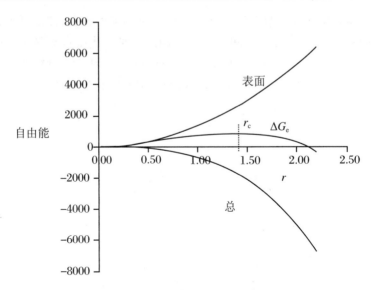

图 13.25　晶胚总表面自由能变化$(4\pi r^2\sigma)$,总自由能变化$(4/3\pi r^3(\Delta G_v))$

和净自由能变化(ΔG_c)三者随晶胚半径 r 变化的函数关系图

图中 r_c 为成核作用临界值

(上式中 $\Delta G_v<0$,因此 $r_c>0$。)

　　具有临界半径的晶核的一个平衡数目 N_c 可以由玻尔兹曼分布定律获得,即在一定能级上的粒子的分数等于 $\exp(-E/k_BT)$其中,E 是处于基态的粒子的能级,k_B是玻尔兹曼常数。所以,有

$$N_c = Ne^{-\left(\frac{\Delta G_o}{kT}\right)} \tag{13.11.3}$$

其中,N 是可能的成核位置数。

　　从式(13.11.2)可以清楚地看到,任何一个导致表面自由能减少的过程都有助于稳定核的生长。因此,像上面 13.3 节讨论过的,造成 σ 降低的吸附作用会促进稳定核的生长。另外,成核作用也容易发生在晶体边界上。这是因为晶体边界的破坏(成核作用的结果)会释放一些能量,这些能量有助于提高克服成核作用能障所需的总能量。Kretz(1994)和 Lasaga(1998)的文中有与地质作用相关的成核作用的详细讨论,有兴趣的读者可参阅。

13.11.2　陨石中金属的微观结构

　　含有 Fe-Ni 合金的铁陨石和石铁陨石分别显示出不同的微观结构。合理解释造成这些微观结构的有关能量和结构形成过程,对了解陨石的热演变史和金属与硅酸盐之间的化学相互作用有着重要意义。图 13.26 是 Fe-Ni 体系的平衡相图(镍纹石和铁纹石的稳定场)以及与动力学有关的一些界线。

　　图 13.27(a)显示了名为 Guarena 的陨石的一张光学显微照片。照片上可见

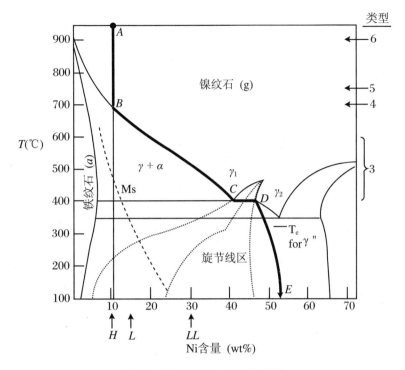

图 13.26　Fe-Ni 二元体系相图

图中显示各相稳定场，以及初始 *T-X* 条件为点 *A* 处的金属颗粒沿 *ABDE* 的冷却途径。*H*, *L* 和 *LL* 则为三种类型球粒状陨石的平均 Ni 含量，图右边的数字 3～6 为这三类陨石的最高温度（Reisener et al, 2003）

在硅酸盐基质中的两种不同类型的金属所处的领域。左面的镍纹石和铁纹石呈带状，而右边的则呈非带状的微细混合结构，故被特称为**合纹石**。两者都是同一种初始组成的金属（含质量百分比约 10% 的 Ni）冷却过程的产物。图 13.26 中的点 *A* 为该金属的初始 *T-X* 条件。

两种类型金属微结构的成因可以用上述关于晶体界面对成核作用的影响来说明（Reisener 和 Goldstein（2003）以及 Reisener 等（2006）也论及了这一点）。在镍纹石的多晶集合体中，铁纹石在镍纹石晶粒之间界面上成核，其时镍纹石（T）和铁纹石（K）两相的界面温度已下降。对图 13.26 中的镍纹石组成来说，其温度的上限是点 *B*，而在此温度，铁纹石的成核作用已能发生。平衡时，镍纹石的 Ni 含量随着铁纹石的逐渐出溶，沿着 *B*—*C* 途径而演化，但在冷却过程中铁纹石的 Ni 含量仅少量增加。然而，若以陨石典型的冷却速率冷却（即每百万年若干摄氏度），镍纹石的晶粒还不能达到与组成相应的平衡的晶粒大小。所以就造成了镍纹石晶粒的 Ni 含量的带状分布（图 13.27(b)）。所以，利用这一性质可获得关于陨石冷却速率的信息（该方法最初由 Wood（1964）提出，并为行星科学领域研究者广泛应用）。较新的进展可参阅 Hopfe 和 Goldstein（2001））。另一方面，分离的镍纹石的单晶以均匀的颗粒大小经过冷却进入镍纹石加铁纹石(T + K)的稳定场。一旦温度冷却到图中标有 Ms(即马氏体)的虚线以下,镍纹石晶粒就会经历无扩散的镍纹石——→马氏体相变,进一步冷却,最终又有马氏体的分解反应:马氏体——→镍纹石 + 铁纹石,即形成合纹石。

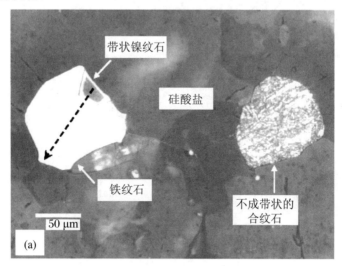

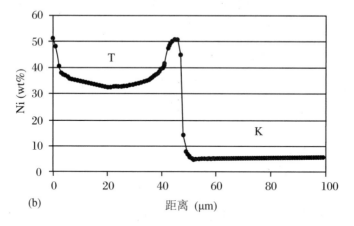

图 13.27 (a)陨石 Guarena 的光学显微照片。照片左侧显示硅酸盐基质中的带状镍纹石 + 铁纹石晶粒,右侧则是不成带状的合纹石晶粒;(b)由电子探针沿(a)中虚线测定的镍纹石 + 铁纹石的组成图(Reisener et al,2003)

13.12 晶粒大小对矿物稳定场的影响

当晶相的表面能小到一定程度,则对矿物稳定场不会有任何明显影响。除非晶粒的大小处在亚微米范围,以致整体的面积与体积之比可以达到足够大。上述图 13.21 讨论的石英晶粒大小对其溶解度的影响即是一例。近些年纳米科学在认识纳米材料的性质和新兴工业中的应用进展,也再次使人们对了解晶粒大小对矿物热力学性质的影响问题产生了兴趣。本节将综述一下在地质和行星科学中这方面的发展和早期研究。

一直以来,在涉及土壤和沉积岩中赤铁矿(Fe_2O_3)和针铁矿($FeO(OH)$)的相关稳定场问题上存在着争议。所谓红岩是由赤铁矿而着色的一种沉积岩,一直作为古土壤学、地磁学和地球化学的指示性指标被详细研究。如 Berner(1969)所指出的,红岩的地质学解释中的一个重要因素是关于赤铁矿在地表条件下是否可以由下式的针铁矿的脱水作用形成:

$$\underset{\text{针铁矿}}{2FeO(OH)} \Longrightarrow \underset{\text{赤铁矿}}{Fe_2O_3} + \underset{\text{liq}}{H_2O} \tag{13.12.a}$$

由于大部分沉积岩中的针铁矿晶粒很小,小于 $0.1~\mu m$,所以相对具有较大尺寸的赤铁矿晶粒来说,当计算针铁矿稳定场时,就有必要考虑其表面能。如前所述(图 13.21),当晶粒大小在亚微米量级时,其表面能的效应就变得很大。Langmuir(1971)计算了晶粒大小对上述反应的平衡条件的影响。

图 13.28 显示了晶粒大小与上述反应的吉布斯自由能变化之间的函数关系。归纳为三种情况:Ⅰ.赤铁矿$<1~\mu m$,针铁矿$>1~\mu m$;Ⅱ.赤铁矿和针铁矿的晶粒相等;Ⅲ.赤铁矿$>1~\mu m$,针铁矿$<1~\mu m$。从计算结果来看,在两种晶粒都大于 $1~\mu m$ 的情况下,晶粒大小的变化对于赤铁矿和针铁矿的相关稳定场没有明显影响。但当晶粒小于 $1~\mu m$ 时,则表面能效应将极大地影响两者的相关稳定场。

图 13.29 显示了两种大小的赤铁矿和针铁矿平衡界线(Langmuir,1971):① 两种晶粒均大于 $1~\mu m$;② 针铁矿的晶粒为 $0.1~\mu m$,赤铁矿的晶粒$>1~\mu m$。在土壤和沉积岩中大多数针铁矿晶粒都很小,小于 $0.1~\mu m$。所以,当地表温度从低到高直到 80 ℃时,相对于粗粒赤铁矿和水的稳定场,只有粗粒的针铁矿晶粒是稳定的,但那些亚微米大小的晶粒的稳定性就大大消弱,而小于 $0.1~\mu m$ 的几乎完全消失。这一结果支持了 Berner(1969)的结论,即古土壤研究中关于赤铁矿存在的解释必须非常小心,因为从针铁矿转化为赤铁矿的温度会灵敏地随针铁矿的晶粒大小而变化。除了晶粒大小的影响以外,动力学效应对于自然界条件下的赤铁矿

和针铁矿的形成也起着重要作用。

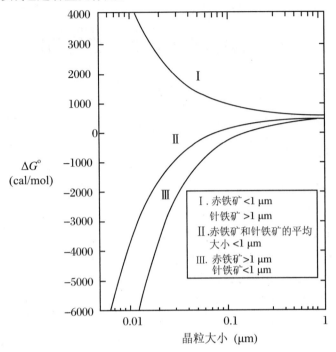

图 13.28　1 bar 和 298 ℃条件下,晶粒大小对针铁矿脱水反应(2 针铁矿══赤铁矿 + H₂O)的吉布斯自由能变化的影响(Langmuir,1971)

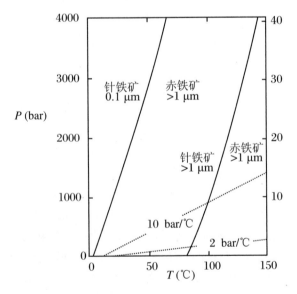

图 13.29　不同晶粒大小的赤铁矿和针铁矿的 *P-T* 稳定场
图中所示大小代表了立方体的边长(设 $P = P_{H_2O}$)(Langmuir,1971)

Navrotsky(2002)评估了有关矿物的表面焓的资料,发现其典型值是 0.1~3 J/m²,因此提出,当表面积达到约 20000 m²/mol 时,纳米大小晶粒的焓值可能将整个颗粒物质的焓值提高 2~60 kJ/mol。图 13.30(a)显示了 α-Al₂O₃(刚玉),γ-Al₂O₃ 和 γ-AlO(OH)(勃姆石)的晶粒大小对其焓值的影响。图 13.30(b)则显示了 TiO₂ 的三种多晶形(金红石,板钛矿,锐钛矿)的晶粒大小分别对焓值的影响。如果不考虑表面熵的话,各个多晶形的交叉叠加的焓值会改变其稳定场。在实验室 P-T 条件下合成的纳米氧化铝晶体通常得到的是 γ-Al₂O₃,即便处在 α-Al₂O₃(刚玉)的稳定场内。图 13.27(a)所示的两种多晶形之间交叉叠加的焓值可以解释这一现象。所以,有关表面能的研究非常有助于指导工业上有重要价值的纳米晶体材料的合成,因为纳米晶体材料不一定有像粗粒晶体一样的稳定性。

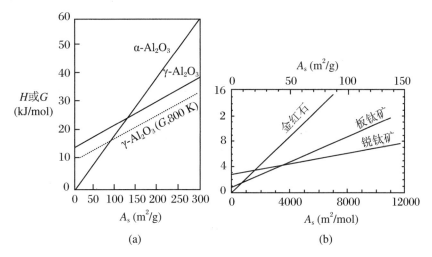

图 13.30　(a)粗粒 Al₂O₃ 多晶形的焓值与晶粒表面积的函数关系,图中虚线表示温度为 800 ℃时与刚玉相应的 γ-Al₂O₃ 的自由能(G);(b)TiO₂ 多晶形的焓值与晶粒表面积的函数关系(上两图分别据 McHale 等(1997)和 Navrotsky(2002)的研究)

勃姆石与 α-Al₂O₃(刚玉)或 γ-Al₂O₃ 的相关稳定场由下面反应式决定:

$$2\gamma\text{-AlO(OH)} \Longrightarrow \text{Al}_2\text{O}_3(\alpha/\gamma) + \text{H}_2\text{O} \qquad (13.12.\text{b})$$

晶粒尺寸的降低导致整个 Al₂O₃ 相的焓值增加速度超过勃姆石的焓值增加速度。因此,如果含水和无水相 Al₂O₃ 的晶粒以相同速率减小,则这种减小将有助于含水相的稳定性。但是,正如上述关于针铁矿稳定场的讨论所指出的,一般来说,含水和无水相的晶粒大小是不同的。

在**碳质球粒陨石**中含水层状硅酸盐(如蛇纹石)往往都是非常细小的晶粒,约在 100 Å(0.01 μm)数量级。可以预料,如果这类矿物代表了从太阳星云中凝聚的初始温度,那么这样小的晶粒尺寸的表面能对该类矿物的凝聚温度,或者对源体的次生变更过程中矿物的生成温度的影响是很大的。特别是,如果那些后来与水反应形成了含水层状硅酸盐的初始无水矿物的晶粒较粗的话,则实际凝聚温度或次生温度会比较粗晶粒的生成温度低。而如果初始的无水矿物的晶粒较细,则对温度的影响结果相反。

附录 A 熵产生率和动力学问题

根据热力学第二定律,孤立体系宏观尺度上的熵值永远不会减少;它要么在体系处于平衡态时保持恒值,要么在自发过程中增加。有关熵产生的研究构成了不可逆过程热力学的主题。通过考察孤立体系中的熵产生率可以推导出一些很有意义的超脱经典热力学范畴的动力学方程式。有关体系的熵产生率及其变化机理的研究,实际上在许多方面较之平衡态的研究,特别是对于自然过程的研究具有更大的意义。本章即要根据所考察的孤立体系中自然过程的熵产生来推导一些与化学反应,扩散和热传导有关的动力学方程式。

A.1 熵产生率:不可逆过程中共轭的通量和力

在热力学框架内处理不可逆过程,重要的一点是必须把力确定为与观察到的流共轭。为此,首先来回答这样一个问题:沿温度梯度的热传导(或热扩散)过程中驱动热流的力是什么? 直觉的回答是:温度梯度。但是,这个回答并不完全正确。为了找出正确答案,来考察一个孤立组合体系,该体系由一个刚性的透热辐射的墙分隔成 Ⅰ 和 Ⅱ 两个子体系,而且这两个子体系分别保持在不同的均一温度,即 T^{I} 和 T^{II} 。如前 2.8 节所述,该组合体系的熵变为(见式(2.8.2))

$$\mathrm{d}S = \delta q^{\mathrm{I}} \left(\frac{1}{T^{\mathrm{I}}} - \frac{1}{T^{\mathrm{II}}} \right)$$

其中 δq^{I} 是子体系 Ⅰ 吸收的热量(在 2.8 节中也证明了根据热力学第二定律,如果 $T^{\mathrm{II}} > T^{\mathrm{I}}$,则 $\delta q^{\mathrm{I}} > 0$;反之亦然)。所以,熵增率为

$$\frac{\mathrm{d}S}{\mathrm{d}t} = \frac{\delta q^{\mathrm{I}}}{\mathrm{d}t} \left(\frac{1}{T^{\mathrm{I}}} - \frac{1}{T^{\mathrm{II}}} \right) \tag{A.1.1}$$

设 Δx 是该组合体系的长度, A 是分隔两个子体系的墙的截面积 (图 2.9),则 $A(\Delta x)$ 是体系的总体积。因此,单位体积的熵增率为

$$\sigma = \frac{1}{A(\Delta x)} \left(\frac{\mathrm{d}S}{\mathrm{d}t} \right) \tag{A.1.2}$$

即

$$\sigma = \left(\frac{\delta q^{\mathrm{I}}}{A\mathrm{d}t}\right)\left(\frac{1/T^{\mathrm{I}} - 1/T^{\mathrm{II}}}{\Delta x}\right) \tag{A.1.3}$$

对无限小的变化来说,上式右侧第二个括号中的项可写作 $\mathrm{d}(1/T)/\mathrm{d}X$。而第一个括号中的项则代表了通过两个子体系的分隔墙的热流 J_Q(即单位面积上的热流率)。所以,可写作

$$\sigma = J_Q\left(\frac{\mathrm{d}(1/T)}{\mathrm{d}x}\right) \tag{A.1.4}$$

上式括号中的导数项即是驱动热流 J_Q 的力。需注意的是,该力是温度倒数的空间梯度,而不是温度本身。因为 $\mathrm{d}(1/T) = -\mathrm{d}T/T^2$,则上式可写作

$$\sigma = -\frac{J_Q\mathrm{d}T}{T^2\,\mathrm{d}x} \tag{A.1.5}$$

式(A.1.4)显示体系中一个或若干不可逆过程的熵增率的一般性质。对每一个不可逆过程 k 而言,其单位体积的熵增率 σ_k 由相应的该过程的通量 J_k(或对下面将讨论的化学反应而言为单位体积的反应率)与驱动该通量的力 χ_k 的乘积给出,即

$$\sigma = \text{通量或单位体积的反应率} \times \text{共轭力} = J_k\chi_k \tag{A.1.6}$$

所以,对不可逆过程中的熵增率的研究可以找出该过程中力和通量之间的共轭关系。封闭体系的单位体积中各种不可逆过程的总熵增率为

$$\sigma = \sum_k \sigma_k = \sum_k J_k\chi_k \tag{A.1.7}$$

下面则通过考察体系中**扩散作用**和**化学反应**这些不可逆过程中的熵增率来确定其中力与通量的共轭关系。先看扩散作用,继续用上述孤立组合体系为例,但将分隔两个子体系的墙改成多孔墙,允许组分 i 穿过墙扩散。设 $\mathrm{d}n_i^{\mathrm{I}}$ 和 $\mathrm{d}n_i^{\mathrm{II}}$ 分别为子体系 Ⅰ 和 Ⅱ 中组分 i 的摩尔数的变化值。由于在整个组合体系中组分 i 的总摩尔数 (n_i) 不变,因此有 $\mathrm{d}n_i^{\mathrm{I}} = -\mathrm{d}n_i^{\mathrm{II}}$。简便起见,假设两个子体系具有相同的温度。

这样,由子体系 Ⅰ 中组分 i 摩尔数的变化而造成的整个组合体系总的熵值的变化可写作

$$\left(\frac{\mathrm{d}S}{\mathrm{d}n_i^{\mathrm{I}}}\right)_{n_i} = \frac{\mathrm{d}S^{\mathrm{I}} + \mathrm{d}S^{\mathrm{II}}}{\mathrm{d}n_i^{\mathrm{I}}} = \frac{\mathrm{d}S^{\mathrm{I}}}{\mathrm{d}n_i^{\mathrm{I}}} - \frac{\mathrm{d}S^{\mathrm{II}}}{\mathrm{d}n_i^{\mathrm{II}}} \tag{A.1.8}$$

其中,S^{I} 和 S^{II} 分别是子体系 Ⅰ 和 Ⅱ 的熵。又由于两个子体系的体积不变,因此,由式(8.1.4)(即 $\mathrm{d}U = T\mathrm{d}S - P\mathrm{d}V + \sum \mu_i\mathrm{d}n_i$)可得

$$\frac{\mathrm{d}S^{\mathrm{I}}}{\mathrm{d}n_i^{\mathrm{I}}} = \frac{\mathrm{d}U^{\mathrm{I}}}{T\mathrm{d}n_i^{\mathrm{I}}} - \frac{\mu_i^{\mathrm{I}}}{T} \tag{A.1.9a}$$

和

$$\frac{\mathrm{d}S^{\mathrm{II}}}{\mathrm{d}n_i^{\mathrm{II}}} = \frac{\mathrm{d}U^{\mathrm{II}}}{T\mathrm{d}n_i^{\mathrm{II}}} - \frac{\mu_i^{\mathrm{II}}}{T} = -\frac{\mathrm{d}U^{\mathrm{II}}}{T\mathrm{d}n_i^{\mathrm{I}}} - \frac{\mu_i^{\mathrm{II}}}{T} \tag{A.1.9b}$$

将上两式代入式(A.1.8),并考虑到 $\mathrm{d}(U^{\mathrm{I}} + U^{\mathrm{II}}) = 0$,则有

$$\frac{\mathrm{d}S}{\mathrm{d}n_i^{\mathrm{I}}} = \left(\frac{\mu_i^{\mathrm{II}} - \mu_i^{\mathrm{I}}}{T}\right) \tag{A.1.10}$$

根据链式法则,式(A.1.2)可写为

$$\sigma = \frac{1}{A\Delta x}\left(\frac{\mathrm{d}S}{\mathrm{d}n_i^{\mathrm{I}}}\right)\left(\frac{\mathrm{d}n_i^{\mathrm{I}}}{\mathrm{d}t}\right) \tag{A.1.11}$$

将式(A.1.10)代入上式,并重新整理,就有

$$\sigma = \frac{\mu_i^{\mathrm{II}} - \mu_i^{\mathrm{I}}}{T\Delta x}\left(\frac{\mathrm{d}n_i^{\mathrm{I}}}{A\mathrm{d}t}\right) \tag{A.1.12}$$

这样,就得到**扩散作用的熵增率**方程为

$$\sigma = -\frac{\partial(\mu_i/T)}{\partial x}J_{d,i} \tag{A.1.13}$$

其中,$J_{d,i}$ 是式(A.1.12)中的括号项,即组分 i 的扩散通量(单位面积上组分 i 的扩散转移率)。由上式可以看到,在没有外力情况下,组分 i 扩散作用的驱动力为 μ_i/T 的负梯度[①]。如后面将要述及的,找出相应的驱动力对于认识具有热力学混合性质的固溶体中的扩散作用至关重要。

现在考察孤立体系中在恒定 *P-T* 条件下发生不可逆化学反应的情况。根据式(10.2.5)$\dfrac{\mathrm{d}S_{\mathrm{int}}}{\mathrm{d}\xi} = \dfrac{A}{T}$。其中,$S_{\mathrm{int}}$ 是由化学反应产生的熵,A 是如式(10.2.6)所示的化学亲和力,其值为 $-\Delta_r G$。则

$$\frac{\mathrm{d}S}{\mathrm{d}t} = \left(\frac{\mathrm{d}S}{\mathrm{d}\xi}\right)\left(\frac{\mathrm{d}\xi}{\mathrm{d}t}\right) = \frac{A}{T}\left(\frac{\mathrm{d}\xi}{\mathrm{d}t}\right) \tag{A.1.14}$$

因此,由**化学反应产生的单位体积的熵增率**为

$$\sigma = \frac{1}{V}\frac{\mathrm{d}S}{\mathrm{d}t} = \frac{A}{T}\left(\frac{\mathrm{d}\xi}{V\mathrm{d}t}\right) \tag{A.1.15}$$

其中,V 是体系体积。式中的括号项是单位体积的反应率,用 R_i 表示第 i 个反应的反应率。式中的 A/T(或 $-\Delta_r G/T$)则代表了化学反应的动力。

表 A.1 汇总了热传导(或热扩散),化学扩散和化学反应的热通量及其共轭动力。

利用式(A.1.7)和表 A.1 中所归纳的共轭通量和力的表达式,可将一个包含热扩散和化学扩散以及不可逆化学反应体系中的总熵增率写为

$$\sigma_T = -\frac{J_Q}{T^2}\frac{\mathrm{d}T}{\mathrm{d}x} - \sum_i J_{d,i}\left(\frac{\mathrm{d}(\mu_i/T)}{\mathrm{d}x} - F_i\right) + \sum_i R_i\frac{A_i}{T} \tag{A.1.16}$$

---

① 如果有外力作用在扩散中的组分 i 上,则驱动力应为 (μ_i/T) 的负梯度 $+ F_i$,其中 F_i 是作用在 i 上的单位质量的作用力。例如,如果存在强度为 E_d 的电场,则作用力为 zE_d,其中 z 是扩散组分的电荷。

表 A.1　若干不可逆过程中的通量和共轭力

过程类型	热通量	共轭力
热传导(或热扩散)	$J_Q(\mathrm{J/(s \cdot cm^2)})$	$(1/T)$梯度
化学扩散	$J_{d,i}(\mathrm{mol/(s \cdot cm^2)})$	$-\left[(\mu_i/T)\text{梯度}-F_i\right]$
化学反应	单位体积反应率	A/T 或 $-\Delta_r G/T$

表中 F_i 是作用在 i 上单位质量的外力。

A.2　通量和力的关系式

通量 J_k 取决于其共轭力 χ_k。如果体系中还有其他力,则 J_k 也有赖于这些力。一般来说,J_k 表现为力的复杂的函数,但作为最简单的近似,可写为

$$J_1 = L_{11}\chi_1 + L_{12}\chi_2 + L_{13}\chi_3 + \cdots$$

或

$$J_1 = \sum_{j=1}^{n} L_{1j}\chi_j \tag{A.2.1}$$

其中,假定体系存在 n 个独立个动力,L 为唯象系数。因为上式是线性的,所以可称为线性不可逆热力学域内通量的通式。如 Lasaga(1998)所言,线性近似方法非常适合热扩散和化学扩散过程,但对于地质研究中很有意义的有关流体的诸多问题并不适合,也不适合用于偏离平衡的化学反应,对它们需要引入更高次项。

对于同时包含热扩散和化学反应的体系中的组分 i 来说,按上式可写为

$$J_Q \equiv J_1 = L_{11}\chi_Q + L_{12}\chi_{d,i}$$
$$J_{d,i} \equiv J_2 = L_{21}\chi_Q + L_{22}\chi_{d,i} \tag{A.2.2}$$

上述方程的物理意义就是化学扩散影响热传导,或者反过来,热传导影响化学扩散。它们分别被称为杜福尔(Dufour)效应和索雷特(Soret)效应。Lesher 和 Walker(1991)提出了索雷特效应在岩石学研究中的重要性。

A.3　热扩散和化学扩散过程:与经典方程的比较

考虑一个固定位置的二维剖面,在其法向坐标系上具各向同性。假设沿 x 增加方向温度降低,那么,穿过该剖面的由传导热产生的热通量可由傅里叶(Fourier)定律给出,即

$$J_q = -K\frac{\mathrm{d}T}{\mathrm{d}x} \tag{A.3.1}$$

其中,K 是热导率,其量纲为能量单位/$(t \cdot L \cdot K)$(上地幔和地壳岩石的热导率为 $3 \sim 4$ W/$(m \cdot K)$;J/s≡W)。

假设体系中只存在一种力,即 $d(1/T)/dx$(见表 A.1),驱动热的传导,则由式(A.2.1)可得到热通量和温度梯度的关系式为

$$J_Q = L_Q \frac{d(1/T)}{dx}$$

即

$$J_Q = - \frac{L_Q}{T^2} \left(\frac{dT}{dx} \right) \tag{A.3.2}$$

上式与式(A.3.1)的傅里叶定律形式相同。

扩散组分的通量通常都用傅里叶定律表达,其形式与热传导作用的傅里叶定律相似。扩散过程受体系中组分的热力学混合性质的影响,但这种影响在由傅里叶定律给出的经典的扩散通量公式中并未显现。然而,如下所述,当扩散通量由式(A.2.1)来表达时,这种影响就很显然了。

同样,设一个其法向坐标系上具各向同性的固定位置的二维剖面,并假定没有任何外力作用在扩散组分 i 上。按照菲克(Fick)定律,组分 i 经该剖面的扩散通量 $J_{d,i}$ 与其局部浓度梯度成正比,即可由热传导的傅里叶定律,也就是与式(A.3.1)相同形式的方程来表达。

$$J_{d,i} = - D_i \frac{dC_i}{dx} \tag{A.3.3}$$

其中,C_i 是组分 i 的浓度(单位体积的原子数),沿 x 增加方向而降低;D_i 是 i 的扩散系数(量纲为 L_2/t)。因为 $D_i > 0$,所以上式中引入负号使得随浓度 C_μ 减少方向,组分的通量为正。一种组分的通量也可能受其他扩散组分浓度梯度的影响,但这里暂且忽略考虑这种影响。

下面根据对体系中不可逆过程的熵产生的考虑,由式(A.2.1)来导出通量的表达式。由表A.1和式(A.1.13)可见,力为 $-\mathrm{grad}(\mu_i/T)$,则有

$$J_{d,i} = - L_i \frac{d\mu_i/T}{dx}$$

或

$$J_{d,i} = - \frac{L_i}{T} \left(\frac{d\mu_i}{dx} \right) = - \frac{L_i}{T} \left(\frac{d\mu_i}{dC_i} \right) \left(\frac{dC_i}{dx} \right) \tag{A.3.4}$$

因为在恒定 P-T 条件下,有 $d\mu_i = RT d\ln a_i = RT d\ln(C_{i \cdot i})$,代入上式,则

$$J_{d,i} = - \underbrace{\frac{RL_i}{C_i} \left(1 + \frac{d\ln\gamma_i}{d\ln C_i} \right)}_{D_i} \left(\frac{dC_i}{dx} \right) \tag{A.3.5}$$

上式等号右侧第二个括号项所显示的是组分热力学混合性质在扩散通量上的影响,因此,通常称该项为**热力学因子**。将上式与扩散通量的菲克定律式(A.3.3)比较,可见

$$D_i = D_i^+\left(1 + \frac{\mathrm{d}\ln\gamma_i}{\mathrm{d}\ln C_i}\right) \tag{A.3.6}$$

其中

$$D_i^+ = \frac{RL_i}{C_i} \tag{A.3.7}$$

D_i^+ 和 D_i 分别为组分 i 的自扩散和化学扩散系数。Chakraborty 和 Ganguly (1991),Ganguly(2002)等又将上述分析方法扩展到了二元和多元体系。

A.4 昂萨格倒易关系及其热力学应用

在不可逆热力学的线性有效范围内,含有若干不可逆过程的体系的各种通量可用一般式表示为

$$\begin{aligned}
J_1 &= L_{11}\chi_1 + L_{12}\chi_2 + L_{13}\chi_3 + \cdots \\
J_2 &= L_{21}\chi_1 + L_{22}\chi_2 + L_{23}\chi_3 + \cdots \\
J_3 &= L_{31}\chi_1 + L_{32}\chi_2 + L_{33}\chi_3 + \cdots
\end{aligned} \tag{A.4.1}$$

等等。用矩阵符号,可写作

$$J = [L][\chi] \tag{A.4.2}$$

其中,J 和 χ 分别表示通量矢量列和力列矢量,$[L]$ 是 L 系数矩阵。Onsager(1903~1976)在 1945 年发表论文中指出,如果上述各式表明为独立的通量和力的话,则 $[L]$ 矩阵是对称的,即有 $L_{ij} = L_{ji}$,此即昂萨格倒易关系(ORR)(昂萨格本人因此获得 1968 年诺贝尔化学奖)。物理意义上说,倒易关系意味着引起通量 J_2 的力 χ_1 的效果与引起通量 J_1 的力 χ_2 的效果相同。倒易关系大大简化了体系中交叉耦合各种力的处理,并且还给出了 L 系数的最大值。Lasaga(1998),Chakraaborty 和 Ganguly(1994)以及 Chakraborty(1995)讨论了 ORR 在地质研究中的应用。

昂萨格倒易关系提出了测定在一个有几种组分同时发生扩散作用的体系中各组分的扩散和热力学混合性质的相互兼容度的重要性。以下就此问题进行简单的阐述。在一个 n 组分扩散体系中,因为任意选择的第 n 个组分通量均受制于质量平衡,所以,共计有 $n-1$ 个独立组分。在多元组分扩散作用中,每一个组分通量不仅受其自身而且也受其余组分的浓度或化学势梯度影响。在不可逆热力学的线性有效范围内,根据菲克-昂萨格方程(Onsager,1945),并考虑到全部交叉耦合的扩散组分,则各独立组分的一维通量有

$$J_1 = -D_{11}\frac{\partial C_1}{\partial X} - D_{12}\frac{\partial C_2}{\partial X} - \cdots - D_{1(n-1)}\frac{\partial C_{n-1}}{\partial X}$$

$$J_2 = -D_{21}\frac{\partial C_1}{\partial X} - D_{22}\frac{\partial C_2}{\partial X} - \cdots - D_{2(n-1)}\frac{\partial C_{n-1}}{\partial X}$$

...... (A.4.3)

$$J_{n-1} = -D_{(n-1)1}\frac{\partial C_1}{\partial X} - D_{(n-1)2}\frac{\partial C_2}{\partial X} - \cdots - D_{(n-1)(n-1)}\frac{\partial C_{n-1}}{\partial X}$$

按矩阵乘法原理,上式可写为

$$\begin{bmatrix} J_1 \\ J_2 \\ \cdots \\ J_{n-1} \end{bmatrix} = - \begin{bmatrix} D_{11} & D_{11} & \cdots & D_{1(n-1)} \\ D_{21} & D_{22} & \cdots & D_{2(n-1)} \\ \cdots & \cdots & \cdots & \cdots \\ D_{(n-1)1} & D_{(n-1)2} & \cdots & D_{(n-1)(n-1)} \end{bmatrix} \cdot \begin{bmatrix} \partial C_1/\partial X \\ \partial C_2/\partial X \\ \cdots \\ \partial C_{n-1}/\partial X \end{bmatrix} \quad (A.4.4)$$

或

$$J = -D(\partial C/\partial X) \quad (A.4.5a)$$

其中,J 和 C 是 $n-1$ 列矢量,D 是 $(n-1) \times (n-1)$ 扩散系数的矩阵,其通常被称作 D 矩阵。同样,用 L 代替 D 系数,则有

$$J = -L(\partial \mu/T)/\partial X \quad (A.4.5b)$$

其中,μ 是化学势的 $(n-1)$ 列矢量,L 是 L_{ij} 系数的 $(n-1) \times (n-1)$ 矩阵。

将上两式比较,可得 D 和 L 矩阵之间的关系为(Onsager,1945)

$$D = LG \quad (A.4.6')$$

或

$$DG^{-1} = L \quad (A.4.6)$$

其中,G 矩阵通常被称为热力学矩阵,即

$$G_{ij} = \frac{\partial}{\partial X_j}(\mu_i - \mu_n)$$

μ_n 是所选从属组分的化学势,G^{-1} 是 G 的逆矩阵。G_{ij} 元的估算需要体系中各组分的热力学混合性质的数据。

按照式(A.4.6'),D 和 G^{-1} 矩阵的乘积一定是对称的,这是因为据 ORR,L 矩阵是对称的(也是正定的)。所以,式(A.4.6')说明了检测体系中各组分的扩散系数数据和其热力学混合性质是否可以相互兼容。Spera(1993)和 Charkraborty (1994)用这一判据分别检测了在 CaO-Al$_2$O$_3$-SiO$_2$ 和 K$_2$O-Al$_2$O$_3$-SiO$_2$ 体系中组分的扩散动力学数据和热力学混合性质的相互兼容性。此外,利用式(A.4.6'),可以从其余已知的各参数来获得未知的热力学性质或其扩散系数(Chakraborty 和 Ganguly,1994),即不断改变一个未知参数的值,直到 D 和 G^{-1} 矩阵的乘积成为对称和正定的。

附录 B　重温若干有用的数学公式

> "对化学系和化工系的学生来说,学习热力学十分有利,原因之一就是其原理完全构建于适度的数学知识基础之上。"

——Kenneth Denbigh

本附录的目的不是要对热力学中所使用的数学方法作详尽讨论,而是对经典热力学发展中常常使用的一些算法的概念作些综述。此外,也归纳一些常常被一些不经常与数学打交道的读者遗忘的数学方法,使这些读者在阅读本书时可不必去查阅数学专著。

B.1　全微分和偏微分

设函数 Z 为实变量 x 和 y 的函数,即 $Z = f(x, y)$。则对于 x 和 y 的变量 dx 和 dy,Z 的总变量 dZ 来说,有

$$dZ = \left(\frac{\partial Z}{\partial x}\right)_y dx + \left(\frac{\partial Z}{\partial y}\right)_x dy = Z_x dx + Z_y dy \tag{B.1.1}$$

上式等号右侧的括号项即为偏导数或偏微分,通常用符号 ∂ 表示。也常用 Z_x 来表示当 y 为恒值时 Z 随变量 x 的变化率。对于 Z_y 也一样。dZ 即称作 Z 的全导数或全微分。

如果 $Z = f(x_1, x_2, x_3, \cdots, x_n)$ 则 Z 的全导数为

$$dZ = \sum_i^n \left(\frac{\partial Z}{\partial x_i}\right)_{j \neq 1} dx_i \tag{B.1.2}$$

其中,$j \neq i$ 指除变量 i 以外的其余变量均为恒值。

不论 x 和 y 是否为独立变量,上式均有效。因此,当 x 和 y 又依赖于另一个独立变量 m 时,则由式(B.1.1)可得

$$\frac{dZ}{dm} = \left(\frac{\partial Z}{\partial x}\right)_y \frac{dx}{dm} + \left(\frac{\partial Z}{\partial y}\right)_x \frac{dy}{dm} \tag{B.1.3}$$

特别是当 $m = y$ 时,上式则变为

$$\frac{dZ}{dy} = \left(\frac{\partial Z}{\partial x}\right)_y \frac{dx}{dy} + \left(\frac{\partial Z}{\partial y}\right)_x \tag{B.1.4}$$

值得强调的是,上述 dZ/dy 和 $(\partial Z/\partial y)_x$ 不要混淆。前者是 Z 对于 y 的总变化率,其中包含了 x 随 y 的变化率,而后者则是当 x 为恒值时 Z 对于 y 的变化率。显然,很容易可将上述两式引申到具有两个变量以上的函数。

B.2　状态方程,恰当和不恰当微分以及曲线积分

当 Z 可以表达为在上例中变量 $x_1, x_2, x_3, \cdots, x_n$ 的函数时,则 dZ 在两个状态 a 和 b 之间的积分为

$$\int_a^b dZ = Z(b) - Z(a) \tag{B.2.1}$$

换言之,积分值仅取决于 Z 在最终和初始状态的大小,而与状态变化途径无关。所以,函数 $Z = f(x_1, x_2, x_3, \cdots, x_n)$ 被称作状态函数。例如,如图 B.1 所示,设某种气体的体积在两个任意状态 A 和 D 间变化,由经验所知,气体体积的变化仅取决于初始和最终状态的 P, T 条件,而与状态变化的 P-T 途径无关。所以,V 是状态函数。

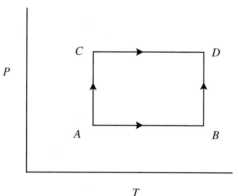

图 B.1　在 P-T 图中从 A 到 D 有两条不同的途径:$A \rightarrow B \rightarrow D$
和 $A \rightarrow C \rightarrow D$(本图与第 1 章的图 1.4 相同)

也可用以下推导来验证一下。设气体为理想气体,有 $V_m = RT/P$,其中 V_m 是摩尔体积。根据式(B.1.1),则有

$$dV_m = \frac{R}{P}dT - \frac{RT}{P^2}dP \tag{B.2.2}$$

如果气体状态从 A 到 D 的变化沿 $A \rightarrow B \rightarrow D$ 途径,则有

$$\int_A^D dV_m = \int_A^B dV_m + \int_B^D dV_m = \frac{R}{P_1}(T_2 - T_1) + RT_2\left(\frac{1}{P_2} - \frac{1}{P_1}\right) \tag{B.2.3}$$

代入 $V_m = RT/P$,即得

$$\int_A^D dV_m = V_m(P_2, T_2) - V_m(P_1, T_1) \tag{B.2.4}$$

同样,可得到 dV 沿 $A \to C \to D$ 途径的积分。

特别是在热力学研究中,函数 $Z = f(x_1, x_2, x_3, \cdots, x_n)$ 的微分 dZ 也被称为**恰当微分或完全微分**。显然,全微分和恰当微分是同义的。但设想有这样一个微分

$$d\phi = M_1 dx_1 + M_2 dx_2 + M_3 dx_3 \tag{B.2.5}$$

而该式不一定意味着 ϕ 必须是变量 x_1, x_2 和 x_3 的函数。例如,设 $d\phi = 8(y)dx + (4x)dy$,则 ϕ 不可能是 x 和 y 的函数,因而微分 $d\phi$ 也不是函数 ϕ 的微分,而只是一个表示 $\sum M_i dx_i$ 的微分量。这种情况下,$d\phi$ 被称为**不恰当微分或不完全微分**。为了与通常用 d 表示的恰当微分或全微分区别开来,不恰当微分就采用看似像 d 的符号 đ 或 δ 表示。本书采用后者。

如前面所述的 dV 积分,凡沿一条规定途径的积分叫作线积分。如果所要积分的微分是恰当微分,则线积分即是累加性的,所要知道的只是积分的上下限。然而,不恰当微分的积分值不仅仅取决于两端状态,而且还和连接两端的途径有关。例如,考察一下理想气体体积从状态 A 到状态 D 所做的功,如图 B.1 所示,$\delta w^+ = PdV$ 沿着 $A \to B \to D$ 和 $A \to C \to D$ 两条不同途径的积分值不同。这也正是前面第 1 章的习题 1.1 所做的。沿着一个始态和终态相同的途径即闭合环路所进行的曲线积分用符号 $\oint$ 表示。显然,如果 dZ 是全微分,则 $\oint dZ = 0$ 否则,$\oint dZ \neq 0$。

B.3 倒数关系

由式(B.1.1)可导出全微分的一个重要性质。将 Z_x 对 y 求导,Z_y 对 x 求导,则有

$$\frac{\partial Z_x}{\partial y} \equiv \frac{\partial}{\partial y}\left(\frac{\partial Z}{\partial x}\right) = \frac{\partial^2 Z}{\partial y \partial x} \tag{B.3.1}$$

和

$$\frac{\partial Z_y}{\partial x} \equiv \frac{\partial}{\partial x}\left(\frac{\partial Z}{\partial y}\right) = \frac{\partial^2 Z}{\partial x \partial y} \tag{B.3.2}$$

因此,有

$$\frac{\partial Z_x}{\partial y} = \frac{\partial Z_y}{\partial x} \tag{B.3.3}$$

此即**倒数关系式**。如果微分满足此式,则一定是全微分。不恰当微分不满足倒数关系。例如,对方程式 $dZ = y2dx + (2xy)dy$ 来说,由于该式右侧两项满足倒数关系:即 $(\partial(y^2)/\partial y = 2y = \partial(2xy)/\partial x)$,则 dZ 是全微分。而对 $\partial\phi = y^2 dx -$

$(2xy)\mathrm{d}y$ 来说,不满足该倒数关系,故是不恰当微分。在热力学中,并不用该倒数关系来确定微分是恰当的还是不恰当的。而是已知什么情况下一个微分是恰当的,因而可用倒数关系获得变量之间的有用关系。用这种方式导出的一套重要方程,即麦克斯韦关系式,已在 3.4 节中的式组合(3.4.1)作了归纳。

设 $Z = f(x_1, x_2, x_3, \cdots, x_n)$,则

$$\mathrm{d}Z = N_1\mathrm{d}x_1 + N_2\mathrm{d}x_2 + N_3\mathrm{d}x_3 + \cdots + N_n\mathrm{d}x_n = \sum_i N_i\mathrm{d}x_i \quad (\mathrm{B.3.4})$$

其中,$N_i = \partial Z/\partial x_i$,这样,与式(B.3.3)相对应的全微分的倒数关系的一般式即为

$$\left(\frac{\partial N_i}{\partial x_j}\right)_{x_i \neq x_j} = \left(\frac{\partial N_j}{\partial x_i}\right)_{x_j \neq x_i} \quad (\mathrm{B.3.5})$$

其中,下标表示除了被求导的变量其他的变量均为常数。

B.4　隐函数

设处在温度 T,压力 P 下的一个简单的热力学体系,由化学性质均一的流体或固体组成。在含有一定量物质的这个体系中,P, T, V 都不是独立变量,而由一个状态方程相关联,即

$$f(P, V, T) = 0 \quad (\mathrm{B.4.1})$$

例如,理想气体的状态方程为

$$PV = nRT \quad (\mathrm{B.4.2})$$

其中,n 是摩尔数,R 是气体常数。可表示为 $f(P, V, T) = 0$,这里 $f(P, V, T) = PV - nRT$。

一个可以用式(B.4.1)表述的函数叫作**隐函数**。对隐函数 $f(x, y, z)$ 求全导,通过一些操作,即可得到两个有用的关系式,即

$$\left(\frac{\partial x}{\partial y}\right)_z \left(\frac{\partial y}{\partial z}\right)_x \left(\frac{\partial z}{\partial x}\right)_y = -1 \quad (\mathrm{B.4.3})$$

或

$$\left(\frac{\partial x}{\partial y}\right)_z = -\frac{(\partial x/\partial z)_y}{(\partial y/\partial z)_x} \quad (\mathrm{B.4.4})$$

上面第一个方程有一种很容易记的方式,即可以看出变量 x, y, z 出现的次序为 $(x, y)z, (y, z)x, (z, x)y$,在括号外的变量为常数。在 3.7.10 节中给出了这类方程的热力学关系式。

为了推导上述方程,首先将函数 $f(x, y, z) = 0$ 求全导,即

$$\mathrm{d}f = f_x\mathrm{d}x + f_y\mathrm{d}y + f_z\mathrm{d}z = 0 \quad (\mathrm{B.4.5})$$

其中,f_x 是函数 f 对变量 x 的偏导数,其余也是。在 z 为常数条件下,上式对 y 求

导,有

$$\left(\frac{\partial f}{\partial y}\right)_z = \left(\frac{\partial f}{\partial x}\right)_{y,z}\left(\frac{\partial x}{\partial y}\right)_z + \left(\frac{\partial f}{\partial y}\right)_{x,z} = 0$$

或

$$\left(\frac{\partial x}{\partial y}\right)_z = -\left(\frac{\partial f}{\partial y}\right)_{x,z}\left(\frac{\partial x}{\partial f}\right)_{y,z} \tag{B.4.6}$$

同样,式(B.4.5)在 x 和 y 分别为常数条件下对 z 和 x 求导,则有

$$\left(\frac{\partial y}{\partial z}\right)_x = -\left(\frac{\partial f}{\partial z}\right)_{x,y}\left(\frac{\partial y}{\partial f}\right)_{x,z} \tag{B.4.7}$$

和

$$\left(\frac{\partial z}{\partial x}\right)_y = -\left(\frac{\partial f}{\partial x}\right)_{y,z}\left(\frac{\partial z}{\partial f}\right)_{x,y} \tag{B.4.8}$$

将上面三式等号的左侧项相乘即得

$$\left(\frac{\partial x}{\partial y}\right)_z\left(\frac{\partial y}{\partial z}\right)_x\left(\frac{\partial z}{\partial x}\right)_y = -1$$

B.5 积分因子

在某些条件下,一个不恰当微分乘以所谓的积分因子后可成为恰当微分。例如,一个不恰当微分

$$\delta Z = (8y)\mathrm{d}x + (4x)\mathrm{d}y \tag{B.5.1}$$

该式不满足倒数关系。但当乘以 x 后,有

$$x\delta Z = (8xy)\mathrm{d}x + (4x^2)\mathrm{d}y \tag{B.5.2}$$

可以很容易证明 $x\delta Z$ 满足倒数关系。可见,一个不恰当微分因为乘以 x 而转变为恰当微分。这个被乘后使得不恰当微分成为恰当微分的项叫作**积分因子**。但需注意的是,并不是任意一个不恰当微分均有这样的积分因子存在。第 2 章 2.3.5 节讨论了不可逆过程中体系所吸收的热量 δq_{rev},这是个不恰当微分,但乘以一个积分因子$(1/T)$后就成为恰当微分 $\mathrm{d}S$,而这正构筑了热力学第二定律的基础。如前面 2.3 节所述,热力学第二定律来自实际观察的逻辑分析的推论,特别是观察到能量不可能完全转化为功而没有任何损耗或消散,然而,Carathéodery 却在 1910 年就证明了存在这么一个积分因子,可使得 δq_{rev} 转化为恰当微分,从而在没有任何实验数据下导出了热力学第二定律。

B.6　泰勒级数

考虑一个如图 B.2 所示的一个函数 $f(x)$，假设并不知道用以计算任何 x 值上的 $f(x)$ 值所需的该函数的显式，但是只知道某点上 $(x=a)$ 的 $f(x)$ 值，以及在该点上的一阶和高阶导数。这样，如果要计算另外一个非常靠近 $x=a$ 的另一个 x 点

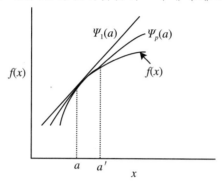

图 B.2　根据 $x=a$ 处的函数 $f(x)$ 的一阶和高阶导数所作的泰勒级数作为 $f(x)$ 近似计算式的图示说明

当 x 值靠近 a 时，函数 $f(x)$ 可近似为 $\Psi_1(a)$ 即文中线性方程式(B.6.1)，该式仅含 $f(x)$ 在 $x=a$ 处的一阶导数。但是，当 x 值离开 a，达到 $x=a'$ 时，则需要 $x=a$ 处 $f(x)$ 的高阶导数来作近似表达式，如文中式(B.6.2)。$\Psi_p(a)$ 是含有函数 $f(x)$ 在 $x=a$ 处的 p 阶导数的近似展开式

的 $f(x)$ 的话，则可作如下线性近似，即如图 B.2 所示，有

$$f(x) \approx \Psi(x) = f(a) + f'(a)(x-a) \tag{B.6.1}$$

其中，$f'(a)$ 是 $x=a$ 处 $f(x)$ 的一阶导数。然而，如果要计算的点偏离 $x=a$ 较远，而不能满足线性近似的话，则近似计算式需要用 $x=a$ 处 $f(x)$ 的高阶导数。此即泰勒级数近似算法，其展开式为

$$f(x) \approx \Psi(x) = f(a) + f'(a)(x-a) + \frac{f''(a)}{2}(x-a)^2$$
$$+ \frac{f'''(a)}{3!}(x-a)^3 + \cdots + \frac{f^{(n)}(a)}{n!}(x-a)^n \tag{B.6.2}$$

其中，f 的上标表示 $x=a$ 处函数 $f(x)$ 的导数的阶数（即一撇 $(')$ 表示一阶导数；两撇 $('')$ 表示二阶导数；(n) 表示 n 阶导数）。图 B.2 给出了函数 $f(x)$ 的泰勒级数展开式的性质的图示说明。在图中 $\Psi_1(a)$ 表示包含 $x=a$ 处 $f(x)$ 的一阶导数的近似展开式，$\Psi_p(a)$ 表示包含 $x=a$ 处 $f(x)$ 的 p 阶导数的近似展开式。

上述泰勒级数可写为更紧凑的形式，即

$$f(x) \approx \Psi(x) = f(a) + \sum_{m=1}^{n} \frac{f^{(m)}(a)}{m!}(x-a)^m \tag{B.6.3}$$

其中，$f^{(m)}(a)$ 是函数在 $x = a$ 处的 m 阶导数。

采用函数 e^x 的泰勒级数展开式作为一个例子。因为有 $e^0 = 1$，并且可以得到 $x = 0$ 处函数 e^x 的各阶导数，则可按上式得到用以计算任意 x 处的函数 e^x 的值的公式，即

$$e^x = 1 + x + \frac{x^2}{2} + \frac{x^3}{3!} + \frac{x^4}{4!} + \cdots$$

习题 B.1　试判断 $dZ = (y - x^2)dx + (x + y^2)dy$ 是恰当微分还是不恰当微分。如果是恰当微分，请给出函数 $Z = f(x, y)$。

附录 C 固体的热力学性质的估算

> "一个好的近似解较之一个确切的解更令人有无尽的欢愉。"
>
> ——Julian Schwinger

尽管在地球科学研究中有关端元矿物的热力学性质和固溶体性质的实验室测定及其自洽数据库的开发取得了显著进步,但依旧存在一些未知的重要性质,使得有时不得不借助一些经验方法或基础理论来估算这些未知的性质。迄今已开发了若干方法来估算端元矿物和固溶体的热力学性质,特别是当热力学数据库缺少那些必要的数据可供选择应用时。本节将归纳一些迄今较为成功的估算方法。

C.1 氧化物构成的端元矿物的 C_P 值和 S 值的估算

C.1.1 组分的线性组合

由于端元组分主要基于振动性质的熵值和热容值,较之主要基于结合能和势能性质得到的焓值要更接近实际值,所以往往采用将端元组分相应性质的线性组合的方式来估算。以镁橄榄石 Mg_2SiO_4 的 C_P 和 S 的估算为例,采用 MgO 和 SiO_2 的相应性质的线性组合,即有

$$C_P(\text{For}) \approx 2C_P(\text{MgO}) + C_P(\text{SiO}_2) \tag{C.1.1}$$

同样,也可得到 $S(\text{For})$。但是,如果可以直接得到某个同构型化合物的数据,当然最好利用这些数据去估算其他,因为可以提供用于估算 C_P 值和 S 值的组分的振动性质更好的近似值。例如,如果 $Mg_2SiO_4(\text{For})$ 的数据已知,而要估算铁橄榄石 $Fe_2SiO_4(\text{Fa})$ 的 C_P 值和 S 值,则最好不要采用 FeO 和 SiO_2 的相应性质的线性组合,而采用以下步骤:

写出 Fa 和 For 之间的平衡反应,有

$$Fe_2SiO_4 + MgO == Mg_2SiO_4 + FeO$$

或

$$\mathrm{Fe_2SiO_4 = Mg_2SiO_4 + 2FeO - 2MgO} \tag{C.1.a}$$

则 $C_P(\mathrm{Fa})$ 的近似值为

$$C_P(\mathrm{Fa}) \approx C_P(\mathrm{For}) + 2C_P(\mathrm{FeO}) - 2C_P(\mathrm{MgO}) \tag{C.1.2}$$

同样，$S(\mathrm{Fa})$ 的近似值为

$$S(\mathrm{Fa}) \approx S(\mathrm{For}) + 2S(\mathrm{FeO}) - 2S(\mathrm{MgO}) \tag{C.1.3}$$

熵值的估算还可通过下述体积效应和电子效应的修正来得到改善。

C.1.2 熵值的体积效应

组分的体积变化对其熵值的影响可由麦克斯韦方程式给出，即式(3.4.3)，$(\partial S/\partial V)_T = (\partial P/\partial T)_V$。由式(3.7.9)可知，该导数值等于 α/β_T。因此，组分的熵值的估算不需要其他方面的修正，而采用两个步骤：首先，假设一种组分(j)，该组分的体积与使用线性组合方法中所有组分体积的总和相同，例如式(C.1.a)；然后，将该组分的体积按公式 $\Delta S = (\alpha/\beta)\Delta V$ 所得的给定 P-T 条件下的平衡值修正。方法是，取 $\Delta V = V_j - \sum n_i V_i$，其中 V_j 是该假设组分 j 的平衡体积值，V_i 是线性组合中组分 i 的体积，n_i 是该组分的摩尔数。这样，就得到熵值的体积效应修正的公式为

$$S_j \approx \sum_i n_i S_i + \frac{\alpha}{\beta}\left(V_j - \sum_i n_i V_i\right) \tag{C.1.4}$$

上述方法由 Fyfe 等(1958)提出，被广泛应用至今。

C.1.3 熵值的电子排布效应

Wood(1981)指出的一个事实引起了广泛的关注，即由于配位多面体的畸变消除了过渡金属离子的 t_{2g} 和 e_g 轨道内部兼并，会对含该阳离子的化合物的熵值造成很大的影响。例如，在上述式(C.1.3)所给出的含 FeO 的熵值估算中，如果配位环境改变，如从 FeO 的晶格位置转变到另一个固体中的晶格位置，则造成 $\mathrm{Fe^{2+}}$ 电子构型的变化。在 FeO 中，$\mathrm{Fe^{2+}}$ 占有正八面体位置，其中 d-轨道分裂为两个能级 e_g 和 t_{2g}，它们分别由 2 个和 3 个兼并的 d-轨道构成(见 1.7.2 节和图 1.10)。由于 $\mathrm{Fe^{2+}}$ 有 6 个 d-电子，在电子成对自旋状态下必有一个 d-电子处在 3 个 t_{2g} 轨道中的一个轨道上。但是，由于这 3 个轨道的兼并，并且第六个 d-电子分配在这些轨道上的概率相同(即是说在 3 个不同构型状态中是无序的)，从而得到由玻尔兹曼方程式(2.5.1)所给出的一个电子的构型熵值，即

$$S = R\ln\Omega_{\mathrm{conf}} = R\ln(3) = 9.134 \; J/(\mathrm{mol} \cdot \mathrm{K}) \tag{C.1.5}$$

其中，R（气体常数）$= LK_B$。假设晶格中 Fe^{2+} 转移到畸变的八面体位置，而该位置的畸变可能完全或部分消除了 t_{2g} 轨道的兼并（图 1.11）。当只有一个处于最低能级的轨道时，则第六个 d-电子就以成对自旋态取能量最低的轨道，这种情况下，$\Omega_{conf} = 1$。因此，当 FeO 中的 Fe^{2+} 转变到在最低能级只有一个轨道的畸变的八面体晶格位置，其构型能将减少 9.134 J/(mol·K)。Wood(1981)提出，化学计量的 FeO 的熵值在 1 bar，298 K 时为 56.30 J/(mol·K)。利用该值和由晶体场效应引起的电子熵变化可以来估算 298 K 时含铁化合物的熵值。例如

$$S(Fa) = S(Fo) + 2(56.30) - 2S(MgO) - 2(9.134) \text{ J/(mol·K)}$$

C.2 焓，熵和体积的多面体近似方法

Muller(1962)提出了一个特殊的多面体的设想，例如 MgO 多面体，其中 Mg 离子与八面体顶点的 6 个氧离子配位，这个多面体的特殊性在于它的热力学性质不太受到硅酸盐矿物中其余结构环境的影响。此后，若干研究者遵行这个思路估算了硅酸盐的体积弹性模量(Hazen，1985)，硅酸盐矿物的焓、熵和吉布斯自由能 (Chermak，Rimstidt，1989，1990；Van Hinsberg et al，2005)，其中，Cherniak，Rimstidt 将硅酸盐矿物表述为组分多面体的线性组合，利用已知的硅酸盐性质和统计回归方法得到多面体的性质。为了作基本介绍，这里用两种矿物，镁橄榄石 (For：Mg_2SiO_4) 和顽火辉石(En：$MgSiO_3$)作为例子。这两个矿物的热力学性质可以用 MgO 和 SiO_2 的热力学性质的线性组合来表述，即按照 $Mg_2SiO_4 = 2(^{[6]}MgO) + ^{[4]}SiO_2$ 和 $MgSiO_3 = ^{[6]}MgO + ^{[4]}SiO_2$。这样，如果这个多面体的性质不依赖于矿物的结构排布，那么这个特殊的多面体性质，例如熵值，在已知 For 和 En 性质条件下就可以从两个线性方程的联立解中得到。

Van Hinsberg 等(2005)通过对 60 种矿物的热力学性质的统计回归分析得到了 30 个多面体单元的性质。这 60 种矿物的每一种都可表达为所选的多面体单元的线性组合。回归得到的多面体性质列于表 C.1 中。图 C.1 则显示了焓和熵的输入值和估算值的一致性。估算的熵值只是多面体熵值的线性组合，而没有考虑体积修正。这是因为多面体单元体积的线性组合所得到的是一个其熵值需要估算的化合物体积。如果该判据不被满足，则还是需要根据式(C.1.4)对体积进行修正。

由于压力增加，Si 的氧配位数从 4 变到 6，则利用 SiO_2 的熵值来估算的矿物的熵值也需要就配位数变化的影响进行修正。超石英中 Si 位于八面体位置，利用超石英和 $^{[4]}SiO_2$ 或石英之间熵值的差异可以进行上述修正。其结果显示当 Si 的氧配位数由 4 变到 6 时，化合物的熵值约减少 10.3 J/mol。

表 C.1　多面体单元的热力学性质

	Δh_i (J/mol)	SD	s_i (J/(mol·K))	SD	v_i (J/bar)	SD	$(s-v)_i$	SD
Si-tet	−921 484	5256	39.8	1.07	2.45	0.05	15.9	1.03
Al-tet	−816 087	5581	40.3	1.16	2.17	0.06	19.8	1.12
Al-oct	−852 961	6012	22.2	1.38	0.75	0.07	13.5	1.32
Al-OHO	−1 049 365	9787	38.9	2.03	1.45	0.10	22.7	2.07
Al-OH	−1 170 579	17 017	57.3	6.90	2.83	0.23	27.4	6.19
Mg-tet	−633 580	29 576	53.6	5.49	2.44	0.29	32.6	5.04
Mg-oct	−625 422	5274	28.3	1.37	0.91	0.06	19.2	1.30
Mg-OHO	−764 482	7810	35.8	1.90	1.43	0.08	21.1	1.80
Mg-OH	−898 776	11 242	48.0	2.01	2.19	0.11	27.2	1.96
Fe-oct	−269 316	11 259	43.0	1.93	1.03	0.11	32.6	1.79
Fe-OHO	−385 309	12 794	50.7	3.49	1.48	0.12	35.0	3.00
Mn-oct	−403 304	17 588	46.1	2.38	1.13	0.10	33.8	2.00
Ti-oct	−955 507	35 677	55.4	6.03	1.99	0.19	31.4	5.15
Fe$_3$-oct	−404 103	18 177	30.7	4.32	0.99	0.17	19.7	3.66
K-multi	−354 612	19 274	56.0	4.80	1.31	0.18	43.6	4.15
Na-multi	−331 980	18 944	38.3	3.17	0.85	0.15	27.9	2.97
Ca-oct	−703 920	12 247	42.0	1.73	1.33	0.09	27.9	1.68
Ca-multi	−705 941	9516	38.8	1.63	1.36	0.09	26.1	1.55
H$_2$O free	−306 991	12 836	44.1	1.97	1.46	0.09	28.3	1.93

注：系由多面体单元的线性组合所描述的矿物的热力学性质的统计回归分析导出。表中 Δh_i, s_i 和 v_i 分别是元素的构型焓、第三定律熵和多面体单元 i 的体积。SD 是标准误差(Van Hinsberg et al,2005)

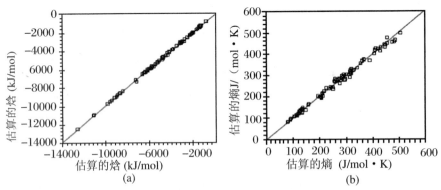

图 C.1　矿物焓和熵的估算值和输入值的比较图

估算值来自表 C.1 所示的多面体性质的线性组合，输入值即是被用于回归得到多面体性质的数值(Van Hinsberg et al,2005)

　　多面体单元的热力学性质实际上与它们之间如何相结合有关。为了减少离子

—离子间的排斥作用造成的不稳定效应,多面体单元会尽量在晶格顶角上互补。但是在高压条件下,造成的体积压缩也往往导致多面体大量的面和棱的相交。表 C.1 的多面体性质都是根据地壳的 $P\text{-}T$ 条件下稳定的矿物的热力学性质导出的。所以,这些性质的线性组合不一定能得到有价值的高压矿物的热力学性质的估算,因为对高压矿物来说,其多面体的连接方式与上述论及的矿物的多面体连接方式有很大不同。

习题 C.1　尖晶石($FeAl_2O_4$,其中 Fe^{2+} 占据四面体位置)的熵值的估算可由其氧化物组分的熵值的线性组合得到。试计算当 Fe^{2+} 的晶格场变化时需要考虑的对该估算熵值的修正。

习题 C.2　试利用表 C.1 中的多面体熵值计算高压 Mg_2SiO_4 多形体瓦兹利石和尖晶橄榄石在 1 bar 和 298 K 条件下,或其他压力温度条件下的熵值。这是高压矿物亚稳态的熵值,也可进一步用来估算其他条件下的熵值(表 C.1 的数据可以很好地估算 1 bar 和 298 K 条件下橄榄石(Mg_2SiO_4)的熵值。为了作比较,有关矿物的量热法测定的第三定律熵值分别为:瓦兹利石,86.4(± 0.4)J/(mol·K);尖晶橄榄石,82.7(± 0.5) J/(mol·K)。估算结果应当与这些量热法结果一致)。

习题 C.3　Van Hinsberg 等(2005)发现 S(Al-八面体)$<S$(Al-四面体),同样的情况也出现在如上讨论的 S(Si-四面体)和 S(Si-八面体)之间。试对 Al 和 Si 的氧配位数的增加而导致的熵值的减少作出定性解释(提示:需考虑离子配位数增加所产生的物理效应)。

C.3　混合焓的估算

固溶体的热力学混合性质可以由量热法(图 9.4)和(或)相平衡实验来确定。后者在 10.13 节中讨论过。在缺少上述数据的情况下,需采用一些混合性质的估算方法。其中混合焓是最难估算的值。Ganguly 和 Saxena(1987)综述了一些经典的估算 ΔH^{xs} 的方法。近来,量子化学方法也用来估算硅酸盐矿物的混合焓(Panaro et al,2006)。但是,量子化学法虽然很强大,但对于多数主要用热力学性质来计算矿物相平衡的读者来说还是比较陌生的。下面综述一些相对简单但很有效的固溶体混合熵的估算方法。

C.3.1　弹性效应

固溶体的形成过程,即$\left[XA\phi + (1-X)B\phi \rightarrow (A_xB_{1-x})\phi\right]$,在形式上可以看作有两个步骤:(a)从端元组分的摩尔体积变化到固溶体的摩尔体积 V;(b)这些组

分的混合最终形成了具备化学上均匀性的混合物。由这两个步骤可以将总混合焓分为弹性组分和化学组分,用图表示,即

步骤(a)   步骤(b)

$$XV^\circ_{A\phi} \Rightarrow XV_{A\phi}$$
$$(1-X)V^\circ_{B\phi} \Rightarrow (1-X)V_{B\phi}\Big\} \longrightarrow V_{(A_xB_{1-X})\phi}$$

ΔH_m(弹性) ΔH_m(化学)

基于对 Ferreira 等(1988)的公式的扩展(其讨论内容超出本节范畴),Ganguly 等(1993)给出了混合弹性焓的计算式为

$$\Delta H_m(\text{弹性}) = \frac{1}{p}\left[(1-X')\int_0^{X'} XZ(x)\mathrm{d}X + X'\int_{X'}^1 (1-X)Z(x)\mathrm{d}X\right]$$

$$(\text{C.3.1})$$

其中,X' 是 $A\phi$ 的摩尔分数

$$Z = \frac{\beta_T}{V}\left(\frac{\mathrm{d}V_m}{\mathrm{d}X}\right)$$

β_T 为体积弹性模量;p 是最邻近晶胞中置换原子数。式(C.3.1)体现了多个原子相互作用的结果导致弹性能量的松弛(方括号中的表达式给出了混合弹性能)。

图 C.2 中用镁铝榴石 $Mg_3Al_2Si_3O_{12}$ 来说明最邻近晶胞的概念(Ganguly et al,1993)。图中显示了一些 Mg 原子构成的三角形最邻近晶胞。最邻近 Mg 原子距为 3.509 Å。在石榴石固溶体中 Mg^{2+} 被二价阳离子 Fe^{2+},Ca^{2+} 和 Mn^{2+} 所置换。因此,铝硅酸盐石榴石固溶体中的置换离子形成了 3-原子最邻近群,即 $p=3$。

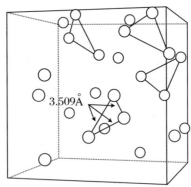

图 C.2 镁铝榴石 Mg 原子晶胞图示

最邻近 Mg-原子构成三角形群。原子间距为 3.509 Å(Ganguly et al,1993)

下面计算镁铝榴石-钙铝榴石固溶体的 ΔH_m(弹性)。Ganguly 等(1993)实测了镁铝榴石-钙铝榴石固溶体的 V_m-V 的关系,得出的数据可用亚规则溶液模型很好地拟合,即

$$\Delta V_m^{xs} = W_{CaMg}^V X_{Mg} + W_{MgCa}^V X_{Ca}$$

其中,$W_{CaMg}^V = 0.36 \pm 0.23$ 和 $W_{MgCa}^V = 1.73 \pm 0.3$ cm³/mol(每化学式单位有 12 个氧原子)。$V_m = XV_1^\circ + (1-X)V_2^\circ + \Delta V^{xs}$ 将式中最后一项按亚规则模型表述,则有

$$\frac{\mathrm{d}V}{\mathrm{d}X} = (V_1^\circ - V_2^\circ) + W_{12}^V + A_1 + A_2 \tag{C.3.2}$$

其中，$A_1 = 2(W_{21}^V - 2W_{12}^V)X$ 且 $A_2 = 3(W_{12}^V - W_{21}^V)X^2$ 为简单起见，假设 β_T / V 比值随镁铝榴石-钙铝榴石固溶体组成呈线性变化，这也意味着在任何 $P\text{-}T$ 条件下 $V\text{-}P$ 曲线随组成线性变化。将式(C.3.2)代入式(C.3.1)的右侧，利用文献中的镁铝榴石和钙铝榴石的体积弹性模量数据，即可算得 ΔH_{m}（弹性）。如图 9.4 所示，作为"弹性效应"的该结果与量热法和最优化法的结果完全一致。

C.3.2 晶体场效应

图 9.4 暗示着(图中量热法和最优化法的数据给出了由弹性和化学效应所致的混合焓净值)，在没有晶体场效应时，化学效应通常较弹性效应微不足道。但当需要考虑晶体场效应时，如上述镁铝榴石-铁铝榴石固溶体或者钙铬榴石-钙铝榴石固溶体中，混合焓净值应当考虑过渡金属离子晶体场稳定能的影响，即 $\Delta CFSE$ 改变的效应，亦即

$$\Delta H_{\mathrm{m}}^{\mathrm{xs}} \approx \Delta H_{\mathrm{m}}（\text{弹性}） + \Delta CFSE(X) \tag{C.3.3}$$

上式中的最右一项为

$$\Delta CFSE(X) = X\big[CFSE(X) - CFSE(X = 1)\big] \tag{C.3.4}$$

其中，$CFSE(X)$ 是某组成 X 的固溶体中过渡金属离子的晶体场稳定能。随着固溶体组成的变化，过渡金属为中心的多面体的键距相应改变，从而导致晶体场分裂能变化，因此有 $CFSE$ 的变化。图 C.3 显示了 $CFSE$ 受组成影响的一个例子。

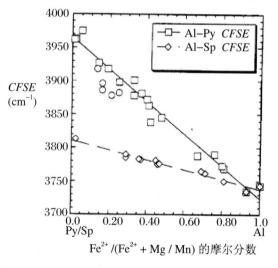

图 C.3　石榴石二元镁铝榴石-铁铝榴石($Mg^{2+} - Fe^{2+}$)和锰铝榴石-铁铝榴石($Mn^{2+} - Fe^{2+}$)固溶体中晶体场稳定能($CFSE$)随组成的变化(Geiger, Rossman, 1994)

下面用铁铝榴石-镁铝榴石固溶体为例计算 $CFSE(\mathrm{X})$。石榴石中二阶阳离子占有十二面体位置。在正十二面体位置中,d-轨道分裂为两组,即高能 t_{2g} 和低能 e_g 组,它们分别含有三条和两条兼并轨道(图1.10)。Fe^{2+} 的6个 d-电子中4个以高自旋态进入低能 e_g 轨道,2个在高能 t_{2g} 轨道。所以,在正十二面体位置中,Fe^{2+} 的 $CFSE$ 为

$$CFSE(\mathrm{X}) = 4\left(-\frac{2}{5}\Delta_{CF}(\mathrm{X})\right) + 2\left(\frac{3}{5}\Delta_{CF}(\mathrm{X})\right) = -\frac{2}{5}\Delta_{CF}(\mathrm{X}) \quad (\mathrm{C}.3.5)$$

其中,$\Delta_{CF}(\mathrm{X})$ 是组成 X 的固溶体的晶体场分裂能(Δ_{CF} 通常以 cm^{-1}(波数)为单位,乘以11.9626可转化为 J/mol 单位)。如果由于多面体的畸变 t_{2g} 和 e_g 轨道的兼并部分或全部消除(图1.11),则通过适当的修正可以很容易估算出 $CFSE(\mathrm{X})$。

在缺少详细的实验室测定 $CFSE$ 随固溶体系列组成变化的情况下,作为组成函数的 $\Delta CFSE$ 的变化可以根据 $\Delta(x) \propto R^{-n}$ 来近似确定,其中 R 是组成 X 的固溶体的平均金属配位体的键距。而根据石榴石和刚玉的 $CFSE$ 资料,Ganguly 和 Saxena(1987)提出 n 在 $1.12 \sim 1.74$ 之间。

Geiger 和 Rossman(1994)发现铁铝榴石-镁铝榴石和铁铝榴石-锰铝榴石固溶体系列的 $\Delta CFSE(\mathrm{X})$ 可以用规则溶液来表示,即 $\Delta CFSE(\mathrm{X}) = W_{CF}\mathrm{X}(1-\mathrm{X})$,其中 X 是二价阳离子的摩尔分数,$W_{CF}(Fe-Mg) = -2.8\ \mathrm{kJ/mol}$,$W_{CF}(Fe-Mn) = -0.8\ \mathrm{kJ/mol}$。另一方面,石榴石的 $Fe-Mg$ 和 $Fe-Mn$ 固溶体性质均显示接近理想性质或少许正偏离(Ganguly et al, 1996)。因此,对于这两类固溶体,其所显示的由 $CFSE$ 效应引起的 ΔH^{xs} 的少许负偏离几乎正好与由弹性效应引起的正偏离相抵消。

通过对平均金属配位体键距随组成变化增加或减少的认识,多少可以定性地判断晶体场效应对混合焓究竟具有正的还是负的影响。例如,在铁铝榴石-镁铝榴石固溶体系列中,Mg^{2+} 对 Fe^{2+} 的置换会减少金属-氧之间的键距,从而导致晶体场分裂能增加。因此,按照式(C.3.5),$CFSE(\mathrm{X})$ 较之纯铁铝榴石的 $CFSE$ 要趋向负值,并且按式(C.3.4),有 $\Delta CFSE(\mathrm{X}) < 0$,所以结果是负偏离理想性质。

参 考 文 献

Akaogi M,Takayama H,Kojitani H,Atake T. 2007. Low-temperature heat capacities, entropies and enthalpies of Mg_2SiO_4 polymorphs,and α-β-γ and post-spinel phase relations at high pressure[J]. Phys Chem Minerals,34:169 – 183.

Akella J,Kennedy G C. 1971. Melting of gold,silver,and copper-proposal for a new high-pressure calibration scale[J]. J Geophys Res, 76:4969 – 4977.

Akella J,Ganguly J,Grover R,Kennedy G C. 1972. Melting of lead and zinc to 60 kbar [J]. J Phys Chen Solids,34:631 – 636.

Allan N L,Blundy J D,Purton J A,Lavrentiev M Yu,Wood B J. 2001. Trace element incorporation in minerals and melts[M]// Geiger C A. Solid solutions in silicate and oxide sysstems. Budapest,Hungary:Eötvös University Press:251 – 302.

Anderson D L. 1989. Theory of the Earth[M]. Boston,Oxford,London,Edinburgh,Melbourne:Blackwell:366.

Anderson G M. 1996. Thermodynamics of natural systems[M]. New York:John Wiley.

Anderson G M. 2005. Thermodynamics of natural systems[M]. Cambridge:Cambridge University Press.

Anderson O L. 1995. Equations of state of solids for geophysics and ceramic science[M]. New York,Oxford:Oxford University Press:405.

Anderson O L. 2000. The Grünesien ratio for the last 30 years[J]. Geophys J Int,143:279 – 294.

Anderson O L,Isaak D G. 2000. Calculated melting curves for phases of iron[J]. Amer Mineral,85:376 – 385.

Anderson J-O,Fernández G A,Hillert M,Jansson B,Sundman B. 1986. A compound energy model of ordering in a phase with sistes of different coordination numbers[J]. Acta Metall,34:437 – 335.

Anovitz L M,Essene E J,Metz G W,Bohlen S R,Westrum E F Jr,Hemingway B S. 1993. Heta capacity and phase equilibria of almanddine, $Fe_3Al_2Ai_3O_{12}$ [J]. Geochim Cosmochim Acta,57:4191 – 4204.

Aranovich L Y, Newton R C. 1999. Experimental determination of CO_2-H_2O activity-composition relations at 600 – 1000 ℃ and 6 – 14 kbar by decarbonation and dehydration reactions[J]. Amer Mineral,84:1319 – 1332.

Asahara Y,Frost D J,Rubie D C. 2007. Partitioning of FeO between magnesiowüstite and liquid iron at high pressures and temperatures:implications for the composition of the Earth's core[J]. Earth Planet Sci Let,257:435 – 449.

Asimow P D,Hirschmann M M,Ghiorso M S,O'Hara M J,Stolper E M. 1995. The effect of pressure-induced solid-solid phase transition on the decompression melting of the mantle[J]. Geochim Cosmochim Acta,59:4489 – 4506.

Asimow P D,Hirschmann M M,Stoper E M. 1997. An analysis of variations in isentropic melt productivity[J]. Phil Trans Royal Soc Lond A,335:255 – 281.

Asimow P D,Ghiorso M S. 1998. Algorithmic modifications extending MELTS to calculate subsolidus phase relations. Amer Min,83:1127 – 1131.

Atherton M P. 1976. Crystal growth models in metamorphic tectonites. Phil Trans Royal Soc London A,283:255 – 270.

Balau J R,Waff H S,Tyburczy J A. 1979. Mechanical and thermodynamic constraints on fluid distrbution in partial melts[J]. J Geophys Research,84:6102 – 6114.

Becke F. 1913. Uber Mineralbestand und Structur der Krystallinischen Schiefer[J]. Ksehr Akad Wiss Wien, 78:1 – 53.

Belonoshko A B, Saxena S K. 1991. A molecular dynamics study of the pressure-volume-temperature properties of supercritical fluids: II. CO_2, CH_4, CO and H_2[J]. Geochim Cosmochim Acta, 55:3191 – 3208.

Belonoshko A B, Saxena S K. 1992. Equations of state of fluids at high temperature and pressure (Water, Carbon Dioxide, Methane, Carbon Monoxide, Oxygen, and Hydrogen) [J]// Saxena S K. Advances in physical geochemistry, vol 9. New York, Berlin: Heidelberg Springer: 79 – 97.

Berman R G, Brown T H. 1985. Heat capacity of minerals in the system Na_2O-K_2O-CaO-MgO-FeO-Fe_2O_3-Al_2O_3-SiO_2-TiO_2-H_2O-CO_2:presentation, extimation and high temperature extrapolation[J]. Contrib Mineral Petrol, 89:168 – 183.

Berman R G. 1988. Internally consistent thermodynamic data fro minerals in the system N_2O-K_2O-CaO-MgO-FeO-Fe_2O-Al_2O_3-TiO_2-H_2O-CO_2[J]. J Petrol, 29:445 – 552.

Berman R G. 1990. Mixing properties of Ca-Mg-Fe-Mn garnets[J]. Amer Mineral, 75:328 – 344.

Berner R A. 1969. Goethite stability and the origin or red beds[J]. Geochim Cosmochim Acta, 33:267 – 273.

Bethe H. 1929. Termauf opalltung in Kristallen[J]. Ann Physik, 3:133 – 208.

Birch F. 1952. Elasticity and the constitution of the Earth's interior[J]. J Geophys Res, 57:227 – 286.

Blander M. 1964. Thermodynamic properties of molten salt solutions[M]// Blander M. Molten salt chemistry. New York: Wiley: 127 - 237.

Blander M, Pelton A D. 1987. Thermodynamic analysis of binary liquid silicates and prediction of ternary solution properties by modified quasichemical equations[J]. Geochimica et Cosmochimica Acta, 51:85 - 95.

Blundy J, Wood B J. 1994. Prediction of crystal-melt partition coefficients from elastic modulii[J]. Nature, 372:452 - 454.

Boehler R, Ramakrishnan J. 1980. Experimental results on the pressure dependence of the Grüneisen parameter: A review[J]. J Geophys Res, 85:6996 - 7002.

Boehler R. 1993. Temperatures in the Earth's core from melting-point measurements of iron at high pressures[J]. Nature, 363:534 - 536.

Born M, von Kármán Th. 1912. Über Schwingungen in Raumgittern[J]. Physik Zeit, 12:297 - 309.

Bose K, Ganguly J. 1995. Experimental and theoretical stabilities of talc, antiorite and phase A at high pressures with applications to subduction processes[J]. Earth Planet Sci Letters, 136:109 - 121.

Bottinga Y, Richet P. 1981. High pressure and temperature equation of state and calculation of the therrmodynamic properties of gaseous carbon dioxide[J]. Amer J Sci, 281:615 - 660.

Bowen N L. 1913. Melting phenomena in the plagioclase feldspars[J]. Amer J Sci, 35: 577 - 599.

Bowen N L, Anderson O. 1914. The system $MgO-SiO_2$[J]. Amer J Sci, 37:487 - 500.

Bowen N L. 1915. The crystallization of haplodioritic, and related magmas[J]. Amer J Sci, 40:161 - 185.

Bowen N L, Tuttle O F. 1964. Orgin of granite in the light of experimental studies in the system $NaAlSi_3O_8-KAlSi_3O_0-SiO_2-H_2O$[J]. Geol Soc Amer Mem, 74: 153.

Bowers T S, Jackson K J, Helgeson H C. 1984. Equilibrium activity diagrams for coexisting minerals and aqueous solutions at pressures and temperatures to 5 kbar and 600 ℃[M]. Berlin, Heidelber, New York, Tokyo:Springer: 397.

Brady J. 1987. Coarsening of fine-scle exsolution lamellae:Springer: Amer Min, 72: 697 - 706.

Brett R, Bell P M. 1969. Melting relations in the system Fe-rich portion of the system Fe-FeS at 30 kbar pressure[J]. Earth Planet Sci Let, 6:479 - 482.

Brewar L. 1951. The equilibrium distribution of elements in the earth's gravitational field[J]. J Geol, 59:490 - 497.

Brice J C. 1975. Some thermodynamic aspects of growth of strained crystals[J]. J Cryst

Growth, 28:249 − 253.

Brookins D G. 1998. Eh-Ph diagrams for geochemistry[M]. Berlin, Heidelberg, New York: Springer-Verlag.

Brown J M, Shankland T J. 1981. Thermodynamic parameters in the Earth as determined from seismic profiles[J]. Geohys J Royal Astr Soc 66:579 − 596.

Bruhn D, Groebner N, Kohlstedt D L. 2000. An interconnected network of core-forming melts produced by shear deformation[J]. Nature, 403:883 − 886.

Bulau J R, Waff H S, Tyburczy J A. 1979. Mechanical and thermodynamic constraints on fluid distribution in partial melts[J]. J Geophys Res, 84:6102 − 6114.

Burnham C W, Hollaway J R, Davis N F. 1969. Thermodynamic properties of water at 1000 ℃ and 10000 bars[J]. Geol Soc Amer Special Paper, 132:96.

Burnham C W, Davis N F. 1971. The role of H_2O in silicate melts: Ⅰ. P-V-T relations in the system $NaAlSi_3O_8$-H_2O to 10 kilobars, 700 and 1000 ℃[J]. Amer J Sci, 274:902 − 940.

Burnham C W, Davis N F. 1974. The role of H_2O in silicate melts: Ⅱ. Thermodynamic and phase relations in the system $NaAlSi_3O_8$-H_2O to 10 kilobars, 700° to 1100℃ [J]. Amer J Sci, 274:902 − 940.

Burns R G. 1993. Mineralogical applications of crysital field theory[M]. Cambridge: Cambridge University Press: 551.

Burton B, Kikuchi R. 1984a. Thermodynamic analysis of the system $CaCO_3$-$MgCO_3$ in the sing le prism approximation of the cluster variation method[J]. Amer Mineral, 69:165 − 175.

Burton B, Kikuchi R. 1984b. The antiferromagnetic-paramagnetic transition in α-Fe_2O_3 the tetrahedron approximation of the cluster variation method. Phys Chem Mineral, 11:125 − 131.

Buseck P R, Nord G L Jr, Veblen D R. 1980. Subsolidus phenomena in pyroxenes [M]// Prewitt C T. Pyroxenes, Rev Mineral, 7:117 − 204.

Cahn J W. 1962. Coherent fluctuations and nucleation in isotropic solids[J]. Acta Metall, 10:907 − 913.

Cahn J W. 1968. Spinodal decompositon[J]. Trans Metall Soc AIME, 242:166 − 180.

Cahn J W. 1979. Thermodynamics of solid and fluid surfaces[M]// Johnson W C, Blakely J M. Interfacial segregation. Ohio: American Inst Metals: 3 − 24.

Callen, H B. 1985. Thermodynamics and an Introduction to Thermostatics. New York, Chichester, Brisbane, Toronto, Singapore: 493.

Cameron A G W, Pine M R. 1973. Numerical models of primitive solar nebula. Icarus, 18:377 − 406.

Capobianco C J, Jones J H, Drake M J. 1993. Meta-silicate thermochemistry at high temperature: magma oceans and the "excess siderophile element" problem of the Earth's upper mantle[J]. J Geophysical Res, 98:5433 – 5443.

Carlson W D. 1999. The case against Ostwald ripening of porphyroblasts[J]. Canad Mineral, 37:403 – 413.

Carmichael D M. 1969. On the mechanism of prograde metamorphic reactions in quartz-bearing pelitic rocks. Contrib Mineral Petrol, 20:244 – 267.

Carpenter M A. 1980. Mechanism of exsolution in sodic pyroxene. Contrib Mineral Petrol. 71:289 – 300.

Carpenter M A. 1985. Order-disorder transformation in mineral solid solution[M]// Kieffer S W, Navrotsky A. Microscopic to macroscopic: atomic environments to mineral thermodynamics[J], Reviews in Mineralogy, 14:187 – 224.

Cashman K V, Ferry J M. 1988. Crystal size distribution (CSD) in rocks and the kinetics and dynamics of crystallization. 3. Metamorphic crystallization[J]. Contrib Mineral Petrol, 99:401 – 415.

CEA. 1998. Supercritical fluids[J/OL]. http://www-drecam. cea. fr/drecam/spec/publi/rapport98, Commissariat A L'Energie Atomique: Département de Recherche sur l'Etat Condensé les Atomes et les Molécules.

Chakraborty S, Ganguly J. 1991. Compositional zoning and cation diffusion in garnets [M]// Ganguly J. Diffusion, atomic ordering and mass transport: advances in physical geochemistry, vol 8. New York, Berlin: Heidelberg Springer: 120 – 175.

Chakraborty S, Ganguly J. 1994. A method to constrain thermodynamic mixing properties and diffusion coefficients in multicomponent solutions[J]. Mater Sci Forum, 155/ 156:279 – 283.

Chakraborty S. 1995. Relationships between thermodynamic mixing and diffusive transport in multicomponent solutions: some constraints and potential applications[J]. J Phys Chem, 98(18):4923 – 4926.

Charlu T V, Newton R C, Kleppa O J. 1975. Enthalpies of formation at 970 K of compounds in the system $MgO-Al_2O_3-SiO_2$ from high temperature solution calorimetry [J]. Geochim Cosmochim Acta, 39:1487 – 1497.

Chandrashekhar S. 1957. An introduction to stellar structure[M]. New York: Dover.

Chatterjee N D. 1991. Applied mineralogical thermodynamics[M]. Berlin, Heidelberg, New York :Springer-Verlag: 321.

Chatterjee N D, Krueger R, Haller G, Olbricht W. 1998. The Bayesian approach to the internally consistent thermodynamic data base: theory, database and generation of phase diagrams[J]. Contrib Mineral Petrol, 133:149 – 168.

Cheng W, Greenwood H J. 1990. Topological construction of nets in ternary $(n + 3)$-phase multisystems, with applications to Al_2O_3-SiO_2-H_2O and MgO-SiO_2-H_2O[J]. Canad Mineral, 28:305 − 320.

Cheng W, Ganguly J. 1994. Some aspects of multicomponent excess free energy models with subregular binaries[J]. Geochim Cosmochim Acta, 58:3763 − 3767.

Chermak J A, Rimstidt D J. 1989. Estimating the thermodynamic properties (ΔG_f° and ΔG_f°) of silicate minerals from the sum of polyhedral contributions[J]. Amer Min, 74:1023 − 1031.

Chermak J A, Rimstidt D J. 1990. Estimating the free energy of formation of silicate minerals at high temperatures from the sum of polyhedral contributions[J]. Amer Min, 75:1376 − 1380.

Chuang Y Y, Hsieh K C, Chang Y A. 1985. Thermodynamics and phase relations of transtton metal-sulfur systems. V. A revaluation of the Fe-S system using an associated solution model for the liquid phase[J]. Metall Trans, 16B:277 − 285.

Clayton J O, Giauque W F. 1932. The heat capacity and entropy of carbon monoxide. Heat of vaporization. Vapor pressure of solid and liquid. Free energy to 500 K from spectroscopic data[J]. J Amer Chem Soc, 54:2610 − 2626.

Connolly J A D. 1990. Multivariate phase diagrams: an algorithm based on generalized thermodynamics[J]. Amer J Sci, 290:666 − 718.

Connolly J A D. 2005. Computation of phase equilibria by linear programming: a tool for geodynamic modeling and an qpplication to subducion zone decarbonation[J]. Earth Planet Sci Let, 236:524 − 541.

Colinet C. 1967. Relation between the geometry of ternary phase diagrams and the thermodynamic properties of liquid solutions[D]. Duplôme d'études supérieures, Univ Grenoble, France.

Curie P. 1885. Sur la formation des crustaux et sur les constantes capillaires de leurs différentes faces[J]. Soc Minéral France Bull, 8:145 − 150.

Dachs E, Geiger C, von Seckendorff V, Grodzicli M. 2007. A low temperature calorimetric study of synthetic (forsterite + fayalite){(Mg_2SiO_4 + Fe_2SiO_4)} solid solutions: an analysis of vibrational, magnetic, and electronic contributions to the molar heat capacity and entropy of mixing[J]. J Chem Thermo, 39:906 − 933.

Darken L S. 1950. Application of Gibbs-Duhem relation to ternary and multicomponent systems[J]. J Amer Chem Soc, 72:2909 − 2914.

Darken L S, Gurry R W. 1953. Physical chemistry of metals[M]. New York:McGraw-Hill.

Darken L S. 1967. Thermodynamics of binary metallic solution[M]. Met Soc AIMS

Trans, 239:80 - 89.

Dasgupta S, Ganguly J, Neogi S. 2004. Inverted metamorphic sequence in the Sikkim Himalayas: crystallization history, *P-T* gradient and implications[J]. J Met Geol, 22:395 - 412.

Davidson L R. 1968. Variations in ferous iron-magnesium distrbution coefficients of metamorphic pyroxenes from Quairading, Western Australia[J]. Contrib Mineral Petrol, 19:239 - 259.

Davidson P M, Mukhopadhyay D. 1984. Ca-Fe-Mg olivines: phase relations and a solution model[J]. Contrib Mineral Petrol, 86:256 - 263.

Debye P. 1912. Zur Theorie der spezifischen wärmen[J]. Ann der Physik, 39:789 - 839.

Debye P, Hückel E. 1923. The theory of electrolytes. I. Lowering of freezing point and related phenomena[J]. Z Physik, 24:185 - 206.

de Capitani C, Brown T H. 1987. The computation of chemical equilibrium in complex systems comtaining non-ideal solutions[J]. Geochim Cosmochim Acta, 51:2639 - 2652.

de Capitani C. 1994. Gleichgewichts-Hhasendiagramme: theoric und Softwate[J]. Beihefte zum European J Mineral, 72. Jahrestagung der Deutschen Mineralogischen Gesellschaft, 6: 48.

De Donder T. 1927. L'Affinite'[M]. Paris:Gauthiers-Villars.

Denbigh K. 1981. The principles of chemical equilibrim[M]. New York:Dover.

Dohem R, Chakraborty S, Palme H, Rammansee W. 1998. Solod-solid reactions mediated by a gas phase: an experimental study of reaction progress and the role of surfaces in the system olivine + iron metal[J]. Amer Min, 83:970 - 984.

Dolezalek F. 1908. On the theory of binary mixture and concentrated solutions[J]. Zeitschrift Physikalishes Chemie-Stoichionmetrie und Verwandtschsftslehre, 64:727 - 747.

Dunning J D, Petrovski D, Schuyler J, Owens A. 1984. The effects of aqueous chemical environments on crack propagation in quartz[J]. J Geophy Res, 89:4115 - 4123.

Dziewonski A M, Anderson D L. 1981. Preliminary reference earth model[J]. Phys Earth Planet Interiors, 25:297 - 356.

Ebel D S, Grossman L. 2000. Condensation in dust-enriched systems[J]. Geochim Cosmochim Acta, 64:339 - 366.

Ehlers E G. 1987. Interpretation of geologic phase diagrams[M]. New York:Dover.

Ehrenfest P. 1933. Phaseumwandlungen im üblichen und erweiter ten Sinn klassifiziert nach de entsperechenden Singularitäten des thermodynamischen potentials[J]. Proc

Amsterdam Acad, 36:153.

Einstein A. 1907. Die Plancksche Theorie der Strahlung und de Theorie der spezifishen Warmen. Annal der Physik, 22:180 – 190.

Emanuel K. 2003. Tropical cyclones. Ann Rew Earth Planet Sci, 31:75 – 104.

Emanuel K. 2006. Hurricane: tempests in a greenhouse. Physics Today, 59:74 – 75.

Eriksson G. 1974. Thermodynamic studies of high temperature equilibria XII. SOLA-GASMIX, a computer program for calculation of equilibrium compositions in multiphase systems. Chemica Scripta, 8:100 – 103.

Eriksson G, Rosen E. 1973. Thermodynamic studies of high temperature equilibria X III. General equations for the calculation of equilibria in multiphase systems. Chemica Scripta, 4:193 – 194.

Ernst W G. 1976. Petrologic phase equilibria, W. H. Freeman and company, San Francisco.

Essene E J. 1989. The current status of thermobaromery of igneous rocks. In: Daly J S, Cliff R A, Yardley R W D. Evolution of metamorphic belts, Geol Soc London Pub No. 43:1 – 44.

Eugester H P, Wones D R. 1962. Stability realtions of the feruginous biotite, annite [J]. J Petrol, 3:82 – 125.

Faure G. 1991. Principles and applications of Inorganic Geochemistry. New York:Mc-Millan: 626.

Fabrichnaya O, Saxena S K, Richet P, Westrum E F. 2004. Thermodynamic data, models, and phase diagrams in multicomponent oxide systems[M]. Springer-Verlag.

Fei Y, Saxena S K, Erksson G. 1986. Some binary and ternary silicate solid solutions [J]. Contrib Mineral Petrol, 94:221 – 229.

Fei Y, Saxena S K. 1987. An equation of state for the heat capacity of solids[J]. Geochim Cosmochim Acta, 51:251 – 254.

Fermi E. 1956. Thermodynamics[M]. New York:Dover: 160.

Ferreira L G, Mbaye A A, Zunger A. 1988. Chemical and elastic effects on isostructural phase diagrams: the ε-G qpproach[J]. Phys Rew B, 37:10547 – 10570.

Feynman R. 1963. The Feynman lectures on physics v. 1[M]. New Jersey:Addison Wesley.

Flood H, Forland T, Grjotheim K. 1954. Uber den Zusammenhang zwischen Konzentration und Aktivitäten in geschmolzenen Salzmischungen[J]. Z Anorg Allg Chem, 276:290 – 315.

Flory P J. 1941. Thermodynamics of high polymer solutions[J]. J Chem Phys, 9:660 – 661.

Flory P J. 1944. Thermodynamics of heterogeneous polymers and their solutions[J]. J Chem Phys, 12:425 – 538.

Flowers G C. 1979. Correction to Hollway's. 177. adaptation of the modified Redlich-Kwong equation of state for calculation of the fugacities of molecular species in super-critical fluids of geologic interest[J]. Contrib Mineral Petrol, 69:315 – 318.

Førland T. 1964. Thermodynamic properties of fused salt systems[M]// Sundheim B R. Fused salts. New York:McGraw-Hill: 63 – 164.

Fowler R H, Rushbrooke G S. 1937. An attempt to extend the statistical theory of perfect solutions[J]. Trans Faraday Soc, 33:1272 – 1294.

French B M. 1966. Some geological implications of equilibrium between graphite and a C-H-O gas phase at high temperatures and pressures[J]. Rev Geophys, 4:233 – 253.

Fuhrman M L, Lindsley D H. 1988. Ternary feldspar modeling and thermometry[J]. Amer Min, 73:201 – 206.

Furbish D J. 1997. Fluid Physics in Geology [M]. Oxford: Oxford University Press:476.

Fyfe W S, Turner F J, Verhoogen J. 1958. Metamorphic reactions and metamorphic facies[J]. Geol Soc Amer, 73:259 p.

Fyfe W S. 1964. Geochemistry of Solids • An introduction[M]. New York:McGraw Hill.

Gaetani G A, Grove T L. 1999. Wetting of mantle olivine by sulfide melt: inplications for Re/Os ratios in mantle peridotite and late-stage core formation[J]. Earth Plante Sci Letters, 169:147 – 163.

Ganguly J. 1968. Analysis of the stabilities of chloritoid and stauroite, and some equilibria in the system FeO-Al_2O_3-SiO_3-H_2O-O_2[J]. Amer J Sci, 266:277 – 298.

Ganguly J. 1972. Staurolite stability and related parageneses: theory, experiments and applications[J]. J Petrol, 13:335 – 365.

Ganguly J. 1973. Activity-composition relation of jadeite in omphacite pyroxene: theoretical deductions[J]. Earth Planet Sci Let, 19:145 – 153.

Ganguly J. 1977. Compositional variables and chemical equilibrium in metamorhism [M]// Saxena S K, Bhattacharys S. Energetics of geological processes. Springer-Verlag:250 – 284.

Ganguly J, Ghosh S K. 1979. Aluminous orthopyroxene: order-disorder, thermodynamic properties, and petrological implications[J]. Contrib Mineral Petrol, 69:375 – 385.

Ganguly J, Bhattacharya P K. 1987. Xenoliths in proterozoic kimberlites from southern

India: petrology and geophysical impliccations[M]// Nixon P H. Mantle Xenoliths: 249 – 266.

Ganguly J, Saxena S K. 1987. Mixtures and mineral reactions[M]. Berlin, Heidelberg, New York, Paris, Tokyo: Springer-Verlag: 291.

Ganguly J, Cheng W, O'Neill H St C. 1993. Syntheses, volume, and structural changes of garnets in pyrope-grossular join: im plications for stability and mixing properties[J]. Amer Mineral, 78:583 – 593.

Ganguly J, Yand H, Ghose S. 1994. Thermal history of mesosiderites: quantiative constraints from compositional zoning and Fe-Mg ordering in orthopyroxenes [J]. Geochim Cosmochim Acta, 58:2711 – 2723.

Ganguly J, Singh R N, Ramana D V. 1995. Thermal perturbation during charnockitization and granulite facies metamorphism in southern India[J]. J Metamorphic Geol, 13:419 – 430.

Ganguly J, Cheng W, Tirone M. 1996. Thermodynamics of aluminosilicate garnet solid solution: new experimental data, an optimized model, and thermometric applications [J]. Contrib Mineral Petrol, 126:137 – 151.

Ganguly J, Dasgupta S, Cheng W, Neogi S. 2000. Exhumation history of a section of the Sikim Himalayas, India: records in the metamorphic mineral equilibria and compositional zoning of garnet. Earth Planet Sci Let, 183:471 – 486.

Ganguly J. 2001. Thermodynamic modelling of solid solutions[M]//Geiger C A. Solid solutions in silicate and oxide systems. EMU Notes Mineral 3, Eótvós Univ Press: 37 – 70.

Ganguly J. 2002. Diffusion kinetics in minerals: principles and applications to tectono-metamorphic processes[M]// Gramaciolli C M. Energy modelling in minerals. EMU Notes Mineral 4, Eótvós Univ Press: 271 – 309.

Ganguly J. 2005. Adiabatic decompression and melting of mantle rocks[M]. Geophys Research Letters 32, L06312, doi: 10, 1029/2005GL022363.

Ganguly J, Freed A M, Saxena S K. 2008. Density profiles of oceanic slabs and surrounding mantle: in tegrated thermodynimic and thermal modeling, and implication for the fate of slabs at the 660 km discontinuity[J]. Phys Earth Planet Int (in review).

Garrels R M, Thompson M E. 1962. A chemical model for sea water at 25 ℃ and one atmosphere total pressure[J]. Amer J Sci, 260:57 – 66.

Garrels R M, Christ C L. 1965. Solutions, minerals and equilibria[M]. New York: Harper and Row: 450.

Gast P. 1968. Trace element fractionation and the origin if tholeiitic and alkaline magma types[J]. Geochim Cosmochim Acta, 32:1057 – 1086.

Geiger C A, Rossman G R. 1994. Crystal field stabilization energies of almandine-pyrope and almandine-spessartine garnets determined by FTIR near infrared measurements[J]. Phys Chem Minerals, 21:516 – 525.

Geiger C A. 2001. Thermodynamic mixing properties of binary oxide and silicate solid solutions determined by direct measurements: the role of strain[M]// Geiger C A. Solid solutions in silicate and oxide systems. EMU Notes Mineral 3, Eótvós Univ Press: 71 – 100.

Gibbs J W. 1961. Scientific Papers of J Williard Gibbs, vol 1. Thermodynamics[M]. Woodbridge: Ox Bow Press.

Ghent E D, Robins D B, Stout M Z. 1979. Geothermometry, geobarometry and fluid compositions of metamorphosed calcsilicates and pelites, Mica Creek, British Columbia[J]. Amer Min, 64:874 – 885.

Ghiorso M S, Kelemen P B. 1987. Evaluating reaction stoichiomery in magmatic systems evolving under generalized thermodynamic constraionts: examples comparing isothermal and isenthalpic assimilation[M]// Mysen B: Magmatic processes: physicochemical Principles, Geochem Soc Sp Pub No. 1.

Ghiorso M S. 1990. Application of Darken equation to mineral soild solutions with variable degrees of order-disorder[J]. Amer Min, 75:539 – 543.

Ghinorso M S. 1994. Algorithms for the estimation of phase stability in heterogeneous thermodynamic systems[J]. Geochim Cosmochim Acta, 58:5489 – 5501.

Ghiorso M S, Sack R O. 1995. Chemical mass transfer in magmatic processes. IV. A revised and internally consistent thermodynamic model for the interpolation and extrapolation of Liquid-Solid Equilibria in Magmatic Systems at Elevated Tempertures and Pressures[J]. ContribMineral Petrol, 119:197 – 212.

Ghiorso M S. 1997. Thermodynamic models of igneous processes[J]. Ann Rev Earth Planet Sci, 25:221 – 241.

Ghiorso M S, Hirschmann, M M, Reiners P W, Kress V C. 2002. The pMEITS: an revision of MELTS aimed at improving calculation of phase relations and major element partitioning involved in partioal melting of the mantle at pressures up to 3 GPa [J]. Geochem Geophys Geosyst 3(5), 10. 1029/2001GC000217.

Ghiorso M S. 2004. An equation of state of silicate melts. I. Formulation of a general model[J]. Amer J Sci, 304:637 – 678.

Ghose S. 1982. Mg-Fe order-disorder in terromagnesian silicates. I. Crystal chemistry [M]// Saxena S K. Advances in physical geochemistry, vol 2. Berlin, Heidelberg, New York:Springer: 4 – 57.

Ghose S, Choudhury N, Chaplot S L, Rao K P. 1992. Phonon density of states and thermodynamic properties of minerals[M]// Saxena S K. Advances in physical geochemistry, vol 9, New York, Berlin, Heidelberg:Springer:283－314.

Gilvary J J. 1956. The Lindemann and Grüneissen laws[J]. Phys Rev, 102:308－316.

Gilvary J J. 1957. Temperatures in the Earth's interior[J]. J Atm Terrestr Phys, 10:84－85.

Gottschalk M. 1997. Internally consistent thermodynamic data for rock-forming minerals in the system SiO_2-TiO_2-Al_2O_3-Fe_2O_3-CaO-MgO-FeO-K_2O-Na_2O-H_2O-CO_2 [J]. Euro J Mineral, 9:175－223.

Gramaccioli C M. 2003. Energy modelling in minerals. EMU Notes in Mineraloys, v. 4 [M]. Budapest:Eötvös University Press:425.

Green E J. 1970. Predictive thermodynamic models of mineral systems[J]. Amer Mineral, 55:1692－1713.

Greenwood H J. 1963. The synthesis and stability of anthophyllite[J]. J Petrol, 4:317－351.

Greenwood H J. 1967. Mineral equilibria in the system MgO-SiO_2-H_2O-CO_2 [M]// Abelson P H. Researches in Geochemistry, vol 2. New York:Wiley:542－547.

Grossman L. 1972. Condensation in the primitive solar nebula[J]. Geochim Cosmochim Acta, 36:597－619.

Grossman L, Larimer J W. 1974. Early chemical history of the solar nebula[J]. Rev Geophys Space Phys, 12:71－101.

Grfiüeisen E. 1926. "The state of a solid body", Handbuch der Physik, vol l[M]. Berlin Springer-Verlag:1－52. Engl. Transl. NASA RE 2－18－59 W, 1959.

Guggenheim E A. 1937. Theoretical basis of Raoult's law[J]. Trans Faraday Soc, 33:151－159.

Guggenheim E A. 1952. Mixtures[M]. Oxford:Clarendon Press.

Guggenheim E A. 1967a. Theoretical basis of Raoult's law[M]. Trans Faraday Soc, 33:151－159.

Guggenheim E A. 1967b. Thermodynamics[M]. Amsterdam:North Holland Publishing Co.

Hacker B R, Peacock S M, Abers G, Holloway S D. 2003. Subduction factory 2. Are intermediate-depth earthquakes in subducting slabs linked to metamorphic dchydration reactions? [J]. J Geophys Res, 108:11－15.

Halbach H, Chatterjee N D. 1982. An empirical Redlich-Kwong-type equations of state of water to 10000℃ and 200 kbar[J]. Contrib Mineral Petrol, 79:337－345.

Halden F H, Kingery W D. 1955. Surface tension at elevated temperatures. Ⅱ. Effect of carbon, nitrogen, oxygen, and sulfur on liquid-iron surface tension and interfacial energy with alumina[J]. J Phys Chem, 59:557 − 559.

Hansen E C, Janardhan A S, Newton R C, Prame W K B, Ravindra Kumar G R. 1987. Arrested charnockite formation in southern India and Sri Lanka[J]. Contrib Mineral Petrol, 96:225 − 244.

Haggerty S E. 1976. Opaque mineral oxides in terrestrial igneous rocks[M]// Rumble D Ⅲ. Oxide Minerals, Mineralogical Society of America Short Course Notes, vol 3, Chapter 8.

Harvie C E, Weare J H. 1980. The prediction of mineral solubilities in natural waters: the Na-K-Mg-Ca-Cl-SO_4-H_2O system from zero to high concentration at 25 ℃[J]. Geochim Cosmochim Acta, 44:981 − 999.

Harvie C E, Moiler N, Weare J H. 1984. The prediction of mineral stabilities in natural waters: the Na-K-Mg-Ca-H-Cl-SO_4-OH-HCO_3-CO_3-CO_2-H_2O system to high ionic strength at 25 ℃[J]. Geochim Cosmochim Acta ,48:723 − 751.

Hazen R M. 1985. Comparative crystal chemistry and the polyhedral approach[M]// Kieffer S W, Navrotsky A. Microscopic to Macroscopic. Reviews in Mineralogy 14, Mineral Soc America: 317 − 345.

Heine V, Welche P R L, Dove M T. 1999. Geometrical origin and theory of negative thermal expansion in framework structures[J]. Amer Ceram Soc, 82:1759 − 1767.

Helffrich G, Wood B J. 1989. Subregular models for multicomponent solutions[J]. Amer Mineral, 74:1016 − 1022.

Helgeson H C. 1969. Thermodynamics of hydrothermal of hydrothermal systems at elevated temperatures and pressures[J]. Amer J Sci, 267:729 − 804.

Helgeson H C, Kirkham D H. 1974a. Theoretical prediction of thermodynamic behavior of aqueous electrolytes at high pressures and temperatures: Ⅱ. Debye-Hückel parameters for activity[J]. Amer J Sci, 274:1199 − 1261.

Helgeson H C, Kirkham D H. 1974b. Theoretical prediction of thermodynamic properties of aqueous electrolytes at high pressures and temperatures: Ⅲ. Equations of states for species at infinite dilution[J]. Amer J Sci, 276:97 − 240.

Helgeson H C, Kirkham D H. 1976. Theoretical predictions of the thermodynamic properties of aqueous electrolytes at high pressures and temperatures. Ⅲ. Equation of state of aqueous species at infinite dilution[J]. Amer J Sci, 276:97 − 240.

Helgeson H C, Delany J M, Nesbitt H W, Bird D K. 1978. Summary and critque of the thermodynamic properties of rock-forming minerals[J]. Amer J Sci, 278-A:1 − 229.

Helgeson H C, Kirkham D H, Flowers G C. 1981. Theoretical prediction of the thermodynamic behavior of aqueous electrolytes at high pressure and temperatures: IV. Calculation of activity coefficients, osmotic coefficients, and apparent molal and standard and relative partial molal properties to 600 °C and 5 kbar[J]. Amet J Sci, 281:1249 – 1516.

Helffrich G, Wood B J. 1989. Subregular models for multicomponent solutions[J]. Amer Mineral, 74:1016 – 1022.

Hervig R L, Navrotsky A. 1984. Thermochemical study of glasses in the system NaAl-Si_3O_8-$KAiSi_3O_8$ and the join $Na_{1.6}Al_{1.6}Si_{2.4}O_8$-$Na_{1.6}Si_{2.4}O_8$ [J]. Geochim Cosmochim Acts, 48:513 – 522.

Herring C. 1951. Some theorems on the free energies of crystal surfaces. Phys Res, 82: 87 – 93.

Herring C. 1953. The use of classical macroscopic concepts in surface. energy problems [M]// Gomer G, Smith C S. Structure and properties of solid surfaces. The University of Chicago Press:5 – 72.

Hess P. 1994. Thermodynamics of thin films[J]. J Geophys Res, 99:7219 – 7229.

Hess P. 1996. Upper and lower critical points: thermodynamic constraints on the solution properties of silicate melts[J]. Geochim Cosmochim Acta, 60:2365 – 2377.

Hildebrand J H. 1929. Solubility XII. Regular solutions[J]. J Amer Chem Soc, 5 1:6 – 80.

Hildebrand J H, Scott R L. 1964. The solubility of nonelectrolytes[M]. New York: Dove: 488.

Hillert M, Staffansson L I. 1970. Regular solution model for stoichiometric phases and ionic melts[J]. Acta Chem Scandenevia, 24:3618 – 3626.

Hillert M. 1998. Phase equilibria, phase diagrams and phase transformations: their thermodynamic basis[M]. Cambridge:Cambridge Univ Press.

Hillert M. 2001. The compound energy formalism[J]. J Alloys Comp, 320:161 – 176.

Hillert M, Sundman B. 2001. Predicting miscibility gaps in reciprocal liquids[J]. Calphad, 25:599 – 605.

Holdaway M J. 1971. Stability of andalusite and aluminosilicate phase diagram[J]. Amer J Sci, 271:97 – 131.

Holland T J B. 1980. Reaction Albite = Jadeite + Quartz determined experimentally in the range 600 to 1200 ℃[J]. Amer Min, 65:129 – 134.

Holland T J B, Powell R. 1991. A compensated-Redlich-Kwong (CORK) equation for volumes and fugacities of CO_2 and H_2O in the range 1 bar to 50 kbar and 100 – 16000℃[J]. Contrib Mineral Petrol, 109:265 – 271.

Holland T J B, Powell R. 1998. An internally consistent data set for phases of petrological interest[J]. J Metamorphic Geol, 16:309 – 343.

Holland T J B, Powell R. 2003. Activity-composition relations for phases in petrological calculations:an asymmetric multicomponent formulation. Contrib Mineral Petrol, 145:492 – 501.

Holloway J R. 1977. Fugacity and activity of molecular species in supercritical fluids. [M]// Fraser D G. Thermodynamics in Geology, Reidel, Dordrecht: 161 – 181.

Holloway J R. 1981. Volatile interactions in magmas[M]// Newton R C, Navrotsky A, Wood B J. Thermodynamics of minerals and melts, Advances Physical Geochem 1. New York: Springer Verlag: 273 – 293.

Holm J L,Kleppa O J. 1968. Thermodynamics of disordering process in albite[J]. Amer Mineral, 53:123 – 233.

Holness M B. 1993. Temperature and pressure dependence of quartz-aqueous fluid dihedral angles:the control of adsorbed H_2O on the permeability of quartzites[J]. Earth Planet Sci Lett, 117:363 – 377.

Hopfe W D, Goldstein J I. 2001. The metallographic cooling rate method revised: application to iron meteorites and mesosiderites[J]. Meteoritics Planet Sci, 36: 135 – 154.

Huang X, Xu Y, Karato S I. 2005. Water content in the transition zone from electrical conductivity of wadselyite and ringwoodite[J]. Nature, 434:746 – 749.

Huggins M L. 1941. Solutions of long chain compounds[J]. J Phys Chem, 9:440.

Hummel F A. 1984. A review of thermal expansion data of ceramic materials, especially ultralow expansion compositions[J]. Interceram, 33:27 – 30.

Ikeda-Fukazawa T,Kawamura K. 2004. Molecular dynamics studies of surface of ice 1 h [J]. J Chem Phys, 120:1395 – 1401.

Iwamori H, McKenzie D, Takahashi E. 1995. Melt generation by isentropic mantle upwelling[J]. Earth Planet Sci Letters, 134:253 – 266.

Jacob K T, Fitzner K. 1977. The estimation of the thermodyn amic properties of ternary alloys from binary data using the shortest distance composition path[J]. Thermochiln Acta, 18:197 – 206.

Janardhan A S, Newton R C, Hansen E C. 1982. The transformation of amphibolite facies gneiss to charnockite in southern Karnataka and northern Tamil Nadu. India[J]. Contrib Mineral Petro, 179:130 – 149.

Johnson J, Norton D. 1990. Critical phenonmenon in the hydrothermal systems:state, thermodynamic, elctrostatic, and transport properties of H_2O in the critical region [J]. Amer J Sci, 291:541 – 648.

Jeanloz R. 1979. Properties of iron at high-pressures and the state of the core[J]. J

Geophys Res, 84:6059 – 6069.

Joesten R L. 1991. Kinetics of coarsening and diffusion-controlled mineral growth[J]. Rev Mineral, 26:507 – 582.

Johnson J W, Norton D L. 1991. Critical phenomena in hydrothermal systems: state, thermodynamic, electrostatic, and transport properties of H_2O in the critical region [J]. Amer J Sci, 291:541 – 648.

Johnson J W, Oelkers E H, Helgeson H C. 1992. SUPCRIT92: a software package for calculating the standard molal thermodynamic properties of minerals, gases, aqueous species, and reactions from 1 to 50000 bar and 0 to 10000 °C[J]. Computers and Geoscience, 18:889 – 947.

Jordan D, Gerster J A, Colburn A P, Wohl K. 1950. Vapor-liquid equilibrium of C_4 hydrocarbon-furfural-water mixtures[J]. Chem Eng Prog, 46:601 – 613.

Jurewicz S R, Watson E B. 1985. Distribution of partial melt in a granitic system[J]. Geochim Cosmochim Acta, 49:1109 – 11121.

Jurewicz S R, Jurewicz J G. 1986. Distribution of apparent angles on random sections with emphasis on dihedral angle measurements[J]. J Geophys Res ,91:9277 – 9282.

Kegler P, Holzheid A, Rubie D C, Frost D J, Palme H. 2005. New results on metal/silicate partitioning of Ni and Co at elevated pressures and temperatures[C]. Lunar and Planetary Science Conference XXXVI, Abstr#2030.

Kellogg L H. 1997. Growing the Earth's D'' layer:effect of density variations at the core-mantle boundary[J]. Geophys Res Lett, 24:2749 – 2752.

Kennedy G C, Vaidya S N. 1970. The effect of pressure on the melting temperature of solids[J]. J Geophys Res, 75:1019 – 1022.

Keppler H, Rubie D C. 1993. Pressure-induced coordination changes of transition-metalions in silicate melts[J]. Nature, 364:54 – 55.

Kesson W H, van Laar P H. 1938. Measurements of the atomic heats of tin in the superconductive and non-superconductive states[J]. Physica, 5:193 – 201.

Kieffer S W. 1977. Sound speed in liquid-gas mixtures-water-air and water-steam[J]. J Geophys Res, 82:2895 – 2904.

Kieffer S W. 1979. Thermodynamics and lattice vibrations of minerals:1. Mineral heat capacities and their relationships to simple lattice vibrational models[J]. Rev Geophys Spcae Phys 17:1 – 19.

Kieffer S W, Delaney J M. 1979. Isentropic decompression of fluids from crustal and mantle pressures[J]. J Geophys Res, 84:1611 – 1620.

Kieffer S W, Navrotsky A. 1985. Editors:microscopic to macroscopic[J]. Reviews in Mineralogy 14, Mineralogical Society of America:428.

Kikuchi R. 1951. A theory of cooperative phenomena[J]. Phys Rev, 81:988 − 1003.

Kim K, Vaidya S N, Kennedy G C. 1972. The effect of pressure on the melting temperature of the eutectic minimums in two binary systems: NaF-NaCl and CsCl-NaCl [J]. J Geophys Research, 77:6984 − 6989.

Kim K-T, Vaidya S N, Kennedy G C. 1972. The effect of pressure on the temperature of the eutectic minimum in two binary systems: NaF-NaCl and CsCl-NaCl[J]. J Geophys Research, 77:698 − 6989.

Kittel C, Kroemer H. 1980. Thermal Physics[M]. San Francisco: Freeman: 473.

Kittel C. 2005. Introduction to solid state physics[M]. New Jersey: Wiley: 704.

Knapp R, Norton D L. 1981. Preliminary numerical analysis of processes related to magma crvstallization and stress evolution in cooling pluton environments[J]. Amer J Sci, 281:35 − 68.

Kohler F. 1960. Zur Berechnung der Thermodynamischen Daten eines terniiren Systems aus dem zugehöringen binären System[J]. Monatsch Chem, 91:738 − 740.

Kohlstedt D L. 1992. Structure, rheology and permeability of partially molted rocks at low melt fractions[M]// Morgan JP. Mantle flow and melt generation. Geophys Monograph 71, Amer Geophys Union: 103 − 121.

Kondepudi D, Prigogine I. 1998. Modern tphermodynamics: from heat engines to dissipative structures[M]. New York: John Wiley: 486.

Korzhinskii D S. 1959. Physicochemical basis of the analysis of the paragenesis of minerals[M]. New York: Consultants Bureau: 142.

Koziol A, Newton R C. 1988. Redetermination of anorthite breakdown reaction and improvement of the plagioclase-garnet-Al_2SiO_5-quartz geobarometer[J]. Amer Mineral, 73:21 6 − 223.

Kraut E, Kennedy G C. 1966. New melting law at high pressures[J]. Phys Rev, 151: 668 − 675.

Kress V. 1997. Thermochemistry of sulfide liquids. I. The system O-S-Fe at 1 bar[J]. Contrib Mineral Petrol, 127:176 − 186.

Kress V. 2000. Thermochemistry of sulfide liquids. II. Associated solution model for sulfide in the system O-S-Fe[J]. Contrib Mineral Petrol, 139:316 − 325.

Kretz R. 1966. Interpretation of shapes of mineral grains in metamorphic rocks[J]. J Petrol, 7:68 − 94.

Kretz R. 1994. Metamorphic crystallization[M]. New York: Wiley&Sons: 507.

Kretz R. 2006. Shape, size, spatial distribution and composition of garnet crystals in highly deformed gneiss of the Otter Lake area, Ouébec, and a model for garnet crystallization[J]. J Met Geol, 24:431 − 449.

Kroll H, Kirfel A, Heinemann R. 2006. Order and anti-order in olivine Ⅱ：thermodynamic analysis and crystal-chemical modelling[J]. Eur J Mineral. 18：691－704.

Landau L D, Lifschitz E M. 1958. Statistical physics [M]. London, Paris：Pergamon：484.

Langmuir D. 1971. Particle size effect on the reaction goethite = hematite + water[J]. Amer J Sci, 271：147－156.

Lasaga A C. 1998. Kinetic theory in earth sciences[M]. New Jersey：Princeton Univ Press：811.

Lavenda B H. 1978. Thermodynamics of irreversible processes[M]. New York：Dover：182.

Lawn B, Wilshaw T. 1975. Fracture of brittle solids[M]. New York：Cambridge University Press.

Lesher C E, Walker D. 1991. Thermal diffusion in petrology[M]// Ganguly J. Diffusion, Atomic Ordering and Mass Transport, Advances in Physical Geochemistry. Springer Verlag.

Leudemann H D, Kennedy G C. 1968. Melting curves of lithium, sodium, potassium and rubidium to 80 kilobars[J]. J Geophys Res, 73：2795－2805.

Lewis J S. 1970. Venus：atmospheric and lithospheric composition[J]. Earth Planet Sci Lett, 10：73－80.

Lewis J S. 1974. Temperature gradient in solar nebula Science[J]. 186：440－443.

Lewis J S, Prinn R G. 1984. Planets and their atmospheres：origin and evolution[M]. New York：Academic Press：470.

Lewis G N, Randall M. 1923. Thermodynamics and free energy of chemical substances [M]. New York：McGraw-Hill.

Lewis G N, Randall M. 1961. Thermodynamics[M]. New York：McGraw-Hill：723.

Li J, Agee C B. 1996. Geochemistry of mantle. core difierentiation at high pressure [J]. Nature, 381：686－689.

Li L, Tsukamoto K, Sunagawa I. 1990. Impurity adsorption and habit changes in aqueous solution grown KCl crystals[J]. J Cryst Growth, 99：150－155.

Li J, Fei Y. 2003. Experimental constraints on core composition[M]// Carlson R W. The Mantle and Core, Treatise on Geochemistry 2. Elsevier：521－546.

Libby W F. 1966. Melting points at high compression from zero compression properties through Kennedy relation[J]. Phys Rev Lett, 17：423－424.

Liermann H-P, Ganguly J. 2003. Fe^{2+}-Mg fractionation between orthopyroxene and spinel：experimental calibration in the system FeO-MgO-Al_2O_3-Cr_2O_3-SiO_2, and applications[J]. Contrib Mineral Petrol, 145：217－227.

Lindemann F A. 1910. Uber der berechnung molecularer Eigenfreq uenzen[J]. Zeit Phys, 11:609 - 612.

Lindsley D H. 1983. Pyroxene thermometry[J]. Amer Mineral, 68:477 - 493.

Linn J-F, Vanko G, Jacobsen S D, Iota V, Struzhkin V V, Prakapenka V B, Kuzentsov A, Yoo CS. 2007. Spin transition zone in the Earth's mantle[J]. Science, 317:1740 - 1743.

Loewenstein W. 1953. The distribution of aluminum in the tetrahedra of silicates and a-luminates[J]. Amer Min, 38:92 - 96.

Lumsden J. 1952. Thermodynamics of alloys[M]. London:Institute of Metals.

Luth R. 1995. Is phase A relevant to the Earth's mantle? [J] Geochim Cosmochim Acta, 59:679 - 682.

MacInnes D A. 1919. The activities of the ions of strong electrolytes[J]. J Amer Chem Soc, 41:1086 - 1092.

Maier C G, Kelley K K. 1932. An equation for the representation of high temperature heat content data[J]. J Amer Chem Soc, 54:3242 - 3246.

Margenau H, Murphy G M. 1955. The mathematics of Physics and Chemistry[M]. Toronto, New York, London:Van Nostrand.

Marini L, Ottonello G, Canepa M, Cipoli F. 2000. Water-rock interaction in the Bisagno valley(Beneoa, Italy): application of an inverse approach to model spring water chemistry[J]. Geochim Cosmochim Acta, 64:2617 - 2635.

Mary T A, Evans J S O, Vogt T, Sleight A W. 1996. Negative thermal expansion from 0.3 to 1050 K in ZrW_2O_8[J]. Science, 272:90 - 2.

McDade P, Blundy J D, Wood B J. 2003. Trace element partitioning on the Tinquillo Lherzolite solidus at 1.5 GPa[J]. Phys Earth Planet Int, 139:129—147.

McHale J M, Auroux A, Perrotta A J, Navrotsky A. 1997. Surface energies and thermodynamic phase stabilities in nanocrvstalline aluminas[J]. Science, 277:788 - 791.

McKenzie D, Bickle M J. 1988. The volume and composition of melt generated by extension of lithosphere[J]. J Petrol, 29:625 - 679.

McMillan P. 1985. Vibrational spectroscopy in mineral sciences[M]// Kieffer S W, Navrotsky A. Reviews in Mineralogy, vol 14. Washington DC:Mineralogical Society of America:9 - 63.

Meijering J L. 1950. Segregation in regular ternary solutions, part I [J]. Philips Res Rep, 5:333 - 356.

Meyer K H, Wyk A van der. 1944. Properties of polymer solutions. XⅦ. Thermodynamic analysis of binary systems with a chain-shaped component[J]. Helv Chim Acta, 27:845 – 858. (in French)

Miyazaki K. 1991. Ostwald ripening of garnet in high P/T metamorphic rocks[J]. Contr Mineral Petrol, 108:118 – 128.

Mueller R F. 1962. Energetics of certain silicate solid solutions[J]. Geochim Cosmochim Acta, 26:581 – 598.

Mueller R F. 1963. Chemistry and petrology of Venus: preliminary deductions[J]. Science, 141:1046 – 1047.

Mueller R F. 1964. Theory of immiscibility in mineral systems[J]. Mineral Mag, 33:1015 – 1023.

Mueller R F, Saxena S K. 1977. Chemical petrology[M]. Berlin:Springer-Verlag:394.

Muggianu Y M, Gambino M, Bros J P. 1975. Enthalpies of formation of liquid alloy bismuthgallium-tin at 723 K. Choice of an analytical representation of integral and partial excess functions of mixing[J]. J Chimie Phys, 72:83 – 88.

Mukherjee K. 1966. Clayperon's equation and melting under high pressures[J]. Phys Rev Lett, 17:1252 – 1254.

Mukhopadhyay B, Basu S, Holdaway M. 1993. A discussion of Margules-type formulations for multicomponent solutions with a generalized approach[J]. Geochim Cosmochim Acta, 57:277 – 283.

Murakami M, Hirose K, Sata N, Ohishi Y, Kawamura K. 2004. Phase transformation of $MgSiO_3$ perovskite in the deep mantle[J]. Science, 304:855 – 858.

Murnaghan F D. 1937. Finite deformations of an elastic solid. Amer J Math, 59:235 – 260.

Nagamori M, Hatakeyama T, Kameda M. 1970. Thermodynamics of Fe-S melts between 1100° and 1300℃[J]. Trans Japan Inst Met, 11:190 – 194.

Navrotsky A, Ziegler D, Oestrine R, Maniar P. 1989. Calorimetry of silicate melts at 1773 K:measurement of enthalpies of fusion and of mixing in the systems diopside-anorthite-albite and anorthite-forsterite[J]. Contrib Mineral Petrol, 101:122 – 130.

Navrotsky A. 1992. Unmixing of hot inorganic materials[J]. Nature, 360:306.

Navrotsky A. 1994. Physics and chemistry of Earth materials[M]. Cambridge:Cambridge University Press:417.

Navrotsky A. 1997. Progress and new directons in high temperature calorimetry[J]. Phys Chem Minerals, 24:222 – 241.

Navrotsky A. 2002. Thermochemistry, energeticmodelling, and systematics[M]// Gramaciolli C M. Energy Modelling in Minerals, vol 14. European Mineralogical Union, Budapest, Hungary:Eötvös University Press:5 – 26.

Neuhoff P S, Hovis G L, Balassone G, Stebbins J F. 2004. Thermodynamic properties of analcime solid solutions[J]. Amer J Sci, 304:21 – 66.

Newton, R C, Jayaraman A, Kennedy G C. 1962. The fusion curves of the alkali metals Up to 50 kilobars[J]. J Geophys Research, 67:2559 – 2566.

Newton R C, Charlu T V, Kleppa O J. 1977. Thermochemistry of high pressure garnets andclinopyroxenes in the system CaO-MgO-Al$_2$O$_3$-SiO$_2$[J]. Geochim Cosmochim Acta,41:369 – 377.

Newton R C, Charlu T V, Kleppa O J. 1980. Thermochemistry of high structural state plagioclases[J]. Geochim Cosmochim Acta, 44:933 – 941.

Nicolas A. 1995. Mid-ocean ridges: mountains below sea level[M]. Berlin: Springer-Verlag: 200.

Nicolis G, Prigogine I. 1989. Exploring complexity [M]. New York: W. H. Freeman: 313.

Norton D L, Knight J E. 1977. Transport phenomena in hydrothermal systems: cooling plutons[J]. Amer J Sci, 277:937 – 981.

Norton D L, Panichi C. 1978. Determination of the sources and circulation paths of thermalfluids: the Abano region, northern Italy[J]. Geochim Cosmochim Acta, 42:183 – 294.

Norton D L. 1978. Source lines, source regions, and path lines for fluids in hydrothermal systems related to cooling plutons[J]. Econ Geol, 73:21 – 28.

Norton D L, Taylor H P Jr. 1979. Quantitative simulation of hydrothermal systems of crystallizing magmas on the basis of transport theory and oxygen isotope data: an analysisof the Skaergaard intrusion[J]. J Petrol, 20:421 – 486.

Norton D L, Dutrow B L. 2001. Complex behavior of magma-hydrothermal processes: role of supercritical fluid[J]. Geochim Cosmochim Acta, 65:4009 – 4017.

Norton D L, Hulen J B. 2001. Preliminary numerical analysis of the magma-hydrothermal histroy of the Geysers geothermal system, California, USA[J]. Geothermics, 30:211 – 234.

Norton D L. 2002. Equation of state: H$_2$O-system[M]// Marini L, Ottonello G. Proceedings of the Arezzo Deminar on Fluids Geochemistry. DIPTERIS University of Geneva: 5 – 17.

O'Neill H St C. 1988. Systems Fe-O and Cu-O: thermodynamic data for the equilibria Fe-"FeO," Fe-Fe$_3$O$_4$, "FeO"-Fe$_3$O$_4$, Fe$_3$O$_4$-Fe$_2$O$_3$, Cu-Cu$_2$O, and Cu$_2$O-CuO from emf measurements[J]. Amer Mineral, 73:470 – 486.

Olson P. 1987. A comparison of heat transfer laws for mantle convection at very high Rayleigh numbers[J]. Phys Earth Planet Int, 48:153 – 160.

Onsager L. 1945. Theories and problems of liquid diffusion[J]. New York Acad Sci

Ann,46:241－265.

Oganov A R, Brodholt J P, Price G D. 2002. Ab initio theory of phase transitions and thermochemistry of minerals[M]// Gramaccioli C M. Energy modelling in minerals, European Mineralogical Union Notes in Mineralogy, vol 4. Budapest:Eötvös University Press:83－160.

Oganov A R, Ono S. 2004. Theoretical and experimental evidence for a post-perovskite phase of MgSiO$_3$ in Earth's D″ layer[J]. Nature, 430:445－448.

Orye R V, Prausnitz J M. 1965. Thermodynamic properties of binary solutions containing hydrocarbons and polar organic solvents[J]. Trans Farady Soc, 61: 1338－1346.

Ottonello G,1992. Interactions and mixing properties in the(C2/c) clinopyroxene quadrilateral[J]. Contrib Mineral Petrol, 111:53－60.

Ottonello G. 1997. Principles of geochemistry[M]. New York:Columbia University Press: 894.

Ottonello G. 2001. Thermodynamic constraints arising from the polymeric approach to silicate slags: the system CaO-FeO-SiO$_2$ as an example[J]. J Non-Crystalline Solids, 282:72－85.

Panero W R, Akber-Knutson S, Stixrude L. 2006. Al$_2$O$_3$ incorporation in MgSiO$_3$ perovskite and ilmenite[J]. Earth Planet Sci Lett, 252:152－161.

Parsons I, Brown W L. 1991. Mechanism and kinetics of exsolution- structural control of diffusion and phase behavior in alkali feldspars[M]// Ganguly J. Diffusion, atomic ordering and mass transport, Advances in Physical Geochemistry, vol 2. Berlin: Springer-Verlag:304－344.

Passarone A, Sangiorgi R. 1985. Solid-liquid interfacial tensions by the dihedral angle method. A mathematical approach[J]. Acta Metall, 33:771－776.

Parks G A. 1984. Surface and interfacial free energies of quartz[J]. J Geophys Res, 89:3997－4008.

Pauling L. 1960. The nature of the chemical bond[M]. Ithaca, NY:Cornell University Press: 644.

Pelton A D, Blander M. 1986. Thermodynamic analysis of ordered liquid solutions by amodified quasichemical approach-applications to silicate slags[J]. Met Trans B, 17B:805－815.

Philpotts A R. 1990. Principles of igneous and metamorphic petrology[M]. New Jersey: Prentice Hall: 498.

Pigage L G, Greenwood H J. 1982. Internally consistent estimates of pressure and temperature:the staurolite problem[J]. Amer J Sci, 282:943－968.

Pippard A B. 1957. Elements of classical thermodynamics for advanced students in physics[M]. London: Cambridge Univ Press.

Pitzer K S. 1973. Thermodynamics of electrolytes - I. Theoretical basis and general equations[J]. J Phys Chem, 77:268 - 277.

Pitzer K S. 1975. Thermodynamics of electrolytes V. Effects of higher order electrostaticterms[J]. J Sol Chem, 4:249 - 265.

Pitzer K S. 1987. Thermodynamic model of aqueous solutions of liquid-like density[M]// CarmichaelI S E, Eugster H P. Thermodynamic modeling of geological materials: minerals, fluids and melts, reviews in mineralogy, vol 2. Washington DC: Min Soc Amer:97 - 142.

Pitzer K S, Sterner S M. 1994. Equations of state valid continuously from zero to extreme pressures for H_2O and CO_2[J]. J Chem Phys, 101:3111 - 3115.

Pitzer K S. 1995. Thermodynamics[M]. International Edition. New York: McGraw Hill Inc: 626.

Pourbaix M J N. 1949. Thermodynamics of dilute solutions[M]. Arnold E: London.

Poirier J P. 1991. Introduction to the physics of the Earth[M]. Cambridge: Cambridge University Press: 264.

Powell R. 1987. Darken's quadratic formulation and the thermodynamics of minerals[J]. Amer Min, 72:1 - 11.

Prausnitz J M, Lichtenthaler R N, de Azevedo E G. 1986. Molecular thermodynamics of fluid phase equilibria[M]. New Jersey: Prentice-Hall

Prigogine I, Defay R. 1954. Chemical thermodynamics[M]. London: Longmans:543.

Press W H, Flannery B P, Teukolsky S A, Vetterling W T. 1990. Numerical recipes [M]. Cambridge: Cambridge University Press:702.

Putnis A. 1992. Introduction to mineral sciences. Cambridge: Cambridge University Press:457.

Raghaven V, Cohen M. 1975. Solid state phase transformations[M]//Hannay N B. Treatise on Solid State Chemistry, vol 5. New York: Plenum Press.

Ramberg H. 1972. Temperature changes associated with adiabatic decompression in geologicalprocesses[J]. Nature, 234:539 - 540.

Rao B B, Johannes W. 1979. Further data on the stability of staurolite + quartz and related assemblages[J]. Neues Jarb Mineral Monatsh, 1979:437 - 447.

Redlich O, Kister A T. 1948. Thermodynamics of non-electrolyte solutions: x-y-t relations in abinary system[J]. Ind Eng Chem, 40:341 - 345.

Redfern S A T, Salje E, Navrotsky A. 1989. High temperature enthalpy at the orientational order-disorder transition in calcite: implications for the calcite/aragonite phase equilibrium[J]. Contrib Mineral Petrol, 101:479 – 484.

Redfern S A T, Artioli G, Rinaldi R, Henderson C M B, Knight K S, Wood B J. 2000. Octahedral cation ordering in olivine at high temperature. II: an in situ neutron powder diffraction study on synthetic MgFeSiO₄ (Fa50)[J]. Phys Chem Minerals, 27: 630 – 637.

Redlich O, Kwong J N S. 1949. On the thermodynamics of solutions. V. An equation of state. Fugacities of gaseous solutions[J]. Chem Rev, 44:223 – 244.

Reif F. 1967. Statisticl physics: Berkeley physics course, vol 5 [M]. New York: McGraw-Hill:398.

Reisener R J, Goldstein J I. 2003. Ordinary chondrite metallography: Part 1. Fe-Ni taenite cooling experiments[J]. Meteoritics Planet Sci,38:1669 – 1678.

Reisener R J, Goldstein J I, Pataev M I. 2006. Olivine zoning and retrograde olivine-orthopyroxene-metal equilibration in H5 and H6 chondrites[J]. Mateoritics Planet Sci, 41:1839 – 1852.

Renon H, Prausnitz J M. 1968. Local compositions in thermodynamic excess functions for liquid mixtures[J]. J Amer Inst Chem Eng, 14:135 – 144.

Richet P. 2001. The physical basis of thermodynamics with applications to chemistry [M]. New York: Kulwar Academic/Plenum Publishers: 442.

Righter K. 2003. Metal-silicate partitioning of siderophile elements and core formation in the early Earth[J]. Ann Rev Erath Planet Sci, 31:135 – 174.

Righter K, Drake M J. 2003. Partition coefficients at high pressure and temperature [M]// Carlson R W. The mantle and core: treatise on Geochemistry. Amsterdam: Elsevier: 425 – 450.

Ringwood A E. 1975. Composition and petrology of the Earth's mantle. New York: McGraw Hill:618.

Ringwood A E. 1982. Phase transformation and differentiation in subducted lithosphere: Implications for mantle dynamics, basalt petrogenesis, and crustal evolution[J]. J Geol, 90:61 – 643.

Rinaldi R, Artioli G, Wilson C C, McIntyre G. 2000. Octahedral cation ordering in olivine at high temperature. I: an in situ neutron single-crystal diffraction studies on natural mantle olivines (Fa12 and Fa10)[J]. Phys Chem Minerals, 27:623 – 629.

Robin P-Y F. 1974. Stress and strain in crypthperthite lamellae and the coherent solvus of alkali feldspars[J]. Amer Mineral, 59:1299 – 1318.

Robin P-Y F, Ball D G. 1988. Coherent lamellar exsolution in ternary pyroxenes: a pseudobinary approximation[J]. Amer Mineral, 73:253 – 260.

Robie R A, Hemingway B S, Fisher J R. 1978. Thermodynamic properties of minerals and related substances at 298. 15 K and 1 bar(10^5 pascals). pressure and at higher temperatures[J]. US Geol Surv Bull, 1452:456.

Robinson R A, Stokes R H. 1970. Electrolyte solutions[M]. London:Butterworths.

Roedder E. 1951. Low temperature liquid immiscibility in the system K_2O-FeO-Al_2O_3-SiO_2[J]. Amer Min 36:282 − 286.

Rose L A, Brenan J M. 2001. Wetting properties of Fe-Ni-Co-O-S melts against olivine: implications for sulfide melt mobility[J]. Econ Geol Bull Soc Econ Geol, 145 − 157.

Rubie D C, Melosh H J, Reid J E, Liebske C, Righter K. 2003. Mechanisms of metal-silicate equilibration in the terrestrial magma ocean[J]. Earth Planet Sci Let, 205: 239 − 255.

Rubie D C, Nimmo F, Melosh H J. 2007. Formation of Earth's core[M]// Stevenson D J.)Evolution of the Earth: treatise on Geophysics, vol 9. Amsterdam:Elsevier: 51 − 90.

Rumble D Ⅲ. 1982. The role of perfectly mobile components in metamorphism[J]. Ann Rev Earth Planet Sci, 10:221 − 233.

Ryzhenko B, Kennedy G C. 1973. Effect of pressure on eutectic in system Fe-FeS[J]. Amer J Sci,273:803 − 810.

Sack R A, Loucks R R. 1985. Thermodynamic properties of tetrahedrite-tennantites: constraints son the independence of the Ag↔Ca, Fe↔Zn, Cu↔Fe, Ag↔Sb exchange reactions[J]. Amer Mineral, 71:257 − 269.

Sack R A, Ghiorso M S. 1994. Thermodynamics of multicomponent pyroxenes Ⅱ. Applications to phase relations in the quadrilateral[J]. Contrib Mineral Petrol, 116:287 − 300.

Sakamaki T, Suzuki A, Ohtani E. 2006. Stability of hydrous melt at the base of the Earths'upper mantle[J]. Nature, 439:192 − 194.

Salje E K H. 1988. Structural phase transitions and specific heat anomalies. [M]// Salje E K H. Physical properties and thermodynamic behaviour in minerals. NATO, Reidel, Dordrecht: 75 − 118.

Salje E K H. 1990. Phase transitions in ferroelastic and co-elastic crystals[M]. Cambridge:Cambridge University Press.

Salters V J M, Longhi J, 1999. Trace element partitioning during the initial stages of melting beneath mid-ocean ridges[J]. Earth Planet Sci Lett, 166:15 − 30.

Santis R de, Breedveld G J F, Prausnitz J M. 1974. Thermodynamic properties of aqueous gasmixtures at advanced pressures[J]. Ind Eng Chem Process Des Dev, 13:374 − 377.

Savage P E, Gopalan S, Mizan T L, Martino C N, Brock E E. 1995. Reactions at supercriticalconditions: applications and fundamentals[J]. Amer Inst Chem Eng J, 41: 1723 – 1778.

Saxena S K, Eriksson G. 1986. Chemistry of the formation of the terrestrial planets. [M]//Saxena S K. Chemistry and physics of terrestrial planets, Advances in Physical Geochemistry, vol 6. Berlin: Springer-Verlag: 30 – 105.

Saxena S K, Fei Y. 1987. Fluids at crustal pressures and temperatures Ⅰ. Pure species [M]. Contrib Mineral Petrol, 95: 370 – 375.

Saxena S K. 1988. Assessment of thermal expansion, bulk modulus, and heat capacity of enstatite and forsterite[J]. J Phys Chem Solids, 49: 1233 – 1235.

Saxena S K, Fei Y. 1988. Fluid mixtures in the carbon-hydrogen-oxygen system at high pressure and temperature[J]. Geochim Cosmochim Acta, 52: 505 – 512.

Saxena S K, Chatterjee N, Fei Y, Shen G. 1993. Thermodynamic data on oxides and silicates[M]. Berlin: Springer-Verlag.

Saxena S K, Shen G, Lazor P. 1994. Temperatures in the Earth's core based on phase transformation experiments on iron[J]. Science, 264: 405 – 407.

Saxena S K. 1996. Earth mineralogical model: Gibbs free energy minimization computation in the system MgO-FeO-SiO$_2$[J]. Geochim Cosmochim Acta, 60: 2379 – 2395.

Saxena S K, Dubrovinsky. 2000. Iron phases at high pressures and temperatures: Phase transition and melting[J]. Amer Mineral, 85: 372 – 375.

Schwartz J M, McCallum I S. 2005. Comparative study of equilibrated and unequilibrated eucrites: subsolidus thermal histories of Haraiya and Pasamonte[J]. Amer Mineral, 90: 1871 – 1886.

Sengers J V, Levelt Sengers J M H. 1986. Thermodynamic behavior of fluids near the criticalpoint[J]. Ann Rev Phys Chem, 37: 189 – 222.

Sengupta P, Sen J, Dasgupta S, Raith M M, Bhui U K, Ehl J. 1999. Ultrahigh temperature metamorphism of metapelitic granulites from Kondapalle, Eastern Ghats Belt: implications for Indo-Antarctic correlation[J]. J Petrol, 40: 1065 – 1087.

Sharma R C, Chang Y A. 1979. Thermodynamics and phase relationships of transition metasulfur systems. Ⅲ. Thermodynamic properties of Fe-S liquid phase and the calculation of Fe-S phase diagram[J]. Metall Trans, 10B: 103 – 108.

Shaw D M. 1970. Trace element fractionation during anatexis[J]. Geochim Cosmochim Acta, 34: 237 – 243.

Shewmon P G. 1969. Transformations in metals[M]. New York: McGraw-Hill.

Shi P, Saxena S K. 1992. Thermodynamic modeling of the carbon-hydrogen-oxygen-sulfurfluid system[J]. Amer Mineral, 77: 1038 – 49.

Shibue Y. 1999. Calculations of fluid-ternary solid solutions equilibria: an application of the Wilson equation to fluid-(Fe,Mn,Mg)TiO_3 equilibria at 600 ℃ and 1 kbar[J]. Amer Mineral,84:1375－1384.

Shinbrot M. 1987. Things fall apart: No one doubts the second law, but no one's proved it yet[J]. The Sciences, May/June:32－38.

Shock E L, Helgeson H. 1988. Calculation of thermodynamic and transport properties of aqueous species at high temperatures and pressures: correlation algorithm of aqueousspecies and equation of state predictions to 5 kbar and 1000 ℃[J]. Geochim Cosmochim Acta,52:2009－2036.

Shock E L, Oelkers E H, Johnson J W, Sverjensky D A, Helgeson. 1992. Calculation of the thermodynamic properties of aqueous species at high pressures and temperatures[J], J ChemSoc Faraday Trans, 88(6):803－826.

Smith C S. 1964. Some elementary principles of polycrystalline microstructures[J]. Met Rev, 9:1－48.

Smith W R, Missen R. 1991. Chemical reaction equilibrium analysis: theory and algorithms[M]. Florida:Krieger Pub Co.

Spear F S, Ferry J M, Rumble D. 1982. Analytical formulation of phase equilibria: the Gibbsmethod[M]// Ferry J M Characterization of metamorphism through mineral equilibria. Reviews of Mineralogy, Mineral Soc Amer:105－145.

Spear F S. 1988. The Gibbs method and Duhem's theorem: the quantitative relationships among P, T, chemical potential, phase composition and reaction progress in igneous and metamorphic systems[J]. Contrib Mineral Petrol, 99:249－256.

Spera F J. 1981. Carbon dioxide in Igneous petrogenesis: Ⅱ. Fluid dynamics of mantle metasomatism[J]. Contrib Mineral Petrol, 77:56－65.

Spera F J. 1984a. Carbon dioxide in petrogenesis: Ⅲ. Role of volatiles in the ascent of alkali magma with special reference to xenolith-bearing mafic lavas[J]. Contrib Mineral Petrol, 88:217－232.

Spera F J. 1984b. Adiabatic decompression of aqueous solutions: applications to hydrothermal fluid migration in the crust[J]. Geology, 12:707－710.

Spera F J, Trial A F. 1993. Verification of Onsager reciprocal relations in a molten silicate solution[J]. Science, 259:204－206.

Spiridonov G A, Kvasov I S. 1986. Empirical and semiempirical equations of state for gases and liquids[J]. Tev Thermophys Prop Matter 57(1):45－116. (in Russian).

Stacey F D. 1992. Physics of the earth[M]. Brisbane:Brookfield Press:513.

Stimpfl M, Ganguly J, Molin G. 1999. Fe^{2+}-Mg order-disorder in orthopyroxene: equilibriumfractionation between the octahedral sites and thermodynamic analysis[J]. Contrib Mineral Petrol, 136:297－309.

Stolper E. 1982a. The speciation of water in silicate melts[J]. Geochim Cosmochim Acta,46:2609 – 2620.

Stolper E. 1982b. Water in silicate glasses: an infrared spectroscopic study[J]. Contrib Mineral Petrol, 81:1 – 17.

Stolper E M. 1996. Adiabatic melting of the mantle[J]. Geochem Soc Newsletter, 92:7 – 9.

Su G J. 1946. Modified law for corresponding states for real gases[J]. Ind Engr Chem, 38: 803 – 806.

Sunagawa I. 1957. Variation in crystal habit of pyrite[J]. Jap Geol Surv Rep, 175:41.

Sundman B, Ågren J. 1981. A regular solution model for phases with several components and sublattices suitable for computer applications[J]. J Phys Chem Solids, 42:297 – 301.

Swalin R A. 1962. Thermodynamics of solids[M]. New York, London, Sydney, Toronto:John Wiley: 387.

Tait P S. 1889. On the viral equation for molecular forces, being part IV of a paper on the foundations of the kinetic theory of gases[J]. Proc Roy Soc Edin, 16:65 – 72.

Tanger J V IV, Helgeson H C. 1988. Calculation of the thermodynamic and transport properties of aqueous elctrolytes at high pressures and temperatures: revised equations of state for the standard partial molal properties of ions and electrolytes[J]. Amer J Sci, 288: 19 – 98.

Temkin M. 1945. Mixtures of fused salts as ionic solutions[J]. Acta Physicochem URSS, 20:411 – 420.

Terasaki H, Frost D J, Rubie D C, Langenhorst F. 2005. The effect of oxygen andsulfur on the dihedral angle between Fe-O-S melt and silicate minerals at highpressure: Implications for Martian core formation[J]. Earth Planet Sci Lett, 232:379 – 392.

Thompson J B Jr. 1967. Thermodynamic properties of simple solutions[M]// Abelson P H. Researches in geochemistry, vol 2. New York:Wiley: 340 – 361.

Thompson J B Jr. 1970. Geochemical reactions in open systems[J]. Geochim Cosmochim Acta,34:529 – 551.

Tirone M, Ganguly J, Dohmen R, Langenhorst F, Hervig R, Becker H W,2005. Rare earth diffusion kinetics in garnet: experimental studies and applications[J]. Geochim Comsochim Acta, 69:2385 – 2398.

Thibault Y, Walter M J. 1995. The influence of pressure and temperature on the metal silicate partition coefficients of nickel and cobalt in a model C1 chondrite and implicationsfor metal segregation in a deep magma ocean[J]. Geochim Cosmochim Acta,59: 991 – 1002.

Toop G W. 1965. Predicting ternary activities using binary data[J]. Trans Amer Inst Min Eng,233:850 − 855.

Toramuru A, Fuji N. 1986. Connectivity of melt phase in a partially molten peridotite [J]. J Geophys Res, 91:9239 − 9252.

Tossell J A, Vaughn D J. 1992. Theoretical geochemistry: application of quantum mechanicsin the earth and mineral sciences[M]. Oxford:Oxford University Press 514.

Trial A F, Spera F J. 1993. Verification of the Onsager reciprocal relations in a molten silicate solution[J]. Science, 259:204 − 206.

Tunell G. 1931. The definition and evaluation of the fugacity of an element or compound in the gaseous state[J]. J Phys Chem, 35:2885 − 2913.

Turcotte D L, Schubert G. 1982. Geodynamics: applications of continuum physics to geological problems[M]. New York:Wiley:450.

Ulbrich H H, Waldbaum D R. 1976. Structural and other contributions to the third-law entropies of silicates. Geochim Cosmochim Acta, 40:1 − 24.

Usselman T M. 1975. Experimental approach to the state of the core: part I. The liquidus relations of the Fe-rich portion of the Fe-Ni-S system from 30 to 100 kbar[J]. Amer J Sci,275:278 − 290.

Vaidya S N, Getting I C, Kennedy G C. 1971. Compression of alkali metals to 45 kbar [J]. J Phys Chem Solids, 32:2545 − 2556.

Van Hinsberg V J, Vriend S P, Schumacher J C. 2005. A new method to calculate end-memberthermodynamic properties of minerals from their constituent polyhedra I: enthalpy,entropy and molar volume[J]. J Metamorphic Geol, 23:165 − 179.

Van Laar J J. 1910. Über Dampfspannungen von binaren Gemischen[J]. Z Phys Vhem, 72:723 − 751.

Van Vleck J H. 1935. Valence strength and magnetism of complex salts[J]. J Chem Phys,3:807 − 813.

Van Westrenen W, Blundy J, Wood B J. 2000. Effect of Fe^{2+} on garnet-melt trace element partitioning: Experiments in FCMAS and quantification of crystal-chemical controls innatural systems[J]. Lithos, 53:189 − 203.

Vinet P, Ferrante J, Smith J R, Ross J H. 1986. A universal equation of state for solids [J]. J Phys C: Solid State Phys, 19:L467 − L473.

Vinet P, Smith J R, Ferrante J, Ross J H. 1987. Temperature effects on the universal equation of state of solids[J]. Phys Rev B, 35:1945 − 1953.

Vinograd V L. 2001. Configurational entropy of binary silicate solid solutions[M]//Geiger C A. Solid solutions in silicate and oxide systems. EMUNotes Mineral, vol 3. Budapest:Eötvös Univ Press:303 − 346.

von Bergen N, Waff H S. 1986. Permeabilities, interfacial areas and curvatures of partially molten systems: results of numerical computations and equilibrium microstructures[J]. J Geophys Res, 91:9261 – 9276.

von Seckendorff V, O'Neill H St C. 1993. An experimental study of Fe-Mg partitioning between olivine and orthopyroxene at 1173, 1273 and 1423 K and 1. 6 GPa[J]. Contrib Mineral Petrol, 113:196 – 207.

Waff H S, Bulau J R. 1982. Experimental determination of near equilibriumtextures in partially molten silicates at high pressures[M]// Akimoto S, Manghnani M H. High pressure research in geophysics. Tokyo: Center for Academic Publications: 229 – 236.

Wagman D D, Evans W H, Parker V B, Schumm R H, Hakow I, Bailey S M. 1982. The NBS tables of chemical thermodynamic properties[J]. J Phys Chem Ref Data 2 Supplement No 2, Amer Chem Soc, Washington DC.

Waldbaum D R. 1971. Temperature changes associated with adiabatic decompression in geological processes[J]. Nature, 232:545 – 547.

Walker D, Stolper E M, Hays J. 1979. Basaltic volcanism: the importance of planet size [J]. Lunar Planet Sci Conf, Proc, 10:1996 – 2015.

Welche P R L, Heine V, Dove M T. 1998. Negative thermal expansion in beta-quartz [J]. Phys Chem Minerals, 26:63 – 77.

White W B, Johnson S M, Dantzig G B. 1958. Chemical equilibrium in complex mixtures[J]. J Chem Phys, 28:751-5.

Williamson E D, Adams L H. 1923. Density distribution in the Earth[J]. J Washington Acad Sci,13:413 – 428.

Williams M L, Grambling J A. 1990. Manganese, ferric iron and the equilibrium between garnet and biotite[J]. Amer Mineral, 75:886 – 908.

Wilson G M. 1964. Vapor-liquid equilibrium. XI. A new expression for the excess free energy of mixing[J]. J Amer Chem Soc, 86:127 – 130.

Winkler H G F. 1979. Petrogenesis of metamorphic rocks[M]. Berlin:Springer-Verlag.

Winter J D. 2001. An introduction to igneous and metamorphic petrology[M]. Englewood Cliffs:NJ Prentice Hall:697.

Wohl K. 1946. Thermodynamic evaluation of binary and ternary liquid systems[J]. Trans Amer Inst Chem Eng, 42:215 – 249.

Wohl K. 1953. Thermodynamic evaluation of binary and ternary liquid systems[J]. Chem Eng Prog, 49:218 – 21.

Wood B J, Nicholls J. 1978. The thermodynamic properties of reciprocal solid solutions [J]. Contrib Mineral Petrol, 66:389 – 400.

Wood B J, Holland T J B, Newton R C, Kleppa O J. 1980. Thermochemistry of jadeite-diopside pyroxenes[J]. Geochim Cosmochim Acta, 44:1363 – 1371.

Wood B J. 1981. Crystal field electronic effects on the thermodynamic properties of Fe^{2+} minerals[M]// Newton R C, Navrotsky A, Wood B J. Advances in physical geochemistry, vol 1. Berlin:Springer-Verlag:66 – 84.

Wood B J, Walter M J, Wade J. 2006. Accretion of the Earth and segregation of its core [J]. Nature, 441:825 – 833.

Wood J A. 1964. The cooling rates and parent planets of several meteorites[J]. Icarus 3,429 – 459.

Wolrey T J. 1992. EQ3NR, A computer program for geochemical aqueous speciation. solubility calculations: Theoretical manual, user's guide, and related documentation. version 7. 0[CP]. Lawrence Livermore National Laboratory, California.

Yoneda S, Grossman L. 1995. Condensation of $CaO\text{-}MgO\text{-}Al_2O_3\text{-}SiO_2$ liquids from cosmicgases[J]. Geochim Cosmochim Acta, 59:3413 – 3444.

Yund R A, Davidson P. 1978. Kinetics of lamellar coarsening in cryptoperthites[J]. Amer Mineral, 63:470 – 477.

Zeldovich Ya B, Razier Yu P. 1966. Physics of shock wave and high temperature hydrodynamicphenomena, vols 1 and 2[M]. New York:Academic Press.

Zemansky M W, Dittman R H. 1981. Heat and thermodynamics[M]. New York: McGraw-Hill:543.

Zeng Q, Nekvasil H,1996. An associated solution model for albite-water melts[J]. Geochim Cosmochim Acta, 60:59 – 73.

Zerr A, Diegeler A, Boehler R. 1998. Solidus of Earth's deep mantle[J]. Science, 281: 243 – 246.

主 题 索 引

Cahn 函数	Cahn function	191
Darcy 流速	Darcy velocity	79
Darken 二次方程式	Darken's quadratic formulation	213
Debye-Hückel 极限定律	Debye-Hückel limiting law	310
Debye-Hückel 扩展方程式	Debye-Hückel extended formulation	313
Eh-pH 图	Eh-pH diagram	327～330
Flory-Huggins 模型	Flory-Huggins model	217～218
Grünelssen 参数	Grüneissen parameter	
Grünelssen 参数和地球内部	and Earth's interior	142～144
Grünelssen 参数和温度梯度	and temperature gradient	56,131,140
Grünelssen 参数热力学	thermodynamic	54
H 理论	H-theorem	34
Kraut-Kennedy 方程/定律	Kraut-Kennedy relation/law	110
K-组分	K-components	281
Lindermann-Gilvarry 方程	Lindermann-Gilvarry relation	111
Margules 参数	Margules parameters	211
pH	pH	327～330
Pitzer 方程式/模型	Pitzer equations/model	315,317,349
Redlich-Kister 方程	Redlich-Kister relations	204
Roozeboom 图	Roozeboom plots	286
Schreinemakers 原理	Schreinemakers' principles	120～123
Van Laar 模型	Van Laar model	219～220
Williamson-Adams 方程	Williamson-Adams equation	140～141
Wilson 溶液模型	Wilson formulation（solution model）	217～218
Wulff 定理	Wulff theorem	341
β 衰变	Beta decay	17
埃伦费斯特方程	Ehrenfest relations	106
爱因斯坦温度	Einstein temperature	11
昂萨格倒易关系	Onsager reciprocity relation	372～373
奥斯特瓦尔德熟化	Ostwald ripening	353
半电池（电化学）	Half cell（electrochemical）	325～326
伴生溶液	Asscociated solutions	221～223

包晶点(温度)	Peritectic point (temperature)	250,258
包晶点体系	system	250,254
标准态	Standard state	163,175,179,239
气体的标准态	of a gas	179
离子的标准态性质	properties of ions	310
溶质的标准态	of a solute	309～310
表面能	Surface energy	354,359,363
表面张力	Surface tension	336,340～345
玻尔兹曼方程	Boltzmann relation	24,27,204,382
伯努利方程	Bernoulli equation	148
不可逆	Irreversible	
不可逆过程	process	2,125,151,156
不可逆减压作用	decompression	150,151～154
不可逆流动	flow	145,150,151
不可逆膨胀	expansion	152
不恰当(不完全)微分	Inexact (imperfect) differential	52,375～376
不一致熔融	Incongruent meltiong	250,255,258,260
长程有序参数	Long range Supercritical order parameter	95,97
超临界流体	Supercritical fluid	73
超临界液体	Supercritical liquid	73
成核作用	Nucleation	359～360
出溶作用	Exsolution	
相干出溶作用	coherent	191
纹层状出溶作用	lamellar	193
调幅出溶作用	modulated	194
初始参考地球模型(PREM)	Preliminary Reference Earth Model	126,278
弹性碰撞	Elastic collsion	26
倒数关系	Reciprocity relation	376
德拜温度	Debye temperature	11
德拜温度的三次方定律	T to the power third law	61
等焓	Isenthalpic	145
等焓同化作用	assimilation	281
等焓温度变化	temperature change	51,145
等熵	Isentropic	
等熵过程	process	51,130
等熵降压作用	decompression	125,136～138
等熵冷却	cooling	67
等熵熔融	melting	135～138
等熵条件	condition	139
等熵温度梯度及变化	temperature gradient/change	131～132,135,136,

		141,142,151,152
低共熔	Eutectic	
低共熔点/低共熔温度	point/temperature	249,260
低共熔与压力的关系	pressure dependence of	262~263
低共熔体系	system	249,254~255
低速带	Low velocity zone	143
地震波速	Seismic wave velocities	125,139~140
地震参数	Seismic parameter	140,141~142
第二定律	Second law	2,16,18,23,27,50,155,231,281,367,378
第二定律和绝热过程	and adiabatic process	130
布里奇曼悖论	Bridgman paradox	33
与第一定律结合的表述	combined statement with first law	35
第二定律和平衡条件	and equilibrium condition	36,44~45
第三定律	Third law	2,58~59
第三定律和绝对零度	and abosolute zero	67
第三定律熵	entropy	59,65,384
第一定律	First law	2,16,17~18,35,52,69
电化学电池	Electrochemical cell	325
电子 Emf	Emf of a call	326~327
电子跃迁	Electronic transitions	64
杜福尔效应	Dufour effect	370
杜亥姆定律	Duhem's law	234
杜隆-柏替限定	Dulong-Petit limit	61
近深成岩体的对流	Convective	81
对流流速	flows near plutons	79
对流流体热通量	heat flux by fluid	79
对应状态	Corresponding states	84
多面体近似方法	Polyedral approximation	383~385
多位置混合	Multisite mixing	224
多元(固溶体)模型	Multicomponent (solution) models	224
二级相变	Second oreder phase transition	95,96,98,105,106
二元溶液	Binary solutions	
二元溶液活度方程式	activity relations	166,175
二元溶液临界条件	critical condition	185~190
二元溶液的混合性质	mixing properties of	169~171
二元溶液的偏摩尔性质	partial molar properties of	158~162
二元溶液的稳定条件	stability conditions of	180~183
反应	Reaction	
反应度	extent of	229
反应线	line	260,262

反应过程变量	progress variable	229
反应商	quotient	236
反应程度	Extent of reaction	229
反应亲和力	Affinity (of a reaction)	231
反应亲和力及其熵增加	and entropy production	367～369
非随机双液模型	Now Random Two Liquid Model	217～218
菲克定律	Fick's law	371
分配系数	Distribution coefficient	32,284～287,299
分配系数与压力的关系	pressure dependence of	301
封闭体系	Closed system	3,22～23,232,234,276
傅里叶定律	Fourier's law	371
盖斯定律	Hess's law	69
杠杆原理	Lever rule	254,255
功	Work	4～7,17～19,27,35
热功转换	conversion to/from heat	16,19,37
功损耗	dissipation of	40
体积变化所致的功	duue to volume change	6,18
电功	electrical	326
可做功自由能	free energy available for	46
重力功	gravitational	5
表面功	surface	336
共沸	Azeotropy	252
共熔线	Cotectic	258～259
孤立体系	Isolated system	3,17,18,22～25,33～34,
		36,281,367～369
Guggenheim 多项式方法	Guggenheim polynomial for solutions	209,228
固溶线	Solvus	185～192,195～196,215,253,257～258
固溶线温度计	thermometry	195～196
固溶线与熔融环线相交	intersection with melting loop	257～258
化学固溶线和相干固溶线	chemical and coherent	192～193
固相线	Solidus curve	249,258
规则溶液	Regular solution	210
过渡带	Transition zone	128,143
过量热力学性质的定义	Excess thermodynamic property definition of	169～171
亥姆霍兹自由能	Helmholtz Free energy	42,46,90
焓	Enthalpy	
定义	definition	43
生成焓	of formation	68
混合焓的估算	of mixing estimation	168
参考态焓	of reference states	69

亨德定律	Hund's law	12
亨利定律	Henry's law	$172\sim175,180,290,296$
胡克定律	Hooke's law	8
花岗岩的最低熔融	Granite melting minimum	$260\sim261$
挥发物上升挥发	Volatile ascent	$153\sim154$
会溶温度	Consolute temperature	185
混合体积	Volume of mixing	188
混溶间隙	Miscibility gap	185
活度	Activity	$163,174\sim175$
活度的测定	determination of	$166\sim167$
平均离子活度	mean ion	308
活度图	Activity diagram	$327\sim330$
活度系数	Activity coefficient	
活度系数定义	definition of	165
活度系数与过量自由能	and excess free energy	170
平均离子活度系数	mean ion	307,316,317
交互溶液的活度系数	in a reciprocal solution	$204\sim206$
从相平衡实验获取活度系数	retrieval from phase equilibria	$273\sim275$
海水中组分的活度系数	of species in sea water	332
积分因子	Integrating factor	21,378
吉布斯-杜亥姆方程	Gibbs-Duhem relation	160
吉布斯-汤姆孙方程	Gibbs-Thomson equation	354
吉布斯自由能	Gibbs free energy	
反应的吉布斯自由能变化	change of a reaction	231
吉布斯自由能定义	definition of	43
高压吉布斯自由能的估算	evaluation at high pressure	118
化合物生成吉布斯自由能	of formation of a compound	70
吉布斯自由能最小化	minimization of	$276\sim277,281$
混合吉布斯自由能	of mixing	169,171,224,227
颗粒大小对吉布斯自由能的效应	particle size effect on	363
溶液的吉布斯自由能	of a solution	168,183
集团变分法	Cluster variation method	217
间隙泉喷发	Geyser eruption	150
简单混合	Simple mixture	210
交互固溶体	Reciprocal solution	203,205
交互固溶体的化学势	chemical potential in	205
交互活度系数	Reciprocal activity coefficient	$287\sim288$
交换平衡	Exchange equilibrium	$283\sim284$
焦耳-汤姆孙系数	Joule-Thompson coefficient	$146\sim147$
接触角	Contact angle	343

节流过程	Throttling process	145
结晶作用	Crystallization	
平衡结晶作用	equilibrium	254
分馏结晶作用	fractional	256
界面张力	Interfacial tension	$339,343,350,355,359$
金星	Venus	241
晶格的光模和声模	Optic and acoustic lattice modes	10
晶格动力理论	Lattice dynamical theory	$61\sim63$
晶格非简谐振动	Anharmonicity of lattice vibration	$9,50,61\sim62$
晶格振动	Lattice vibrations	$8\sim10$
晶体场裂变及效应	Crystal field splitting/effect	$13,387$
绝对	Absolute	
热力学(绝对)温标	temperature scale	$19\sim21$
热力学(绝对)零度	zero (unattainbility of)	$67\sim68$
绝热	Adiabatic	
绝热降压作用	decompression	$151\sim153$
绝热流	flow	$40,145\sim147$
绝热过程	process	$18,19,24,51,67$
绝热界面/墙	wall/enclosure	$3,17,23,36$
绝热线	Adiabat	$132\sim133,151\sim153$
卡诺循环	Carnot cycle	$19\sim20$
开尔文温标	Kelvin temperature scale	20
开放体系	Open system	$3,47,280$
柯尔任斯基势	Korzhinski potential	$281\sim282$
可逆过程/途径	Reversible process/path	$2,21,23,35,37,44,$
		$125,151,156,367$
可逆功	work	$17,35$
克拉珀龙-克劳修斯方程	Clayperon-Classius relation	$105,230$
扩散作用	Diffusion	368
扩散系数	coefficient	371
扩散作用和熵增率	and entropy production	369
扩散作用矩阵	matrix	373
热扩散作用	thermal	370
扩散作用的热力学因子	thermodynamic factor of	371
上坡扩散作用	up-hill	158
拉格朗日变换	Lagrange transformation	$42,156,280$
拉格朗日乘子	Lagrange multiplier	$276\sim277$
拉乌尔定律	Raoult's law	$174\sim175$
朗道势	Landau potential	$97,101$
离子活度积	Ion activity product	311

离子溶液/模型	Ionic solution/model	$203\sim208,250,269,276$
理想混合	Ideal mixing	251
理想溶液的性质	Properties of ideal solution	170
临界点	Critical end point	$73\sim75$
临界点水的性质的偏离	divergence of water properties	76
临界点的 V-P/T 关系	V-P/T relations	75
临界指数	Critical exponents	77,101
临界波动	fluctuations	77
临界乳光	opalescence	77
零点能	Zero-point energy	9
铝回避原则	Aluminum avoidance principle	30
麦克斯韦关系式	Maxwell relations	47,48,376
密度起伏	Density fluctuations	78
摩尔浓度	Molarity	306
奈尔温度	Neel temperature	66
内可逆	Endreversible	38
能量平衡方程	Energy balance equation	149
能斯特	Nernst	
能斯特方程	equation	$325\sim326$
能斯特分配律	distribution law	290
能斯特关系	relation	326
逆向渗透	Reverse osmosis	200
庞加莱递归理论	Recurrence theorem Poincaré	34
泡利不相容原理	Pauli exclusion principle	11
配分系数	Partition coefficient	$290,291\sim292$
配分系数估算	estimation of	$295\sim297$
金属-硅酸盐配分系数	metal-silicate	$297\sim303$
偏导数/微分	Partial dervative/differential	374
偏摩尔性质	Partial molar properties	$158\sim162$
平衡	Equilibrium	
平衡位移	displacement of	267
平衡反应	reaction	112
稳定和亚稳定平衡	stable and metastable	7
热平衡	thermal	36
平衡常数	Equilibrium constant	$173,177,214,222,235\sim237,$ $239,243,238\sim239$
平衡常数和溶解度/离子活度积	and solubility/ion activity product	311
平均场论	Mean field theory	97
平均盐方法	Mean salt method	314
气压公式	Barometric formula	197

恰当微分	Exact differential	46,56,375
强度变量	Intensive variables	3,93,232,234
亲铁元素	Siderophile element	297
球粒陨石	Chondrites	242
全导数/全微分	Total derivative/differential	144,146,150,156,
		199,301,307,374,377~378
热泵	Heat pump	38~39
热泵的制冷效率	refrigeration efficiency	39
热边界层	Thermal boundary layer	128
热化学循环	Thermochemical cycle	71
热机	Heat engine	37~38
地幔中的热机	in Earth's mantle	39
飓风中的热机	in hurricane	40
热机的有限效率	limiting efficiency	38,40
热力学	Thermodynamic	
热力学因子(扩散作用)	facor (in diffusion)	371
热力学势	potentials	45
热力学方块	square	47~48
热力学体系(定义)	systems (definitions)	3~4
热力学温标	temperature scale	19~21
热力学变量	variables	4
界面	walls(definitions)	3
热膨胀系数	Themal expansion coefficinet	51
负的热膨胀	negative	51
热膨胀的压力依赖	pressure dependence of	56
水在近临界点的热膨胀	of water near critical point	80
热容	Heat capatities (Cp and Cv)	52~54
热容的爱因斯坦和德拜理论	Einstein and Debye theories of	61
热容的估算	estimation of	381
热容函数的性质	functional behavior	53,61~63
影响热容的非晶格贡献	non-lattice contributions to	64~65
热通量	Heat flux	370
热压	Thermal pressure	125~154
溶度积	Solubility product	311
溶液临界条件	Critical condition of a solution	186~189
溶液稳定性	Solution stability of	180~182
熔融	Melting	
分批熔融	batch	292
分离熔融	fractional	292
熔融环线	loop	258

最小量熔融	minimum	260
模态熔融	modal	291
非模态熔融	non-modal	292
熔融产率	Melt productivity	136
润湿角	Wetting angle	348～351
三临界点	Tricritical point	96
三临界条件	Tricritical condition	98
三临界相变	Tricritical transition/transformation	98,100～101
三元	Ternary	
三元共晶	eutectic	258～259
三元相互作用参数	interaction parameter	224,226
三元溶液	solution	161,224,226
三元体系	systems	258～259
熵	Entropy	22
熵的加和性	additive property	28
构型熵	configurational	27,32
熵和无序	and disorder	27～28
电子贡献熵	electronic contribution to	64～65
熵的估算	estimation of	381～384
外部熵和内部熵	external and internal	22～23
熵起伏	fluctuations	25
磁贡献熵	magnetic contribution to	66
熵的微观解释	microscopic interpretation of	24
混合熵	of mixing	29,169
熵增加	production	23,231～232
余熵	residual	59
亚晶格熵	in a sublattice model	205
熵和第三定律	and third law	59～60
振动熵	vibrational	31～33
渗透系数	Osmotic coefficient	201～202
渗透压	Osmotic pressure	201
声速	Sound velocity	139～140,340
声子	Phonon	25
声子态密度	Phonon Density of states（phonon）	9
时间指针	Arrow of time	23
双电桥方法	Double bridge method	315
双节点	Binodes	182
双节点条件	Binodal condition	187～190
双面角	Dihedral angle	343～345
索雷特效应	Soret effect	370

太阳星云	Solar nebula	238~240
泰勒级数	Taylor series	379
碳酸盐补偿深度	Carbonate compensation depth	312
特姆金模型	Temkin model	208
体积模量	Bulk modulus	51,53,54,90
近临界点体积模量的偏离	divergence near critical point	76~77
体积模量的压力导数	pressure derivative of	91,118
体积模量与声波的函数关系	relation with sound velocity	139~140
同化作用	Assimilation	279
退化平衡	Degenerate equilibria	121
完全微分(恰当微分)	Perfect differential(See also Exact differential)	376
微量元素	Trace element	290~292
位势温度	Potential temperature	136~137
纹层状出溶作用的粗粒化	Exsolution lamellae coarsening of	357
无热溶液	Athermal solution	217,223
吸附作用	Adsorption	337~338
吸附作用的吉布斯方程	Gibbs equation of	338
稀土元素模型	Rare Earth Element pattern	293
线积分	Line integration	376
相变级数	Order of phase transformations	95,96,98,99
相干应变	Coherency strain	191~195
相律	Phase Rule	93~94,136,232~233
谐振子	Harmonic oscillator	8,9,60~61
旋节点	Spinodes	182~183,185
旋节线分解	Spinodal decomposition	193
旋节线条件	Spinodal condition	186
压缩性	Compressibility	50,56
压缩因子	factor	84
压缩性与温度的关系	temperature dependence of	56
亚规则模型/亚规则固溶体	Subreguar model/solution	211~213
超临界流体	supercritical fluid	73
亚晶格模型	Sublattice modek	205
岩浆洋	Magma ocean	297~300
液相线	Liquidus curve	249,257
逸度	Fugacity	48~49,240,246,271,273
逸度和活度关系	relation with activity	164~165
硅酸盐熔体中水的逸度	of water in silicate melt	176~178
隐函数	Implicit function	76,377~378
隐纹长石	Cryptoperthites	193
应变能	Strain energy	295

有序排列	Ordering	28~29
约减变量	Reduced variables	84
月球玄武岩	Lunar basalts	261
陨石	Meteorite	242,360
振动	Vibrational	
无序振动	disordering	33
振动能	energy	9,31
振动熵	entropy	31~33
振动频率	frequency	9,11,111
振动模式	modes	11,55
振动性质/振动数据	properties/data	8,53~54,211,381
振动状态	states	27,59
振动频率离散	Dispersion of vibrational frequencies	60
蒸汽压	Vapor pressure	48,165,172,174
质量摩尔浓度	Molality	306
海水中离子质量摩尔浓度	of ions in sea water	333
平均离子质量摩尔浓度	mean ions	307
中微子	Neutrino	17
状态方程	Equations of state	
Birch-Murnaghan 状态方程	Redlich-Kister relations	89,118
Redlich-Kwong 及相关状态方程	Redlich-Kwong (R-K) & related	85,119
范德华状态方程	van der Waals	83
Vinet 状态方程	Vinet	92
Virial 及其同类形状态方程	Virial and Virial-type	88
状态函数	State function	18,22,37,375
准化学模型	Quasi-chemical model	214
准简谐近似	Quasi-harmonic approximation	9
准静态过程	Quasi-static process defined	2
组分化学势	Chemical potential	155~159,265,270,279~282,338
气泡中的组分化学势	of a component within a bubble	354
微粒中的组分化学势	within a small particle	356
表面组分化学势	in a surface	353
电解质溶液组分化学势	in electrolyte solution	306~307
场势中组分化学势	in a field	196~199
组分化学势和物质流动	and matter flow	158,372
组分化学势的摩尔吉布斯自由能	molar Gibbs energy	167
组合能量模型	Compound energy model	205
最低共沸点	Azeotropic minimum	252~253